U0958810

中国石油天然气集团有限公司统编培训教材

炼油与化工业务分册

炼化企业大型关键机组远程诊断案例集

《炼化企业大型关键机组远程诊断案例集》编委会 编

石油工业出版社

内 容 提 要

本书主要介绍了炼化企业大型关键机组远程诊断的理念与方法。内容包括旋转机械、往复机械的故障诊断案例分析。

本书可作为炼化企业大型关键机组远程诊断的工具书，也可作为炼化企业大型关键机组操作管理人员的培训教材。

图书在版编目（CIP）数据

炼化企业大型关键机组远程诊断案例集/《炼化企业大型关键机组远程诊断案例集》编委会编. —北京：石油工业出版社，2018. 11

中国石油天然气集团有限公司统编培训教材

ISBN 978-7-5183-3045-4

Ⅰ. ①炼…　Ⅱ. ①炼…　Ⅲ. ①石油炼制-化工机械-故障诊断-案例-汇编　Ⅳ. ①TE96

中国版本图书馆 CIP 数据核字（2018）第 264875 号

出版发行：石油工业出版社
（北京安定门外安华里 2 区 1 号　100011）
网　址：www. petropub. com
编辑部：（010）64251613
图书营销中心：（010）64523633
经　销：全国新华书店
印　刷：北京中石油彩色印刷有限责任公司

2018 年 11 月第 1 版　2018 年 11 月第 1 次印刷
710×1000 毫米　开本：1/16　印张：30
字数：520 千字

定价：105. 00 元
（如出现印装质量问题，我社图书营销中心负责调换）

《炼油与化工业务分册》
编 审 委 员 会

《炼化企业大型关键机组远程诊断案例集》
编 委 会

主　　编：兴成宏

副 主 编：周　敏　李迎丽　江志农

顾　　问：杨国安

编写人员：李贵合　刘振宏　宋晓江　翁　刚

高俊峰　蒋国亮　王绍鹏　李　犇

张　玲　谭兴斌　赵黎辉　何其伟

赵振爽　刘丽清　陈英杰　张作谦

伉大俪　冯　坤　张进杰　许乐君

丛书序

企业发展靠人才，人才发展靠培训。当前，集团公司正处在加快转变增长方式，调整产业结构，全面建设综合性国际能源公司的关键时期。做好“发展”“转变”“和谐”三件大事，更深更广参与全球竞争，实现全面协调可持续，特别是海外油气作业产量“半壁江山”的目标，人才是根本。培训工作作为影响集团公司人才发展水平和实力的重要因素，肩负着艰巨而繁重的战略任务和历史使命，面临着前所未有的发展机遇。健全和完善员工培训教材体系，是加强培训基础建设，推进培训战略性和国际化转型升级的重要举措，是提升公司人力资源开发整体能力的一项重要基础工作。

集团公司始终高度重视培训教材开发等人力资源开发基础建设工作，明确提出要“由专家制定大纲、按大纲选编教材、按教材开展培训”的目标和要求。2009 年以来，由人事部牵头，各部门和专业分公司参与，在分析优化公司现有部分专业培训教材、职业资格培训教材和培训课件的基础上，经反复研究论证，形成了比较系统、科学的教材编审目录、方案和编写计划，全面启动了《中国石油天然气集团有限公司统编培训教材》（以下简称“统编培训教材”）的开发和编审工作。“统编培训教材”以国内外知名专家学者、集团公司两级专家、现场管理技术骨干等力量为主体，充分发挥地区公司、研究院所、培训机构的作用，瞄准世界前沿及集团公司技术发展的最新进展，突出现场应用和实际操作，精心组织编写，由集团公司“统编培训教材”编审委员会审定，集团公司统一出版和发行。

根据集团公司员工队伍专业构成及业务布局，“统编培训教材”按“综合管理类、专业技术类、操作技能类、国际业务类”四类组织编写。综合管理类侧重中高级综合管理岗位员工的培训，具有石油石化管理特色的教材，以自编方式为主，行业适用或社会通用教材，可从社会选购，作为指定培训教材；专业技术类侧重中高级专业技术岗位员工的培训，是教材编审的主体，按照《专业培训教材开发目录及编审规划》逐套编审，循序推进，计划编审300余门；操作技能类以国家制定的操作工种技能鉴定培训教材为基础，侧重主体专业（主要工种）骨干岗位的培训；国际业务类侧重海外项目中外员工的培训。

“统编培训教材”具有以下特点：

一是前瞻性。教材充分吸收各业务领域当前及今后一个时期世界前沿理论、先进技术和领先标准，以及集团公司技术发展的最新进展，并将其转化为员工培训的知识和技能要求，具有较强的前瞻性。

二是系统性。教材由“统编培训教材”编审委员会统一编制开发规划，统一确定专业目录，统一组织编写与审定，避免内容交叉重叠，具有较强的系统性、规范性和科学性。

三是实用性。教材内容侧重现场应用和实际操作，既有应用理论，又有实际案例和操作规程要求，具有较高的实用价值。

四是权威性。由集团公司总部组织各个领域的技术和管理权威，集中编写教材，体现了教材的权威性。

五是专业性。不仅教材的组织按照业务领域，根据专业目录进行开发，且教材的内容更加注重专业特色，强调各业务领域自身发展的特色技术、特色经验和做法，也是对公司各业务领域知识和经验的一次集中梳理，符合知识管理的要求和方向。

经过多方共同努力，集团公司“统编培训教材”已按计划陆续编审出版，与各企事业单位和广大员工见面了，将成为集团公司统一组织开发和编审的中高级管理、技术、技能骨干人员培训的基本教材。“统编培训教材”的出版发行，对于完善建立起与综合性国际能源公司形象和任务相适应的系列培训教材，推进集团公司培训的标准化、国际化建设，具有划时代意义。希望各企事业单位和广大石油员工用好、用活本套教材，为持续推进人才培训工程，激发员工创新活力和创造智慧，加快建设综合性国际能源公司发挥更大作用。

《中国石油天然气集团有限公司统编培训教材》
编审委员会

序

现代流程工业生产设备大型化、复杂化，工艺过程自动化，设备投资巨大，设备与能耗、物耗密切相关，非计划停产损失巨大。生产过程对设备的依赖程度越来越高，特别是石化、冶金、电力等流程工业设备安全、高效、稳定、长周期运行至关重要。

工欲善其事，必先利其器。大量的企业工程实践证明，对机电装备运行状态和工况进行实时监测、故障预警和诊断预测，逐步改进维修方式，从事后维修和定时维修过渡到状态维修和预知维修，是流程工业杜绝事故、减少故障、降低生产成本的重要途径。设备诊断技术已经成为国内外设备工程科技发展的重要方向。多年来，我国炼化企业与高等院校、科研单位产学研密切结合，在设备监测诊断技术开发和工程应用方面取得了丰硕成果。

中国石油设备故障诊断技术中心顺应设备诊断技术在工矿企业迅速普及的需求，总结多年来大型机组网络化监测与故障诊治关键技术开发应用成果和积累的工程经验，编撰了《炼化企业大型关键机组远程诊断案例集》。本书汇集了机组在运行中大量常见和典型的故障诊治工程案例，简要介绍了机组故障信号处理、特征提取、故障识别、原因分析及防治方法。

《炼化企业大型关键机组远程诊断案例集》一书，把极其宝贵的最实用的故障诊断经验、方法奉献给广大读者，对于每一位从事设备管理和维修工作的工程技术人员来说，这是一本很实用的工具书。本书不仅是一部对关键机组典型故障分析与诊断的技术资料，也可作为机械设备故障诊断技术的培训教材。希望本书能够为各工矿企业开展设备诊断工作提供借鉴和参考，以达到分享成果、启迪智慧之目的。

本书是中国石油设备故障诊断技术中心技术人员，与有关高校和科技企业产学研合作，发扬务实、求真、协力、创新的精神，凝聚了亲身从事设备诊断和现场服务技术人员的辛勤汗水和智慧结晶。我在石化企业从事设备工程技术工作三十二年，深知《炼化企业大型关键机组远程诊断案例集》来之不易，我对本书的出版表示热烈祝贺！向为设备诊断事业发展付出辛勤劳动的同仁们表示由衷的敬意。

数字化、信息化、网络化、集成化和智能化是绿色制造和智能制造的发展趋势，基于网络化和大数据分析的故障诊断和智能控制技术是未来发展的必然方向。设备诊断技术出生产力，我们要向设备诊断技术要效益。期待设备工程科技工作者，特别是生产一线的工程技术人员，在设备诊断工程实践中，发挥聪明才智，为设备诊断技术的发展创造辉煌。

深信《炼化企业大型关键机组远程诊断案例集》一书的问世，必将为我国工业企业设备诊断技术的普及和设备诊断专业技术人员的成长发挥重要作用。

中国工程院　　院士

北京化工大学　教授

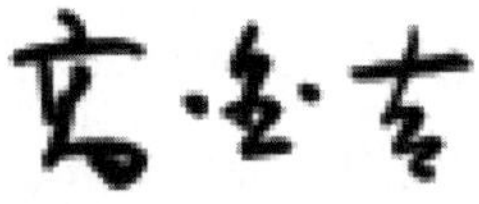

前言

设备故障诊断技术是在实际应用需求和多种学科相结合中发展起来的，随着设备故障诊断技术的不断完善和发展，开展状态监测与故障诊断技术已引起各工业部门的重视。目前，在化工、石化、电力、钢铁和航空等领域均已获得了应用，并取得了巨大的成绩。但由于设备故障诊断技术涉及的知识面广，设备故障种类繁多，专业性强，使其不容易上手掌握，这也造成了故障诊断工程技术人员的短缺。本书的主要目的是要将设备故障诊断技术的基础知识、机理、方法、理论知识以结合实际案例的方式进行说明解释，图文并茂，易于掌握。意在充实和提高工程技术人员对旋转机械故障诊断方面的基础知识储备，为其在处理实际问题时提供有价值的参考。

本书以化工、石化等部门中使用的各类旋转机械为主要对象，把工业实际生产中发生的案例进行归类解释、说明，并结合理论知识全面、系统地阐述了旋转机械的各种故障类型、产生机理、表现特征，书中运用大量图谱说明，通俗易懂，实用性强。

本书得到了中国石油天然气股份有限公司炼油与化工分公司和辽阳石化分公司各级领导的大力支持，在编写过程中也得到了北京博华信智科技股份有限公司、大连圣力来监测技术有限公司和阿尔斯通创为实技术发展（深圳）有限公司等多家单位的协助。本书力求专业性和权威性，特邀请北京化工大学的高金吉院士、杨国安教授等行业内多名专家为本书提出专业性的意见。

本书编者在组织材料的过程中，参阅了大量有关文献，编者在此致谢。

由于本书涉及的内容甚多，难免有不妥之处，而且限于编者的水平，不足之处，恳请读者批评指正。

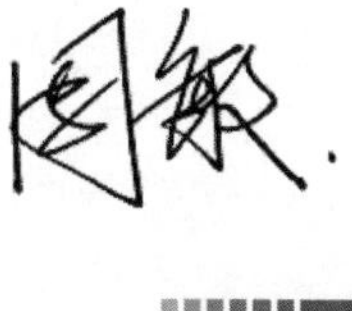

目 录

第一篇 旋转机械故障诊断案例分析

第一章 旋转机械常见故障机理与故障特征 …… 2
第一节 转子不平衡的故障机理与故障特征 …… 2
第二节 动静部件碰摩的故障机理与故障特征 …… 4
第三节 滑动轴承油膜失稳的故障机理与故障特征 …… 5
第四节 旋转失速与喘振的故障机理与故障特征 …… 8
第五节 转子弯曲的故障机理与故障特征 …… 10
第六节 轴系不对中的故障机理与故障特征 …… 11
第二章 离心式压缩机组故障诊断案例分析 …… 14
第一节 转子不平衡故障案例分析 …… 14
第二节 动静部件碰摩故障诊断分析 …… 64
第三节 滑动轴承常见故障案例分析 …… 113
第四节 旋转失速与喘振故障案例分析 …… 148
第五节 转子弯曲故障案例分析 …… 163
第六节 轴系不对中故障案例分析 …… 172
第七节 其他故障案例分析 …… 182
第三章 烟气轮机故障诊断案例分析 …… 187
第一节 不平衡故障案例分析 …… 187
第二节 动静部件碰摩故障案例分析 …… 202
第三节 油膜涡动故障案例分析 …… 213
第四节 其他故障案例分析 …… 219
第四章 离心泵故障诊断案例分析 …… 229
第一节 不平衡故障案例分析 …… 229
第二节 部件磨损故障案例分析 …… 232
第三节 不对中故障案例分析 …… 239

第四节　过滤网堵塞故障案例分析 …… 240
第五节　松动故障案例分析 …… 243
第六节　汽蚀故障案例分析 …… 246
第七节　滚动轴承故障案例分析 …… 248

第二篇　往复机械故障诊断案例分析

第五章　往复机械常见故障类型及故障原因 …… 252
第一节　压缩机热力参数异常及故障原因 …… 252
第二节　压缩机零部件的机械故障及原因 …… 253
第六章　往复式压缩机组故障诊断案例分析 …… 256
第一节　部件磨损故障案例分析 …… 256
第二节　气阀泄漏故障案例分析 …… 351
第三节　部件断裂故障案例分析 …… 390
第四节　部件松动故障案例分析 …… 418
第五节　气阀积垢及带液故障案例分析 …… 428
第六节　其他故障案例分析 …… 440
参考文献 …… 464

第一篇　旋转机械故障诊断案例分析

第一章 旋转机械常见故障机理与故障特征

第一节 转子不平衡的故障机理与故障特征

一、转子不平衡故障概念

现代化生产设备向大型化、连续化、自动化方向发展，在提高生产率、降低成本、节约能源和人力等方面带来了很大好处，但一旦发生事故，所带来的损失却是成倍的增长，维修费用也大幅度增加。旋转机械发生事故分为很多种类，转子不平衡是最常发生的故障之一。

转子不平衡是由于转子部件质量偏心或转子部件出现缺损造成的故障。造成转子不平衡的具体原因很多，按发生不平衡的过程可分为原始不平衡、渐变不平衡和突发不平衡三种情况。原始不平衡是由于转子制造误差、装配误差以及材质不均匀等原因造成的，如出厂的时候动平衡没有达到平衡精度要求，在投用之初，便会产生较大的振动；渐变不平衡是由于转子上不均匀结垢，介质中粉尘的不均匀沉积，介质中颗粒对叶片及叶轮的不均匀磨损以及工作介质对转子的磨蚀等因素造成的；突发不平衡是由于转子上零部件脱落或叶轮流道有异物附着、卡塞造成的。

二、转子不平衡故障机理

设转子的质量为 M，偏心质量为 m，偏心距为 e，如果转子的质心到两轴承连心线的垂直距离不为零，具有挠度为 a，如图 1-1 所示。

由于偏心质量 m 和偏心距 e 的存在，当转子转动时将产生离心力、离心

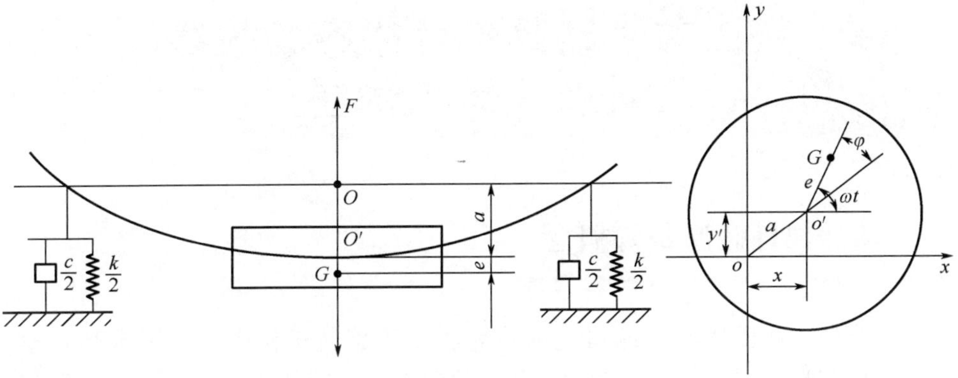

图 1-1　转子力学模型

力矩或两者都有。离心力的大小与偏心质量 m、偏心距 e 及旋转角速度 ω 有关，即 $F=me\omega^2$。交变的力（方向、大小均周期性变化）会引起振动，这就是不平衡引起振动的机理。

三、转子不平衡故障特征

转子不平衡振动特征见表 1-1。

表 1-1　转子不平衡振动特征

特征参量	故障特征		
	原始不平衡	渐变不平衡	突发不平衡
时域波形	正弦波	正弦波	正弦波
特征频率	1 倍频	1 倍频	1 倍频
振动稳定性	稳定	逐渐增大	突发性增大后稳定
振动方向	径向	径向	径向
相位特征	稳定	渐变	突发后稳定
轴心轨迹	椭圆	椭圆	椭圆
进动方向	正进动	正进动	正进动

第二节　动静部件碰摩的故障机理与故障特征

一、动静部件碰摩故障概念

在高速、高压离心压缩机组或汽轮机组等旋转机械中，为了提高效率，常常把轴封、级间密封、油封间隙和叶片顶隙设计得较小，以减小气体泄漏。但是，过小的间隙除了会引起流体动力激振之外，还会发生转子与静止部件的摩擦。摩擦一般分可为两种情况：径向碰摩和轴向碰摩。

二、动静部件碰摩故障机理

（一）径向碰摩振动机理

当转子在涡动时与静止件发生接触的瞬间，转子刚度增大；被静止件反弹后脱离接触，转子刚度减小，并且发生横向自由振动。因此，转子刚度在接触与非接触两者之间变化，变化的频率就是转子涡动频率。转子横向自由振动与强迫的旋转运动、涡动运动叠加在一起，就会产生一些特有的、复杂的振动响应频率。局部摩擦引起的振动频率中包含有不平衡引起的转速频率 ω，同时，摩擦振动是非线性振动，所以还包含有 2ω、3ω 等一些高次谐波。除此之外，还会引起低次谐波振动，在频谱图上会出现低次谐波成分 ω/n，重摩擦时 $n=2$，轻摩擦时 $n=3,4\cdots\cdots$次谐波的范围取决于转子的不平衡状态、阻尼、外载荷大小、摩擦副的几何形状以及材料特性等因素，在阻尼很高的转子系统中也可能不出现次谐波振动。

（二）轴向碰摩振动机理

转子与静止件发生轴向摩擦时，转子的振动特征几乎与正常状况一致，没有明显的异常特征。轴向干摩擦力与旋转速度有关，由于轴向干摩擦的作用使基频影响相对下降，同时有高频成分出现，所以，轴向干摩擦具有阻尼的特性。轴向干摩擦力的大小正比于转子与静止件之间的干摩擦因数和轴向力。轴向干摩擦阻尼远较径向摩擦阻尼大，由于轴向干摩擦会引起系统阻尼的显著增加，因此，系统阻尼的变化可作为诊断轴向摩擦的识别特征。

三、动静部件碰摩故障特征

动静部件碰摩振动特征见表 1-2。

表 1-2　动静部件碰摩振动特征

特征参量	故障特征		
	径向碰摩		轴向碰摩
	局部轻度径向碰摩	全周向严重径向碰摩	
时域波形	轻微削波	严重削波	正弦波
特征频率	$1/n$ 倍频及 n 倍频	0.5 倍频;n 倍频	
常伴频率	1 倍频	1 倍频	1 倍频
振动稳定性	不稳定	不稳定	不稳定
振动方向	径向	径向	径向,轴向
相位特征	反向位移	反向位移,跳动,突发	不稳定
轴心轨迹	紊乱	扩散	不稳定
进动方向	正进动	反进动	反进动

第三节　滑动轴承油膜失稳的故障机理与故障特征

一、滑动轴承油膜涡动和油膜振荡故障概念

（一）油膜涡动

油膜的楔形按油的平均流速绕轴瓦中心运动的现象称为油膜涡动，因其

平均速度为轴颈圆周速度的一半，故又称为半速涡动。

（二）油膜振荡

油膜涡动产生后就不消失，随着工作转速的升高，其涡动频率也不断增强，振幅也不断增大，如果转子的转速继续升高到第一临界转速的 2 倍时，其涡动频率与一阶临界转速相同，产生共振，振幅突然骤增，振动非常剧烈，轴心轨迹突然变成扩散的不规则曲线，半频谐波振幅值就增加到接近或超过基频振幅，若继续提高转速，则转子的涡动频率保持不变，始终等于转子的一阶临界转速，这种现象称为油膜振荡。

二、滑动轴承油膜涡动和油膜振荡故障机理

轴颈在轴承中做偏心旋转时，形成一个进口断面大于出口断面的油楔，如果进口处的油液流速并不马上下降（例如，对于高速轻载转子，轴颈表面线速度很高而载荷又很小，油楔力大于轴颈载荷，此时，油楔压力的升高不足以把收敛形油楔中的流油速度降得较低），则轴颈从油楔间隙大的地方带入的油量大于从间隙小的地方带出的油量，由于液体的不可压缩性，多余的油就要把轴颈推向前进，形成了与转子旋转方向相同的涡动运动，涡动速度就是油楔本身的前进速度。

轴颈涡动速度可以定量分析如下：当转子旋转角速度为 ω 时，因润滑油具有黏性，所以，轴颈表面的油流速度与轴颈线速度相同，均为 $r\omega$，而在轴瓦表面处的润滑油流速为零。为分析方便，假定间隙中的油流速呈直线分布。在油楔力的推动下，转子发生涡动运动，涡动角速度为 Ω，假定 $\mathrm{d}t$ 时间内轴颈中心从 O_1 点涡动到 O'点，轴颈上某一直径 $A'B'$扫过的面积为：

$$\Omega e(2r)\mathrm{d}t=2r\Omega e\mathrm{d}t \tag{1-1}$$

此面积等于轴颈掠过面积（图 1-2 中有阴影线部分的月牙形面积），这部分面积也就是油流在 AA'断面间隙与 BB'断面间隙中的流量差。假如轴承宽度为 l，轴承两端的泄油量为 $\mathrm{d}Q$，根据流体连续性条件，则可得到：

$$r\omega l\frac{c+e}{2}\mathrm{d}t=r\omega l\frac{c-e}{2}\mathrm{d}t+2rl\Omega e\mathrm{d}t+\mathrm{d}Q \tag{1-2}$$

$$\Omega=\frac{1}{2}\omega-\frac{1}{2rel}\frac{\mathrm{d}Q}{\mathrm{d}t} \tag{1-3}$$

当轴承两端泄漏量$\frac{\mathrm{d}Q}{\mathrm{d}t}=0$ 时，可得：$\Omega=\frac{1}{2}\omega$。实际上，因为一些原因涡

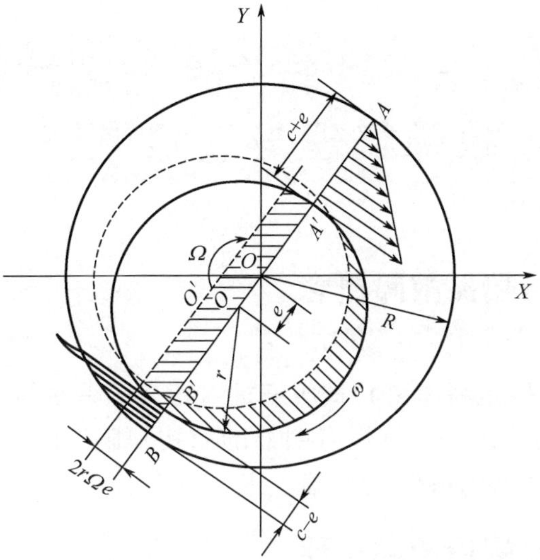

图 1-2　轴颈半速涡动分析

动频率略低于转速频率的 1/2，大约为 $\Omega=(0.38\sim0.48)\omega$。

三、滑动轴承油膜涡动和油膜振荡故障特征

滑动轴承油膜涡动与滑膜振荡振动特征见表 1-3。

表 1-3　滑动轴承油膜涡动与油膜振荡振动特征

特征参量	故障特征	
	油膜涡动	油膜振荡
时域波形	有低频成分	低频成分明显
特征频率	≤0.5 倍频	0.42~0.48 倍频
常伴频率	1 倍频	组合频率
振动稳定性	较稳定	不稳定
振动方向	径向	径向
相位特征	不稳定	不稳定(突发)
轴心轨迹	双环椭圆	扩散,不规则
进动方向	正进动	正进动

第四节　旋转失速与喘振的故障机理与故障特征

一、旋转失速与喘振故障概念

旋转失速与喘振是高速离心式压缩机组特有的一种振动故障，是由于流体流动分离导致的，设备本身没有明显的结构缺陷，因此不需要停工检修，通过调节流量即可使振动减至允许值。

二、旋转失速与喘振故障机理

从固定于叶轮上的相对坐标系来看，旋转脱离团以角频率 ω_s 在机器流道间传播，由于压力波动激励转子的振动频率为 ω_s，其振动频率小于转子的角频率 ω。而从叶轮之外的绝对坐标系来看，旋转脱离团是以（$\omega \sim \omega_s$）的频率旋转的，其方向与转子的旋转方向相同，因此，流体机械发生旋转失速时，转子的异常振动同时有 ω_s 和（$\omega \sim \omega_s$）两个次谐波特征频率。

机组发生旋转失速时，可能是在某一级叶轮上有一个气体脱离团，也可能是在某级叶轮上存在几个脱离团；脱离团可能在某一级叶轮上发生，也可能同时在几级叶轮上同时发生。一般机器发生旋转失速故障时，常有两个或两个以上气体脱离团。实际生产中，机器发生旋转失速的角频率 ω_s 可按下式计算：

$$\omega_s = \frac{1}{N}\frac{Q_{0P}}{Q_0}\omega \tag{1-4}$$

式中　ω——转子角频率；

N——气体脱离团数量；

Q_{0P}——实际工作流量；

Q_0——设计流量。

流体机械的旋转失速故障一般来说总是存在的，但它并不一定能激励转子，使机组发生强烈振动，只有当旋转失速的频率与机组的某一固有频率耦合时，机器才有可能发生共振，出现危险振动。

喘振是旋转失速的进一步发展。离心式压缩机具有这样的特性，对于一个确定的转速，总对应一个流量值，压缩机效率达到最高点。当流量大于或小于此值时，效率都将下降。一般常以此流量的工况点为设计工况点。

压缩机的性能曲线左边受到喘振工况（Q_{min}）的限制（图 1-3），右边受到堵塞工况（Q_{max}）的限制，在这二者之间的区域，称为压缩机的稳定工况区域。稳定工况区域的大小，是衡量压缩机性能的重要指标。

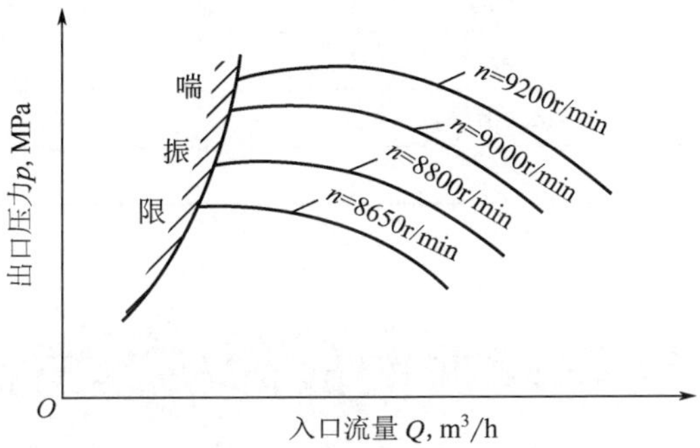

图 1-3　压缩机性能曲线

当压缩机在运行过程中，若因外部原因使流量不断减小达到 Q_{min} 值时，就会在压缩机流道中出现严重的旋转脱离，若气量进一步减小时，压缩机叶轮的整个流道被气流旋涡区占据，这时，压缩机的出口压力将突然下降。但是，压缩机出口所连接的较大容量的管网系统中压力并不马上下降，此时，会出现管网中气体向压缩机倒流的现象。当管网中压力下降到低于压缩机出口排气压力时，气体倒流会停止，压缩机又恢复向管网排气。然而，因为进气量的不足，压缩机在出口管网恢复到原来的压力以后，又会在流道内出现旋涡区。如此周而复始，机组和管道内的流量会发生周期性变化，机器进出口压力会大幅度脉动。由于气体在压缩机进出口处吞吐倒流，会伴随有巨大周期性的气流吼声和剧烈的机器振动，这些波动在仪表操作盘的压力、流量、振动信号显示、记录中可以清楚地反映出来，在操作现场也可以立即觉察得到。

三、旋转失速与喘振故障特征

旋转失速与喘振振动特征见表 1-4。

表 1-4 旋转失速与喘振振动特征

特征参量	故障特征	
	旋转失速	喘振
时域波形	各成分叠加波形	低频成分明显的叠加波形
特征频率	ω_s 及(ω~ω_s)的成对次谐波	1~30Hz 的低频成分
常伴频率	组合频率	1 倍频
振动稳定性	波动或波动幅度较大	大幅度波动
振动方向	径向	径向
相位特征	不稳定	不稳定
轴心轨迹	杂乱、不稳定	紊乱
进动方向	正进动	正进动

第五节 转子弯曲的故障机理与故障特征

一、转子弯曲故障概念

转子弯曲是指转子各横截面的几何中心连接线与旋转轴线不重合。转子弯曲可分为永久性弯曲和临时性弯曲两种。

二、转子弯曲故障机理

转子永久性弯曲和临时性弯曲虽然是两种不同的故障，但其故障机理相同，都与转子质量偏心类似，因而都会产生与质量偏心类似的旋转矢量激振力。与质心偏离不同之处在于，轴弯曲会使轴两端产生锥形运动，因而在轴向还会产生较大的 1 倍频振动。

另外，转轴弯曲时，由于弯曲产生的弹力和转子不平衡所产生的离心力相位不同，两者之间相互作用会有所抵消，转轴的振幅在某个转速下会有所减小，即在某个转速上，转轴的振幅会产生一个“凹谷”，这点与不平衡转子动力特性有所不同。当弯曲的作用小于不平衡量时，振幅的减少发生在临界转速以下；当弯曲作用大于不平衡量时，振幅的减少就发生在临界转速以上。

三、转子弯曲故障特征

转子弯曲振动特征见表 1-5。

表 1-5　转子弯曲振动特征

特征参量	故障特征	
	永久性弯曲	临时性弯曲
时域波形	正弦波	正弦波
特征频率	1 倍频	1 倍频
常伴频率	2 倍频，高次谐波	2 倍频，高次谐波
振动稳定性	稳定，启动时起始振动值就较高	稳定，升速过程中有一个凹谷
振动方向	径向	径向
相位特征	稳定	稳定
轴心轨迹	椭圆	椭圆
进动方向	正进动	正进动

第六节　轴系不对中的故障机理与故障特征

一、轴系不对中故障概念

轴系不对中通常是指相邻两转子的轴心线与轴承中心线存在倾斜或偏移。轴系不对中故障是旋转机械常见的故障。

二、轴系不对中故障机理

（一）齿式联轴器连接不对中

一般可分为三种情况：平行不对中、角度不对中，综合不对中，如图 1-4 所示。齿式联轴节是由两个具有外齿环的半联轴节和具有内齿环的中间齿套组成。当轴系对中超差时，齿式联轴节内外齿面的接触情况发生变化，从而使中间齿套发生相对倾斜，在传递运动和转矩时，将会产生附加的径向力和轴向力，引发相应的振动，这就是不对中故障振动的故障机理，如图 1-5 所示。

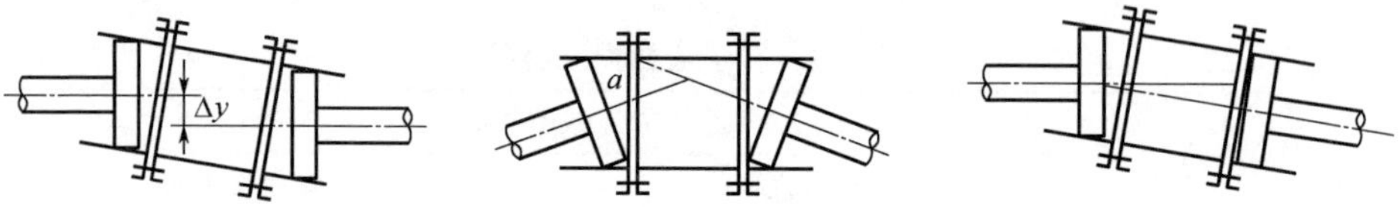

(a) 平行不对中　　(b) 角度不对中　　(c) 综合不对中

图 1-4　刚性联轴器连接不对中的情况

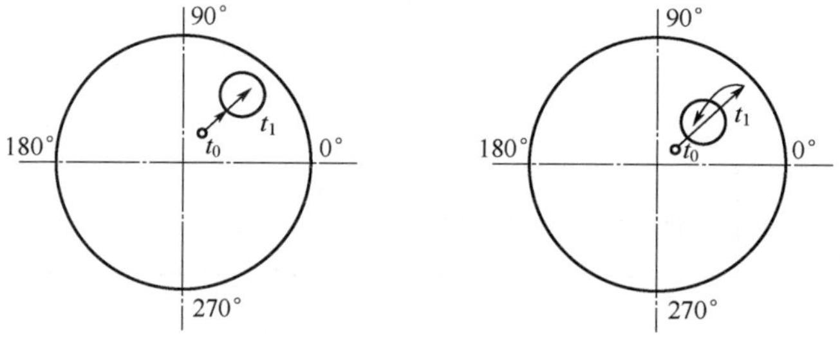

(a) 转子弓形弯曲振动矢量域　　(b) 转子临时性弯曲振动矢量域

图 1-5　齿式联轴器转子不对中形式

（二）刚性联轴器连接对中不良

强制连接所产生的力矩，不仅使转子发生弯曲变形，而且随转子轴线平行位移或轴线角度位移的状态不同，其变形和受力情况也不一样。

（三）轴承不对中

轴承不对中反映的是轴承坐标高低和左右位置的偏差。由于结构上的原因，轴承在水平方向和垂直方向上具有不同的刚度和阻尼，不对中的存在加大了这种差别。虽然油膜既有弹性又有阻尼，能够在一定程度上弥补不对中的影响，但不对中过大时，会使轴承的工作条件改变，在转子上产生附加的力和力矩，甚至使转子失稳或产生碰摩。

轴承不对中同时又使轴颈中心和平衡位置发生变化，使轴系的载荷重新分配，负荷大的轴承油膜呈现非线性，在一定条件下出现高次谐波振动；负荷较轻的轴承容易引起油膜涡动进而导致油膜振荡。支承负荷的变化还会使轴系的临界转速和振型发生改变。

三、轴系不对中故障特征

轴系不对中振动特征见表 1-6。

表 1-6 轴系不对中振动特征

特征参量	故障特征		
	平行不对中	角度不对中	综合不对中
时域波形	1 倍频与 2 倍频叠加波形	1 倍频与 2 倍频叠加波形	1 倍频与 2 倍频叠加波形
特征频率	2 倍频	2 倍频	2 倍频
常伴频率	1 倍频,高次谐波	1 倍频,高次谐波	1 倍频,高次谐波
振动稳定性	稳定	稳定	稳定
振动方向	轴向为主	径向,轴向均较大	径向,轴向均较大
相位特征	较稳定	较稳定	较稳定
轴心轨迹	双环椭圆	双环椭圆	双环椭圆
进动方向	正进动	正进动	正进动

第二章　离心式压缩机组故障诊断案例分析

第一节　转子不平衡故障案例分析

一、离心压缩机组转子叶片断裂故障诊断分析

（一）机组概况

该机组是由电动机、齿轮箱、离心压缩机组成，如图 2-1 所示。

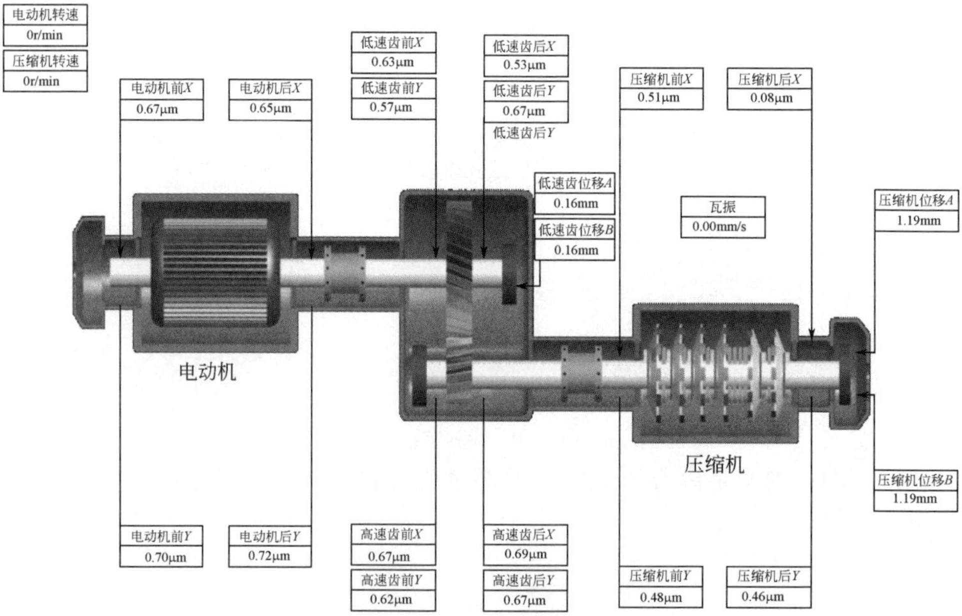

图 2-1　机组概貌图

（二）故障现象及原因分析

图 2-2 是离心压缩机振动在 1 月 1 日的 19:31:49 时刻之前 5min 一组的正常状态，从这个时刻开始，数据密度开始加大，说明离心压缩机的状态已经变化。

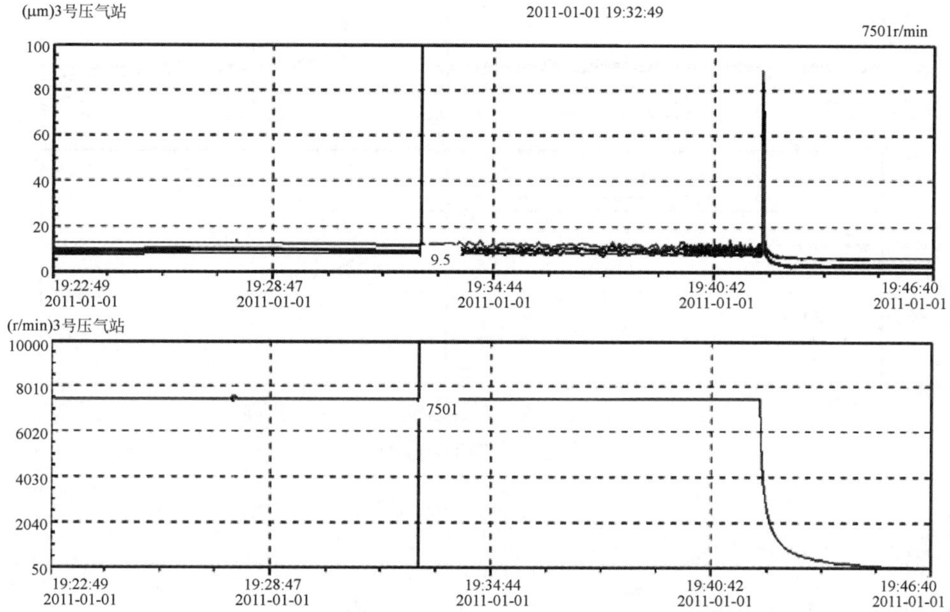

图 2-2　离心压缩机 2011 年 1 月 1 日停机过程的相关趋势图

离心压缩机的振动是在 19:41:59 这一时刻开始加速上升，19:42:00 时刻，机组振动高联锁停机，是振动高在先，停机在后，振动升高后主要频率成分是 1 倍频（图 2-3）。

图 2-5 是离心压缩机前轴承 1 月 1 日的轴心轨迹图，在停机前，前轴承处在 19:38:04 时刻检测到反进动，后轴承处在 19:41:18 时刻检测到反进动，同时持续时间比较长，直到 19:41:59 时刻反进动消失，持续时间大约 41s，说明离心压缩机前后轴承相关部位存在碰摩，尤其以离心压缩机的后端更为严重，说明是离心压缩机相关部位存在碰摩，离心压缩机是在 19:42:00 时刻联锁停机的，说明是离心压缩机相关部位先存在碰摩，造成振动上升，引起振动高联锁停机。

图 2-6 是离心压缩机 4 个通道 1 月 4 日启停机的相关趋势图，在这次启停机过程中，出现了 1 倍频幅值和相位的跳变，说明离心压缩机相关部位存在碰摩。

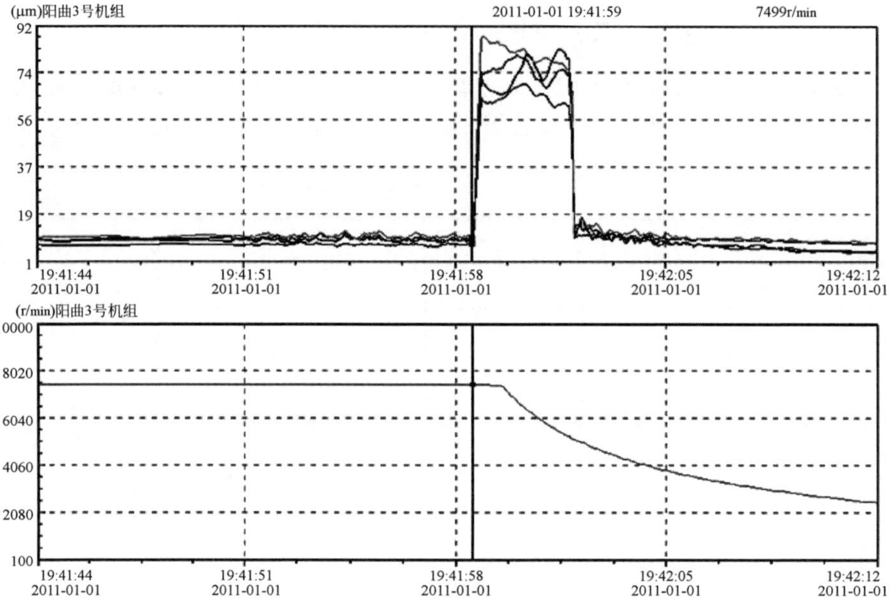

图 2-3　振动趋势图

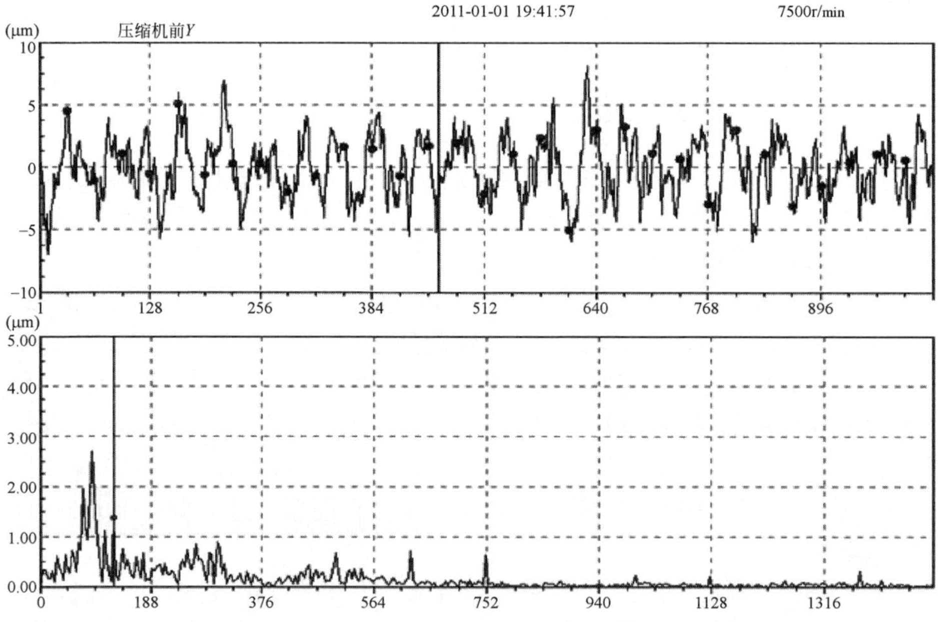

图 2-4

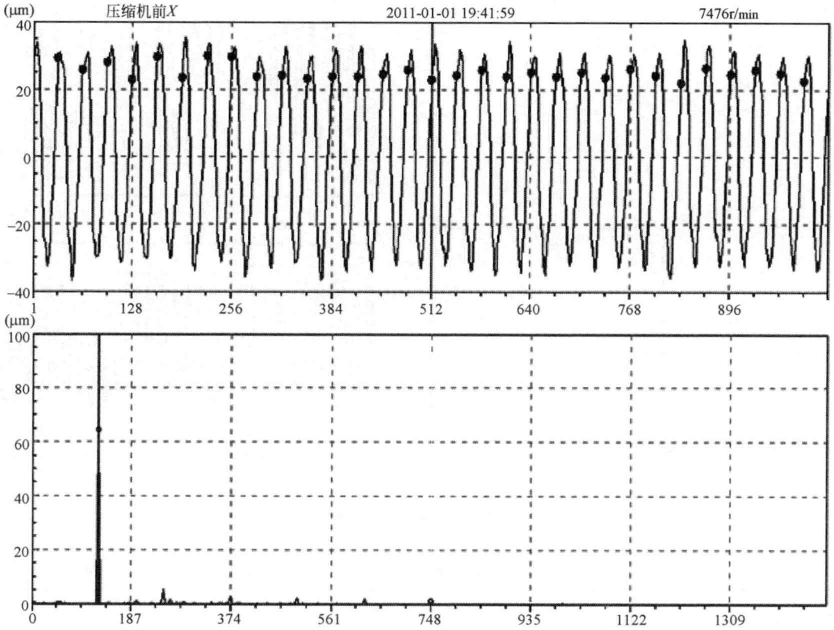

图 2-4　波形频谱图

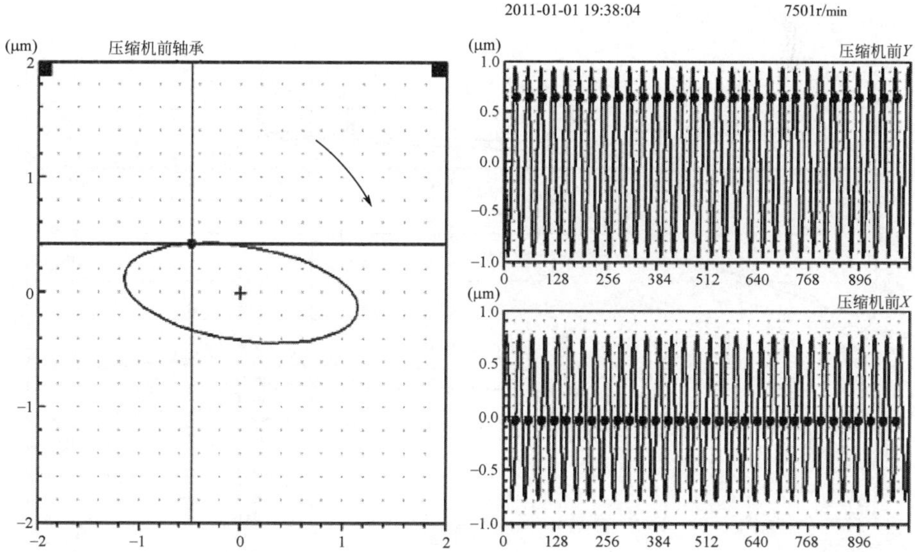

图 2-5

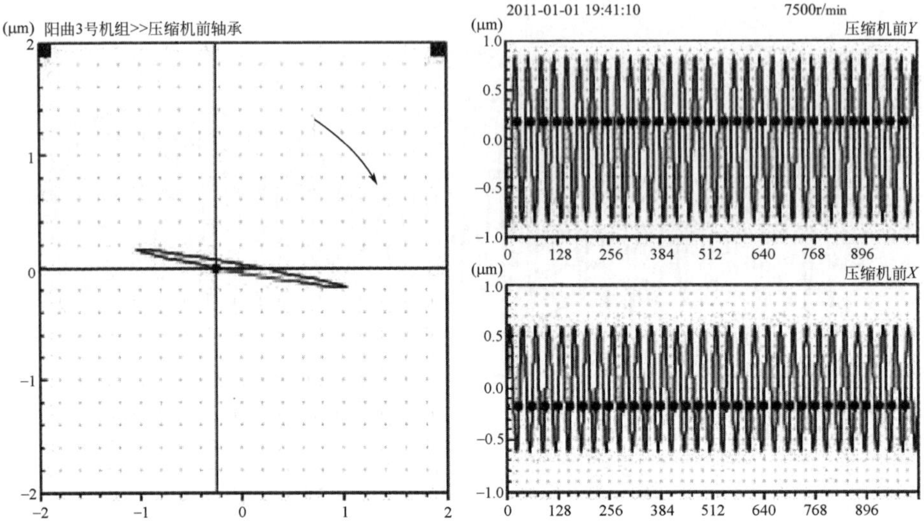

图 2-5　轴心轨迹图

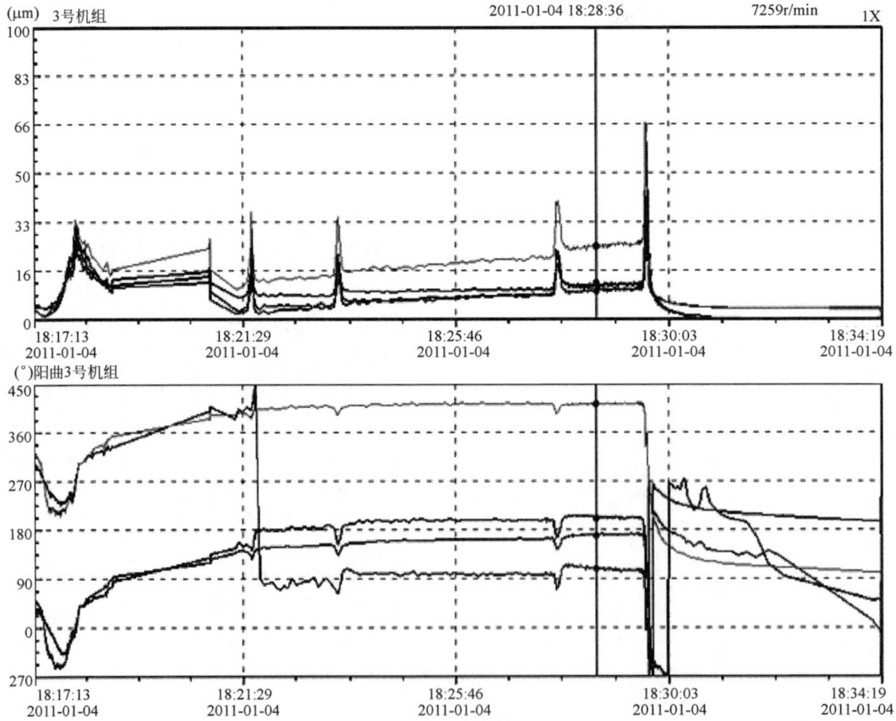

图 2-6　振动趋势图

图 2-7 是离心压缩机 4 个通道 1 月 9 日启停机的相关趋势图，离心压缩机在开机过程中，振动随转速上升快速变大，主要能量是 1 倍频，并且相位发生了变化，说明转子的平衡状态已经恶化。

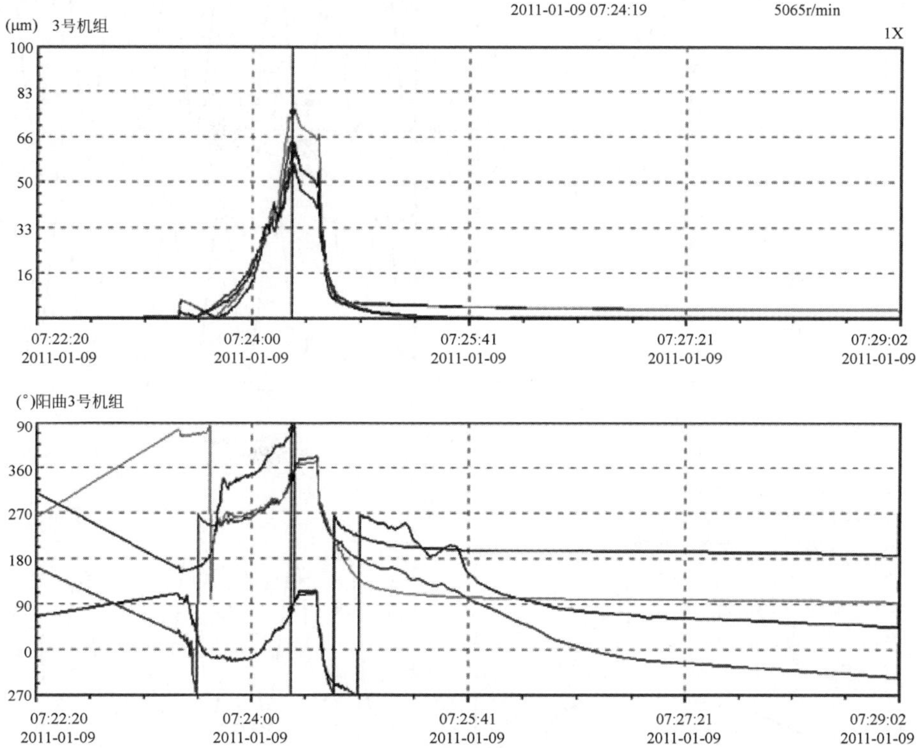

图 2-7　振动趋势图

图 2-8 是离心压缩机前后轴承以及轴端传感器 1 月 9 日启停机的轴心轨迹图，离心压缩机的后端检测到少量的反进动，轴端传感器系统检测到大量的反进动，说明离心压缩机的后端出现比较严重的碰摩。

图 2-9 是离心压缩机 1 月 9 日启停机的 bode 图，非常清楚地说明转子的平衡状态以及存在比较大的平衡问题。

通过远程实时在线监测系统对振动趋势图及波形频谱图进行分析，压气站 3 号机组在 1 月 1 日正常运行过程中，先产生碰摩，尤其是离心压缩机的后端（即离心压缩机的吸入端）碰摩更严重一些，之后振动上升，机组联锁停机，产生碰摩的原因有可能是有异物进入或者离心压缩机相应部件存在一定问题造成的；在 1 月 4 日的开机过程中，离心压缩机仍然存在碰摩；1 月 9 日

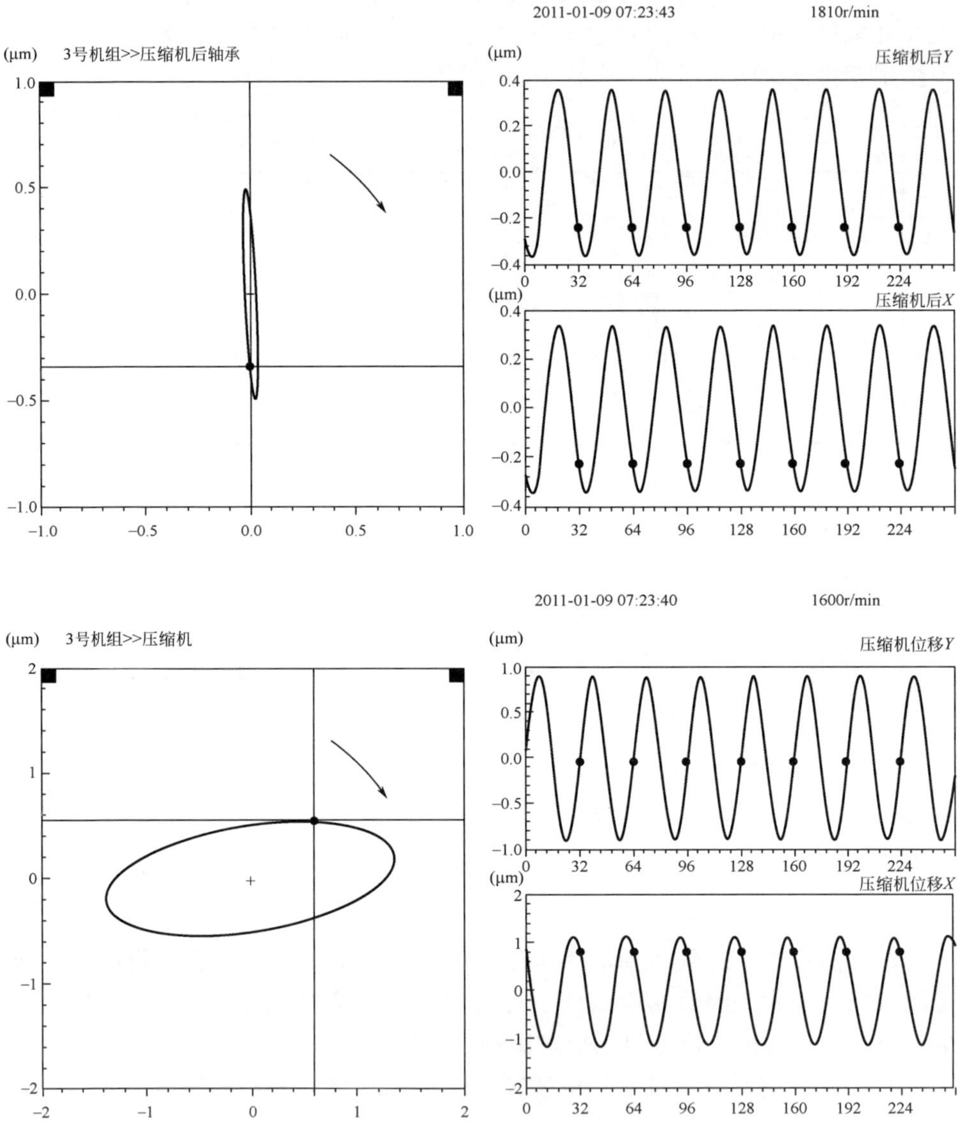

图 2-8　轴心轨迹图

的启停机过程中，转子的状态已经发生变化，存在比较大的平衡问题。根据以上振动特征征兆得出判断：离心压缩机组发生强烈振动的主要原因是离心压缩机转子叶片断裂。

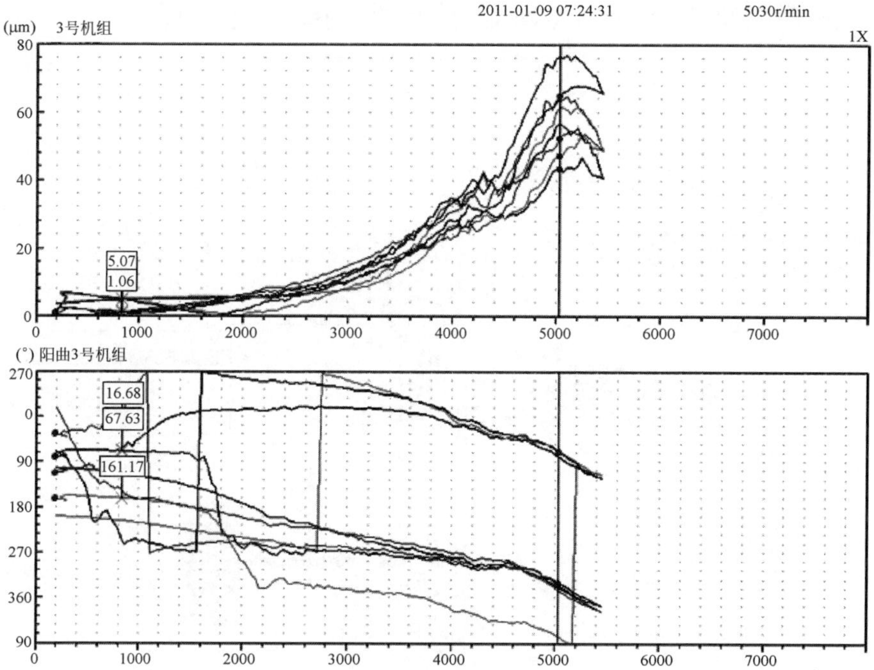

图 2-9　启停机 bode 图

（三）诊断结论及现场反馈

诊断结论：离心压缩机转子轮盘断裂。

现场反馈：机组窗口检修时发现，离心压缩机转子轮盘断裂（图 2-10）。

图 2-10　离心压缩机转子

二、离心压缩机组 K201 轴系不平衡故障诊断分析

（一）机组概况

该机组是由电动机、齿轮箱、离心压缩机组成，如图 2-11 所示。

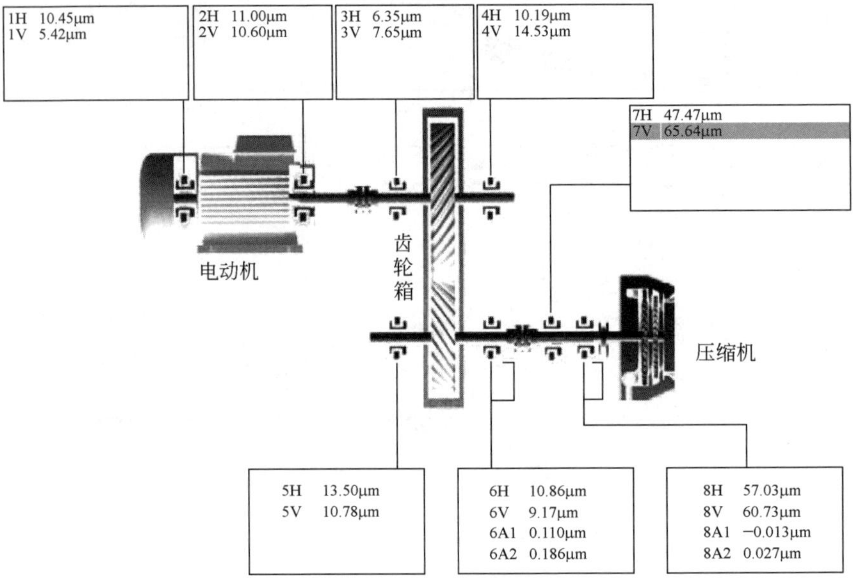

图 2-11　机组概貌图

（二）故障现象及原因分析

通过远程实时在线监测系统对该循环气离心压缩机组的振动趋势图（图 2-12 至图 2-15）进行分析，得出判断：造成循环气离心压缩机组发生强烈振动的主要原因是离心压缩机转子质量分布发生变化，造成机组轴系不平衡故障。

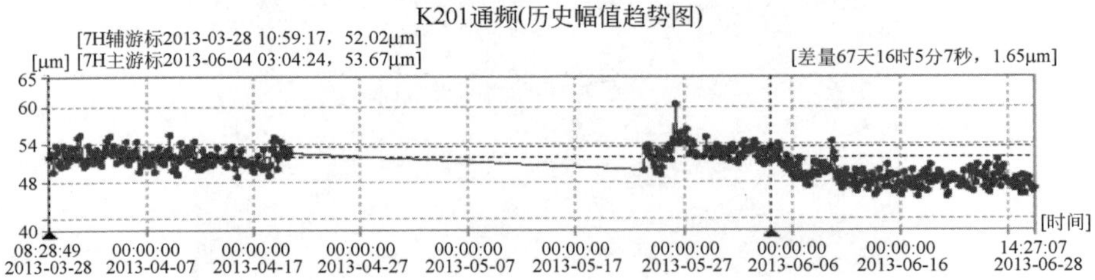

图 2-12

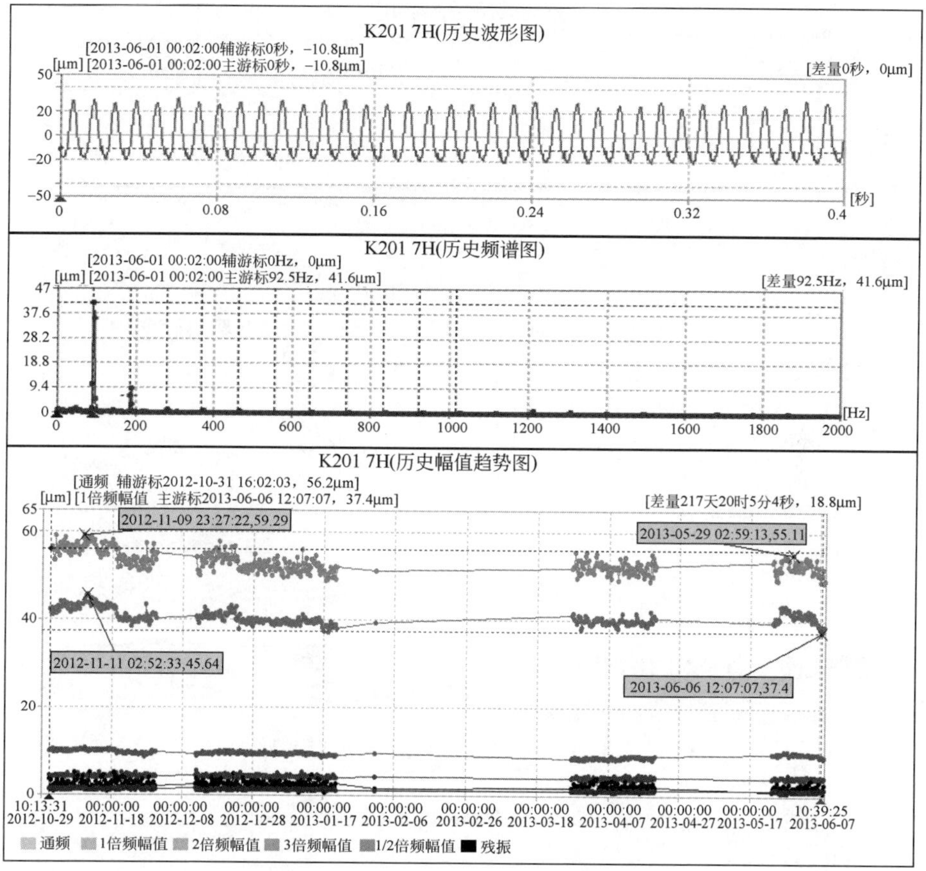

图 2-12 离心压缩机 7H 测点振动趋势图

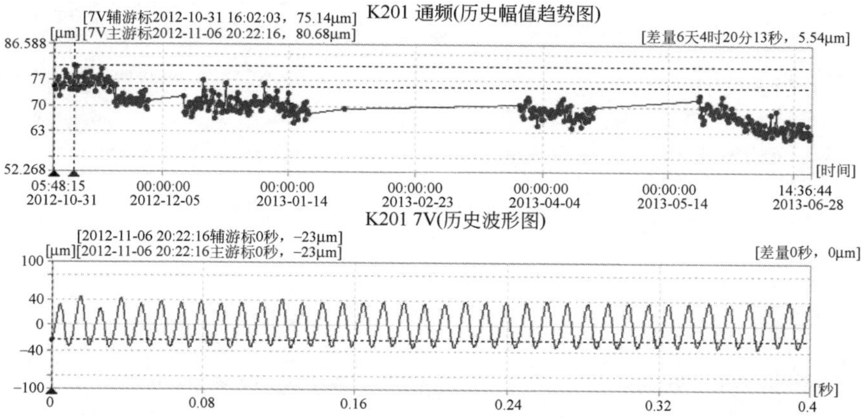

图 2-13

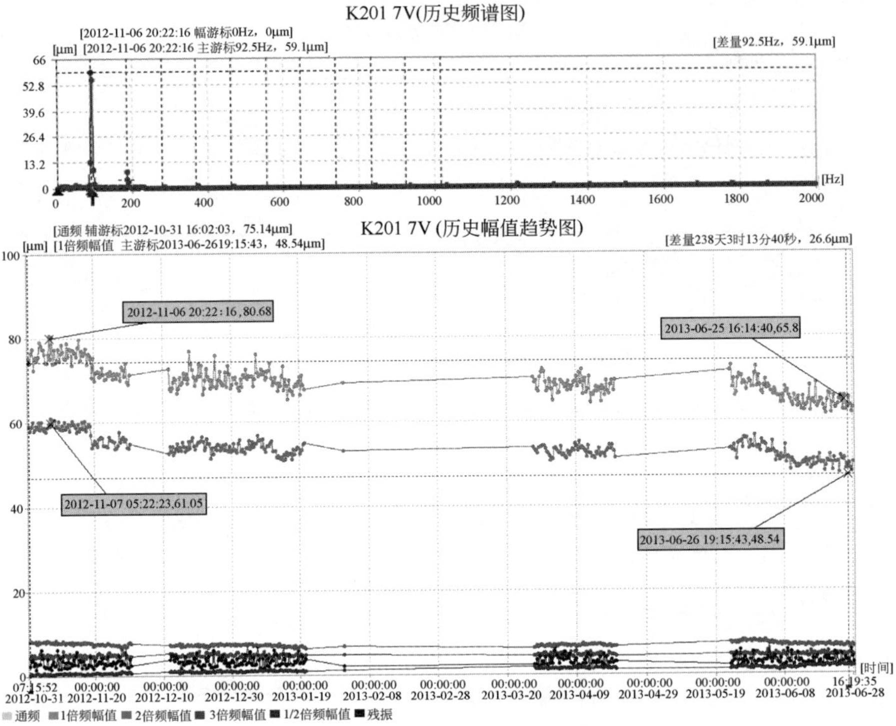

图 2-13　离心压缩机 7V 测点振动趋势图

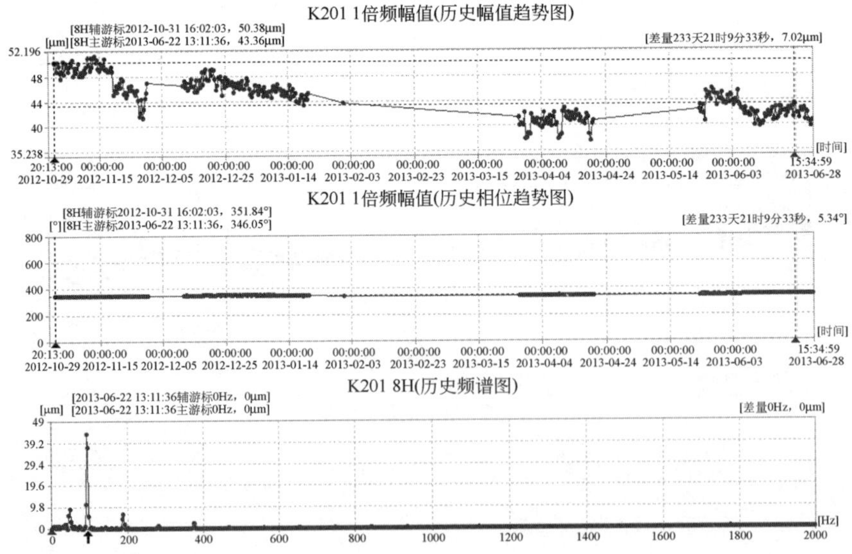

图 2-14　离心压缩机 8H 测点振动趋势图

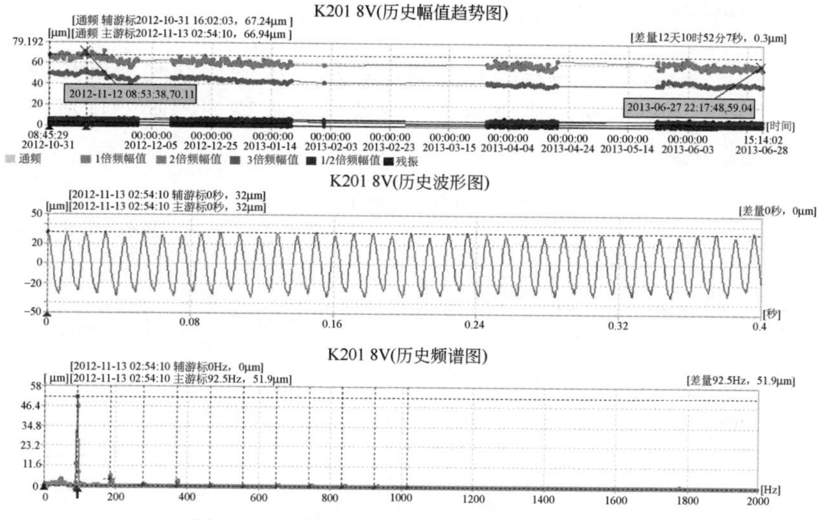

图 2-15　离心压缩机 8V 测点振动趋势图

（三）诊断结论及现场反馈

诊断结论：机组轴系不平衡故障。

现场反馈：机组检修时，现场人员反馈与诊断结论一致。

三、汽轮压缩机组 21C201 结垢故障诊断分析

（一）机组概况

该机组是由汽轮机、低压缸、高压缸组成，如图 2-16 所示。

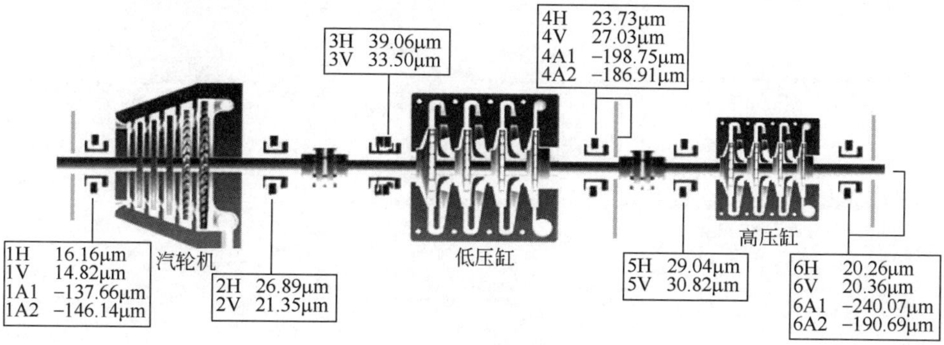

图 2-16　机组概貌图

（二）故障现象及原因分析

通过远程实时在线监测系统对该离心压缩机组的振动趋势图以及轴心轨迹图进行分析，得出判断：造成离心压缩机组发生强烈振动的主要原因是机组轴系不平衡故障。

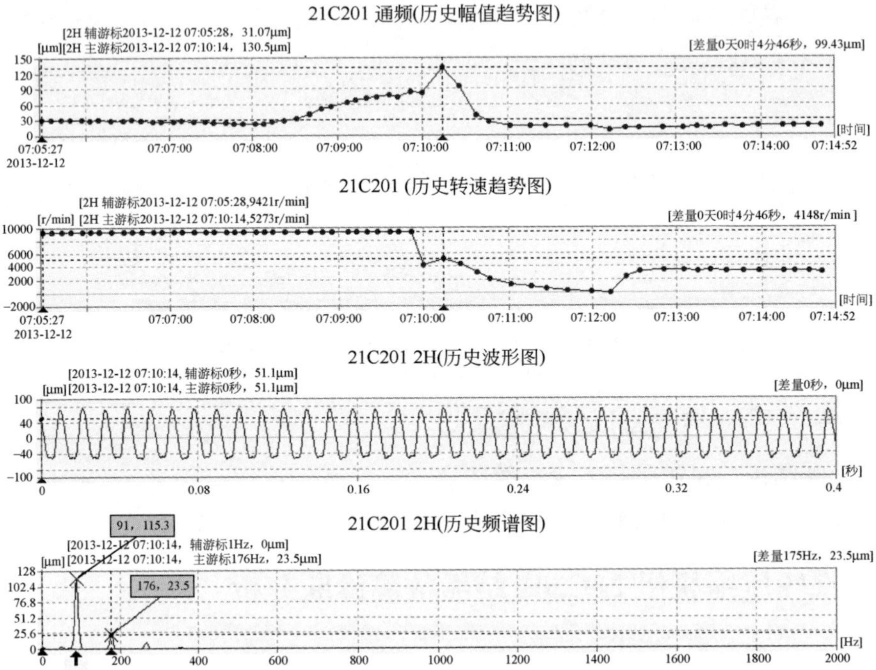

图 2-17　汽轮机 2H 测点振动趋势图

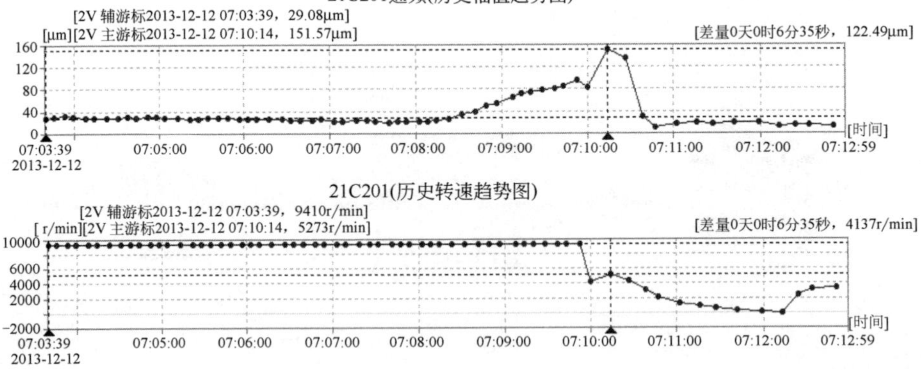

图 2-18

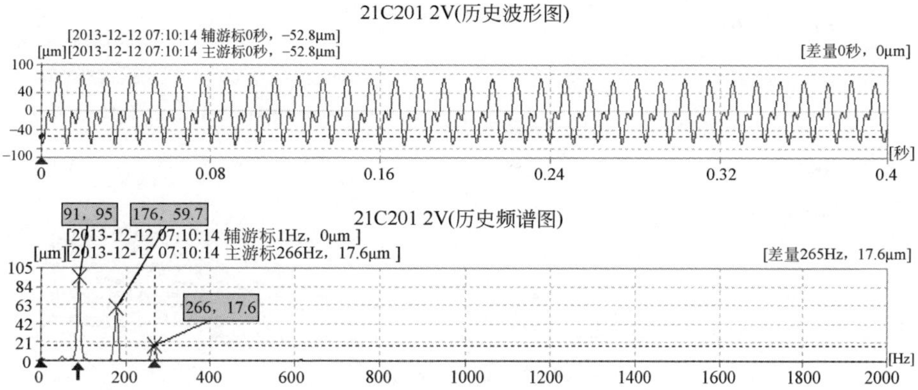

图 2-18 汽轮机 2V 测点振动趋势图

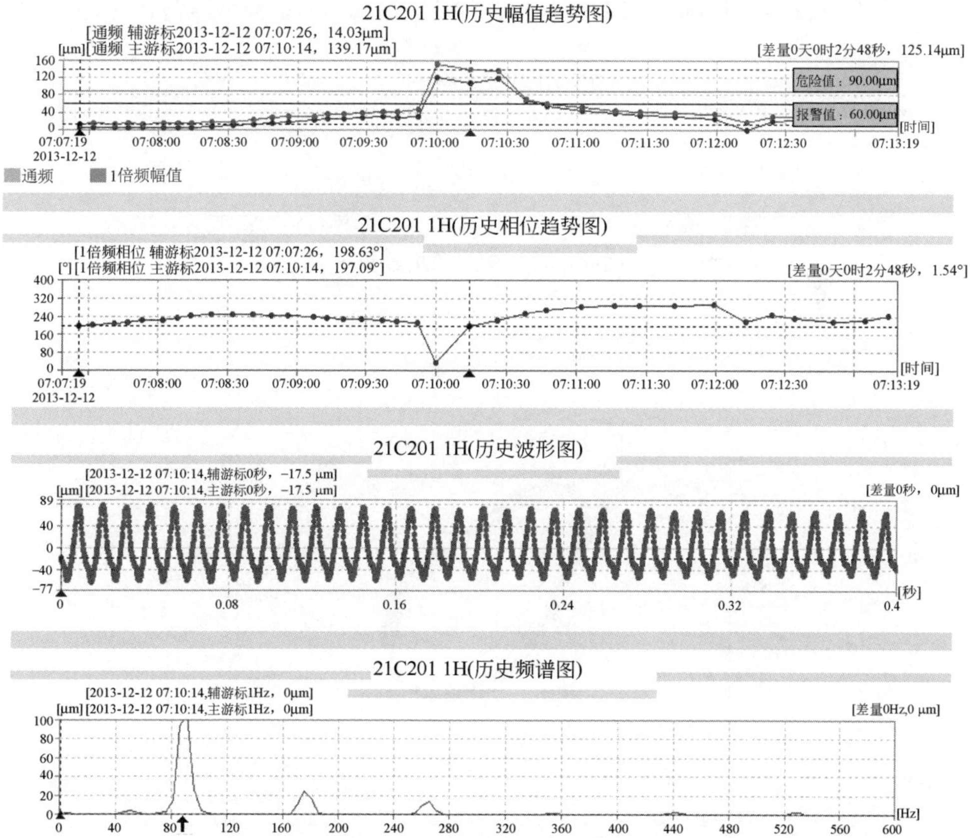

图 2-19 1H 测点历史趋势图

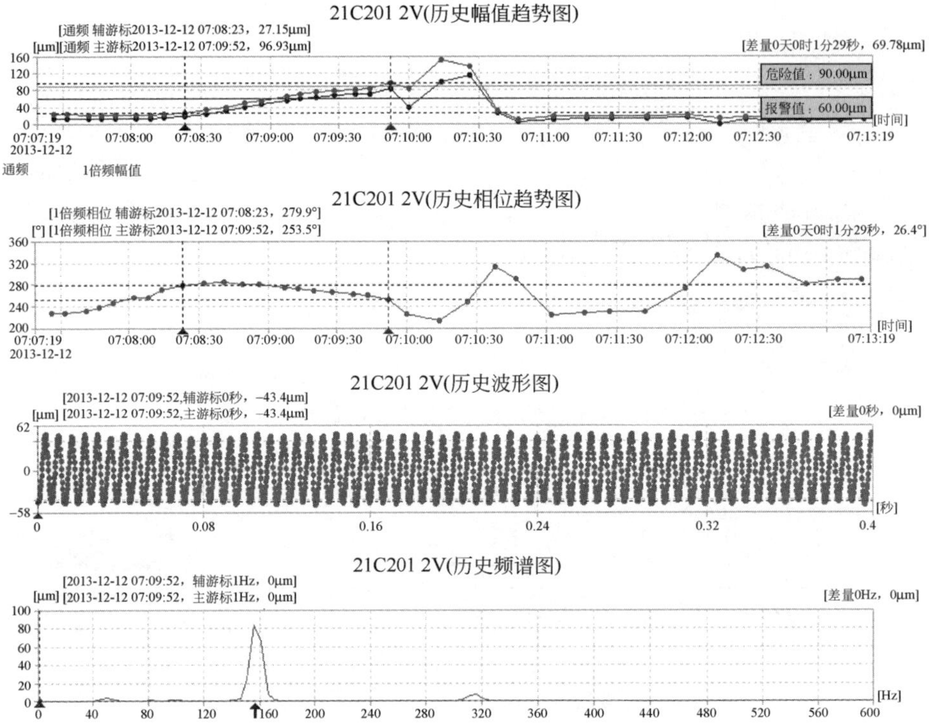

图 2-20　2V 测点历史趋势图

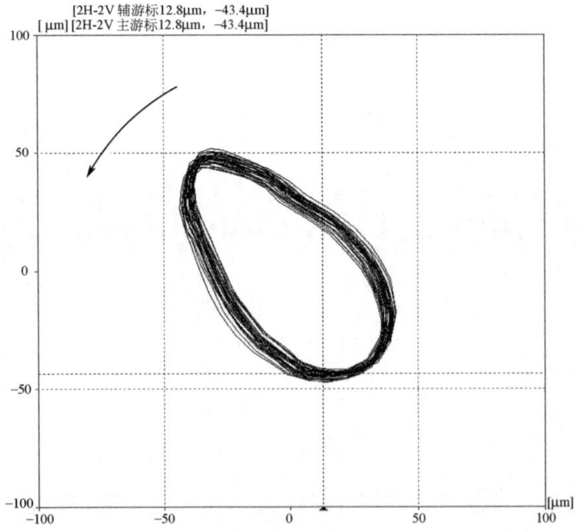

图 2-21　联锁前瞬间轴心轨迹——椭圆

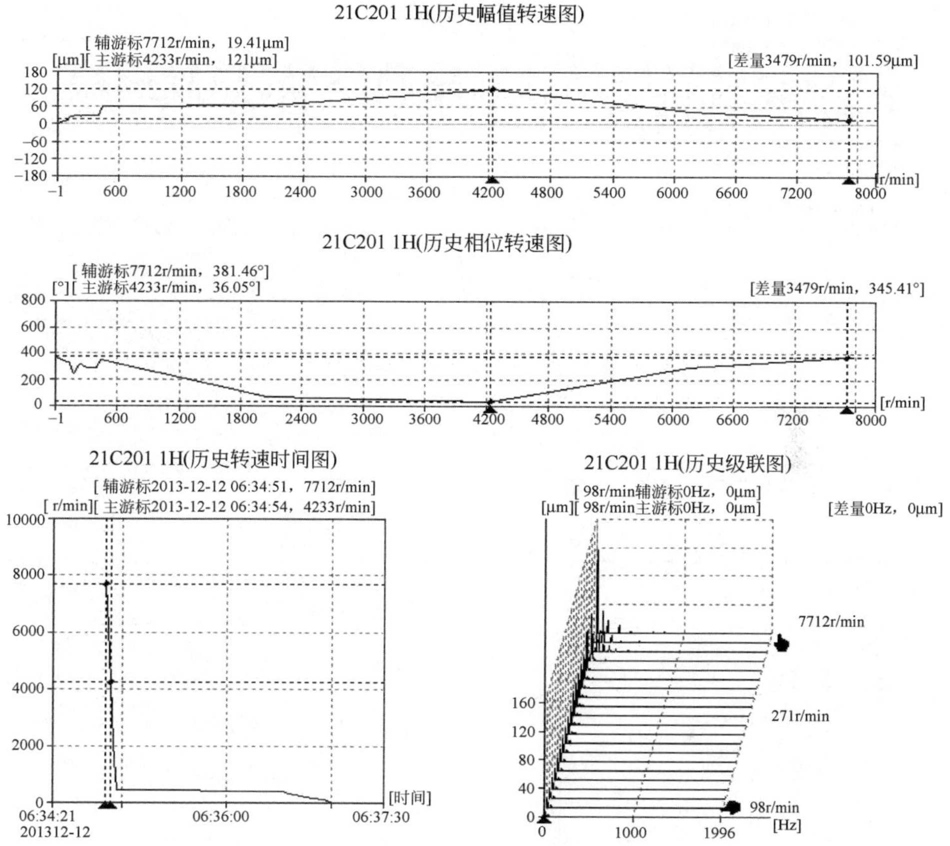

图 2-22　启停车曲线

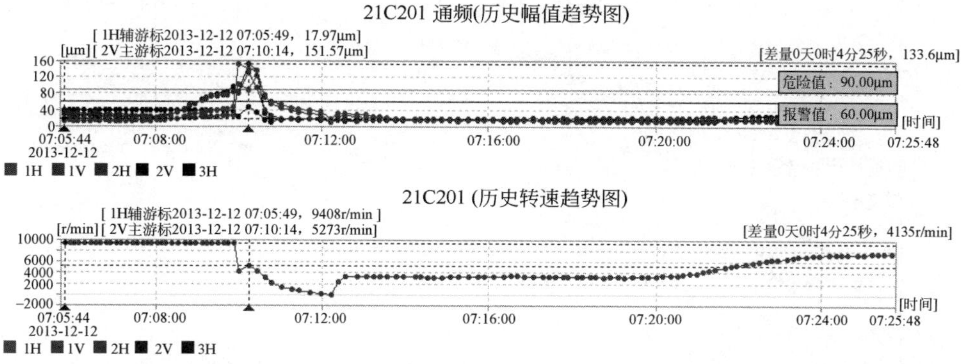

图 2-23

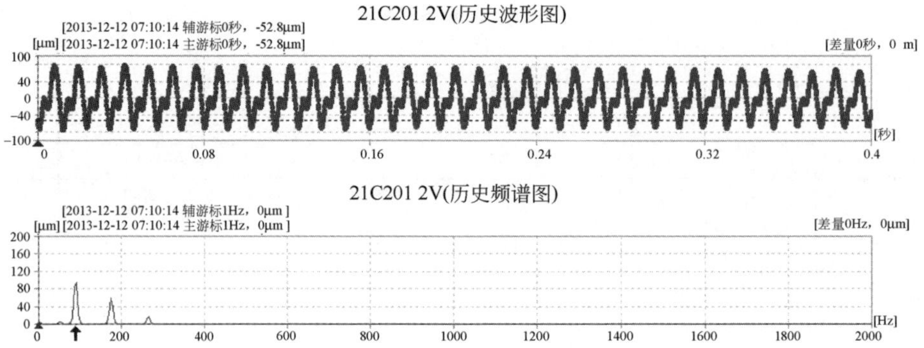

图 2-23　振动最高点趋势图

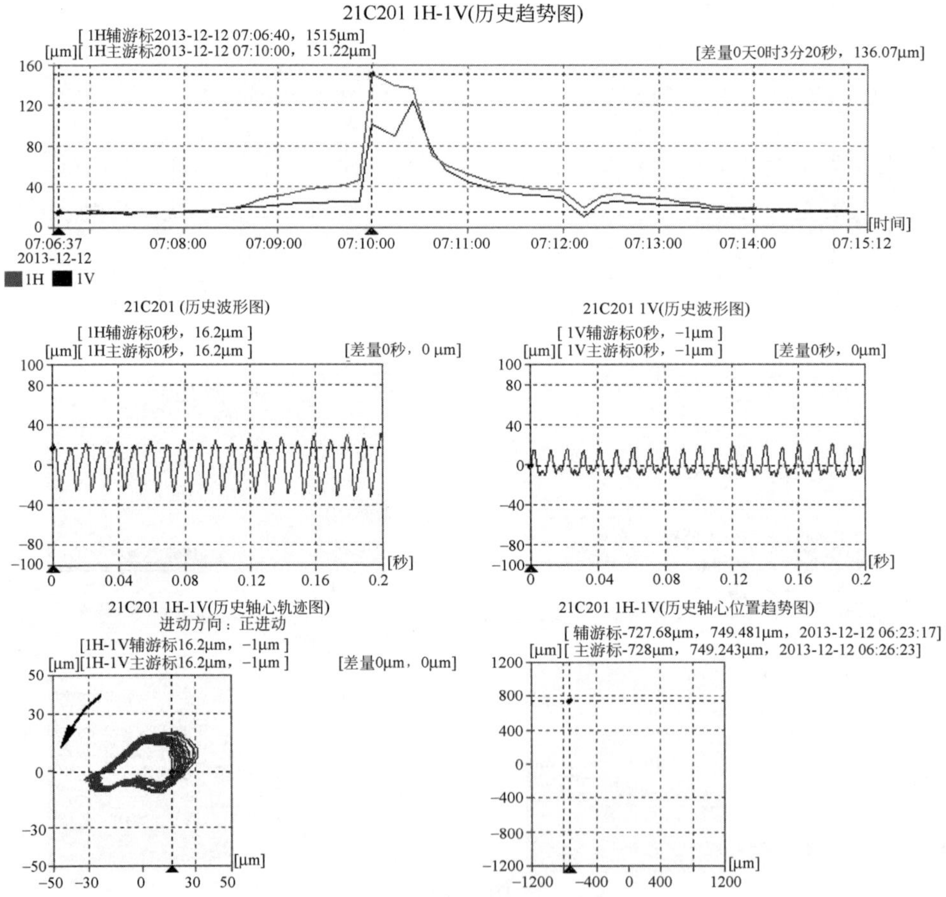

图 2-24　振动最大时刻轴心轨迹图

（三）诊断结论及现场反馈

诊断结论：机组可继续监护运行，如果具备停机检查条件，重点检查转子及静止件结垢程度、气封有无磨损；确认排凝系统运行情况，近 5~6 个月内锅炉水硅盐含量是否超标，以确认垢层脱落不均匀问题。

现场反馈：该机组在 9 月份停机检修时发现，汽轮机末级结垢严重，垢层较硬，倒数二、三级隔板间汽封条脱落严重。

四、汽轮压缩机组转子叶片脱落故障诊断分析

（一）故障诊断 I

1. 机组概况

该机组是由汽轮机、低压缸、齿轮箱、高压缸组成，如图 2-25 所示。

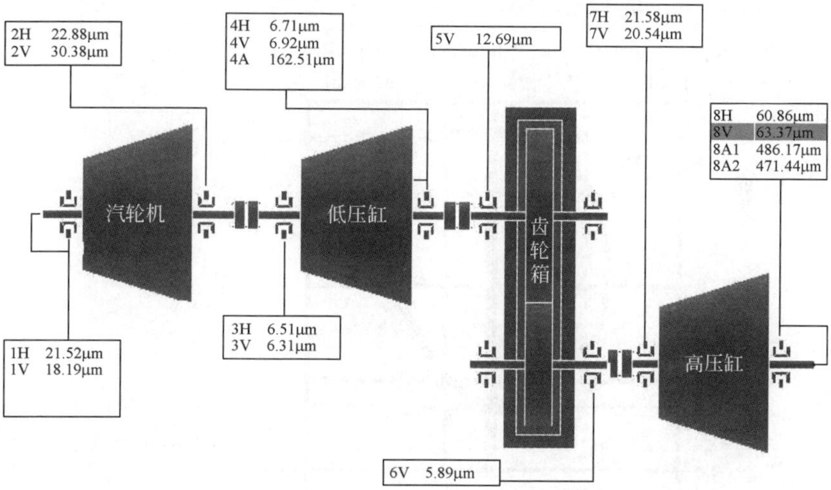

图 2-25　机组概貌图

2. 故障现象及原因分析

通过远程实时在线监测系统对该机组 1H、1V 测点的波形频谱图（图 2-26）以及轴心轨迹图（图 2-27）进行分析，得出判断：造成汽轮压缩机组发生强烈振动的主要原因是汽轮机转子上有质量体脱落，造成机组轴系不平衡故障。

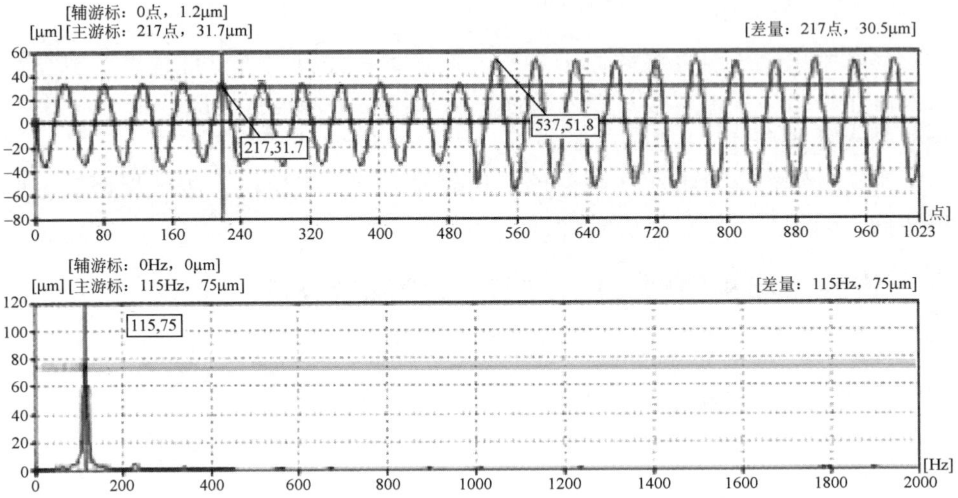

图 2-26　1V 波形频谱图

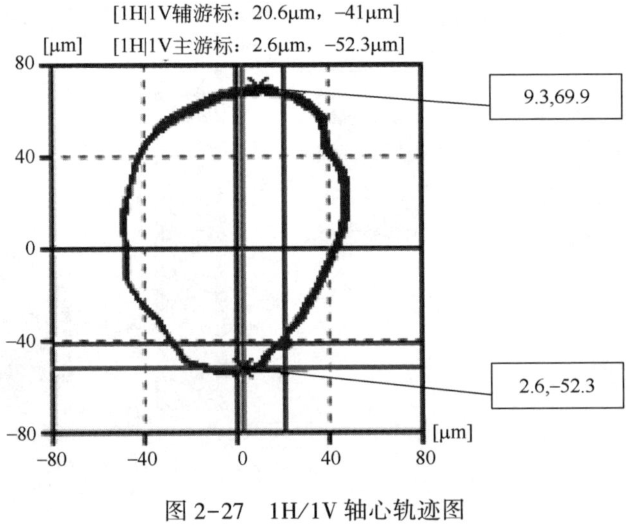

图 2-27　1H/1V 轴心轨迹图

3. 诊断结论及现场反馈

诊断结论：机组轴系不平衡故障。

现场反馈：停机后解体检查发现，汽轮机转子末级有两片叶片断裂、拉筋断裂（图 2-28）。

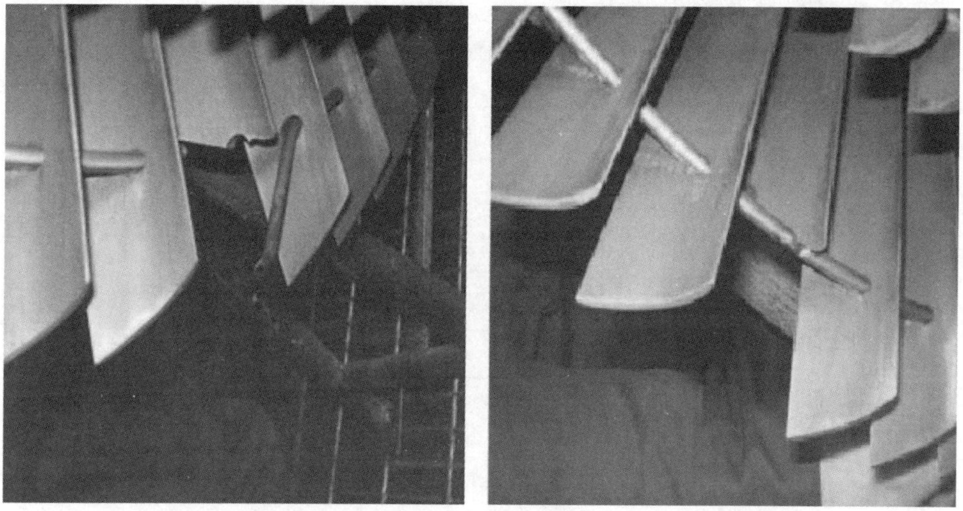

图 2-28　汽轮机转子

（二）故障诊断分析Ⅱ

1. 机组概况

该机组是由两台汽轮机、低压缸、高压缸组成，如图 2-29 所示。

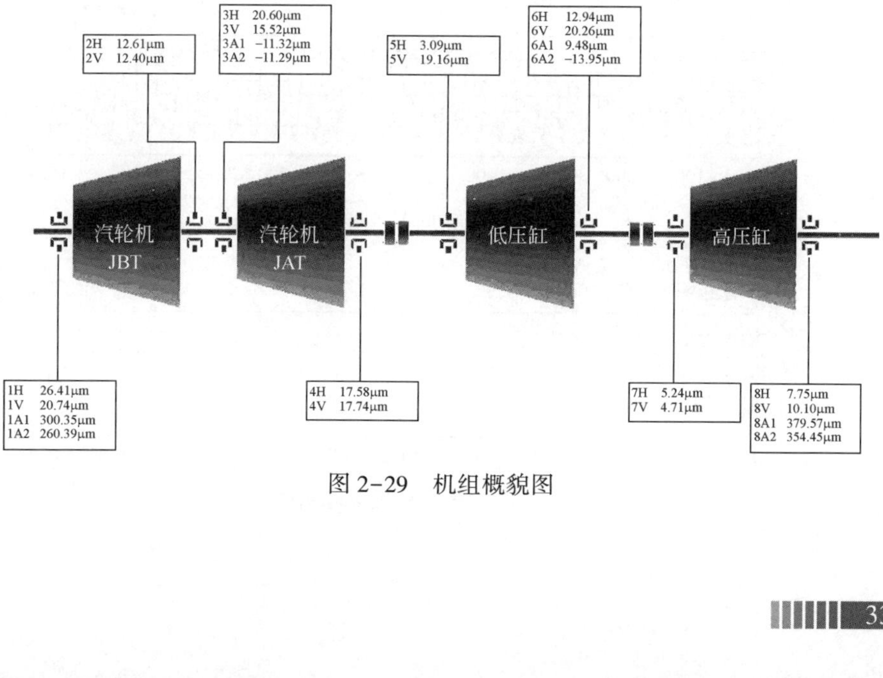

图 2-29　机组概貌图

2. 故障现象及原因分析

通过远程实时在线监测系统对该机组各测点波形频谱图（图 2-30、图 2-31）以及轴心轨迹图（图 2-32）进行分析，得出判断：造成汽轮机组发生强烈振动的主要原因是汽轮机转子上有质量体脱落，造成机组轴系不平衡故障。

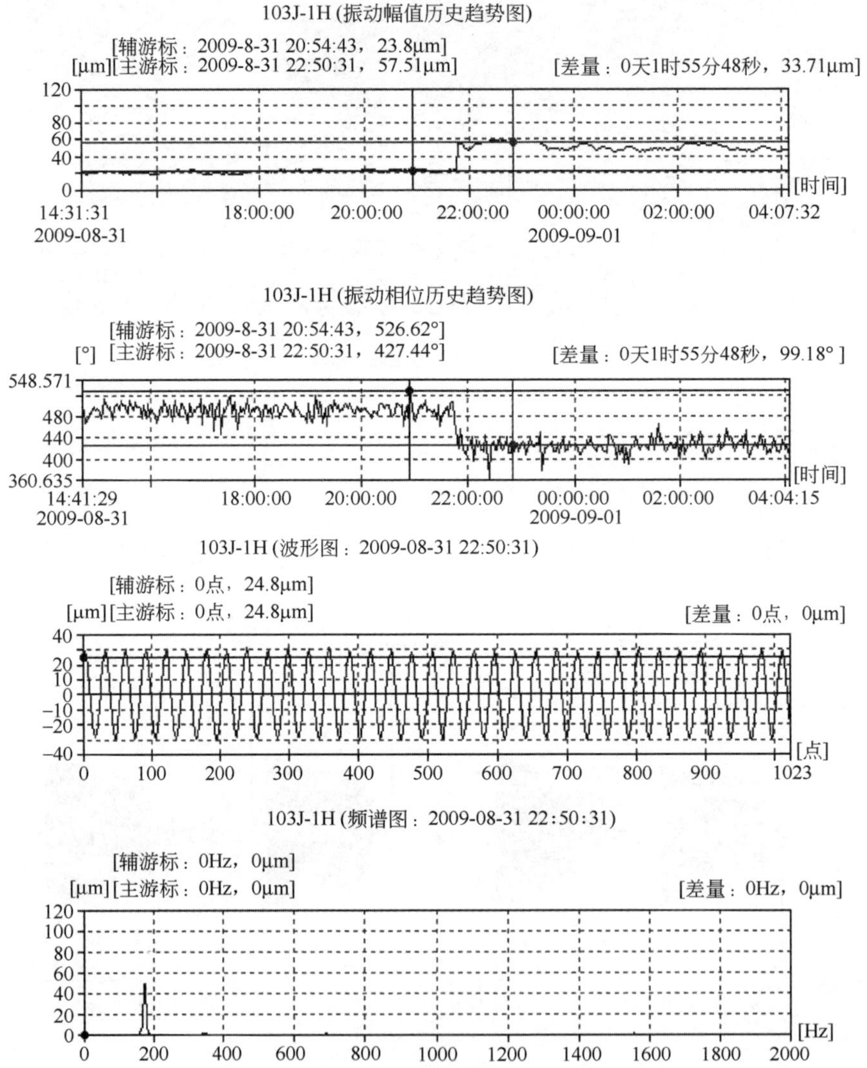

图 2-30　1H 波形频谱图

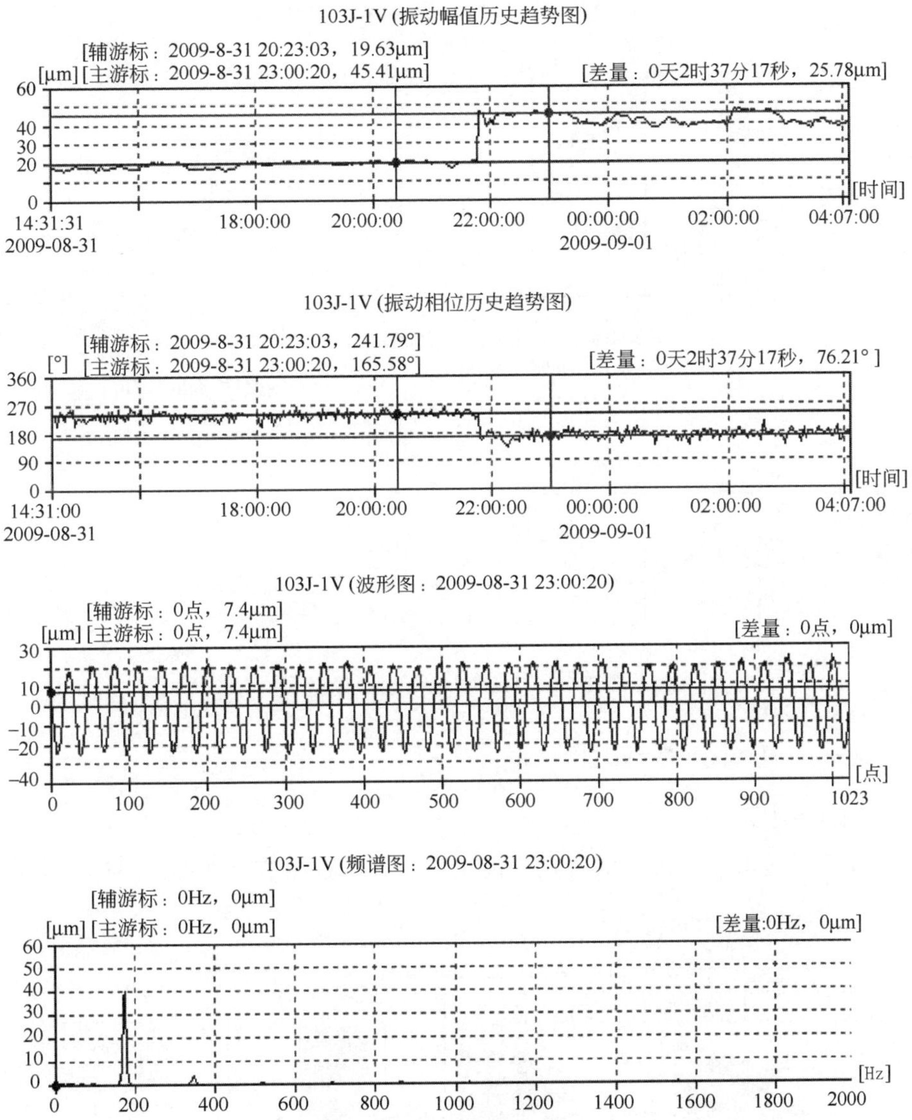

图 2-31 1V 波形频谱图

3. 诊断结论及现场反馈

诊断结论：机组轴系不平衡故障。

现场反馈：停机后解体检查发现，靠近汽轮机入口侧转子叶片掉落了一小块。

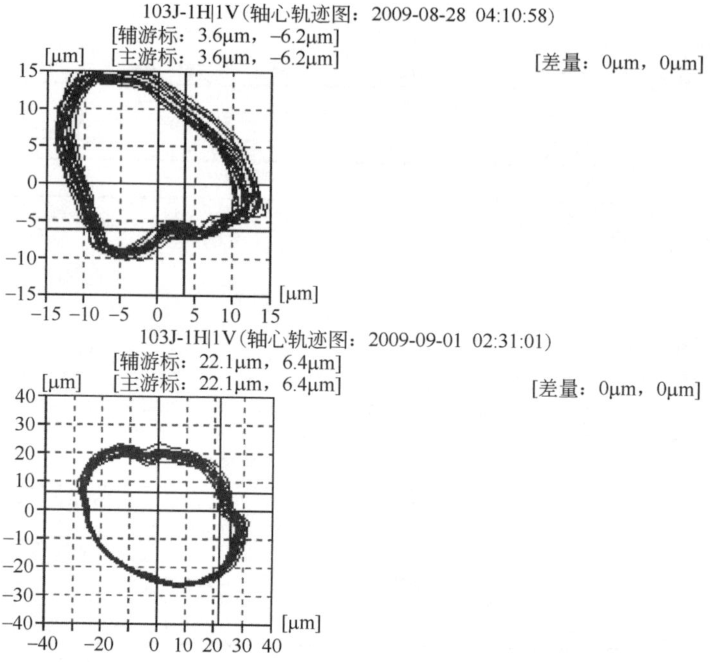

图 2-32 1H/1V 转子轴心轨迹图

（三）故障诊断分析Ⅲ

1. 机组概况

该机组是由汽轮机、低压缸、齿轮箱、高压缸组成，如图 2-33 所示。

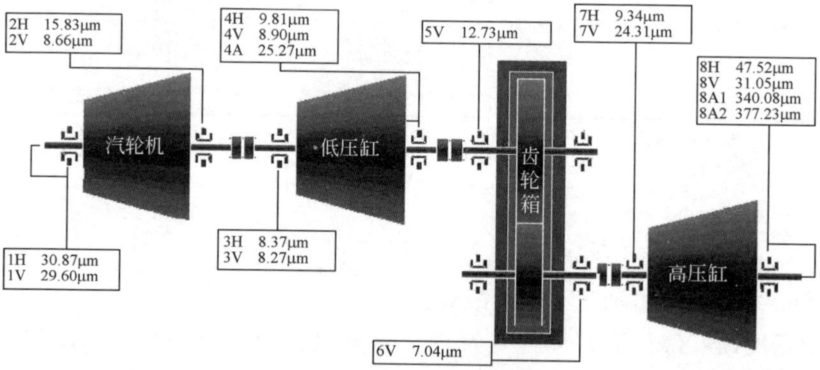

图 2-33 机组概貌图

2. 故障现象及原因分析

通过远程实时在线监测系统观测到：该机组于 3 月 30 日 06:27:53 时，汽轮机入口端 1H、1V 测点的振值同时骤增。分析频谱图（图 2-34 至图 2-36）可知，主要是 1 倍频增大，轴心轨迹为椭圆。通过以上振动特征得出判断：引起机组汽轮机入口端振动突变的主导原因是汽轮机转子不平衡。

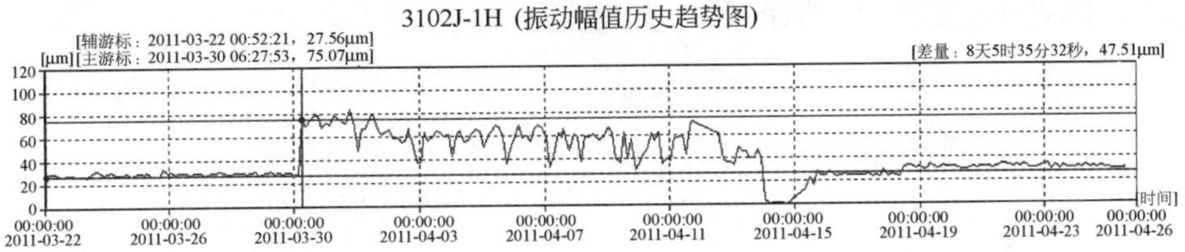

图 2-34　机组振动趋势图

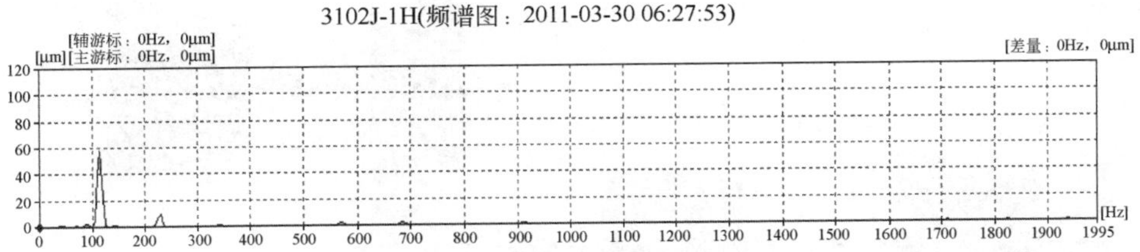

图 2-35　汽轮机 1H 测点频谱图

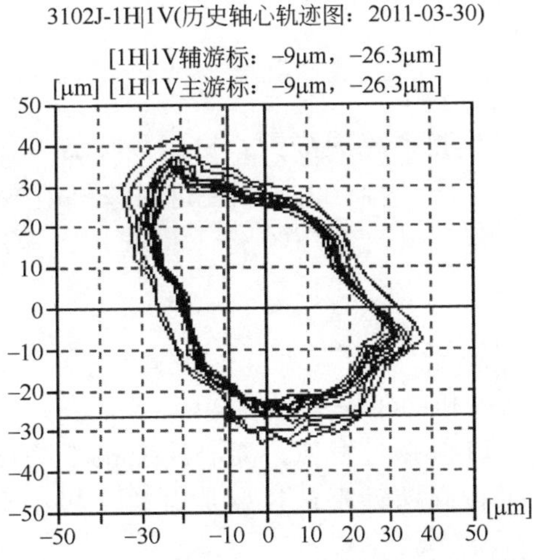

图 2-36　汽轮机 1H-1V 测点轴心轨迹图

3. 诊断结论及现场反馈

诊断结论：汽轮机转子叶片发生部分脱落，导致转子动不平衡。

现场反馈：2011 年 4 月 14 日，机组解体后检查发现，汽轮机转子末级叶片有一处断裂。4 月 15 日，汽轮机转子修复后回装，机组开机一次性成功且运行平稳，各测点振值恢复正常。

五、离心压缩机组轴系不平衡故障诊断分析

（一）故障诊断 I

1. 机组概况

该机组是由汽轮机、低压缸、齿轮箱、高压缸组成，如图 2-37 所示。

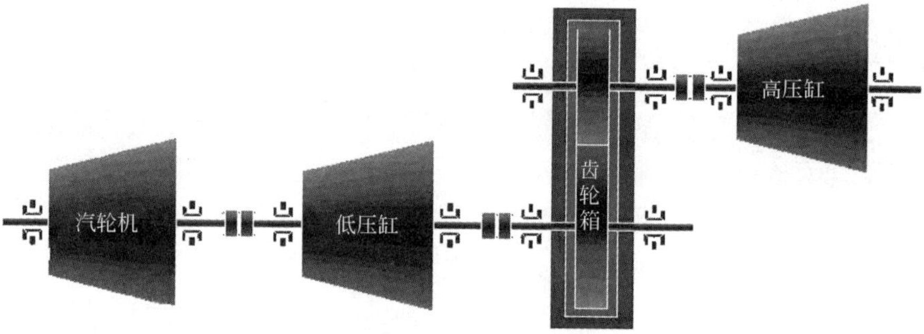

图 2-37　机组概貌图

2. 故障现象及原因分析

通过远程实时在线监测系统观测到：机组高压缸 8 测点的振值由检修前的 44μm 上升到 50μm，最大达到 60μm。通过对该机组振动趋势图以及 8V 测点频谱图（图 2-38）进行分析，得出判断：引起机组振动突变的主导原因是机组轴系不平衡故障。

3. 诊断结论及现场反馈

诊断结论：离心压缩机组轴系不平衡故障。

现场反馈：机组窗口检修时发现，离心压缩机组高压缸转子存在不平衡现象。对高压缸转子进行高速动平衡校验后开机，机组运行平稳，各测点振值恢复正常。

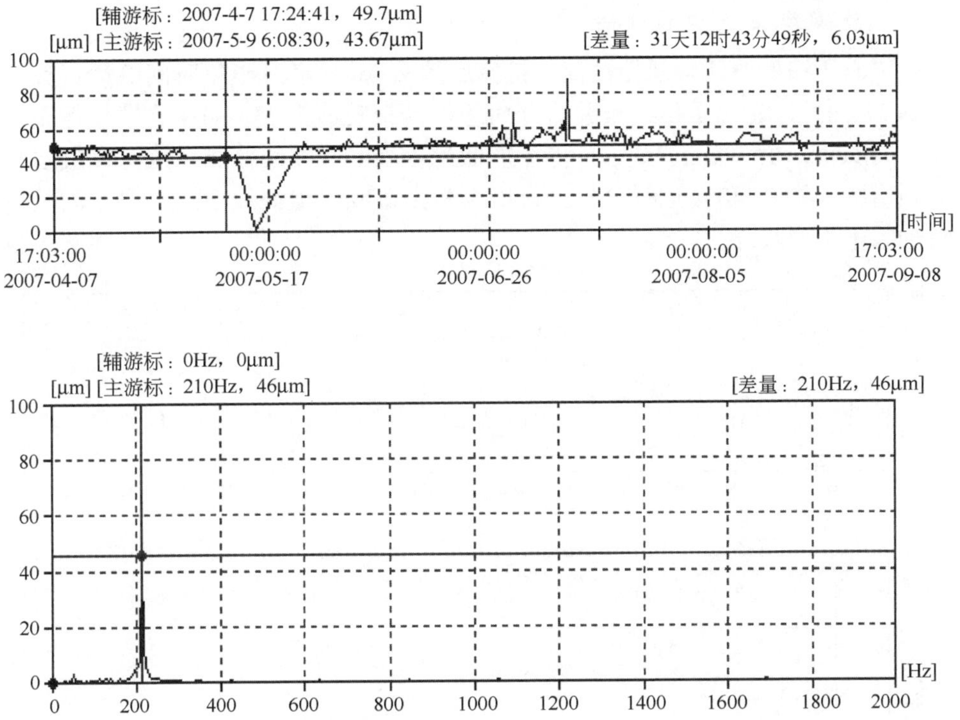

图 2-38　机组振动趋势图及 8V 测点频谱图

（二）故障诊断分析Ⅱ

1. 机组概况

该机组是由汽轮机、离心压缩机组成，如图 2-39 所示。

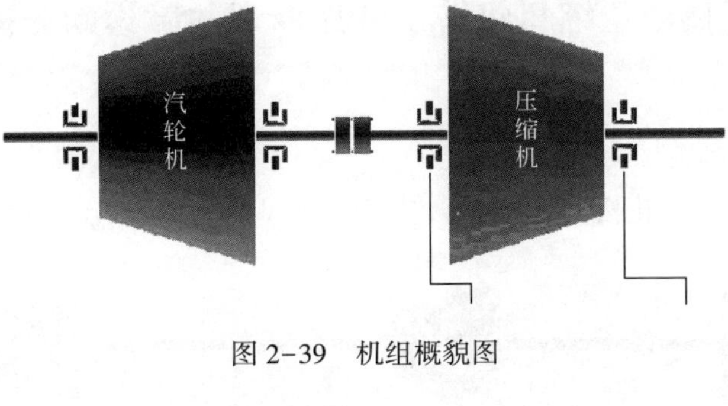

图 2-39　机组概貌图

2. 故障现象及原因分析

离心压缩机两侧轴承振动值从检修后的26μm，经过半年时间的运行逐渐达到37μm，已超出了机组报警值（机组振动报警值为33μm），在联锁停车值38μm附近波动，多次造成意外停车。通过远程实时在线监测系统对该机组波形频谱图（图2-40）进行分析，得出判断：造成机组高振动的主要原因是机组轴系不平衡故障。

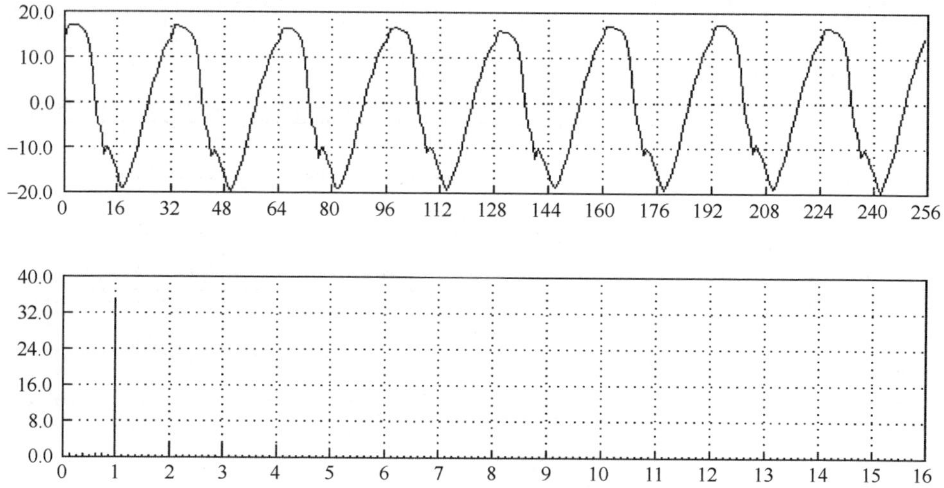

图2-40　波形频谱图

3. 诊断结论及现场反馈

诊断结论：机组轴系不平衡。

现场反馈：检修机组时，现场人员反馈与诊断结论一致。

六、合成气离心压缩机组转子叶片断裂故障诊断分析

（一）机组概况

该机组是由汽轮机、低压缸、高压缸组成，如图2-41所示。

图2-41　机组概貌图

（二）故障现象及原因分析

合成气离心压缩机组103-J/JT在2007年7月首次开车，机组运行状况良好，2007年9月9日10:33:34，汽轮机两端轴承处转子振动同时骤增，10s后联锁停车。通过远程实时在线监测系统对该机组振动趋势图（图2-42）以及轴心轨迹图（图2-43）进行分析，发现机组振动随转速的升高而增大、相

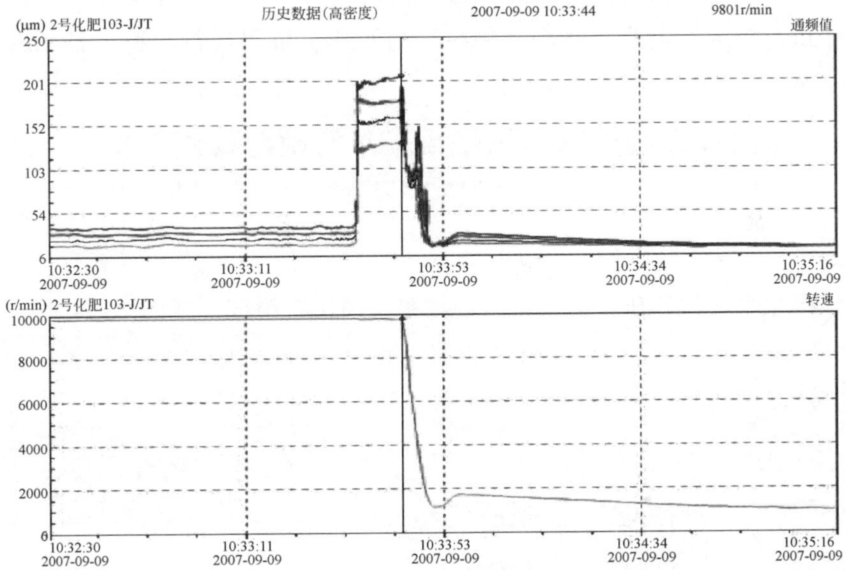

图2-42　机组振动趋势图

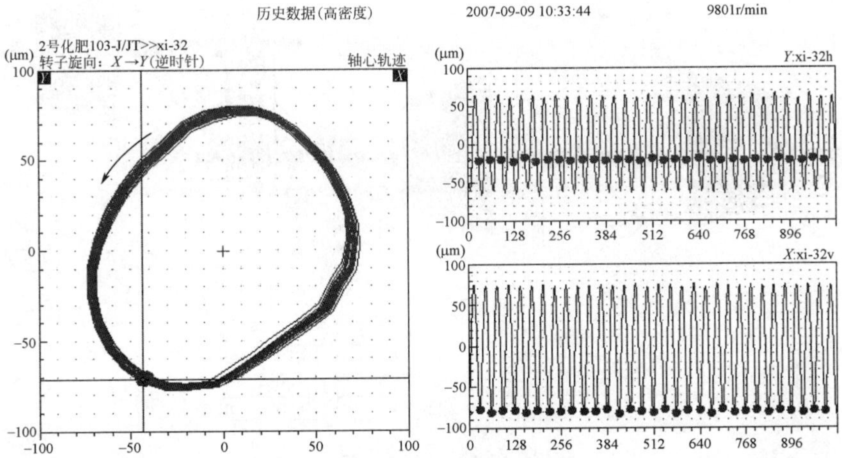

图2-43　XI32测点轴心轨迹图

位稳定、轴心轨迹呈椭圆形。根据以上振动特征得出判断：离心压缩机组发生强烈振动的主要原因是由于汽轮机转子叶片断裂，导致机组轴系不平衡。

（三）诊断结论及现场反馈

诊断结论：机组轴系不平衡。

现场反馈：机组窗口检修时发现，该机组汽轮机转子叶片断裂。对汽轮机转子进行修复并进行高速动平衡校验后开机，机组运行平稳，各测点振值恢复正常。

七、二氧化碳离心压缩机组轴系不平衡故障诊断分析

（一）机组概况

该机组是由汽轮机、低压缸、齿轮箱、高压缸组成，如图 2-44 所示。

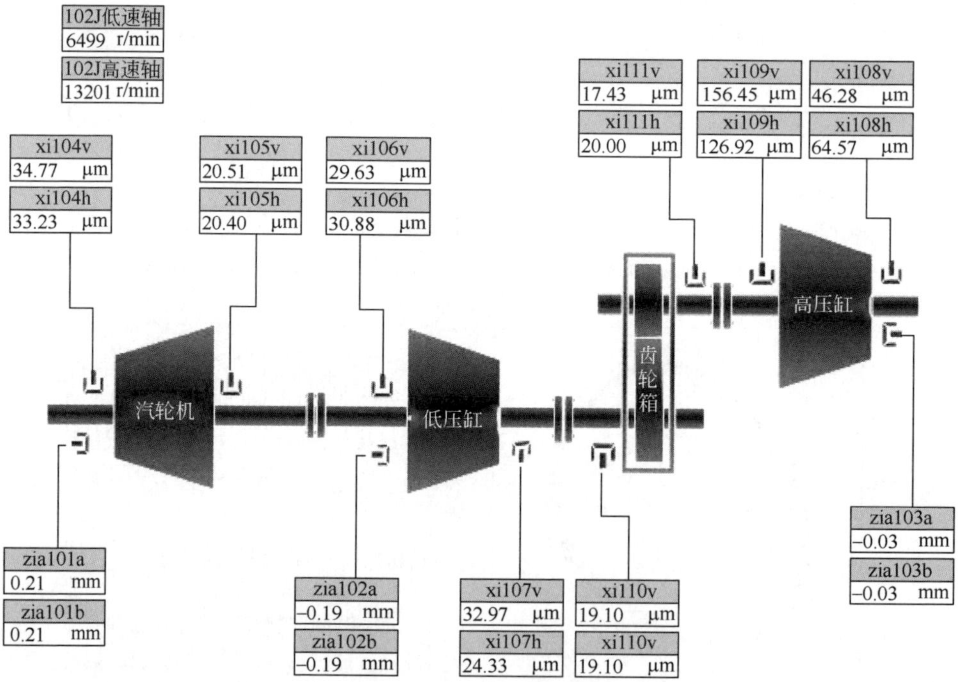

图 2-44　机组概貌图

（二）故障现象及原因分析

二氧化碳离心压缩机组7月份停车检修，更换了高压缸转子，7月28日机组开车后，通过远程实时在线监测系统观测到：高压缸测点xi109H和xi109V的振动值达到了130μm左右，超过了机组报警值；同时，xi109V和xi108H的振动值有增长的趋势。对该机组振动趋势图（图2-45）以及波形频谱图（图2-46）进行分析，发现时域波形为正弦波、振动相位稳定、频谱中能量集中于1倍频、有突出的峰值、高次谐波分量较小。根据以上振动特征征兆得出判断：机组发生强烈振动的主要原因是机组轴系不平衡。

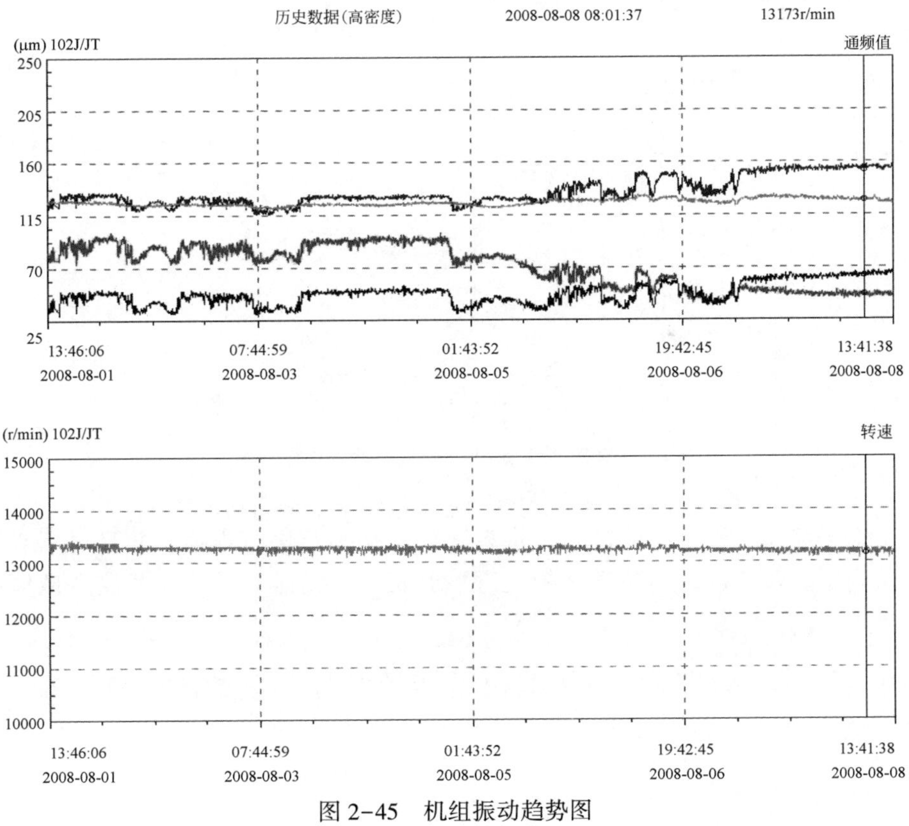

图2-45　机组振动趋势图

（三）诊断结论及现场反馈

诊断结论：机组轴系不平衡。

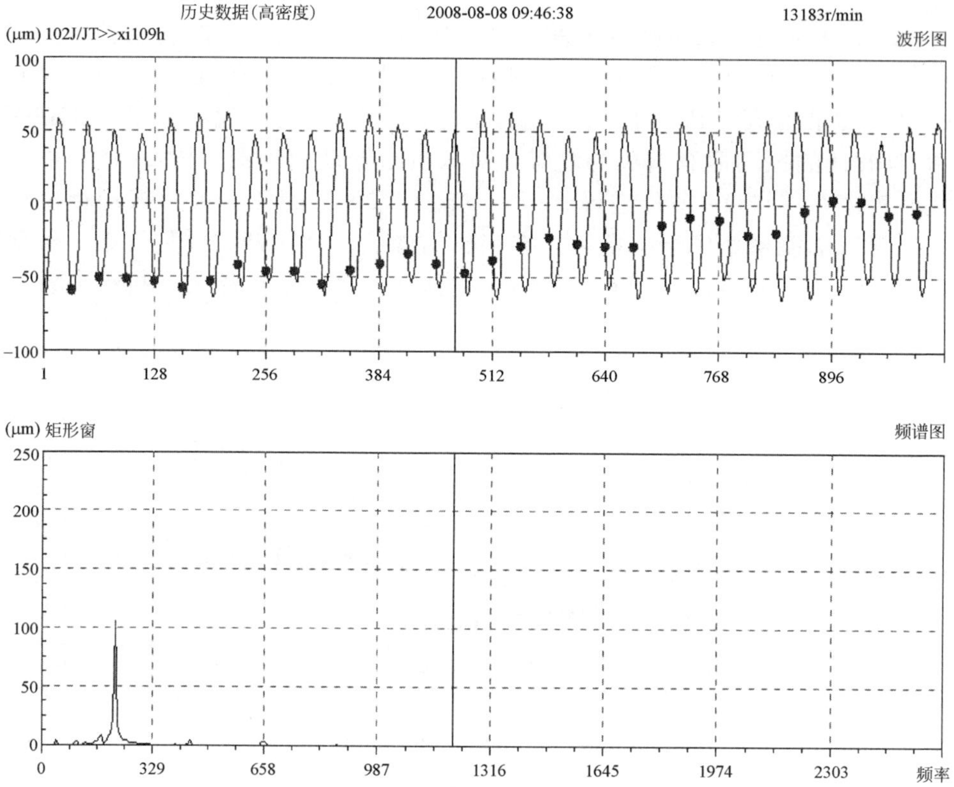

图 2-46　xi109 测点波形频谱图

现场反馈：机组窗口检修时将高压缸两端轴瓦进行更换，并且对离心压缩机高压缸转子进行高速动平衡处理后开机，机组运行平稳，各测点振值恢复正常。

八、乙二醇循环气离心压缩机组转子叶片断裂故障诊断分析

（一）机组概况

该机组是由电动机、齿轮箱、离心压缩机组成，如图 2-47 所示。

（二）故障现象及原因分析

通过远程实时在线监测系统对该机组振动趋势图（图 2-48）以及波形频

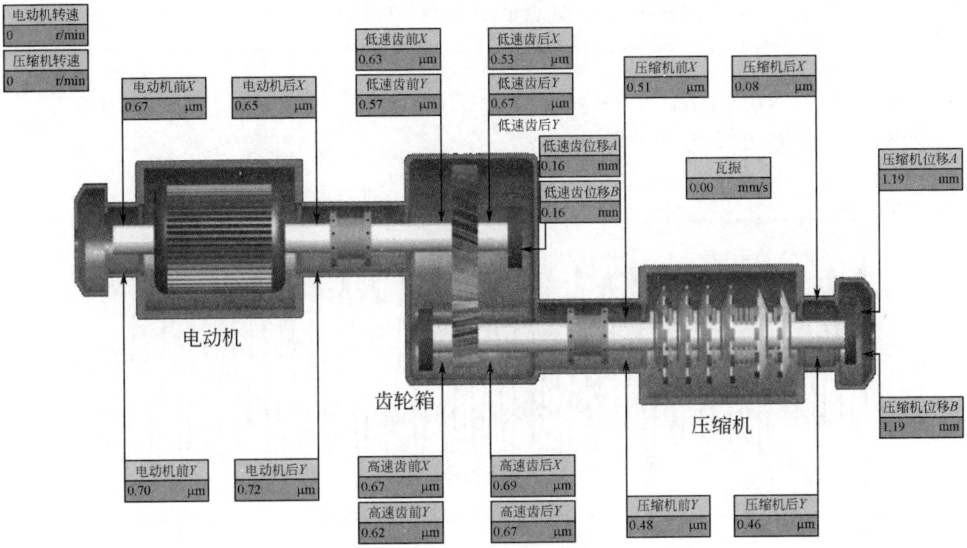

图 2-47　机组概貌图

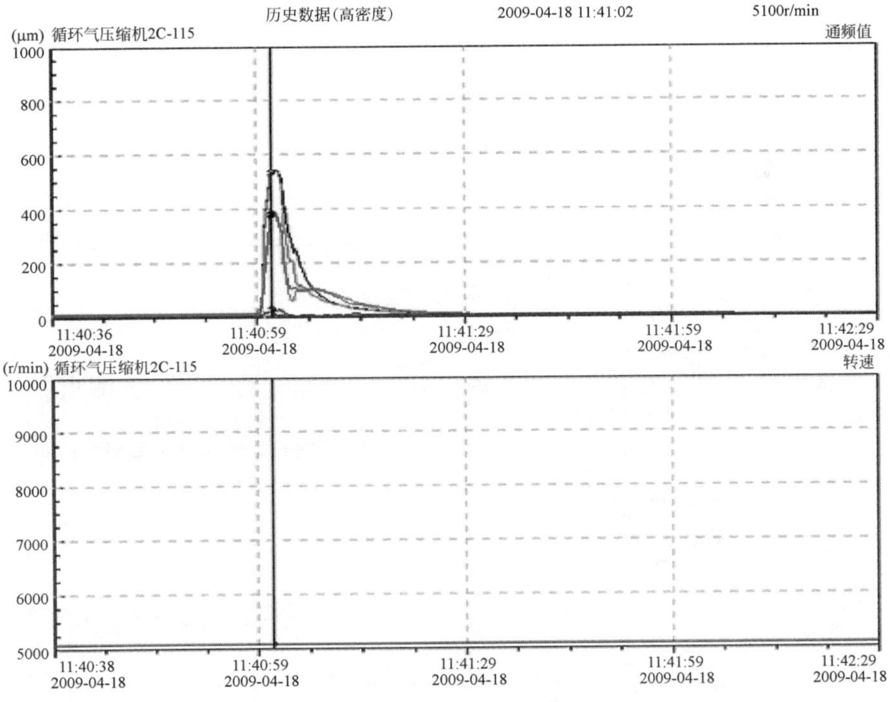

图 2-48　停机时的通频趋势图

谱图（图 2-49）进行分析，发现离心压缩机停机时振动趋势发生突然变化，且其变化以 1 倍频的幅值和相位变化为主；波形频谱呈现正弦波。根据以上振动特征征兆得出判断：引起机组高振动的主要原因是离心压缩机组轴系不平衡故障，压缩机转子叶片断裂。

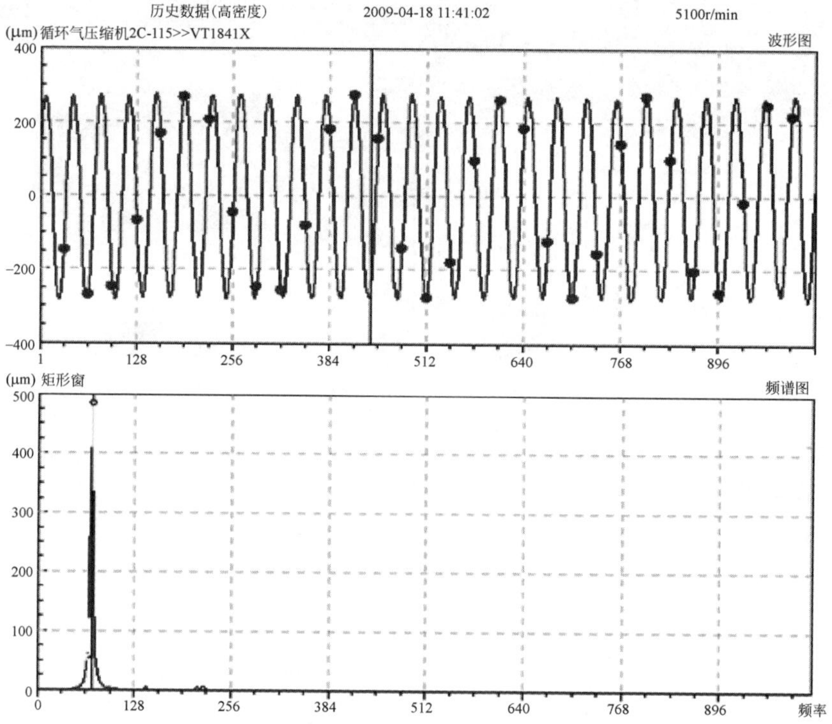

图 2-49 断叶片之后的波形频谱图

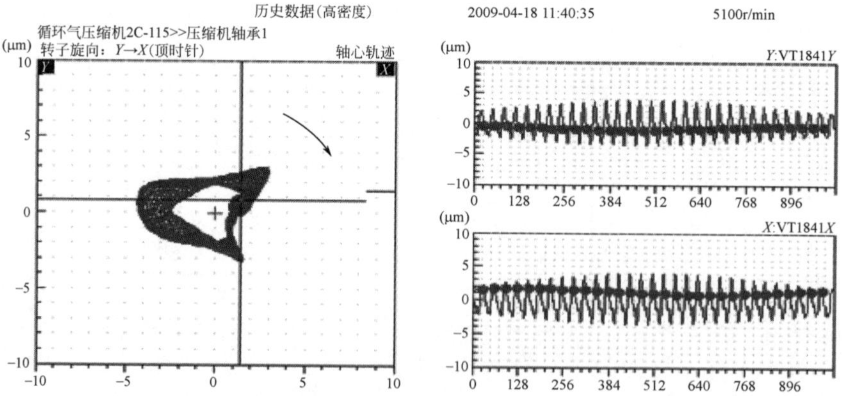

图 2-50 轴心轨迹图

（三）诊断结论及现场反馈

诊断结论：离心压缩机组轴系不平衡。

现场反馈：检修机组时，现场人员反馈与诊断结论一致。

九、合成气离心压缩机组轴系不平衡故障诊断分析

（一）机组概况

该机组是由低压缸、汽轮机、高压缸组成，如图 2-51 所示。

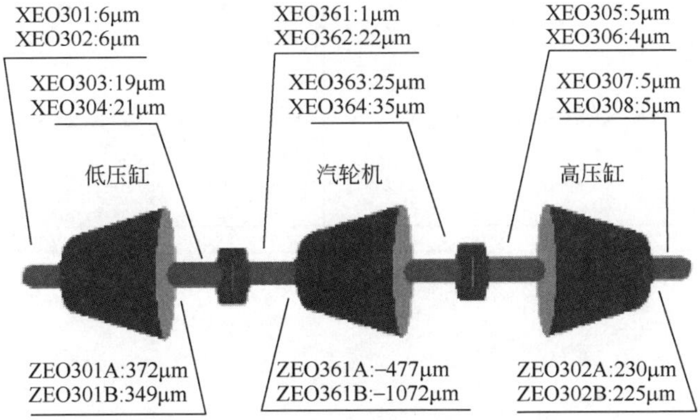

图 2-51　机组概貌图

（二）故障现象及原因分析

通过远程实时在线监测系统对该机组振动趋势图以及波形频谱图（图 2-52）进行分析，得出判断：该机组轴系不平衡。

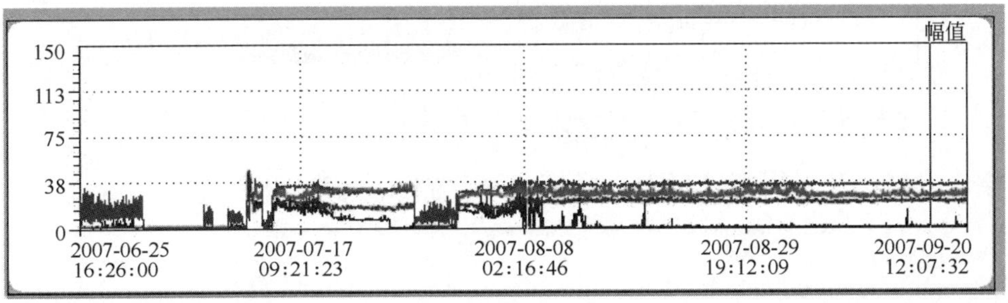

图 2-52

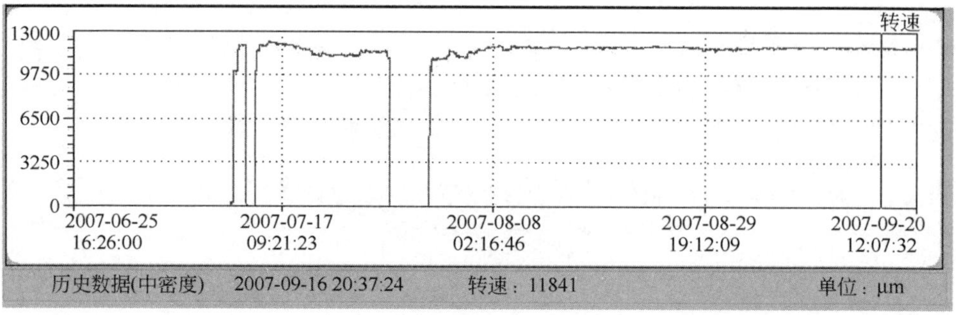

(a) 振动趋势图

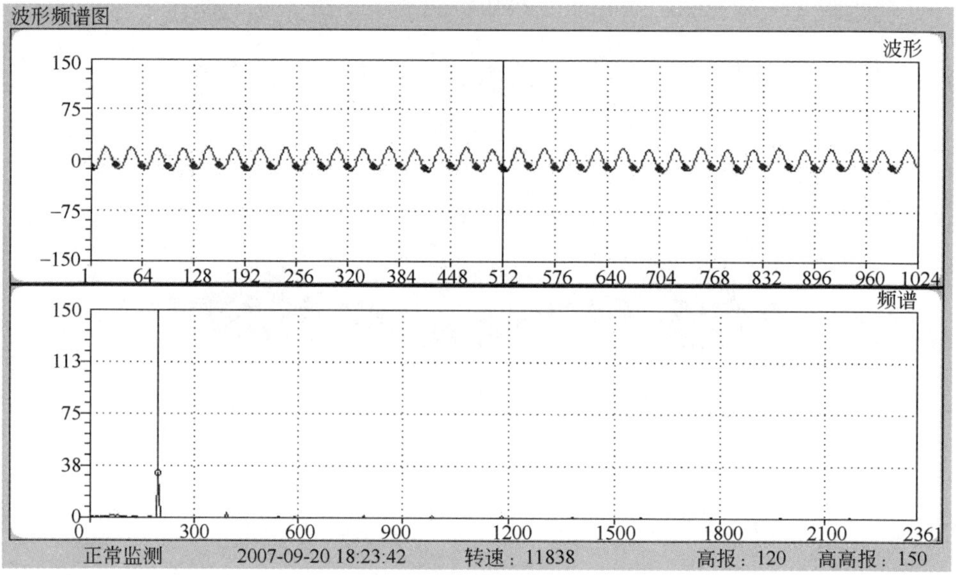

(b) 波形频谱图

图 2-52　汽轮机振动趋势图及 XE0364 测点波形频谱图

（三）诊断结论及现场反馈

诊断结论：机组存在轴系不平衡故障。

现场反馈：检修机组时，发现机组存在的问题与诊断结论一致。

十、氨气离心压缩机组轴系不平衡故障诊断分析

（一）机组概况

该机组是由汽轮机、离心压缩机组成，如图 2-53 所示。

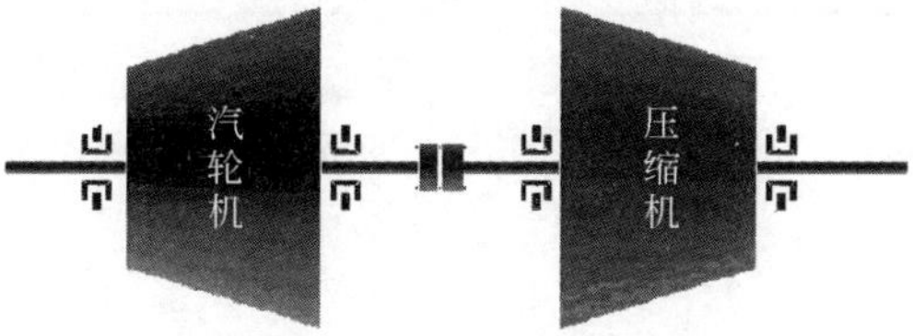

图 2-53　机组概貌图

（二）故障现象及原因分析

通过远程实时在线监测系统对该机组波形频谱图（图 2-54、图 2-55）以及轴心轨迹图（图 2-56）和振动趋势图（图 2-57）进行分析，得出判断：造成离心压缩机组发生强烈振动的主要原因是机组轴系不平衡故障。

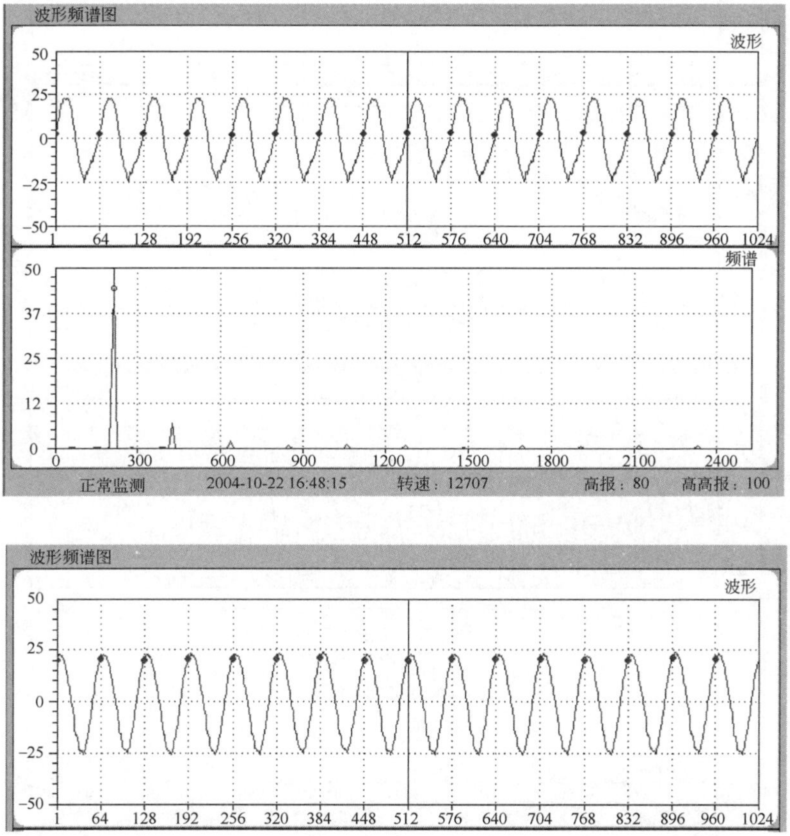

图 2-54

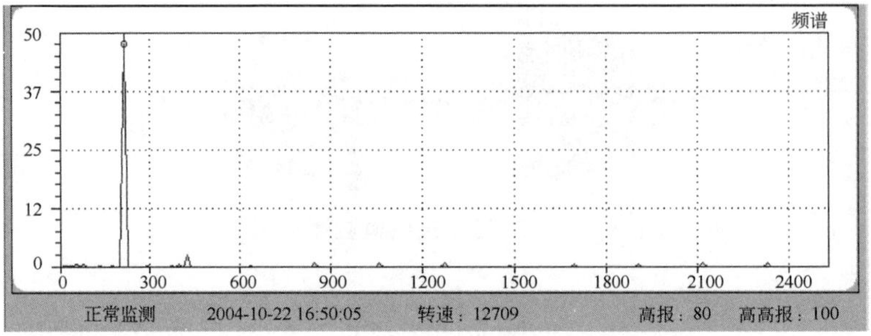

图 2-54　低压缸测点波形频谱图

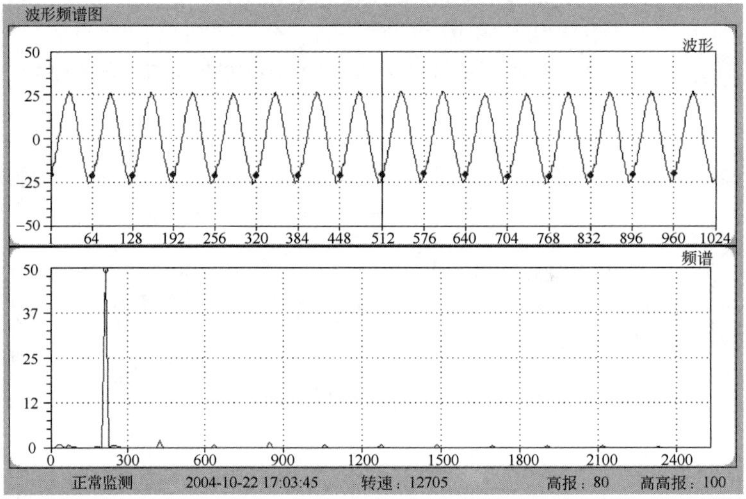

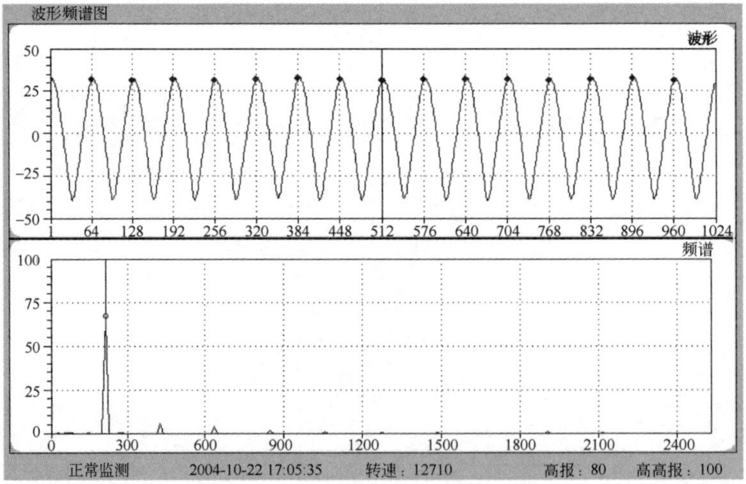

图 2-55　低压缸测点波形频谱图

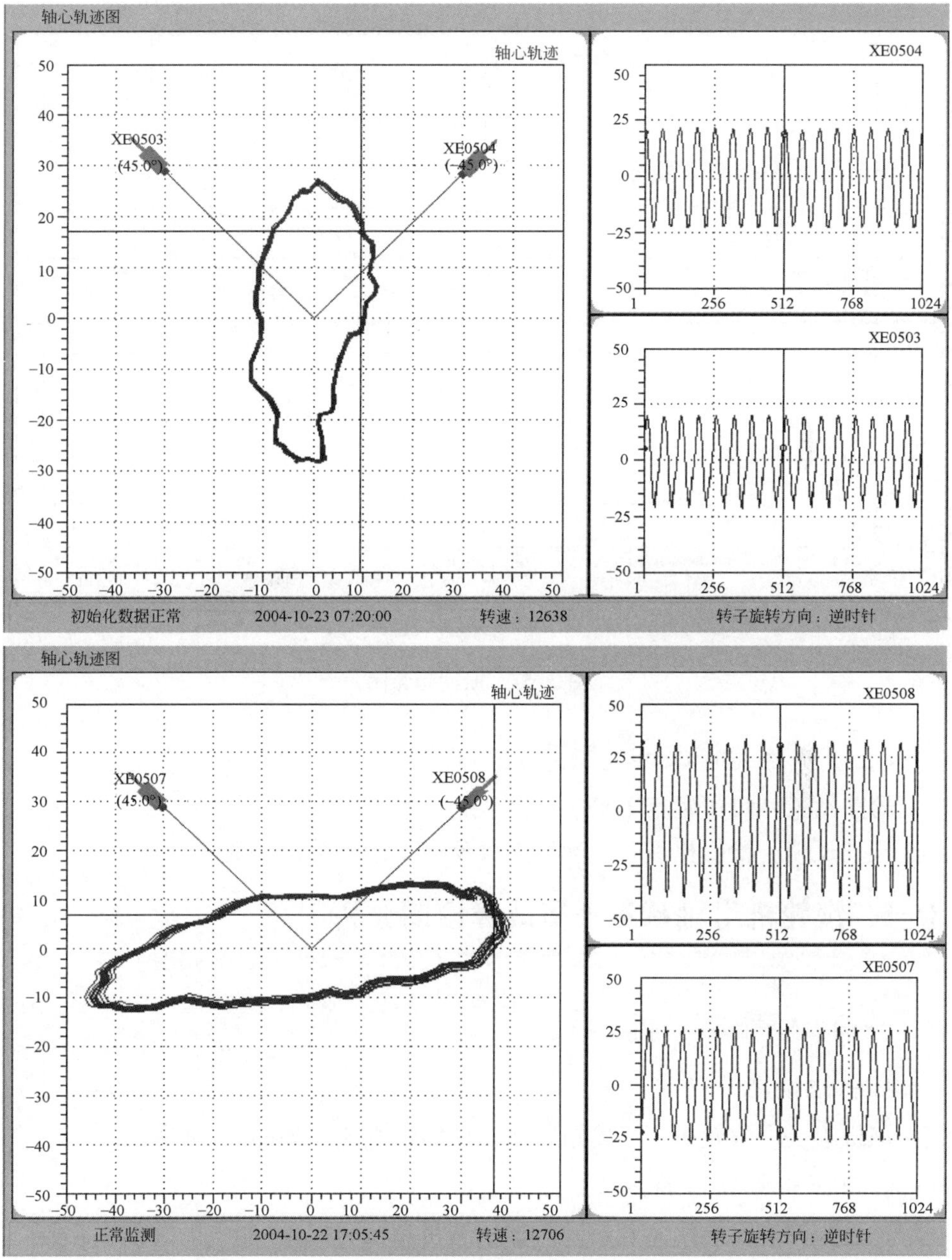
轴心轨迹图
轴心轨迹
XE0503
(45.0°)
XE0504
(-45.0°)
XE0504
XE0503
初始化数据正常
2004-10-23 07:20:00
转速：12638
转子旋转方向：逆时针
轴心轨迹图
轴心轨迹
XE0507
(45.0°)
XE0508
(-45.0°)
XE0508
XE0507
正常监测
2004-10-22 17:05:45
转速：12706
转子旋转方向：逆时针

图 2-56　轴心轨迹图

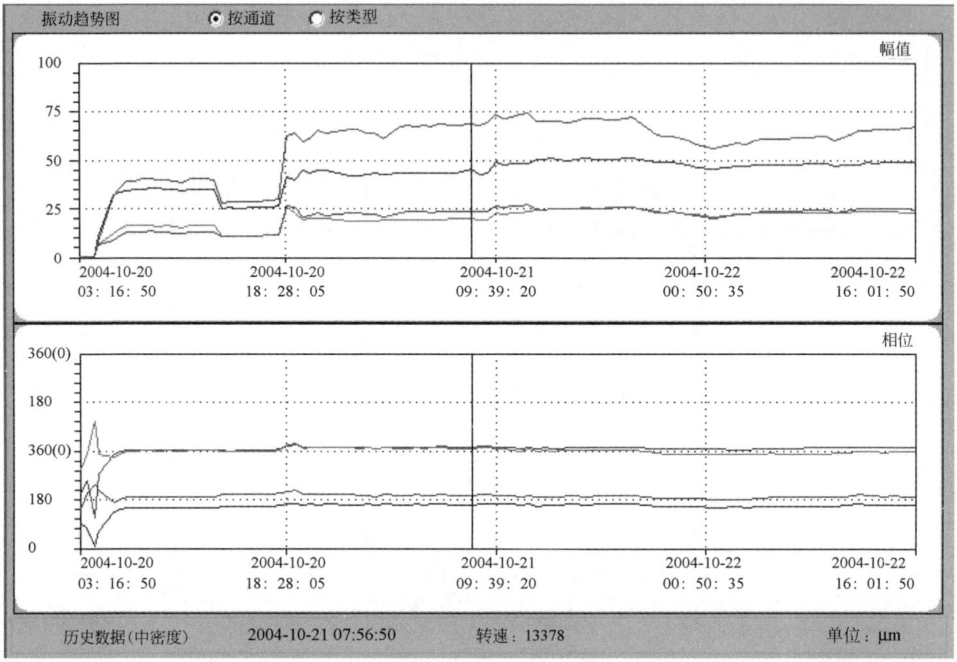

图 2-57　振动趋势图

（三）诊断结论及现场反馈

诊断结论：机组轴系不平衡故障。

现场反馈：检修机组时，现场人员反馈与诊断结论一致。

十一、汽轮机组轴系不平衡故障诊断分析

（一）故障诊断分析 I

1. 机组概况

该机组是由汽轮机、齿轮箱、离心压缩机组成，如图 2-58 所示。

2. 故障现象及原因分析

通过远程实时在线监测系统对该压缩机组 K421-8V 测点的起停车多特征图（图 2-59）进行分析，得出判断：造成压缩机组发生强烈振动的主要原因是机组轴系不平衡故障。

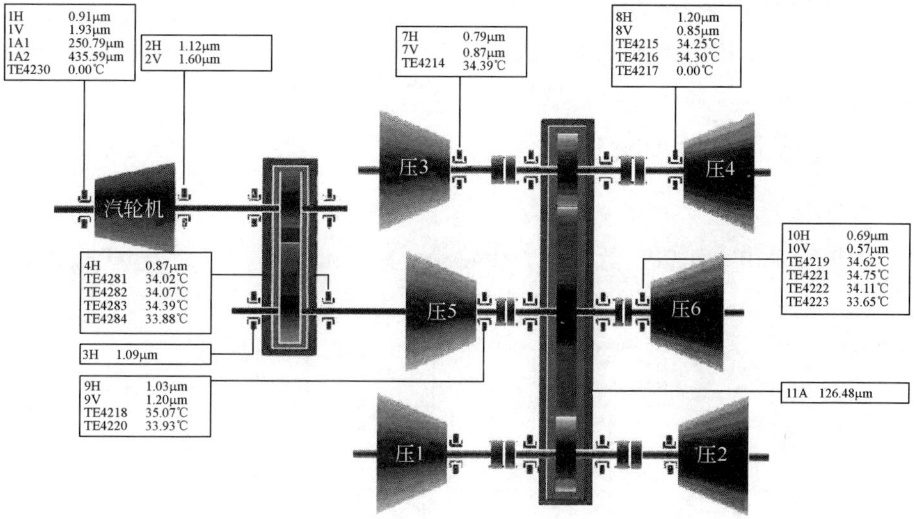

图 2-58 机组概貌图

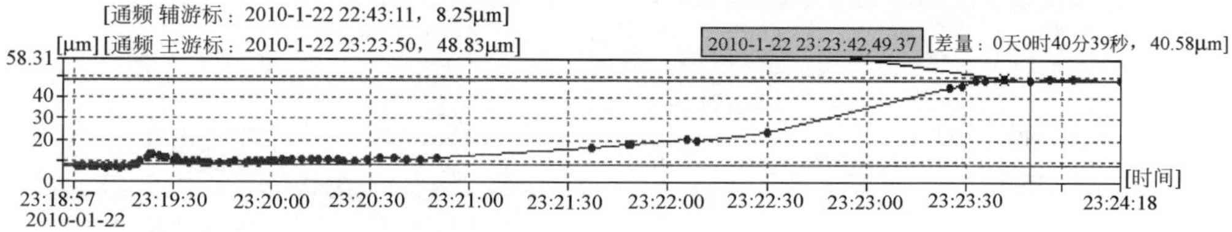

(a) K421-8V(起停车单通道多特征图ID:23)

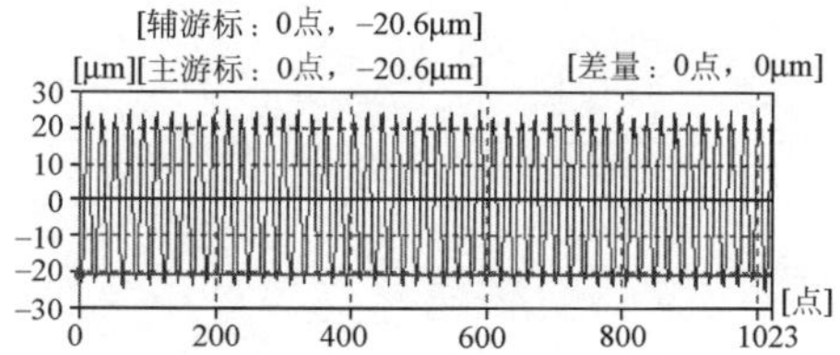

(b) K421-8V(历史波形图)

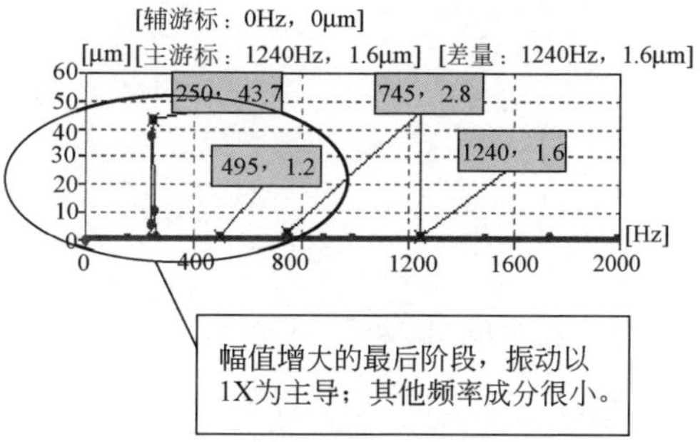

(c) K421-8V(历史频谱图)

图 2-59 K421-8V（起停车单通道多特征图）

3. 诊断结论及现场反馈

诊断结论：机组轴系不平衡故障。

现场反馈：检修机组时，现场人员反馈与诊断结论一致。

（二）故障诊断分析Ⅱ

1. 机组概况

该机组是由汽轮机、低压缸、齿轮箱、高压缸组成，如图 2-60 所示。

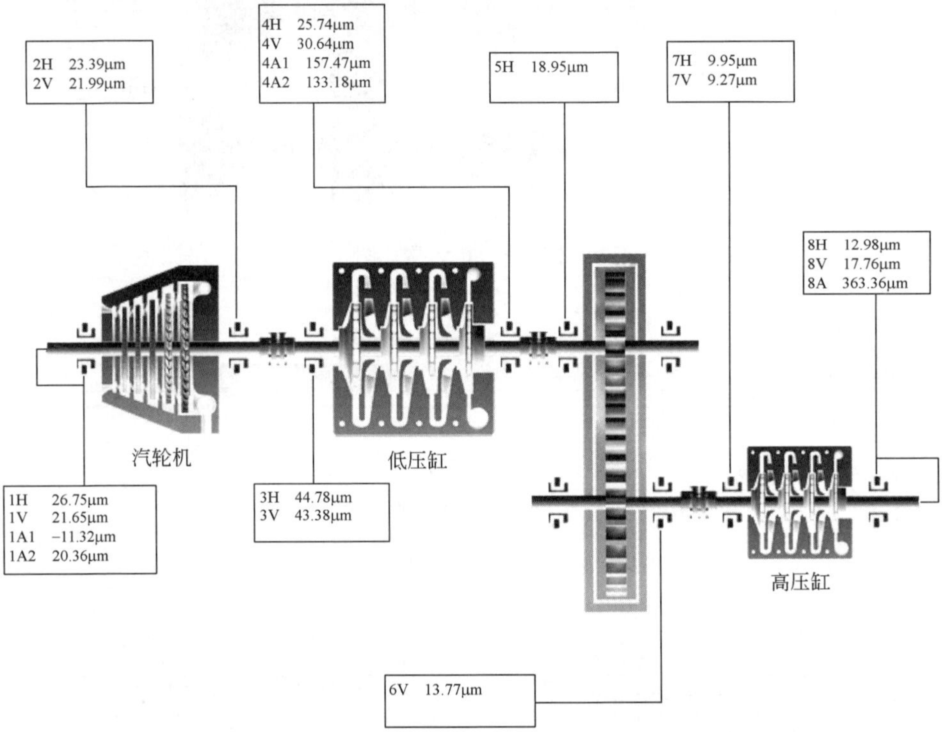

图 2-60 机组概貌图

2. 故障现象及原因分析

通过远程实时在线监测系统对该离心压缩机组的轴心轨迹图（图 2-61、图 2-62）进行分析，得出判断：造成离心压缩机组发生强烈振动的主要原因是机组轴系不平衡故障。

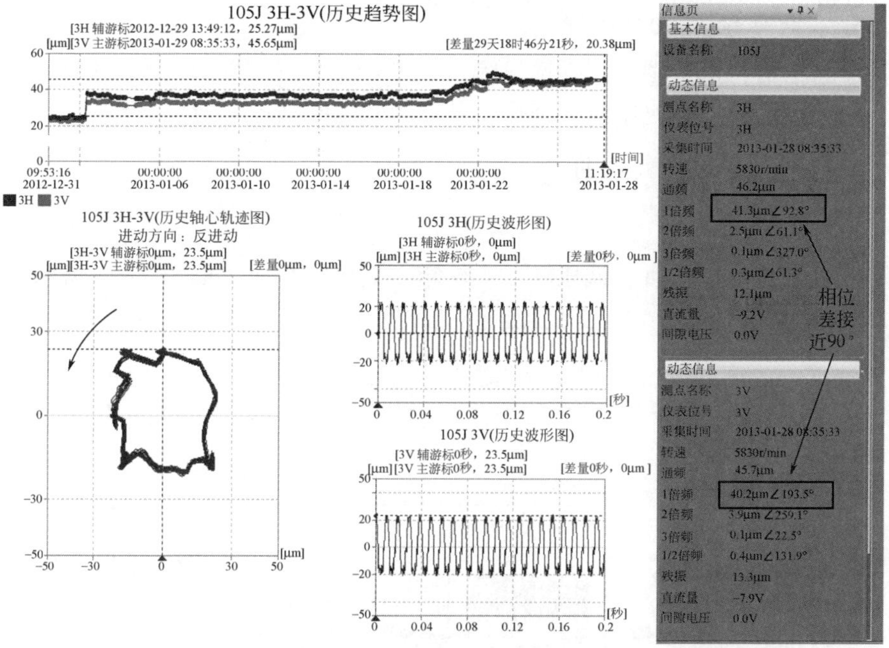

图 2-61 3H-3V 轴心轨迹图（1 倍频相位差接近 90°）

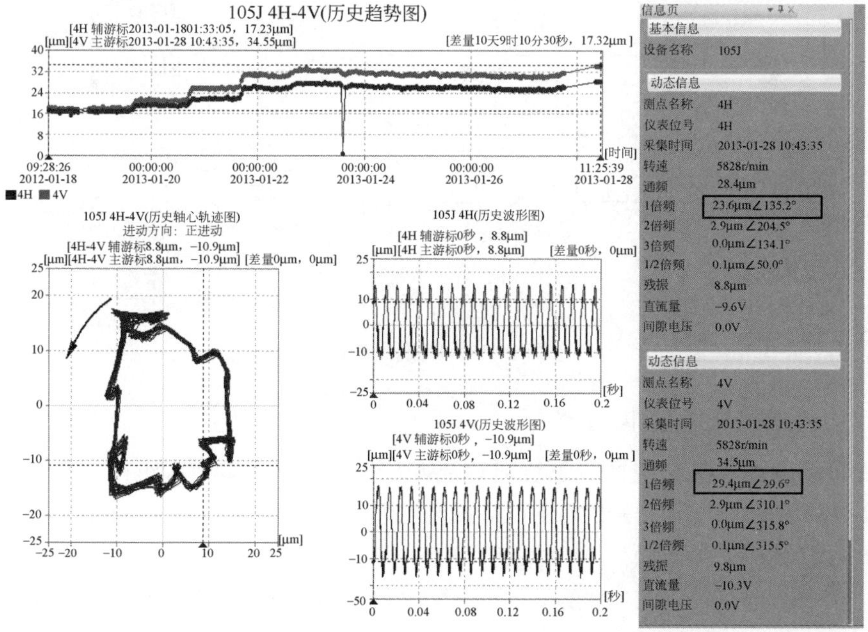

图 2-62 4H-4V 轴心轨迹图（1 倍频相位差接近 90°）

3. 诊断结论及现场反馈

诊断结论：机组轴系不平衡故障。

现场反馈：检修机组时，现场人员反馈与诊断结论一致。

（三）故障诊断分析Ⅲ

1. 机组概况

该机组是由汽轮机、低压缸、齿轮箱、高压缸组成，如图 2-63 所示。

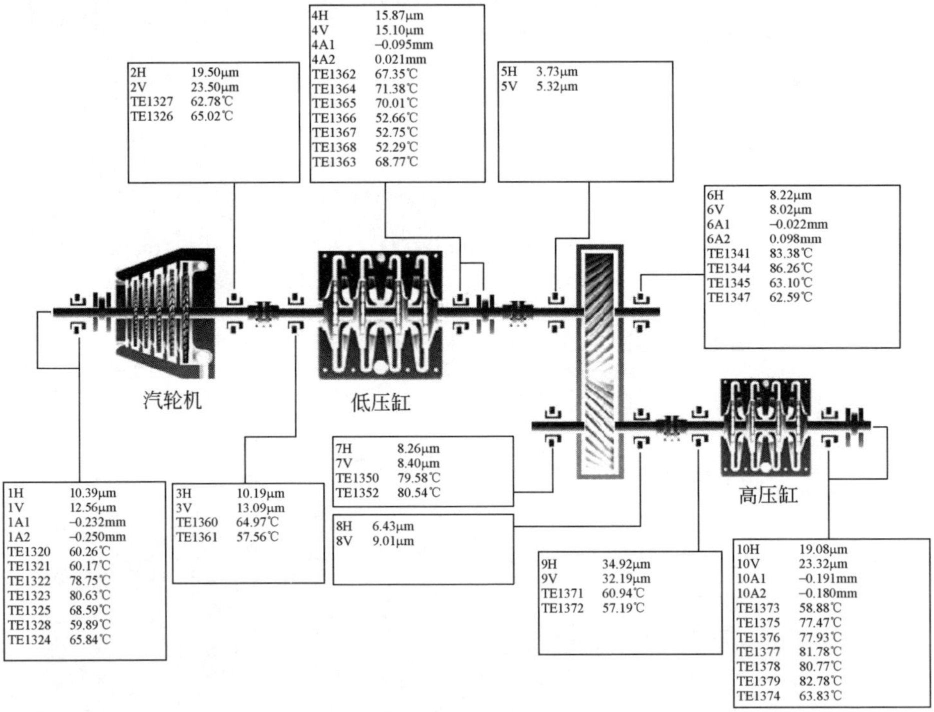

图 2-63 机组概貌图

2. 故障现象及原因分析

通过远程实时在线监测系统对该离心压缩机组的振动趋势图（图 2-64 至图 2-67）进行分析，得出判断：造成离心压缩机组发生强烈振动的主要原因是机组轴系不平衡故障。

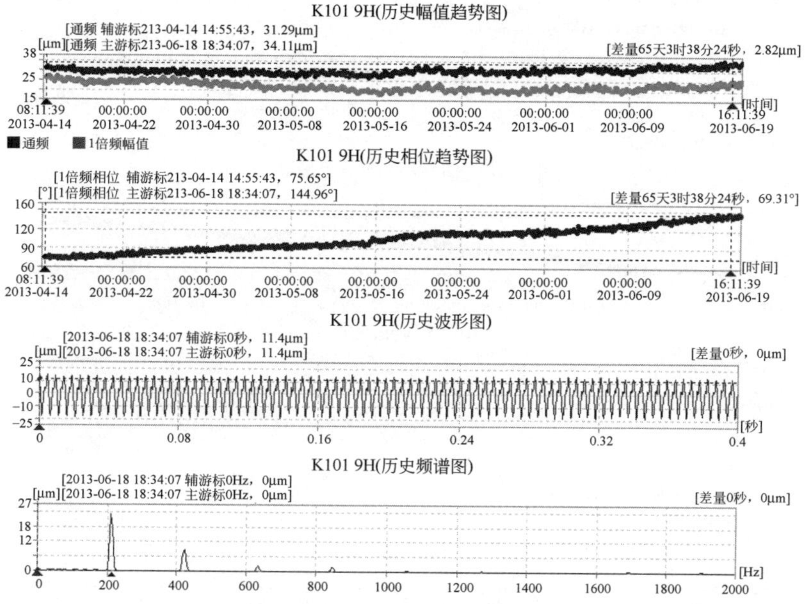

图 2-64　9H 历史趋势图

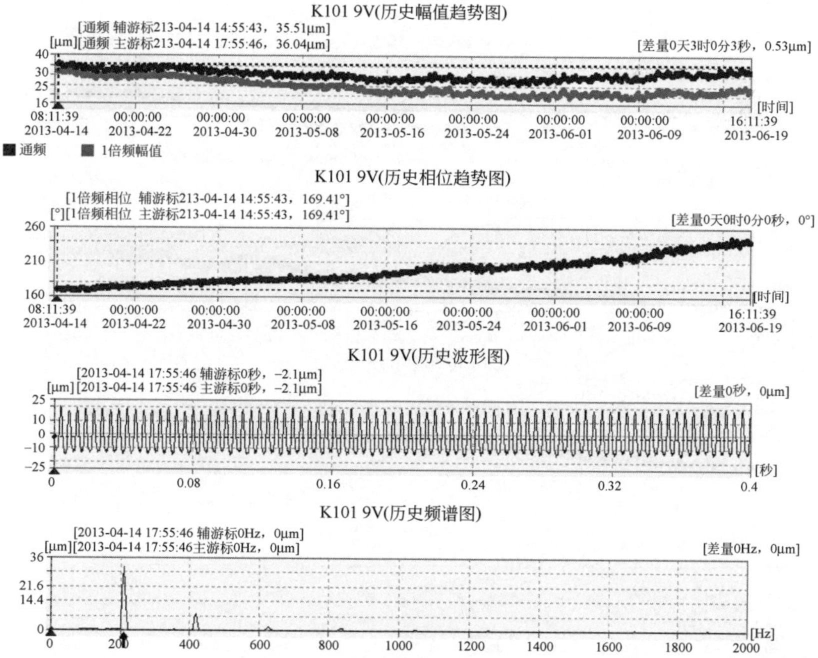

图 2-65　9V 历史趋势图

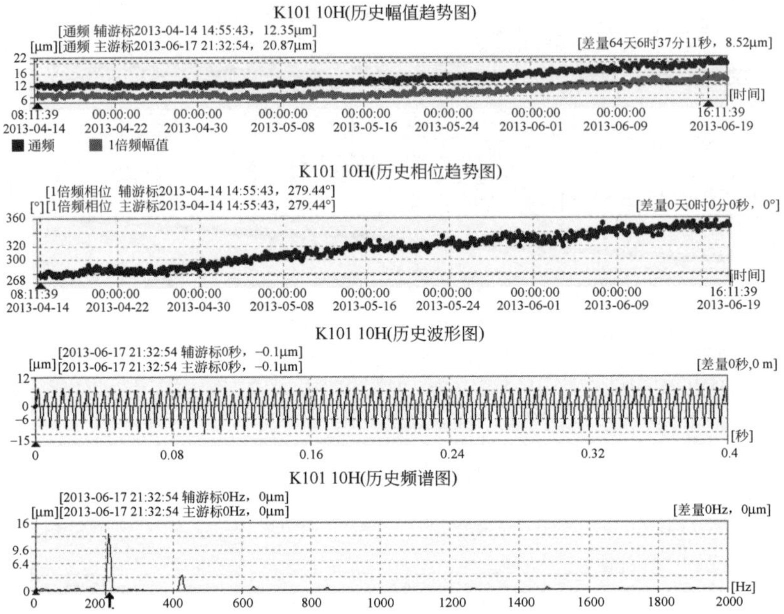

图 2-66　10H 历史趋势图

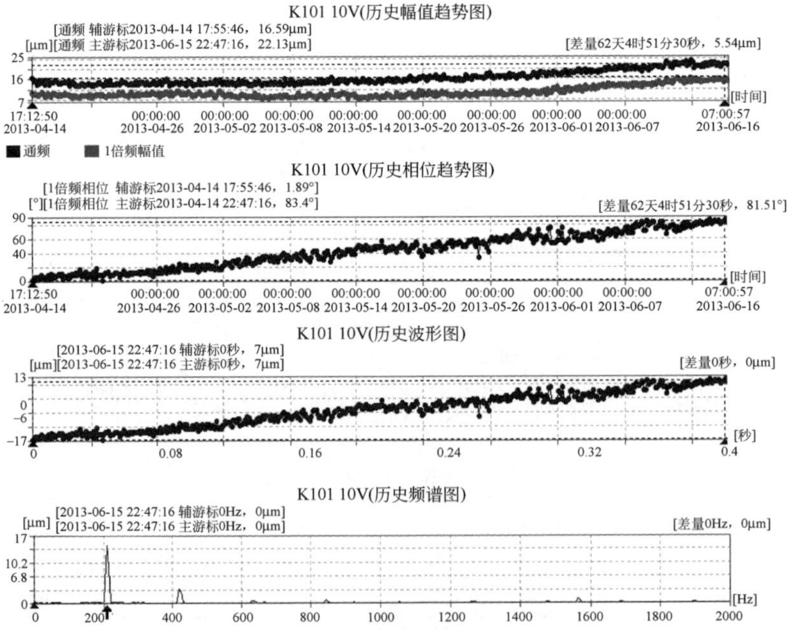

图 2-67　10V 历史趋势图

3. 诊断结论及现场反馈

诊断结论：机组轴系不平衡故障。

现场反馈：机组解体检修时发现，确实是有水冲蚀，三段和四段都有明显痕迹。

（四）故障诊断分析Ⅳ

1. 机组概况

该机组是由高压缸、低压缸、中压缸、汽轮机组成，如图 2-68 所示。

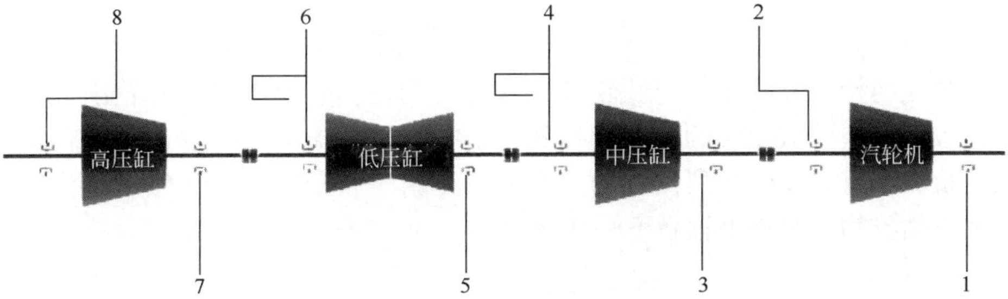

图 2-68　机组概貌图

2. 故障现象及原因分析

通过远程实时在线监测系统对该机组 3V 测点波形频谱图（图 2-69、图 2-70）进行分析，1 倍频幅值 78.4μm，1 倍频幅值占通频总振幅的 90.4%。轴相对振动和壳体绝对振动信号的谱图中，都存在明显的 9 倍频 768（770）Hz 分量，由此判断可能是：转子结垢结焦后不均匀脱落所致或黏结异物所致，同时机组存在一定程度的对中不良和气流激振现象。另外，由于结

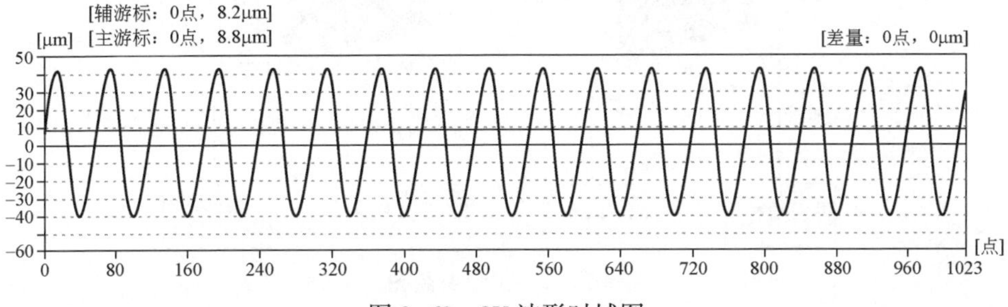

图 2-69　3V 波形时域图

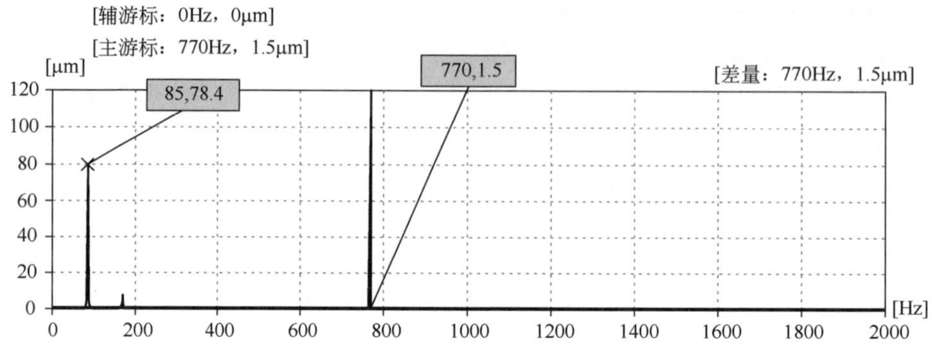

图 2-70　3V 波形频谱图

垢结焦使初始通流截面均匀叶轮流道变得不均匀，使得压缩机叶轮出口气流脉动加剧，造成 768Hz 的分量幅值较大。根据以上振动特征得出判断：造成汽轮机压缩机组发生强烈振动的主要原因是由于转子结垢、结焦后不均匀脱落或黏结异物导致机组轴系不平衡故障。

3. 诊断结论及现场反馈

诊断结论：汽轮机组轴系不平衡故障。

现场反馈：检修机组时，现场人员反馈与诊断结论一致。

（五）故障诊断分析 V

1. 机组概况

该机组是由汽轮机、离心压缩机组成，如图 2-71 所示。

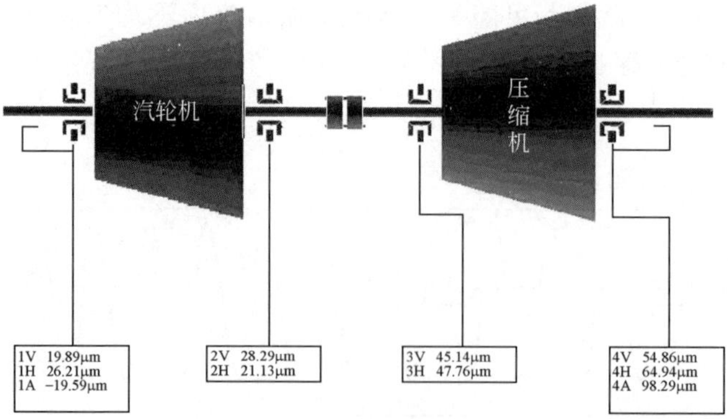

图 2-71　机组概貌图

2. 故障现象及原因分析

通过远程实时在线监测系统对该汽轮机组 4H、4V 测点的轴心轨迹图（图 2-72）以及波形频谱图（图 2-73）进行分析，得出判断：造成汽轮机组发生强烈振动的主要原因是机组轴系不平衡故障。

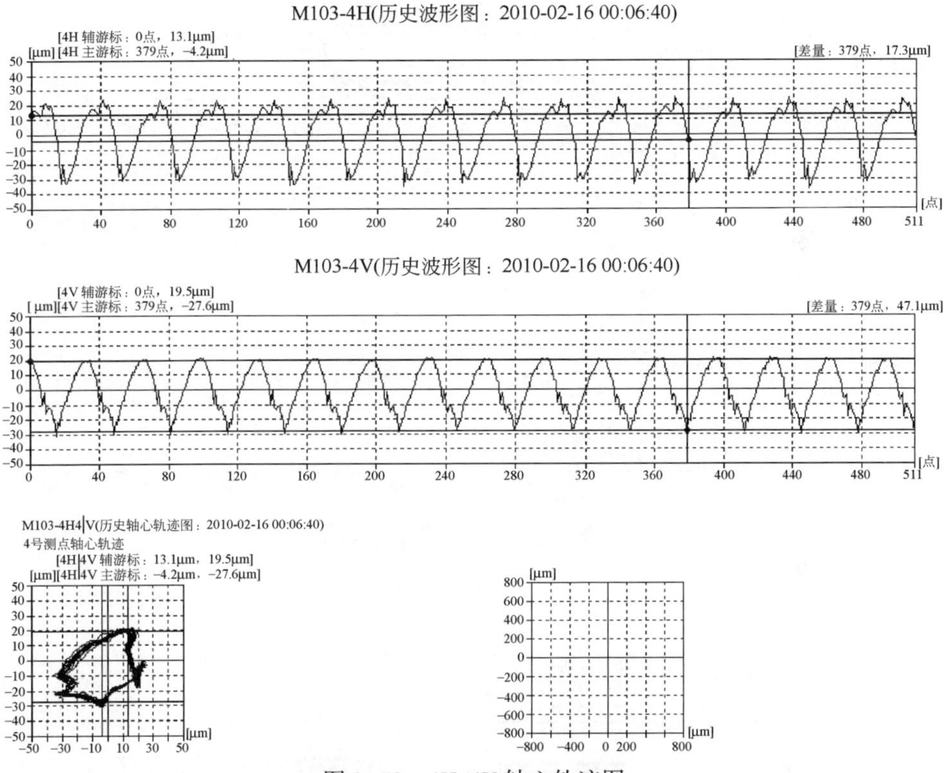

图 2-72　4H/4V 轴心轨迹图

3. 诊断结论及现场反馈

诊断结论：机组轴系不平衡故障。

现场反馈：机组窗口检修时，对压缩机转子进行了冲洗、除垢处理，回装后重新开机，机组恢复平稳运行。

（六）故障诊断分析Ⅵ

1. 机组概况

该机组是由汽轮机、低压缸、齿轮箱、高压缸组成，如图 2-74 所示。

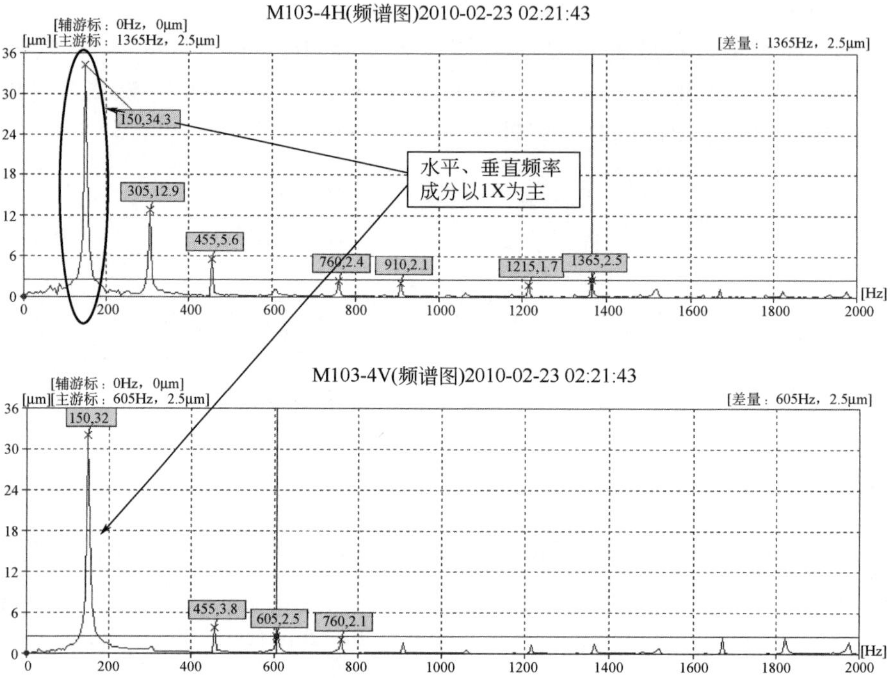

图 2-73　4H/4V 波形频谱图

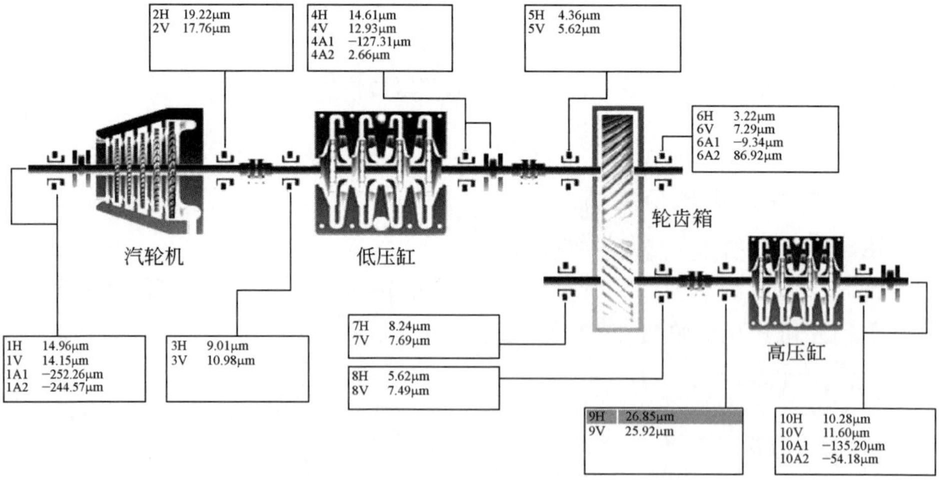

图 2-74　机组概貌图

2. 故障现象及原因分析

通过远程实时在线监测系统对该汽轮机组的振动趋势图（图 2–75 至图 2–77）进行分析，得出判断：造成汽轮机组发生强烈振动的主要原因是机组轴系不平衡故障。

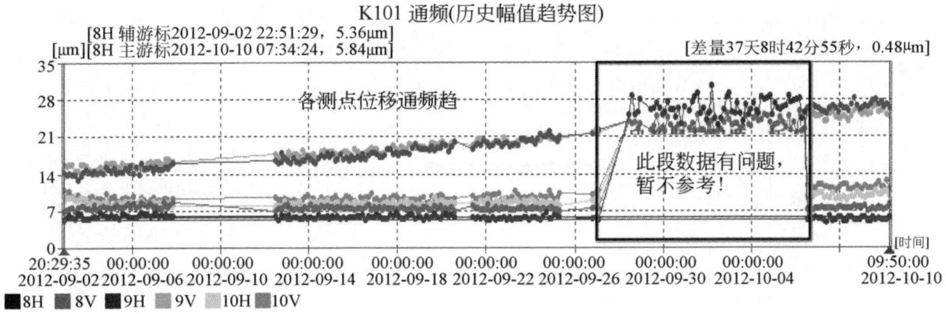

图 2–75　8、9 和 10 号测点通频趋势图

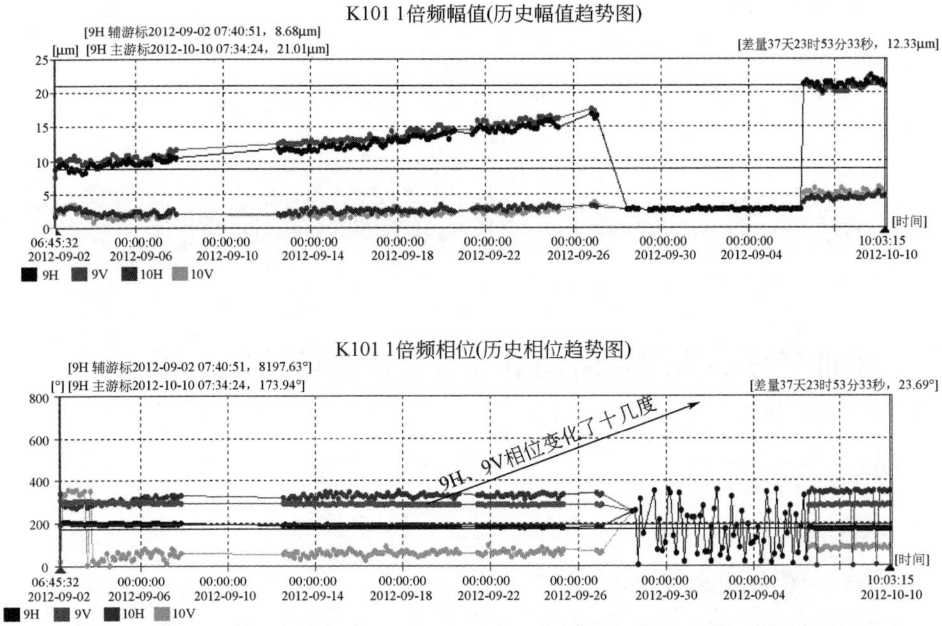

图 2–76　8、9 和 10 号测点 1 倍频及相位趋势图

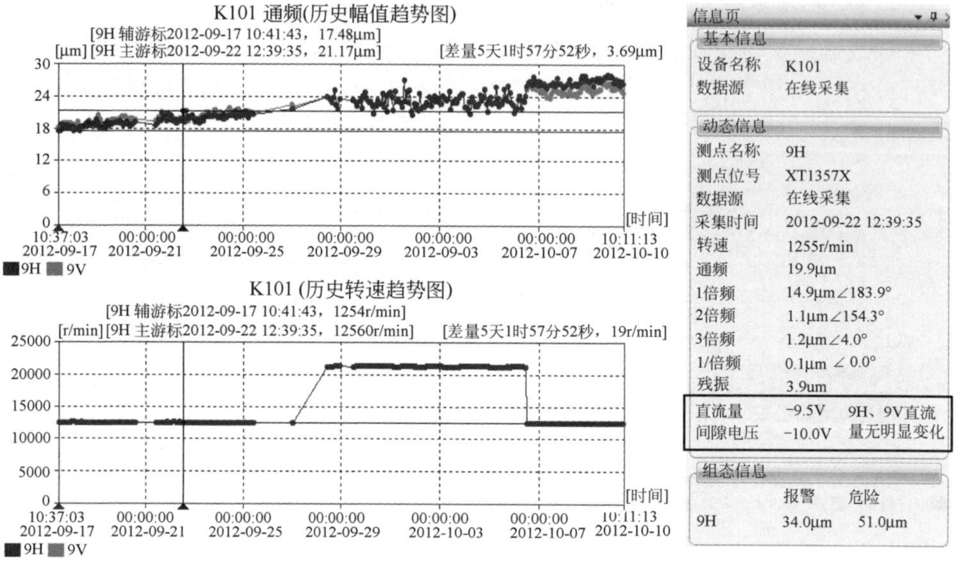

图 2-77　9 号测点趋势图

3. 诊断结论及现场反馈

诊断结论：机组轴系不平衡故障。

现场反馈：检修机组时，现场人员反馈与诊断结论一致。

第二节　动静部件碰摩故障诊断分析

一、重催气离心压缩机组动静部件碰摩故障诊断分析

（一）机组概况

该机组是由汽轮机、离心压缩机组成，如图 2-78 所示。

（二）故障现象及原因分析

通过远程实时在线监测系统对该离心压缩机组的波形频谱图（图 2-79）及轴心轨迹图（图 2-80）进行分析，发现在频谱图中 1 倍频占主导，但同时

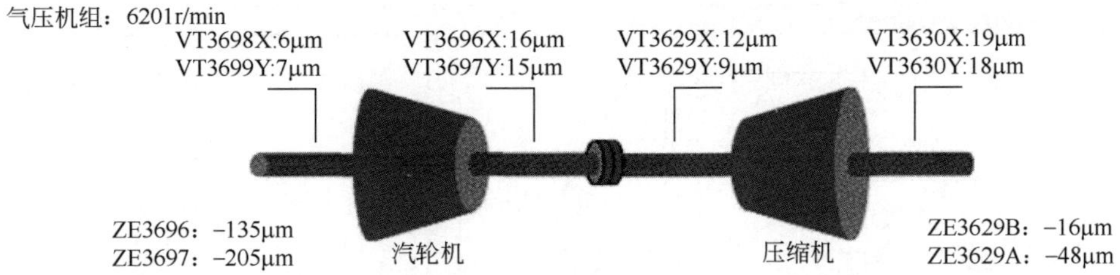

图 2-78 机组概貌图

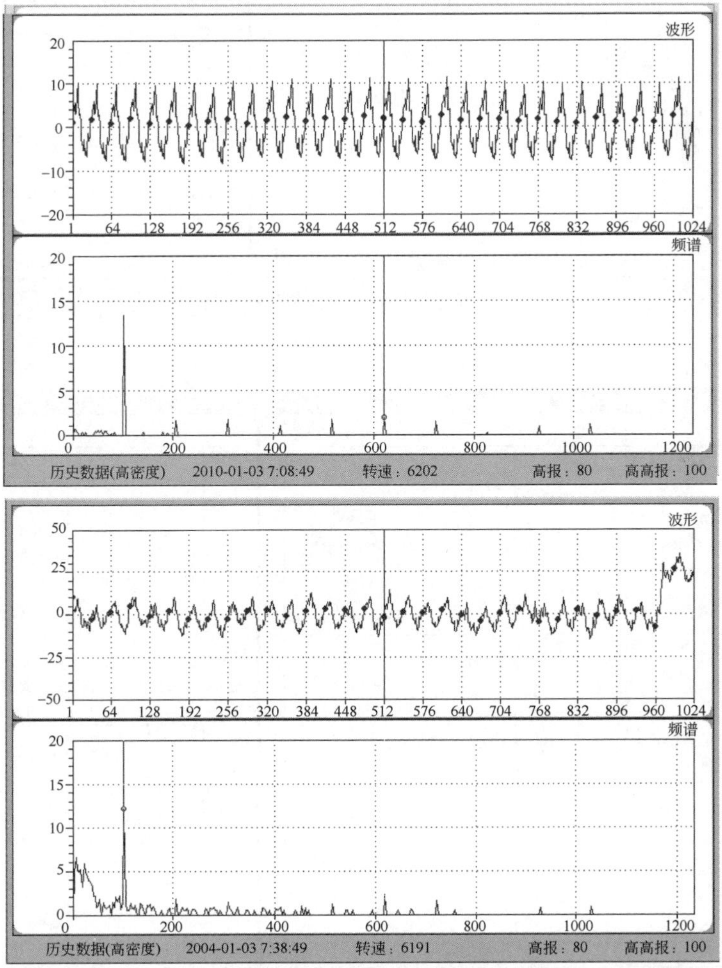

图 2-79 振动波动前后的波形频谱图

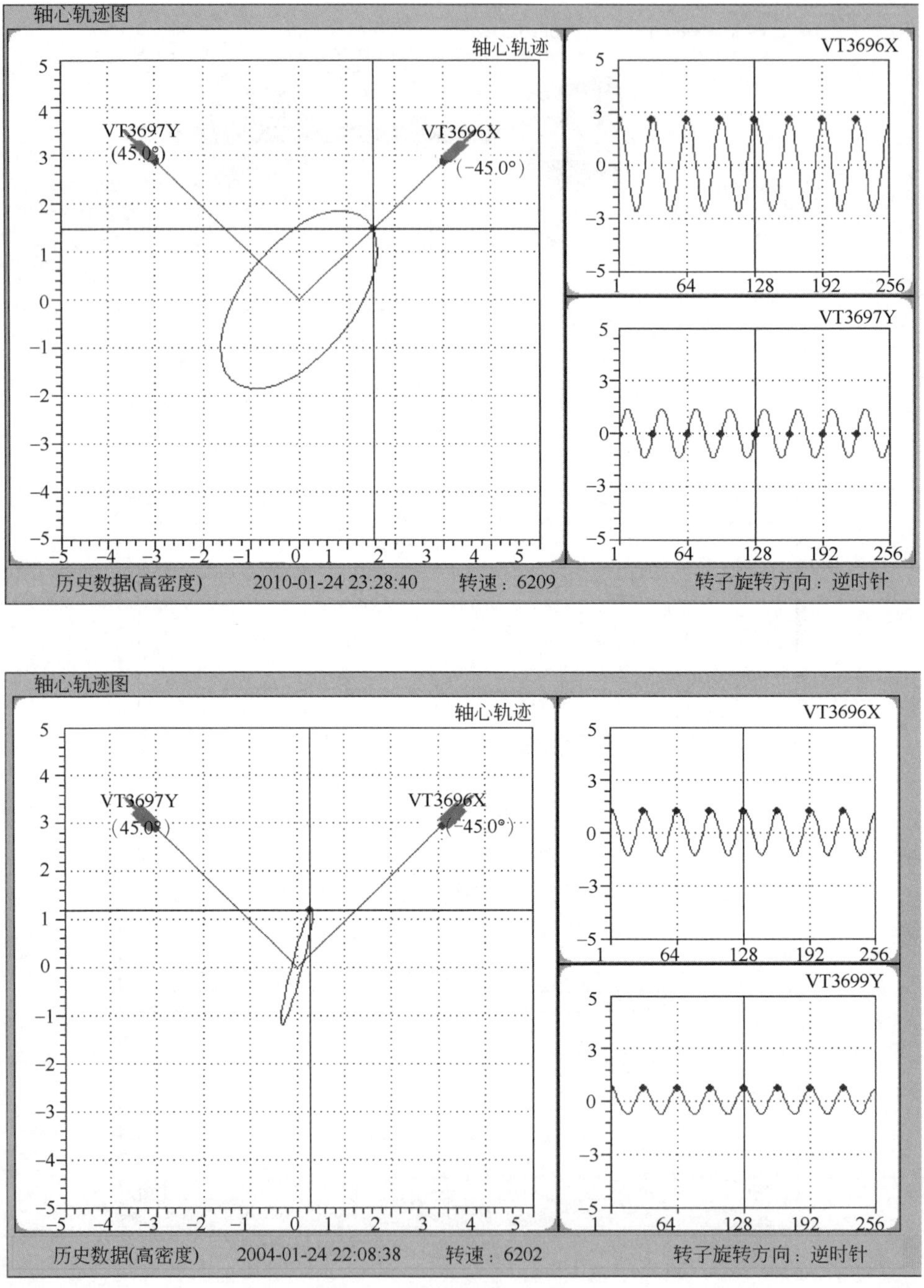
轴心轨迹图
轴心轨迹
VT3697Y
(45.0°)
VT3696X
(−45.0°)
VT3696X
VT3697Y
历史数据(高密度)
2010-01-24 23:28:40
转速：6209
转子旋转方向：逆时针
轴心轨迹图
轴心轨迹
VT3697Y
(45.0°)
VT3696X
(−45.0°)
VT3696X
VT3699Y
历史数据(高密度)
2004-01-24 22:08:38
转速：6202
转子旋转方向：逆时针

图 2-80

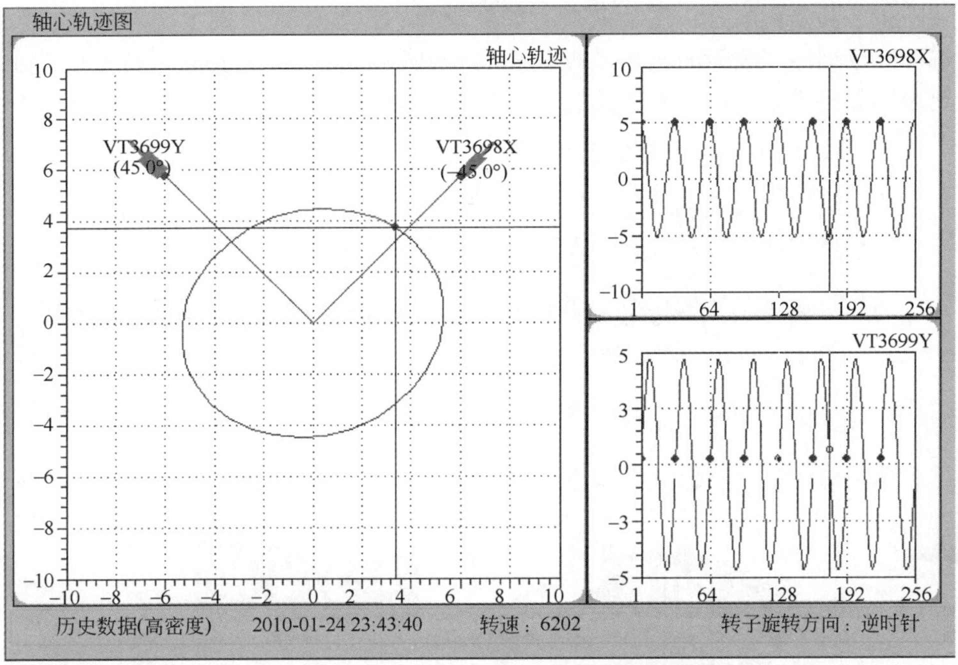

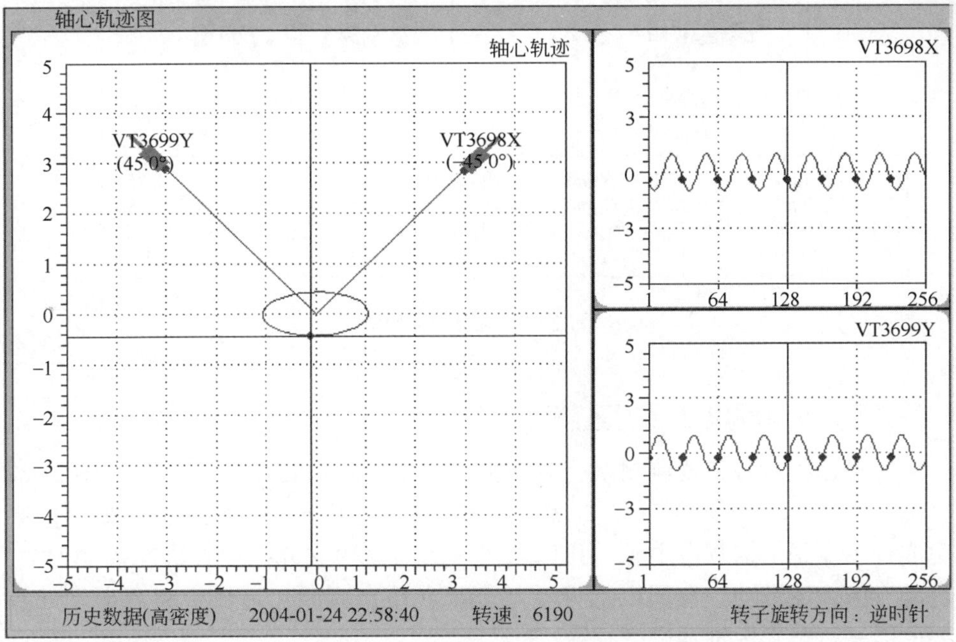

图 2-80　不同时刻的轴心轨迹图

伴随很多高倍频成分；振动波形有削波现象；汽轮机前后轴承都监测到了反进动。根据碰摩故障的机理及振动特征征兆得出判断：造成机组高振动的主要原因是机组在升速过程中发生了严重碰摩故障。

（三）诊断结论及现场反馈

诊断结论：该机组动静部件发生碰摩故障。

现场反馈：机组检修时，现场人员反馈与诊断结论一致。

二、富气离心压缩机组 1202-C-301-T 轴瓦碰摩故障诊断分析

（一）机组概况

该机组是由汽轮机、离心压缩机组成，如图 2-81 所示。

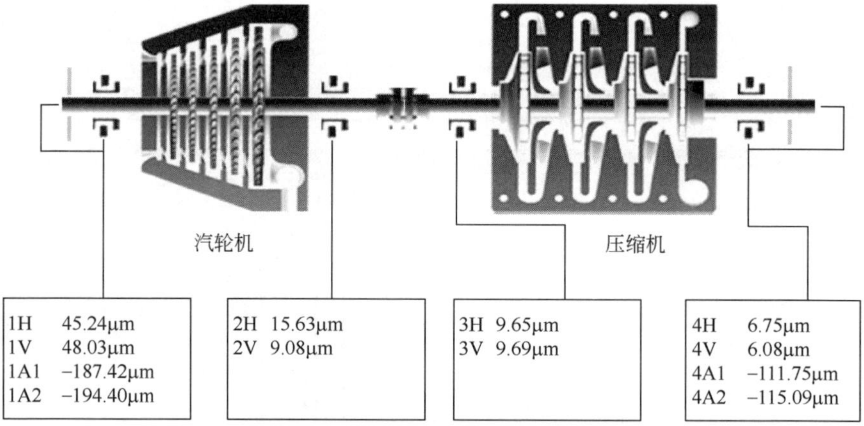

图 2-81 机组概貌图

（二）故障现象及原因分析

通过远程实时在线监测系统对该机组汽轮机两端测点的瀑布图（图 2-82 至图 2-85）及轴心轨图（图 2-86、图 2-87）进行分析，发现机组振动的频率成分主要是 1 倍频占主导，并伴随明显的高倍频成分；轴心轨迹杂乱无章，进动方向为反进动。根据以上振动特征征兆得出判断：造成机组高振动的主要原因是机组发生轴瓦碰摩故障。

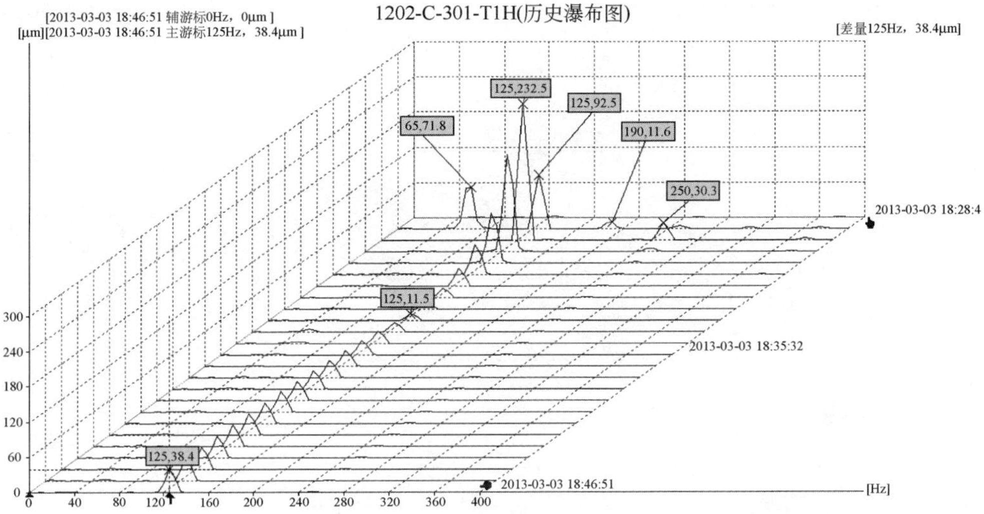

图 2-82　汽轮机 1H 瀑布图

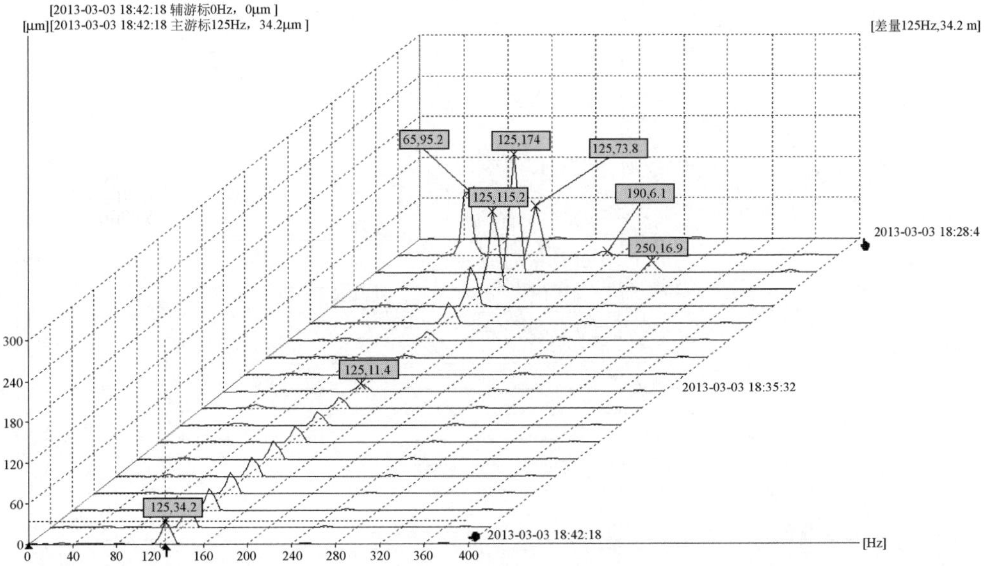

图 2-83　汽轮机 1V 瀑布图

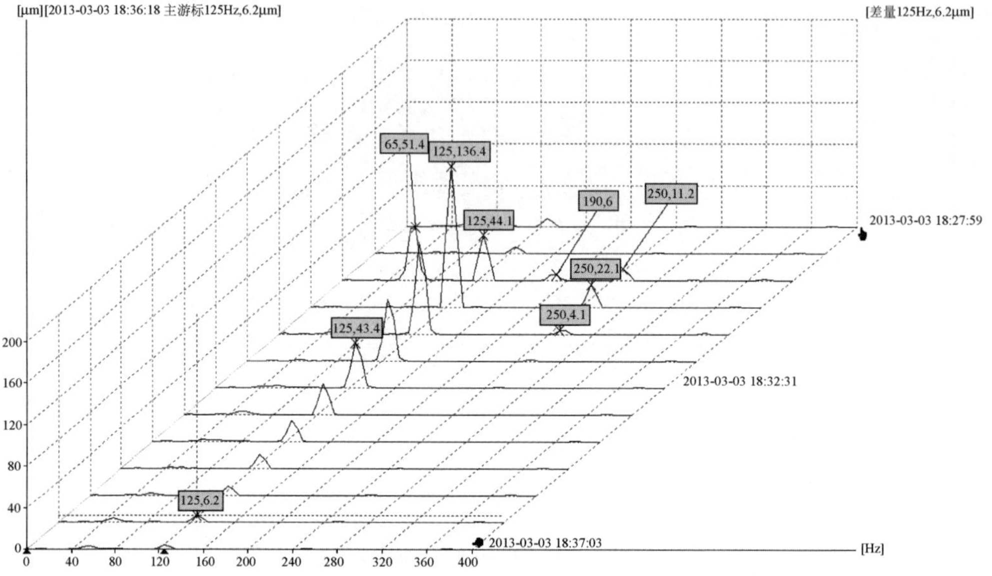

图 2-84　汽轮机 2H 瀑布图

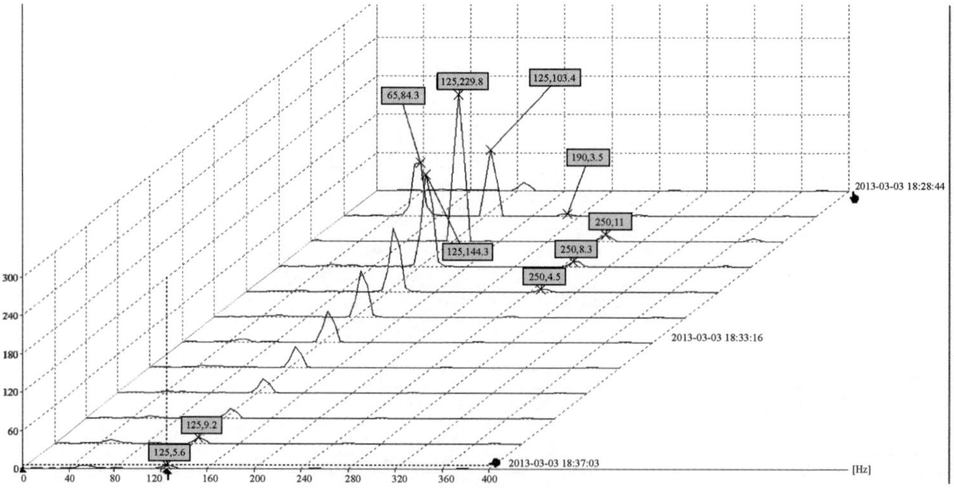

图 2-85　汽轮机 2V 瀑布图

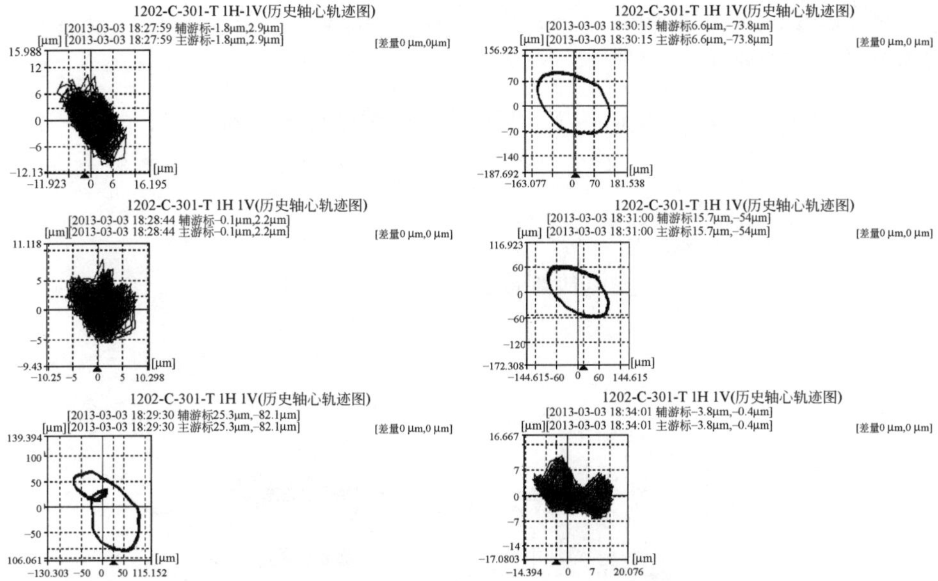

图 2-86　1H-1V 轴心轨迹综合分析图

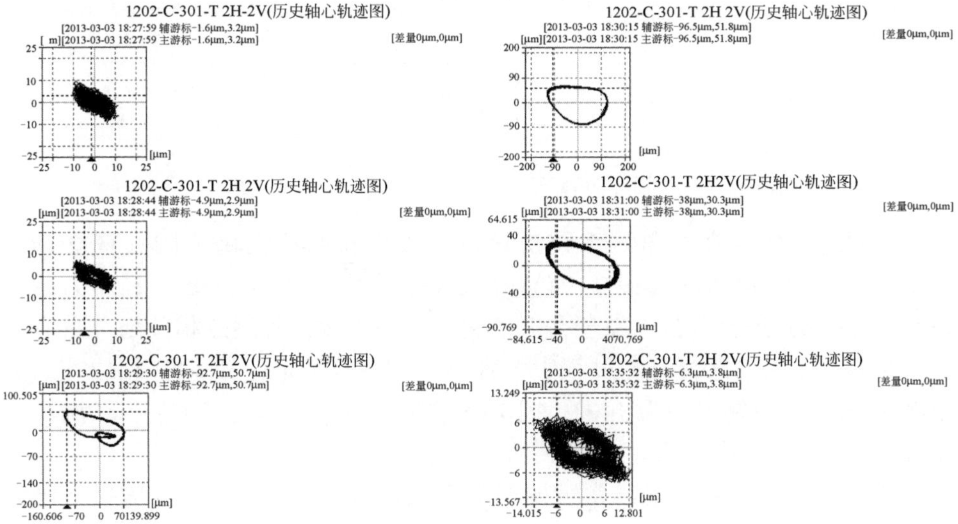

图 2-87　2H-2V 轴心轨迹综合分析图

（三）诊断结论及现场反馈

诊断结论：机组发生轴瓦碰摩故障。

现场反馈：机组检修时发现：汽轮机入口端轴瓦因发生碰摩，导致轴瓦磨损；推力瓦也有轻微磨损。

三、汽轮发电机组 740-ST-0101A 碰摩故障案例分析

（一）机组概况

该机组是由汽轮机、发电机组成，如图 2-88 所示。

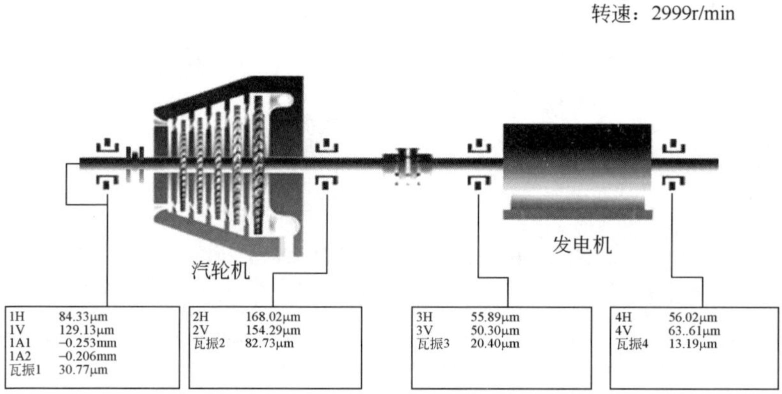

图 2-88　机组概貌图

（二）故障现象及原因分析

通过远程实时在线监测系统对该汽轮发电机组振动趋势图（图 2-92、图 2-93）、相位趋势图（图 2-94）以及流量趋势图（图 2-95）和压力趋势图（图 2-96）进行分析，发现在振动起初波动阶段，各测点相位随之略有波动，但在振值持续缓慢升高过程中，各测点相位较稳定，1H-1V 相位差约为 250°，2H-2V 相位差约为 140°。据 DCS 数据显示，在 13：50 左右，汽轮机主蒸汽流量及 4 段抽气压力出现突然变化。

综合分析：机组振动异常主要源自于汽轮机主蒸汽流量及 4 段抽气压力出现突然变化，进而使汽轮机排气温度升高，使得转子与静子部件径向间隙沿轴线产生不均匀变化，使得机组振值升高，进而使转子与静子发生轻微接触。因而得出判断：造成机组高振动的主要原因是汽轮机发生碰摩故障。

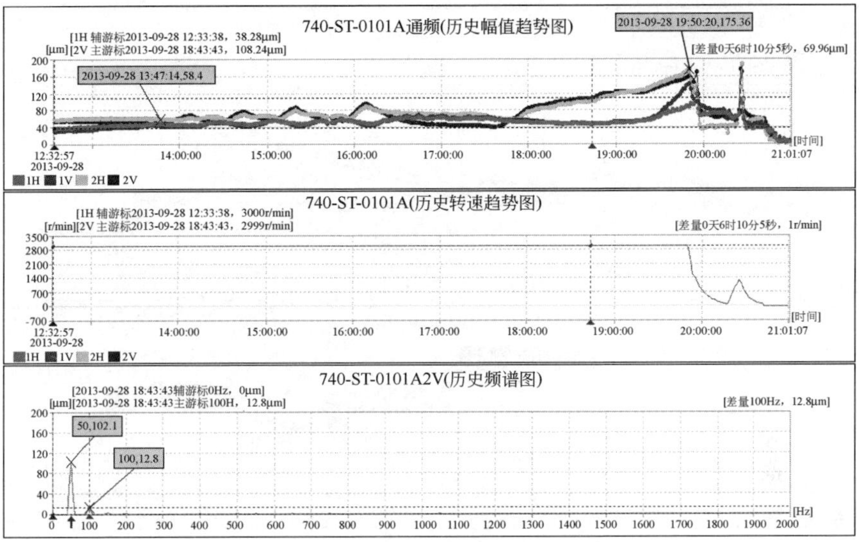

图 2-89　汽轮机各测点振动趋势图

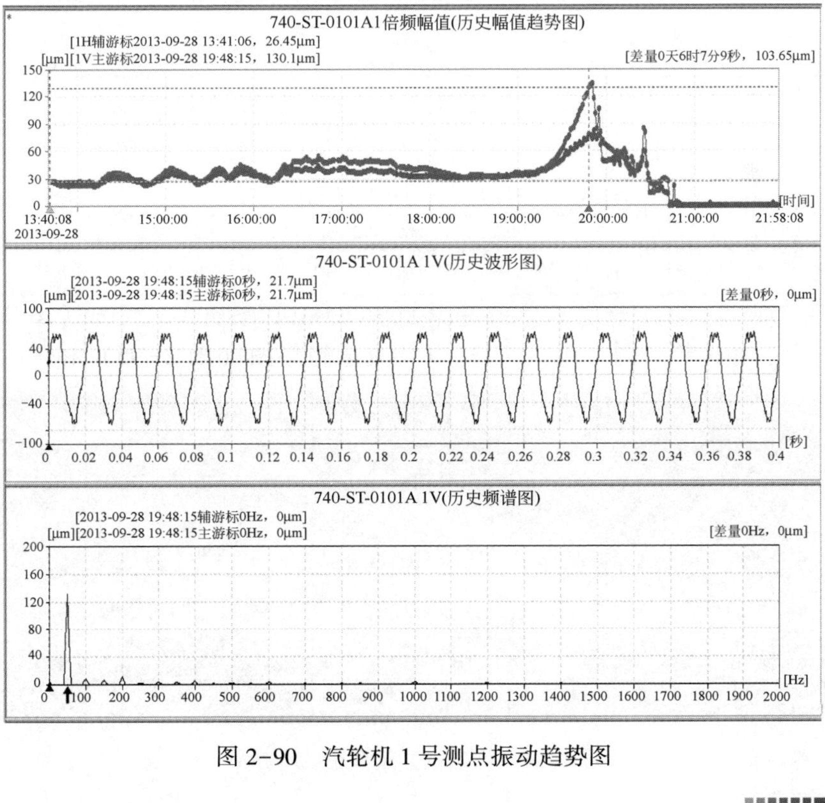

图 2-90　汽轮机 1 号测点振动趋势图

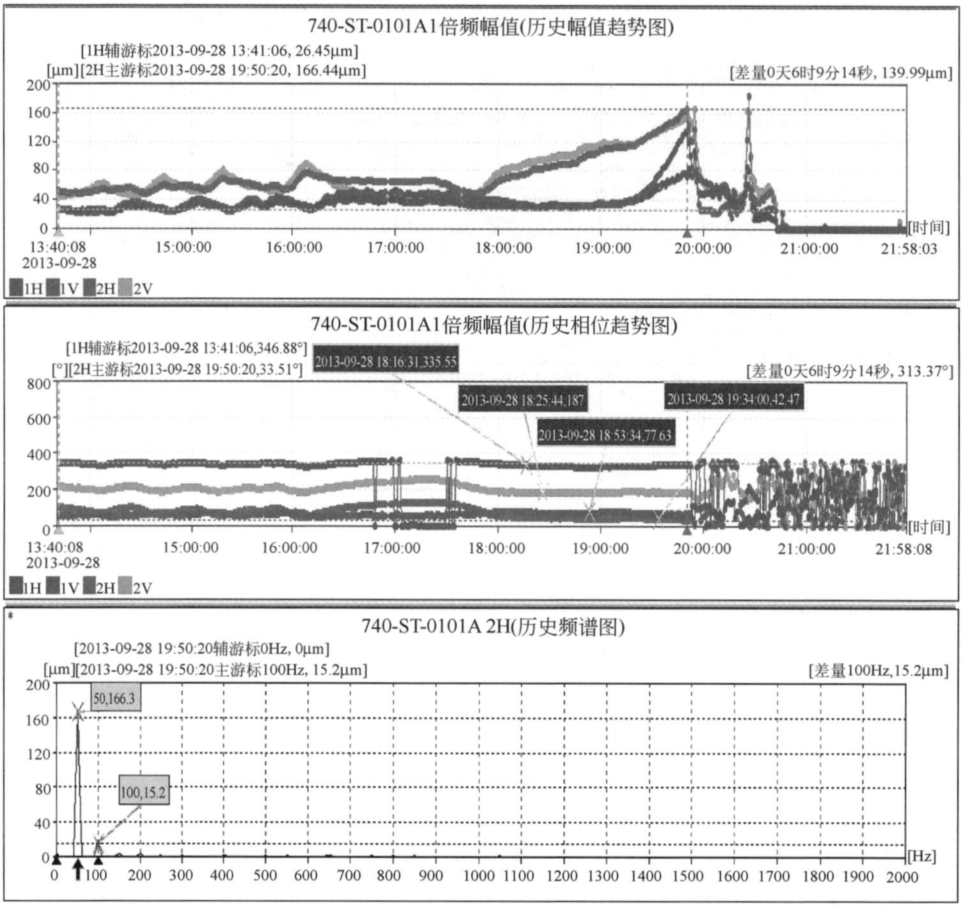

图 2-91 汽轮机各测点振动相位趋势图

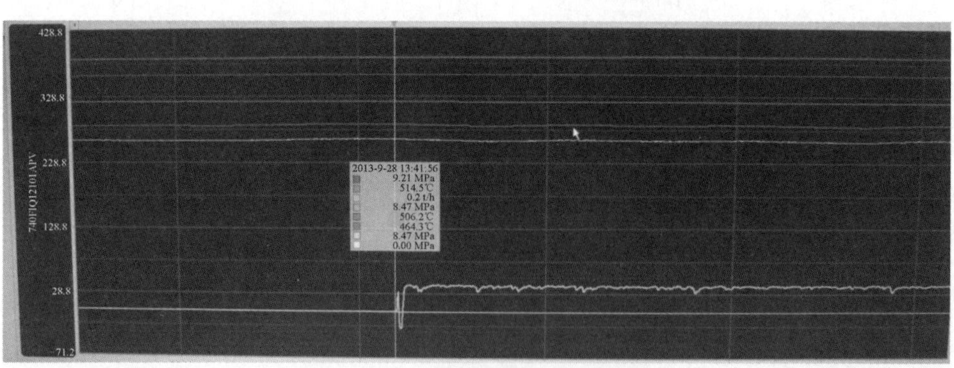

图 2-92 汽轮机主蒸汽流量趋势图

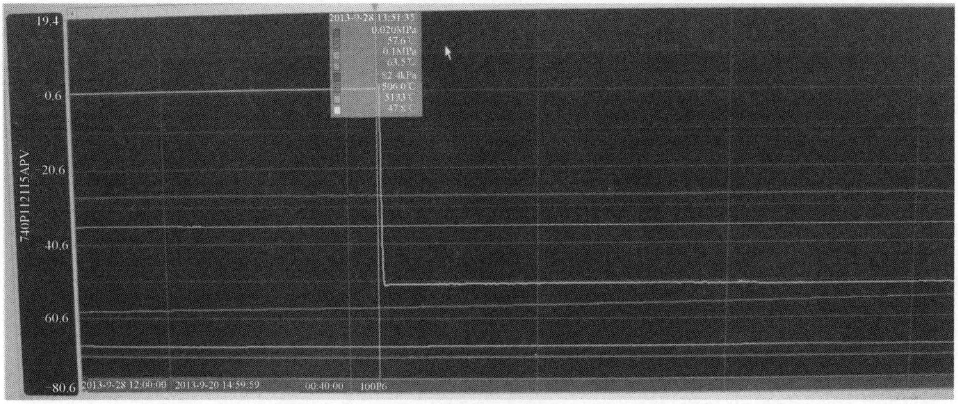

图 2-93　汽轮机 4 段抽气压力趋势图

（三）诊断结论及现场反馈

诊断结论：汽轮机发生碰摩故障。

现场反馈：检修机组时，现场人员反馈与诊断结论一致。

四、汽轮发电机组 740-ST-0102B 碰摩故障诊断分析

（一）机组概况

该机组是由汽轮机、发电机组成，如图 2-94 所示。

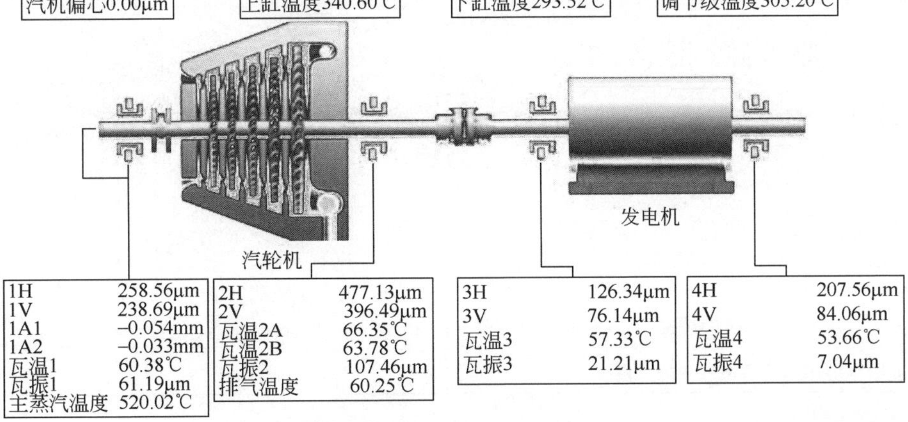

图 2-94　机组概貌图

（二）故障现象及原因分析

通过远程实时在线监测系统对该机组波形频谱图（图 2-95、图 2-96、图 2-97）及轴心轨迹图（图 2-98）进行分析，发现机组升速过程中发生动静部件碰摩故障，到 21:18 时，碰摩程度明显增大，引起汽轮机和发电机振动同时上升；碰摩特征在各测点振动中均有体现，轴瓦、汽轮机内部等部位均会发生碰摩故障；机组原始平衡情况不好，机组在低转速下就有较大振动；缸体与转子膨胀状态较差，膨胀差在打闸停机前达到 3. 2mm（报警值为 3. 5mm）；汽轮机存在动静部件间隙不均匀及过小的情况，不排除汽轮机缸体内部构件（如隔板、缸体铸件等）因温度变化残余应力释放引发变形，导致动静部件碰摩。因而得出判断：造成机组高振动的主要原因是机组发生动静部件碰摩故障。

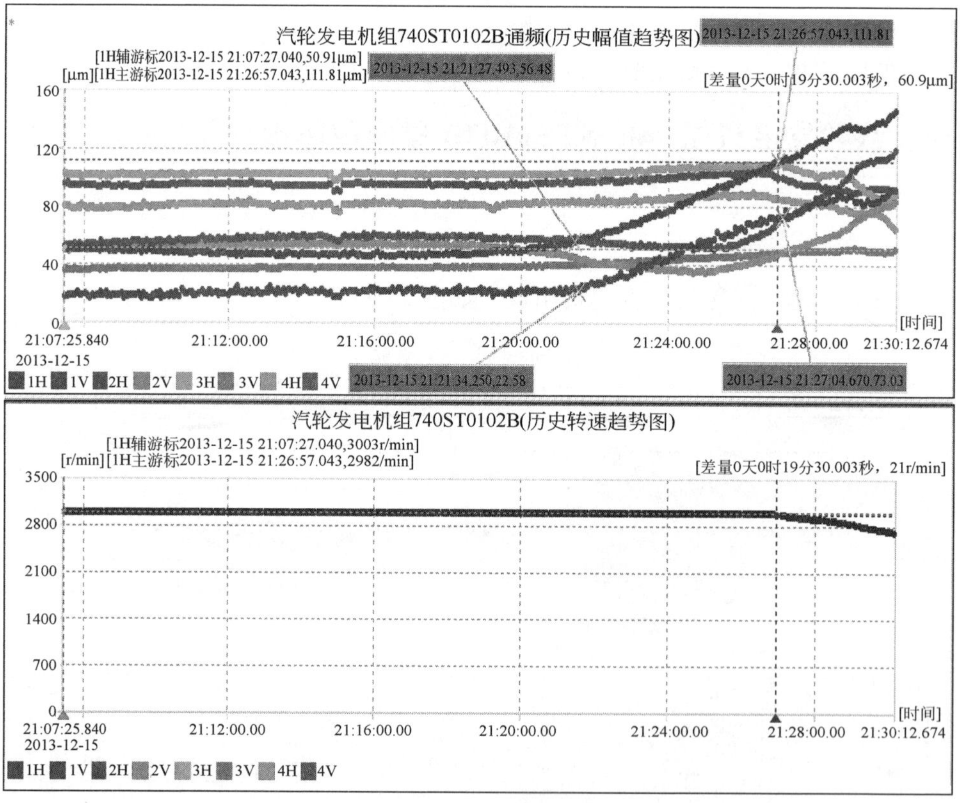

图 2-95　1H、1V 振动振动趋势图

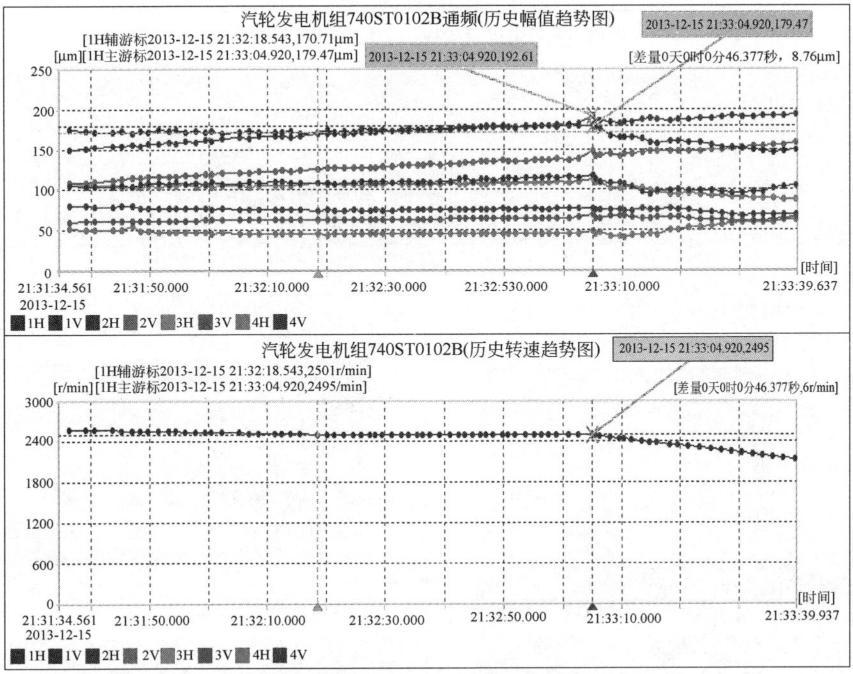

图 2-96　降速后振动趋势图

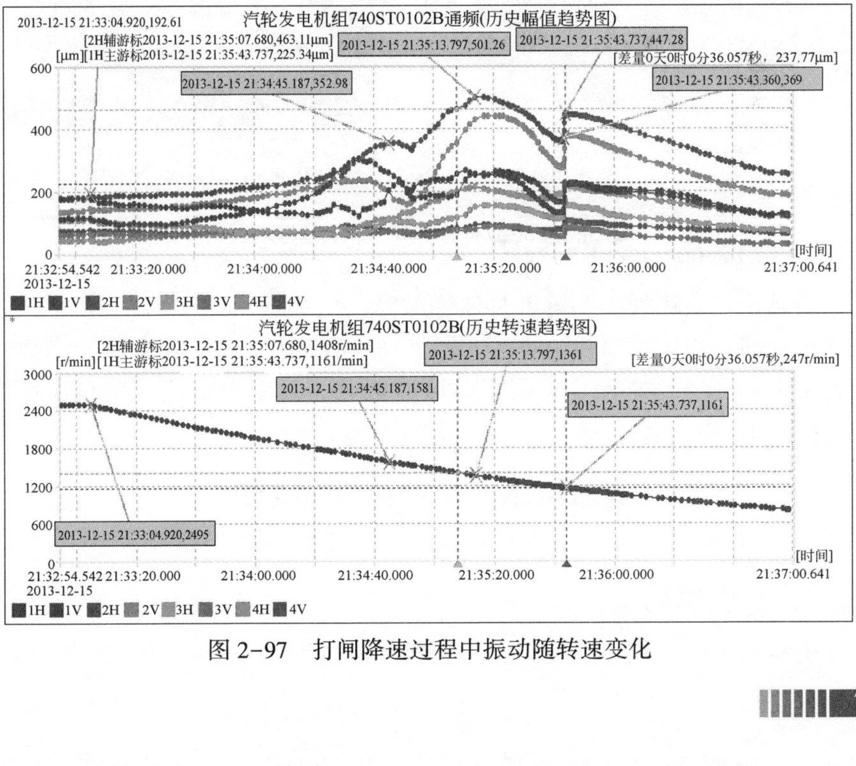

图 2-97　打闸降速过程中振动随转速变化

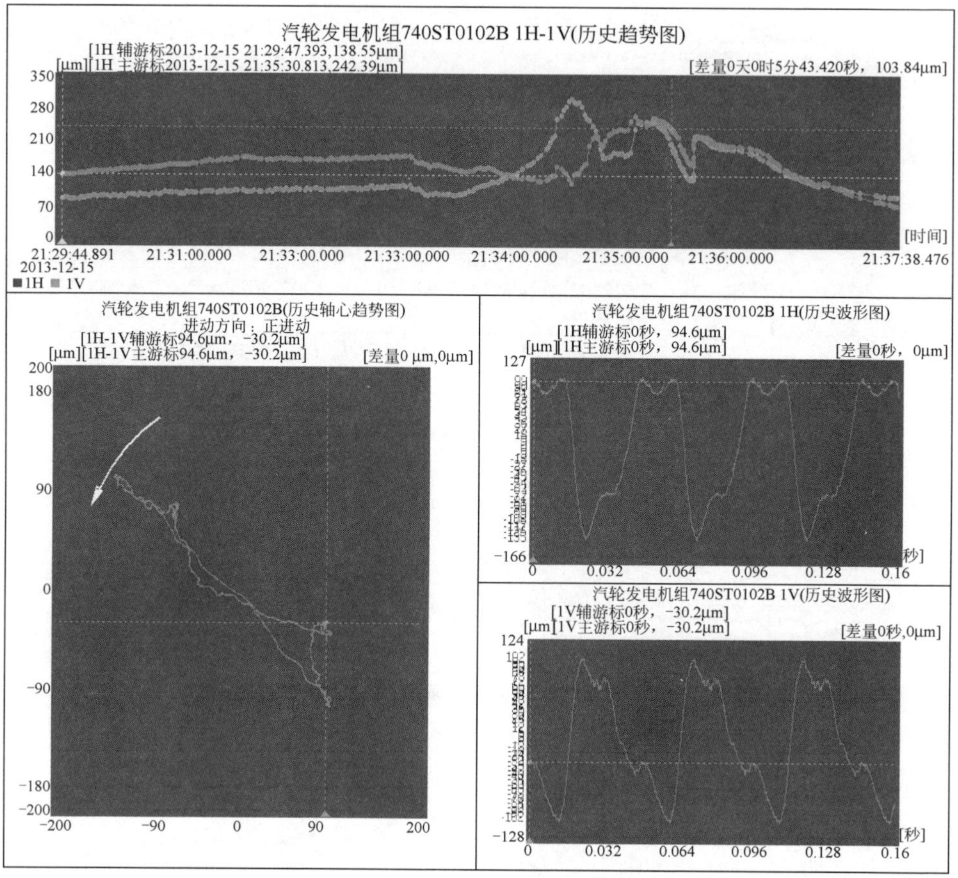

图 2-98　1H-1V 轴心轨迹及波形图

（三）诊断结论及现场反馈

诊断结论：机组发生动静部件碰摩故障。

现场反馈：机组窗口检修时发现：叶片围带上有 3 道非常明显的碰摩痕迹；转子上隔板气封处有非常明亮的碰摩痕迹，属于非常明显的碰摩故障现象，与给出的诊断结论一致。

五、C-01-1 空气压缩机组碰摩故障诊断分析

（一）机组概况

该机组是由增压机、汽轮机、空压机组成，如图 2-99 所示。

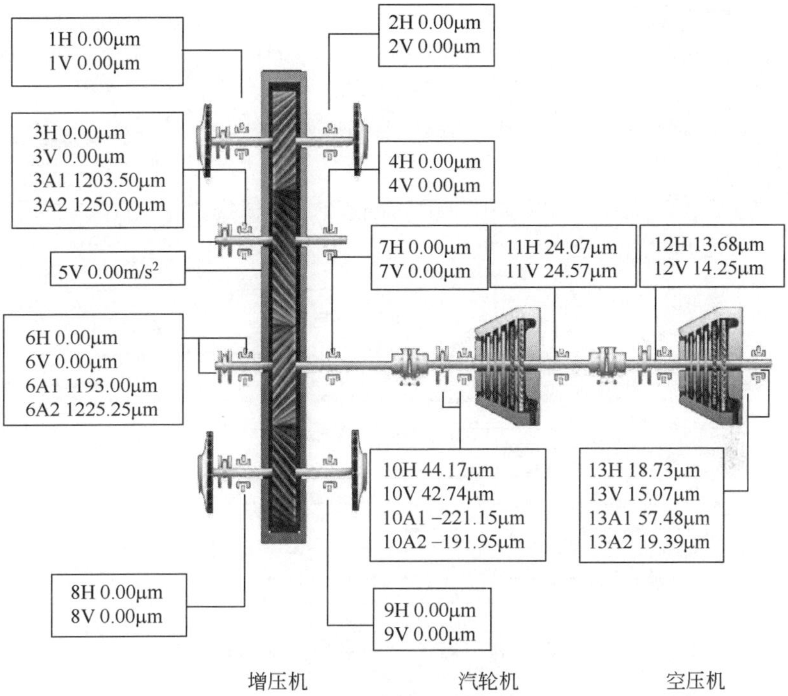

图 2-99 机组概貌图

（二）故障现象及原因分析

通过远程实时在线监测系统对该机组汽轮机振动趋势图（图 2-100 至图 2-102 所示）、幅值转速图（图 2-103、图 2-107）及轴心轨迹图（图 2-108、图 2-109）对 C-01-1 机组振动联锁停车的原因进行分析，发现由于机组升速过快，暖机时间不充分，动静部件膨胀不协调，进而导致碰摩；3 月 24 日，多次出现蒸汽带液，流体激励振动波动，使转子局部受热不匀导致转子弯曲后轻度碰摩；振动的三次异常爬升是由于蒸汽带液加摩擦造成的，在降速过程中由于转子弯曲导致摩擦，引起在过临界后振幅仍然增大的现象。因而得出判断：造成机组高振动的主要原因是压缩机组发生碰摩故障。

（三）诊断结论及现场反馈

诊断结论：压缩机组发生碰摩故障。

现场反馈：机组检修时，现场人员反馈与诊断结论一致。

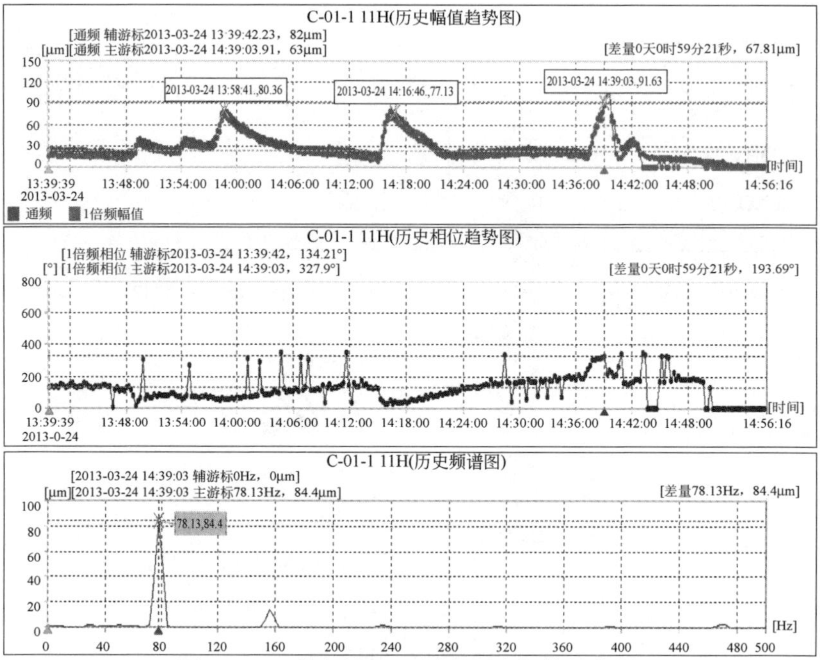

图 2-100　排气端 11H 测点历史幅值趋势图

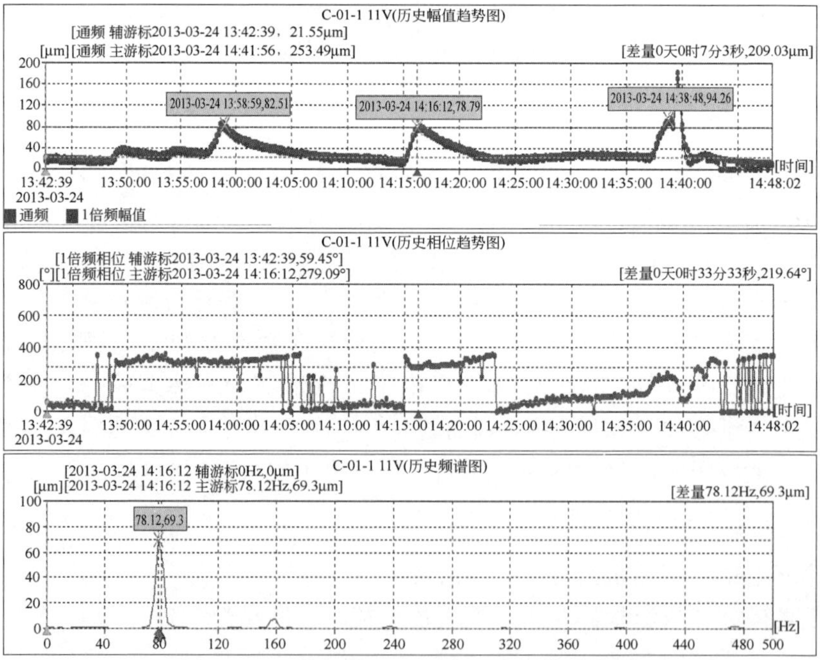

图 2-101　排气端 11V 测点历史幅值趋势图

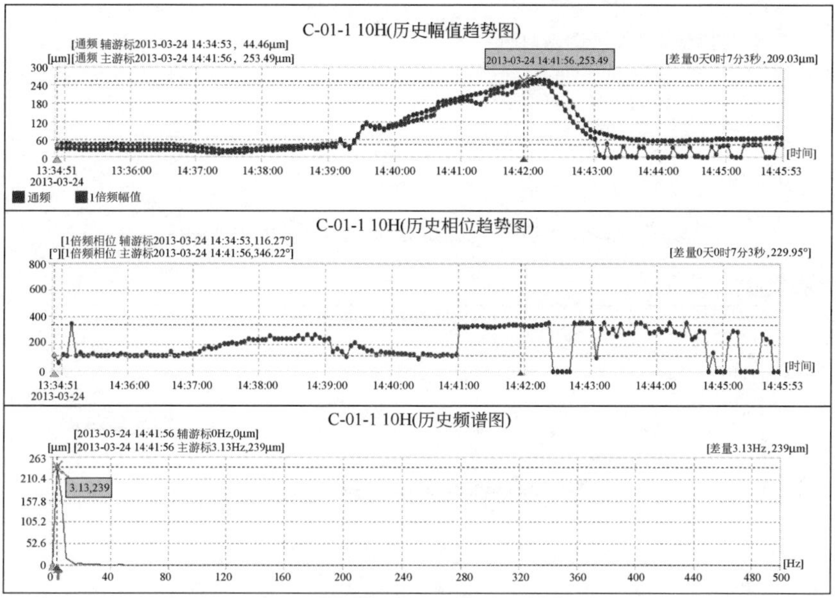

图 2-102 进气端 10H 测点历史幅值趋势图

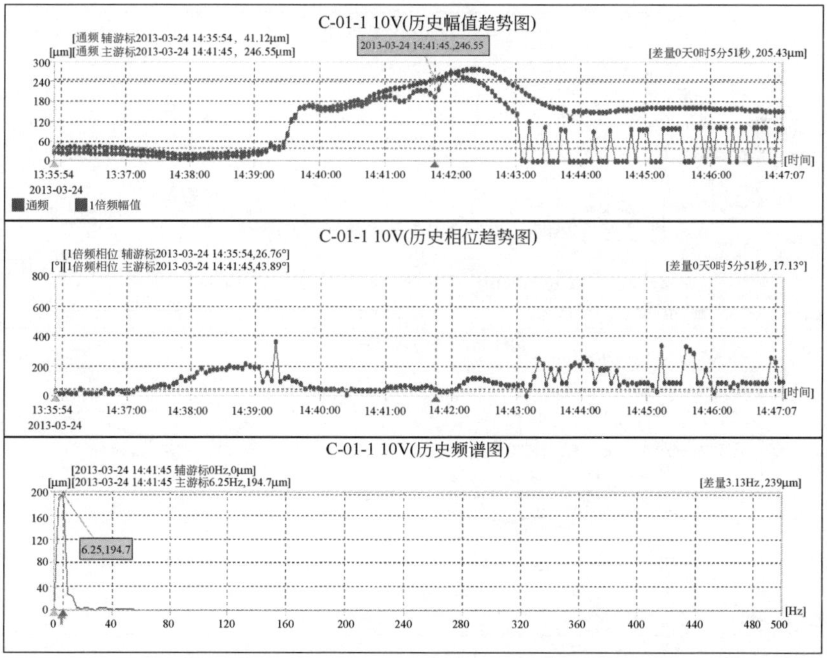

图 2-103 进气端 10V 测点历史幅值趋势图

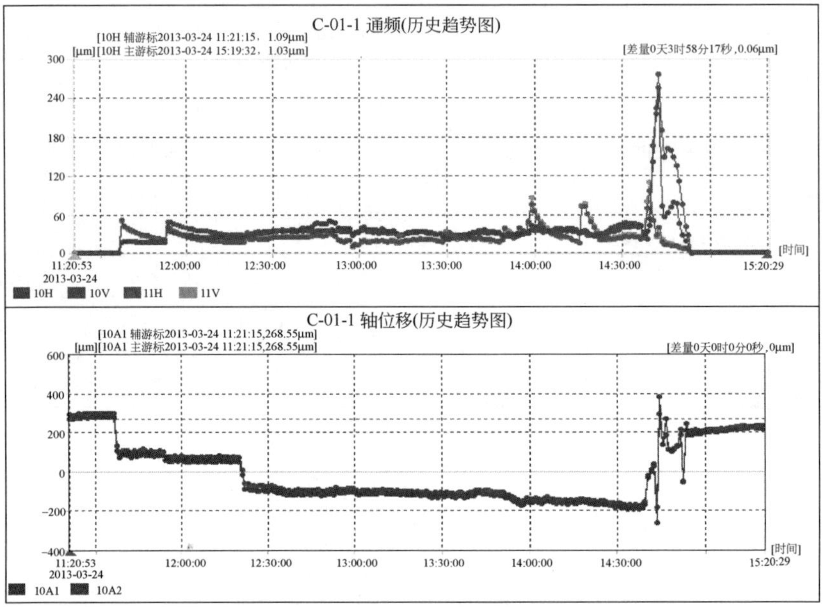

图 2-104　汽轮机两侧径向及轴向测点历史趋势图

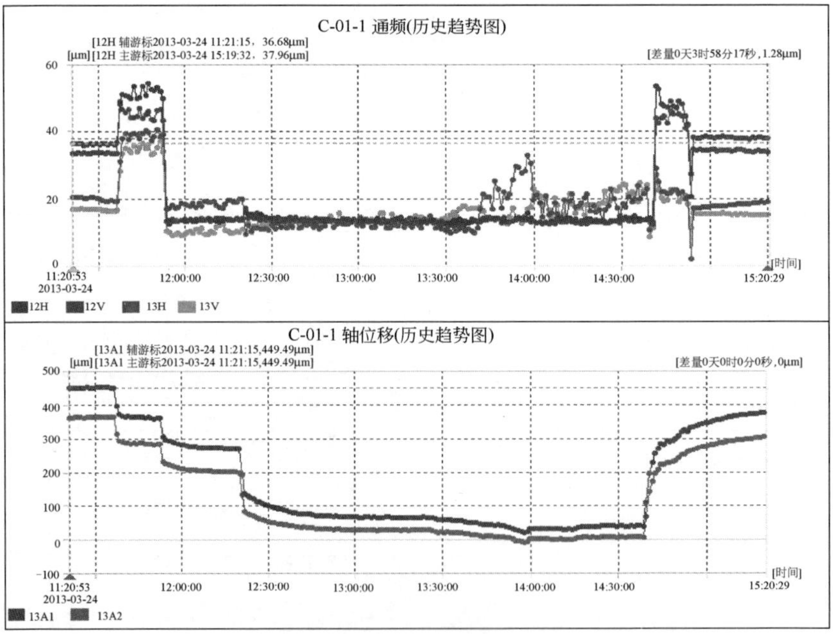

图 2-105　空压机两侧径向及轴向测点历史趋势图

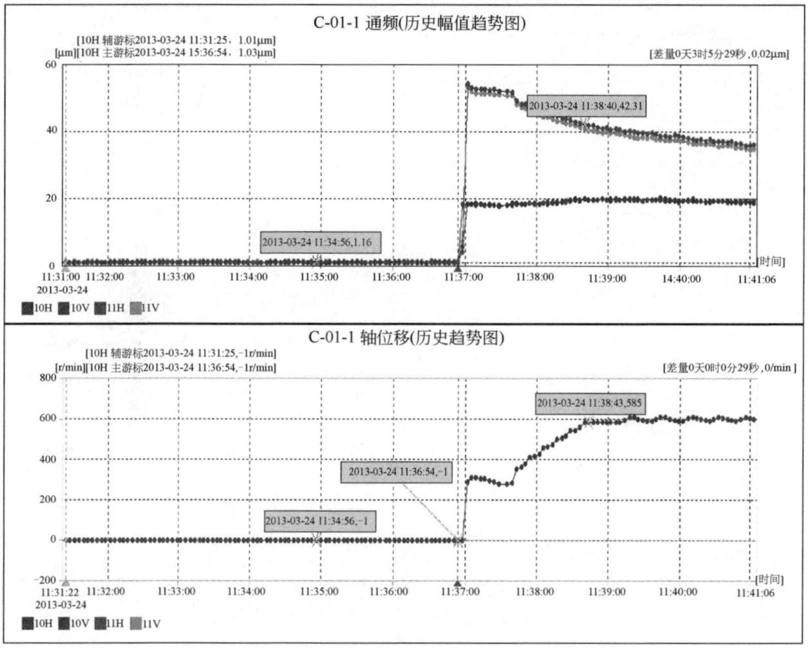

图 2-106　汽轮机两端启机历史幅值转速图

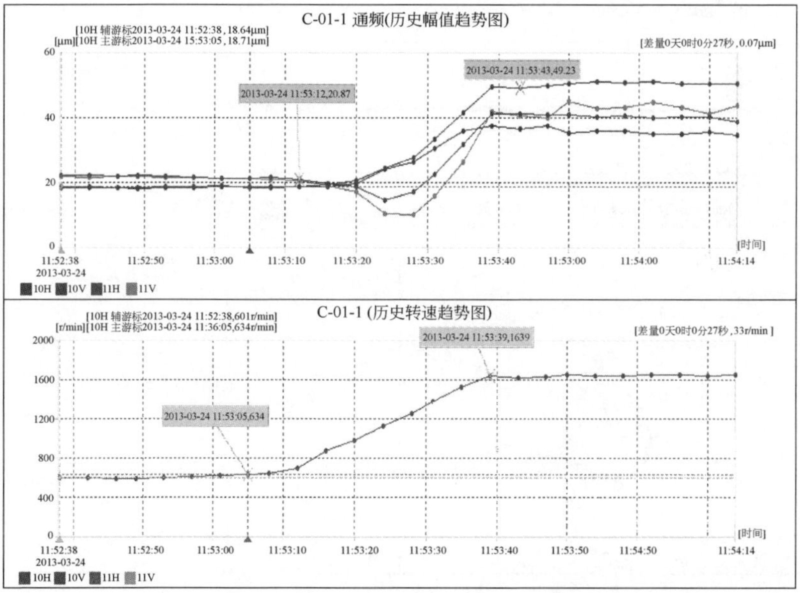

图 2-107　汽轮机两端启机历史幅值转速图

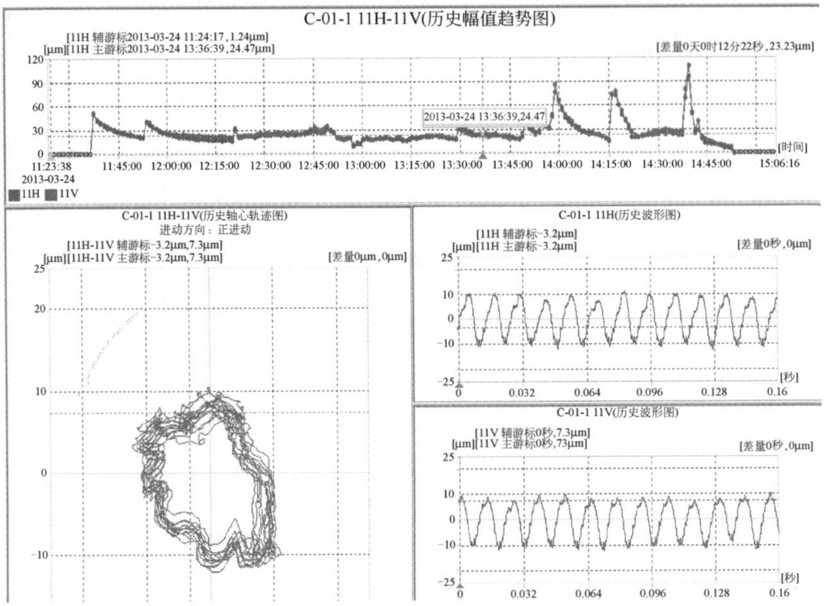

图 2-108　汽轮机 11H/11V 测点轴心轨迹图

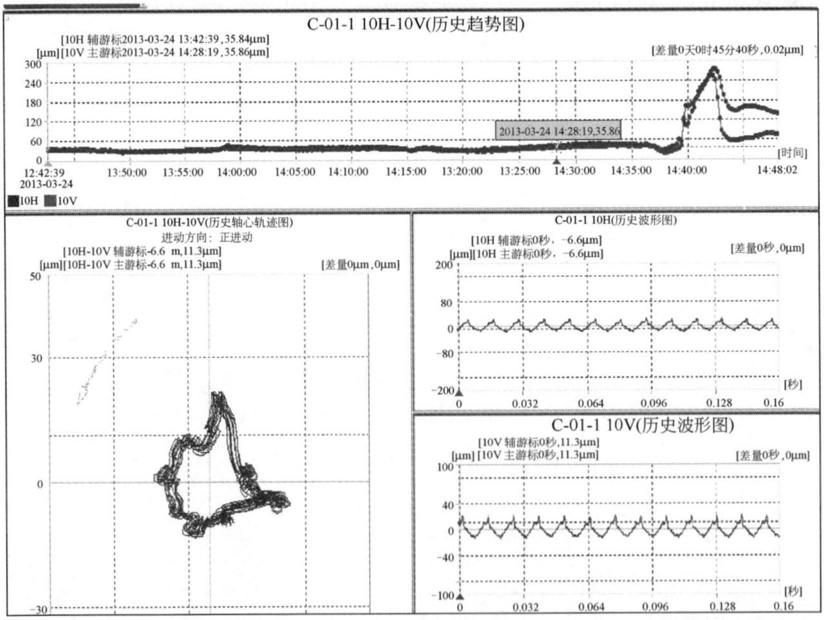

图 2-109　汽轮机 10H/10V 测点轴心轨迹图

六、1号汽轮发电机组动静部件碰摩故障诊断分析

（一）故障诊断分析Ⅰ

1. 机组概况

该机组是由高压缸、中压缸、低压缸、发电机组成，如图2-110所示。

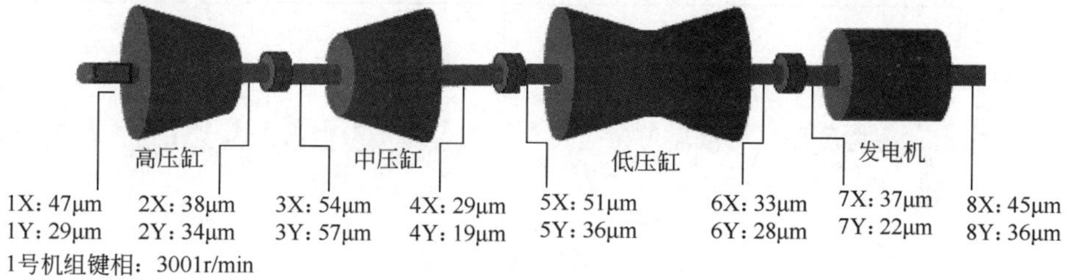

图2-110　机组概貌图

2. 故障现象及原因分析

通过远程实时在线监测系统对该汽轮机组的振动趋势图（图2-111）及

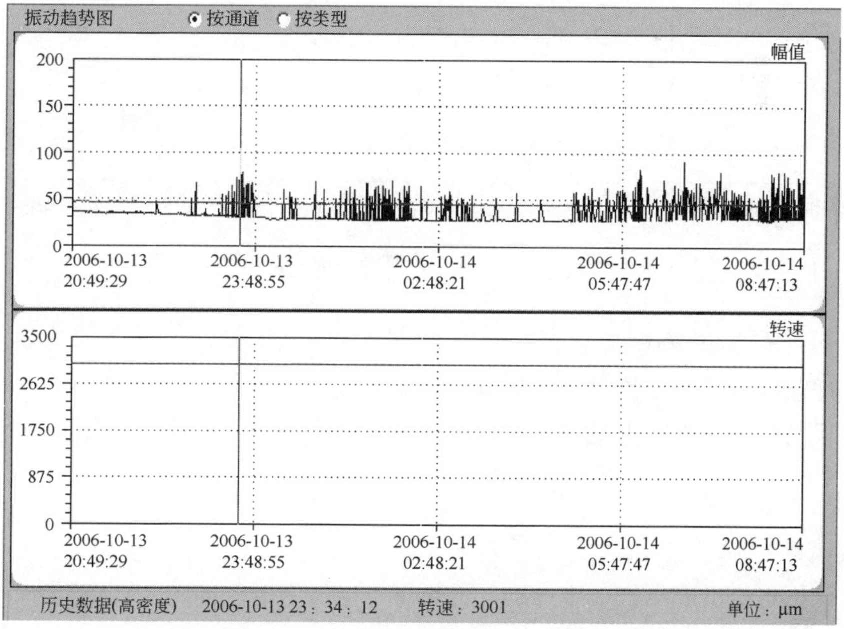

图2-111　轴承上两个测点的通频振动趋势

波形频谱图（图2-112）进行分析，发现：1号机8瓦Y测点振动波动且不稳定，振动波形出现削波；频谱图中有丰富的次谐波及高次谐波；3号轴承的轴心轨迹图（图2-113）的进动方向呈现反进动。因而得出判断：造成机组高振动的主要原因是汽轮机组内部动静部件发生碰摩故障。

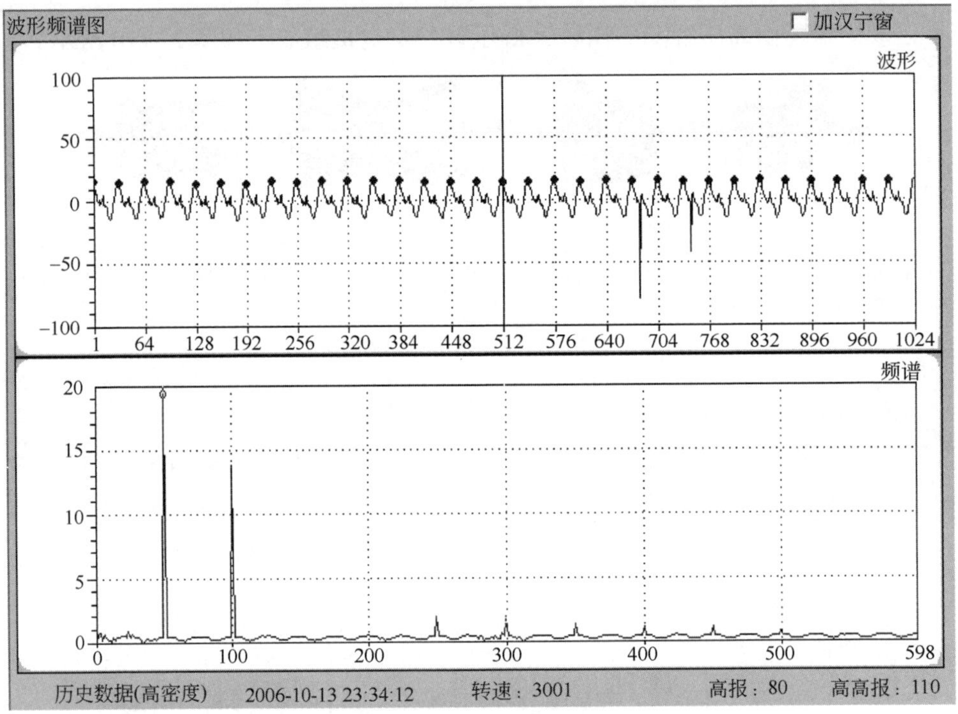

图2-112　3Y波形频谱图

3. 诊断结论及现场反馈

诊断结论：汽轮机组动静部件发生碰摩故障。

现场反馈：检修机组时，现场人员反馈与诊断结论一致。

（二）故障诊断分析Ⅱ

1. 机组概况

该机组是由高压缸、中压缸、低压缸、电机组成，如图2-114所示。

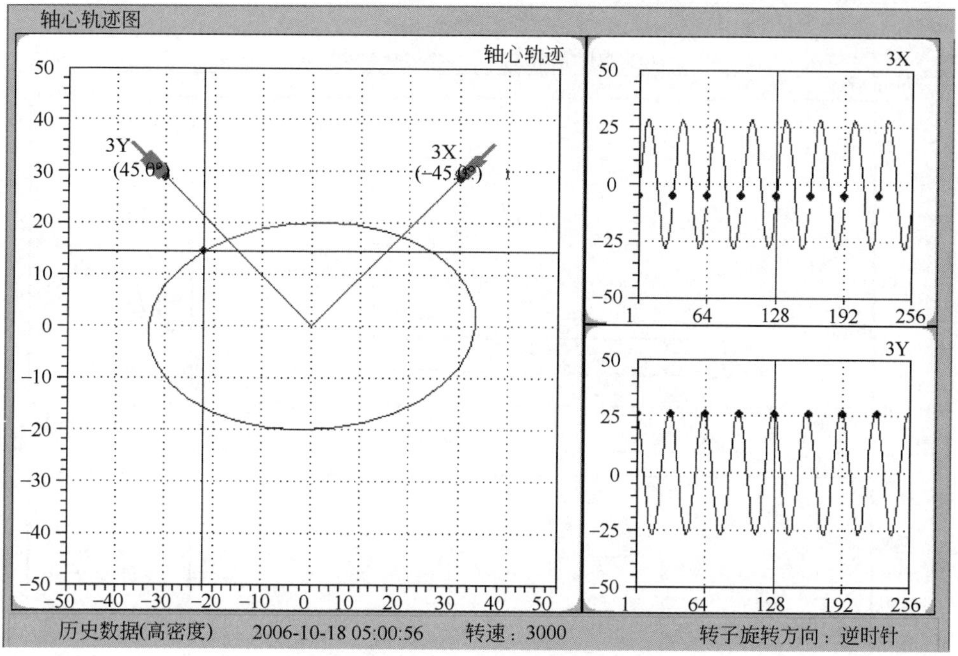

图 2-113　3 号轴承的轴心轨迹图

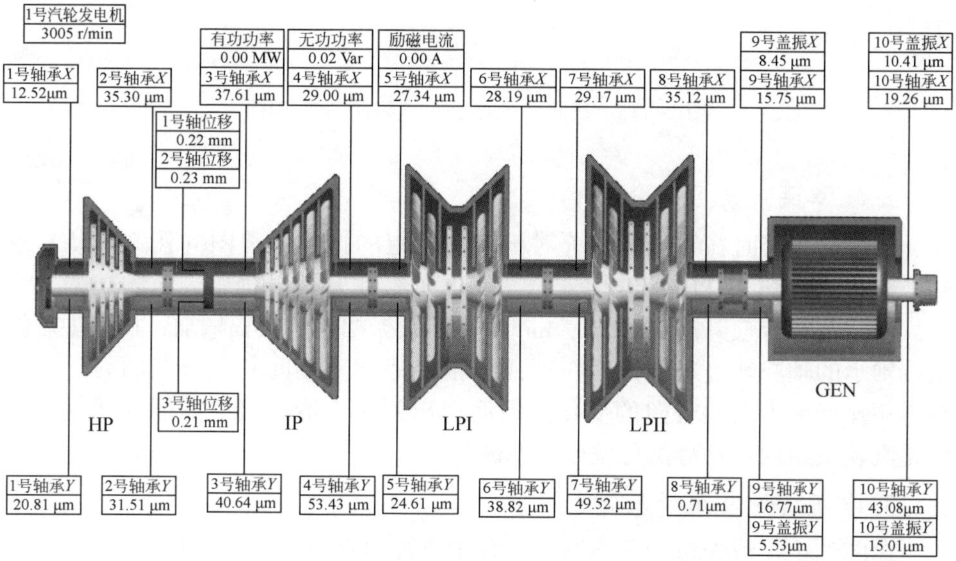

图 2-114　机组概貌图

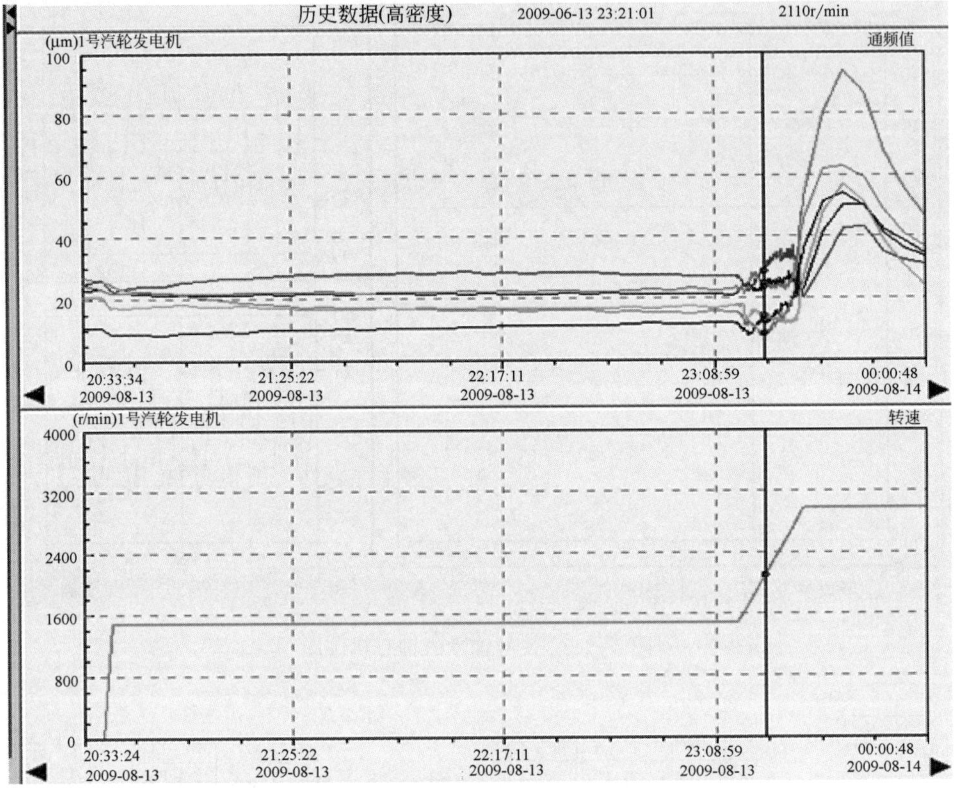

图 2-115 机组各测点的 1 倍频振动趋势图

2. 故障现象及原因分析

通过远程实时在线监测系统对该汽轮机组的振动趋势图（图 2-115）及轴心轨迹图（图 2-116）进行分析，发现机组在升速过程中，通频振幅发生了波动，并在转速升高到 3200r/min 时，通频振幅趋势大幅增加；机组中压缸前端轴承的轴心轨迹进动方向在通频振幅趋势波动期间和上升期间与正常运行时相比产生了进动方向的变化。因而得出判断：造成机组高振动的主要原因是汽轮机组内部动静部件发生碰摩故障。

3. 诊断结论及现场反馈

诊断结论：汽轮机转子在开机过程中出现热膨胀不均匀引起碰摩故障。

现场反馈：检修机组时，现场人员反馈与诊断结论一致（图 2-117）。

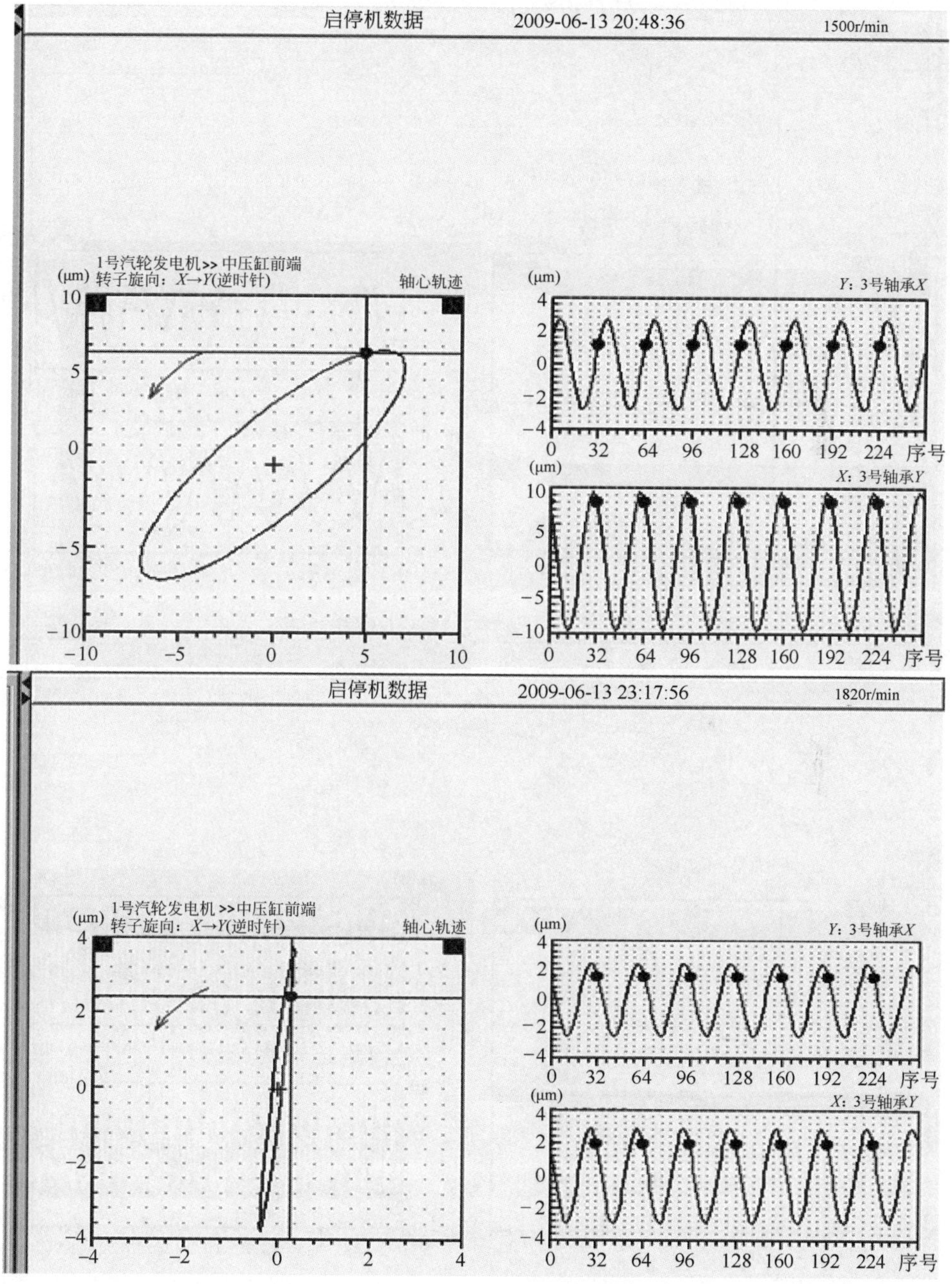
启停机数据
2009-06-13 20:48:36
1500r/min
1号汽轮发电机>>中压缸前端
(μm)
转子旋向：X→Y(逆时针)
轴心轨迹
(μm)
Y：3号轴承X
序号
(μm)
X：3号轴承Y
序号
启停机数据
2009-06-13 23:17:56
1820r/min
1号汽轮发电机>>中压缸前端
(μm)
转子旋向：X→Y(逆时针)
轴心轨迹
(μm)
Y：3号轴承X
序号
(μm)
X：3号轴承Y
序号

图 2-116

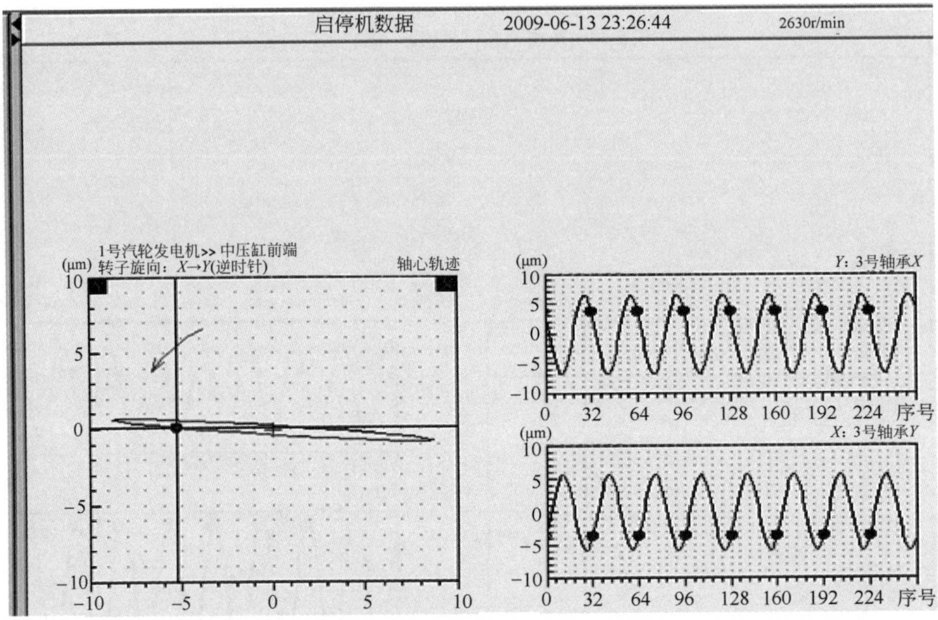

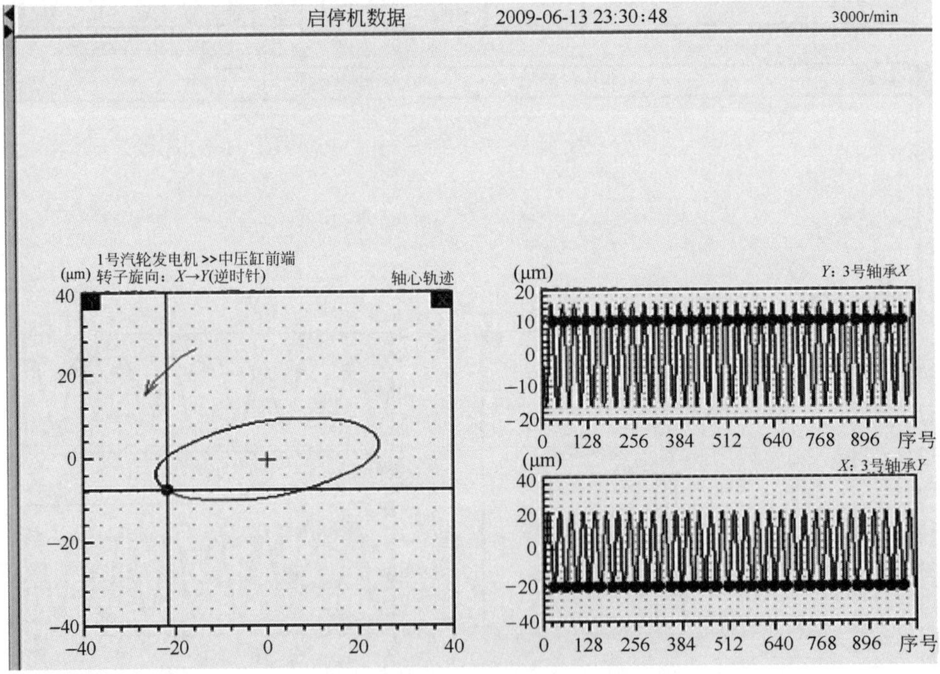

图 2-116　中压缸前端轴承的轴心轨迹图

图 2-117　机组解体后的示意图

七、101-J/JT 汽轮机组动静部件碰摩故障诊断分析

（一）机组概况

该机组是由汽轮机、低压缸、齿轮箱、高压缸组成，如图 2-118 所示。

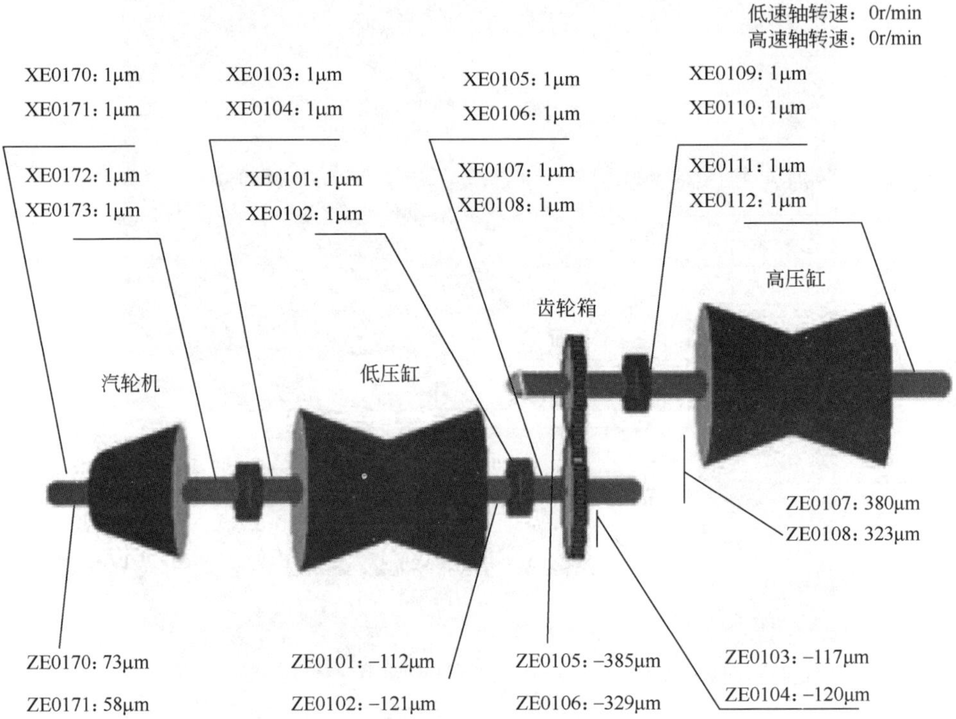

图 2-118　机组概貌图

（二）故障现象及原因分析

通过远程实时在线监测系统对该汽轮机组的波形频谱图（图 2-119）及轴心轨迹图（图 2-120）进行分析，发现频谱图中有丰富的次谐波接高次谐波；振动波形有削波现象；机组低压缸径向轴承在运行时存在明显的进动变化，正常运行时以正进动为主，中间有反进动出现；同时，在机组高速齿轮轴承和高压缸径向轴承的波形频谱图和轴心轨迹图也出现同样的情况。因而得出判断：造成机组高振动的主要原因是汽轮机组内部动静部件发生碰摩故障。

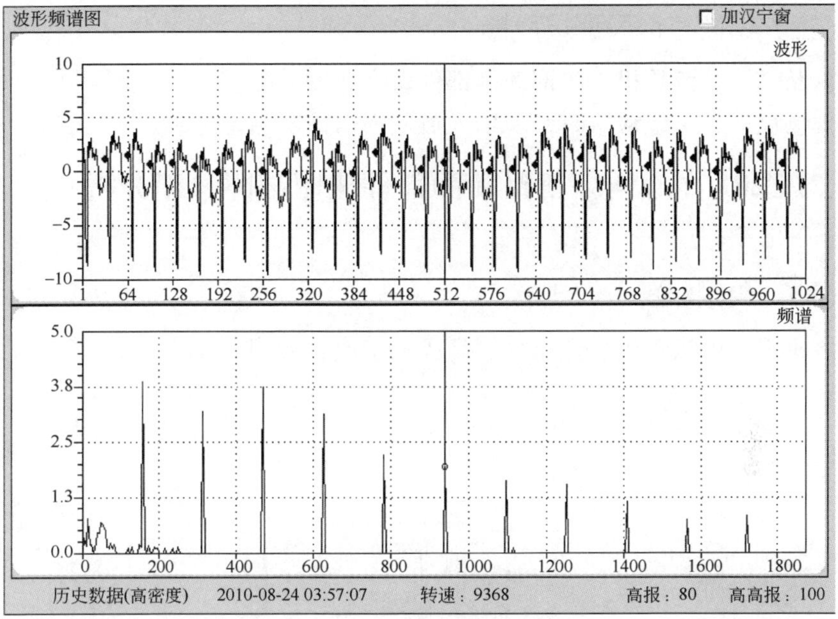

图 2-119　XE0103 通道波形频谱图

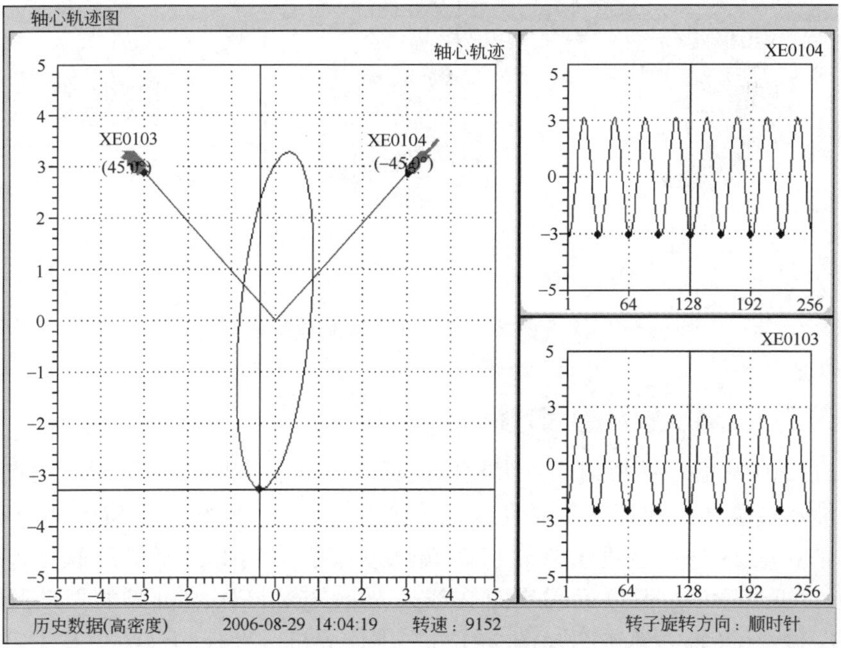

图 2-120　轴心轨迹图

（三）诊断结论及现场反馈

诊断结论：汽轮机组内部动静部件发生碰摩故障。

现场反馈：机组检修时，现场人员反馈与诊断结论一致。

八、21C201 离心压缩机组动静部件碰摩故障诊断分析

（一）机组概况

该机组是由汽轮机、低压缸、高压缸组成，如图 2-121 所示。

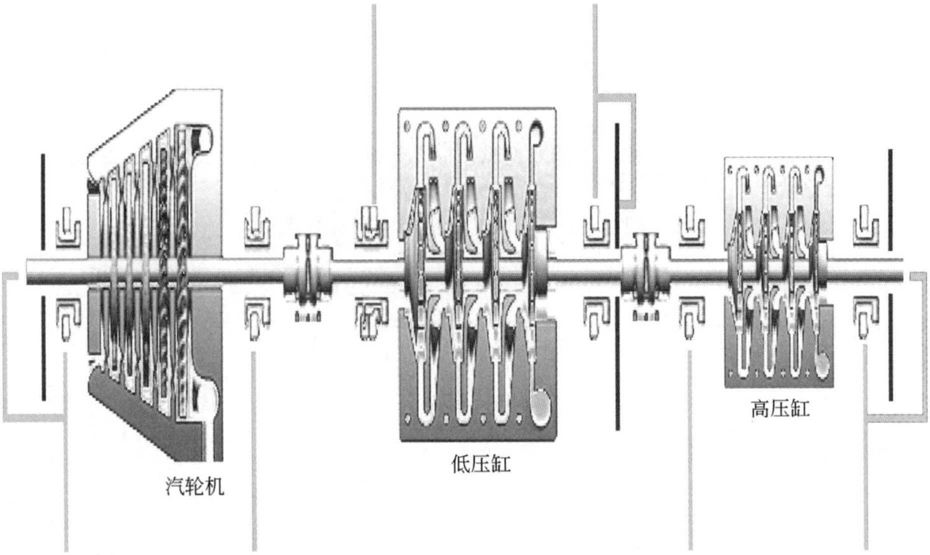

图 2-121　机组概貌图

（二）故障现象及原因分析

21C201 离心压缩机组经过大检修后开车，运行期间汽轮机两端测点振动存在波动现象，波动频率及幅值逐渐增加，但并未超过机组报警值。12 月 12 日上午 6 点 23 分，该机组汽轮机两端测点振值突然上升至机组联锁停车值 90μm，机组停车。通过远程实时在线监测系统对该压缩机组的振动趋势图（图 2-122）及轴心轨迹图（图 2-123）进行分析，发现频谱图中有丰富的高次谐波；振动波形有削波现象；轴心轨迹的进动方向为反进动。根据以上振

动特征征兆得出判断：造成机组高振动的主要原因是压缩机组汽轮机转子发生碰摩故障。

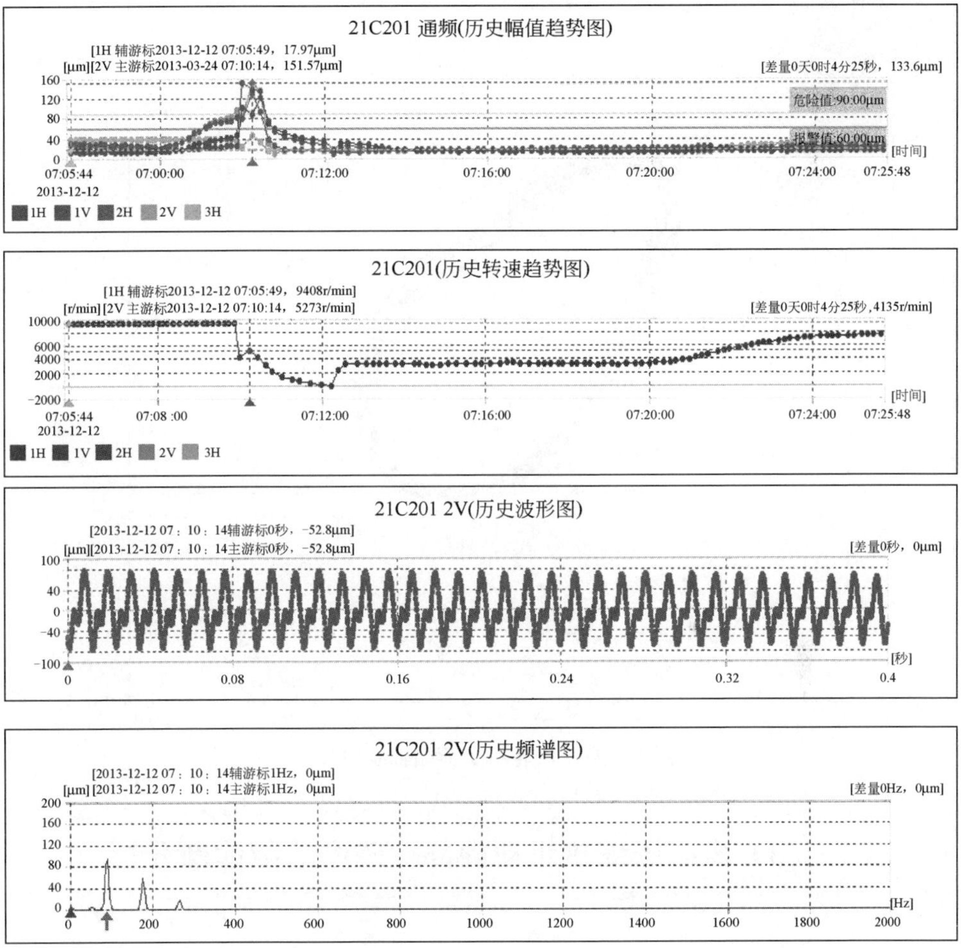

图 2-122　机组振动趋势图

（三）诊断结论及现场反馈

诊断结论：离心压缩机组汽轮机转子发生碰摩故障。

现场反馈：机组窗口检修时发现，气封有磨损现象。对汽轮机气封进行修复处理后开车，机组恢复正常运转。

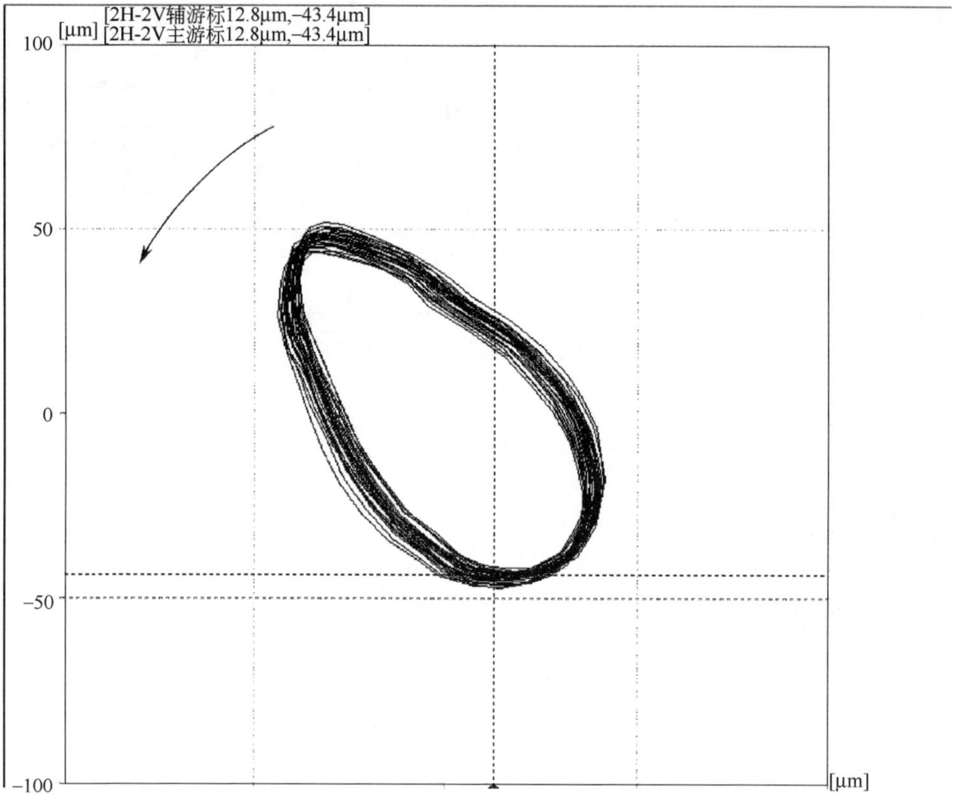

图 2-123 汽轮机负荷端轴心轨迹图

九、101-J/JT 离心压缩机组动静部件碰摩故障诊断分析

（一）机组概况

该机组是由汽轮机、低压缸、齿轮箱、高压缸组成，如图 2-124 所示。

（二）故障现象及原因分析

101-J/JT 离心压缩机组工艺操作平稳；蒸汽质量良好；润滑油回油温度和轴瓦温度正常；润滑油定期分析，油质良好；2009 年 9 月，检查各轴瓦间隙和磨损情况，间隙合适，轴瓦瓦面无磨损。但现场离线测试轴承座振动时振动烈度达到 13mm/s，超过报警值。通过远程实时在线监测系统对该汽轮机

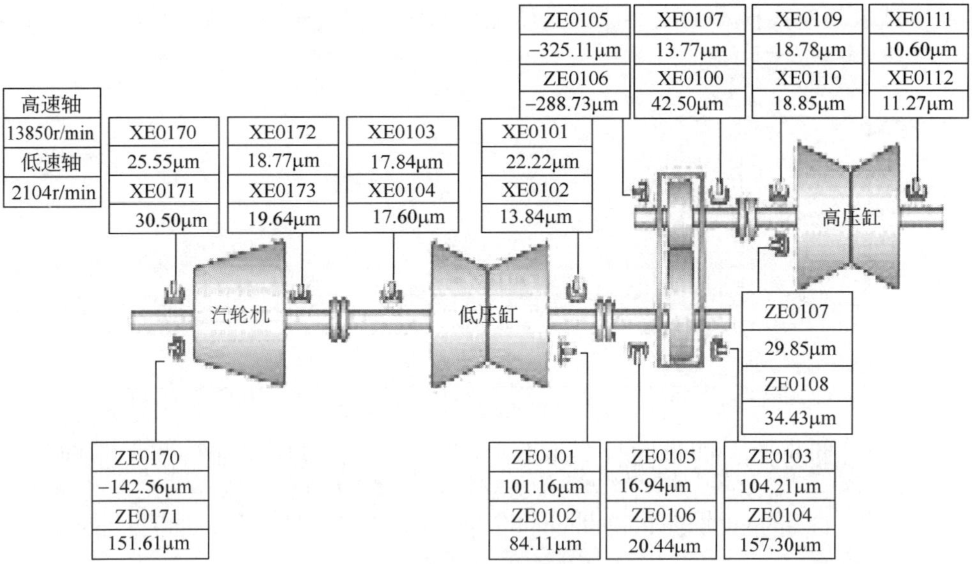

图 2-124 机组概貌图

组的振动趋势图（图 2-125）及波形频谱图（图 2-126）进行分析，得出判

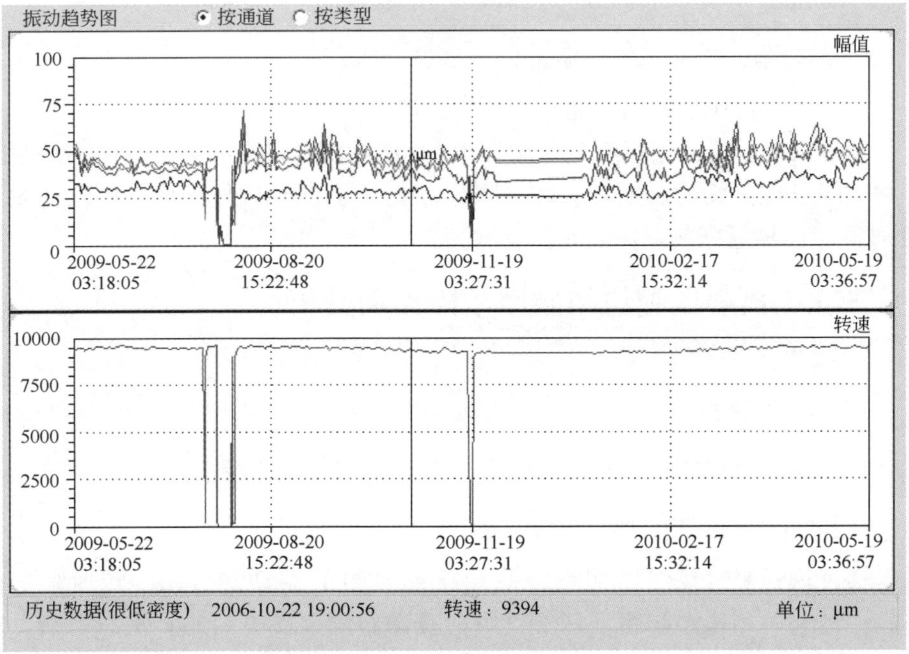

图 2-125 机组振动趋势图

断：造成机组高振动的主要原因是压缩机组汽轮机转子发生碰摩故障。

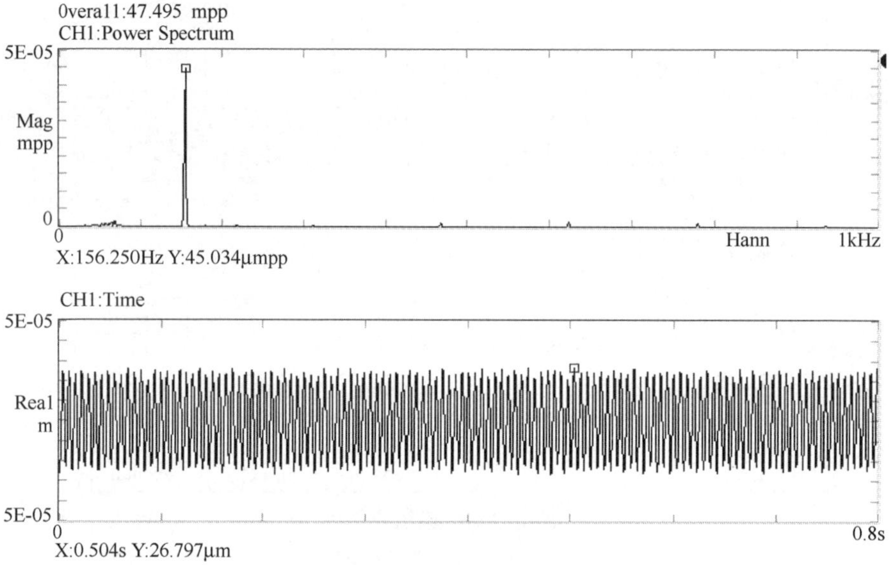

图 2-126　汽轮机负荷端波形频谱图

（三）诊断结论及现场反馈

诊断结论：压缩机组汽轮机转子发生碰摩故障。

现场反馈：经反馈了解到化肥厂 101J/JT 机组于 7 月 17 日停车进行检修，检修期间发现：气封有损坏、磨损现象。更换了汽轮机气封后，机组在 8 月 13 日开车，机组恢复正常运转。

十、K301 离心压缩机组碰摩故障诊断分析

（一）机组概况

该机组是由汽轮机、离心压缩机组成，如图 2-127 所示。

（二）故障现象及原因分析

通过远程实时在线监测系统对该压缩机组的振动趋势图、转速趋势图（图 2-128）、相位趋势图（图 2-129）及瀑布图（图 2-130）进行分析，得出判断：造成机组高振动的主要原因是离心压缩机组发生碰摩故障。

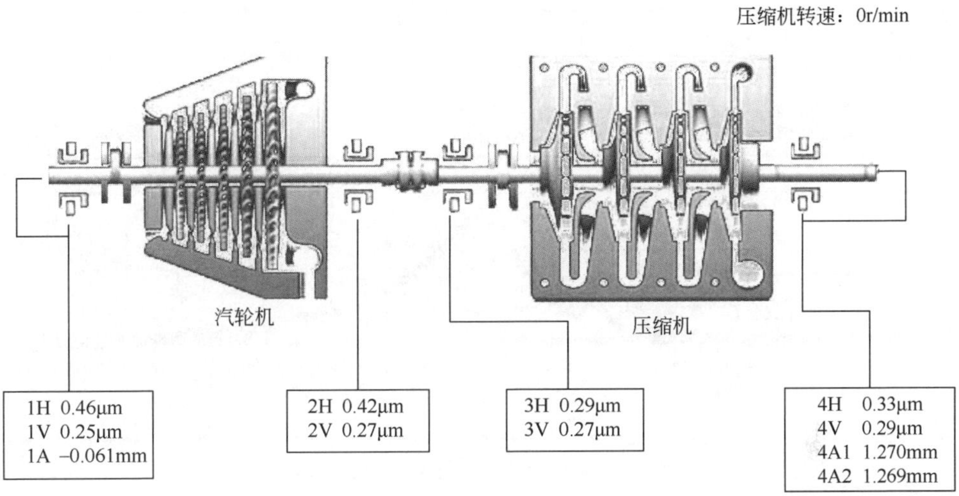

图 2-127　机组概貌图

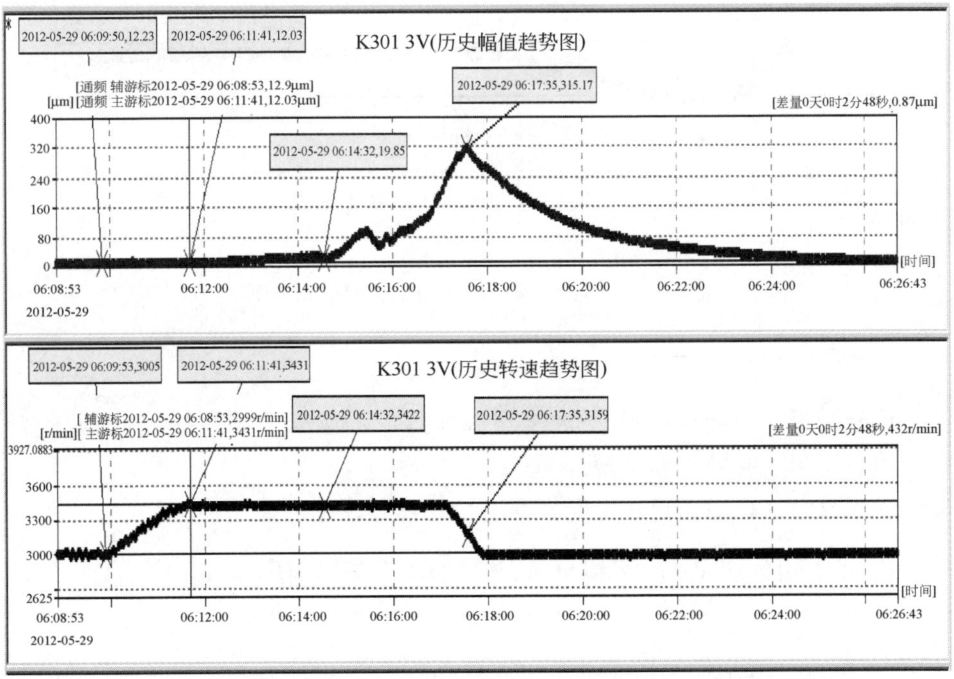

图 2-128　3V 转速通频振动、转速趋势图

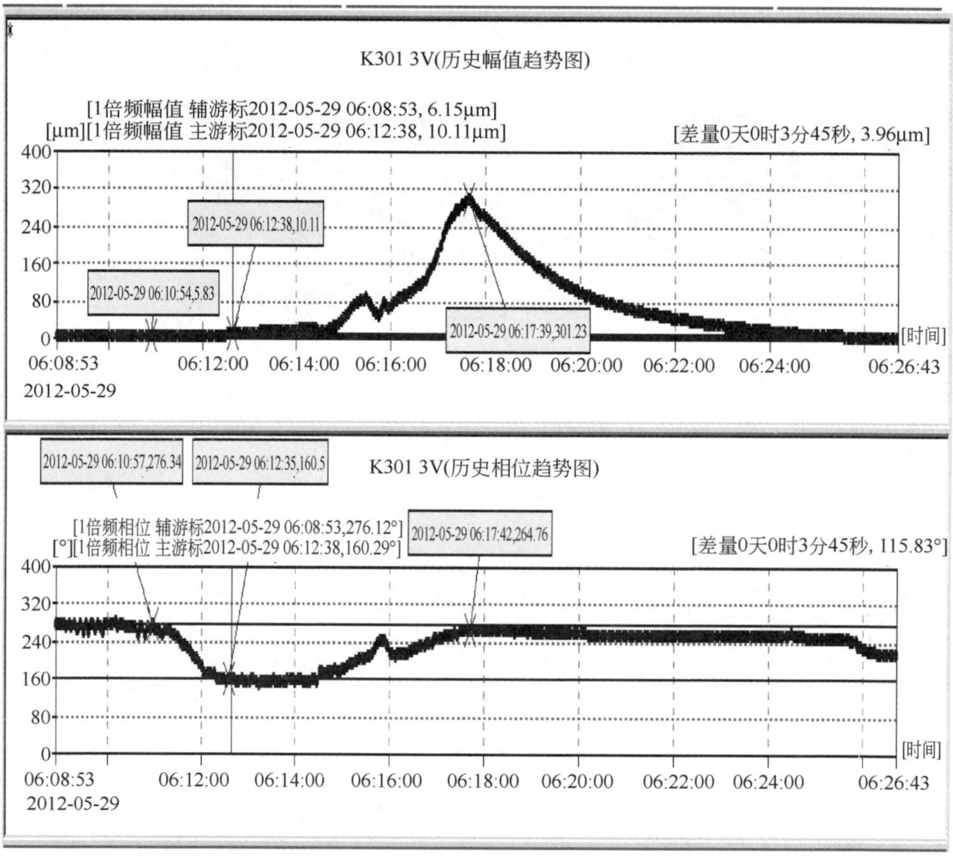

图 2-129　3V 转速 1 倍频振动、相位趋势图

（三）诊断结论及现场反馈

诊断结论：机组因过临界转速共振导致发生碰摩故障。建议开盖检查，重点检查密封、叶轮磨损情况。

现场反馈：机组窗口检修时发现：级间密封发生严重磨损。

十一、C1301 离心压缩机组碰摩故障诊断分析

（一）机组概况

该机组是由汽轮机、离心压缩机组成，如图 2-131 所示。

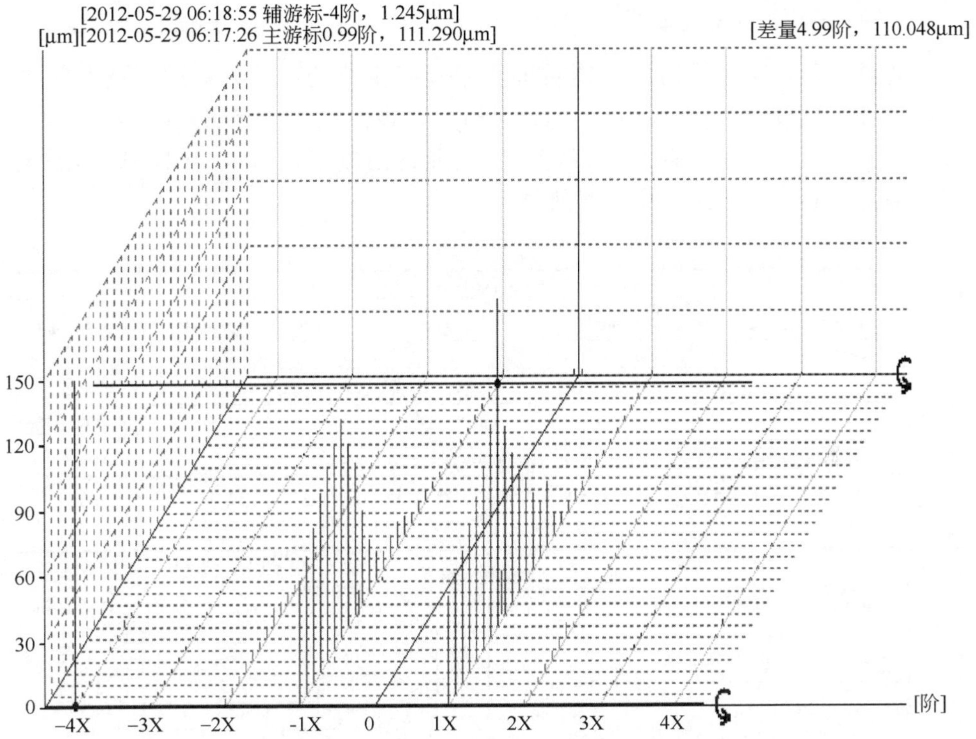

图 2-130　3H/3V 异常振动瀑布图

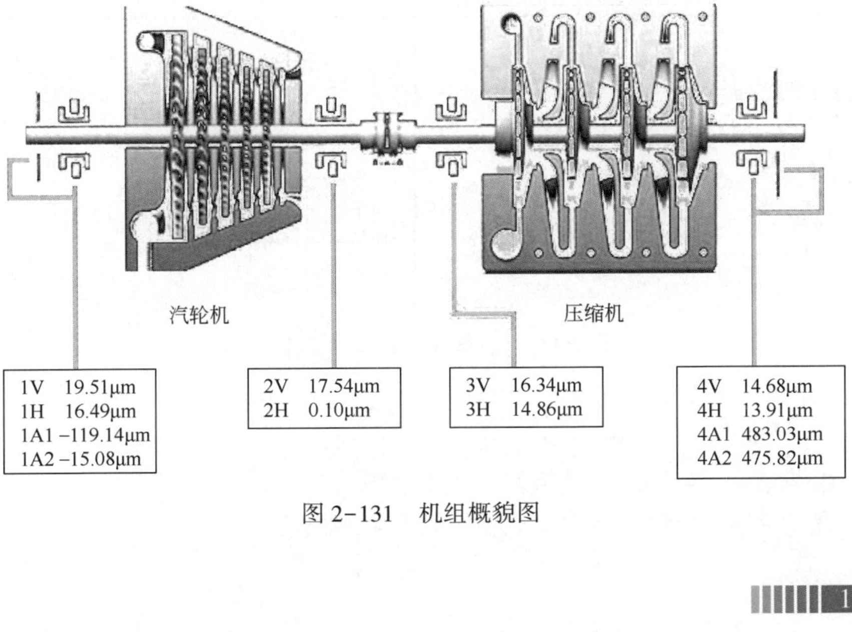

图 2-131　机组概貌图

（二）故障现象及原因分析

通过远程实时在线监测系统对该离心压缩机组的振动趋势图、波形频谱图以及轴心轨迹图（图 2–132）进行分析，发现振动波形有明显的削波现象；轴心轨迹有明显尖角，存在失稳特性。由此得出判断：造成机组高振动的主要原因是离心压缩机组发生碰摩故障。

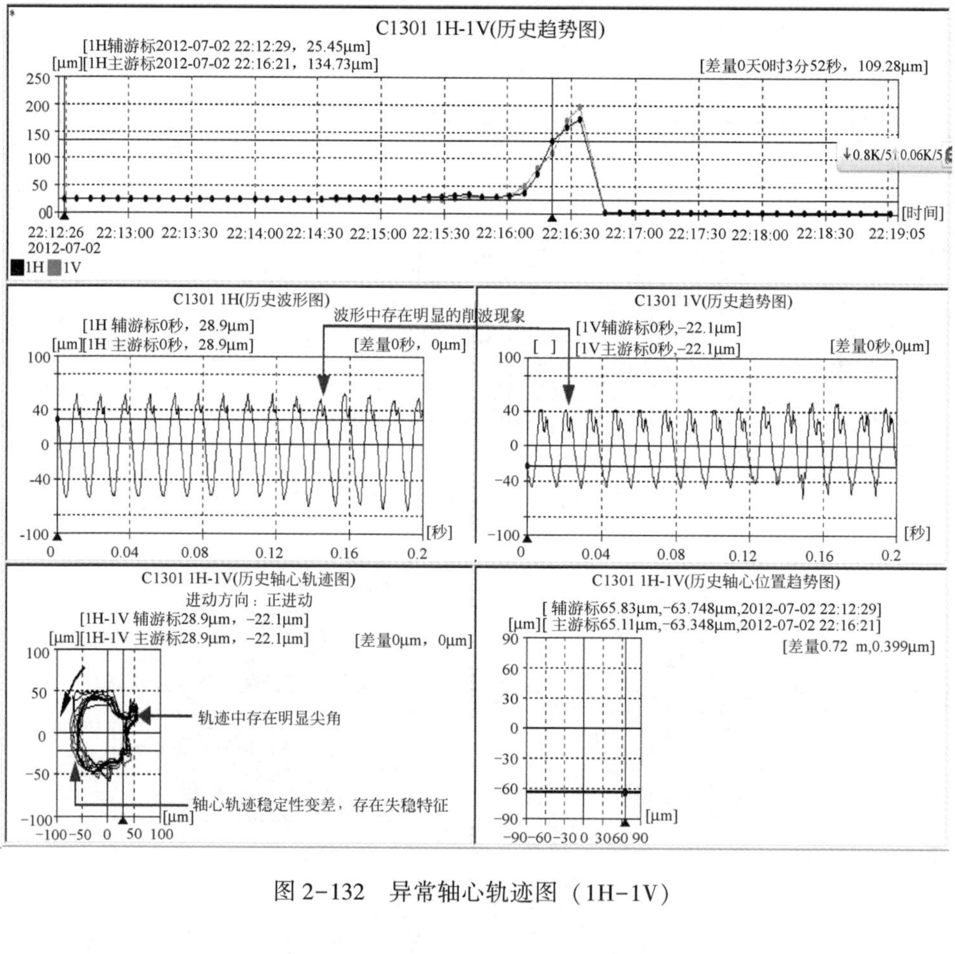

图 2–132　异常轴心轨迹图（1H–1V）

（三）诊断结论及现场反馈

诊断结论：离心压缩机组发生碰摩故障。

现场反馈：检修机组时发现：级间密封磨损严重。

十二、离心压缩机组碰摩故障诊断分析

（一）机组概况

该机组是由汽轮机、离心压缩机组成，如图 2-133 所示。

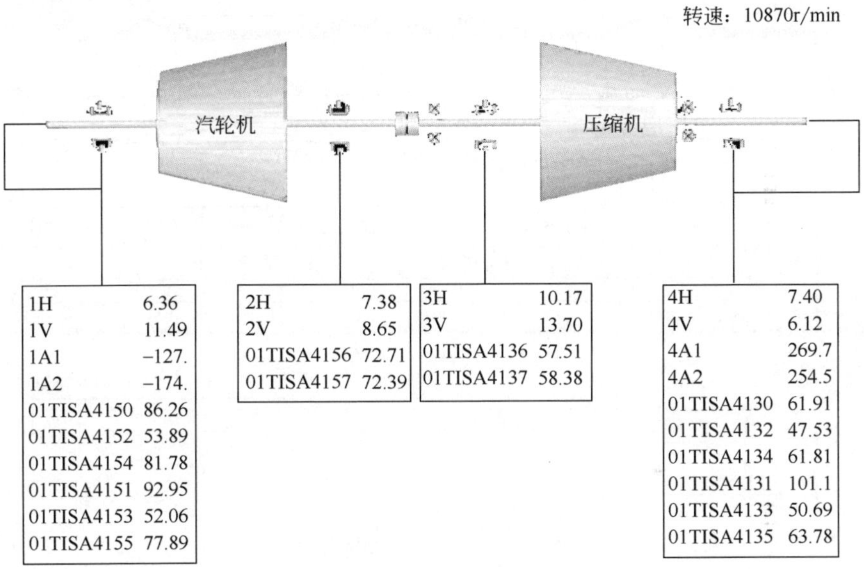

图 2-133 机组概貌图

（二）故障现象及原因分析

通过远程实时在线监测系统对该离心压缩机组的波形频谱图（图 2-134）及振动趋势图（图 2-135）进行分析，发现振动波形有削波现象，得出判断：造成机组高振动的主要原因是离心压缩机组发生碰摩故障。

（三）诊断结论及现场反馈

诊断结论：机组振动波动主要是由于汽轮机转子与润滑油密封的积碳发生摩擦。

现场反馈：通过解决润滑油温度及系统漏油问题后，振动波动随之消失。

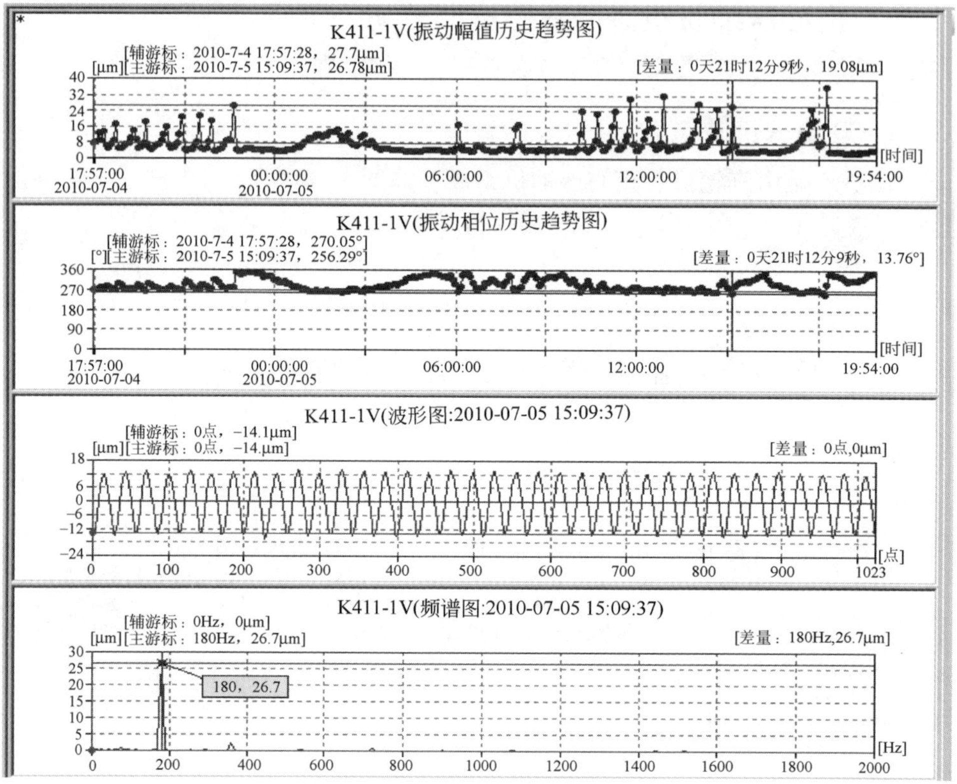

图 2-134　1V 波形频谱图

十三、二氧化碳离心压缩机组碰摩故障诊断分析

（一）机组概况

该机组是由汽轮机、低压缸、齿轮箱、高压缸组成，如图 2-136 所示。

（二）故障现象及原因分析

通过远程实时在线监测系统对该离心压缩机组的振动幅值及转速趋势图（图 2-137）及相位趋势图（图 2-138）进行分析，得出判断：造成机组高振动的主要原因是离心压缩机组发生碰摩故障。

（三）诊断结论及现场反馈

诊断结论：离心压缩机组高压缸级间密封存在碰摩故障。

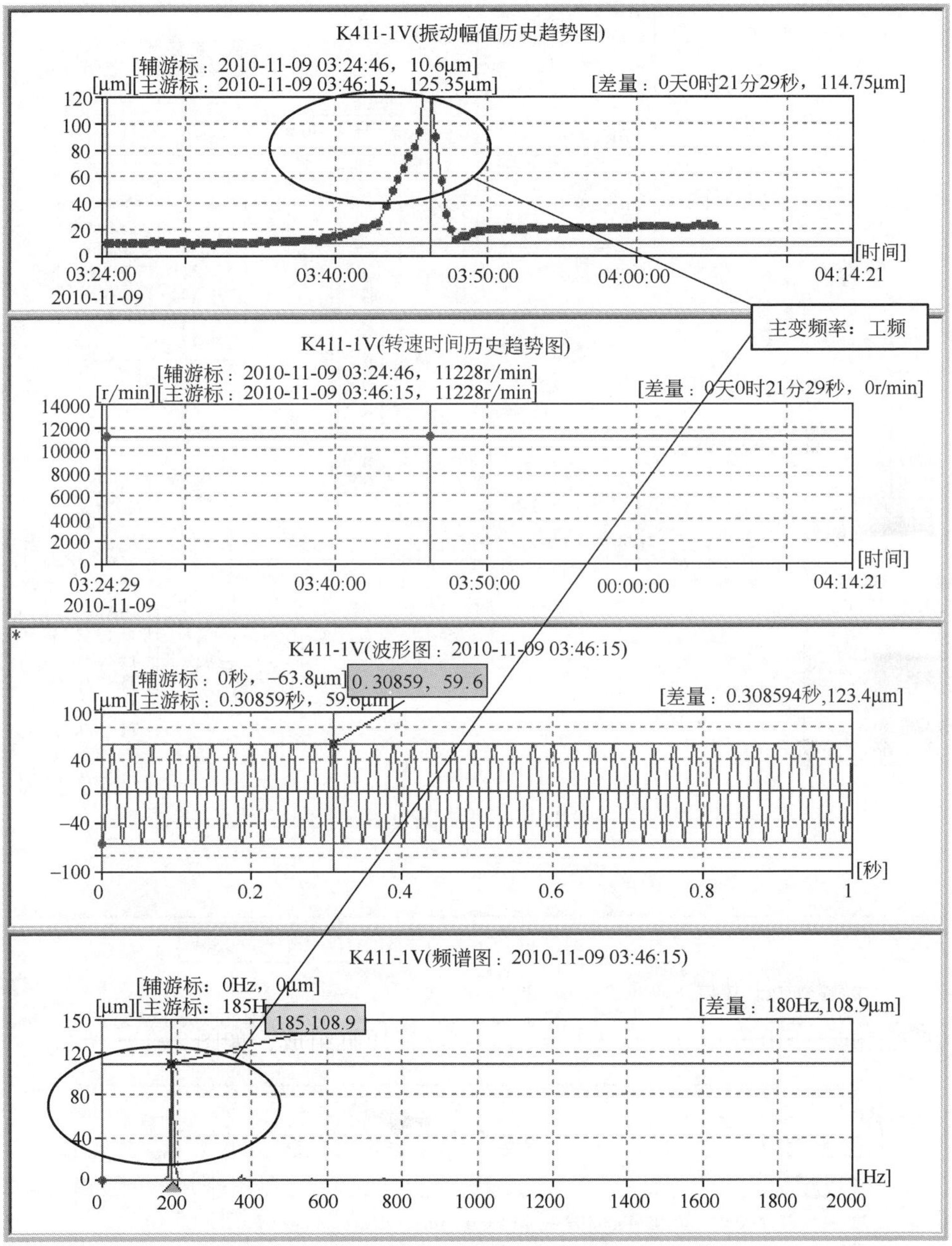

图 2-135 汽轮机非驱动端振动趋势

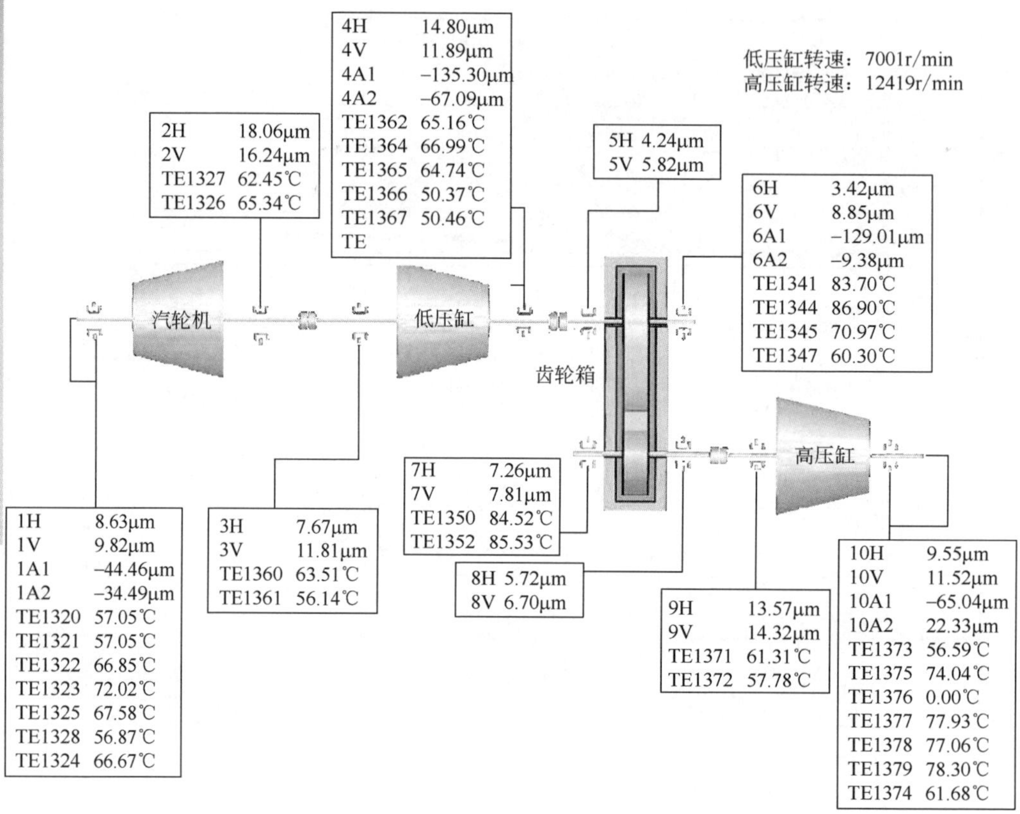

图 2-136 机组概貌图

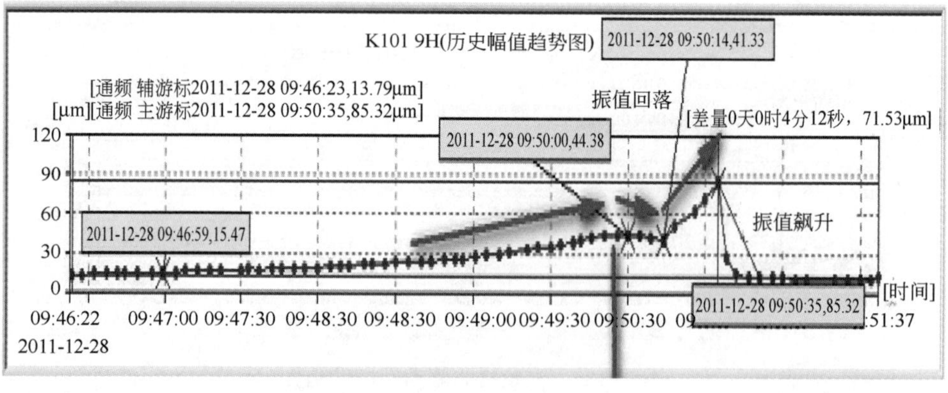

图 2-137

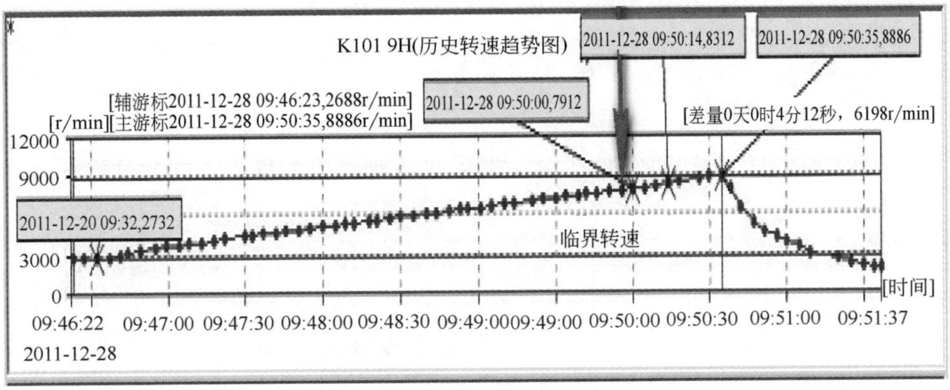

图 2-137　9H 测点振动幅值及转速趋势图

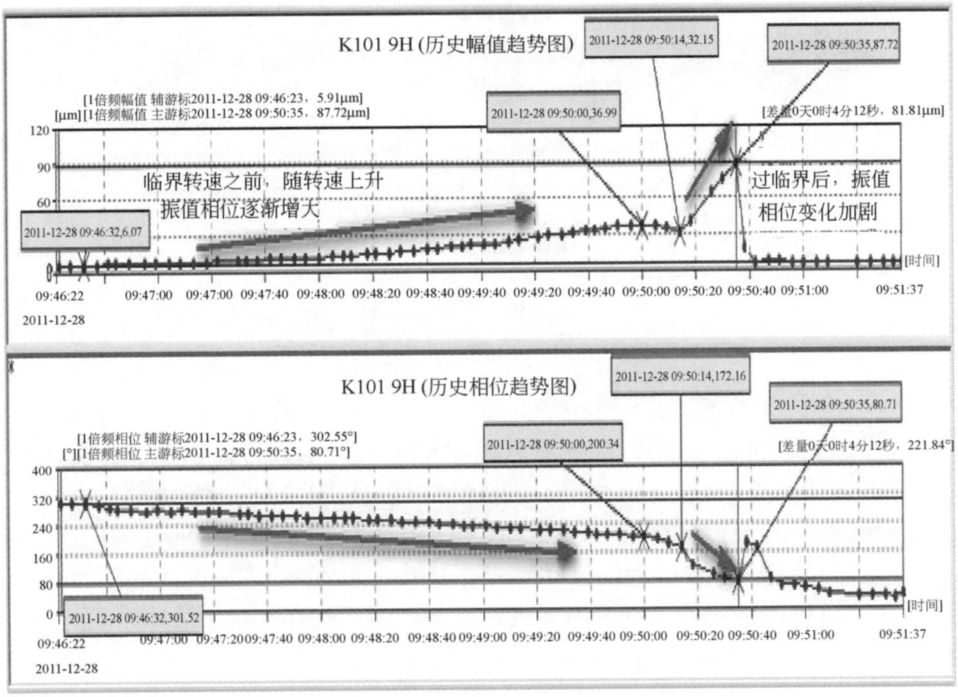

图 2-138　9H 测点振动幅值、相位趋势图

现场反馈：机组检修时，现场人员反馈与诊断结论一致。

十四、2 号汽轮发电机组动静部件碰摩故障诊断分析

（一）机组概况

该机组是由高中压缸、低压缸、发电机、励磁机组成，如图 2–139 所示。

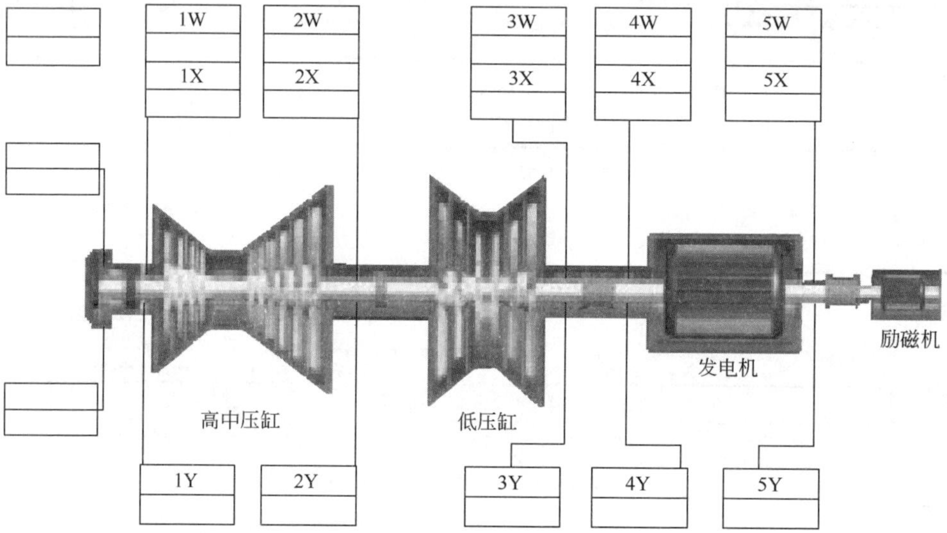

图 2–139　机组概貌图

（二）故障现象及原因分析

通过远程实时在线监测系统对该汽轮机组的振动趋势图以及波形频谱图（图 2–140 至图 2–142）进行分析，发现该机组高中压缸两端测点振动存在频繁波动现象，并且波动频次有所增加，振值最高值接近报警值；轴心轨迹（图 2–143）的进动方向为反进动。根据碰摩故障的机理及振动特征得出判断：造成机组高振动的主要原因是汽轮机组高中压缸存在碰摩故障。

（三）诊断结论及现场反馈

诊断结论：汽轮机组高中压缸存在碰摩故障。

现场反馈：机组窗口检修时发现：机组存在部件碰摩现象，对机组进行修复并开机，机组恢复正常运转。

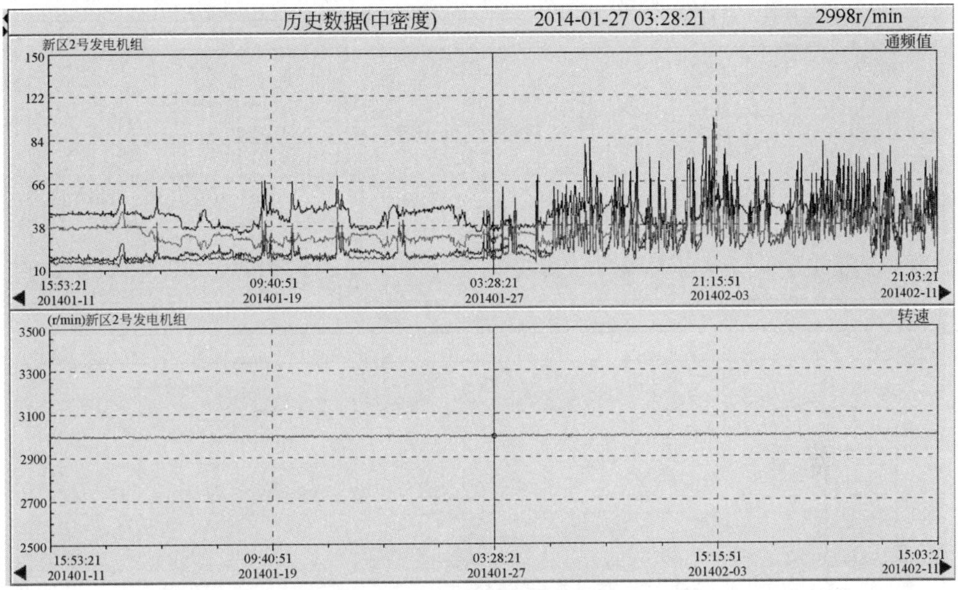

图 2-140　机组振动趋势图

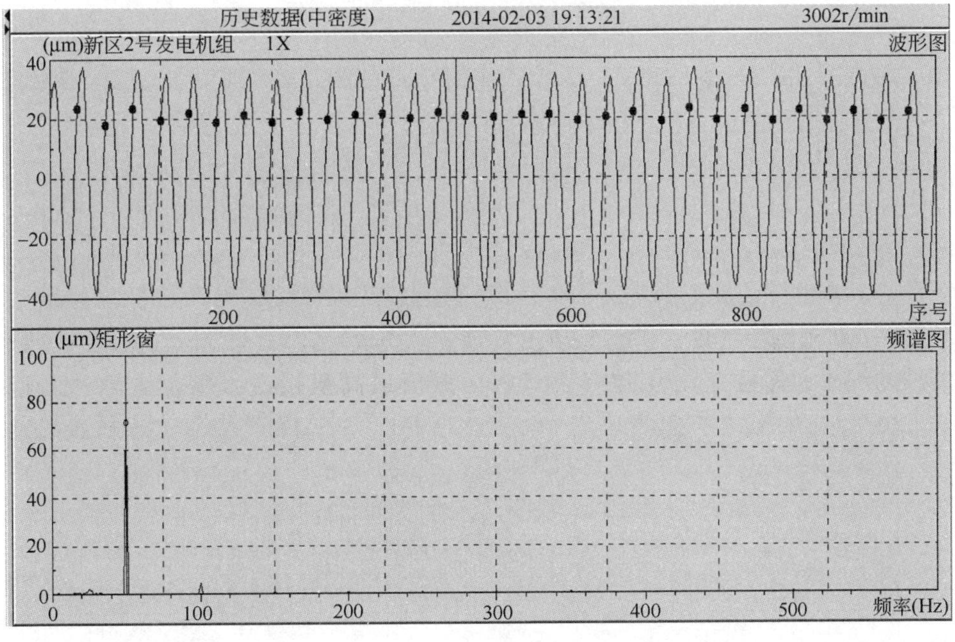

图 2-141　1X 测点频谱图

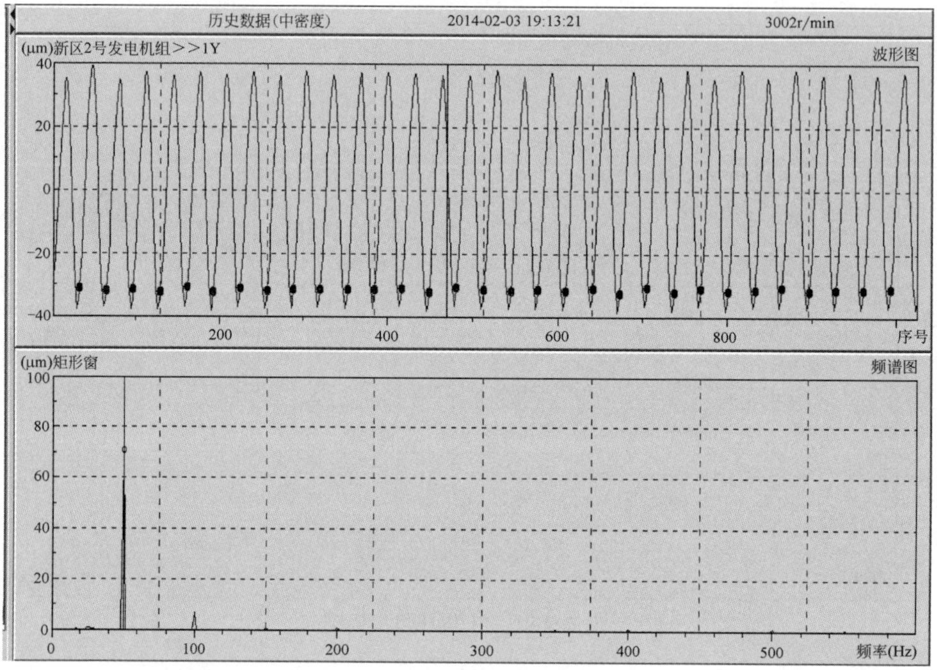

图 2-142 1Y 测点频谱图

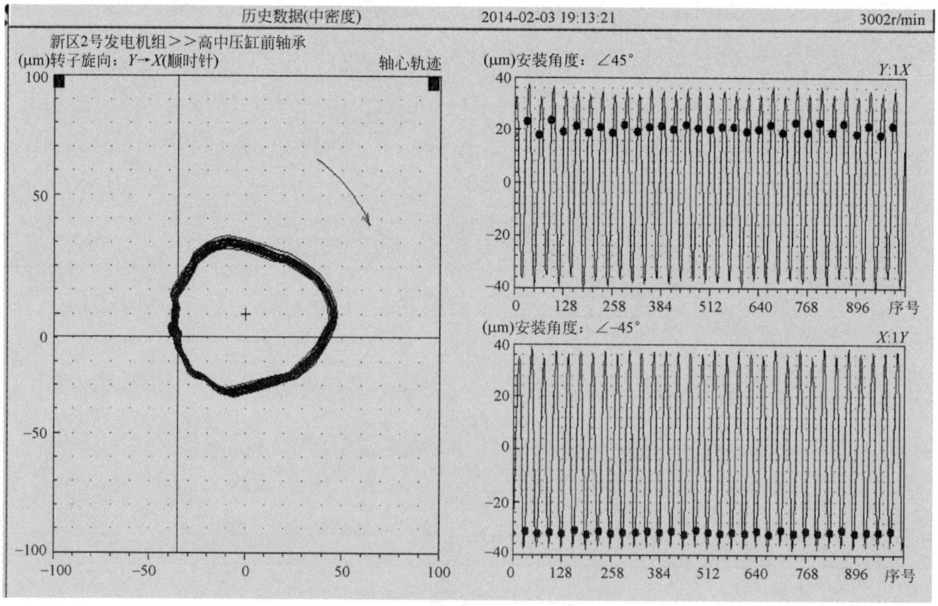

图 2-143 高中压缸自由端轴心轨迹图

十五、汽轮机组动静部件碰摩故障诊断分析

（一）机组概况

该机组是由汽轮机、低压缸、齿轮箱、高压缸组成，如图 2-144 所示。

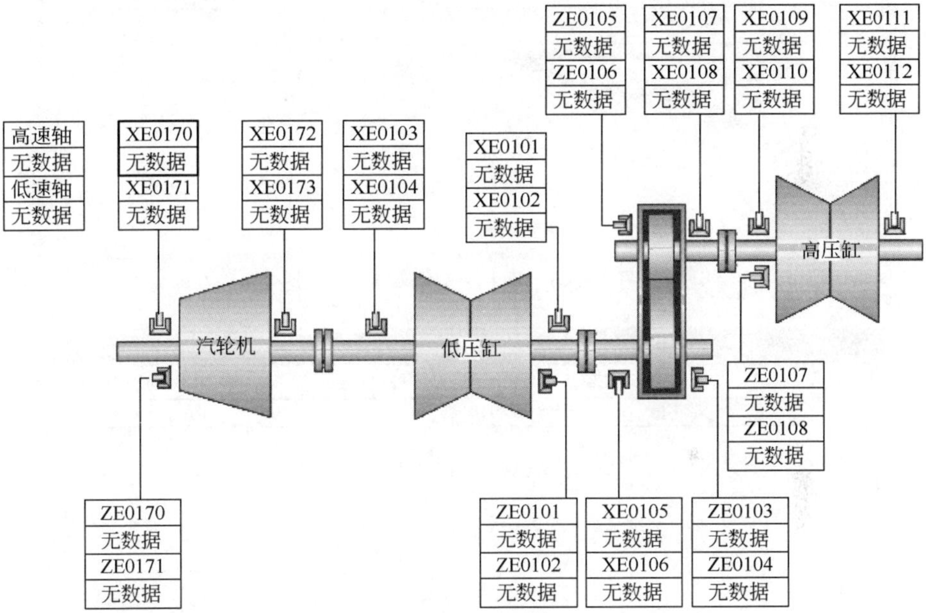

图 2-144　机组概貌图

（二）故障现象及原因分析

通过远程实时在线监测系统对该压缩机组的振动趋势图（图 2-145）及轴心轨迹图（图 2-146、图 2-147）进行分析，得出判断：造成机组高振动的主要原因是汽轮机动静部件发生碰摩故障。

（三）诊断结论及现场反馈

诊断结论：机组汽轮机动静部件碰摩故障。

现场反馈：机组检修时，现场人员反馈与诊断结论一致。

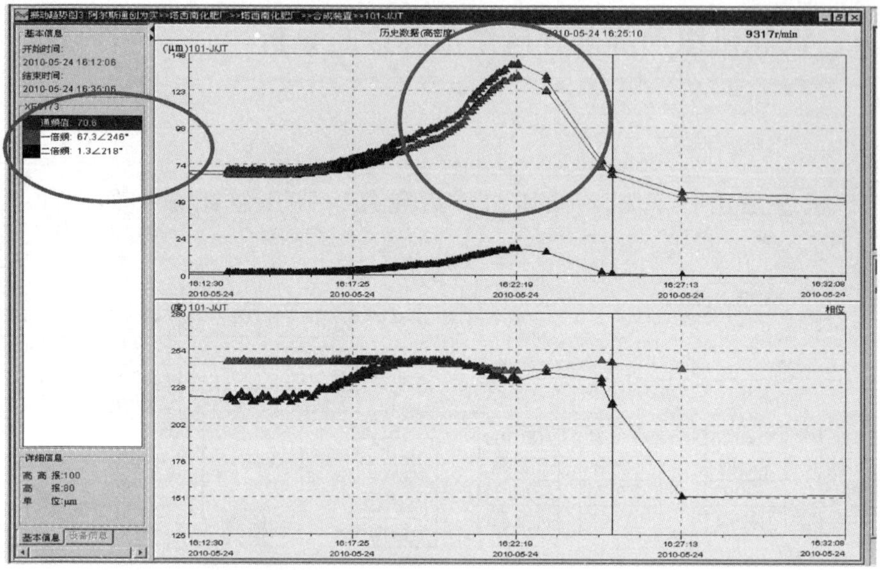

图 2-145 通频、1 倍频趋势对比

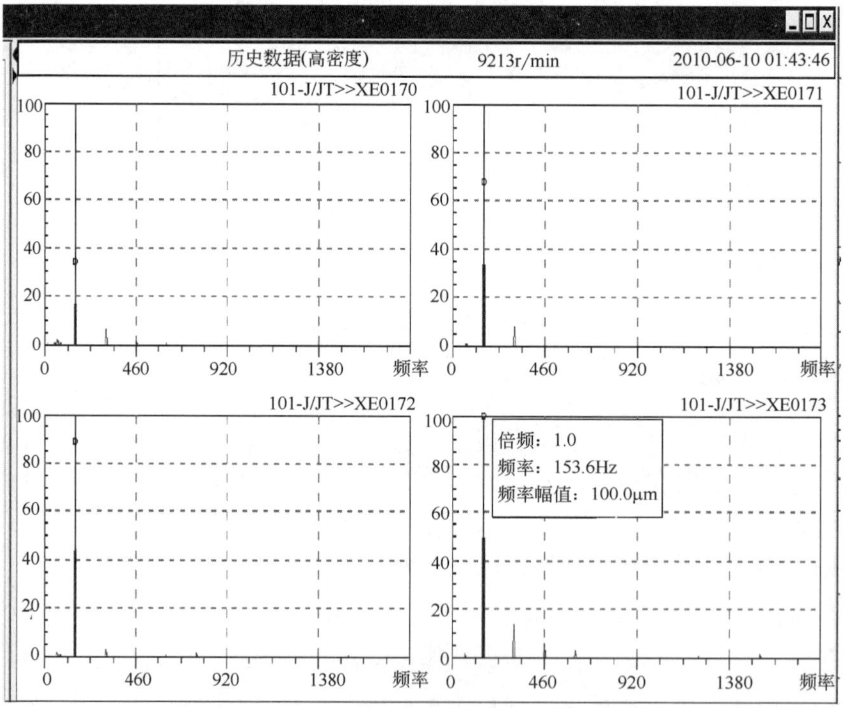

图 2-146 汽机止推轴承轴心轨迹图

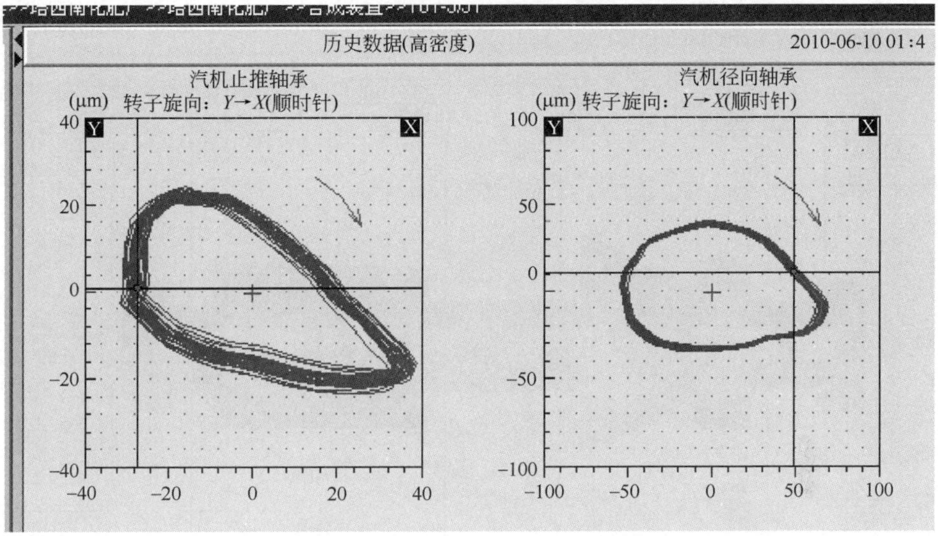

图 2-147　汽机径向轴承轴心轨迹图

第三节　滑动轴承常见故障案例分析

一、富气压缩机组轴瓦松动故障诊断分析

（一）机组概况

该机组是由汽轮机、离心压缩机组成，如图 2-148 所示。

（二）故障现象及原因分析

富气压缩机组自 2 月份运行以来，汽轮机两端测点振动存在波动现象：4 月 4 日晚 21 点 13 分，汽轮机两端测点振值突变，达到报警值联锁停车。通过远程实时在线监测系统对机组的振动趋势图（图 2-149 至图 2-152）及波形频谱图（图 2-153 至图 2-160）及轴心轨迹图（图 2-161 至图 2-164）进行分析，发现汽轮机两端测点频率成分以 1 倍频占主导，伴有一定的 0.5 倍频及 2 倍频成分；时域波形是基频、分数谐波、高次谐波叠加波形；轴心轨迹紊乱。根据以上振动特征征兆得出判断：造成机组高振动的主要原因是机组存在轴瓦松动故障。

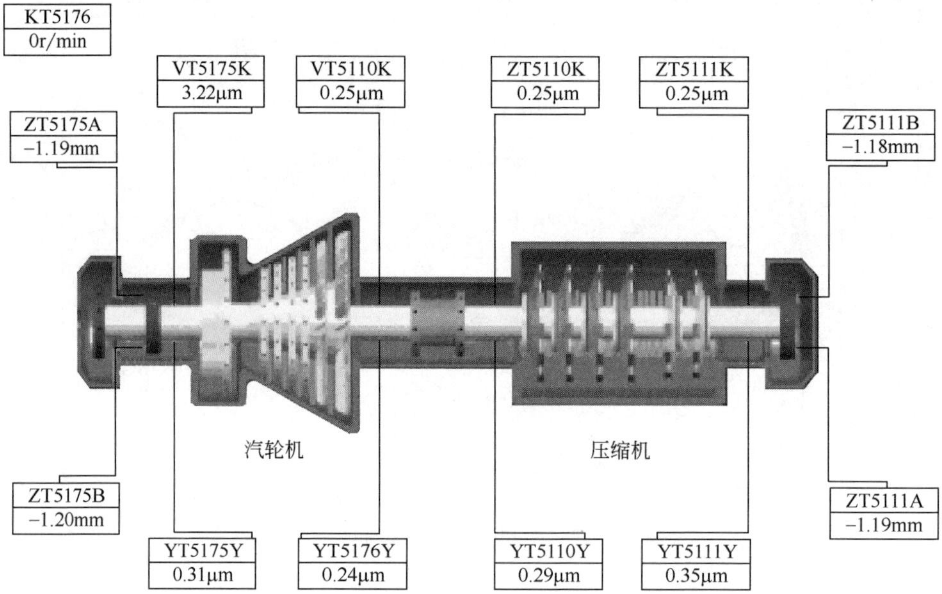

图 2-148　机组概貌图

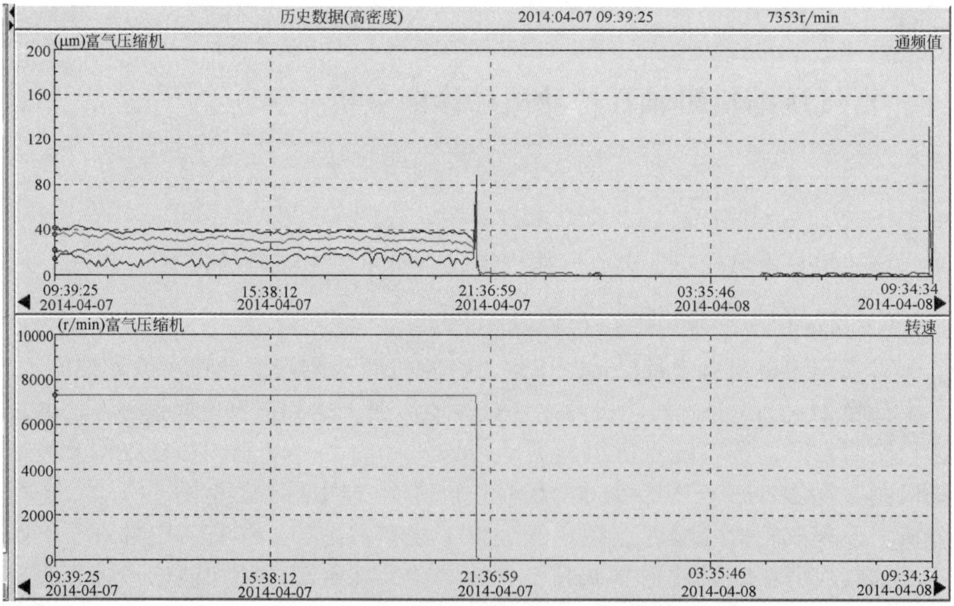

图 2-149　富气压缩机组停机前一天振动趋势图

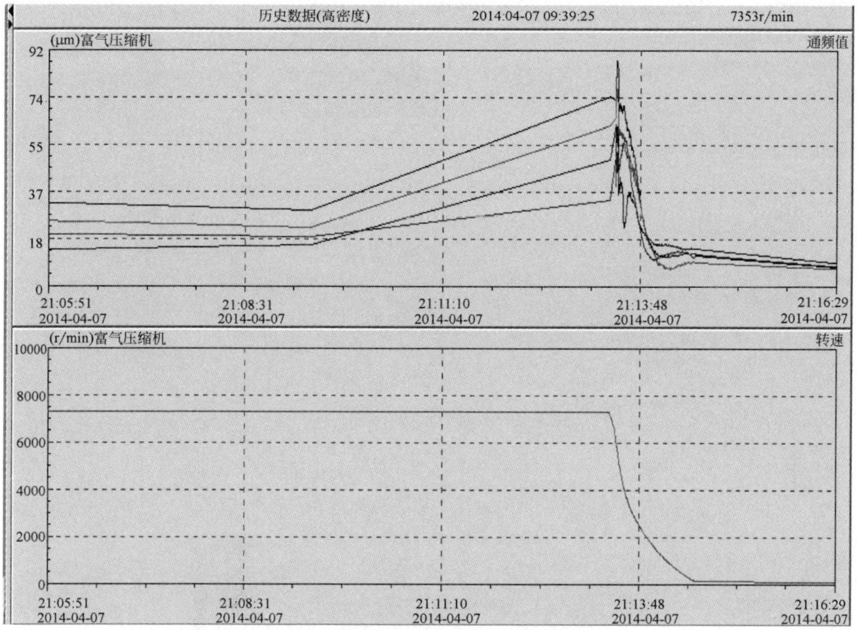

图 2-150 富气压缩机组停车过程振动趋势图

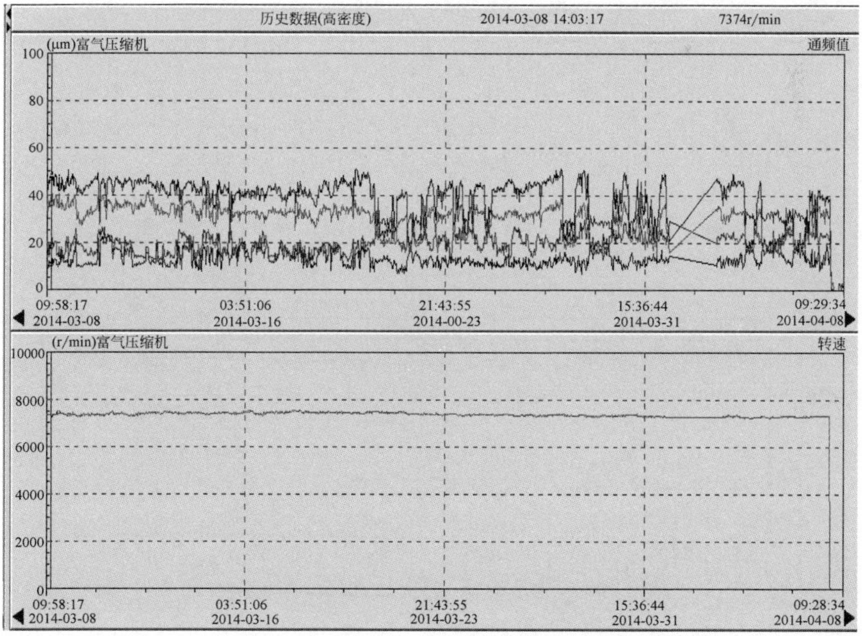

图 2-151 富气压缩机组停机前一个月振动趋势图

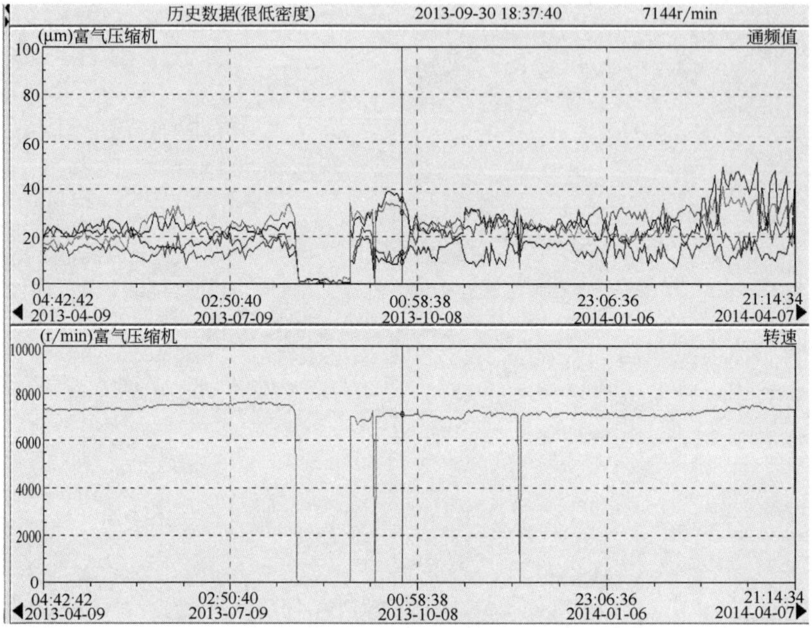

图 2-152　富气压缩机组停机前一年振动趋势图

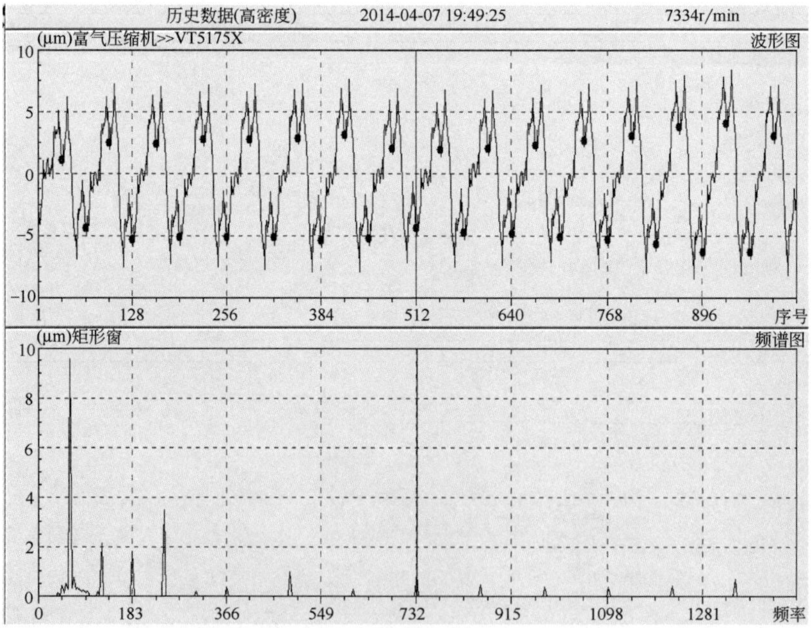

图 2-153　机组正常运行时测点 VT5175X 波形频谱图

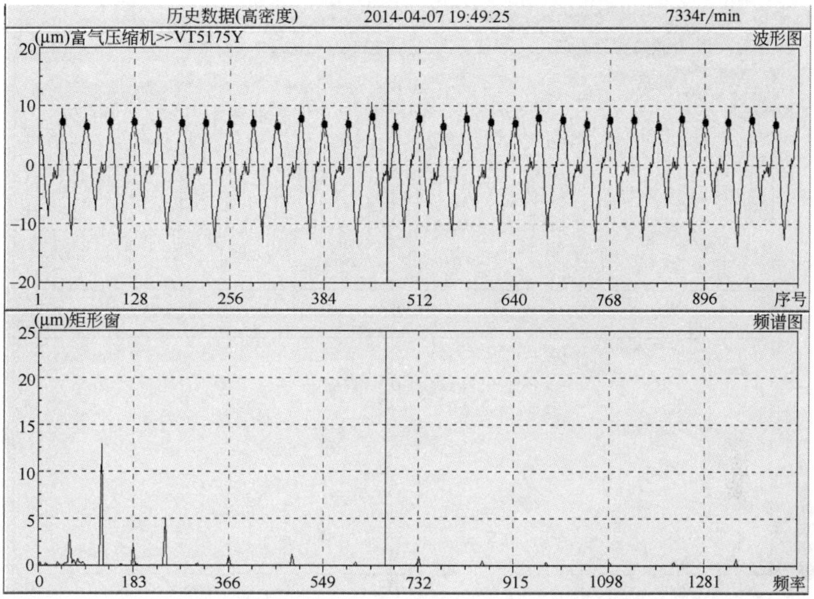

图 2-154　机组正常运行时测点 VT5175Y 波形频谱图

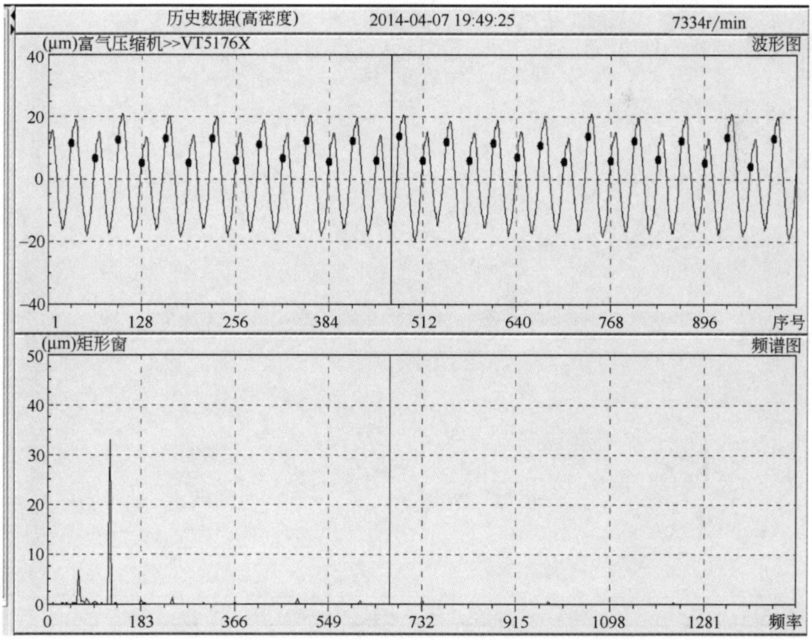

图 2-155　机组正常运行时测点 VT5176X 波形频谱图

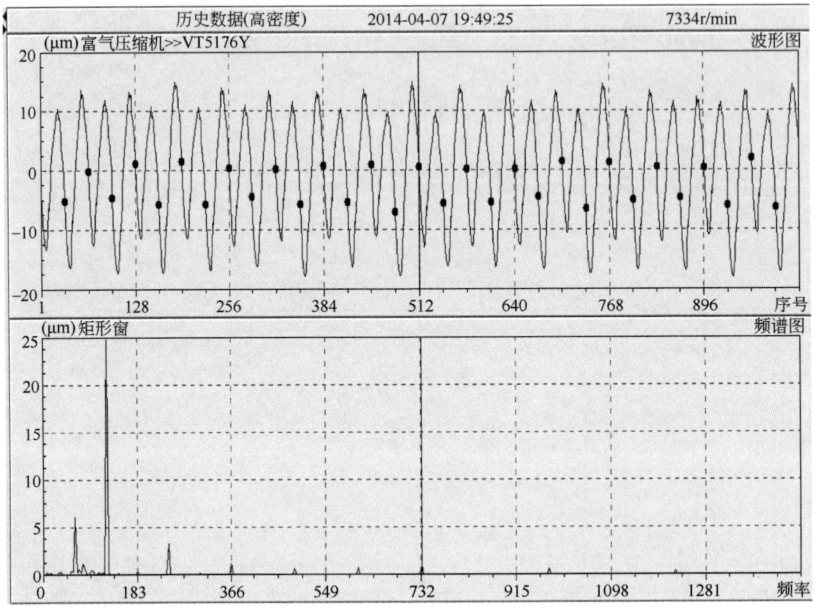

图 2-156　机组正常运行时测点 VT5176Y 波形频谱图

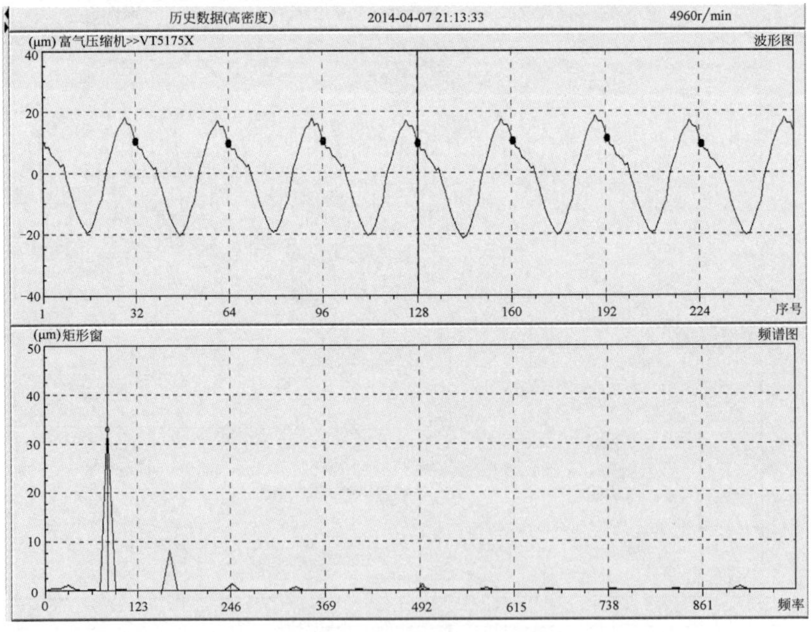

图 2-157　机组停车过程中测点 VT5175X 波形频谱图

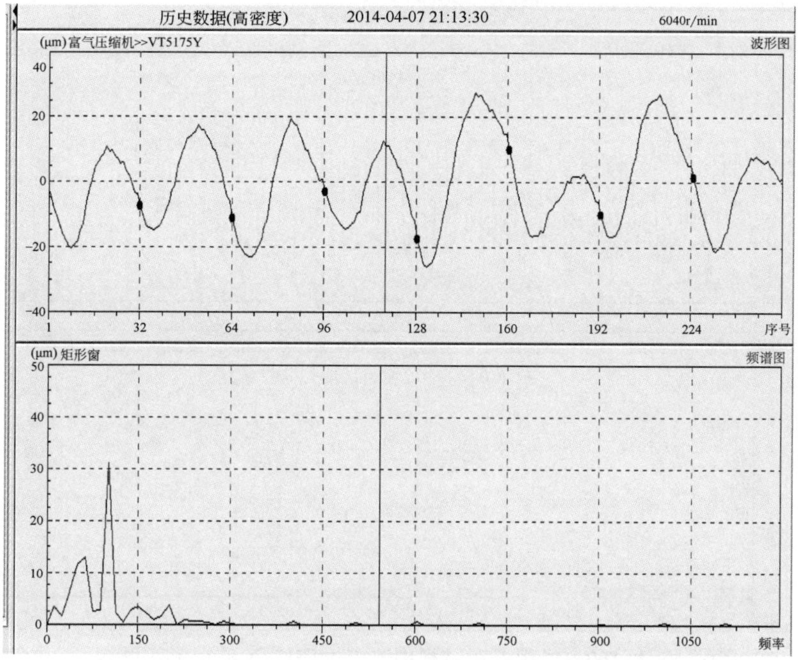

图 2-158　机组停车过程中测点 VT5175Y 波形频谱图

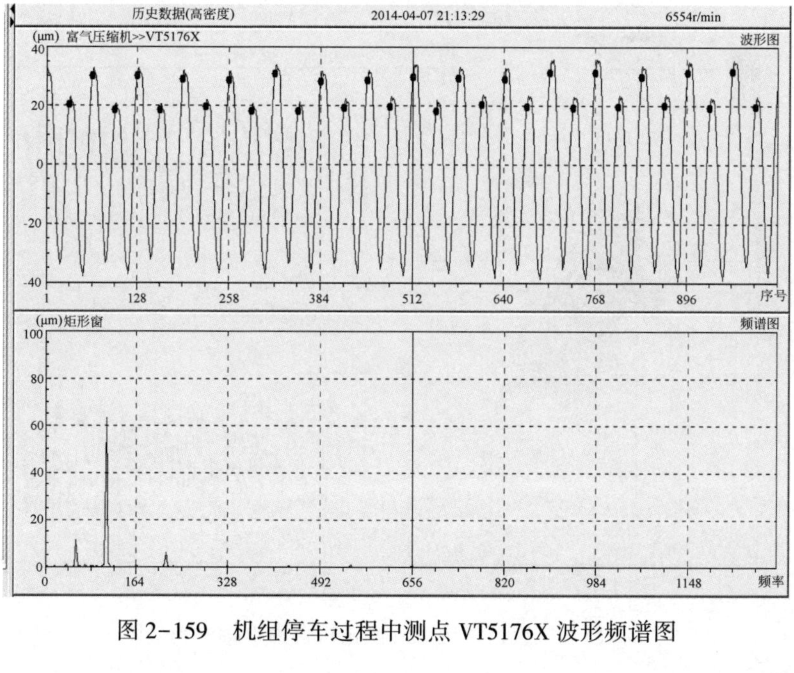

图 2-159　机组停车过程中测点 VT5176X 波形频谱图

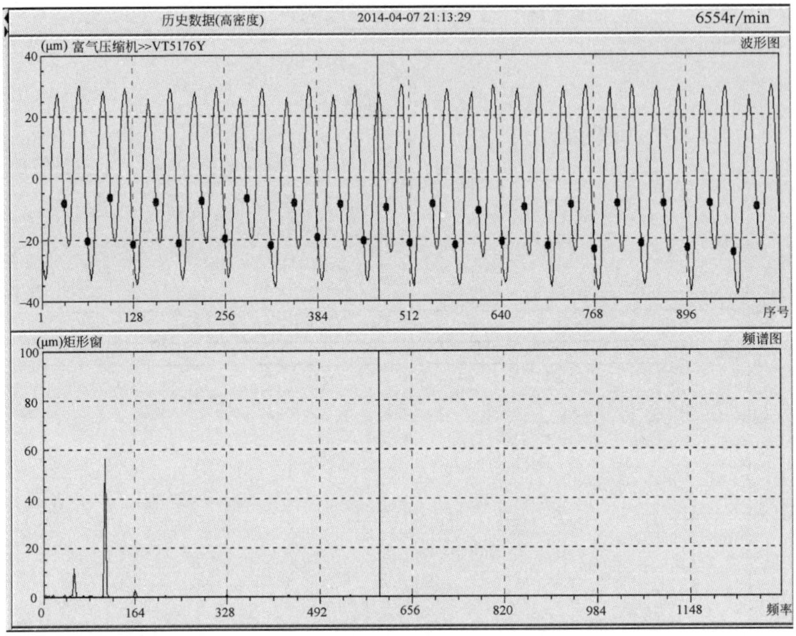

图 2-160　机组停车过程中测点 VT5176X 波形频谱图

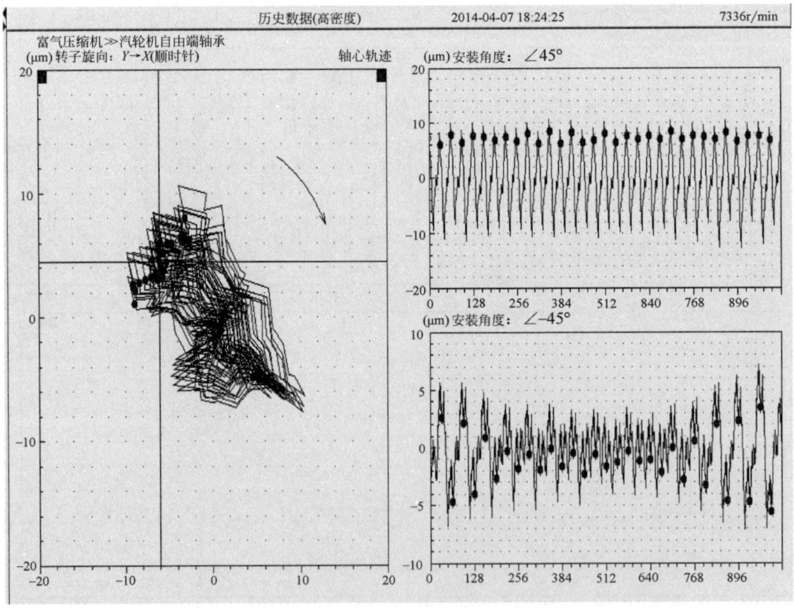

图 2-161　机组正常运行时汽轮机自由端轴心轨迹图

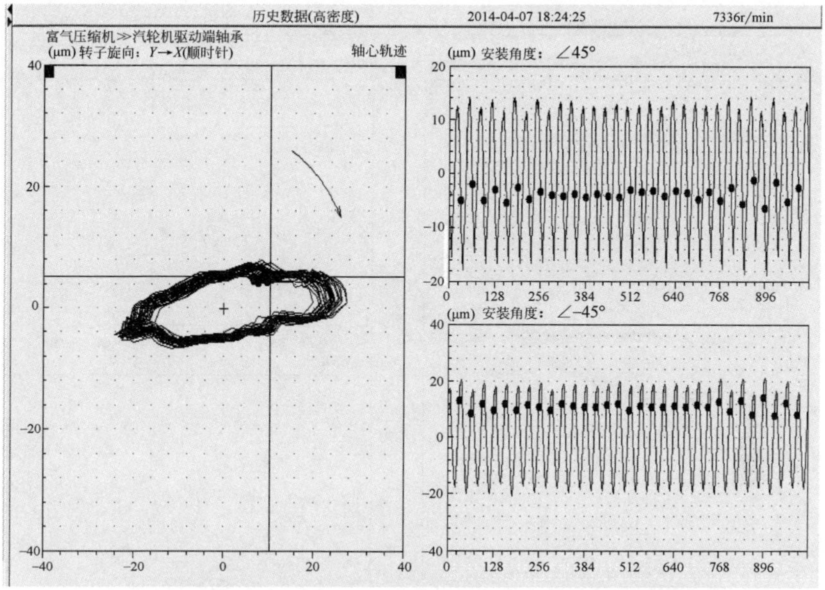

图 2-162 机组停机过程中汽轮机自由端轴心轨迹图

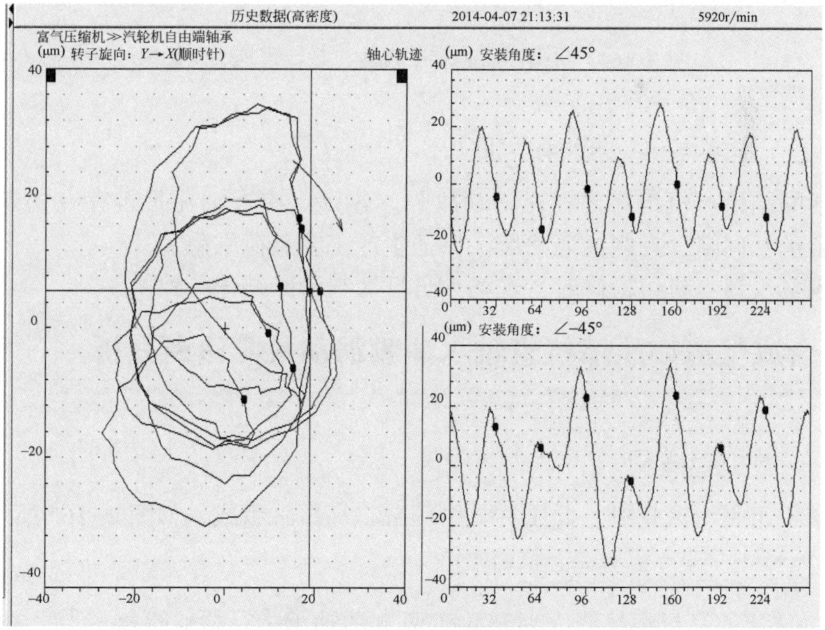

图 2-163 机组正常运行时汽轮机负荷端轴心轨迹图

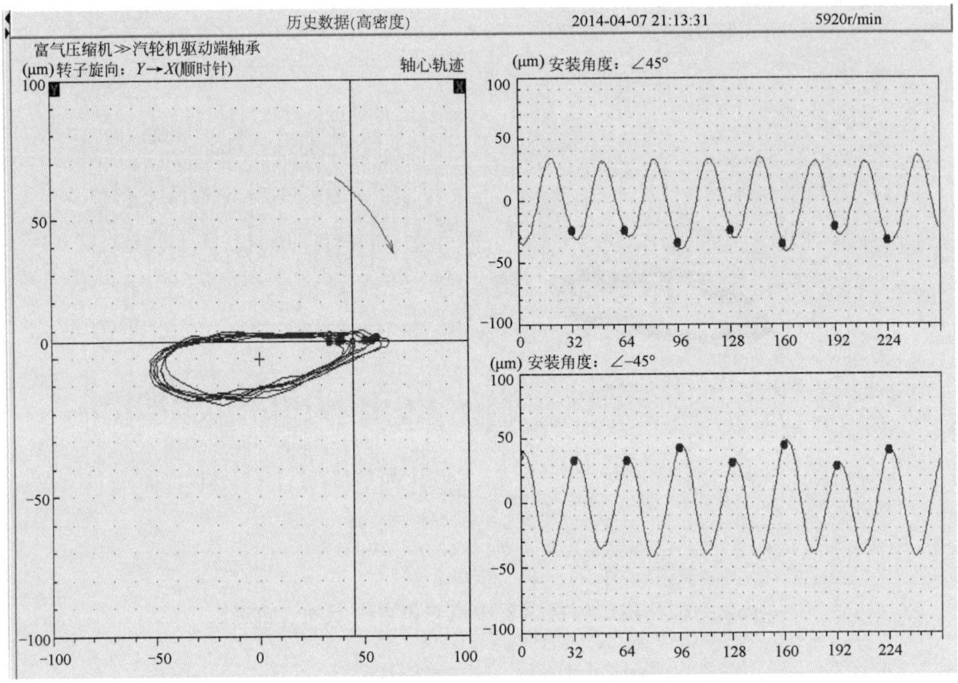

图 2-164　机组停机过程中汽轮机负荷端轴心轨迹图

（三）诊断结论及现场反馈

诊断结论：机组存在轴瓦松动故障。建议：检查轴瓦是否存在松动，调整适合的瓦间隙，控制油温油压，保证生产工艺负荷平稳。

现场反馈：机组检修时，现场人员反馈与诊断结论一致。

二、合成气离心压缩机组轴承油膜涡动故障诊断分析

（一）机组概况

该机组是由汽轮机、低压缸、中压缸、高压缸组成，如图 2-165 所示。

（二）故障现象及原因分析

2004 年 4 月机组检修（对汽轮机两侧的轴承进行检修更换）后，机组运行及振动状况良好，机组运行至 2004 年 4 月 22 日，汽轮机轴承振动出现波动。主要振动数据见表 2-1，振动趋势图如图 2-166 所示。

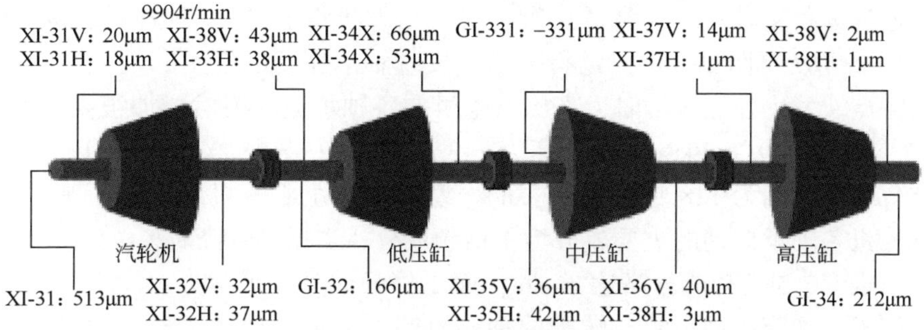

图 2-165 机组概貌图

表 2-1 振动数据

日期	转速，r/min	XI-33Vμm	XI-33Hμm	XI-34Vμm	XI-34Hμm	油冷器出口温度，℃
4 月 13 日 18:03	10014	41.5	75.6	34.8	29	37.4
4 月 22 日 03:34	10241	33	76.3	59.2	37	39
4 月 22 日 05:33	10246	110	142.6	114	82.4	38.8
4 月 22 日 08:08	9985	28	80.8	68.6	31.4	37.6
5 月 14 日 02:32	9886	45.6	37.7	50.8	47.7	37.5
5 月 14 日 04:12	9193	113.7	133.9	118.7	114.2	40
5 月 14 日 05:22	9464	31.7	41	43.2	43.2	36.3

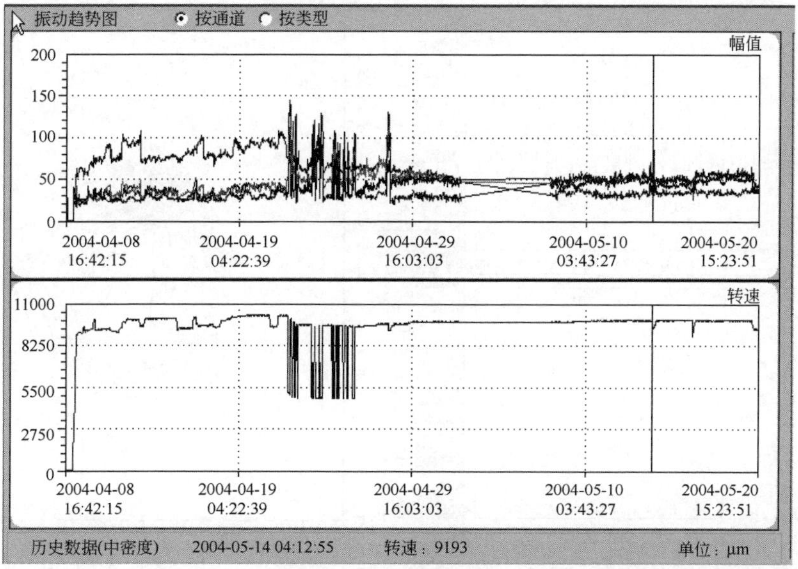

图 2-166 振动趋势图

通过远程实时在线监测系统对合成气压缩机组的波形频谱图及轴心轨迹图（图 2-167 至图 2-170）进行分析，发现轴承振动的发生和消失具有突发性的特点。发生强烈振动时，高压汽轮机的各轴承振幅突然增加很高，例如，XI-33V/H 由 49. 7/34(μm) 升高为 113. 7/133. 9(μm)、XI-34V/H 由 47. 1/48. 5(μm) 升高为 118. 9/114. 2(μm)。从频谱图上看，机组振动正常时，高压汽轮机各轴承振动的主要成分为 1 倍频成分；当振动升高时，0. 5 倍频成分突然出现，0. 5 倍频成分高达 86μm，而 1 倍频成分几乎消失。发生强烈振动前，转子有油膜涡动现象，转子的轴心轨迹由稳定的椭圆逐渐扩大变为双复合椭圆，轨迹的大小随半频次谐波振幅的波形而变化，当轴心轨迹扩散为不规则形状的瞬间，突然爆发强烈振动。轴承润滑油的温度变化对机组的运行的稳定性有明显的影响。机组润滑油温度由 36℃ 升高到 39℃ 时高压汽轮机由稳定状态变为失稳状态。机组发生强振时振动异常剧烈，声音异常。由上述特性分析引起机组振动的主要原因为：汽轮机高压缸发生了油膜涡动，即转子的涡动频率与转子固有频率（5500r/min）接近时发生的自激振动，而且来势很猛，振幅突然大幅度升高，剧烈振动，震撼整个机器和基础，并伴随低沉的吼叫声。根据以上振动特征征兆得出判断：造成机组高振动的主要原因是发生了强烈的油膜涡动故障。

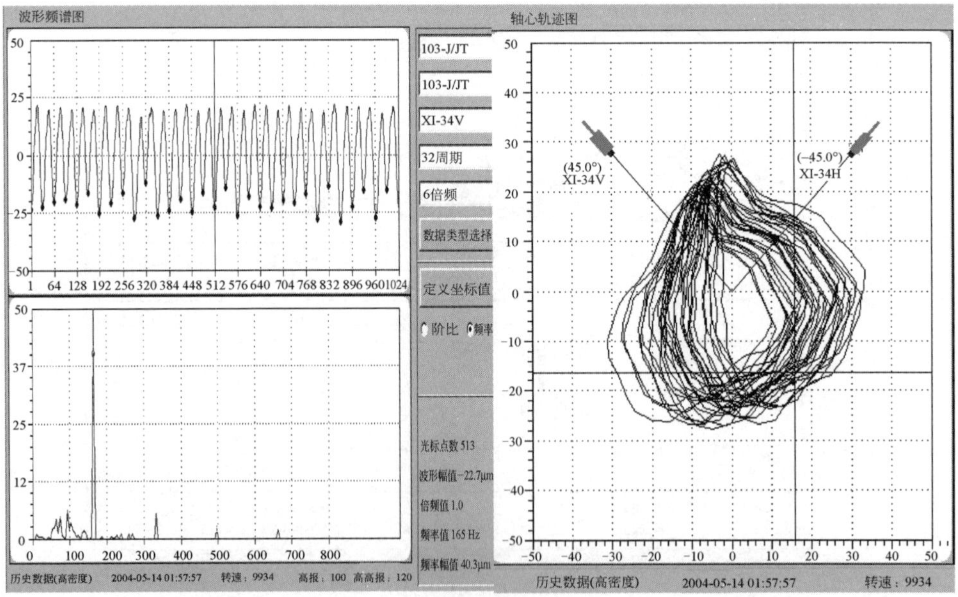

图 2-167　油膜振荡前 XI-34 轴承振动频谱、波形及轴心轨迹图

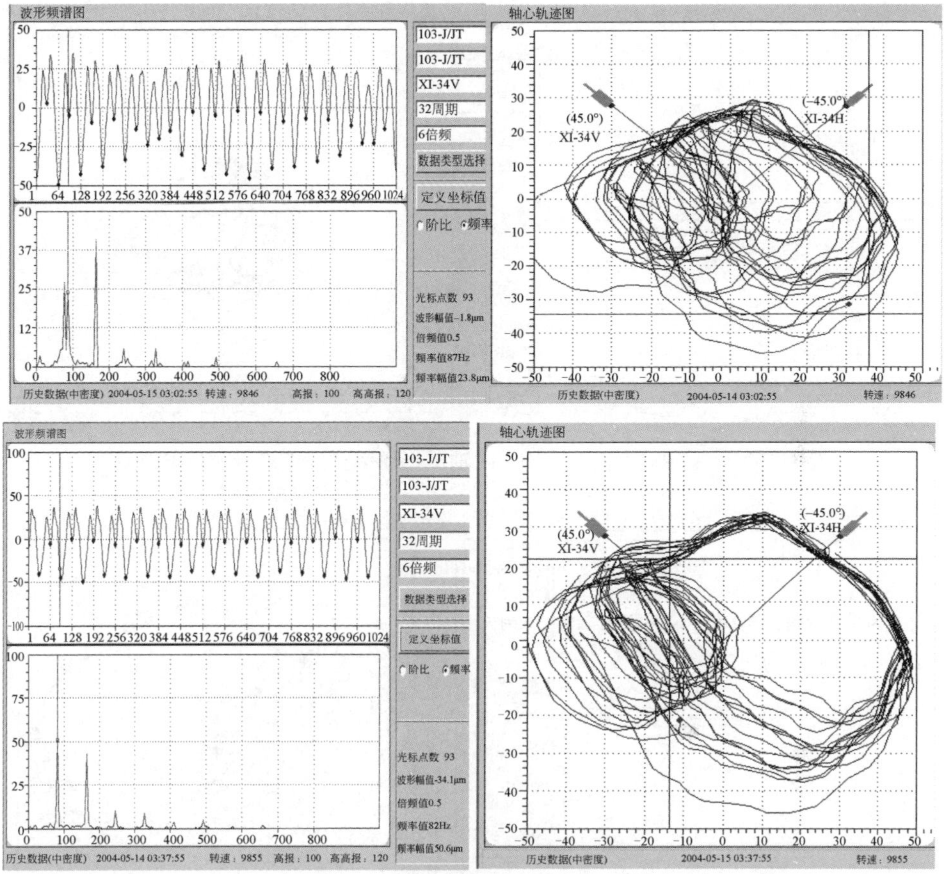

图 2-168　油膜振荡时 XI-34 轴承振动频谱、波形及轴心轨迹图

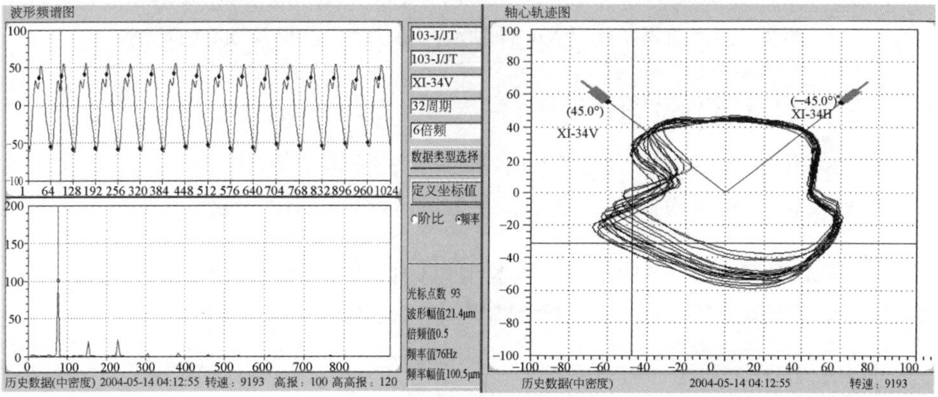

图 2-169

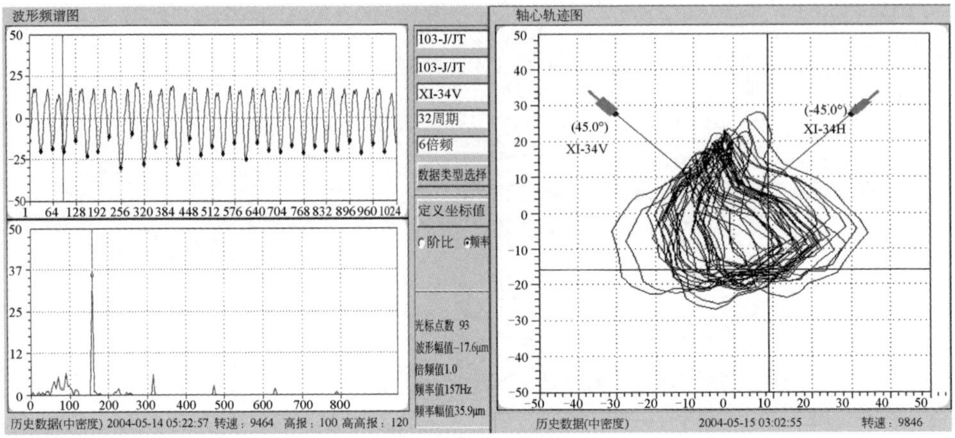

图 2-169　油膜振荡消失后 XI-34 轴承振动频谱、波形及轴心轨迹图

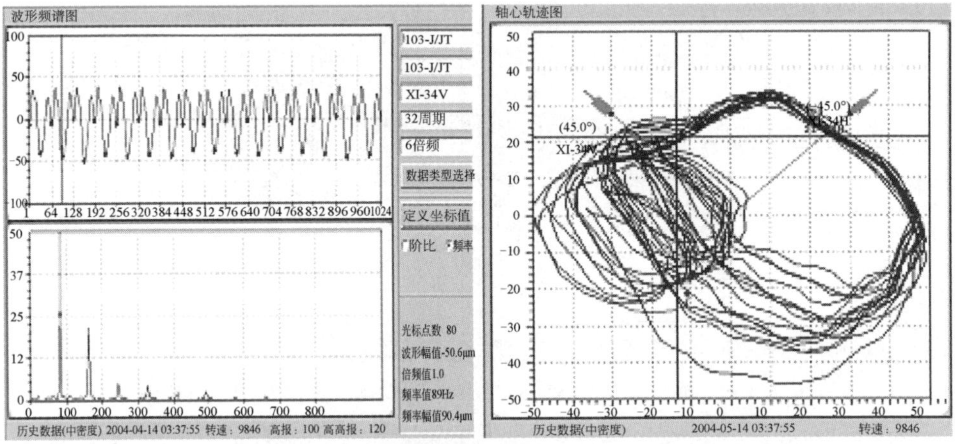

图 2-170　油膜振荡时 XI-34 轴承振动频谱、波形及轴心轨迹图

（三）诊断结论及现场反馈

诊断结论：机组高压汽轮机轴承发生了油膜涡动故障。

现场反馈：机组检修时，现场人员反馈与诊断结论一致。

三、汽轮发电机组 740-0101A 轴瓦故障诊断分析

（一）机组概况

该机组是由汽轮机、发电机组成，如图 2-171 所示。

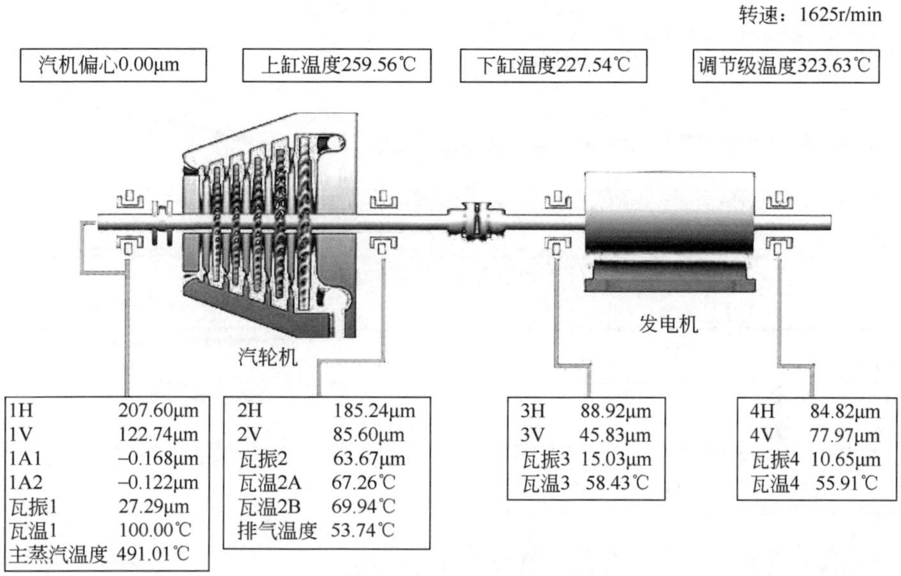

图 2-171　机组概貌图

（二）故障现象及原因分析

通过远程实时在线监测系统对该汽轮发电机组的振动趋势图及波形频谱图（图 2-172 至图 2-174）进行分析，发现 9:39 汽轮机转速升至 2800r/min 时，2 瓦轴向振动频率成分出现了明显的 0.5 倍频（23.33Hz）并逐渐增大，随后 1 瓦轴向振动频率成分也随之出现了同样的频率成分，并伴有削波现象；9:49 汽轮机转速升至 3000r/min 时，1 瓦、2 瓦轴振频率中的 0.5 倍频成分消失；9:55 汽轮机 1 瓦振动突然发生变化，波形图中发生了明显的顶峰削波，与此同时，1 瓦瓦温开始迅速升高，回油温度同步升高。9:56:46 现场紧急打闸停车，停车后 1 瓦瓦温继续升高，在 9:57 达到最大值 114℃。停车后从振动转速趋势图中可见：2 瓦位置上有两个临界转速 1700r/min（汽轮机转子临界转速）和 1330r/min（轴系临界转速），后者与 2800r/min 时的 0.5 倍频成分对应。根据以上振动特征征兆得出判断：造成机组高振动的主要原因是机组轴瓦碰摩故障。

（三）诊断结论及现场反馈

诊断结论：机组轴瓦碰摩故障。

现场反馈：检修机组时，现场人员反馈与诊断结论一致。

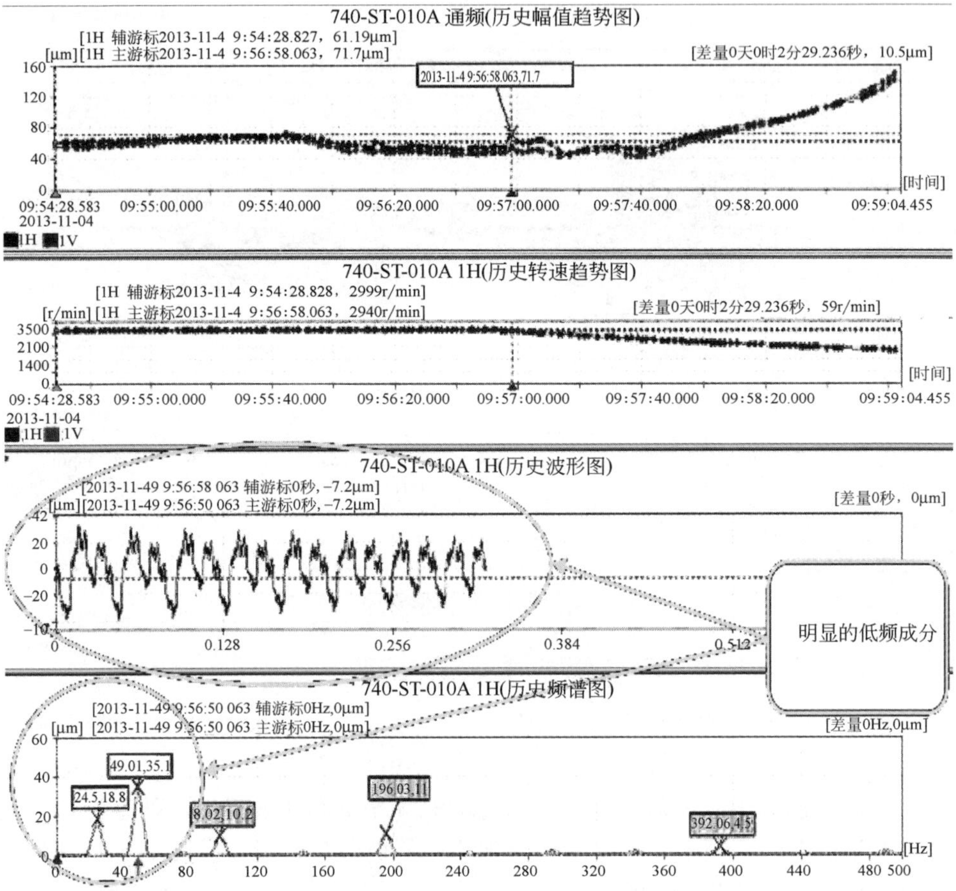

图 2-172　1 瓦出现明显 0.5 倍频成分

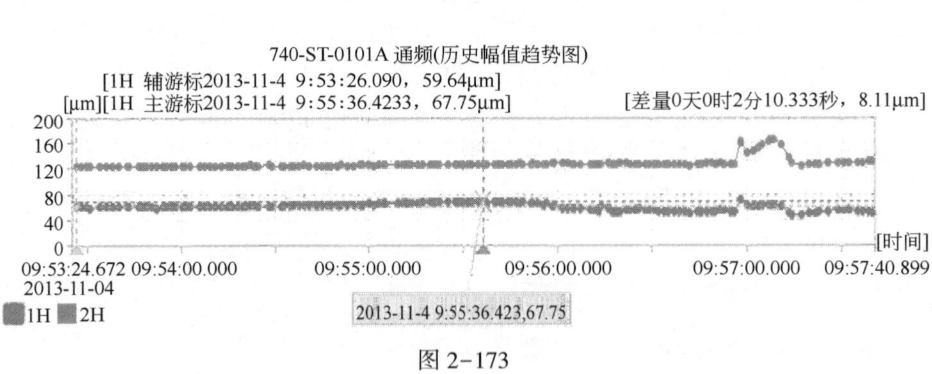

图 2-173

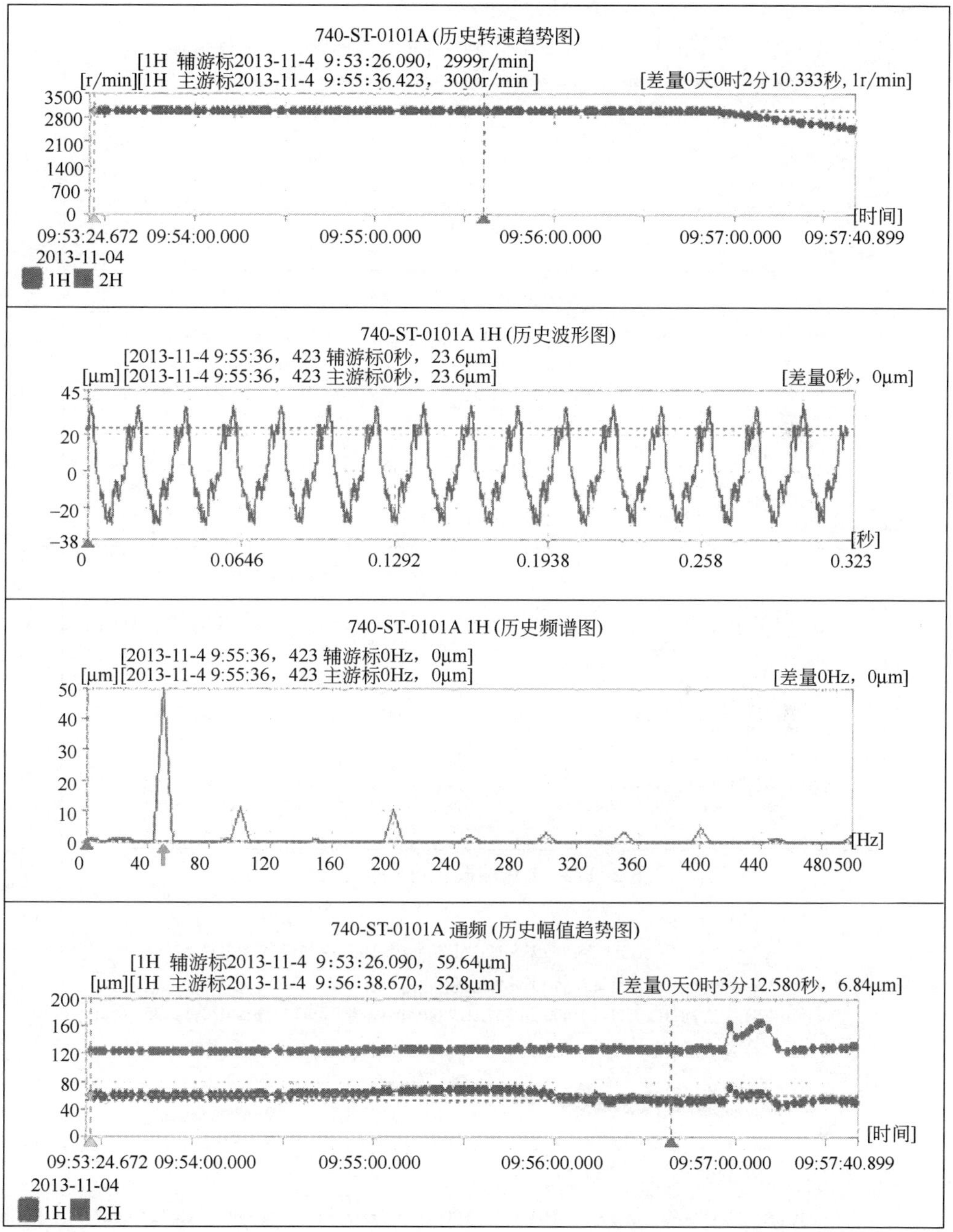
740-ST-0101A (历史转速趋势图)
[1H 辅游标2013-11-4 9:53:26.090，2999r/min]
[r/min][1H 主游标2013-11-4 9:55:36.423，3000r/min]
[差量0天0时2分10.333秒, 1r/min]
[时间]
09:53:24.672 09:54:00.000 09:55:00.000 09:56:00.000 09:57:00.000 09:57:40.899
2013-11-04
1H 2H
740-ST-0101A 1H (历史波形图)
[2013-11-4 9:55:36，423 辅游标0秒，23.6μm]
[μm] [2013-11-4 9:55:36，423 主游标0秒，23.6μm]
[差量0秒，0μm]
[秒]
740-ST-0101A 1H (历史频谱图)
[2013-11-4 9:55:36，423 辅游标0Hz，0μm]
[μm] [2013-11-4 9:55:36，423 主游标0Hz，0μm]
[差量0Hz，0μm]
[Hz]
740-ST-0101A 通频 (历史幅值趋势图)
[1H 辅游标2013-11-4 9:53:26.090，59.64μm]
[μm][1H 主游标2013-11-4 9:56:38.670，52.8μm]
[差量0天0时3分12.580秒，6.84μm]
[时间]
09:53:24.672 09:54:00.000 09:55:00.000 09:56:00.000 09:57:00.000 09:57:40.899
2013-11-04
1H 2H

图 2-173

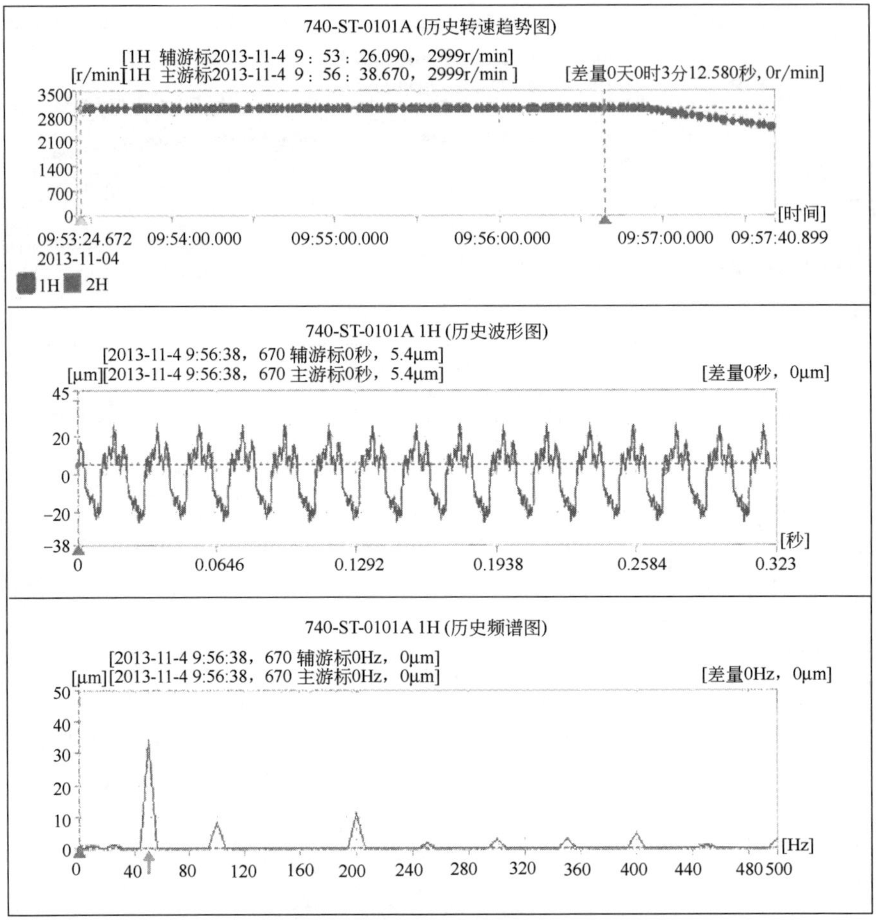

图 2-173　1 瓦轴振 9：55 前后对比

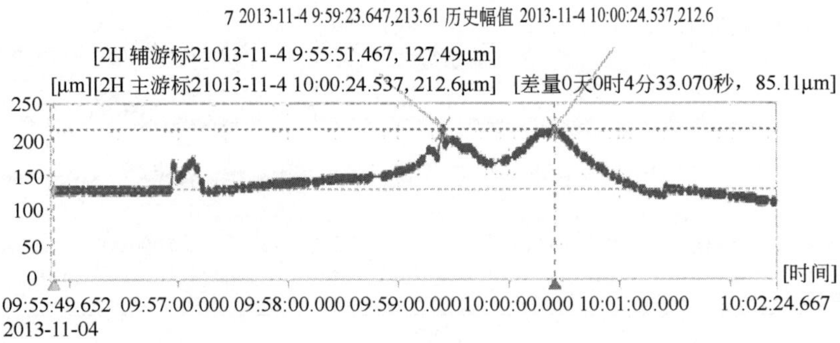

图 2-174

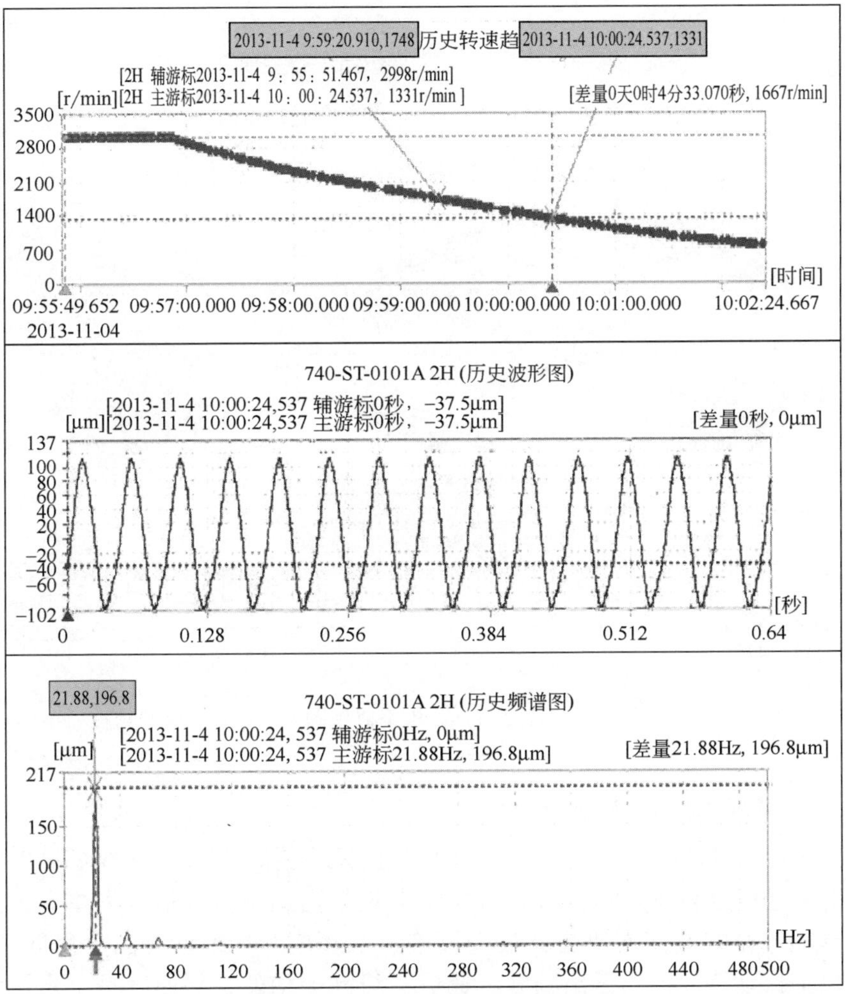

图 2-174 1 瓦停机后振动频谱

四、汽轮机组油膜涡动故障诊断分析

（一）故障诊断分析 I

1. 机组概况

该机组是由汽轮机、低压缸、高压缸组成，如图 2-175 所示。

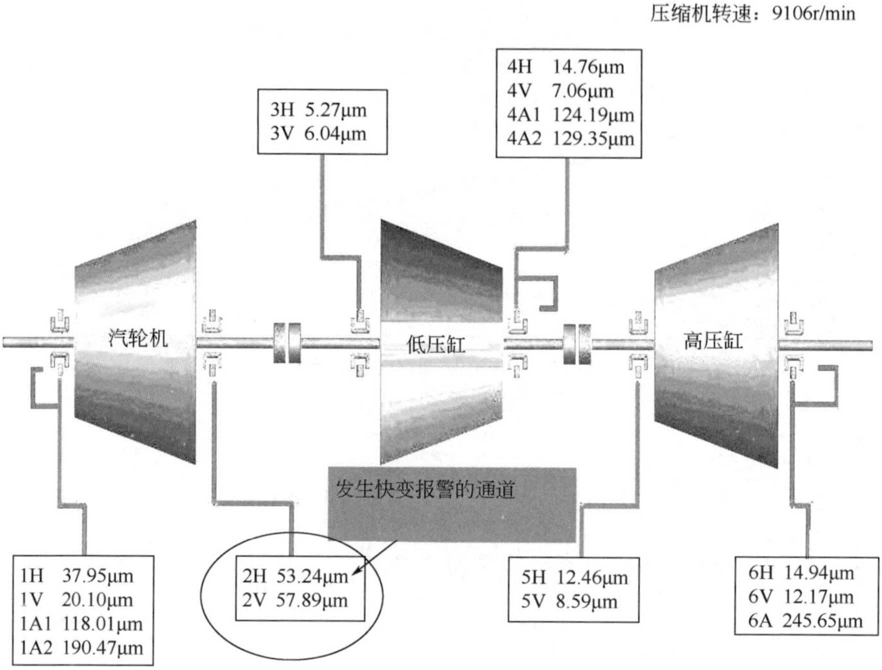

图 2-175　机组概貌图

2. 故障现象及原因分析

通过远程实时在线监测系统对汽轮机组波形频谱图（图 2-176 至图 2-179）及轴心轨迹图（图 2-180）进行分析，发现频谱图中 0.5 倍频占主导，且分频成分随转速的改变而改变；轴心轨迹为双环椭圆；振动方向为径向振动。根据以上振动特征征兆得出判断：造成机组高振动的主要原因是发生了油膜涡动故障。

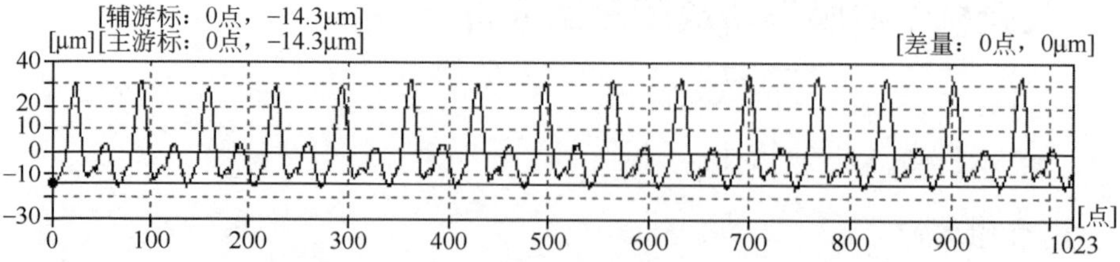

图 2-176　2H 波形图

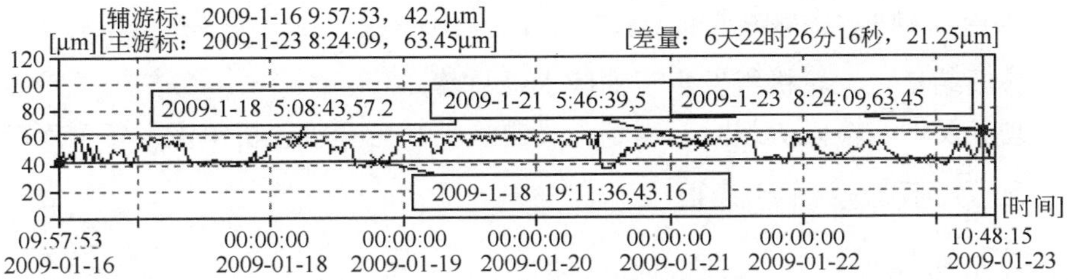

图 2-177　2V 振动幅值历史趋势图

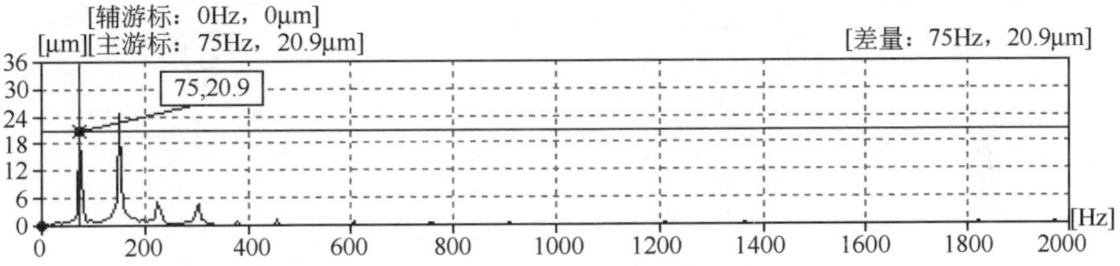

图 2-178　2H 频谱图

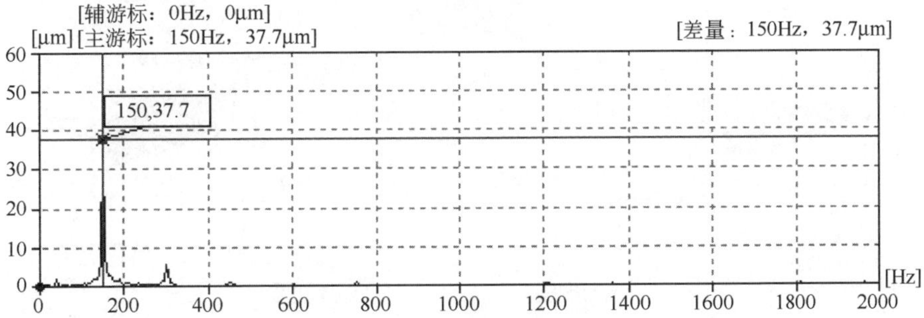

图 2-179　2V 频谱图

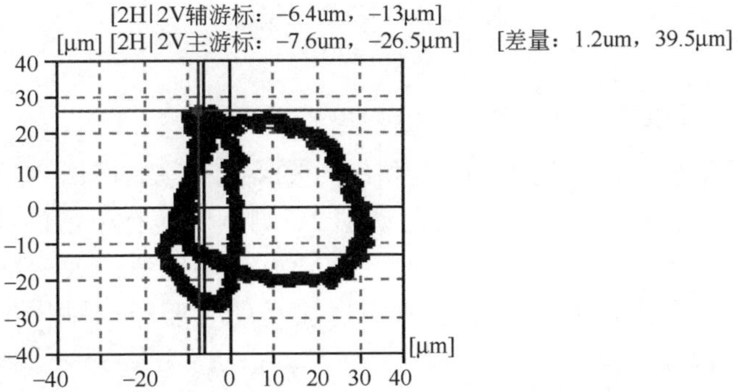

图 2-180　2H/2V 轴心轨迹图

3. 诊断结论及现场反馈

诊断结论：汽轮机组发生了油膜涡动故障。

现场反馈：检修机组时，现场人员更换轴瓦后开机，机组恢复正常运转。

（二）故障诊断分析Ⅱ

1. 机组概况

该机组是由汽轮机、低压缸、高压缸组成，如图 2-181 所示。

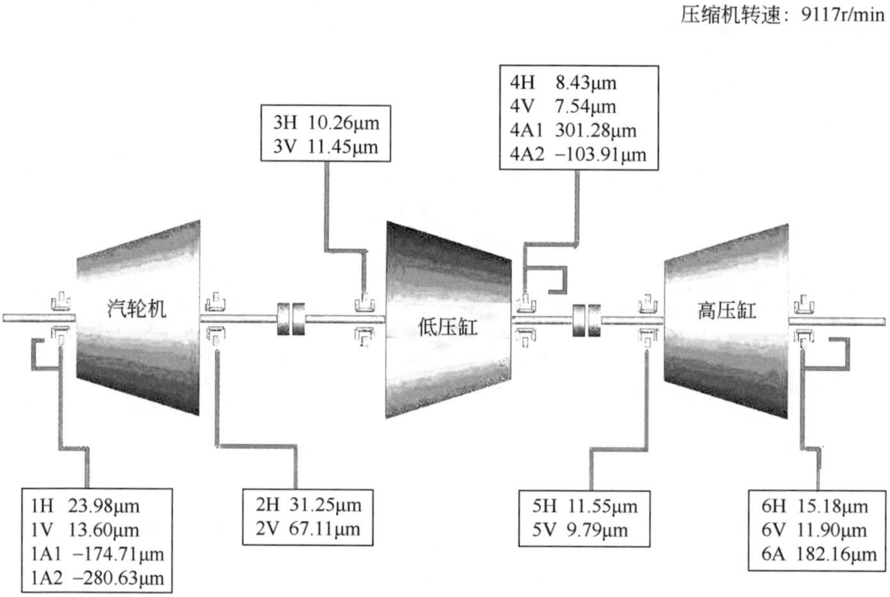

图 2-181 机组概貌图

2. 故障现象及原因分析

通过远程实时在线监测系统对汽轮机组的波形频谱图及振动趋势图（图 2-182、图 2-183）进行分析，发现汽轮机驱动端 2V 测点振动有丰富的低次谐波，并有幅值较大的 0.5 倍频占主导；同时，分频成分随转速的改变而改变。根据以上振动特征征兆得出判断：造成机组高振动的主要原因是机组在开机过程中发生了油膜涡动故障。

3. 诊断结论及现场反馈

诊断结论：机组在开机过程中发生了油膜涡动故障。

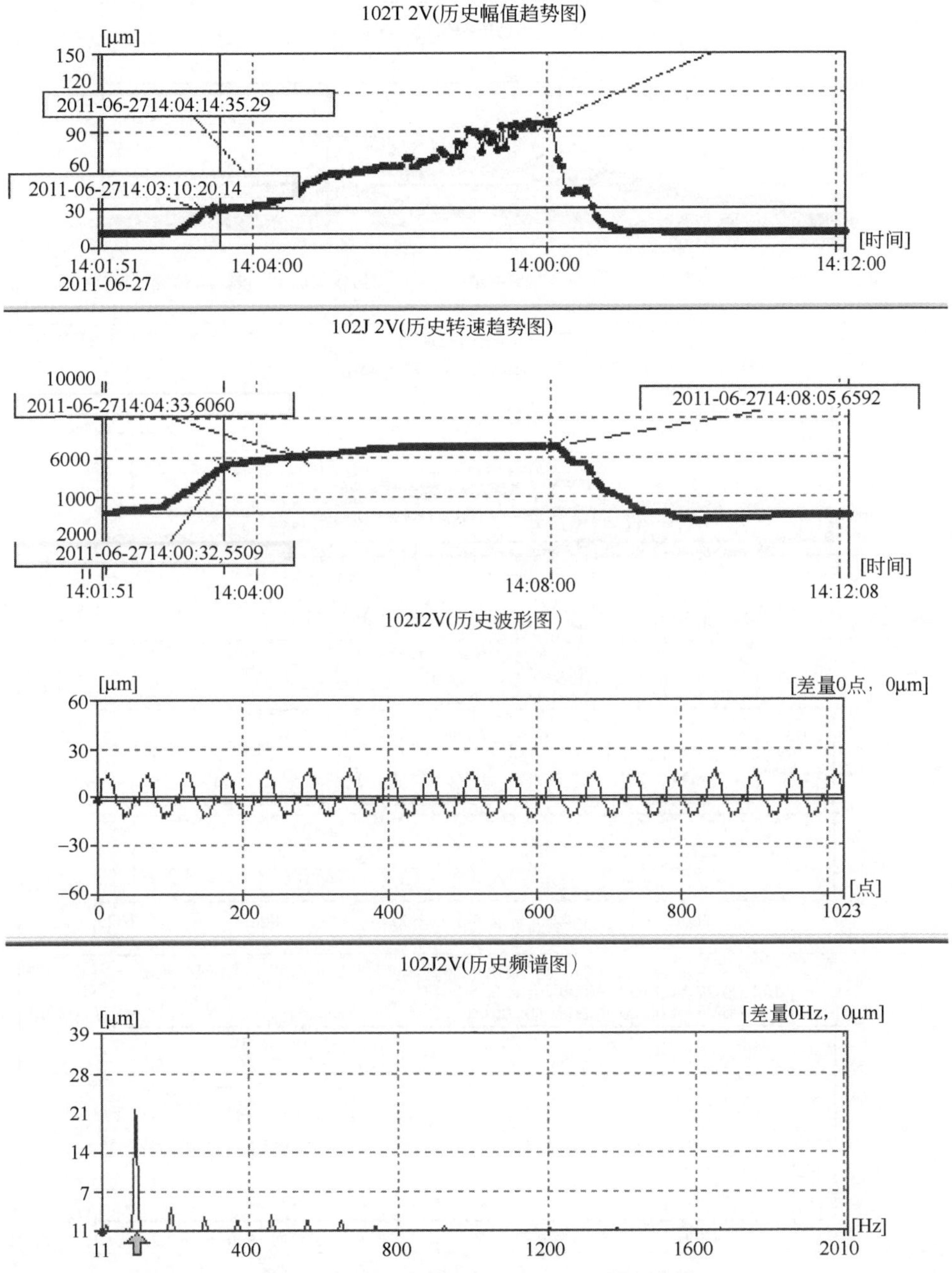

图 2-182 汽轮机端 2V 振动历史趋势图

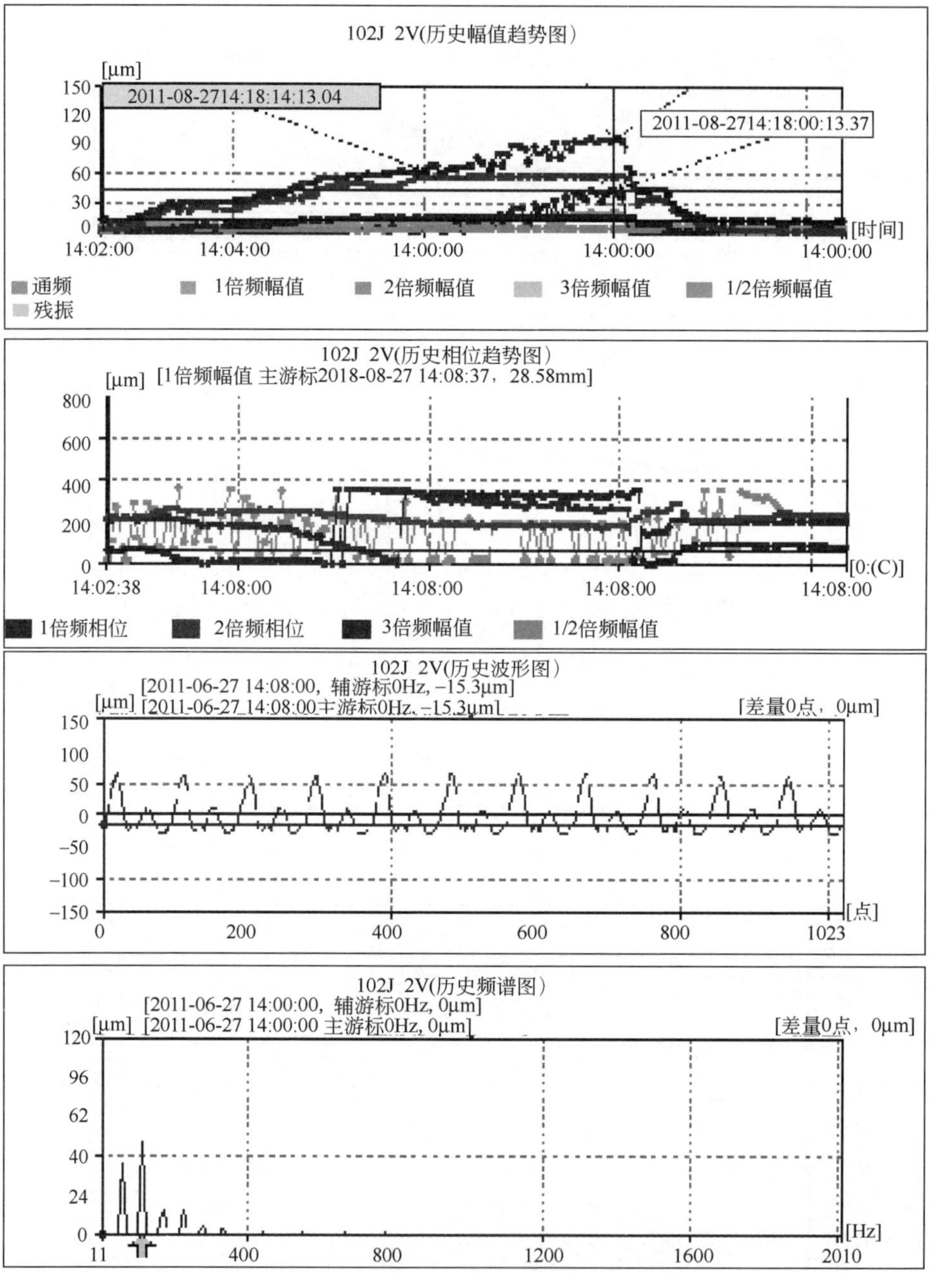

图 2-183　汽轮机端 2V 单通道多特征值图

现场反馈：现场技术人员在远程诊断中心的指导下：开机时快速越过6450~6600r/min区间，并通过调整汽轮机驱动端轴瓦间隙及润滑油温度解决了油膜涡动故障。

五、空气离心压缩机组101-J/JT轴瓦间隙不良故障诊断分析

（一）机组概况

该机组是由汽轮机、低压缸、齿轮箱、高压缸组成，如图2-184所示。

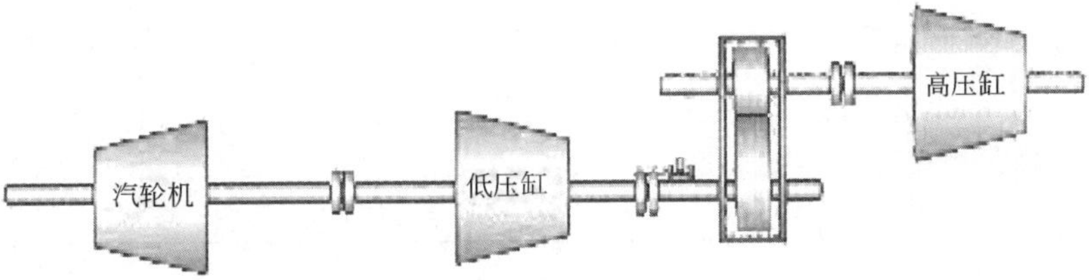

图2-184　机组概貌图

（二）故障现象及原因分析

机组从2010年5月21日开车以来，低压缸测点xt14a振值由44μm缓慢上升到50μm左右；测点xt14b振值由50μm缓慢上升到75μm左右，已接近报警值（报警值为80μm）。通过和现场技术人员沟通得知，该机组低压缸径向轴承为5块可倾轴瓦形式，轴瓦温度正常，润滑油油质良好。通过远程实时在线监测系统对该机组的振动趋势图（图2-185）及轴心轨迹图（图2-186）进行分析并结合现场实际情况，得出判断：造成机组高振动的主要原因是机组轴瓦间隙超差故障。

（三）诊断结论及现场反馈

诊断结论：压缩机组轴瓦间隙超差故障。

现场反馈：机组窗口检修时，对轴瓦进行瓦间隙调整。随后开机，机组恢复正常运转。

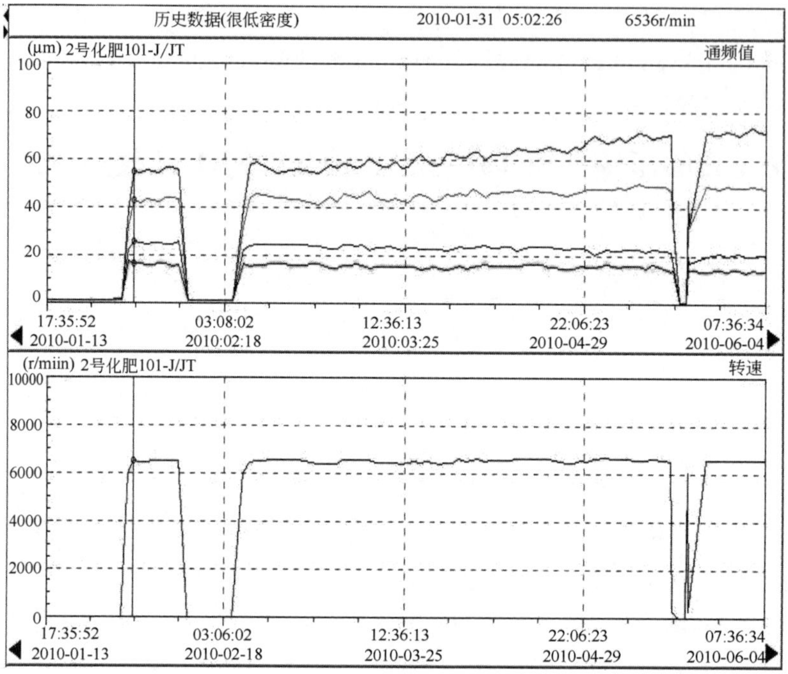

图 2-185　机组振动趋势图

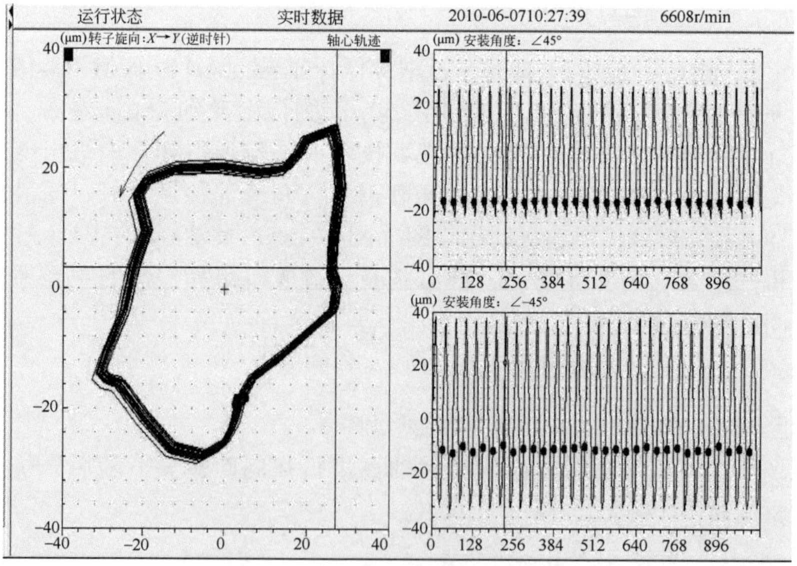

图 2-186　XT14 测点轴心轨迹图

六、101BJ 风机机组轴瓦磨损故障诊断分析

（一）机组概况

该机组是由汽轮机、齿轮箱、风机组成，如图 2-187 所示。

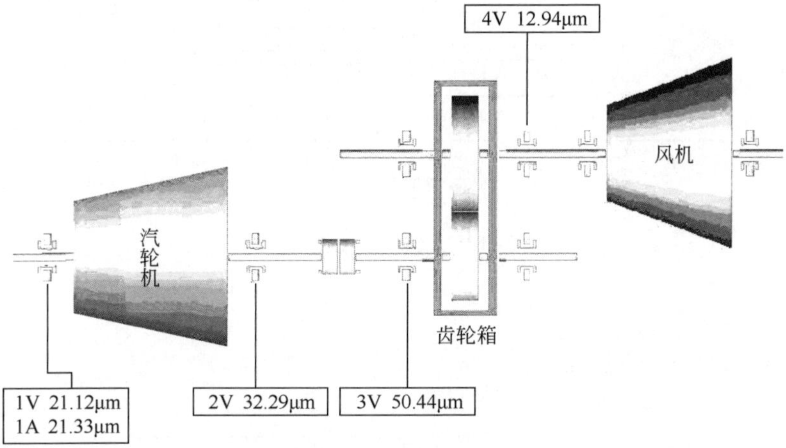

图 2-187 机组概貌图

（二）故障现象及原因分析

通过远程实时在线监测系统对风机机组的振动趋势图（图 2-188）及壳体振动趋势图（图 2-189）进行分析，得出判断：造成机组高振动的主要原因是机组轴瓦磨损故障。

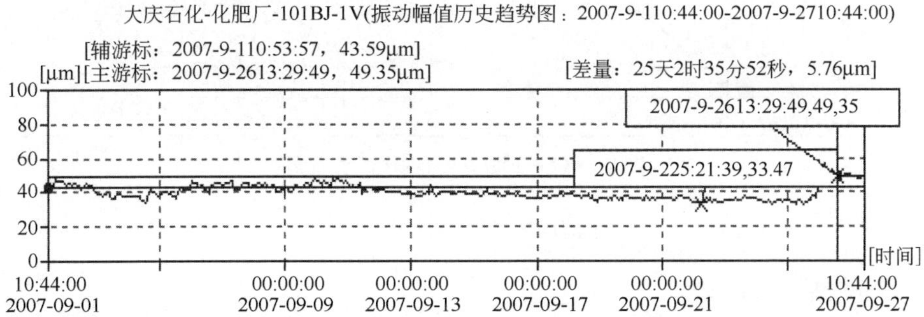

图 2-188

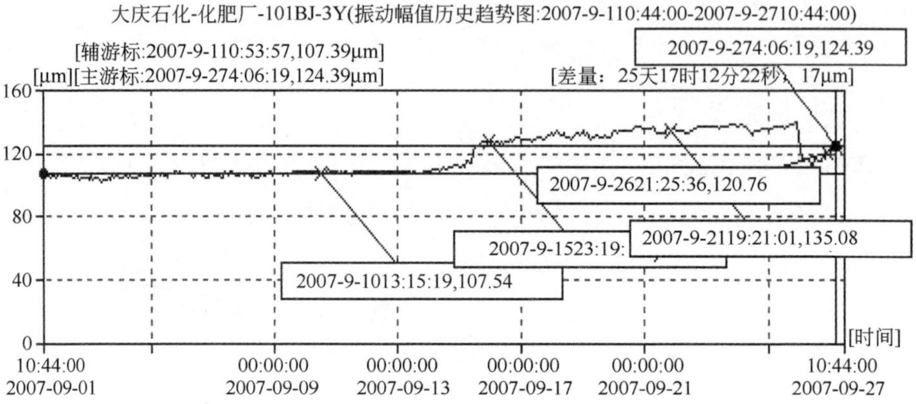

图 2-188　3 测点振动趋势图

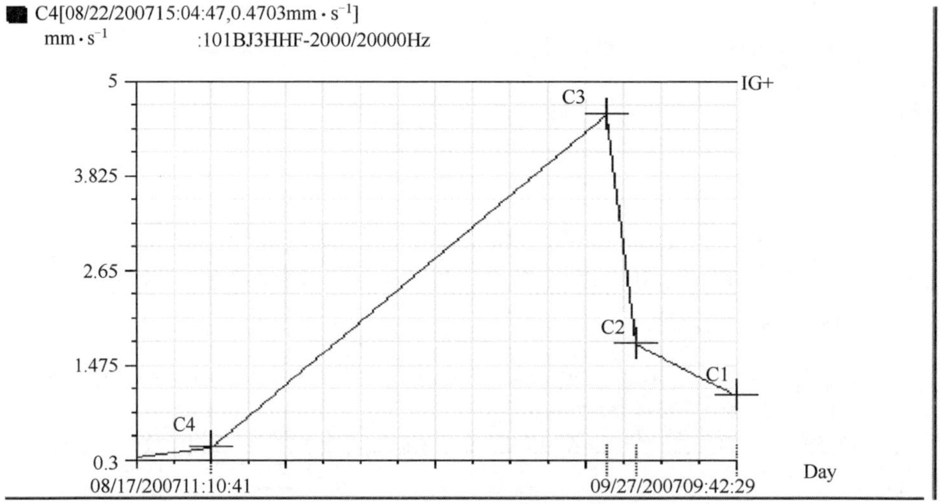

图 2-189　3 测点壳体振动趋势图

（三）诊断结论及现场反馈

诊断结论：机组轴瓦磨损故障。

现场反馈：机组窗口检修时对齿轮箱进行解体检修，发现小齿轮轴颈和轴瓦磨损严重。

七、300×10^4t/a 重催主风机组轴瓦间隙不良故障诊断分析

（一）机组概况

该机组是由烟机、主风机、汽轮机、齿轮箱、电动机组成，如图 2-190 所示。

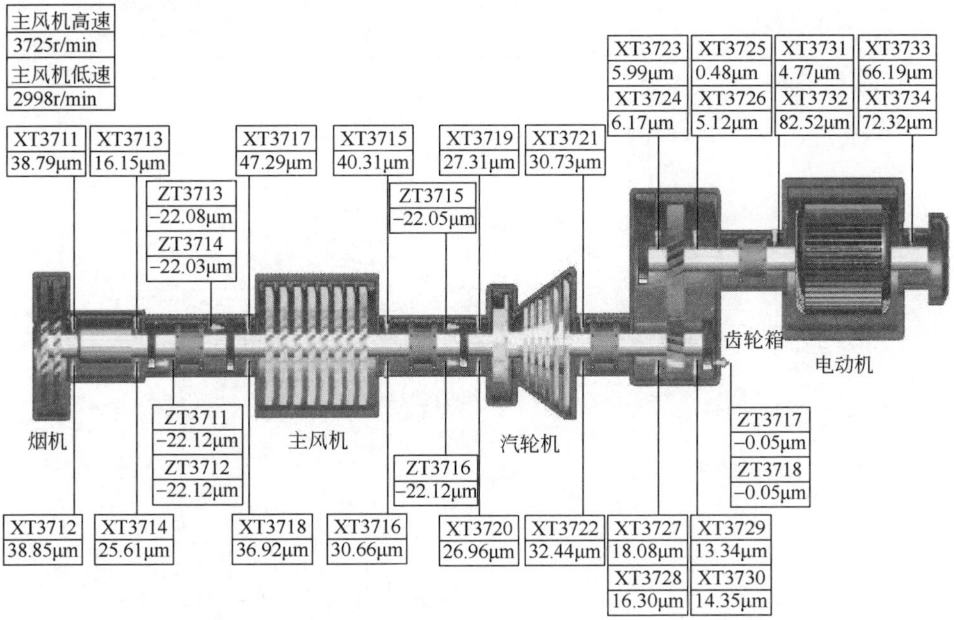

图 2-190 机组概貌图

（二）故障现象及原因分析

2011 年 9 月 4 日，汽轮机两端四个测点（XT3719、XT3720、XT3721、XT3722）振值突然发生跳变，19min 后，振值回落并趋于稳定；9 月 5 日，汽轮机负荷从 70t/h 调整至 130t/h，汽轮机两端四个测点振值再次发生跳变。通过远程实时在线监测系统对机组汽轮机两端测点的振动趋势图（图 2-191）及轴心轨迹图（图 2-192）进行分析，发现在振动发生突变时，1 倍频振动幅值有显著升高，同时伴有倍频成分；时域波形有削波现象；轴心轨迹紊乱。因而得出判断：造成机组高振动的主要原因是机组轴瓦间隙不良，并导致出现轻微的动静部件碰摩故障。

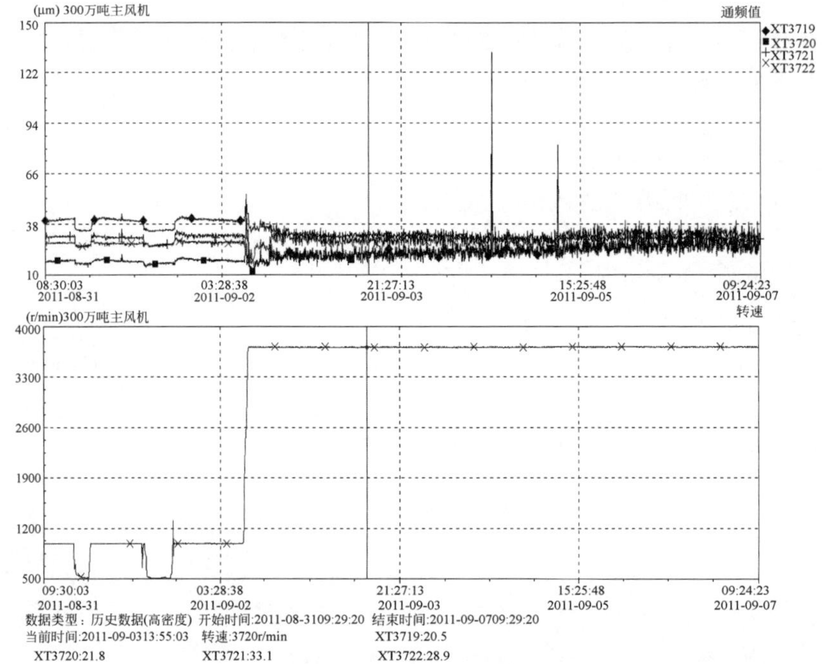

图 2-191　机组振动趋势图

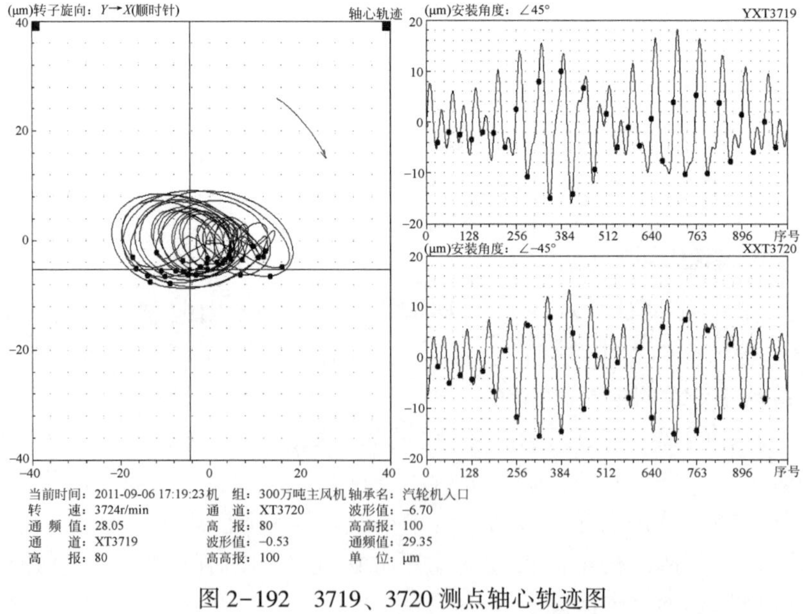

图 2-192　3719、3720 测点轴心轨迹图

（三）诊断结论及现场反馈

诊断结论：机组轴瓦间隙不良，导致机组出现动静部件碰摩故障。

现场反馈：机组窗口检修时，对瓦间隙进行了调整。随后开机，机组恢复正常运转。

八、催化裂化轴流风机机组轴瓦间隙不良故障诊断分析

（一）机组概况

该机组是由烟机、主风机、齿轮箱、电动机组成，如图 2-193 所示。

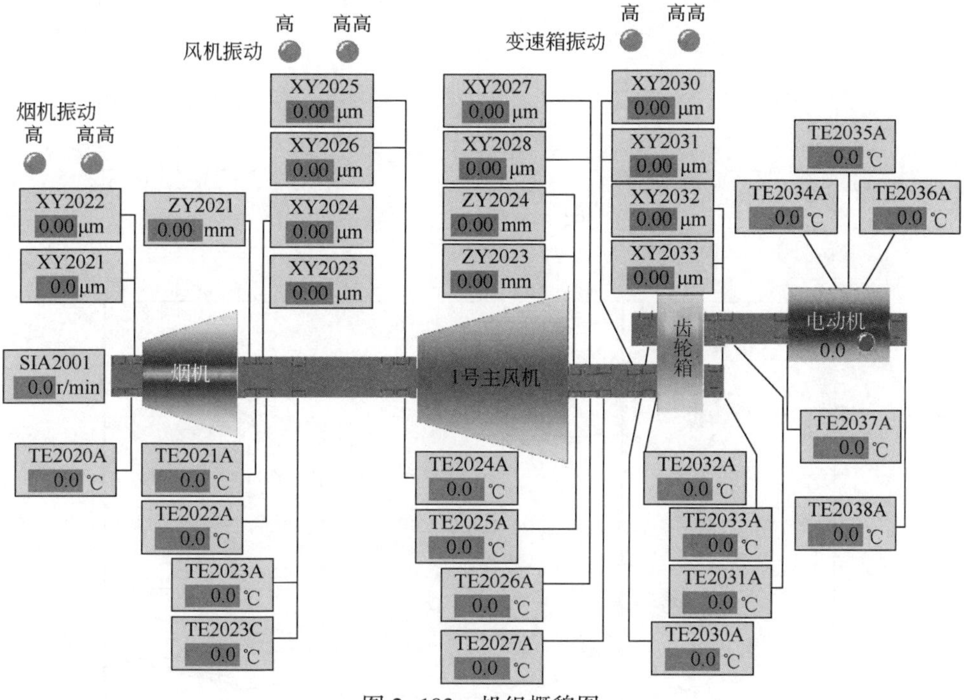

图 2-193 机组概貌图

（二）故障现象及原因分析

2008 年 5 月 24 日 12:54，催化裂化轴流风机突然振动大涨，超过了 105μm 的报警上限，最大值达到 170μm，造成主风机联锁停机。通过远程实时在线监测系统对该机组的波形频谱图（图 2-194）及轴心轨迹图（图 2-195）进行分析，得出判断：造成机组高振动的主要原因是机组轴瓦间隙不良故障。

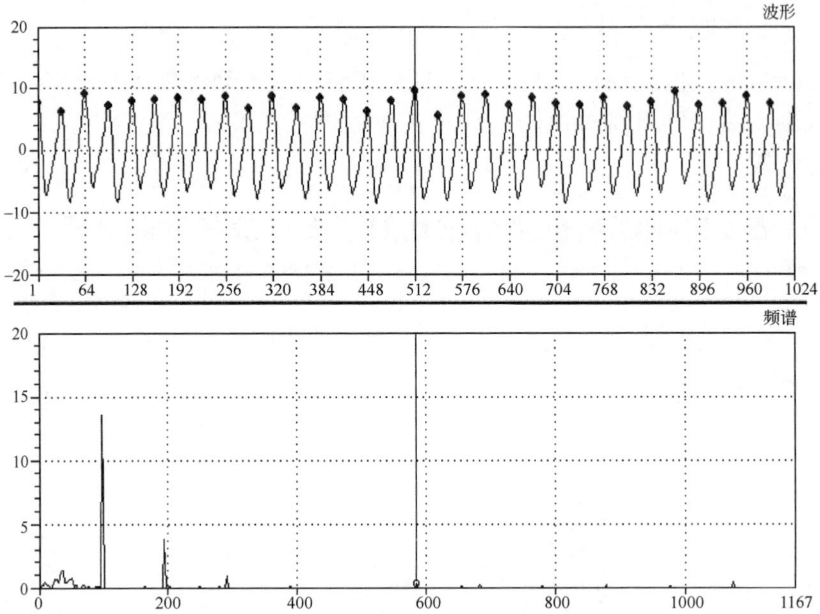

图 2-194　2025 测点波形频谱图

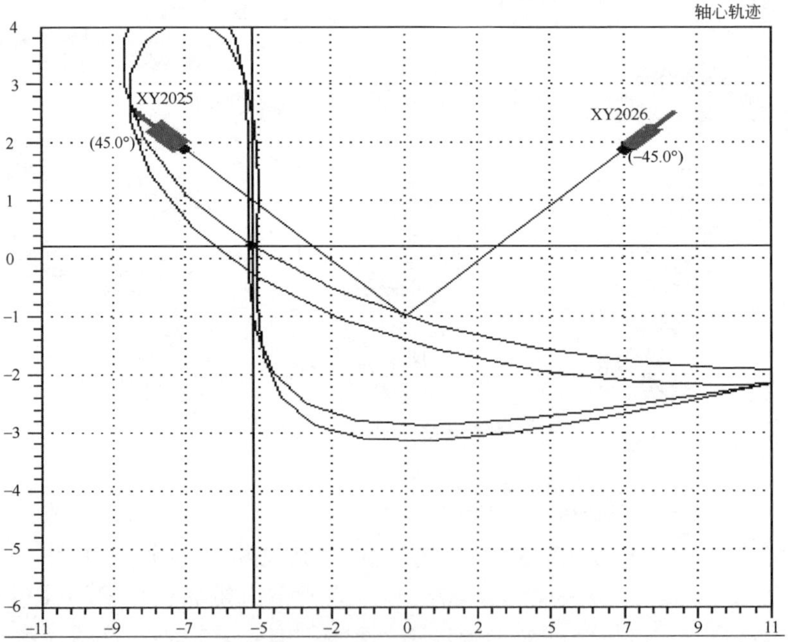

图 2-195　2025-2026 测点轴心轨迹图

（三）诊断结论及现场反馈

诊断结论：机组轴瓦间隙不良故障。

现场反馈：机组窗口检修时发现：径向轴承侧隙为（排气端）0.25mm（标准值为：0.32~0.35mm），径向轴承侧隙为（进气端）0.16mm（标准值为0.32~0.35mm）均低于标准值。调整了合适的瓦间隙后，随后开机，机组恢复正常运转。

九、四合一离心压缩机组油膜涡动故障诊断分析

（一）机组概况

该机组是由汽轮机、离心压缩机、齿轮箱、轴流机、尾透组成，如图2-196所示。

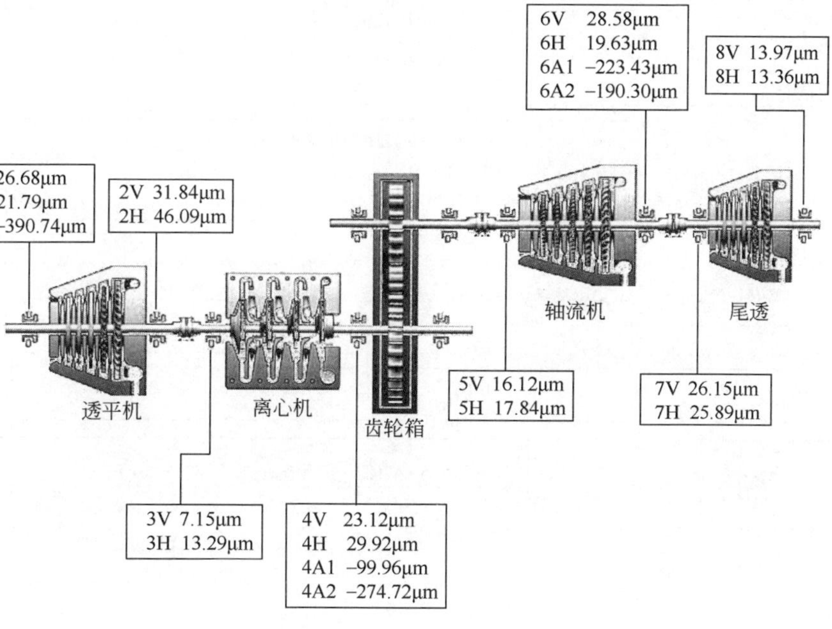

图2-196 机组概貌图

（二）故障现象及原因分析

通过远程实时在线监测系统对该机组趋势图（图2-197、图2-198）进行

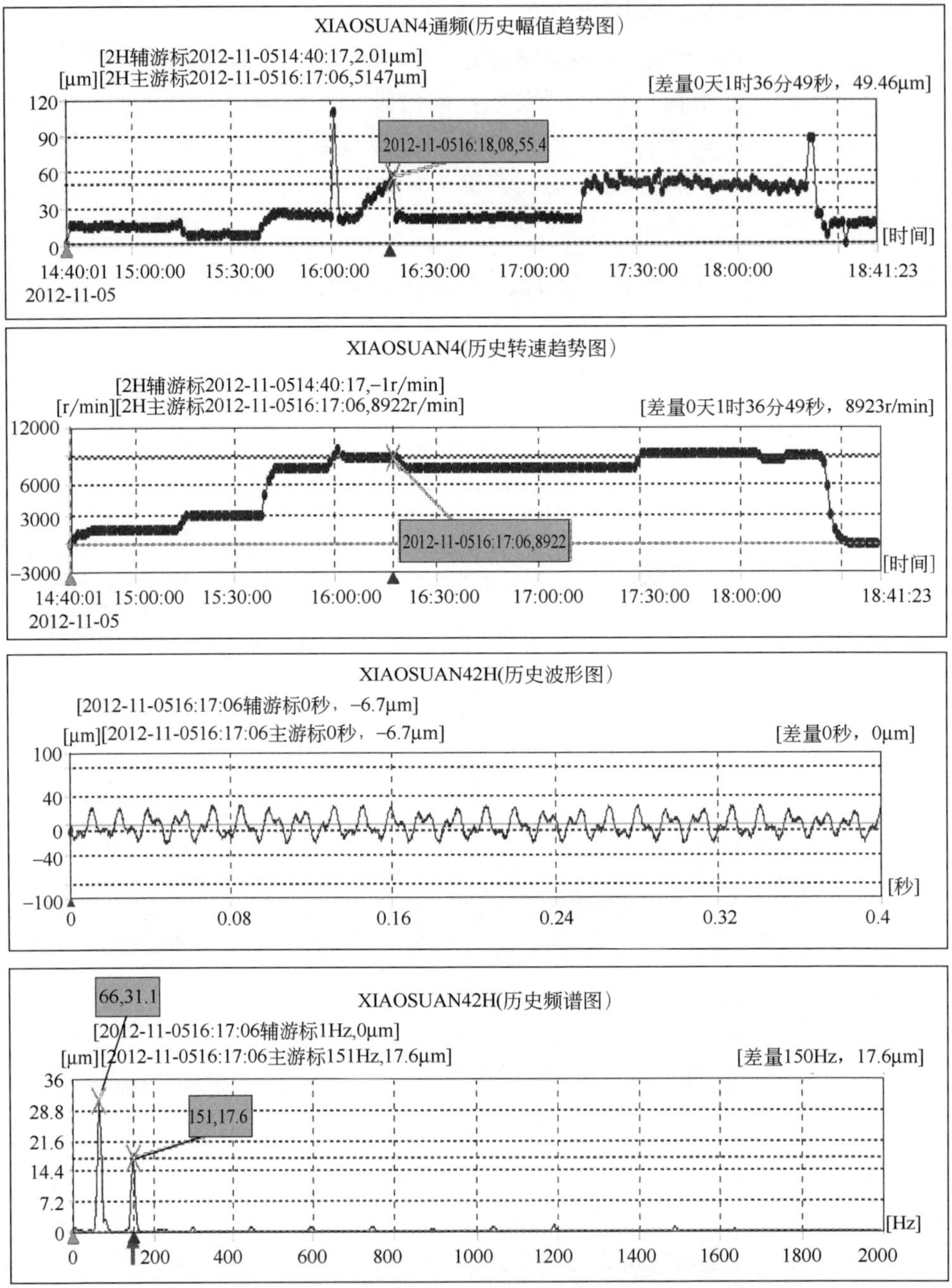

图 2–197　汽轮机 2H 测点振动历史趋势图

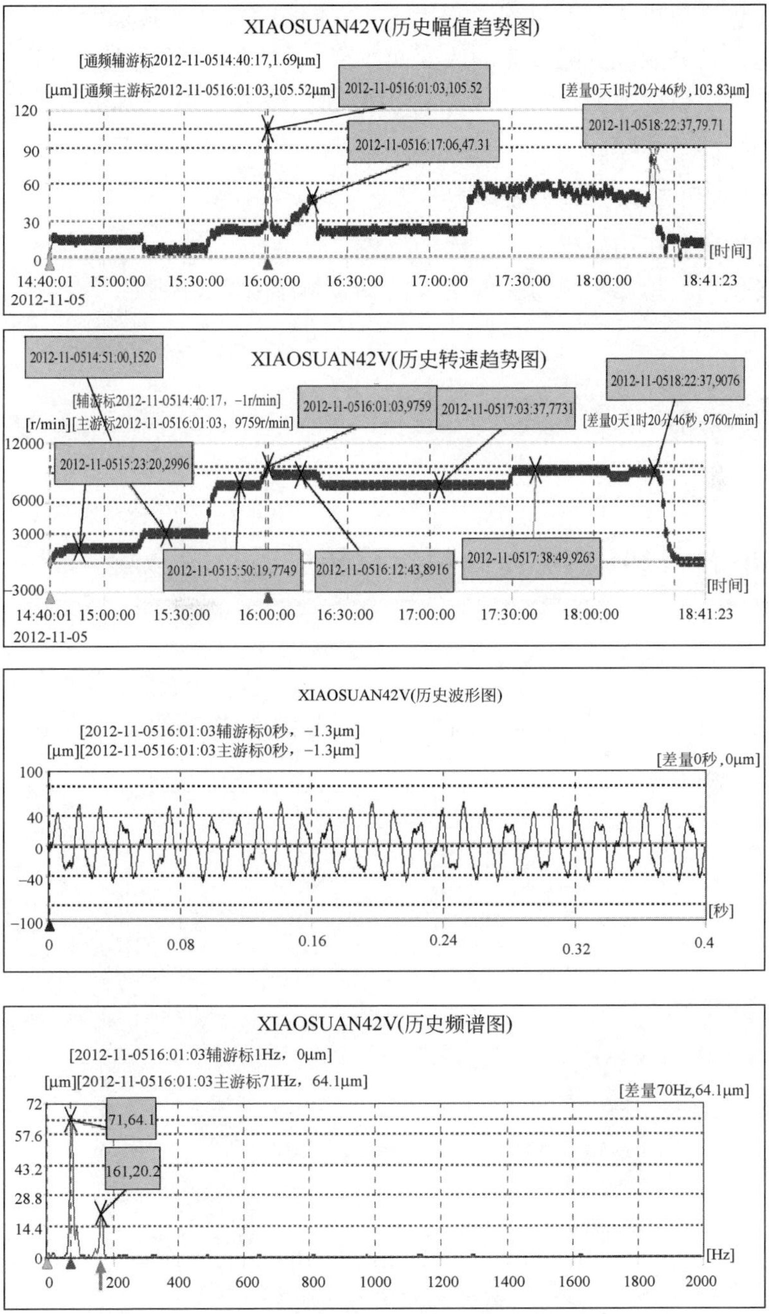

图 2-198　汽轮机 2V 测点振动历史趋势图

分析，发现汽轮机 2 测点出现了很大的 0.44 倍频成分，其幅度大大超过了 1 倍频幅值；且分频成分随转速的改变而改变，与转速频率保持 0.44 倍左右的比例关系。根据以上振动特征征兆得出判断：造成机组高振动的主要原因是发生了油膜涡动故障。

（三）诊断结论及现场反馈

诊断结论：机组发生了油膜涡动故障。

现场反馈：检修机组时，现场人员反馈与诊断结论一致。

第四节 旋转失速与喘振故障案例分析

一、280-K-1301 离心压缩机组旋转失速故障诊断分析

（一）机组概况

该机组是由汽轮机、离心压缩机组成，如图 2-199 所示。

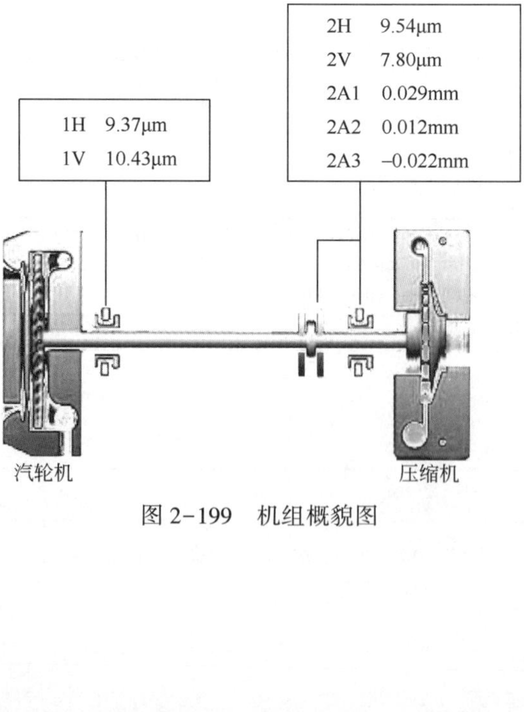

图 2-199 机组概貌图

（二）故障现象及原因分析

通过远程实时在线监测系统对该离心压缩机组振动趋势图、波形频谱图（图 2-200、图 2-201）以及轴心轨迹图（图 2-202）进行分析，发现振动趋

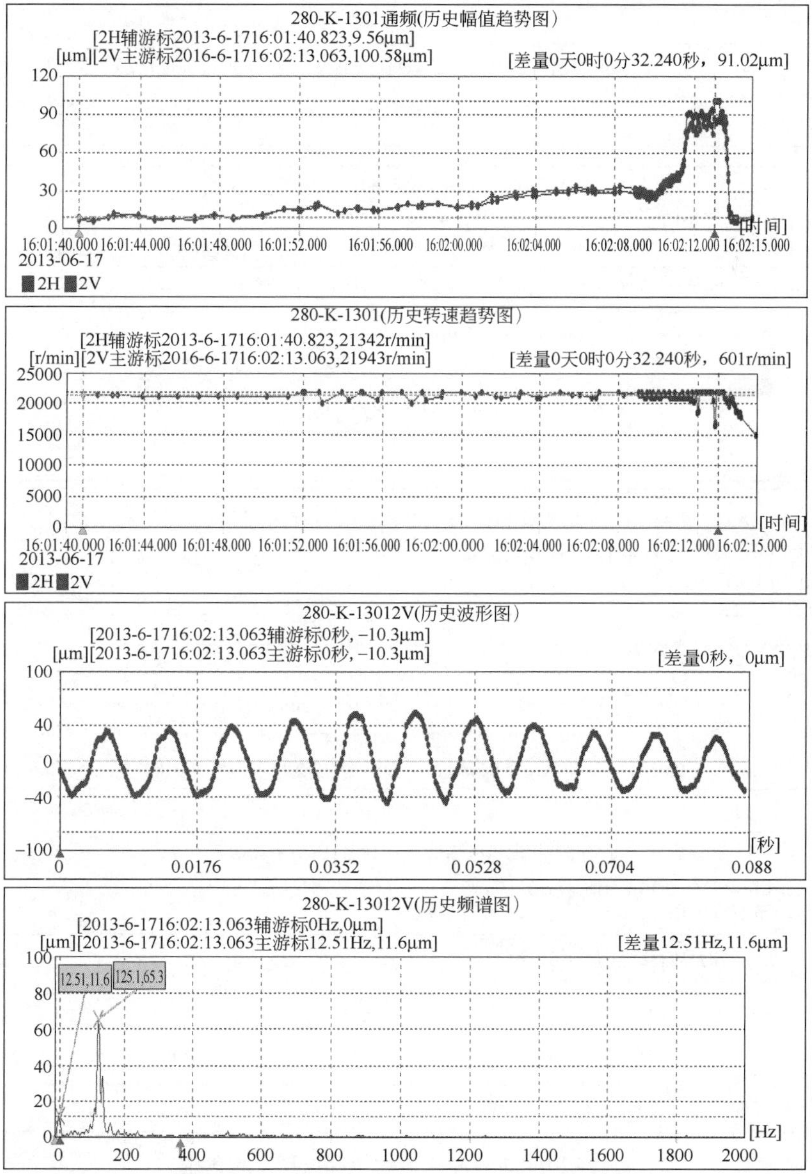

图 2-200　2 号测点振动位移波形、频谱图

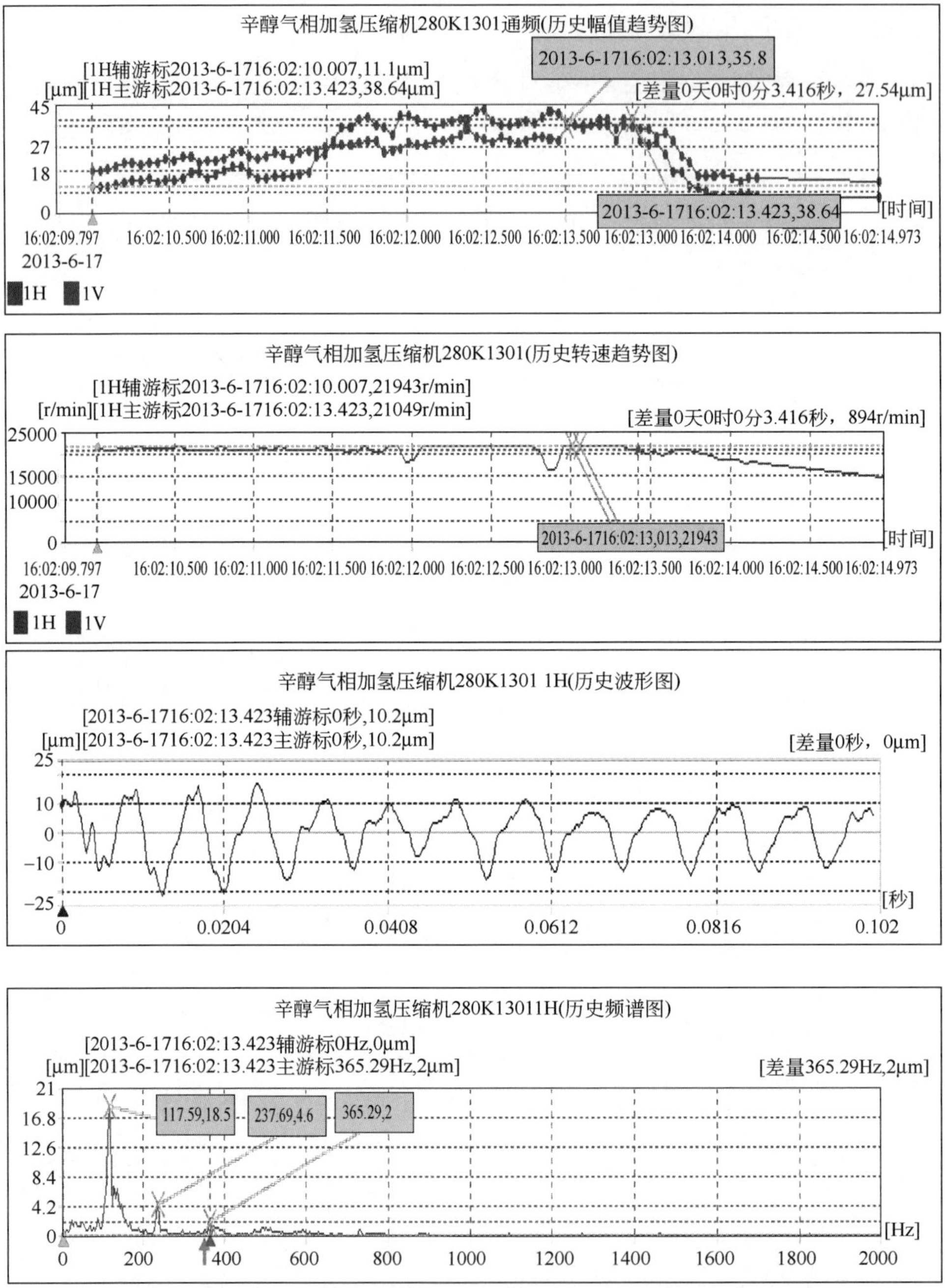

图 2-201　1 号测点振动位移波形、频谱图

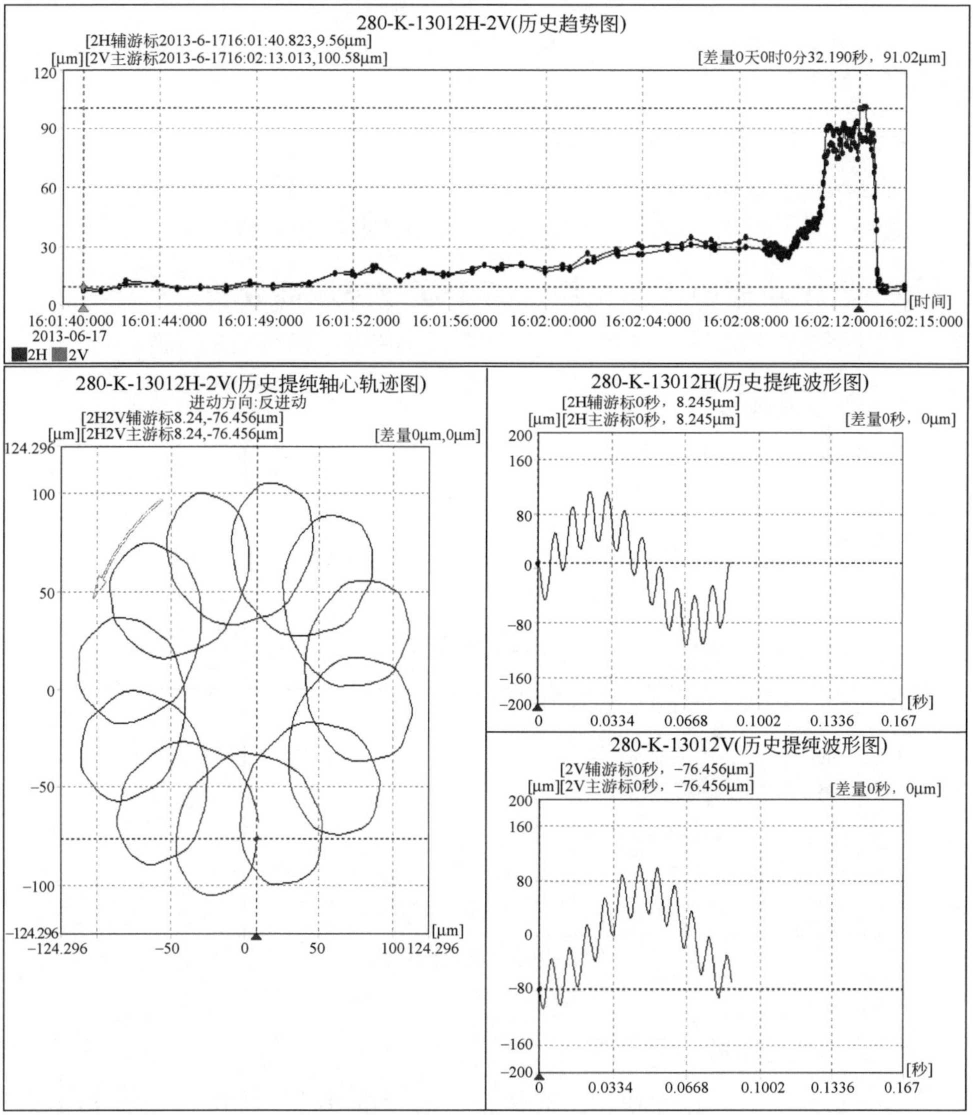

图 2-202　2 号测点轴心轨迹图

势中显示 2 号测点的振值严重超标，且随转速变化明显；频谱主要是以低频成分占主导（1 倍频为 365Hz 时，125Hz 为主导频率），并伴有少量其他低频成分；1 号测点有时低频分量高于 1 倍频分量；且轴心轨迹图中显示轴心轨迹杂乱、不稳定。同时分析特性曲线发现：工作转速到达 20000r/min 以上时，

根据查验特性曲线，并与运行过程中的 DCS 流量等数据比对，离心压缩机组存在实际流量小于额定流量的现象。因而得出判断：造成机组高振动的主要原因是机组发生旋转失速故障。

（三）诊断结论及现场反馈

诊断结论：机组发生旋转失速故障。

现场反馈：机组检修时，现场人员反馈与诊断结论一致。

二、二氧化碳离心压缩机组旋转失速故障诊断分析

（一）机组概况

该机组是由电动机、低压缸、高压缸组成，如图 2-203 所示。

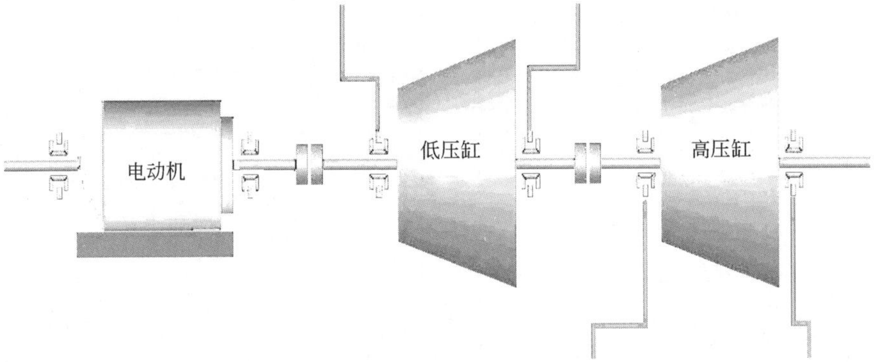

图 2-203　机组概貌图

（二）故障现象及原因分析

该大型高压离心压缩机组，介质是二氧化碳气体。机组转速为 13200r/min。从轴承支座振动信号的谱图中（图 2-204）可以看到，220Hz 分量幅值为 52μm，0.5 倍频的 110Hz 分量为 50μm，在该缸出口管线上得到的加速度信号频谱图中，110Hz 的 0.5 倍频成分的幅值也达到了 1 倍频的 50%。通过进一步分析轴心轨迹图和管线的现场振动状况，从轴心轨迹为椭圆形、离心压缩机入口管线振动强烈等现象看来，判断引起机组振动过大的主要原因是：离心压缩机组发生旋转失速故障。

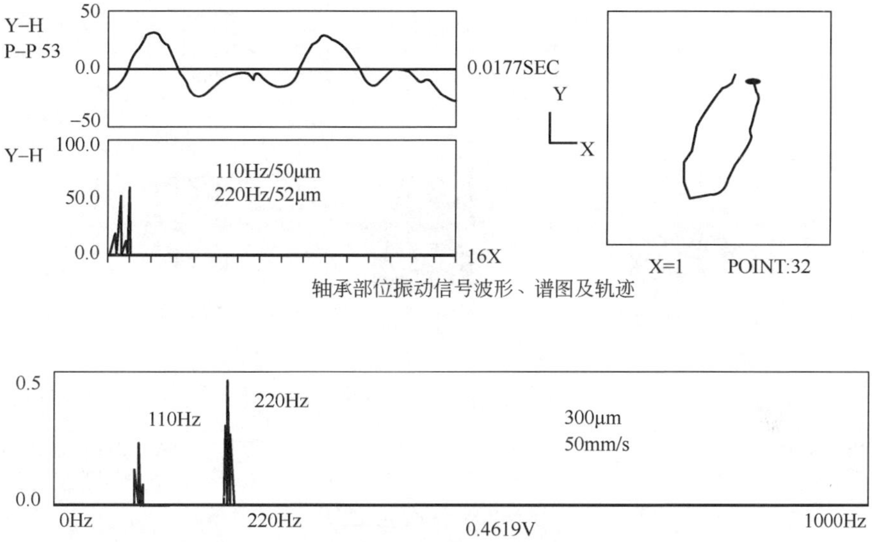

轴承部位振动信号波形、谱图及轨迹

高压缸出口管线上的振动信号谱图

图 2–204 轴承部位和缸出口管线两个部位所测得的波形与频谱图及轴心轨迹图

（三）诊断结论及现场反馈

诊断结论：离心压缩机组发生旋转失速故障。

现场反馈：现场操作人员按此诊断结论进行系统工艺参数调整，消除了高压缸出口管线的强烈振动。

三、K1650 乙烯离心压缩机组旋转失速故障诊断分析

（一）机组概况

该机组是由汽轮机、低压缸、高压缸组成，如图 2–205 所示。

（二）故障现象及原因分析

通过远程实时在线监测系统对该汽轮机组的振动趋势图（图 2–206）进行分析，发现转速稍有下降时，振动已经有明显变化。低压缸、高压缸振动异常时频谱有明显低频，得出判断：造成机组高振动的主要原因是机组发生旋转失速故障。

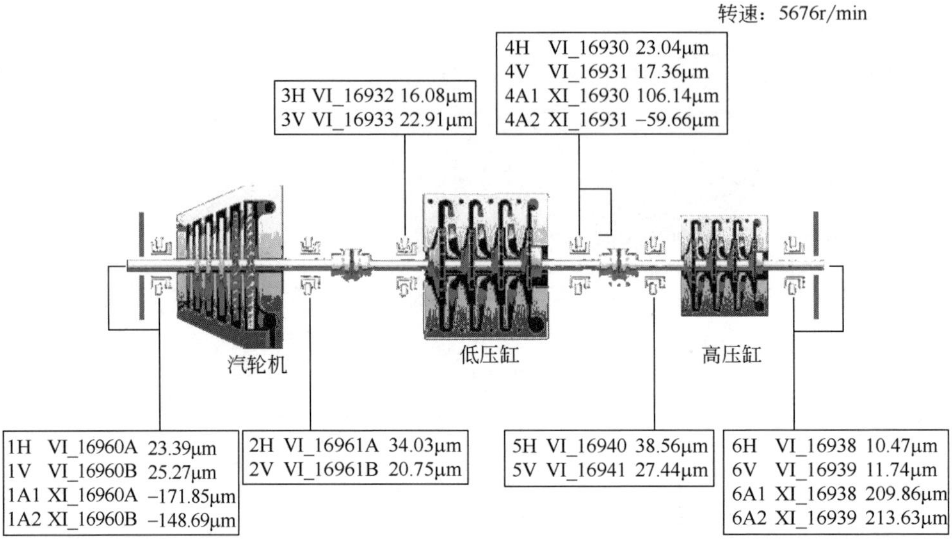

图 2-205　机组概貌图

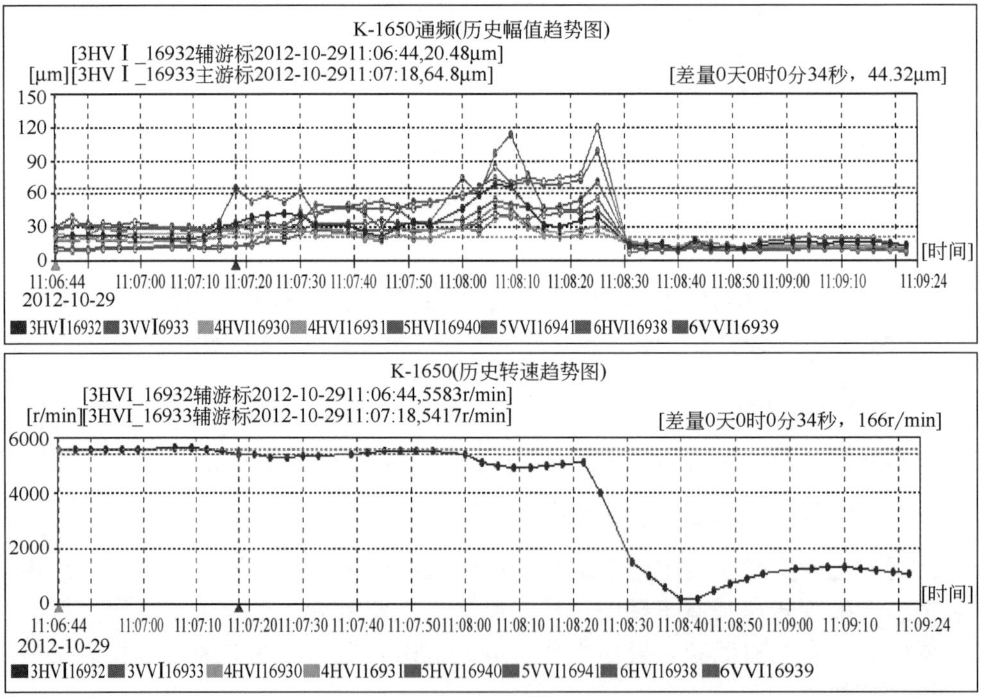

图 2-206

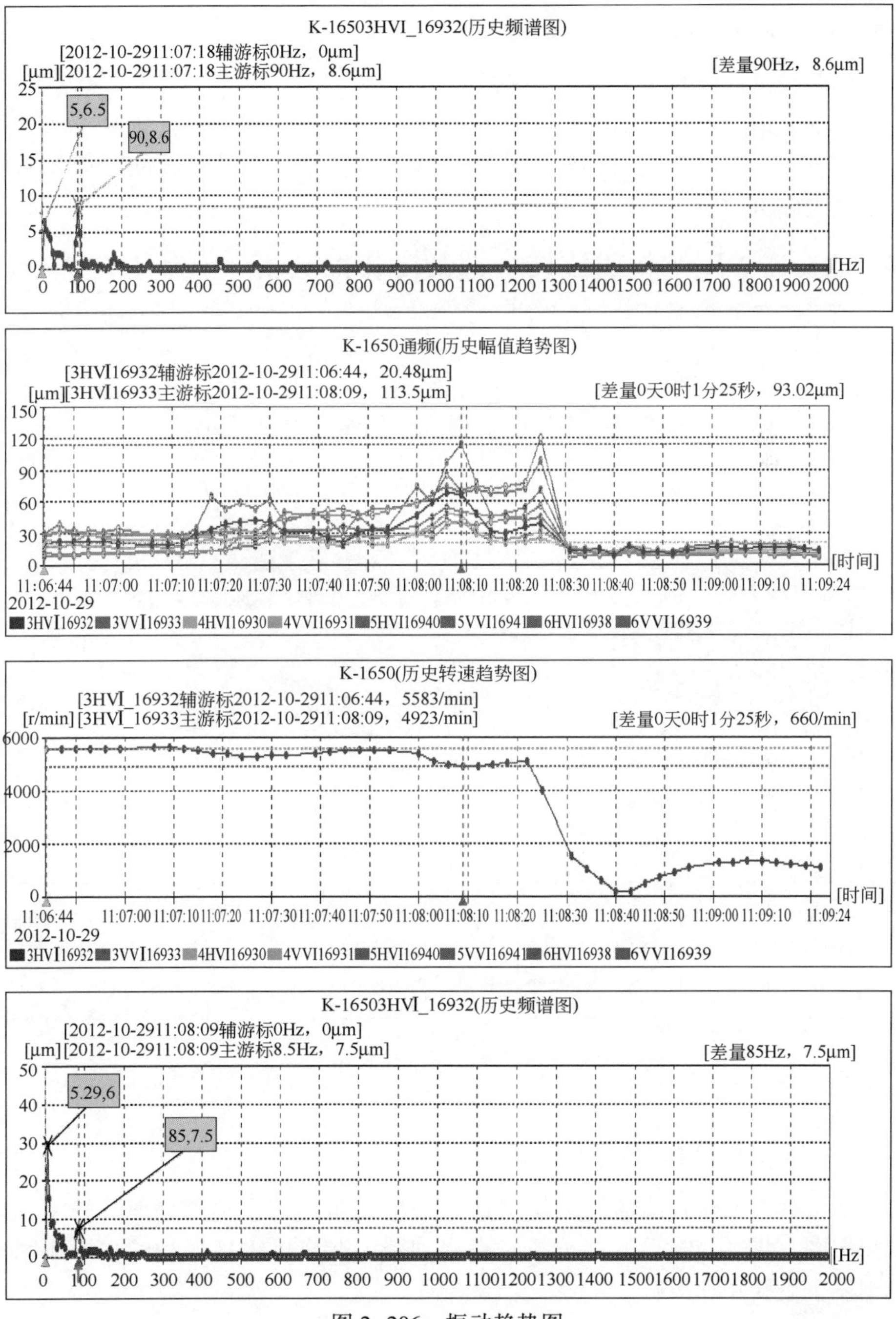
K-16503HVI_16932(历史频谱图)
[2012-10-2911:07:18辅游标0Hz，0μm]
[μm][2012-10-2911:07:18主游标90Hz，8.6μm]
[差量90Hz，8.6μm]
5,6.5
90,8.6
[Hz]
K-1650通频(历史幅值趋势图)
[3HVⅠ16932辅游标2012-10-2911:06:44，20.48μm]
[μm][3HVⅠ16933主游标2012-10-2911:08:09，113.5μm]
[差量0天0时1分25秒，93.02μm]
[时间]
2012-10-29
3HVⅠ16932 3VVⅠ16933 4HVI16930 4VVI16931 5HVI16940 5VVI16941 6HVI16938 6VVI16939
K-1650(历史转速趋势图)
[3HVⅠ_16932辅游标2012-10-2911:06:44，5583/min]
[r/min][3HVⅠ_16933主游标2012-10-2911:08:09，4923/min]
[差量0天0时1分25秒，660/min]
[时间]
2012-10-29
3HVⅠ16932 3VVⅠ16933 4HVI16930 4VVI16931 5HVI16940 5VVI16941 6HVI16938 6VVI16939
K-16503HVⅠ_16932(历史频谱图)
[2012-10-2911:08:09辅游标0Hz，0μm]
[μm][2012-10-2911:08:09主游标8.5Hz，7.5μm]
[差量85Hz，7.5μm]
5.29,6
85,7.5
[Hz]

图 2-206　振动趋势图

（三）诊断结论及现场反馈

诊断结论：机组发生旋转失速故障。

现场反馈：通过和主机厂、喘振控制厂家及业主的协商，更改了防喘阀的控制逻辑，将防喘线右移。更改后，再没有发生因旋转失速故障而导致机组振动大停机的事故。

四、K2 离心压缩机组旋转失速故障诊断分析

（一）机组概况

该机组是由汽轮机、离心压缩机组成，如图 2-207 所示。

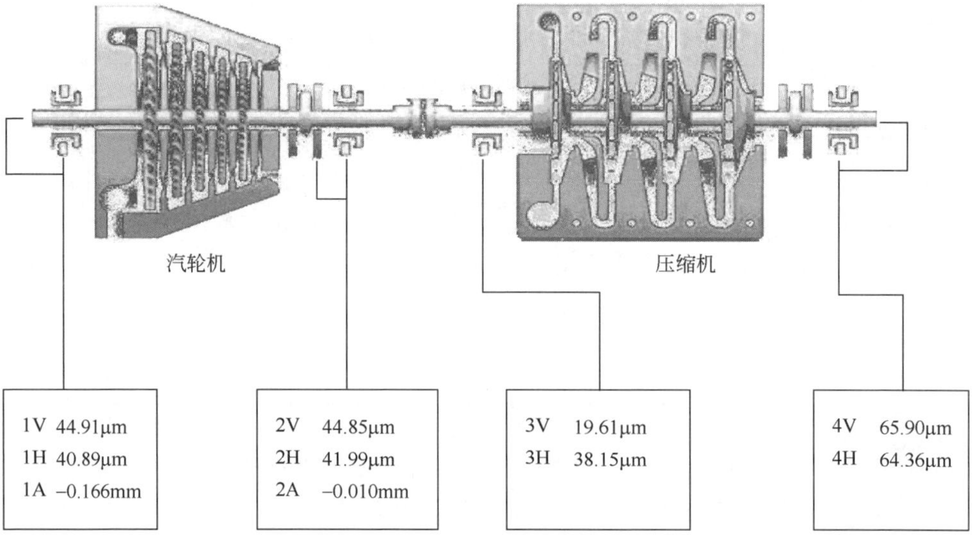

图 2-207　机组概貌图

（二）故障现象及原因分析

通过远程实时在线监测系统对该离心压缩机组的振动趋势图、频谱图以及瀑布图（图 2-208）进行分析，得出判断：造成机组高振动的主要原因是机组发生旋转失速故障。

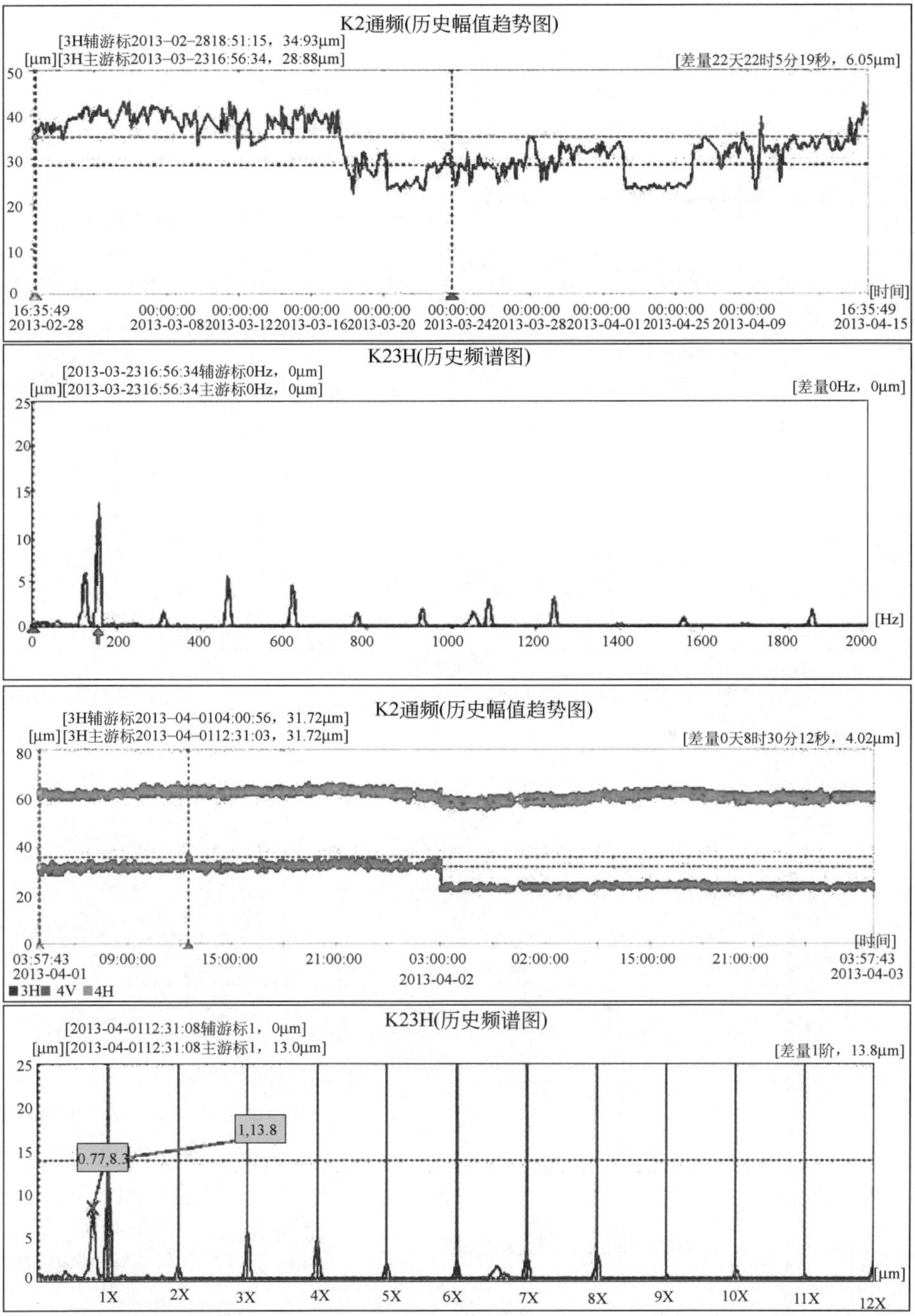
K2通频(历史幅值趋势图)
[3H辅游标2013-02-2818:51:15，34:93μm]
[μm][3H主游标2013-03-2316:56:34，28:88μm]
[差量22天22时5分19秒，6.05μm]
[时间]
K23H(历史频谱图)
[2013-03-2316:56:34辅游标0Hz，0μm]
[μm][2013-03-2316:56:34主游标0Hz，0μm]
[差量0Hz，0μm]
[Hz]
K2通频(历史幅值趋势图)
[3H辅游标2013-04-0104:00:56，31.72μm]
[μm][3H主游标2013-04-0112:31:03，31.72μm]
[差量0天8时30分12秒，4.02μm]
[时间]
3H 4V 4H
K23H(历史频谱图)
[2013-04-0112:31:08辅游标1，0μm]
[μm][2013-04-0112:31:08主游标1，13.0μm]
[差量1阶，13.8μm]
1,13.8
0.77,8.3
[μm]

图 2-208

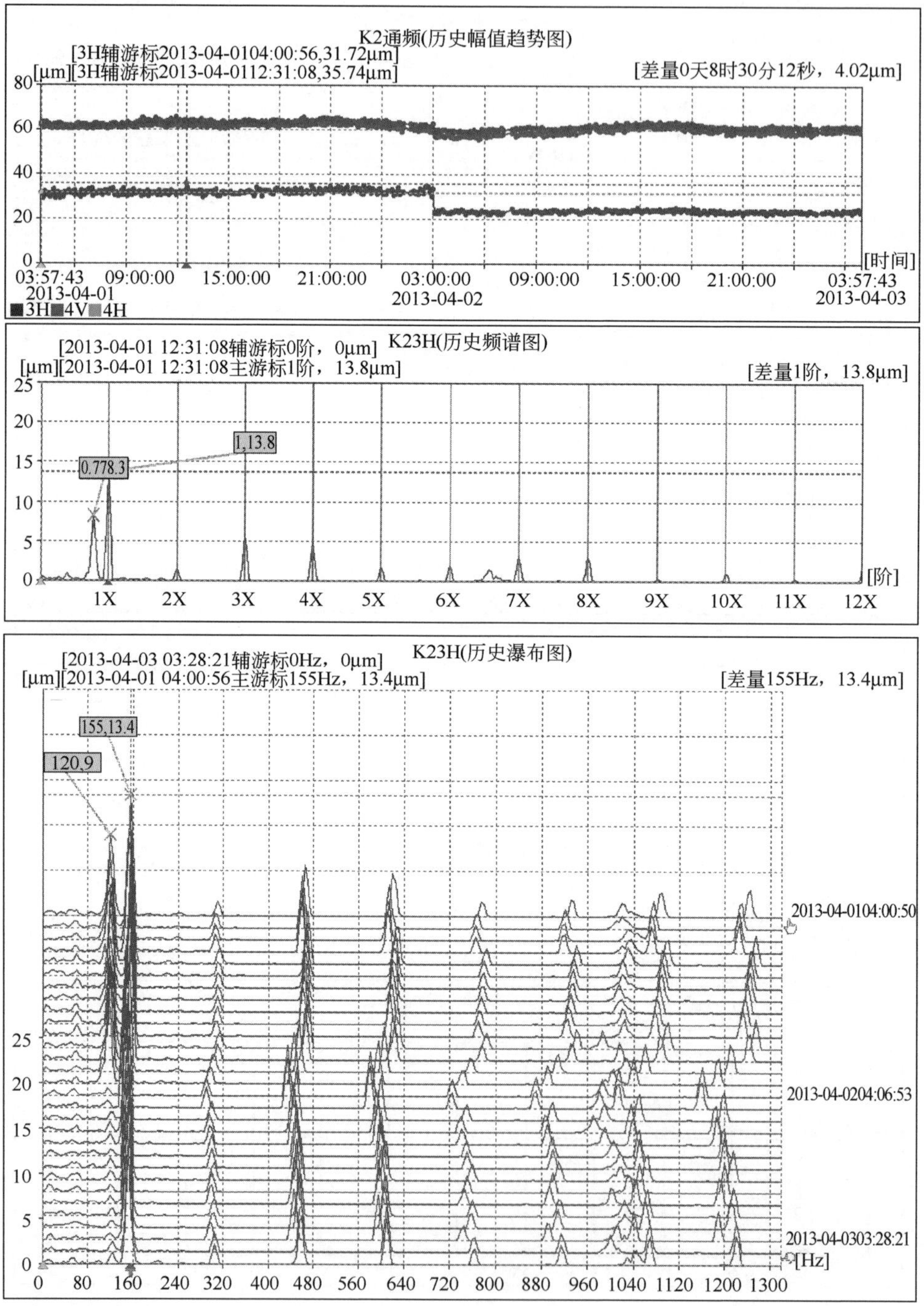
K2通频(历史幅值趋势图)
[3H辅游标2013-04-0104:00:56,31.72μm]
[μm][3H辅游标2013-04-0112:31:08,35.74μm]
[差量0天8时30分12秒，4.02μm]
80
60
40
20
0
[时间]
03:57:43 09:00:00 15:00:00 21:00:00 03:00:00 09:00:00 15:00:00 21:00:00 03:57:43
2013-04-01
2013-04-02
2013-04-03
3H 4V 4H
K23H(历史频谱图)
[2013-04-01 12:31:08辅游标0阶，0μm]
[μm][2013-04-01 12:31:08主游标1阶，13.8μm]
[差量1阶，13.8μm]
25
20
15
10
5
0
1,13.8
0.778.3
[阶]
1X 2X 3X 4X 5X 6X 7X 8X 9X 10X 11X 12X
K23H(历史瀑布图)
[2013-04-03 03:28:21辅游标0Hz，0μm]
[μm][2013-04-01 04:00:56主游标155Hz，13.4μm]
[差量155Hz，13.4μm]
155,13.4
120,9
2013-04-0104:00:50
2013-04-0204:06:53
2013-04-0303:28:21
25
20
15
10
5
0
[Hz]
0 80 160 240 320 400 480 560 640 720 800 880 960 1040 1120 1200 1300

图 2-208　振动趋势图

（三）诊断结论及现场反馈

诊断结论：离心压缩机组发生旋转失速故障。

现场反馈：检修机组时，现场人员反馈与诊断结论一致。

五、C301 汽轮机组旋转失速故障诊断分析

（一）机组概况

该机组是由汽轮机、离心压缩机组成，如图 2-209 所示。

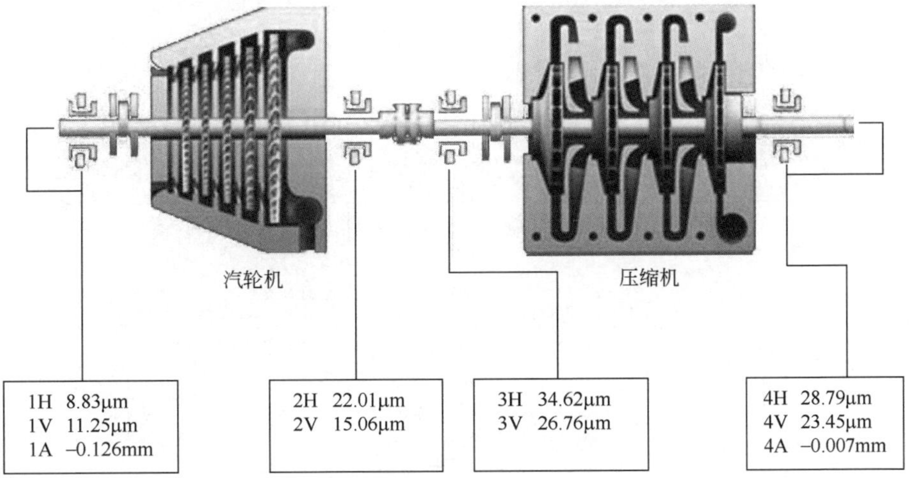

图 2-209　机组概貌图

（二）故障现象及原因分析

通过远程实时在线监测系统对该汽轮机组的振动频谱图（图 2-210）以及轴心轨迹图（图 2-211、图 2-212）进行分析，得出判断：造成机组高振动的主要原因是机组发生旋转失速故障。

（三）诊断结论及现场反馈

诊断结论：机组发生旋转失速故障。

现场反馈：检修机组时，现场人员反馈与诊断结论一致。

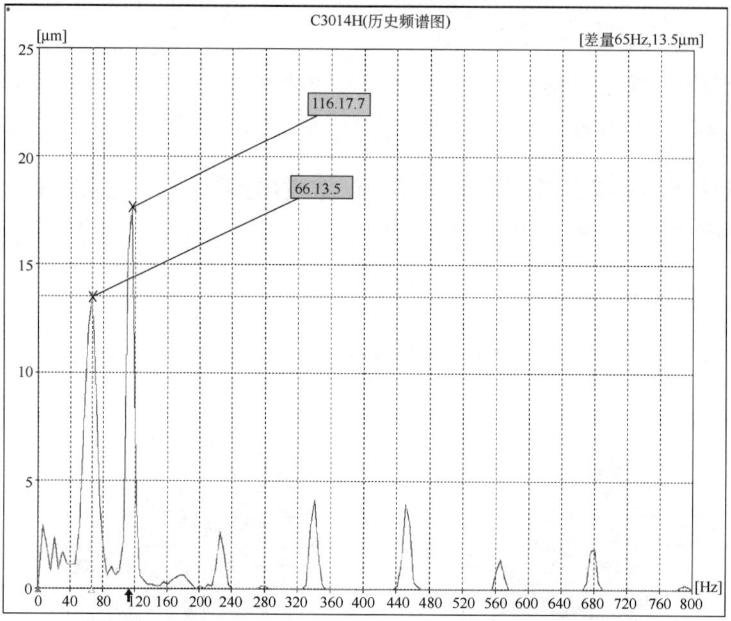

图 2-210 通频振值最高点的频谱图—0.6 倍频明显

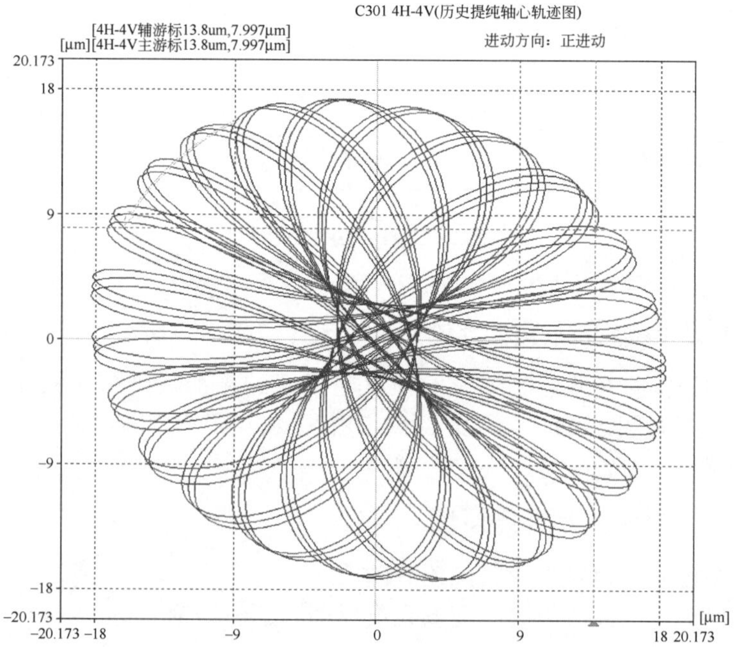

图 2-211 4H-4V 轴心轨迹图

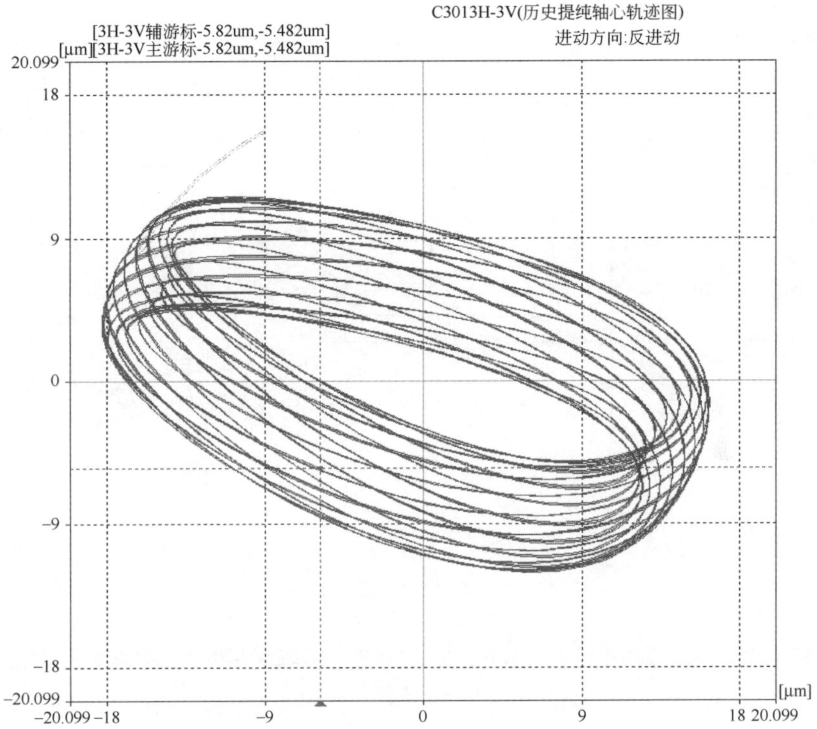

图 2-212　3H-3V 轴心轨迹图

六、循环氢离心压缩机组气流激振故障诊断分析

（一）机组概况

该机组是由汽轮机、离心压缩机组成，如图 2-213 所示。

（二）故障现象及原因分析

通过远程实时在线监测系统对离心压缩机组的振动趋势图及波形频谱图（图 2-214）进行分析，发现频率以 0.3 倍频为中心，分布在 0.2~0.4 倍频附近的范围内，且振动幅值远远超过 1 倍频，高振动主要是由这些成分引起的；振动的稳定性差，突增后回落，不断反复，且突变和回落的周期很短。根据以上振动特征征兆得出判断：造成机组高振动的主要原因是汽轮机发生气流激振故障。

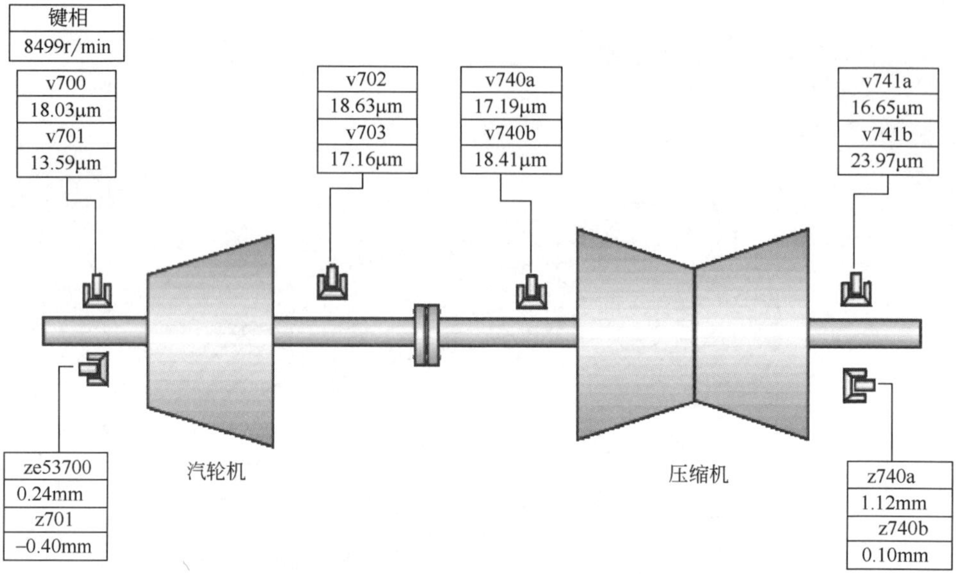

图 2-213 机组概貌图

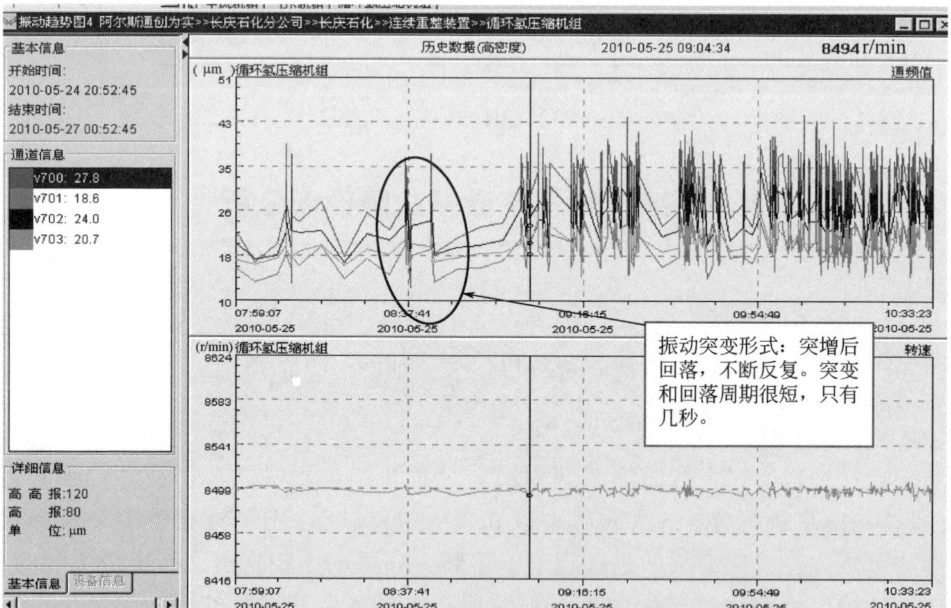

图 2-214

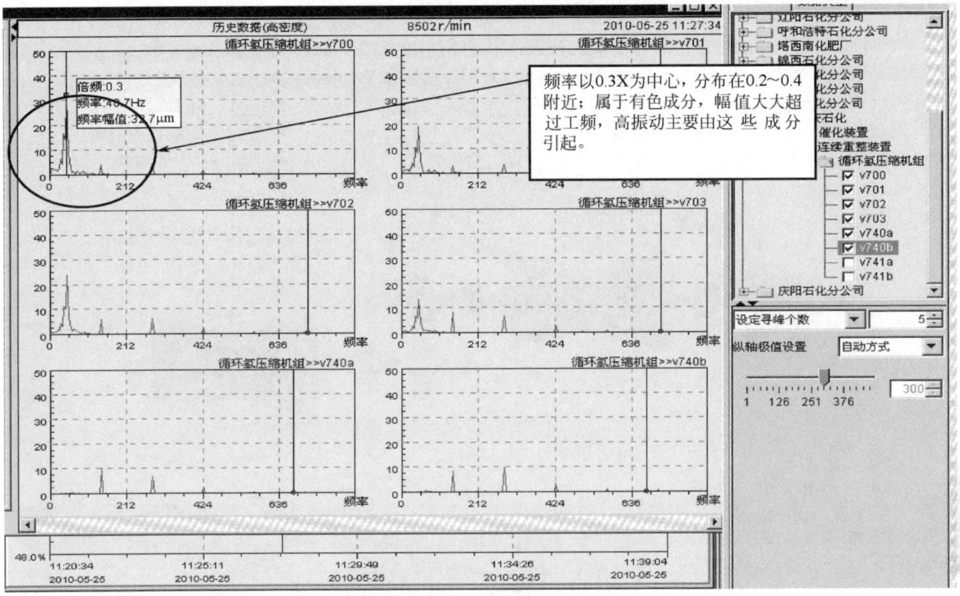

图 2-214　历史数据分析

（三）诊断结论及现场反馈

诊断结论：汽轮机发生气流激振故障。

现场反馈：调节汽轮机进气阀开度、降低负荷后振动明显减小。

第五节　转子弯曲故障案例分析

一、二氧化碳离心压缩机组转子弯曲故障诊断分析

（一）机组概况

该机组是由汽轮机、低压缸、齿轮箱、高压缸组成，如图 2-215 所示。

（二）故障现象及原因分析

2007 年 6 月 10 日，机组的汽轮机出现振动高联锁停车，重新启动依然是高联锁停车（图 2-216）。

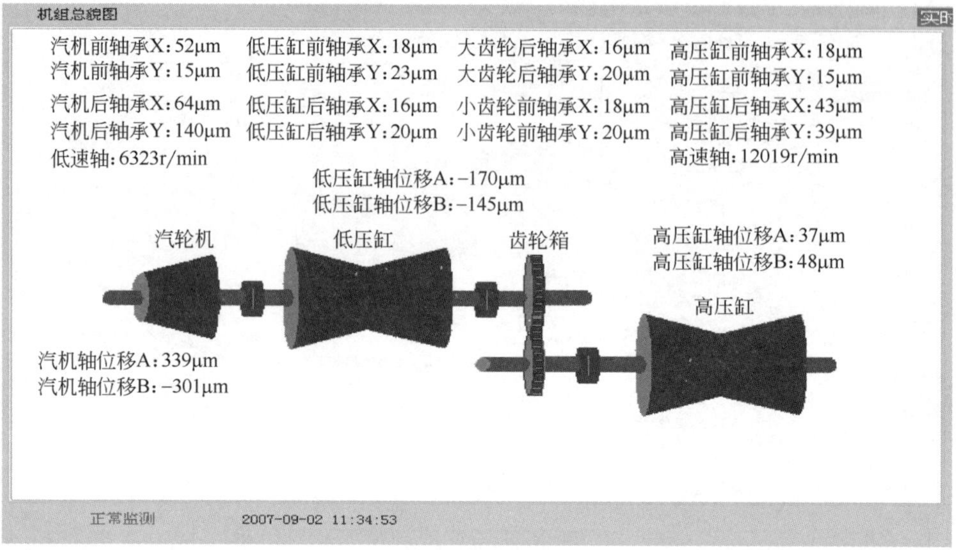

图 2-215　机组概貌图

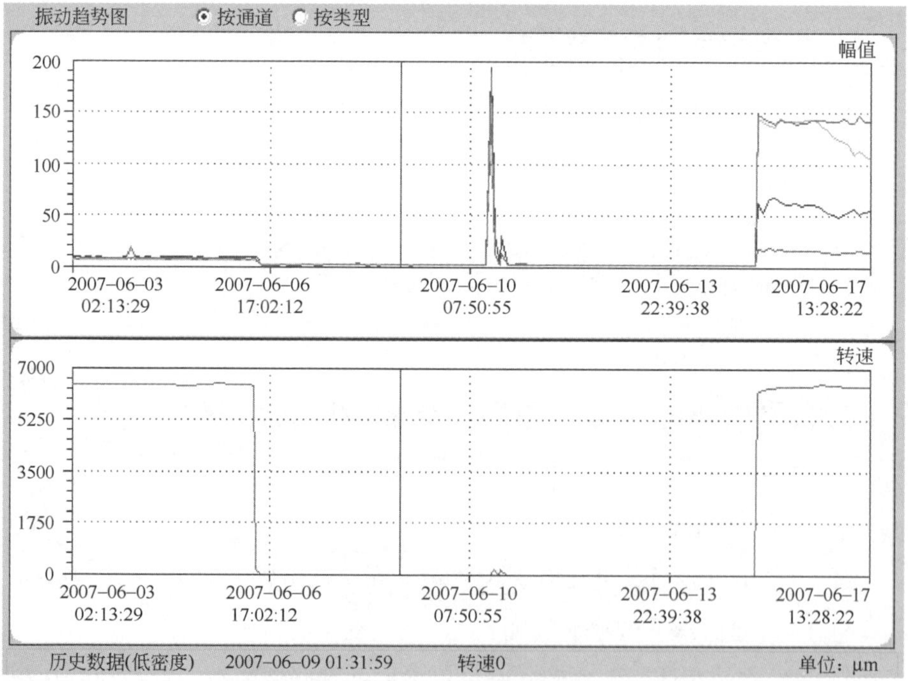

图 2-216　通频趋势图

如图 2-217 所示，机组在这段时间主要是 1 倍频占主要分量。

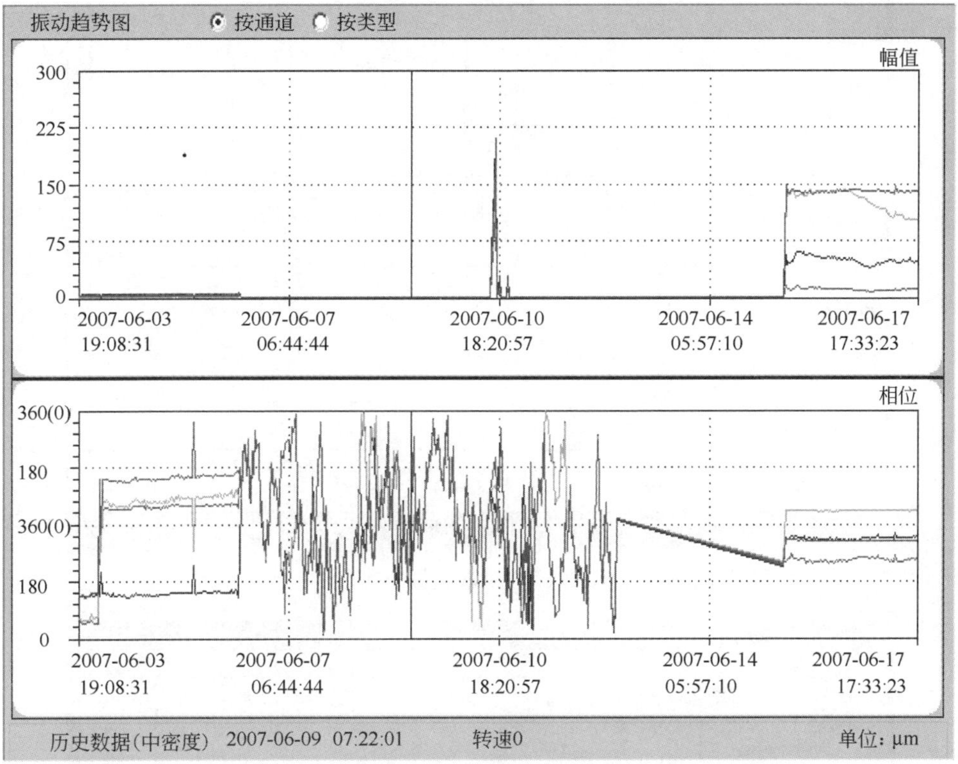

图 2-217　1 倍频趋势图

从图 2-218 看，汽轮机的振动是在 6 月 10 日 15:23 开始开车后，在 16：37 时停车的过程中振动开始上升，最后达到联锁值。后来几次开始振动值一直很高。

从图 2-219 上可以看出，汽轮机在这次开车过程中出现了热弯曲。

2007 年 6 月 10 日 16:38:02，汽轮机引入蒸汽，随后振动值开始逐渐上升。通过远程实时在线监测系统对该汽轮机组的振动趋势图进行分析，得出判断：造成机组高振动的主要原因是汽轮机转子弯曲故障。

（三）诊断结论及现场反馈

诊断结论：转子弯曲故障。

现场反馈：机组检修时，将汽轮机转子送专业维修厂维修，校正合格后回装，机组恢复运行正常。

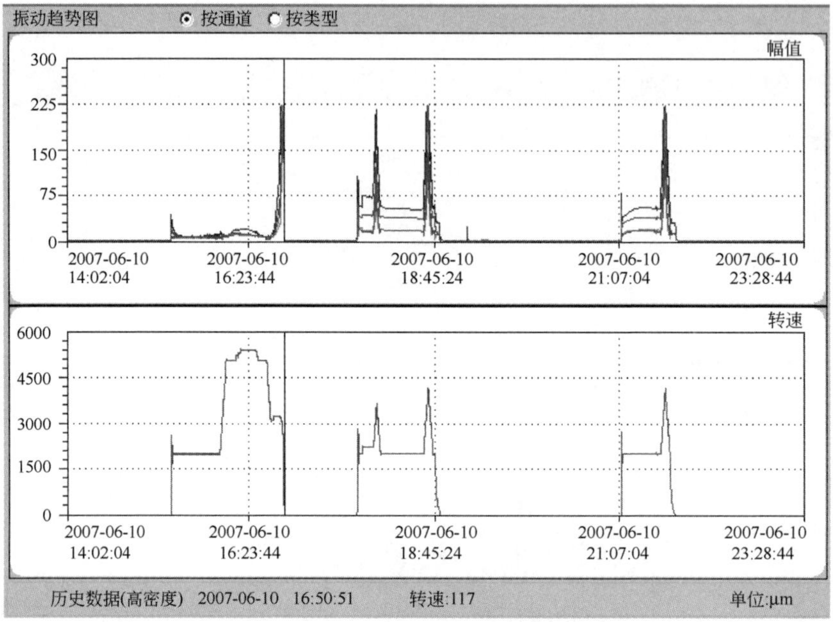

图 2-218 振动趋势图

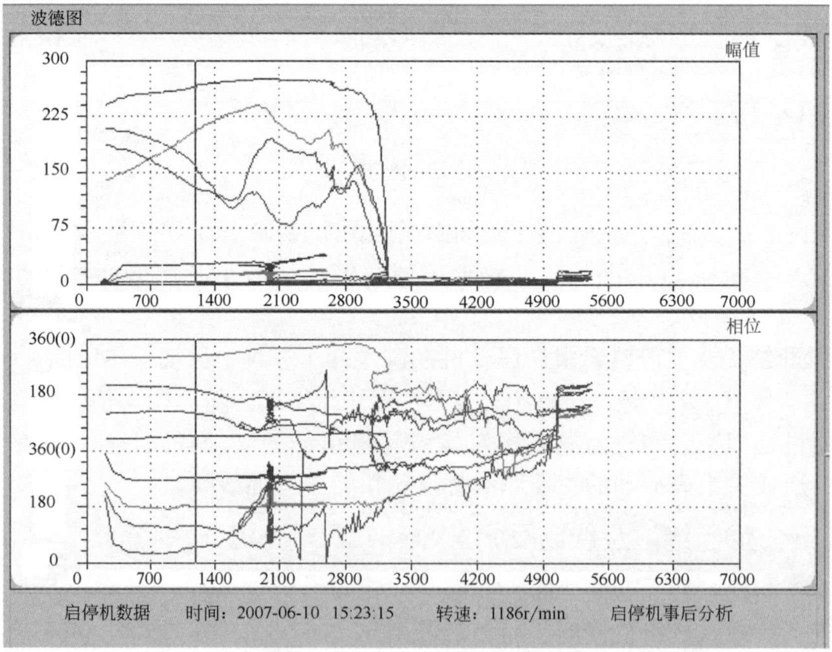

图 2-219 启停机的 bode 图

二、GT201 离心压缩机组转子弯曲故障诊断分析

（一）故障诊断分析 I

1. 机组概况

该机组是由汽轮机、低压缸、中压缸、高压缸组成，如图 2－220 所示。

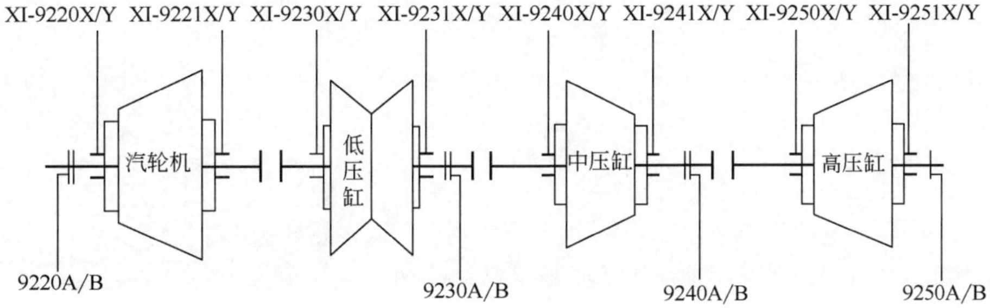

图 2－220　机组概貌图

2. 故障现象及原因分析

机组检修后开车，运转正常。运行一个星期后，由于蒸汽管线问题，造成机组停车。然而停车后，盘车装置损坏未能及时发现，造成机组 12h 没有盘车。再次开车时，机组由于高振动联锁而没有开起来。通过远程实时在线监测系统对该汽轮机组的振动趋势图（图 2－221）及频谱图（图 2－222）进行分析，得出判断：机组汽轮机转子发生弯曲故障。

3. 诊断结论及现场反馈

诊断结论：机组汽轮机转子弯曲故障。

现场反馈：机组窗口检修时发现，转子存在弯曲现象。对机组汽轮机转子进行修复并开机，机组恢复正常运转。

（二）故障诊断分析 II

1. 机组概况

该机组是由汽轮机、低压缸、中压缸、高压缸组成，如图 2－223 所示。

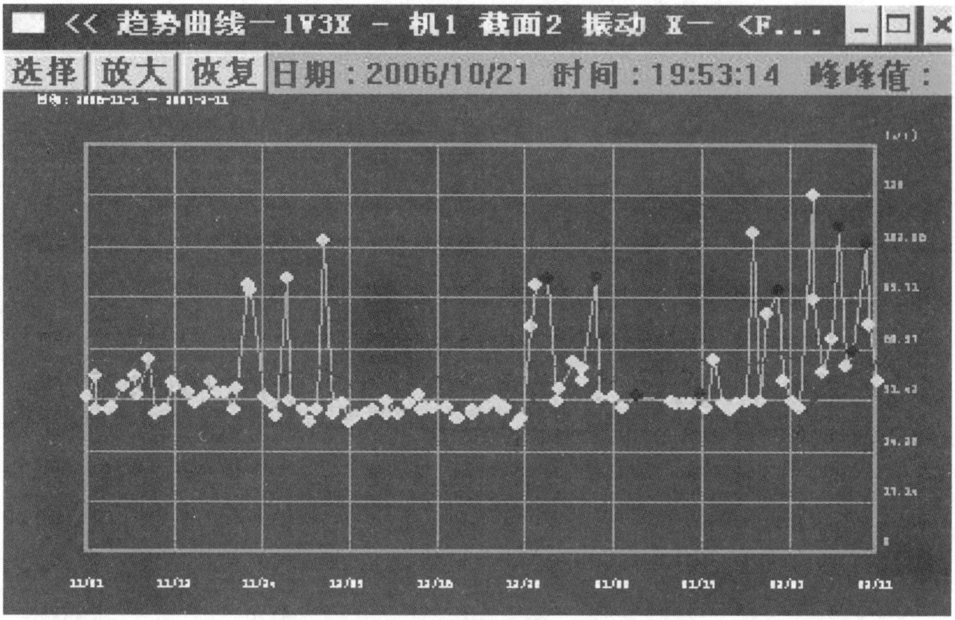

图 2-221　机组振动趋势图

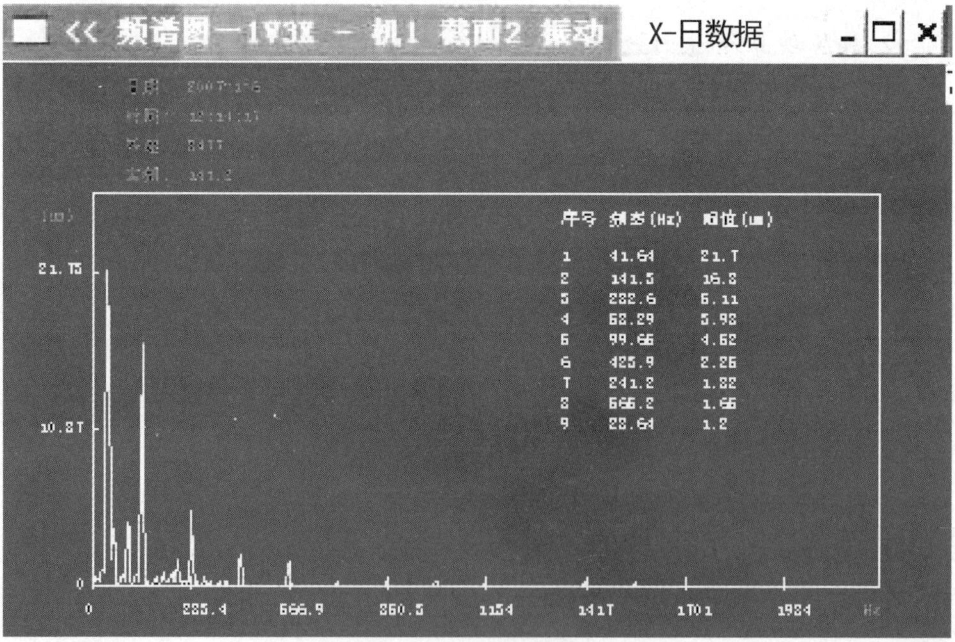

图 2-222　测点频谱图

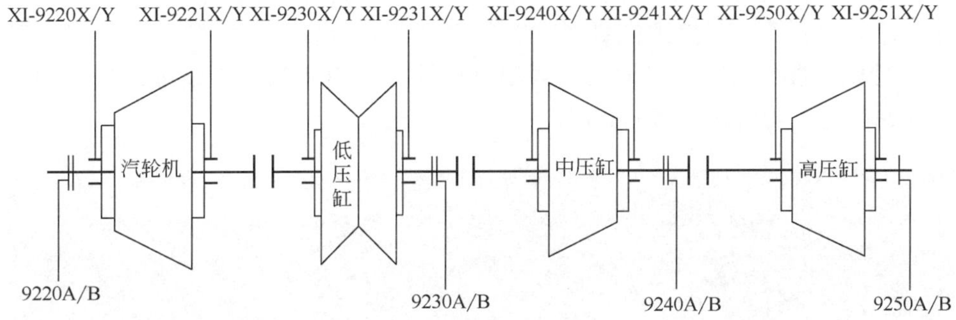

图 2-223 机组概貌图

2. 故障现象及原因分析

2006 年 10 月，GT201 离心压缩机组由于蒸汽波动，引起汽轮机两端振动增大。通过远程实时在线监测系统对该汽轮机组的振动趋势图（图 2-224）以及轴心轨迹图（图 2-225）进行分析，发现汽轮机负荷端振动已达 135μm，超过了机组振动联锁停车值（该点振动联锁已被摘除）；汽轮机自由端振动已

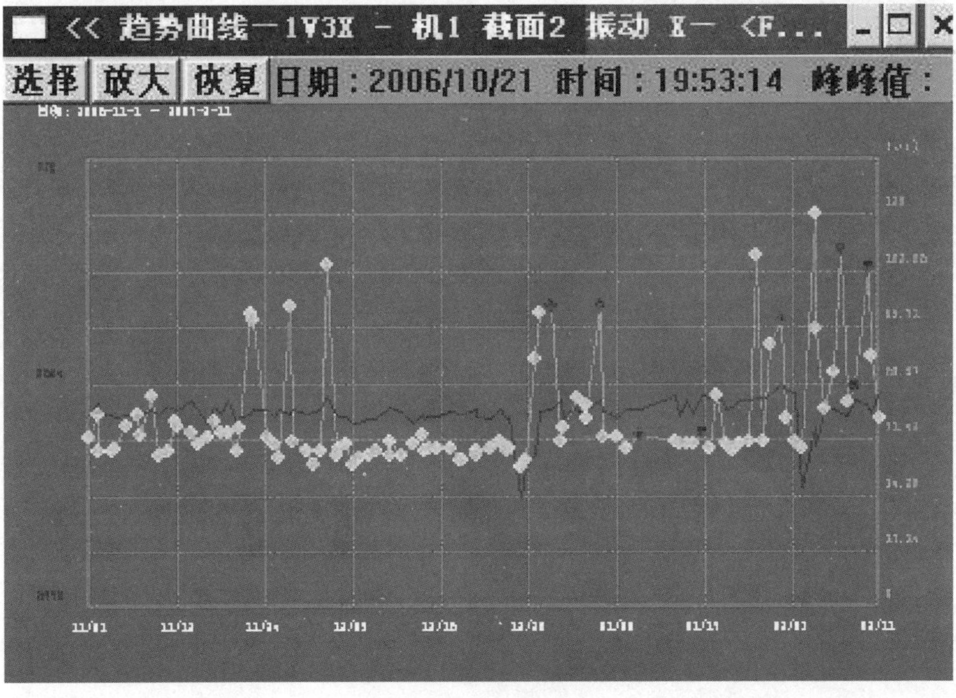

图 2-224 振动趋势图

达85μm，也超过报警值；且振动呈波动状态，随着蒸汽进汽量、压力波动，振动值变化明显，蒸汽进汽量增加，振动减小；汽轮机两端轴瓦进油温度已调整到最低温度45℃。根据以上振动特征征兆得出判断：造成机组高振动的主要原因是汽轮机转子弯曲故障。

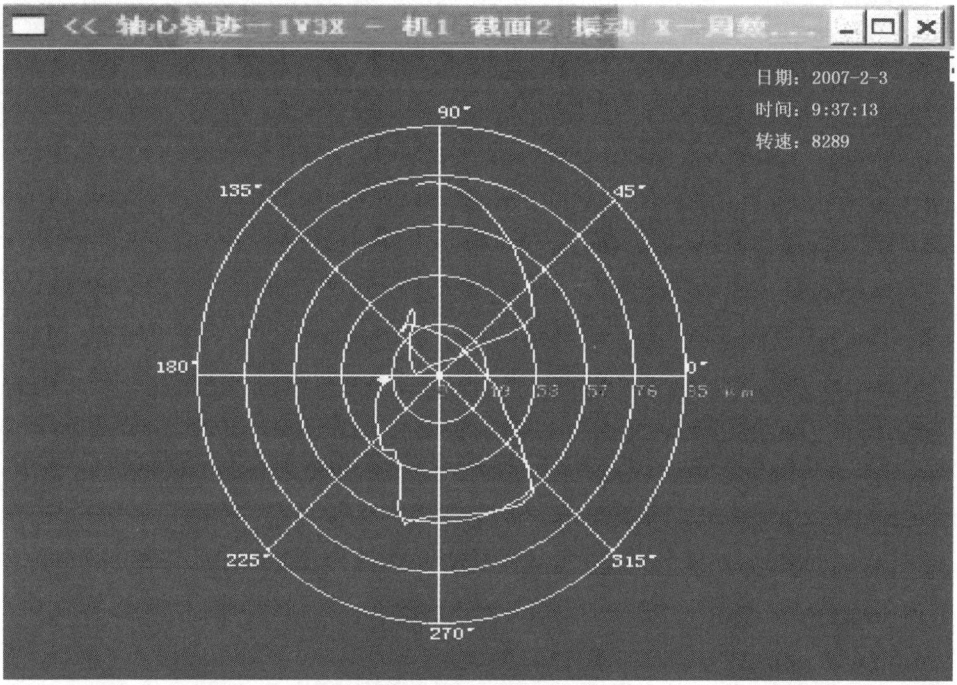

图 2-225　1V 测点轴心轨迹图

3. 诊断结论及现场反馈

诊断结论：造成机组高振动的主要原因是汽轮机转子弯曲故障。

现场反馈：机组窗口检修时发现，汽轮机转子弯曲，跳动严重超标。现场人员对转子进行更换后开机，机组恢复正常运转。

三、1号发电机机组转子热弯曲故障诊断分析

（一）机组概况

该机组是由高中压缸、低压缸、电动机组成，如图 2-226 所示。

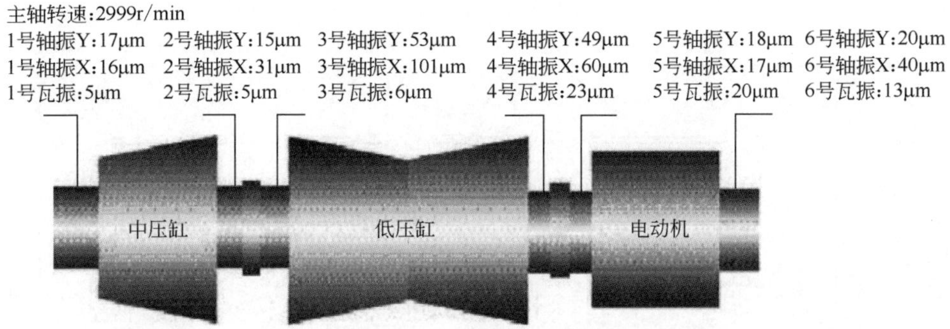

图 2-226　机组概貌图

（二）故障现象及原因分析

2009 年 11 月 2 日机组两次开机都因为高振值联锁而没有开起来。通过远程实时在线监测系统对该发电机组的振动趋势图（图 2-227）以及波德图（图 2-228）进行分析，得出判断：造成发电机组高振动的主要原因是转子热弯曲故障。

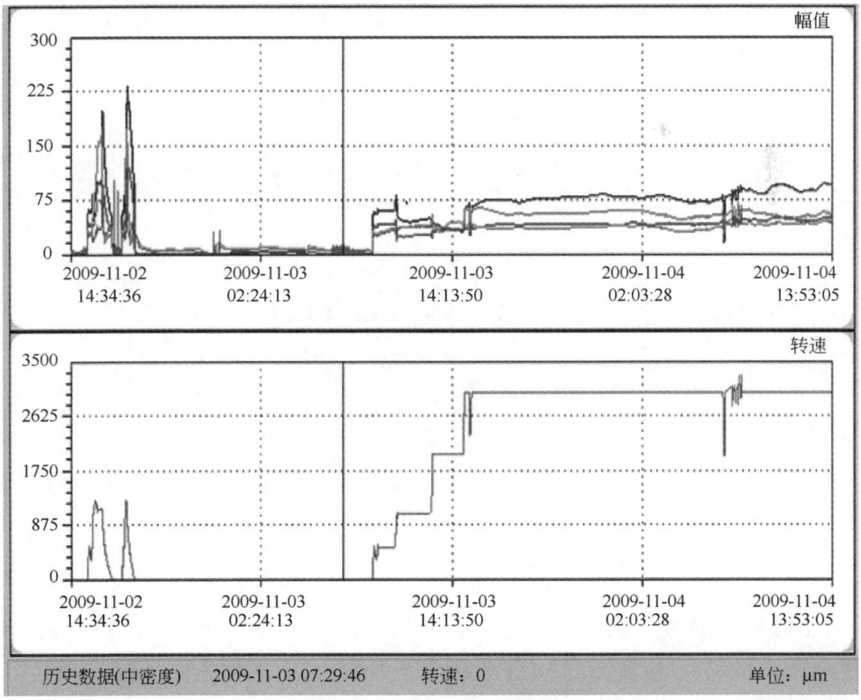

图 2-227　振动趋势图

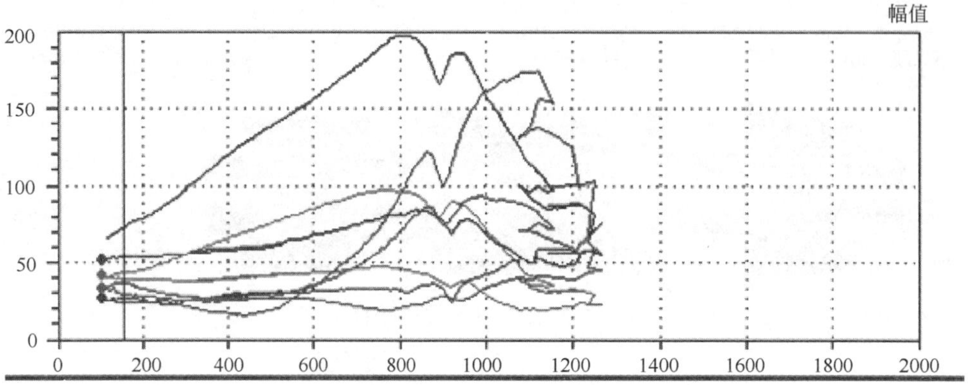

图 2-228　波德图

（三）诊断结论及现场反馈

诊断结论：发电机组转子热弯曲故障。

现场反馈：再次开车时，现场人员增加了暖机时间，机组振动减小，一次性开车成功。

第六节　轴系不对中故障案例分析

一、汽轮机组轴系对中不良故障诊断分析

（一）机组概况

该机组是由高中压缸、低压缸Ⅰ、低压缸Ⅱ、发电机、励磁机组成，如图 2-229 所示。

（二）故障现象及原因分析

图 2-230 至图 2-233 分别是 2011 年 9 月 17 日和 9 月 18 日高压缸 2X 和 2Y 两个通道的波形频谱图，频谱能量以 1 倍频和 2 倍频为主。

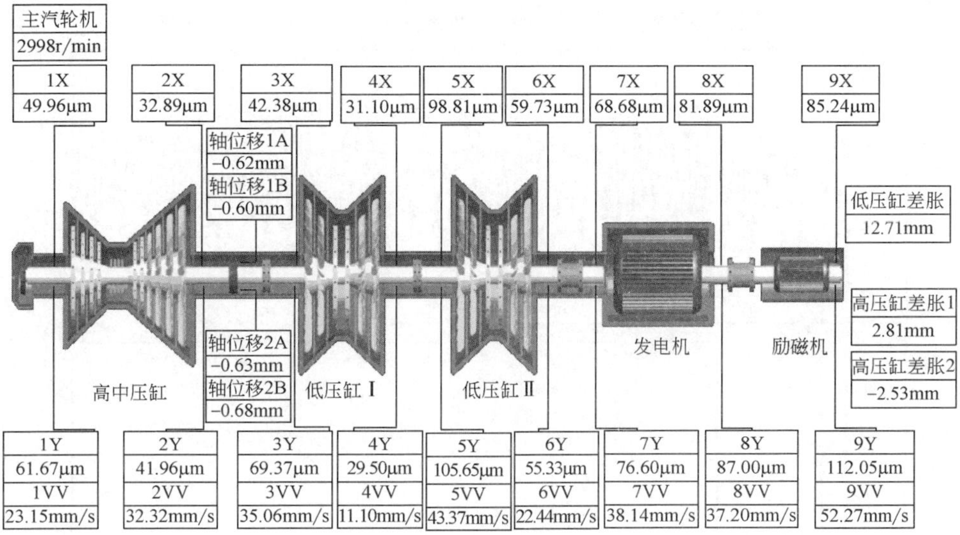

图 2-229　机组概貌图

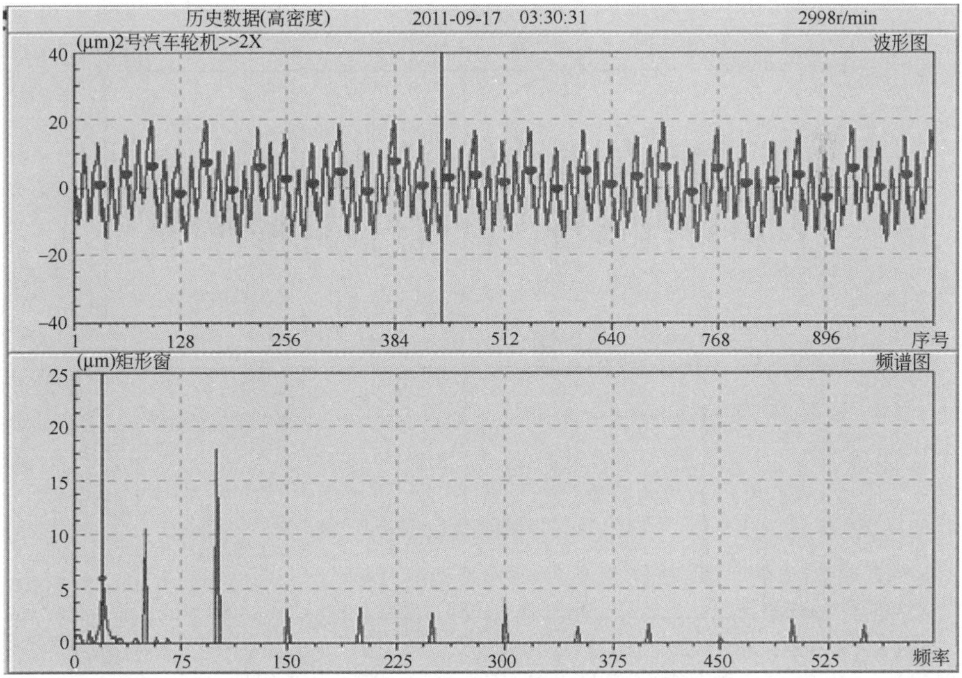

图 2-230　2011 年 9 月 17 日 2X 测点波形频谱图

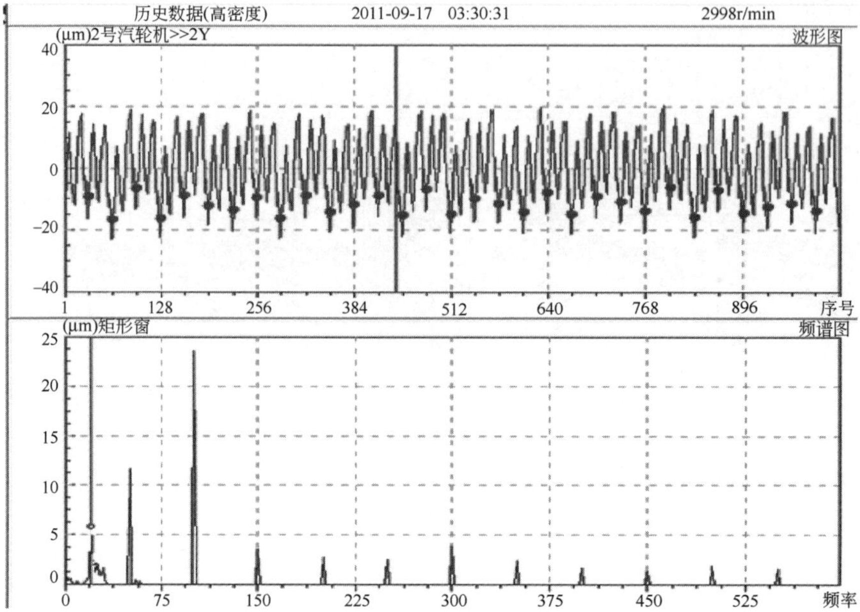

图 2-231 2011 年 9 月 17 日 2Y 测点波形频谱图

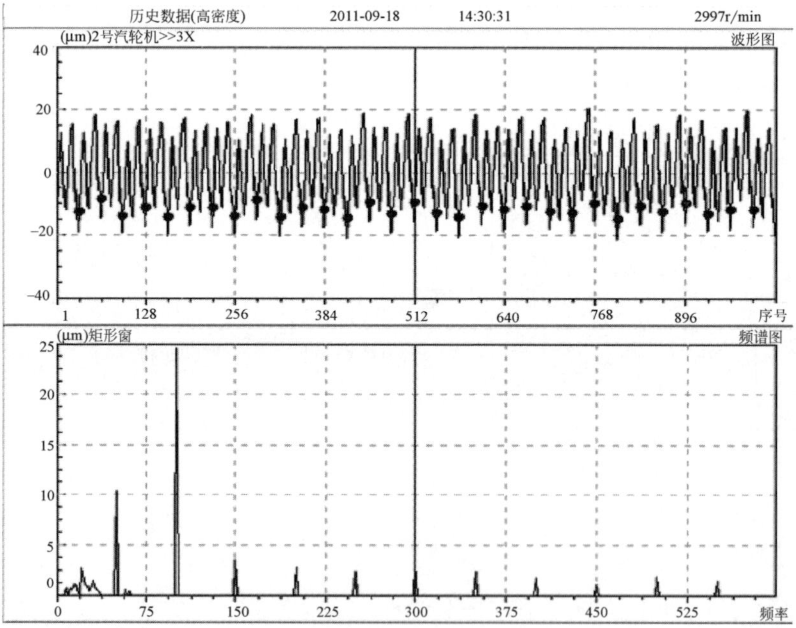

图 2-232 2011 年 9 月 18 日 2X 测点波形频谱图

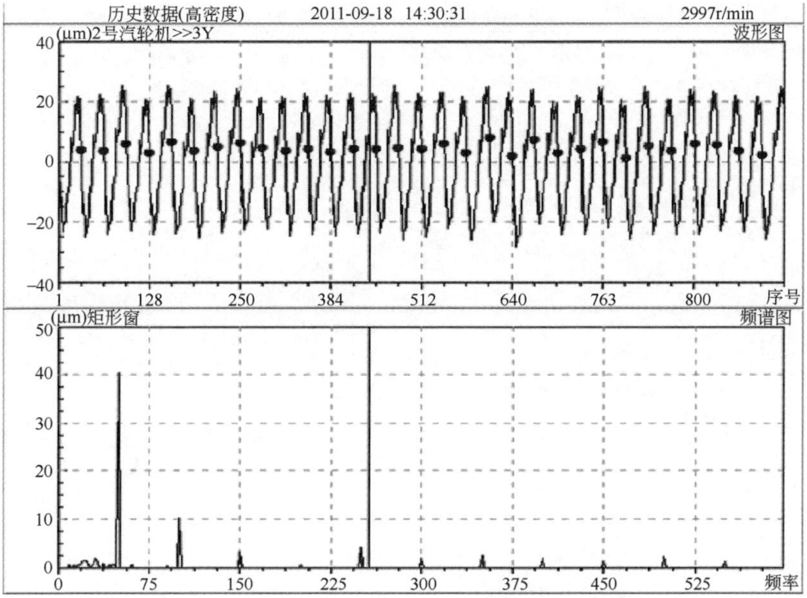

图 2-233　2011 年 9 月 18 日 2Y 测点波形频谱图

图 2-234 和图 2-235 为 2 号、3 号轴承的轴心轨迹图，提纯轴心轨迹为“8”字形，结合 2 号轴承和 3 号轴承的轴心轨迹及频谱图，说明高中压缸转子和低压缸 I 转子存在对中不良。

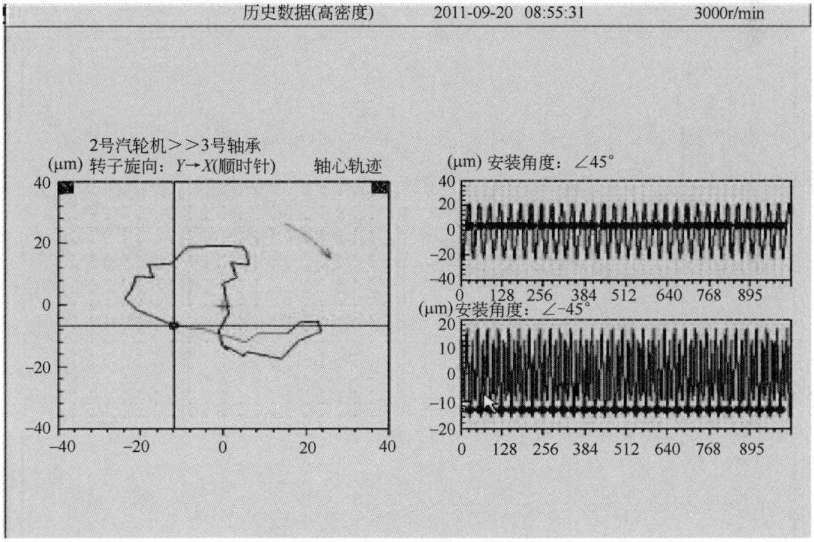

图 2-234　3 号轴承轴心轨迹图

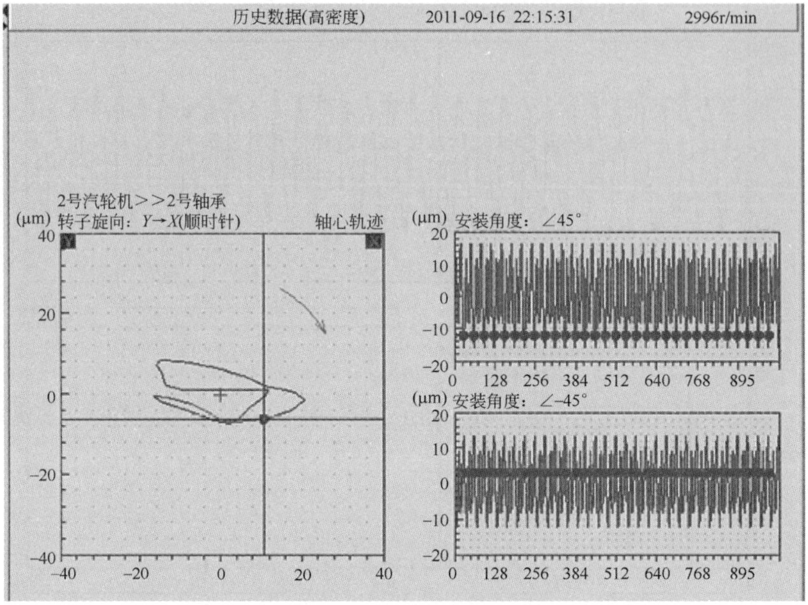

图 2-235　2 号轴承轴心轨迹图

从图 2-236 至图 2-238 上可知，频谱能量是以 1 倍频和 2 倍频为主。

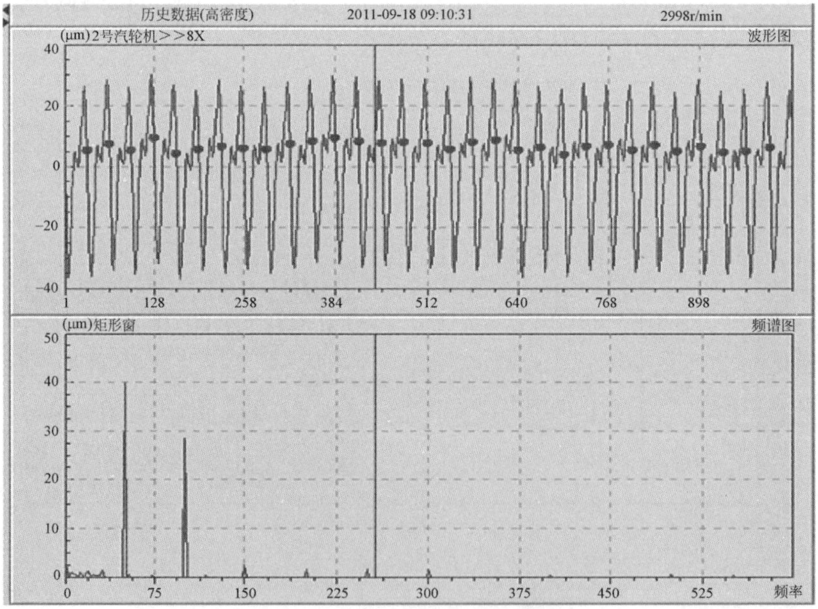

图 2-236　高压缸 8X 波形频谱图

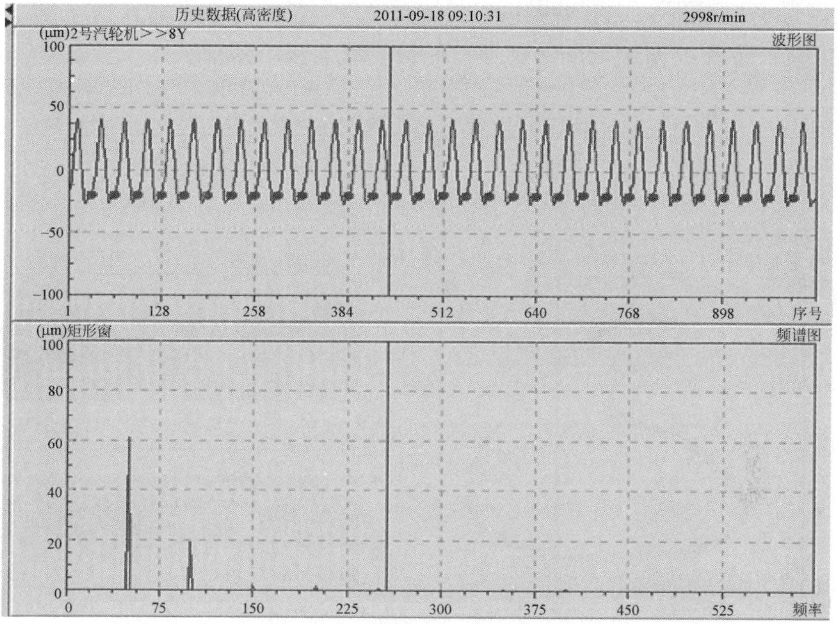

图 2-237　高压缸 8Y 波形频谱图

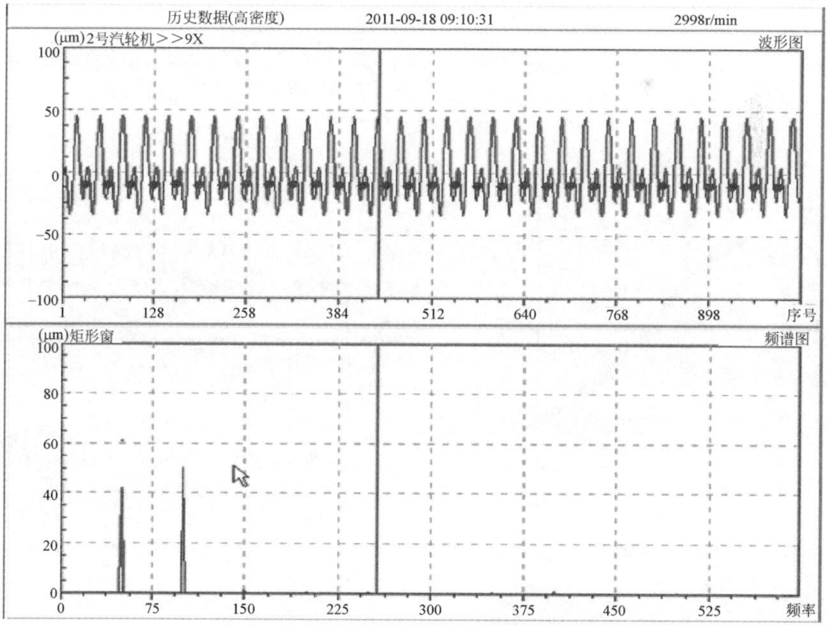

图 2-238　高压缸 9X 波形频谱图

图 2-239 至图 2-241 为发电机和励磁三个轴承的提纯轴心轨迹图，这三个提纯轴心轨迹出现明显的月牙形、8 字形等不对中特征。

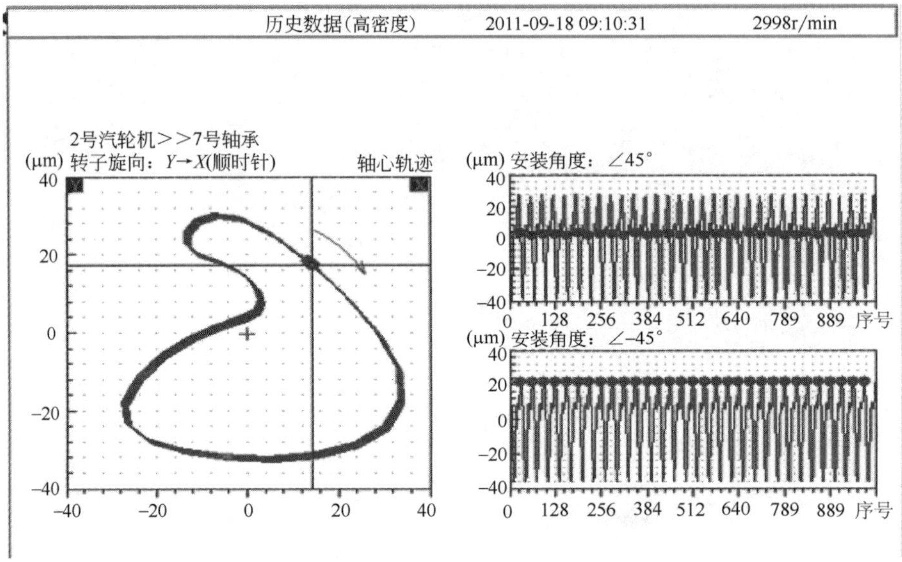

图 2-239　7 号轴承轴心轨迹图

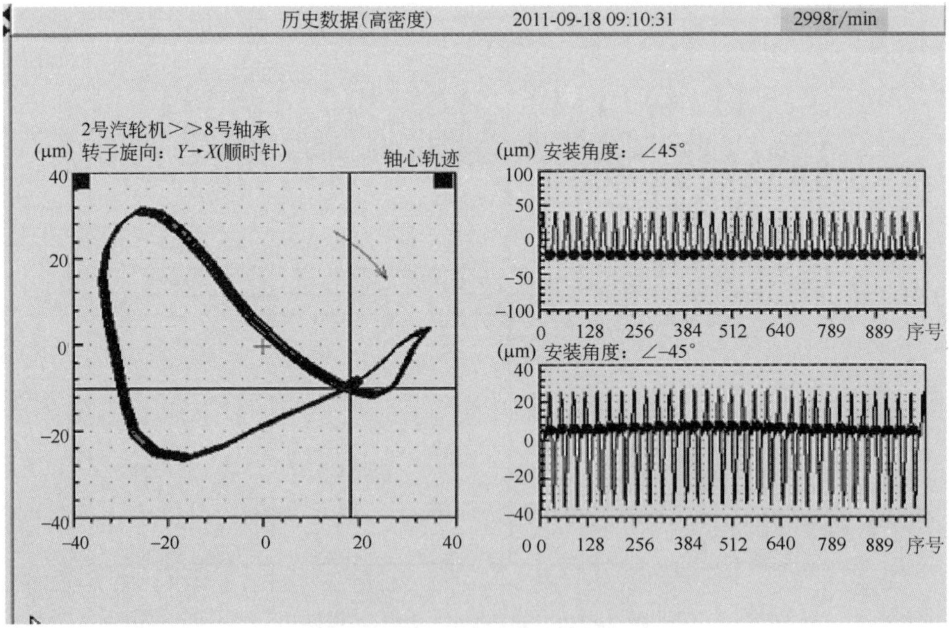

图 2-240　8 号轴承轴心轨迹图

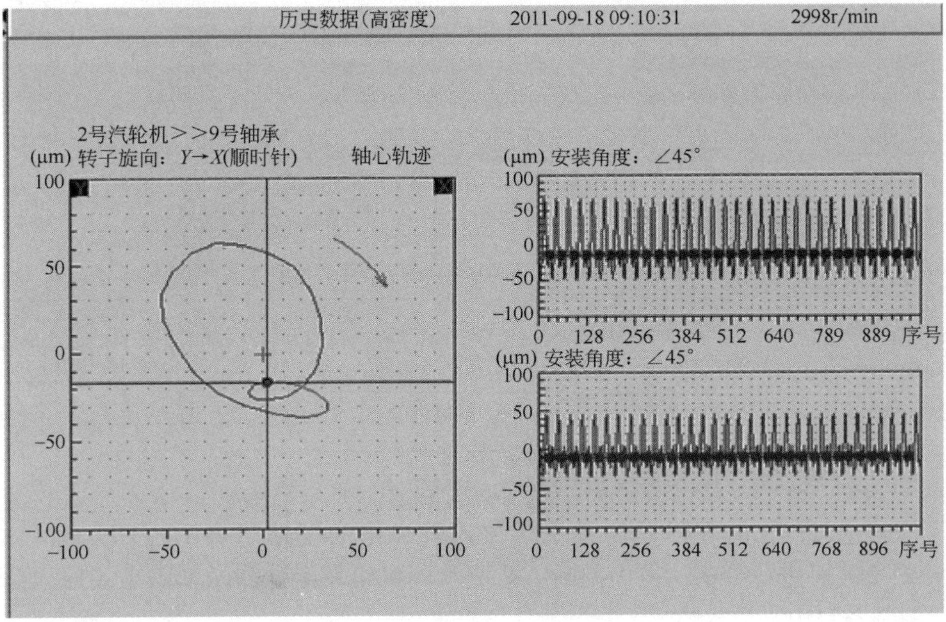

图 2-241 9 号轴承轴心轨迹图

通过远程实时在线监测系统对该汽轮机组的波形频谱图以及轴心轨迹图进行分析，发现 2 号、3 号轴承的频谱能量是以 1 倍频和 2 倍频为主，提纯轴心轨迹为双环椭圆；发电机和励磁 6 个通道的频谱中存在明显的 2 倍频，轴承的提纯轨迹为双环椭圆；高压缸 8X、9X 二个通道频谱能量也是以 1 倍频和 2 倍频为主，提纯轴心轨迹为双环椭圆。根据以上振动特征征兆得出判断：机组发生强烈振动的主要原因是由于汽轮机组轴系对中不良。

（三）诊断结论及现场反馈

诊断结论：汽轮机组轴系对中不良。

现场反馈：检修机组时，现场人员反馈与诊断结论一致。

二、汽轮机组 C301 轴系对中不良故障诊断分析

（一）机组概况

该机组是由汽轮机、离心压缩机组成，如图 2-242 所示。

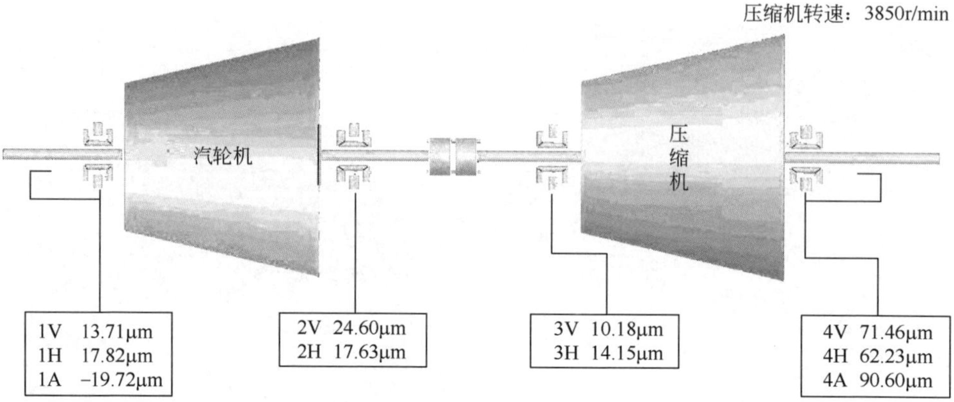

图 2-242 机组概貌图

（二）故障现象及原因分析

通过远程实时在线监测系统对该汽轮机组的振动趋势图（图 2-243、图 2-244）进行分析，得出判断：造成汽轮机组发生强烈振动的主要原因是机组轴系对中不良故障。

（三）诊断结论及现场反馈

诊断结论：汽轮机组轴系对中不良故障。

现场反馈：检修机组时，按机组检修标准要求重新调整了联轴器对中，机组恢复正常运转。

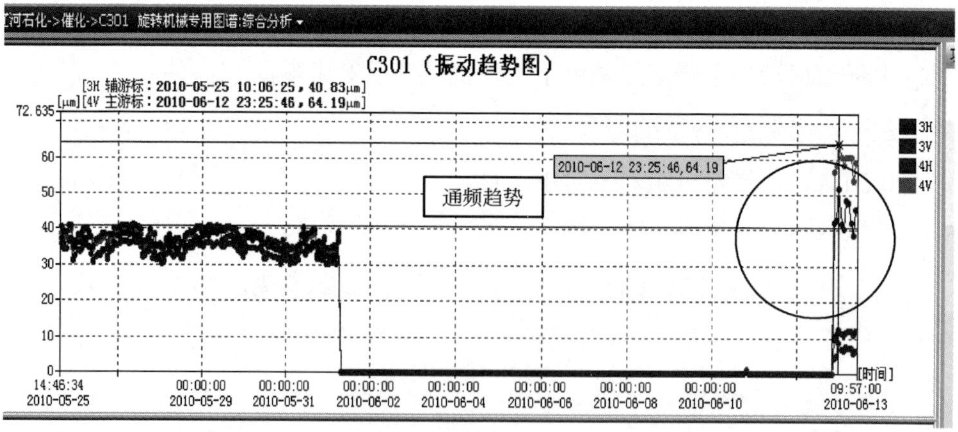

图 2-243

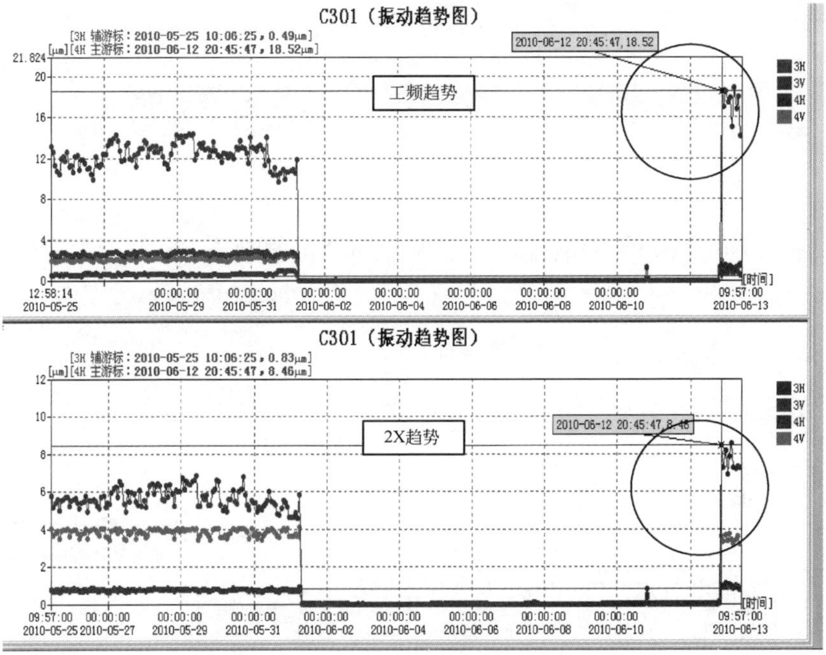

图 2-243　C301 振动趋势图

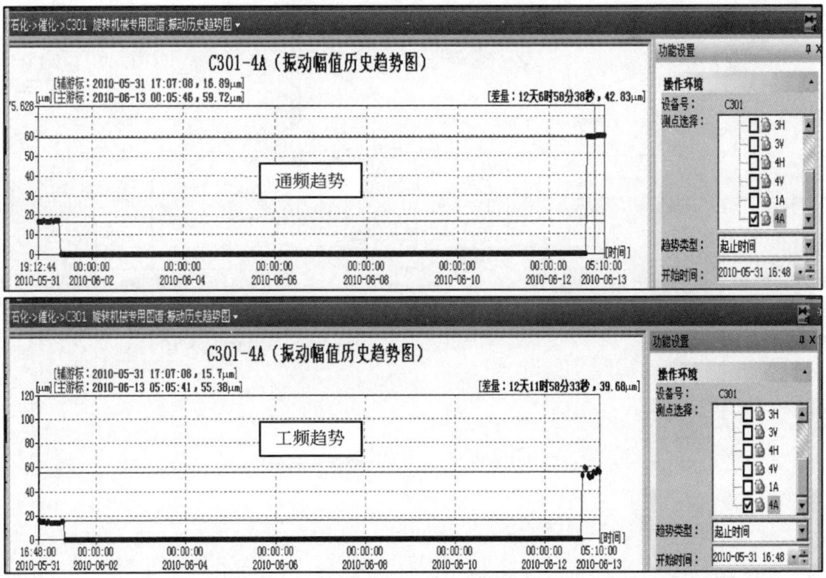

图 2-244　C301-4A 离心压缩机止推轴承端轴向振动趋势图

第七节　其他故障案例分析

一、离心压缩机组齿轮箱异常振动故障诊断分析

（一）机组概况

该机组是由汽轮机、低压缸、齿轮箱、高压缸组成，如图 2-245 所示。

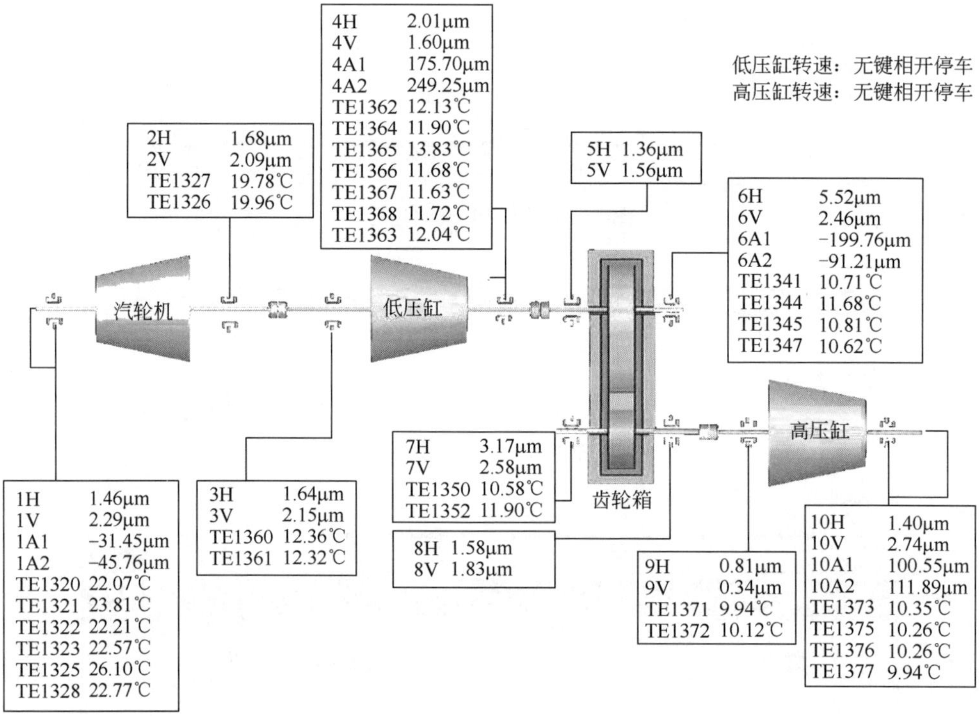

图 2-245　机组概貌图

（二）故障现象及原因分析

通过远程实时在线监测系统对压缩机组 8V 测点的振动趋势图及波形频谱图（图 2-246）进行分析，发现振动值在约 10s 内由不足 10μm

增长至 122.86μm；且将转速降低约 17%时，振动值就降低了约 95%；机组高振动是由超低频振动引起的，频率范围 5~40Hz。根据以上振动特征征兆得出判断：引起机组齿轮箱高振动的主要原因是机组可能存在共振故障。

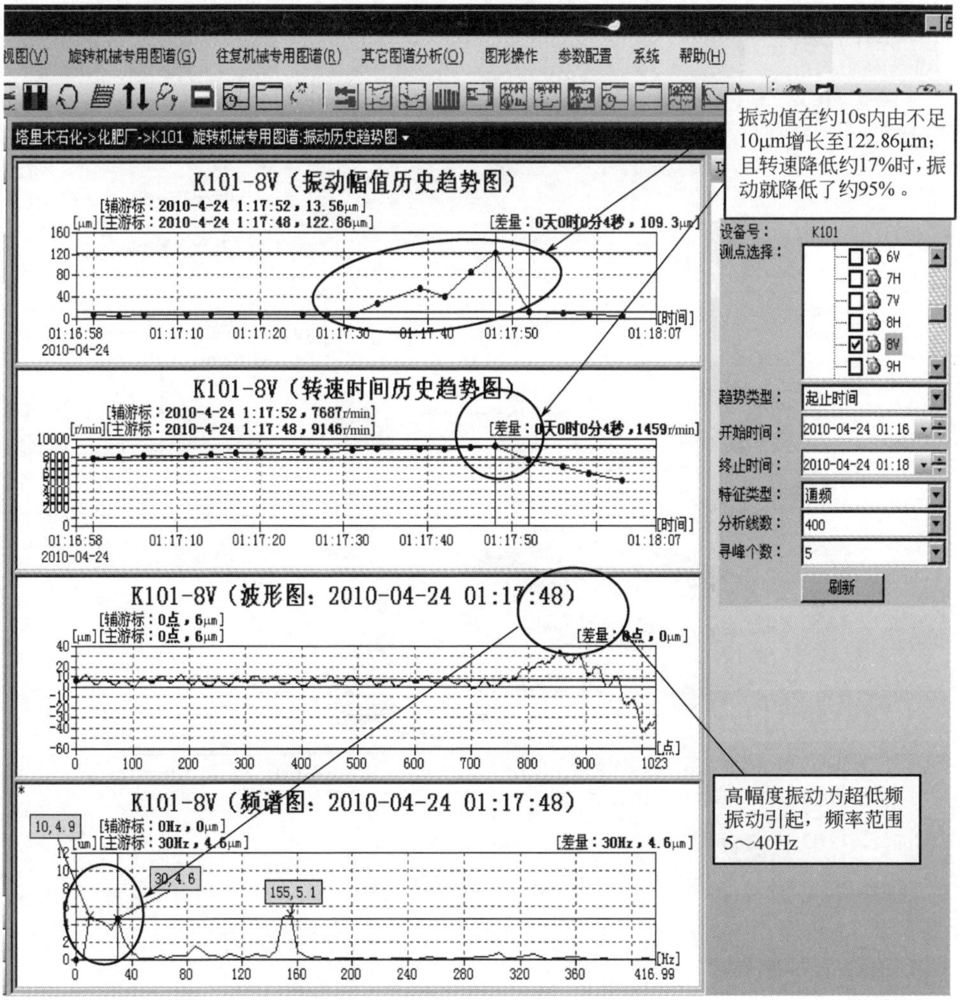

图 2-246　8V 趋势、波形频谱图

（三）诊断结论及现场反馈

诊断结论：机组存在共振故障。

现场反馈：检修机组时，检查了齿轮箱基础和相关部件固定情况；检查输出轴滑动轴承润滑情况，彻底解决了齿轮箱振动异常的故障。

二、离心压缩机组转子表面划痕故障诊断分析

（一）机组概况

该机组是由汽轮机、低压缸、齿轮箱、高压缸组成，如图 2-247 所示。

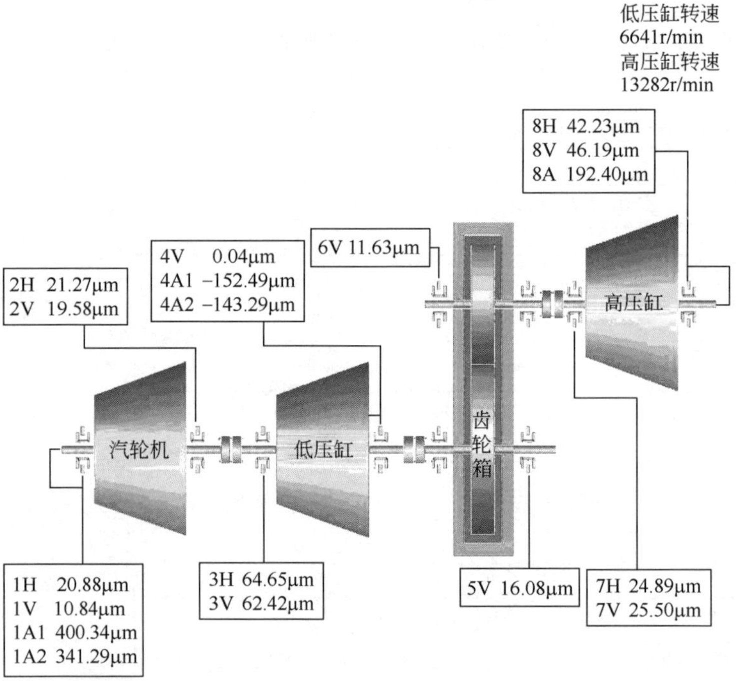

图 2-247　机组概貌图

（二）故障现象及原因分析

通过远程实时在线监测系统对该压缩机组波形频谱图（图 2-248）及轴心轨迹图（图 2-249）进行分析，发现振动信号存在机械偏差，说明转子表面有缺陷。因而得出判断：造成机组高振动的主要原因是转子表面划痕故障。

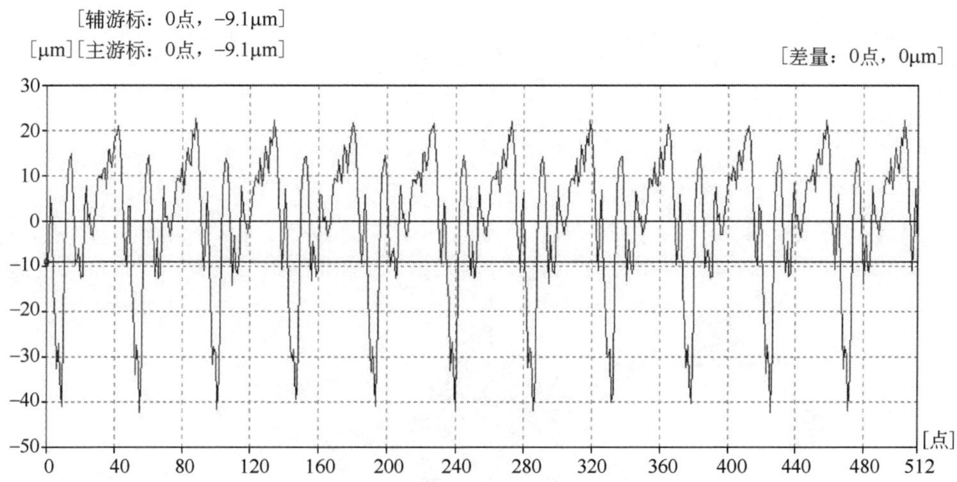

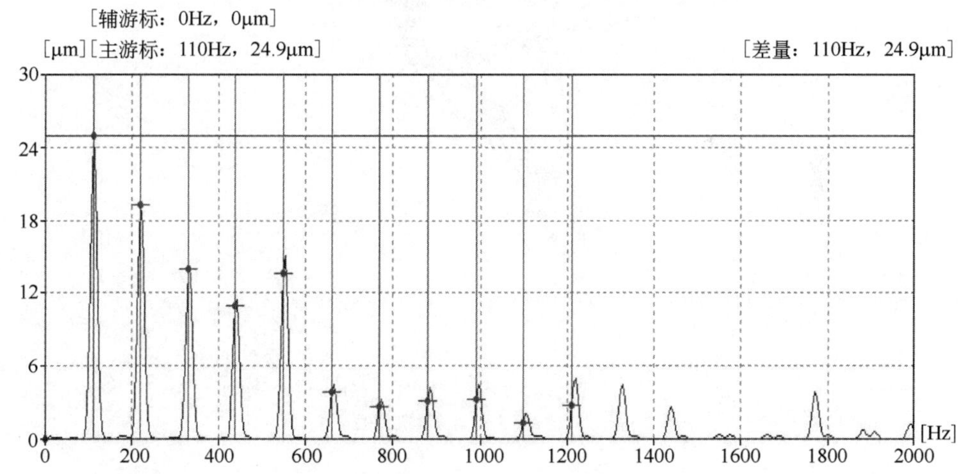

图 2-248　3H 波形频谱图

（三）诊断结论及现场反馈

诊断结论：转子表面划痕故障。

现场反馈：大修时发现，在转子轴颈 3 号测点的位置上有一道长为 2mm、宽为 0.1mm 的划痕。

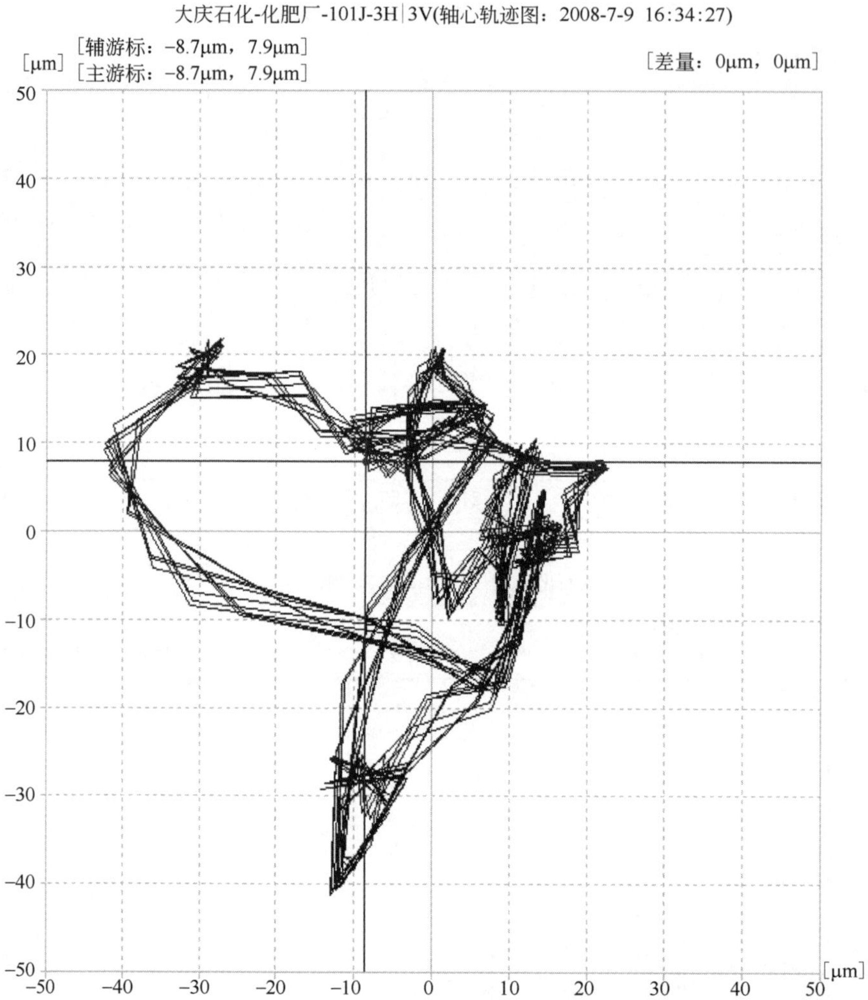

图 2-249 3 瓦轴心轨迹图

第三章 烟气轮机故障诊断案例分析

第一节 不平衡故障案例分析

一、烟气轮机催化剂堆积、脱落故障诊断分析

（一）机组概况

该机组是由烟机、主风机、齿轮箱、电动发电机组成，如图 3-1 所示。

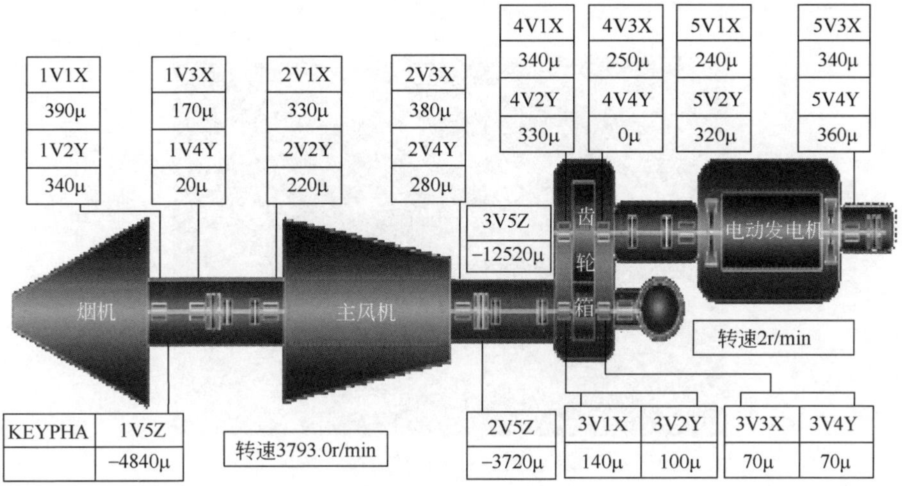

图 3-1 机组概貌图

（二）故障现象及原因分析

通过远程实时在线监测系统对该机组的振动趋势图（图 3-2）、瀑布图

（图 3-4）及轴心轨迹图（图 3-3）进行分析，发现 2013 年 7 月 13 日机组开机运行后，烟气轮机轮盘端两通道振幅上升近 40 μm；至 8 月 21 日突升至 97 μm，短时间波动达 102 μm；变化主要是由 1 倍频引起。因而得出判断：引起该机组运行异常的主要原因是催化剂跑损，在机组通流部分堆积、结垢引起。

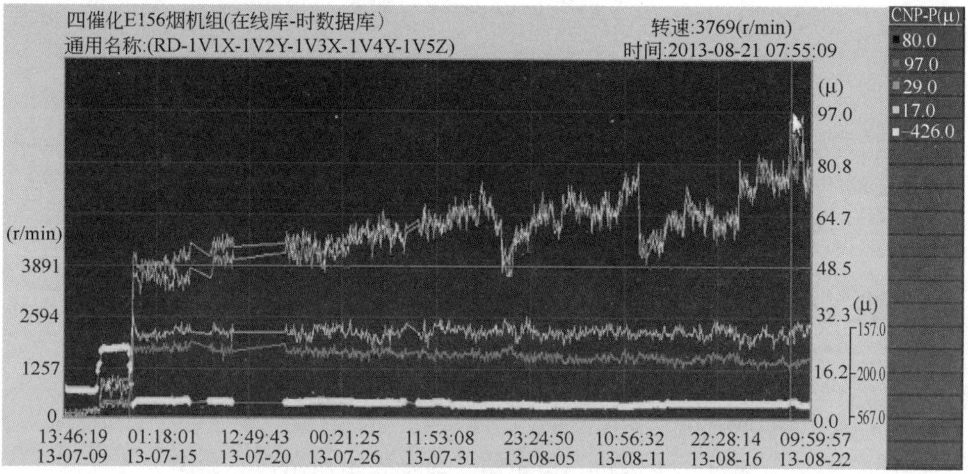

图 3-2　烟气轮机组振动趋势图

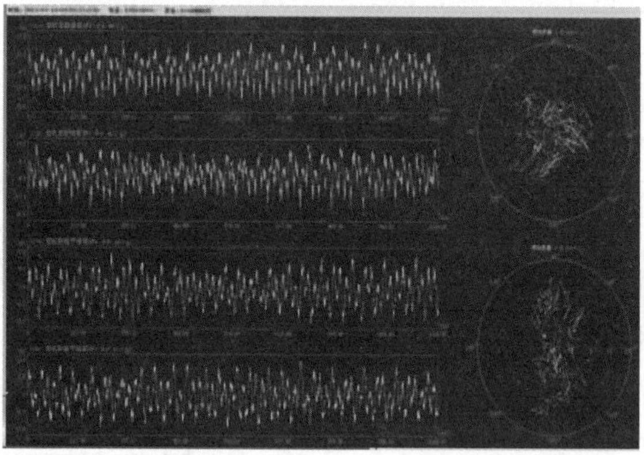

图 3-3　烟气轮机各通道时域波形轴心轨迹

（二）诊断结论及现场反馈

诊断结论：造成烟气轮机高振动的主要原因是催化剂堆积、结垢引起的。

现场反馈：2013 年 9 月停机检修发现，烟气轮机动静叶状态良好，没有

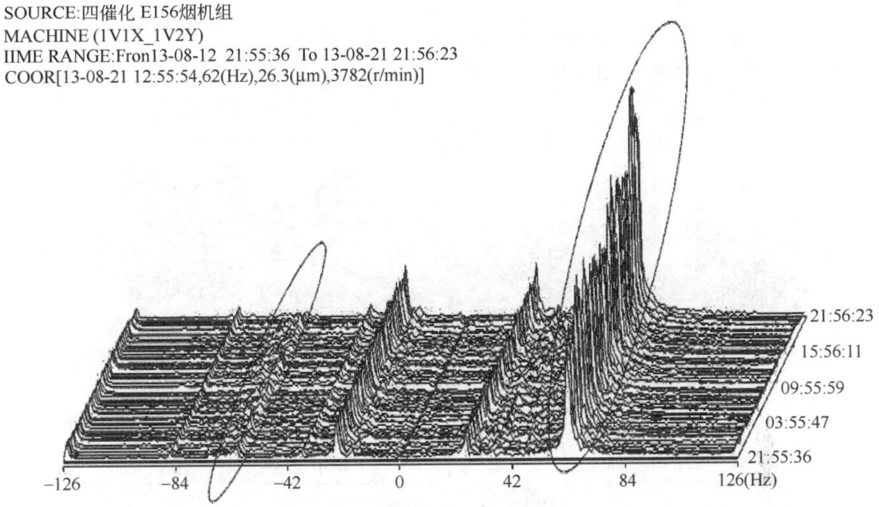

图 3-4 轮盘端 2 通道瀑布图

摩擦损伤，没有冲蚀损伤，堆结的催化剂已经在停机及解体过程中完全脱落（图 3-5、图 3-6）。

图 3-5 解体后动静叶片状态（清扫前）

图 3-6 解体后动静叶片状态

二、烟气轮机催化剂堆积和结垢故障诊断分析

（一）机组概况

该机组是由烟机、主风机、齿轮箱、电动发电机组成，如图 3-7 所示。

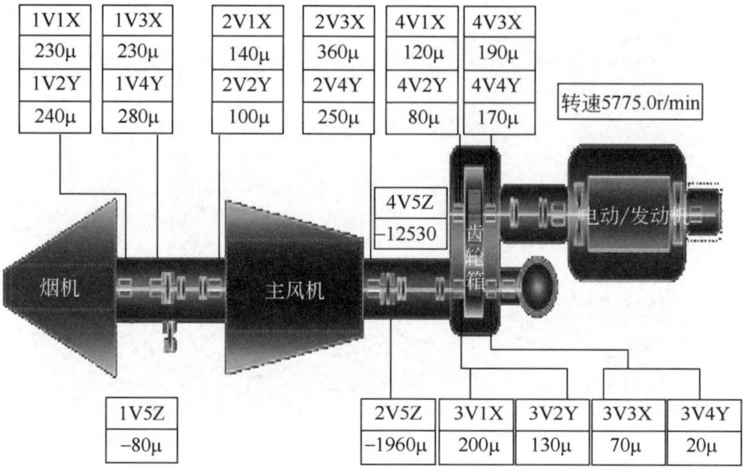

图 3-7 机组概貌图

（二）故障现象及原因分析

通过远程实时在线监测系统对该机组的振动趋势图（图 3-8、图 3-10）、

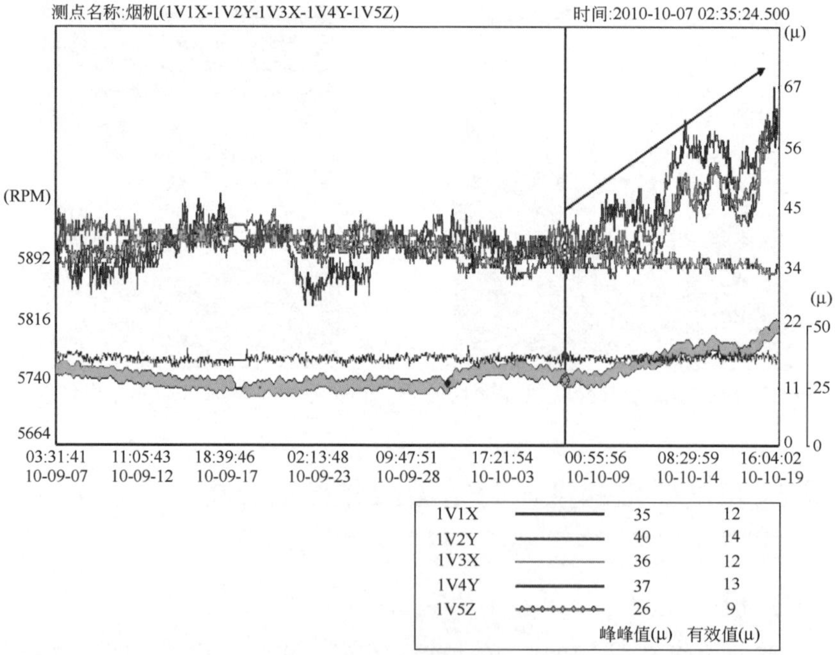

图 3-8 烟气轮机振动趋势图

绝振变化图（图 3-9）及全频谱图（图 3-11）进行分析，发现烟气轮机运行中各通道的 1 倍频成分逐渐增加；维持一段时间后，烟气轮机各通道的 1 倍频幅值和绝对振动幅值快速减小，最终降低到了开机初期的水平；通过全频谱图看出，进动方向为正进动。因而得出判断：引起该机组运行异常的主要原因是催化剂堆积和叶片结垢，造成机组轴系不平衡。

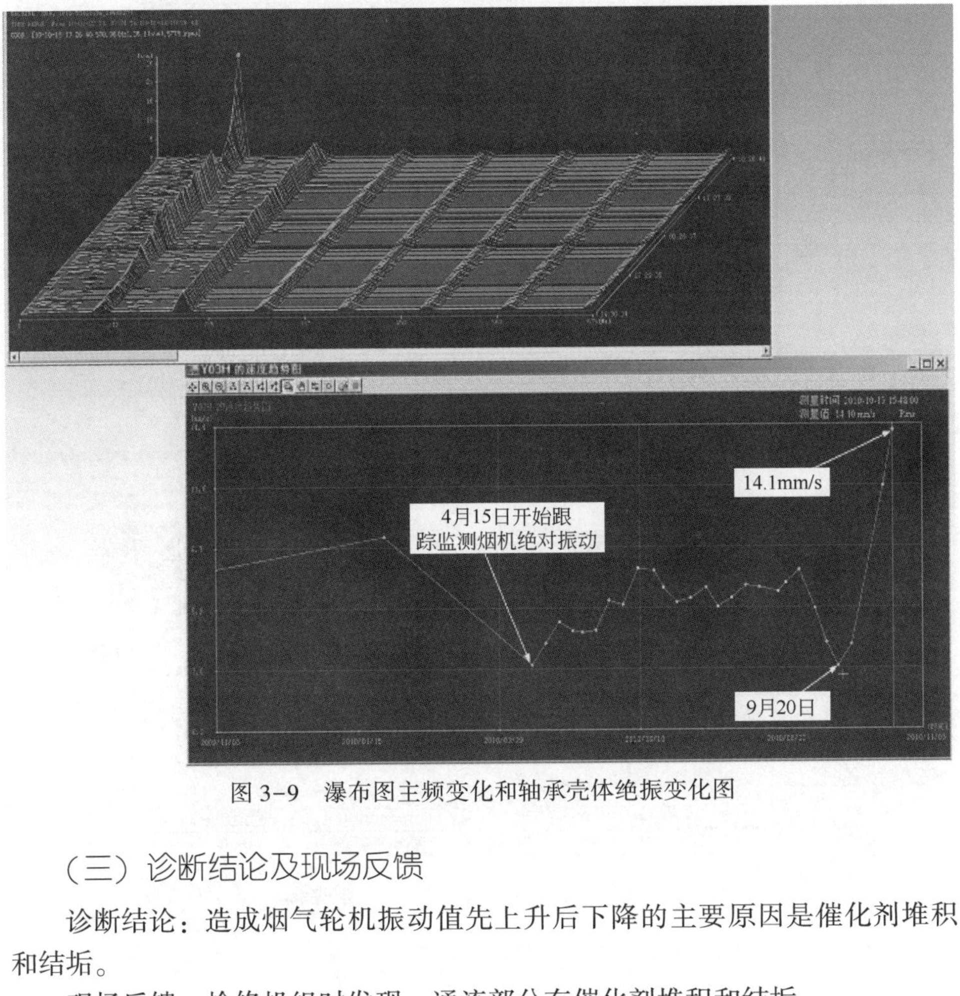

图 3-9　瀑布图主频变化和轴承壳体绝振变化图

（三）诊断结论及现场反馈

诊断结论：造成烟气轮机振动值先上升后下降的主要原因是催化剂堆积和结垢。

现场反馈：检修机组时发现，通流部分有催化剂堆积和结垢。

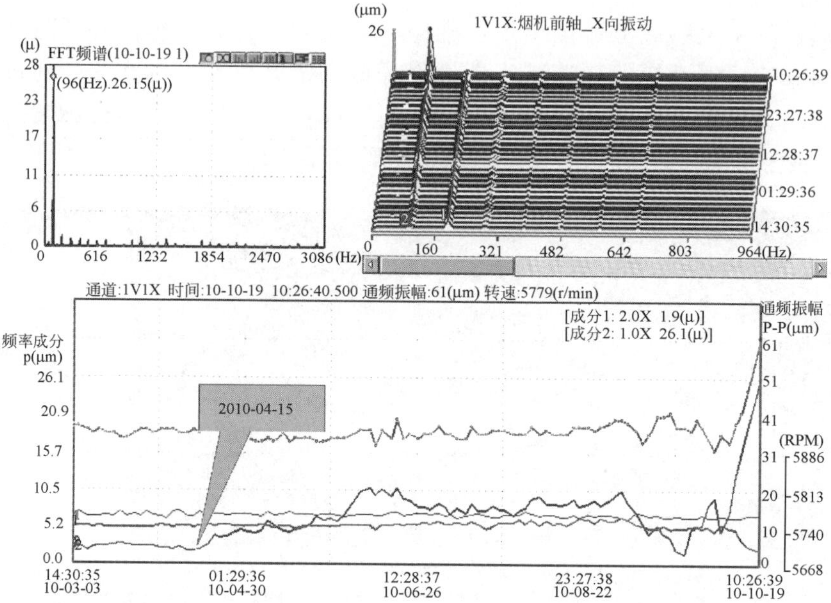

图 3-10 烟气轮机轮盘端 X 通道振动趋势图

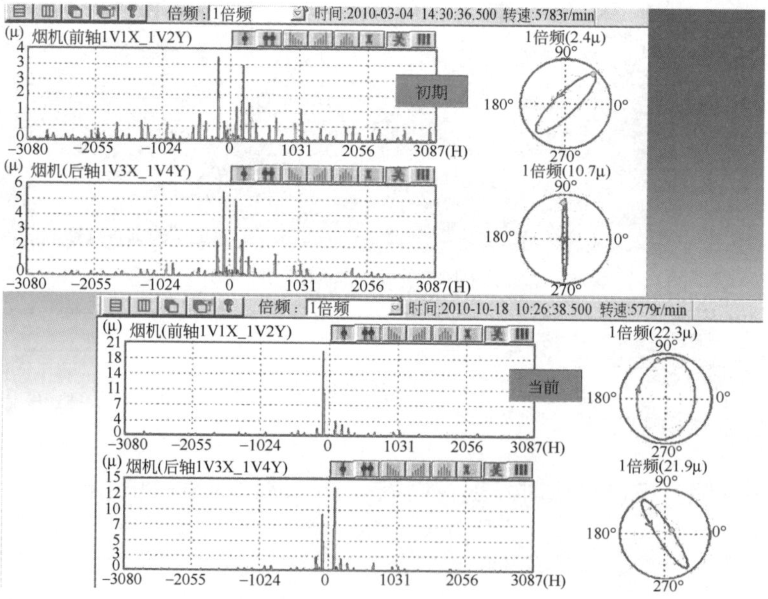

图 3-11 全频谱图

三、烟气轮机组轴系不平衡故障诊断分析

（一）故障诊断分析 I

1. 机组概况

该机组是由烟机、主风机、齿轮箱、电动发电机组成，如图 3-12 所示。

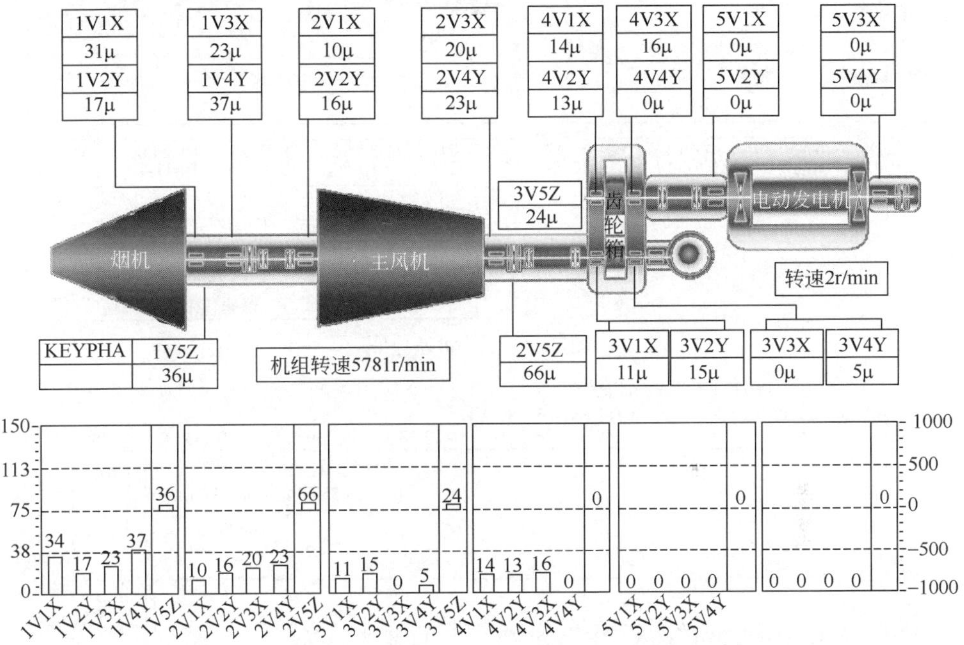

图 3-12 机组概貌图

2. 故障现象及原因分析

通过远程实时在线监测系统对该机组的振动趋势图（图 3-13、图 3-14）、频率特性图（图 3-15）及瀑布图（图 3-16）进行分析，发现烟气轮机振幅突然升高；振值最高的烟气轮机第四径向通道，开机以来 1 倍频波动严重，其他频率成分基本没有变化；相位有一定变化。因而得出判断：引起该机组运行异常的主要原因是催化剂堆积和叶片结垢，造成机组轴系不平衡。

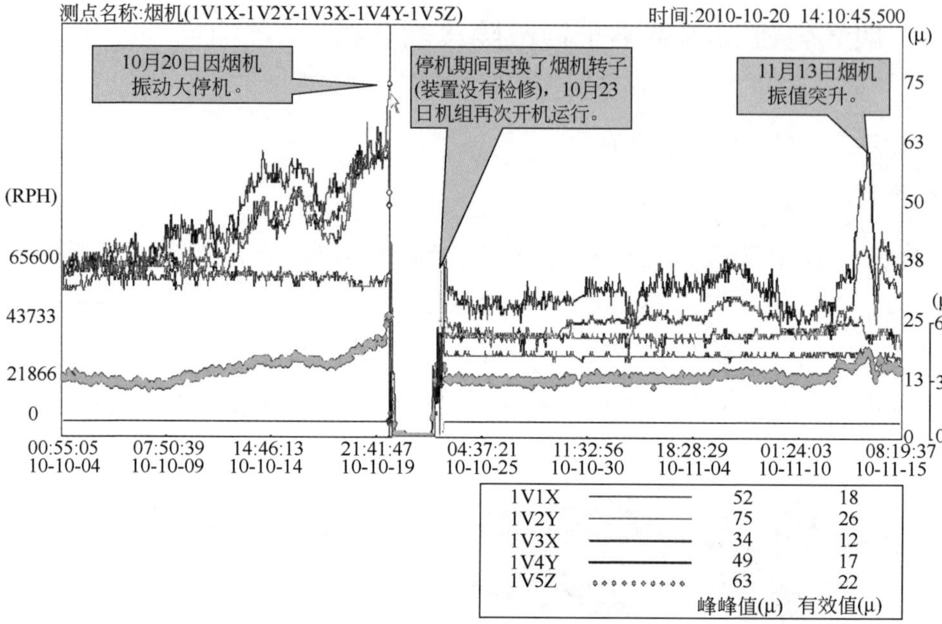

图 3-13 振动趋势图

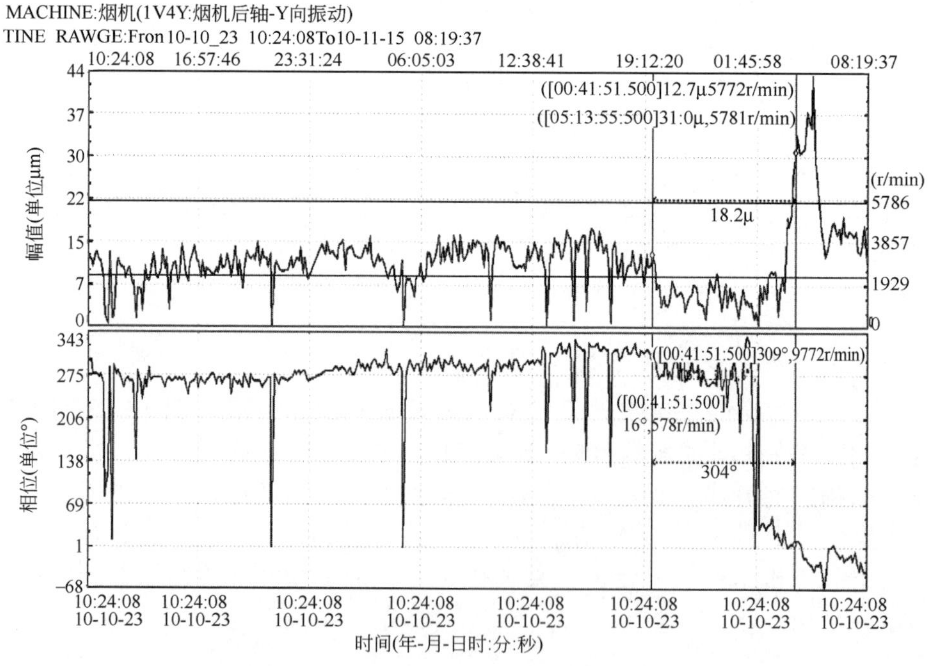

图 3-14 第四径向通道 1 倍频相位趋势图

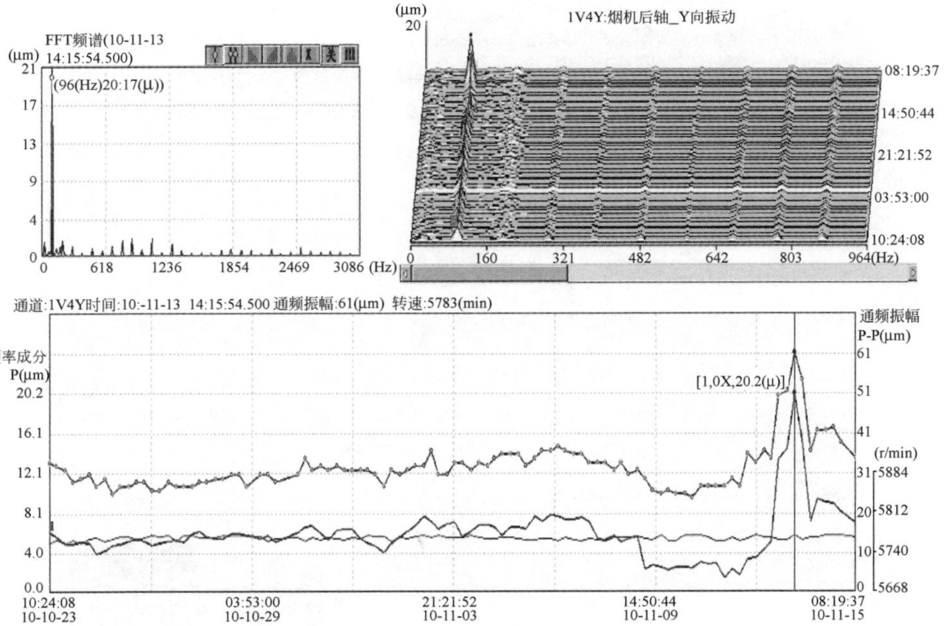

图 3-15 第四径向通道频率特性图

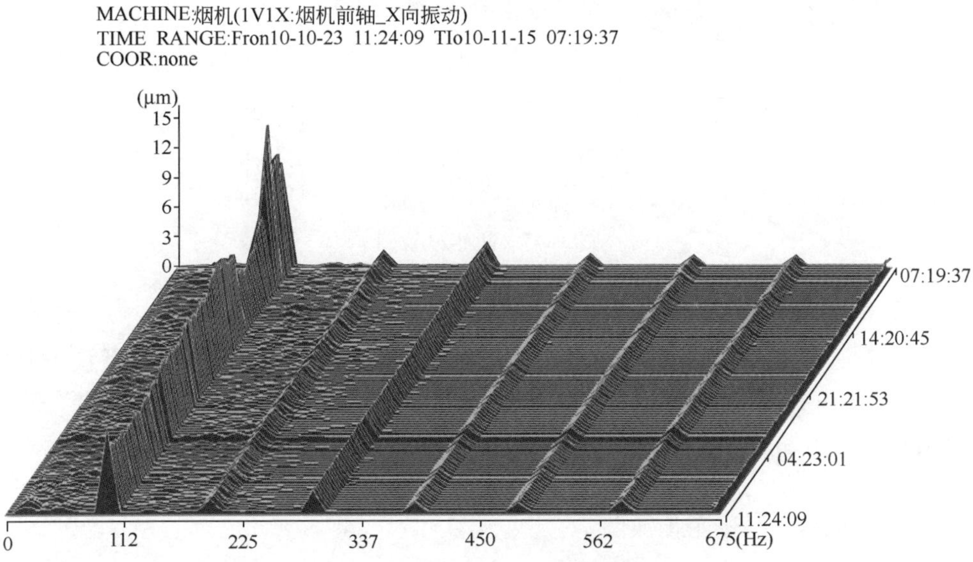

图 3-16 盘端 X 通道瀑布图

3. 诊断结论及现场反馈

诊断结论：催化剂堆积和叶片结垢，造成机组轴系不平衡。

现场反馈：检修机组时，现场反馈与诊断结论一致。

（二）故障诊断分析Ⅱ

1. 机组概况

该机组是由烟机、风机、汽轮机、齿轮箱、电动发电机组成，如图 3-17 所示。

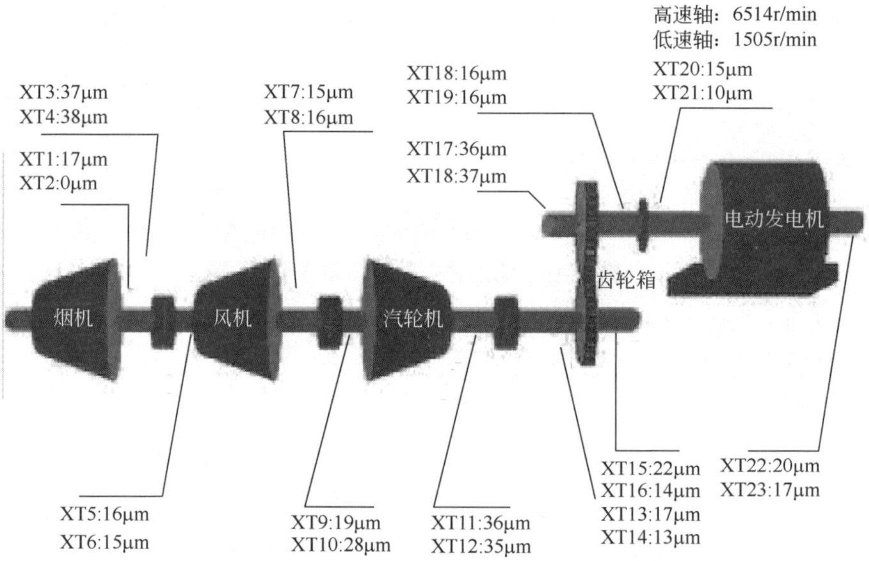

图 3-17　机组概貌图

2. 故障现象及原因分析

通过远程实时在线监测系统对该机组的振动趋势图（图 3-18）及波形频谱图（图 3-19）进行分析，发现烟气轮机振动通频能量的逐步爬升主要是由 1 倍频能量的逐步上升所引起的；当 1 倍频能量变化时，其相位也会有相应的变化；时域波形为标准的正弦波。因而得出判断：引起该机组运行异常的主要原因是机组轴系不平衡故障。

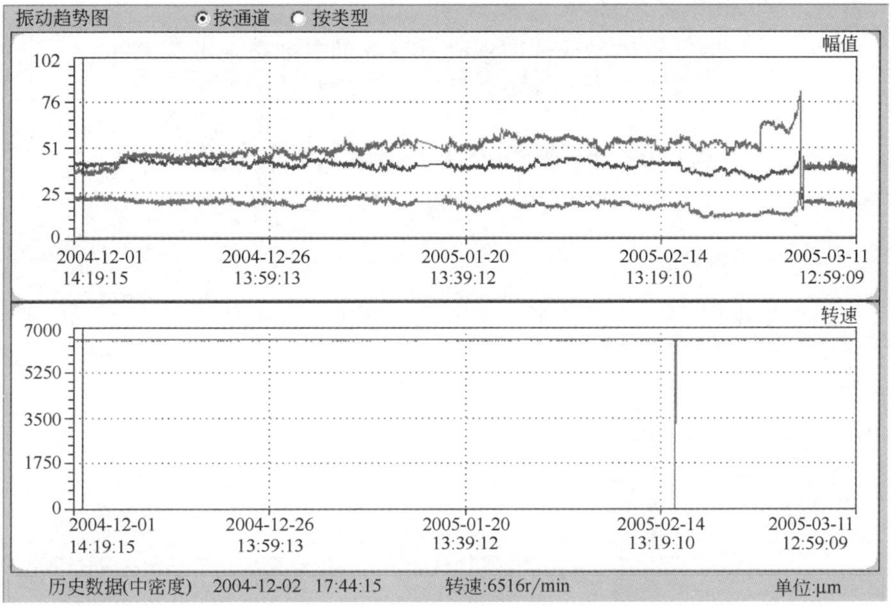

图 3-18　振值趋势图

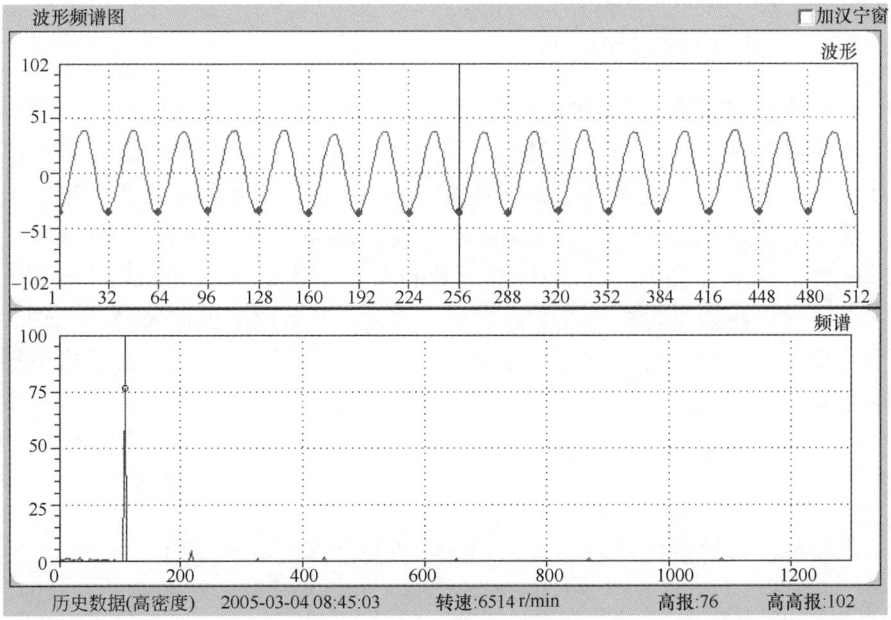

图 3-19　波形频谱图

3. 诊断结论及现场反馈

诊断结论：烟气轮机存在掉垢现象，导致机组轴系不平衡故障。

现场反馈：检修机组时，现场人员反馈与诊断结论一致。

四、K-101/3 烟气轮机轴系不平衡故障诊断分析

（一）机组概况

该机组是由电动机、齿轮箱、主风机、烟机组成，如图 3-20 所示。

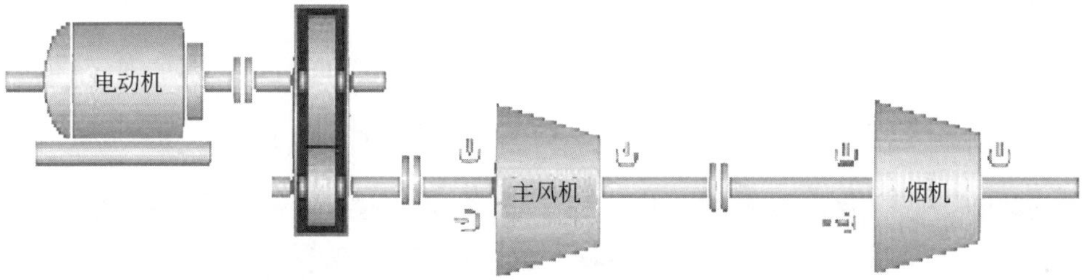

图 3-20　机组概貌图

（二）故障现象及原因分析

催化装置烟气轮机 K-101/3 从 7 月 25 日 5 时开始，烟气轮机两端测点的振动值缓慢上升，测点 xisa-701/3 的振值由 30μm 上升到多次超过报警停车值（停车值为 80μm），测点 xisa-701/2 的振值由 20μm 上升到多次超过报警值（停车值为 50μm）。通过远程实时在线监测系统对该机组的振动趋势图（图 3-21）及轴心轨迹图（图 3-22）进行分析，发现烟气轮机两端振动以 1 倍频占主导；在烟气轮机两端测点振值升高时，1 倍频值也显著升高；轴心轨迹为长扁椭圆。因而得出判断：引起该机组运行异常的主要原因是机组轴系不平衡故障。

（三）诊断结论及现场反馈

诊断结论：机组轴系不平衡故障。

现场反馈：检修机组时发现，烟气轮机转子部分叶片脱落。

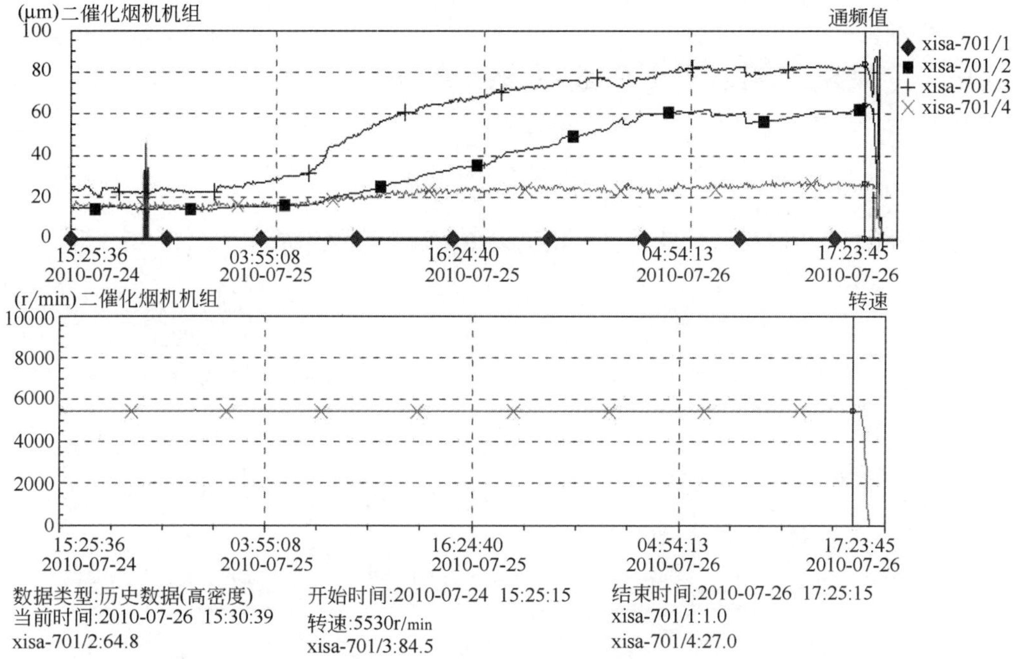

图 3-21　机组振动趋势图

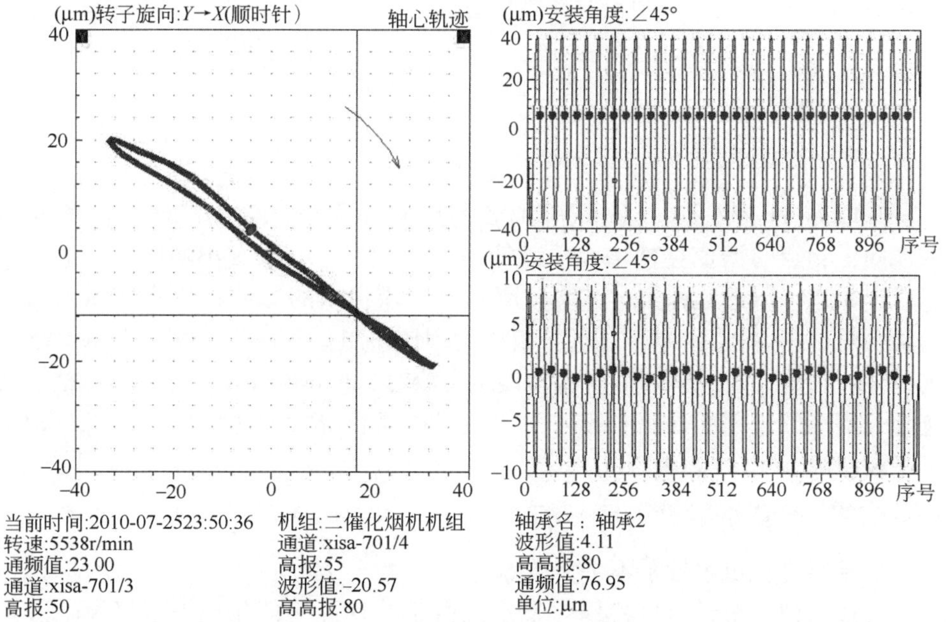

图 3-22　烟气轮机端轴心轨迹图

五、主风机组轴系不平衡故障诊断分析

（一）机组概况

该机组是由电机、齿轮箱、汽轮机、主风机、烟机组成，如图 3-23 所示。

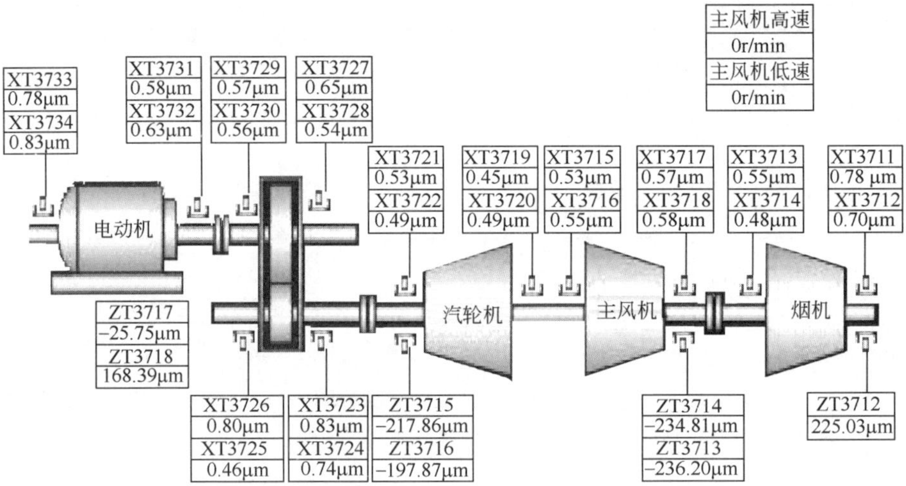

图 3-23　机组概貌图

（二）故障现象及原因分析

2012 年 11 月 6 日，机组开车时各测点振值平稳，12 月 30 日，烟气轮机两端四个测点的振值突然增大，运行一段时间后，振值又小幅回落，最终趋于稳定状态。通过远程实时在线监测系统对该机组的振动趋势图（图 3-24）及轴心轨迹图（图 3-25）进行分析，发现该机组烟气轮机两端振动以 1 倍频占主导；在烟气轮机两端测点振动发生突变时，1 倍频值有显著升高；轴心轨迹为长扁椭圆。因而得出判断：引起该机组运行异常的主要原因是机组轴系不平衡故障。

（三）诊断结论及现场反馈

诊断结论：机组轴系不平衡故障。

现场反馈：机组窗口检修时发现，由于叶片黏接催化剂引起机组轴系不平衡。

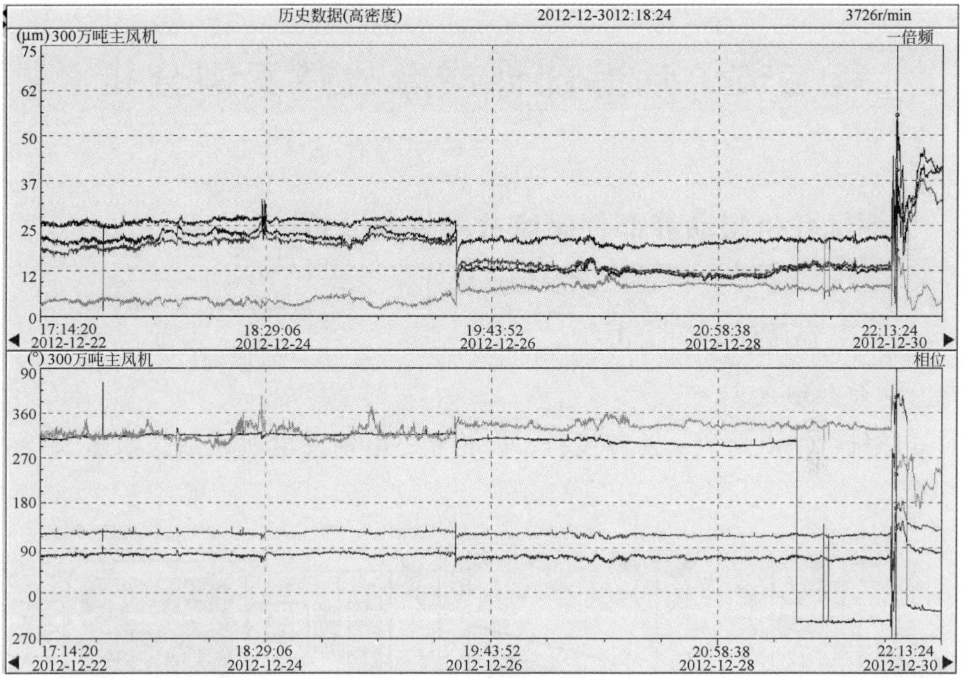

图 3-24　振动趋势图

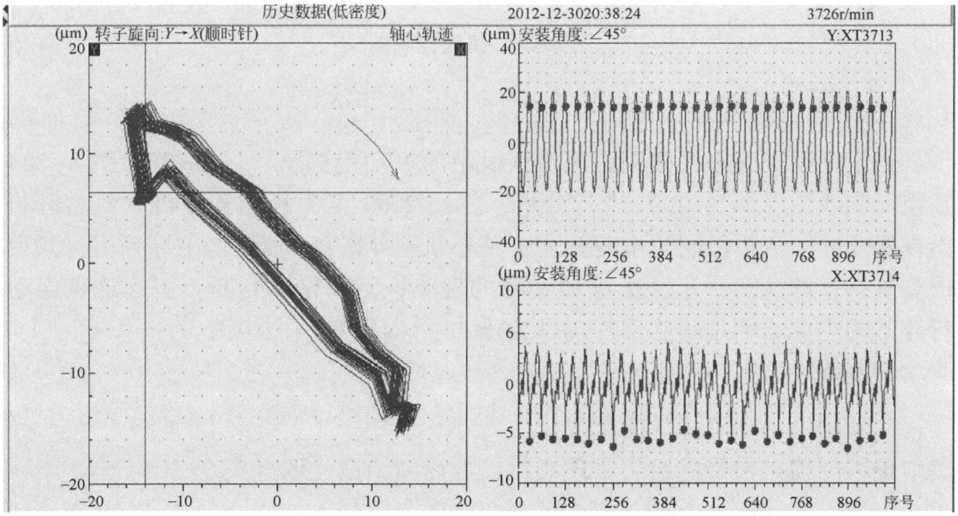

图 3-25　烟气轮机负荷端轴心轨迹图

第二节　动静部件碰摩故障案例分析

一、烟气轮机组动静部件碰摩故障诊断分析

（一）故障诊断分析Ⅰ

1. 机组概况

该机组是由烟机、轴流风机、齿轮箱、电动发电机组成，如图 3－26 所示。

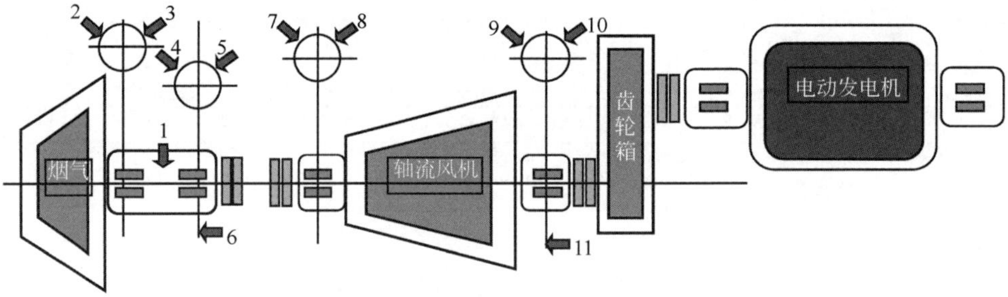

图 3-26　机组概貌图

2. 故障现象及原因分析

通过远程实时在线监测系统对该机组的振动趋势图（图 3-27、图 3-28）及特征曲线图（图 3-29）进行分析，发现 2004 年 3 月烟气轮机大修后开机出现振动异常，相位同时出现变化；轴心轨迹异常；1 倍频占主导频率；频率成分复杂；频繁出现正、反进动交替的现象。因而得出判断：引起该机组运行异常的主要原因是动静部件碰摩故障。

3. 诊断结论及现场反馈

诊断结论：动静部件碰摩故障。

现场反馈：检修机组后，现场反馈与诊断结论一致（图 3-30）。

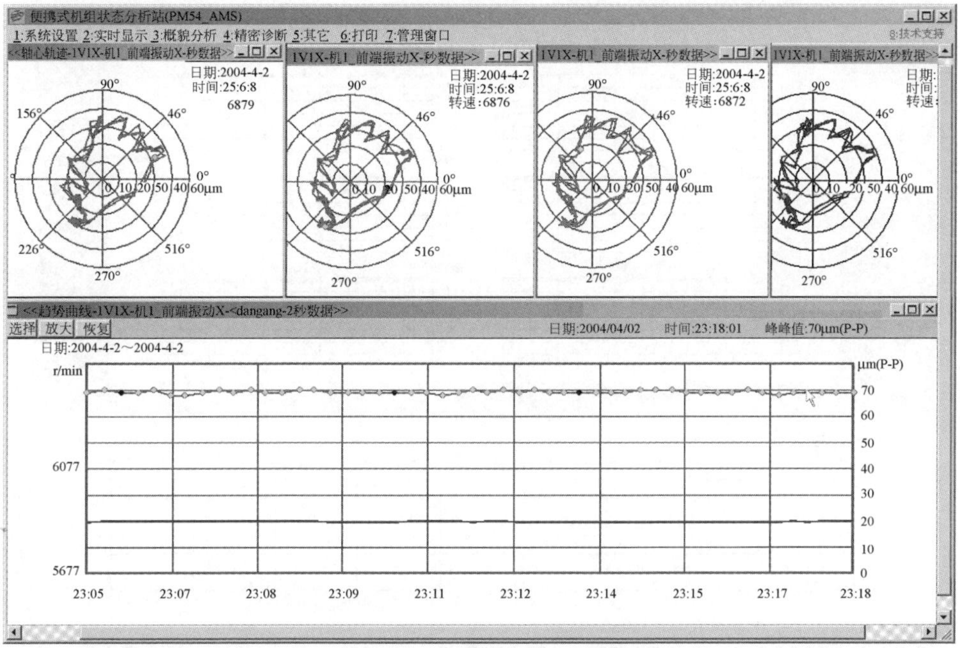

图 3-27　1V1X 前端振动趋势图

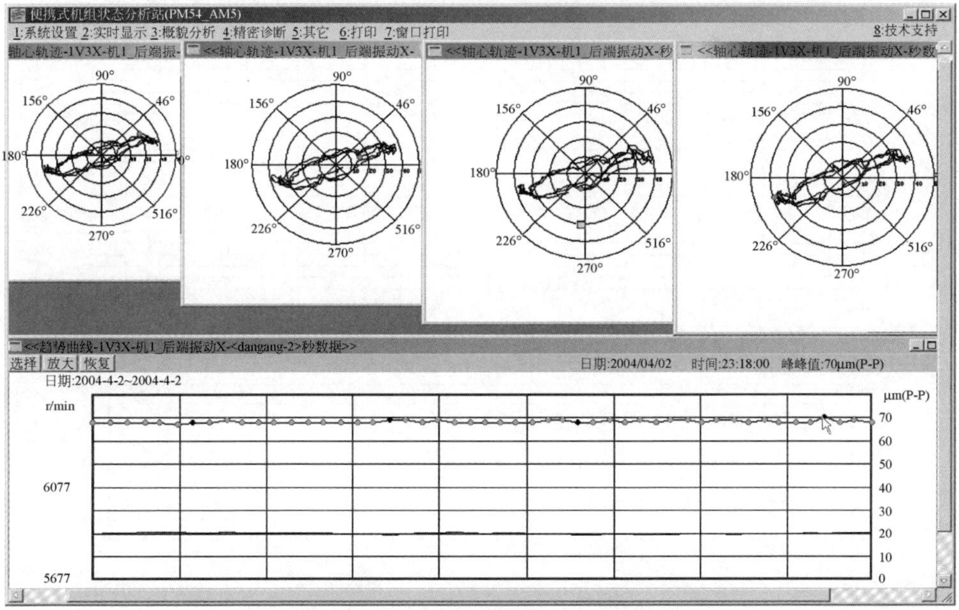

图 3-28　1V3X 后端振动趋势图

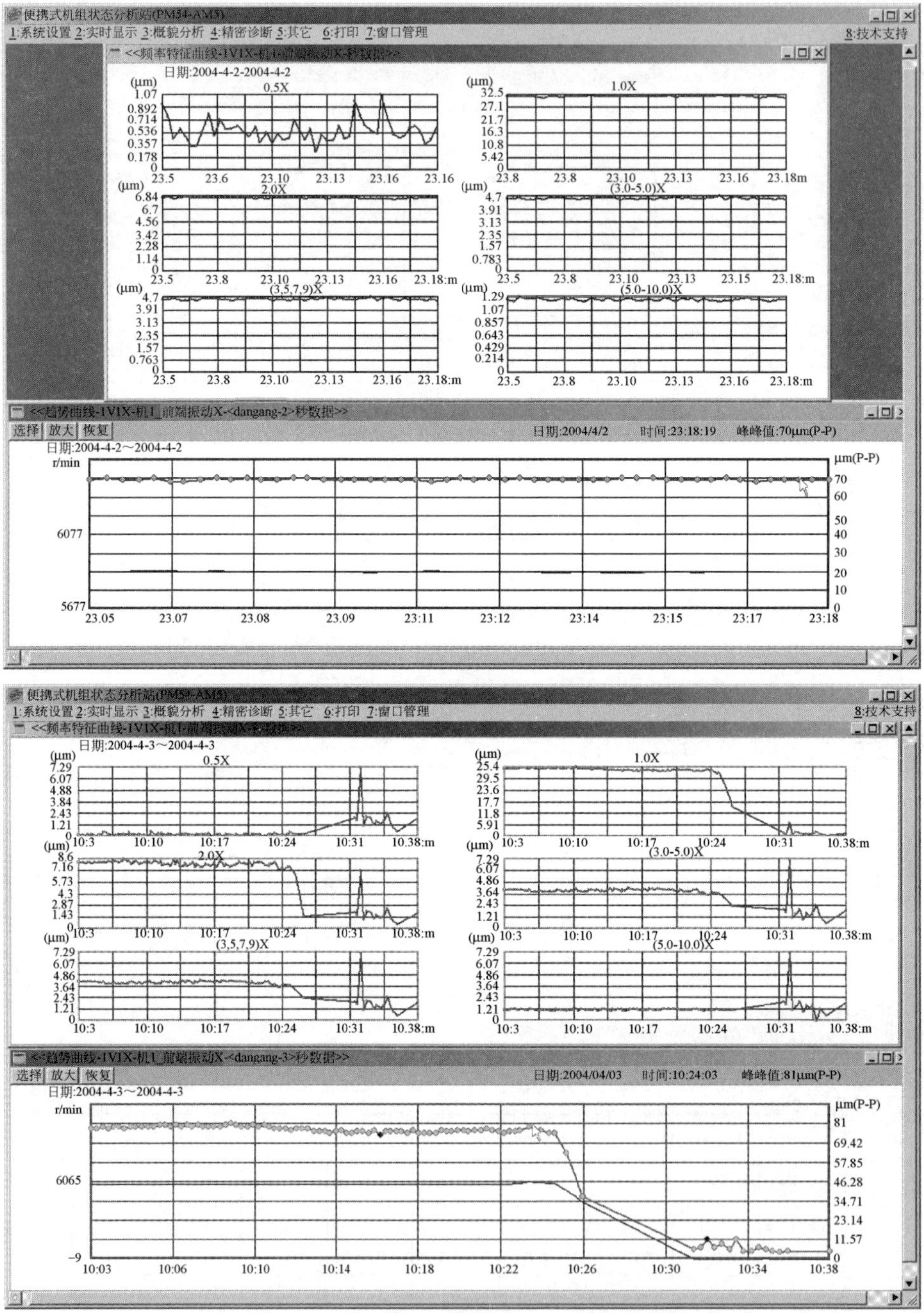

图 3-29　不同时间前端测点频率特征曲线图

图 3-30　气封环严重磨损，转子汽封体严重磨损轮盘端面有冷却蒸汽带水的明显痕迹

（二）故障诊断分析Ⅱ

1. 机组概况

该机组由烟机、主风机、汽轮机、齿轮箱、电动发电机组成，如图 3-31 所示。

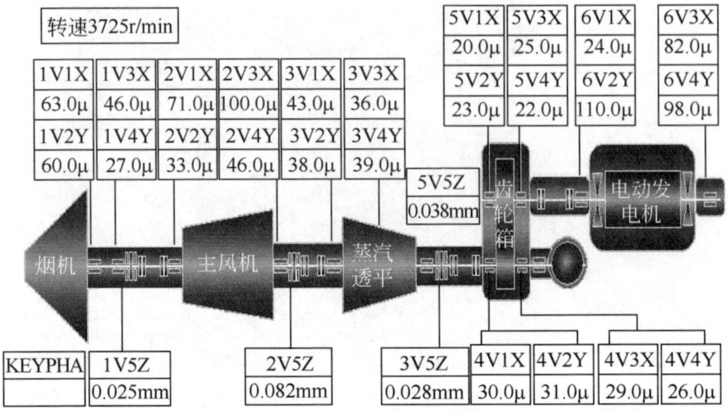

图 3-31　机组概貌图

2. 故障现象及原因分析

通过远程实时在线监测系统对该机组的振动趋势图（图 3-32）、振动频谱图（图 3-33、图 3-34）、轴心轨迹图（图 3-35、图 3-36）进行分析，发

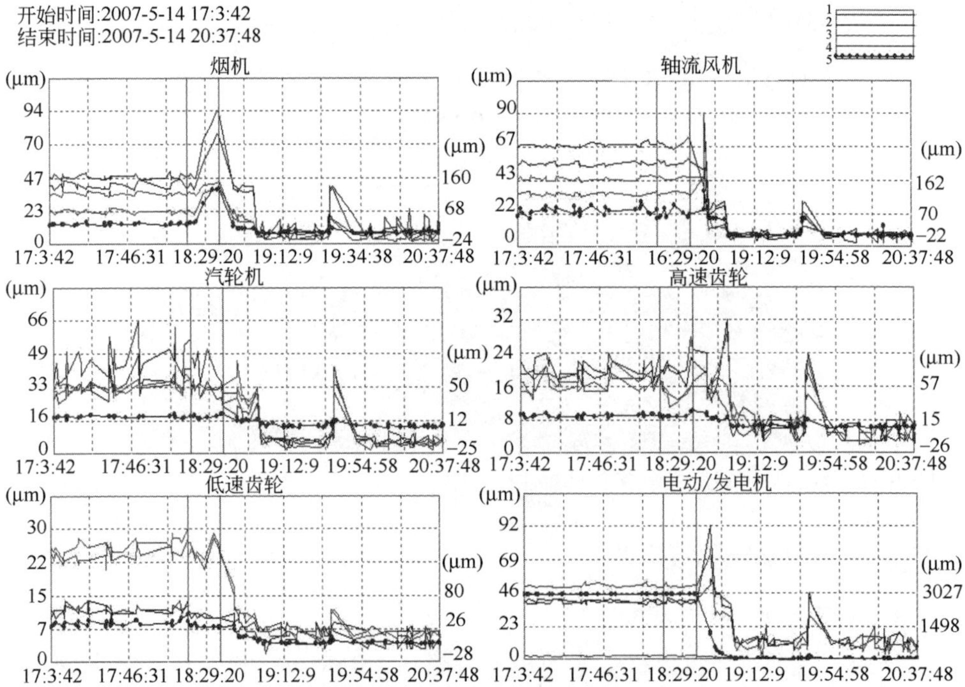

图 3-32　烟气轮机振动趋势图

现2007年5月14日18：00，YL33000烟气轮机开始增加负荷，随着负荷改变，机组径向振动快速上升达94μm，同时发现轴向振动不是1倍频引起的，而是由一个39Hz的振动成分起主导作用，1倍频被完全淹没；时域波形存在轻微削波；轴心轨迹的进动方向为反向进动；当调整烟气轮机负荷后，径向振动恢复正常。因而得出判断：引起该机组运行异常的主要原因是动静部件碰摩故障。

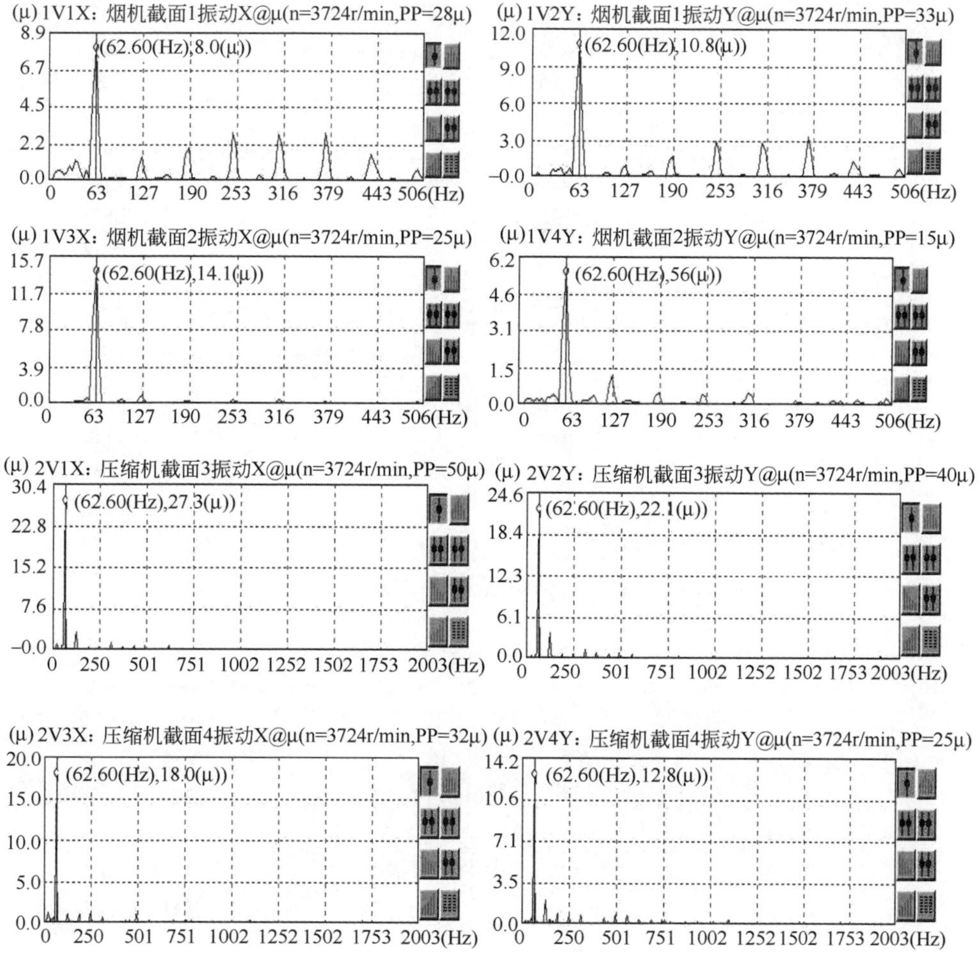

图3-33 运行正常时径向振动频谱图

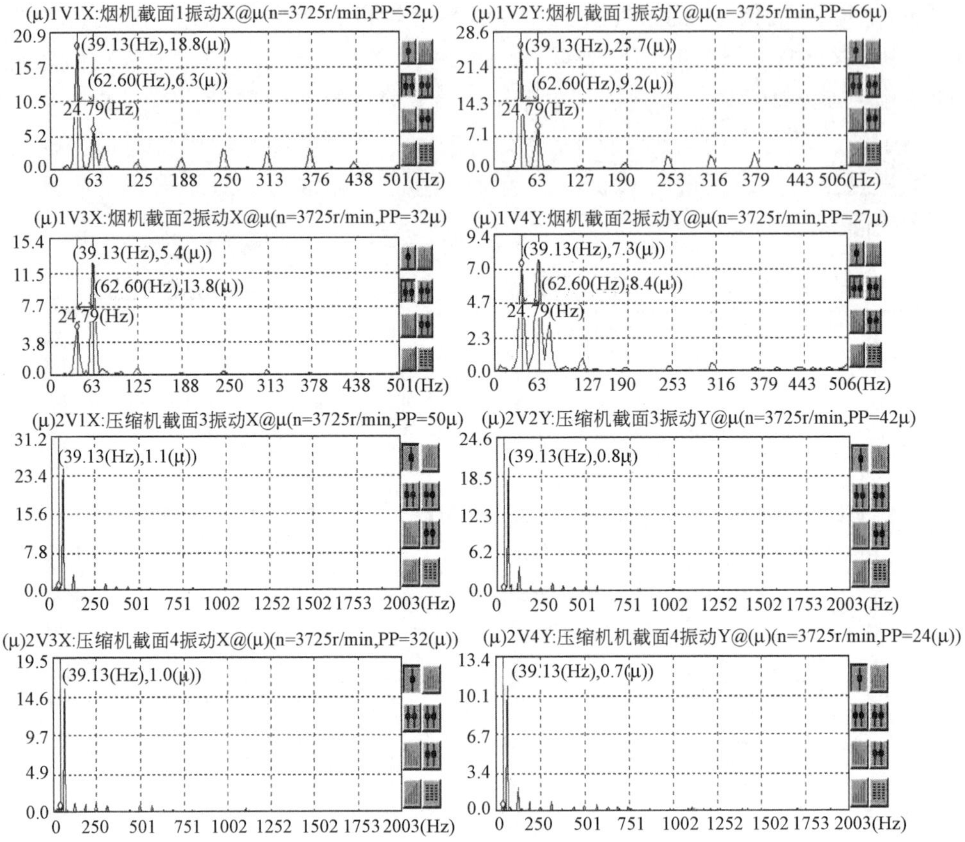

图 3-34　运行不正常时径向振动频谱图

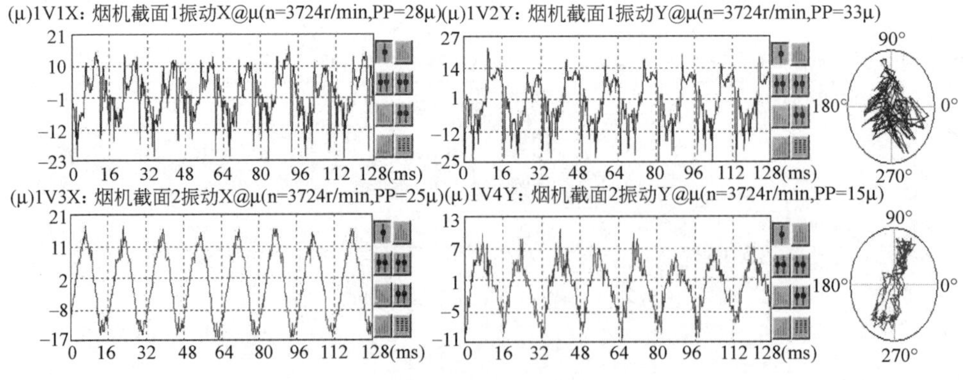

图 3-35

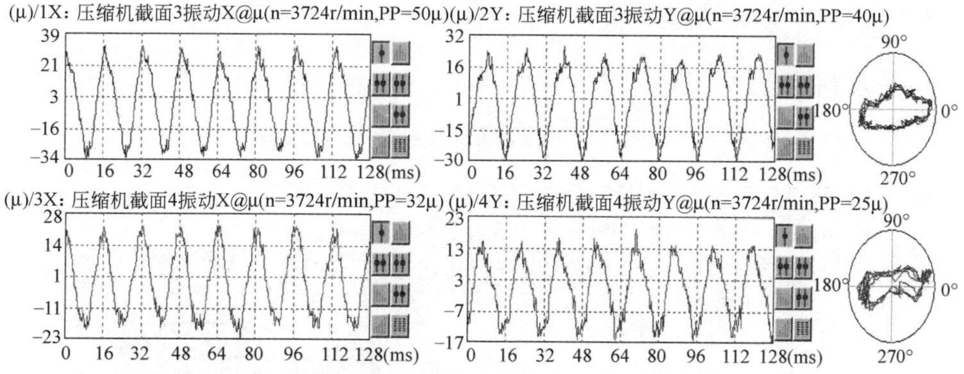

图 3-35　运行正常时径向振动时域和轴心轨迹

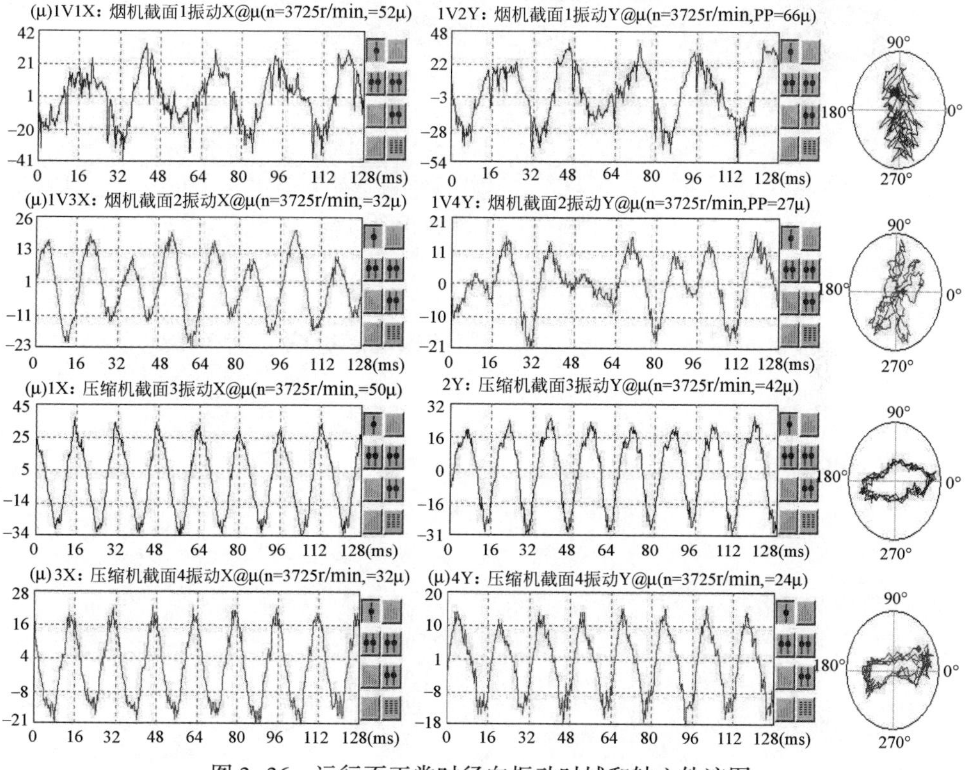

图 3-36　运行不正常时径向振动时域和轴心轨迹图

3. 诊断结论及现场反馈

诊断结论：机组动静部件碰摩故障。

现场反馈：现场操作人员及时调整负荷，机组恢复正常运转。

（三）故障诊断分析Ⅲ

1. 机组概况

该机组是由烟机、主风机、齿轮箱、电动发电机组成，如图 3-37 所示。

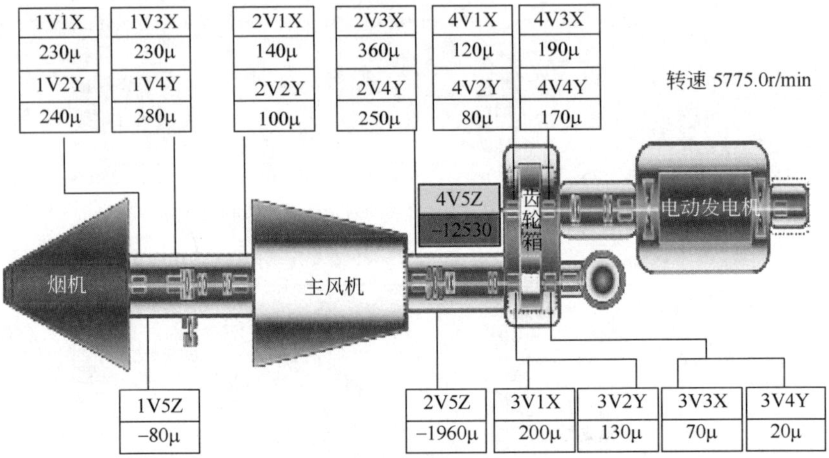

图 3-37　机组概貌图

2. 故障现象及原因分析

通过远程实时在线监测系统对该机组的振动趋势图（图 3-38、图 3-39）

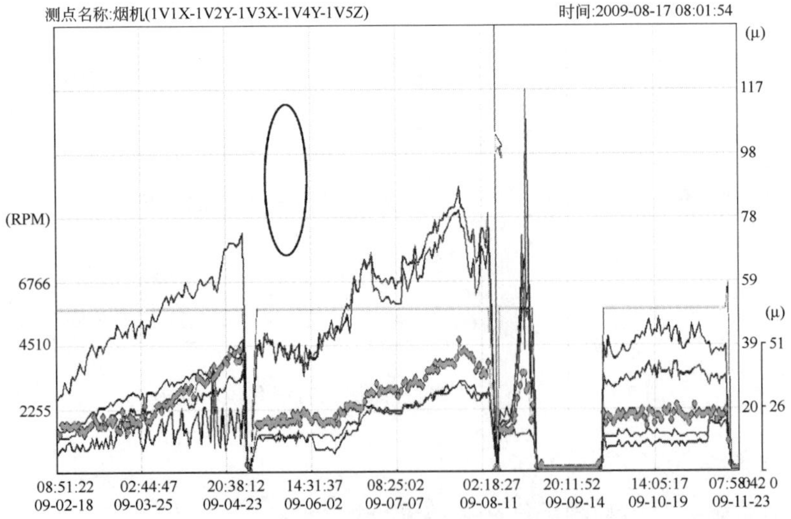

图 3-38

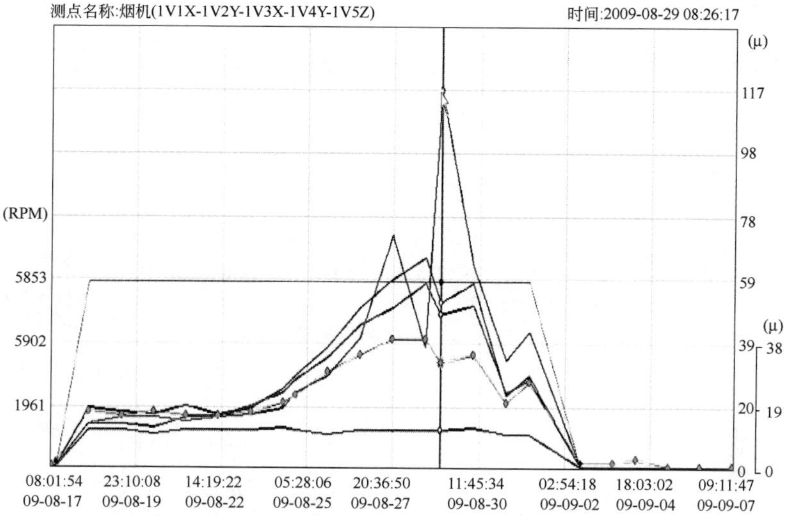

图 3-38 几个烟气轮机转子运行的周期都不长，本次分析的运行周期是最短的

及全频谱图（图 3-40）进行分析，得出判断：引起该机组运行异常的主要原因是机组动静部件碰摩故障。

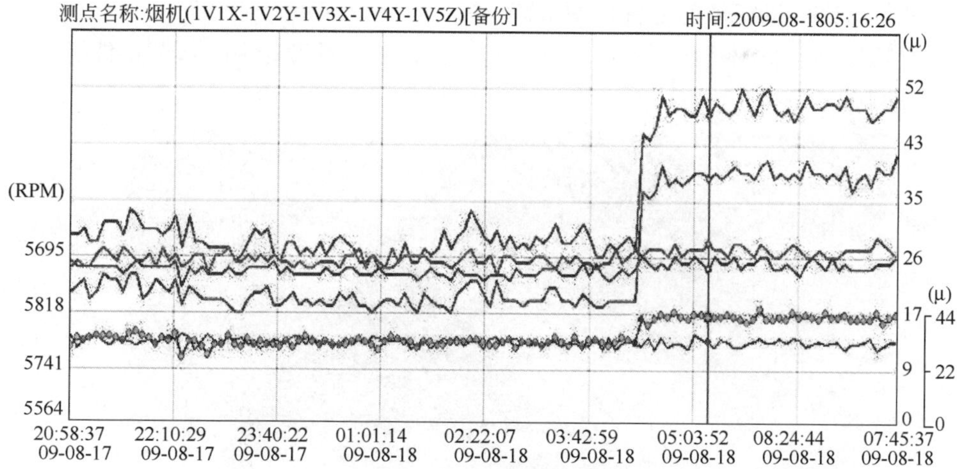

1V1X		38	13
1V2Y		48	16
1V3X		28	9
1V4Y		24	8
1V5Z		41	14
		幅峰值(μ)	有效值(μ)

图 3-39 典型的摩擦趋势现象

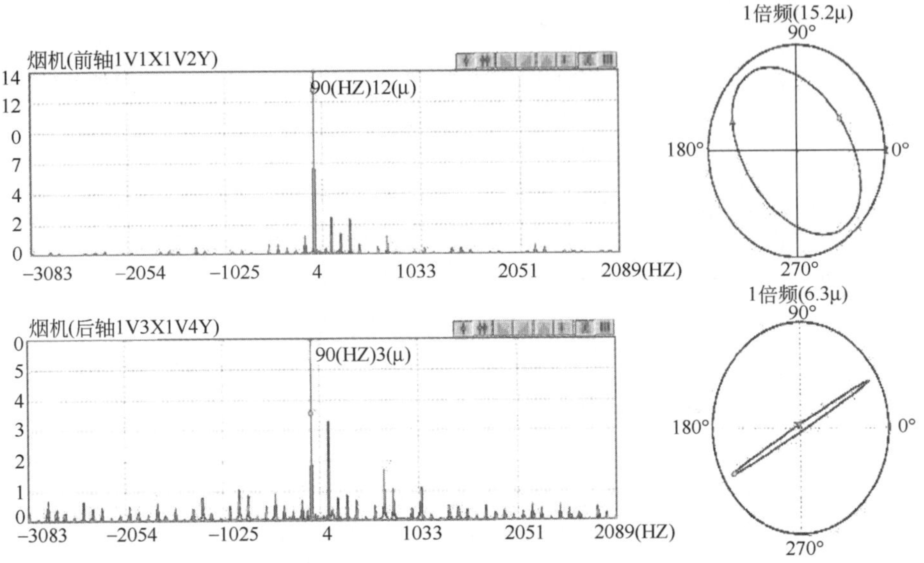

图 3-40　全频谱显示了典型的摩擦现象

3. 诊断结论及现场反馈

诊断结论：机组动静部件碰摩故障。

现场反馈：解体烟气轮机，发现叶顶已经与围带结垢的催化剂摩擦（图 3-41）。

图 3-41　烟气轮机解体后照片

第三节　油膜涡动故障案例分析

一、烟气轮机组油膜涡动故障诊断分析

（一）故障诊断分析 I

1. 机组概况

该机组是由烟机、轴流风机、齿轮箱、电动机组成，如图 3-42 所示。

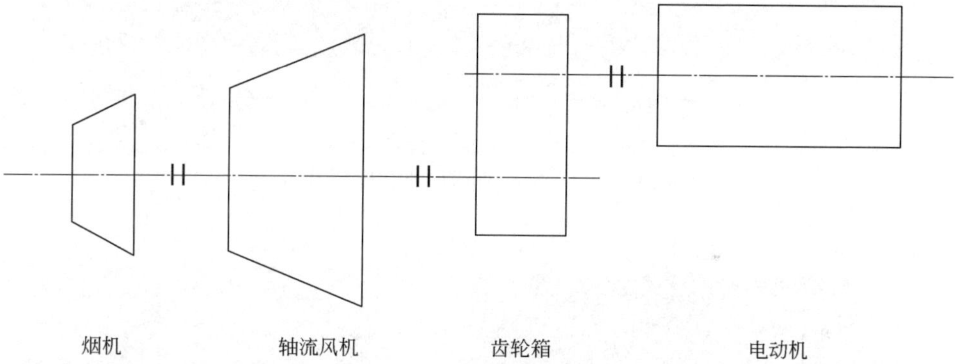

图 3-42　机组概貌图

2. 故障现象及原因分析

通过远程实时在线监测系统对该机组的波形频谱图（图 3-43）及轴心轨迹图（图 3-44）进行分析，发现小于 1 倍频的成分主要集中在 0.38 倍低频区域；轴心轨迹接近于双环椭圆；现场操作时油温变化和风机负荷变化带来的轴位置变化非常敏感。因而得出判断：引起该机组运行异常的主要原因是油膜涡动故障。

3. 诊断结论及现场反馈

诊断结论：机组存在油膜涡动故障。

现场反馈：检修机组时，现场人员反馈与诊断结论一致。

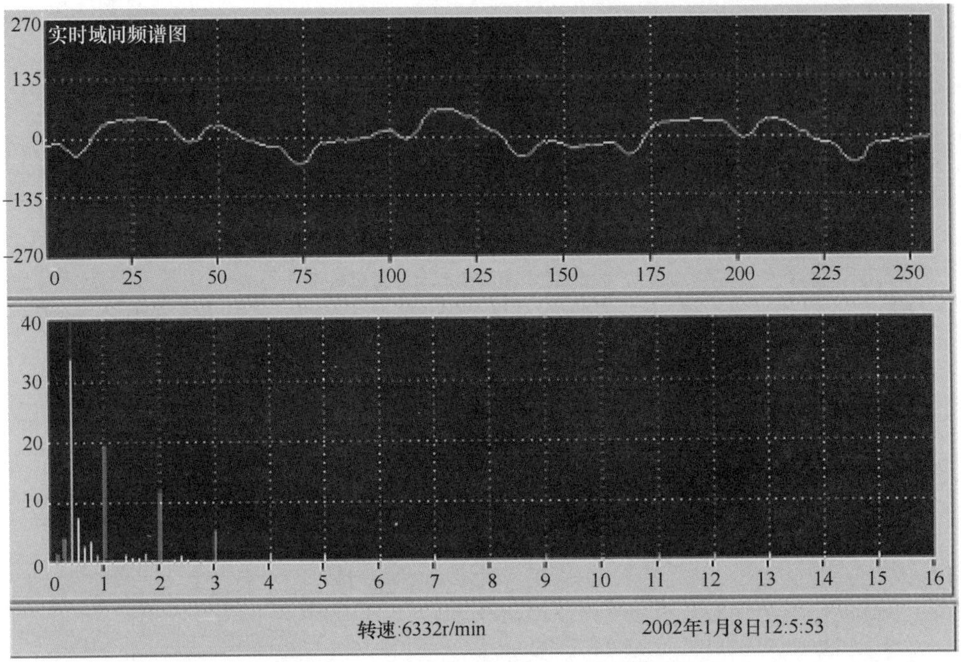

图 3-43　主风机前轴承的波形频谱图

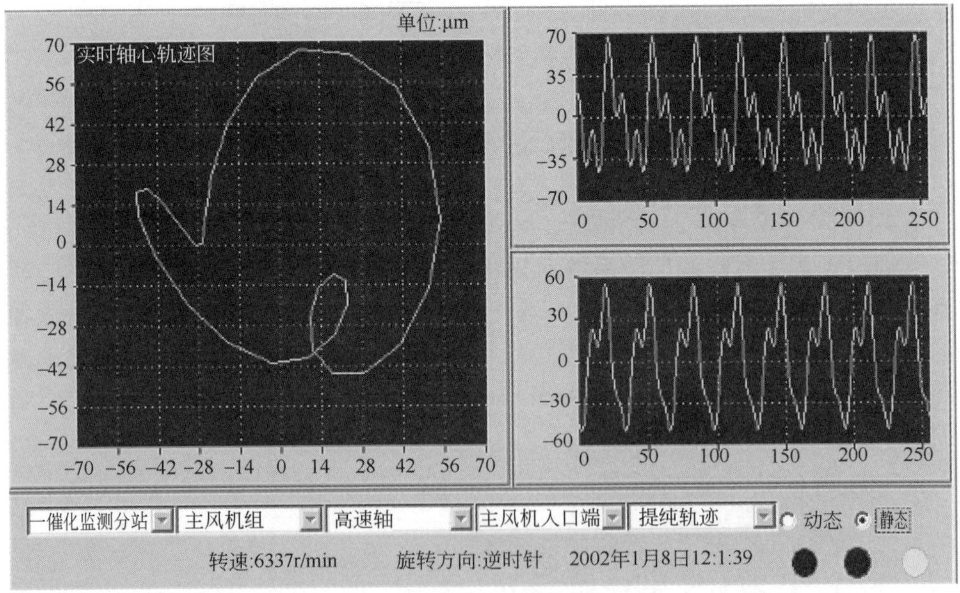

图 3-44　主风机入口端的轴心轨迹图

（二）故障诊断分析Ⅱ

1. 机组概况

该机组是由烟机、主风机、齿轮箱、电机组成，如图 3-45 所示。

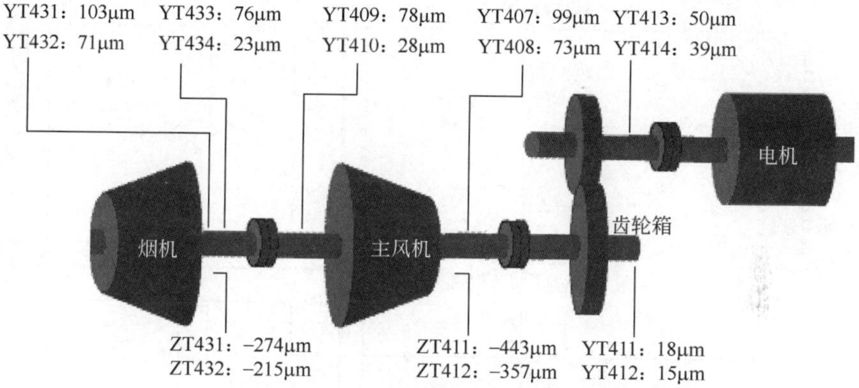

图 3-45　机组概貌图

2. 故障现象及原因分析

通过远程实时在线监测系统对该机组的波形频谱图（图 3-46）及轴心轨

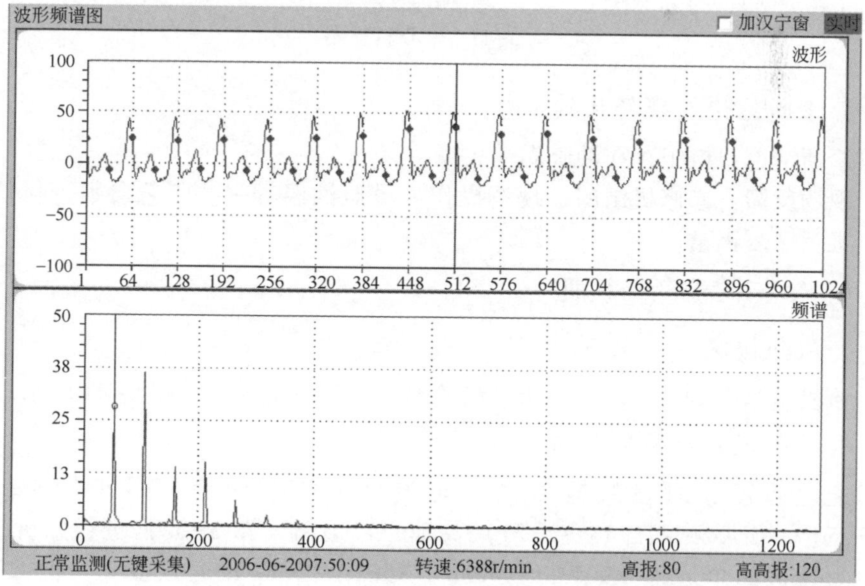

图 3-46　烟气轮机端轴承的波形频谱图

迹图（图 3-47）进行分析，发现在振动上升时，1 倍频值逐渐减小，0.5 倍频的振值变大；轴心轨迹变成了双环复合椭圆。因而得出判断：引起该机组运行异常的主要原因是油膜涡动故障。

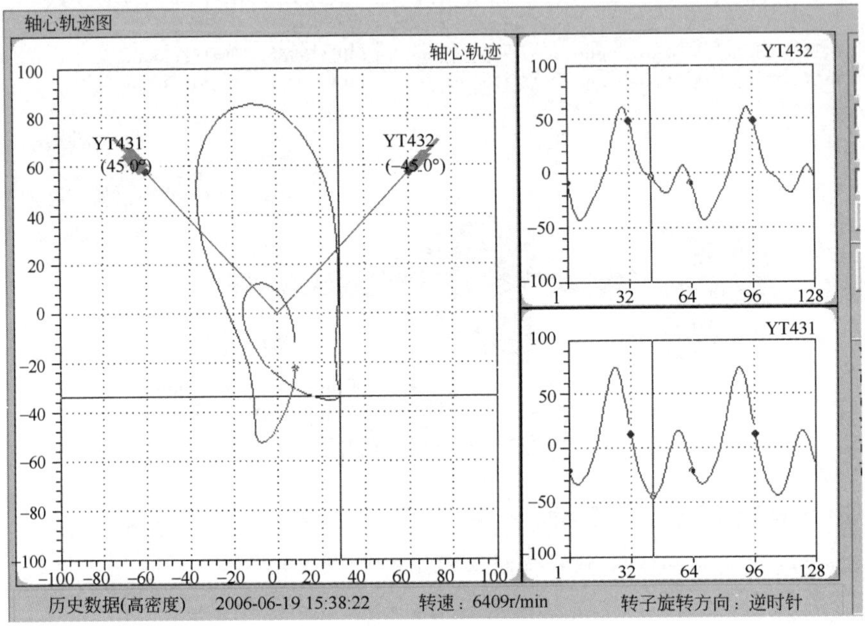

图 3-47 轴心轨迹图

3. 诊断结论及现场反馈

诊断结论：机组存在油膜涡动故障。

现场反馈：检修机组时，现场操作人员对油温等一些工艺参数进行调整后，机组恢复正常。

（三）故障诊断分析Ⅲ

1. 机组概况

该机组是由烟机、离心风机、齿轮箱、电动机组成，如图 3-48 所示。

2. 故障现象及原因分析

通过远程实时在线监测系统对该机组的振动趋势图（图 3-49、图 3-50）、波形频谱图（图 3-51）及轴心轨迹图（图 3-52）进行分析，发现烟汽轮机四个通道 X901A、X901B、X902A、X902B 通频值从 8 月 22 日 00：00 到 15：00 有较大波动；1 倍频、2 倍频趋势波动不大，0.5 倍频趋势波动最大；时域波形有低频成分；轴心轨迹为双环椭圆；进动方向为正进动。因而得出判断：引起该机组运行异常的主要原因是油膜涡动故障。

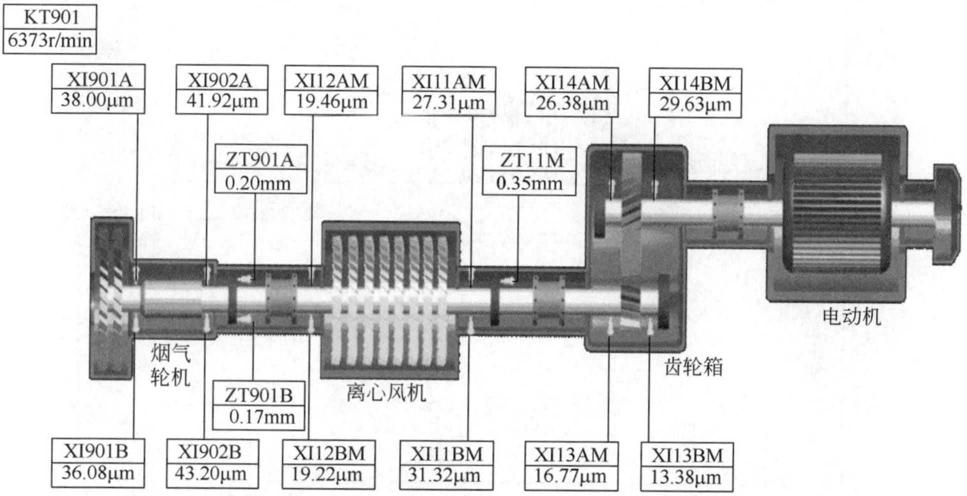

图 3-48　机组总貌图

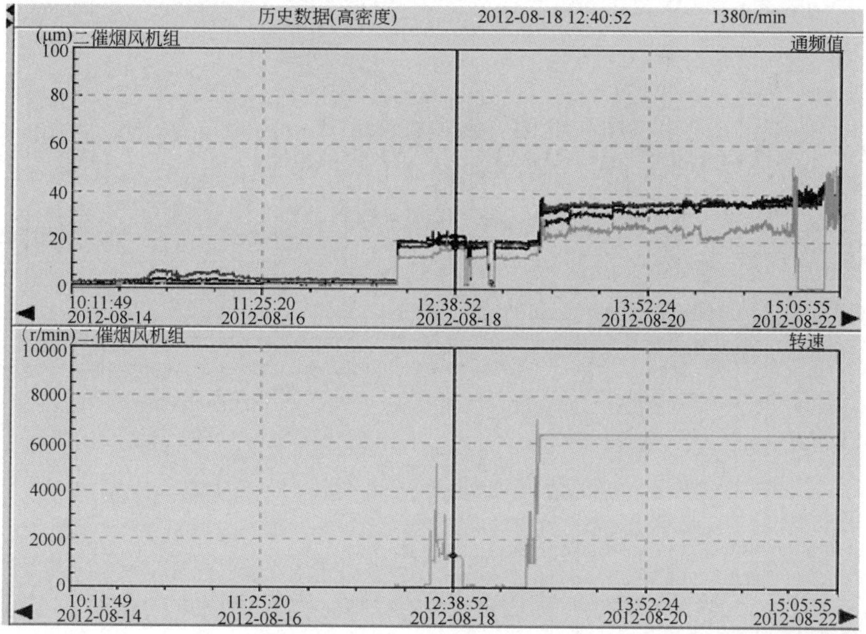

图 3-49　通频振动趋势图

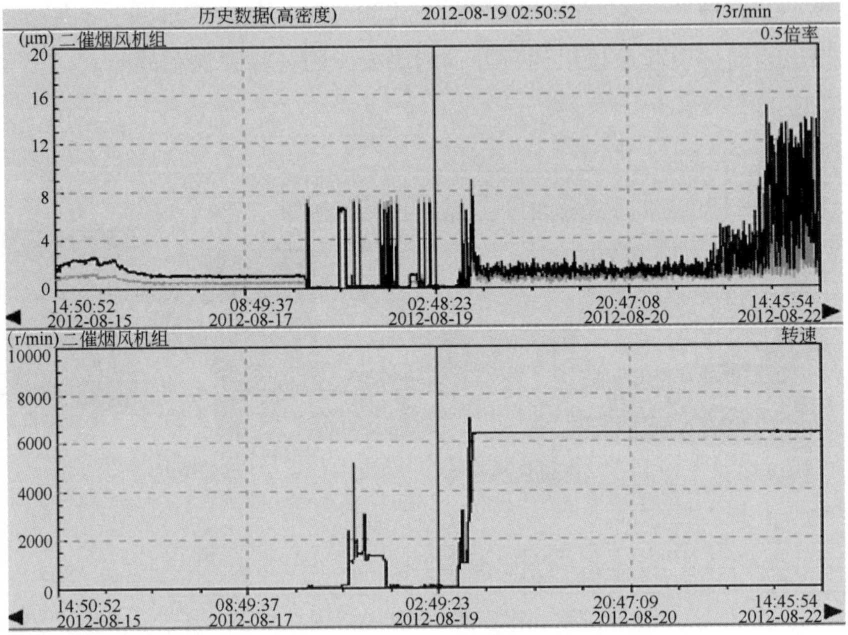

图 3-50　1 号轴承 A、B 两测点 0.5 倍频趋势图

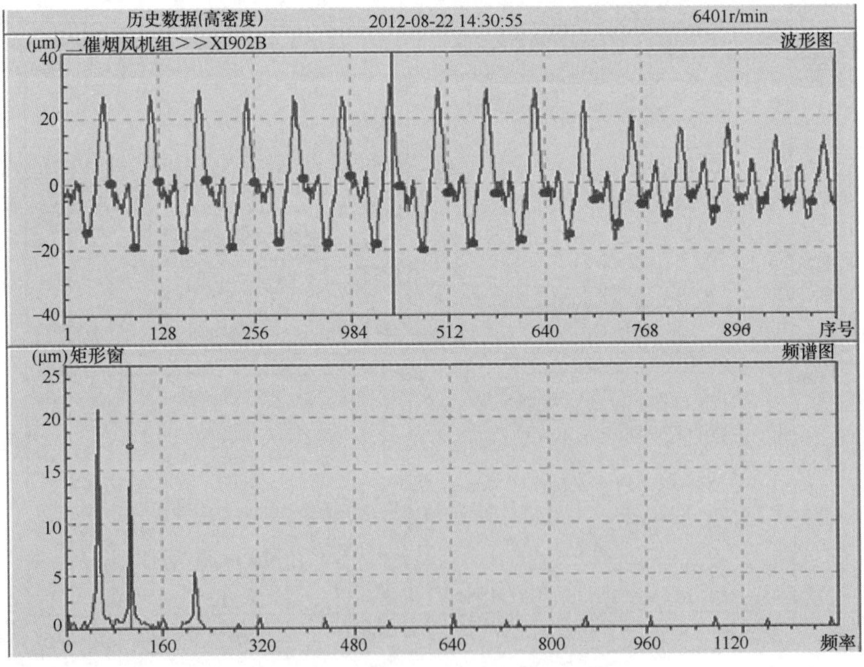

图 3-51　2 号轴承 B 测点承波形频谱图

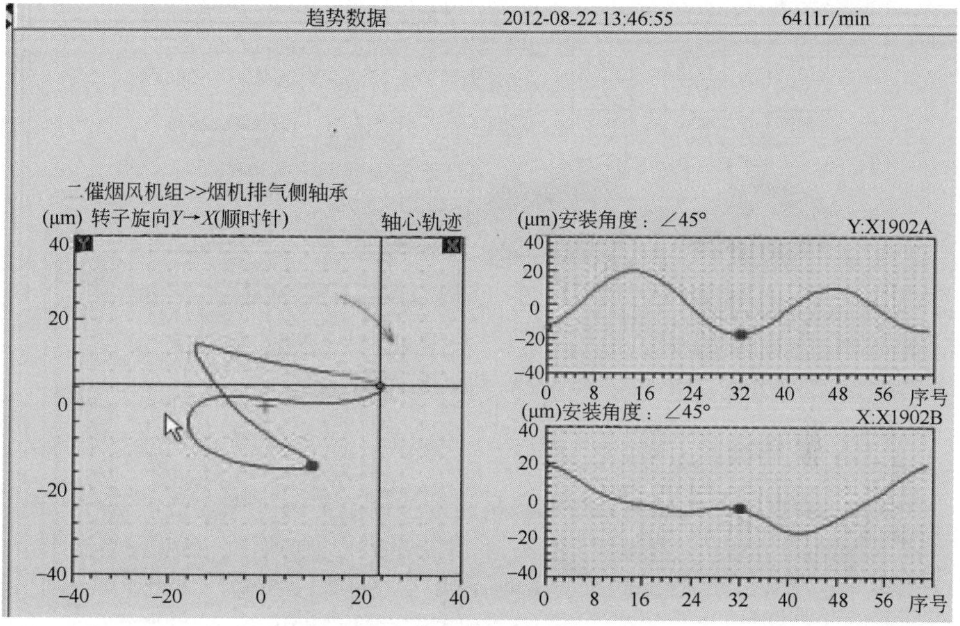

图 3-52　排气侧轴承提纯轴心轨迹

3. 诊断结论及现场反馈

诊断结论：机组存在油膜涡动故障。

现场反馈：检修机组时，现场操作人员对油温等一些工艺参数进行调整后，机组恢复正常。

第四节　其他故障案例分析

一、烟气轮机组支承部分裂纹故障诊断分析

（一）机组概况

该机组是由烟机、主风机、齿轮箱、电动发电机组成，如图 3-53 所示。

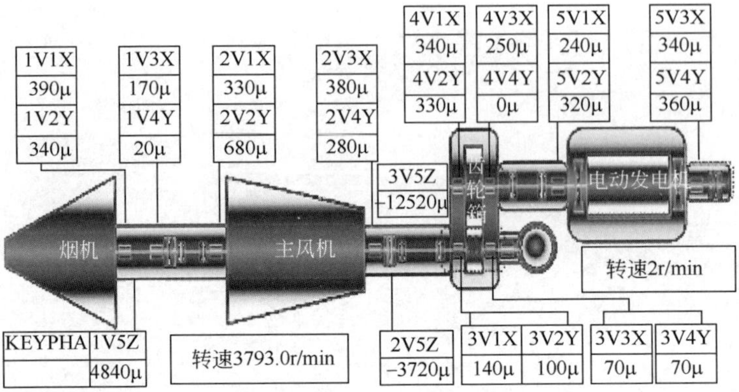

图 3-53　机组概貌图

（二）故障现象及原因分析

通过远程实时在线监测系统对该机组的振动趋势图（图 3-54、图 3-55）、

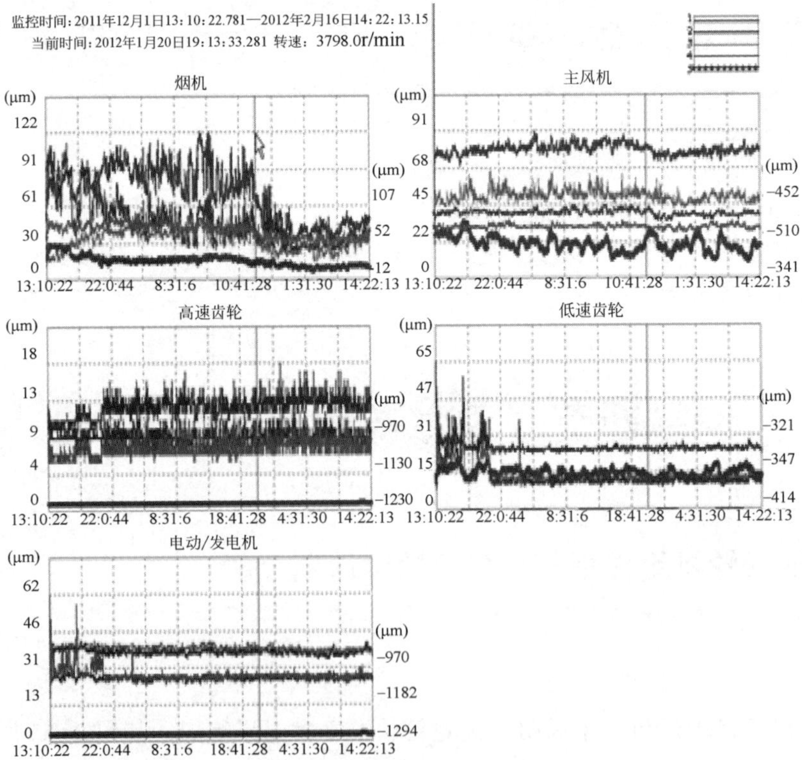

图 3-54　烟气轮机 4 机组各通道振值变化趋势

全频谱图（图 3-56）及频率特征曲线（图 3-57、图 3-58）等进行分析，发现 2012 年 12 月 1 日，烟气轮机机组开机运行到 1 月 20 日，振值相对比较高且不稳定；轮盘端两通道振值出现交叉变化；1 月 20 日后，振值明显下降，减小到比开机初期的振值还低，并时常出现小幅振值波动，经过现场操作人员紧固连接部件后，故障仍然存在。因而得出判断：引起该机组运行异常的主要原因是机组支承系统刚性不足。

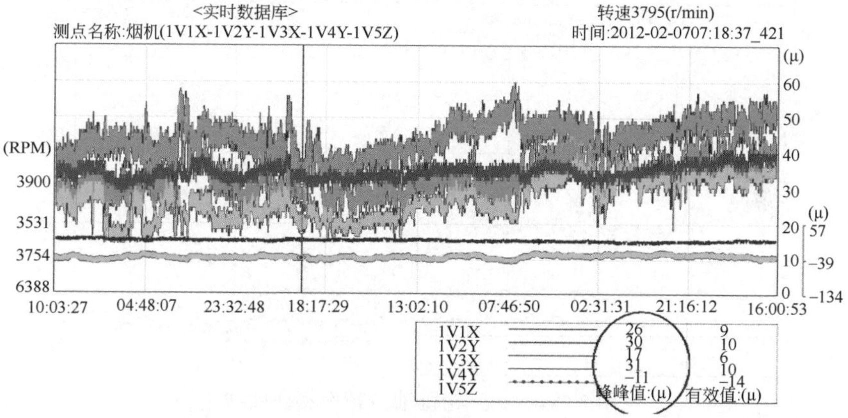

图 3-55　振动趋势图

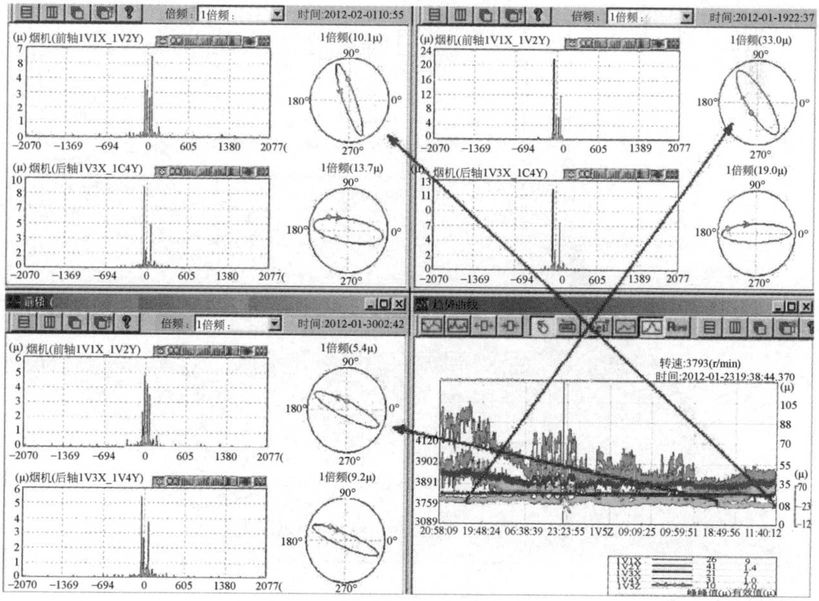

图 3-56　全频谱图

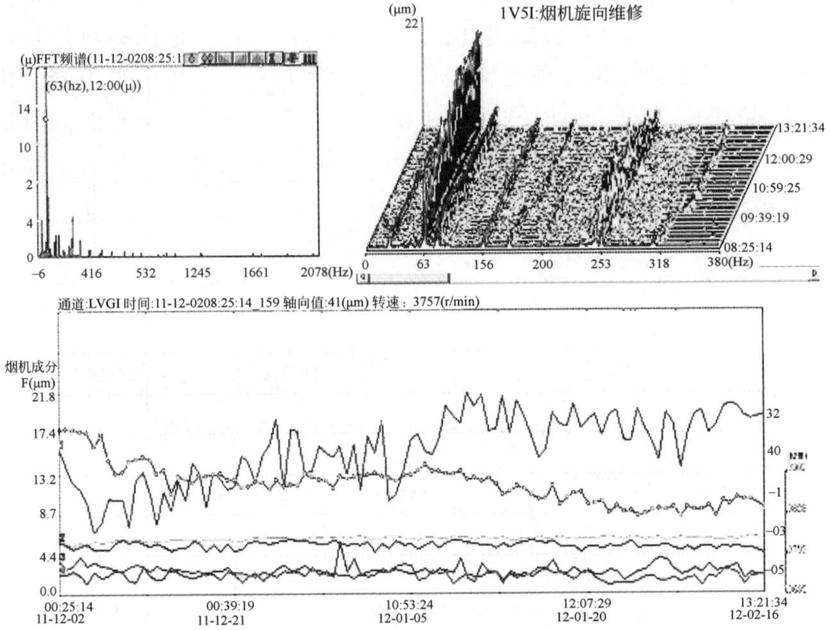

图 3-57　烟气轮机轴向频率特征曲线

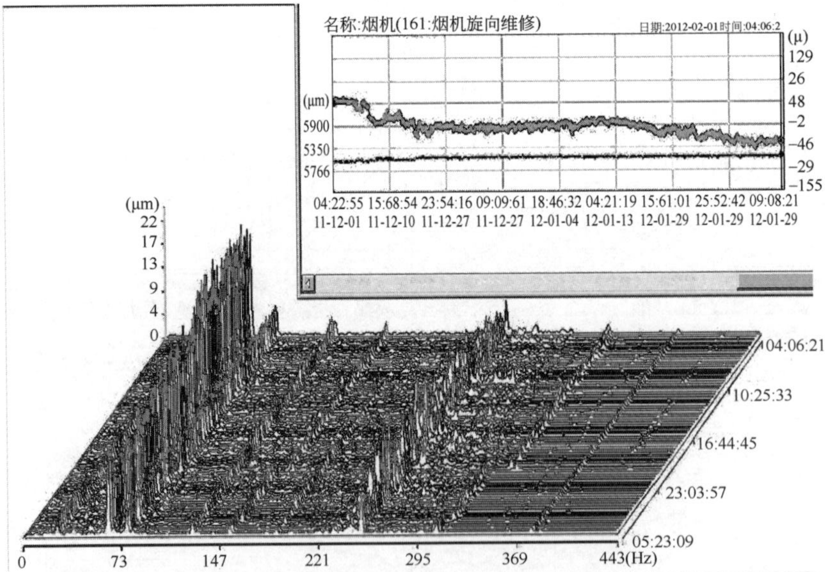

图 3-58　烟气轮机轴向通道 1 倍频成分呈增加趋势

（三）诊断结论及现场反馈

诊断结论：机组支承系统刚性不足。

现场反馈：检修机组时发现，支撑部分出现重大裂纹缺陷（图 3-59、图 3-60）。

图 3-59　轮盘侧径向轴承支承座开裂

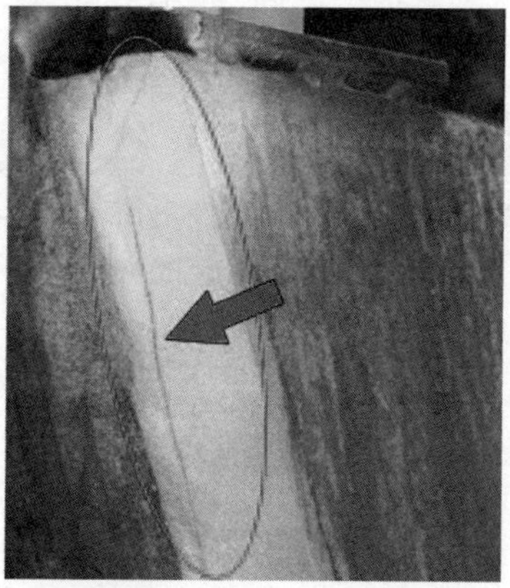

图 3-60　烟气轮机轴承箱体贯穿性裂纹

二、烟气轮机组催化剂冲刷故障诊断分析

（一）机组概况

该机组由烟机、主风机、汽轮机、齿轮箱、电动发电机组成，如图 3-61 所示。

（二）故障现象及原因分析

通过远程实时在线监测系统对该机组的振动趋势图（图 3-62）、瀑布图（图 3-63）及频率特征图（图 3-64）进行分析，发现 2006 年 4 月 23 日至 2006 年 10 月 12 日，烟气轮机运行不足 6 个月的时间内出现振幅缓慢升高，主要是 1 倍频非常均匀地上升，其他成分几乎不变。因而得出判断：引起该机组运行异常的主要原因是催化剂冲刷不均，导致机组存在轴系不平衡故障。

（三）诊断结论及现场反馈

诊断结论：机组轴系不平衡。

现场反馈：检修机组后，现场反馈与诊断结论一致（图 3-65）。

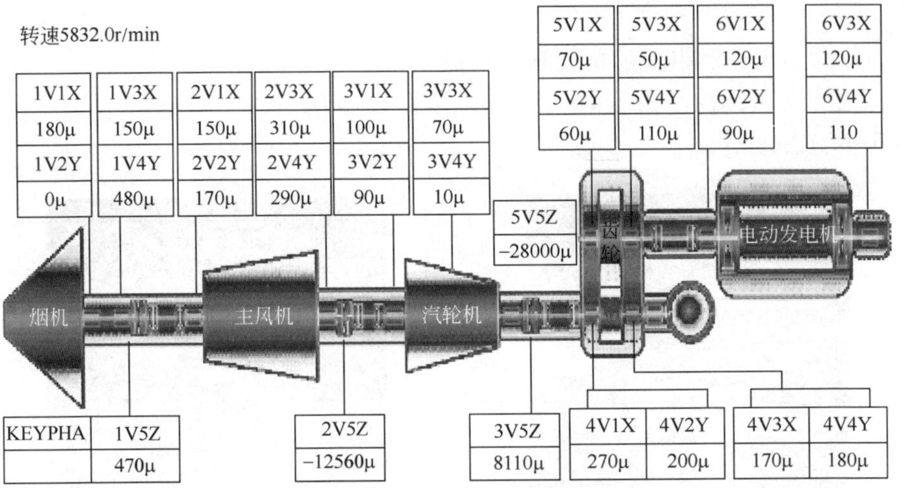

图 3-61　机组概貌图

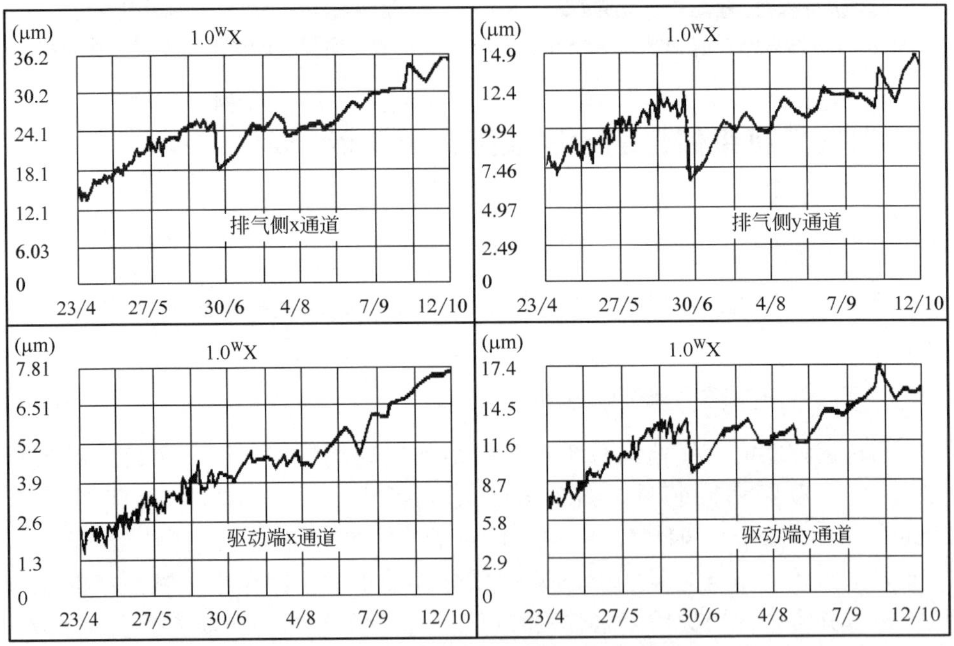

图 3-62　烟气轮机 4 通道 1X 频变化趋势图

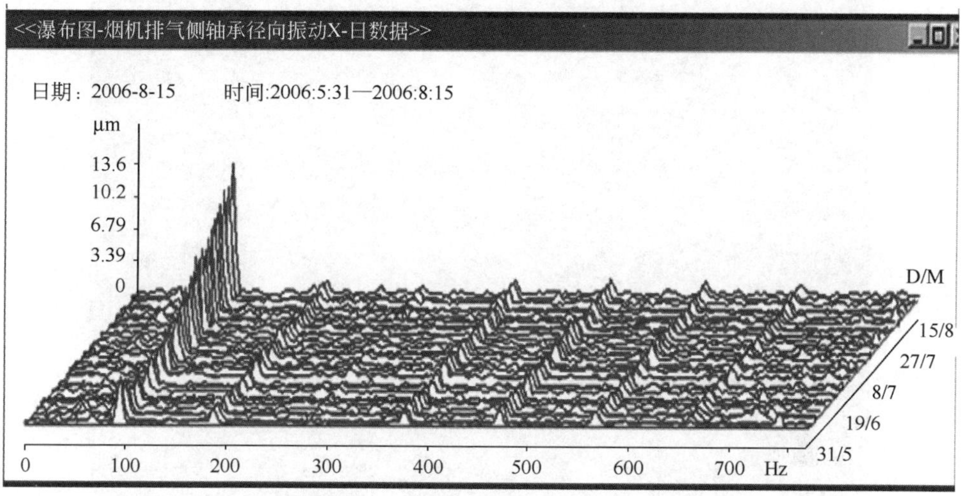

图 3-63　烟气轮机轮盘 X 通道瀑布图

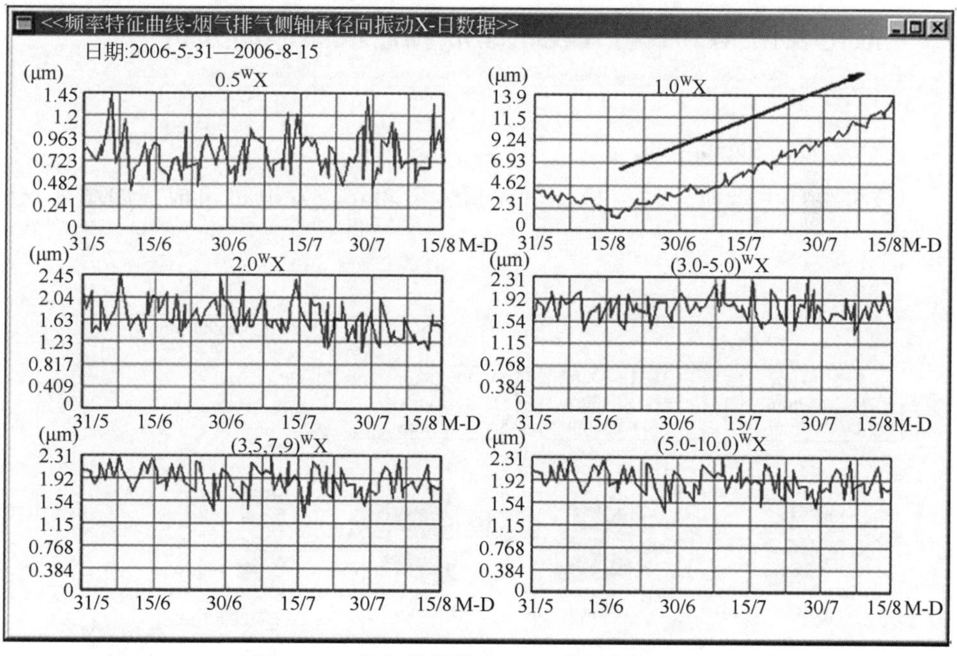

图 3-64　烟气轮机轮盘 X 通道频率特征图

图 3-65　冲刷最严重的部位

三、催化裂化 M101 烟气轮机组联轴器故障诊断分析

（一）机组概况

该机组是由烟机、轴流机、汽轮机、齿轮箱、发电机组成，如图 3-66 所示。

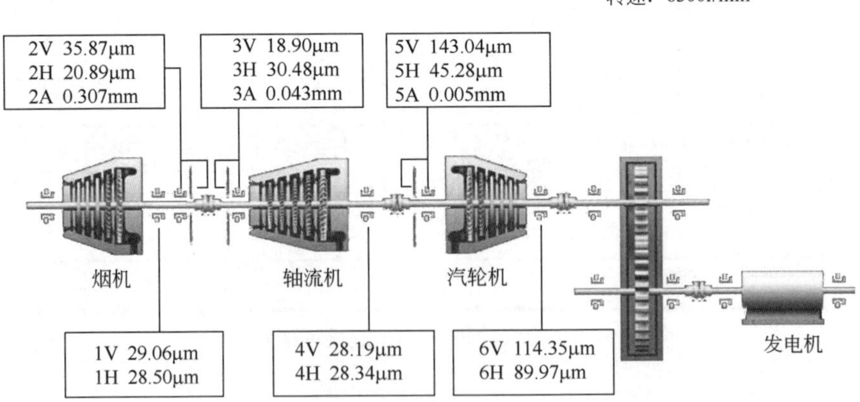

图 3-66　机组概貌图

（二）故障现象及原因分析

通过远程实时在线监测系统对该机组的振动趋势图（图 3-67）及轴心轨迹图（图 3-68）进行分析，发现时域波形是 1 倍频与 2 倍频叠加波形；0.5 倍频分量非常显著；轴心轨迹呈现双环椭圆；轴向振动较大。因而得出判断：引起该机组运行异常的主要原因是机组轴系对中不良故障。

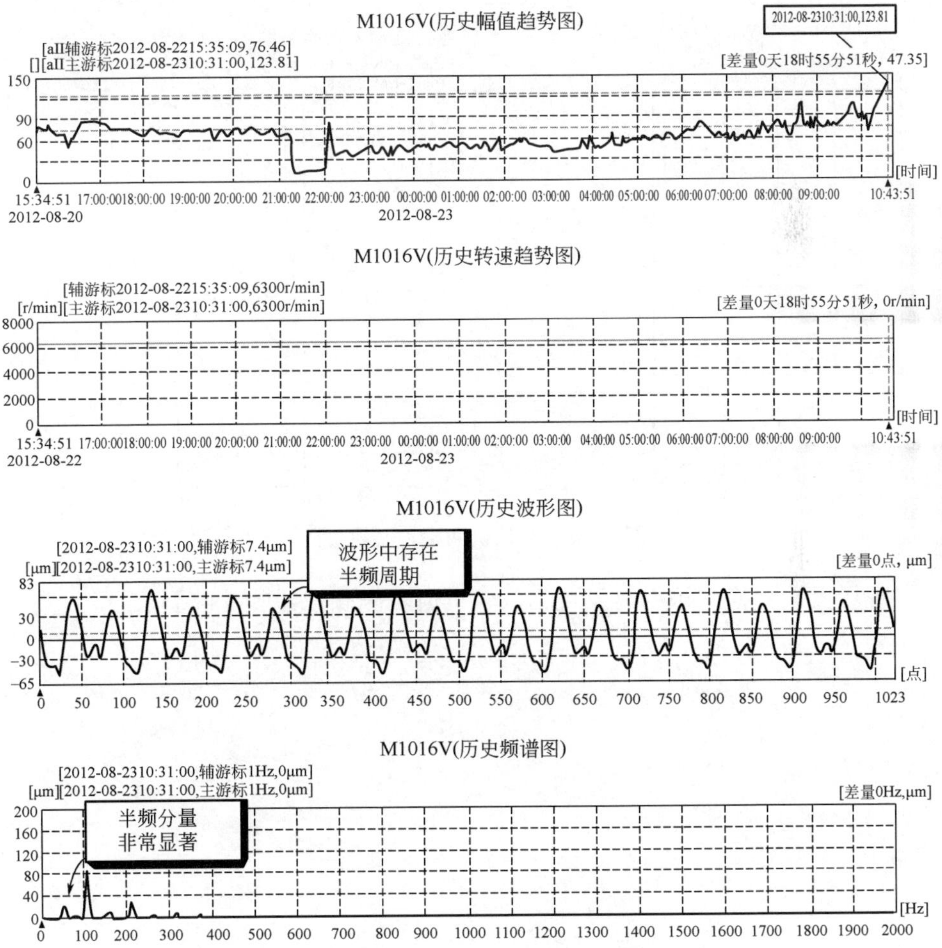

图 3-67　汽轮机振动趋势图/波形频谱图（6V）

（三）诊断结论及现场反馈

诊断结论：机组轴系对中不良故障。

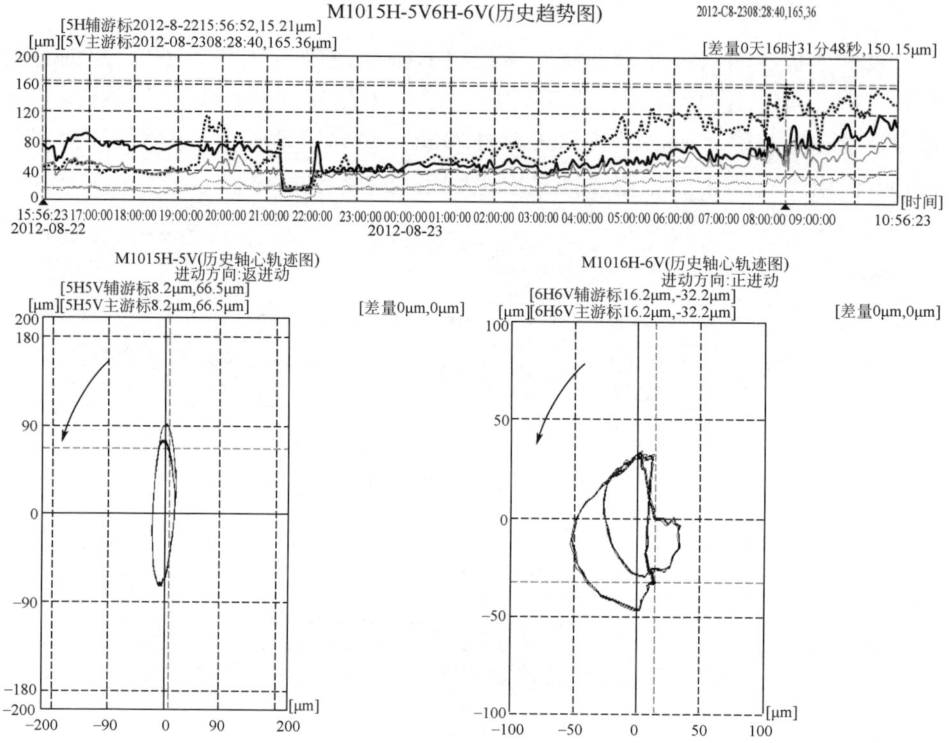

图 3-68　汽轮机两端轴心轨迹图

现场反馈：检修机组时发现，汽轮机齿轮侧联轴器膜片碎裂。

第四章 离心泵故障诊断案例分析

第一节 不平衡故障案例分析

一、二套常减压 234A 泵轴系不平衡故障诊断分析

（一）机组概况

该机组是由电动机、泵组成，如图 4-1 所示。

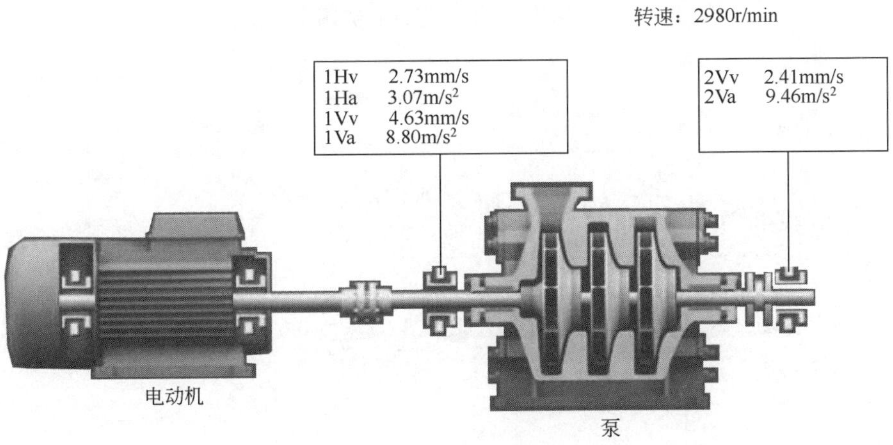

图 4-1 机组概貌图

（二）故障现象及原因分析

通过远程实时在线监测系统对该机组的振动趋势图（图 4-2）和趋势及频谱对比图（图 4-3 至图 4-5）进行分析，发现测点 1Vv 振动值随机组转速

上升明显；以 1 倍频占主导；相位稳定。因而得出判断：引起该机组运行异常的主要原因是轴系不平衡故障。

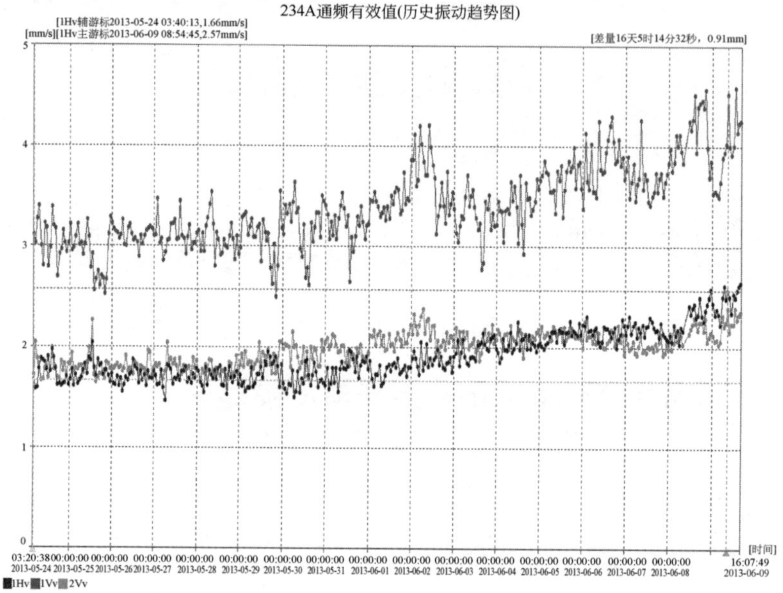

图 4-2　1Vv 振动趋势图

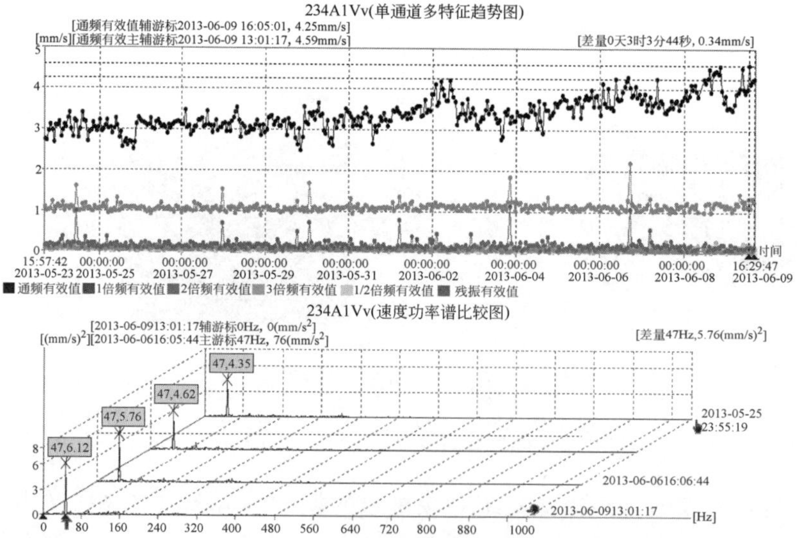

图 4-3　1Vv 趋势及频谱对比图

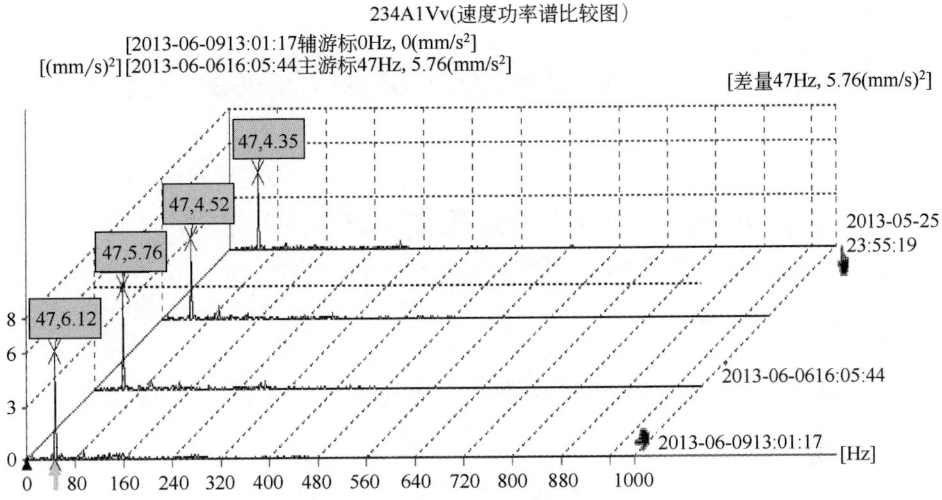

图 4-4　1Vv 速度功率谱比较图

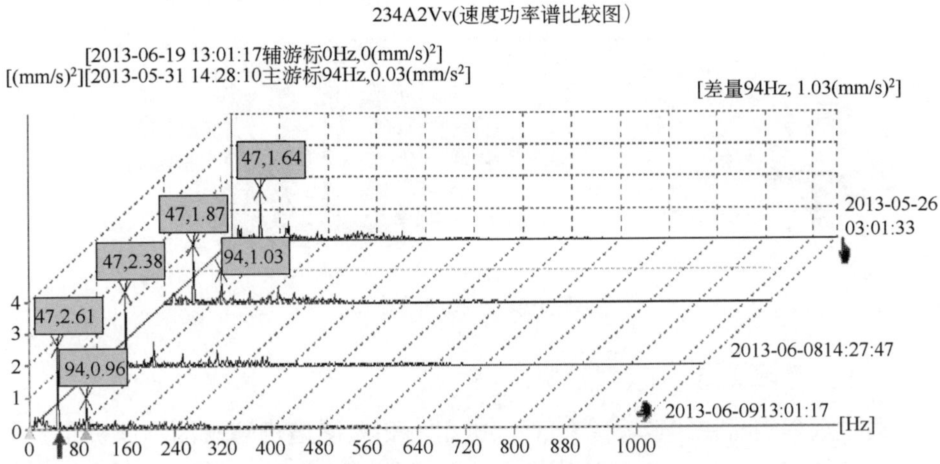

图 4-5　2Vv 速度功率谱比较图

（三）诊断结论及现场反馈

诊断结论：机组轴系不平衡故障。

现场反馈：检修机组时，现场人员发现原油中含有腐蚀性环烷酸，对转子造成腐蚀，从而引起机组转子不平衡故障。

第二节 部件磨损故障案例分析

一、常底泵703A油封磨损故障诊断分析

（一）机组概况

该机组是由电动机、泵组成，如图4-6所示。

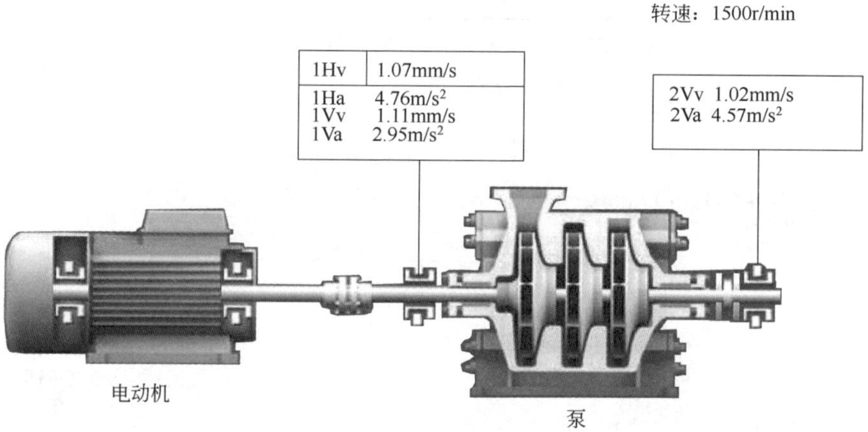

图4-6 机组概貌图

（二）故障现象及原因分析

通过远程实时在线监测系统对该机组的相关图谱进行观测，该机组各测点的振动加速度值呈不断上升趋势，从早期的1Ha振动频谱图（图4-8）中可以看出，该测点低频谐波丰富，到后期的振动频谱中（图4-9），出现丰富的高次谐波成分，根据以上振动特征得出判断：引起该机组运行异常的主要原因是机组发生碰摩故障，导致油封磨损。

（三）诊断结论及现场反馈

诊断结论：机组存在碰摩故障，导致油封磨损故障。

现场反馈：检修机组时，现场人员反馈与诊断结论一致。

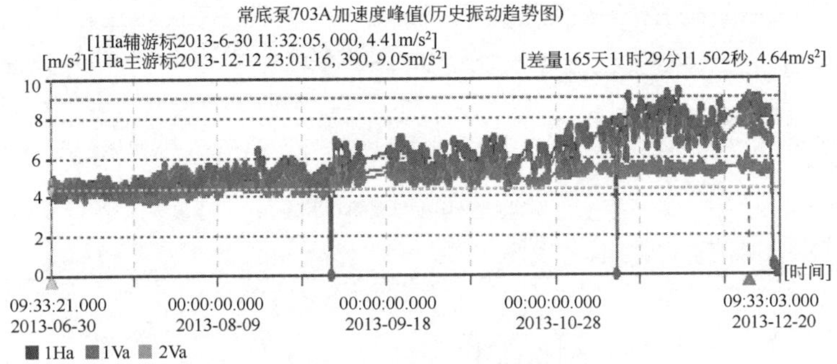

图 4-7　机组振动趋势图

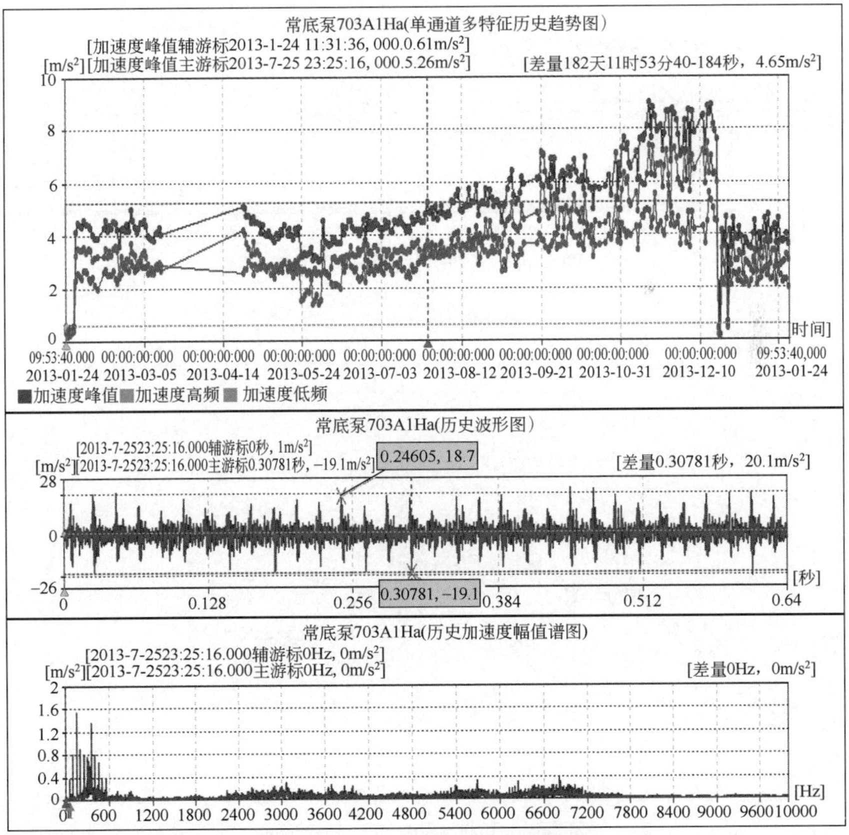

图 4-8　早期 1Ha 振动频谱图

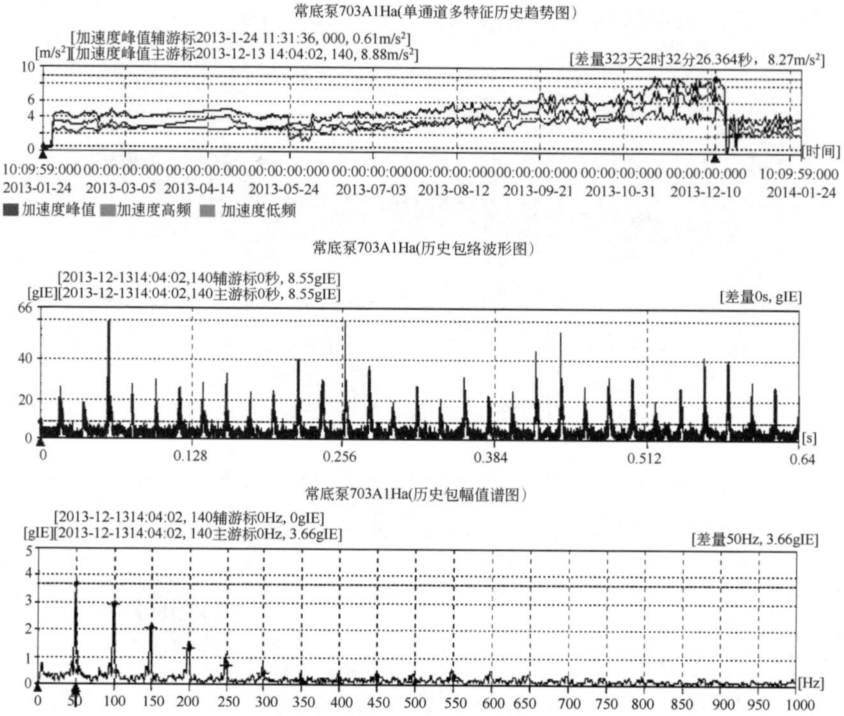

图 4-9　后期 1Ha 振动频谱图

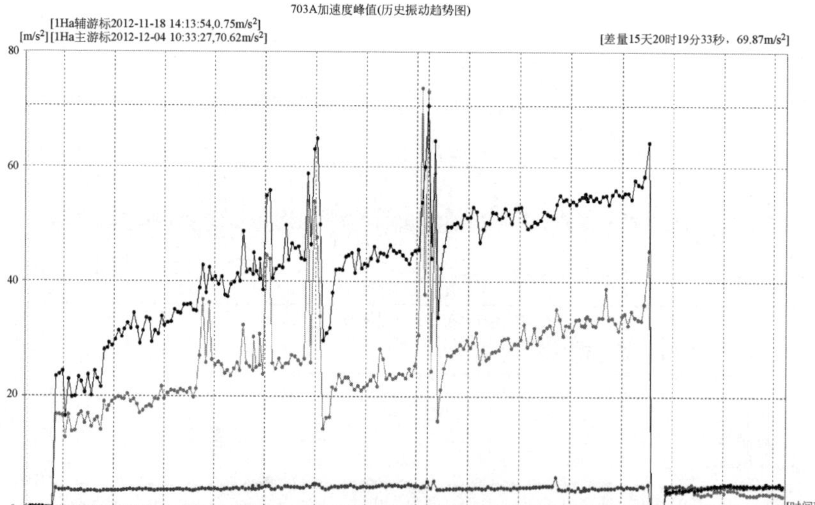

图 4-10　泵驱动端加速度上升趋势图

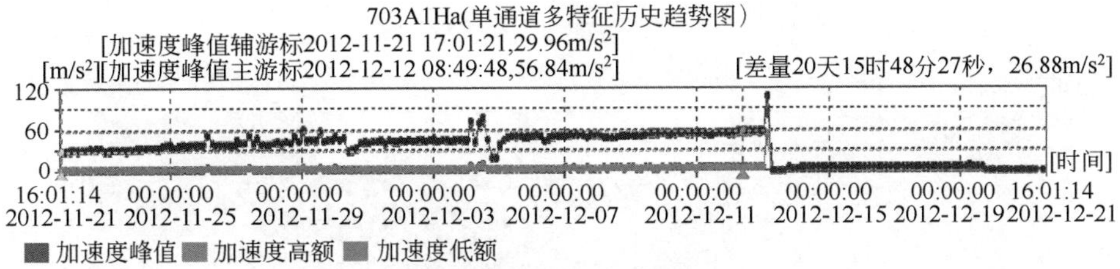

图 4-11　1Ha 历史趋势图

二、高压锅炉给水泵轴套磨损故障诊断分析

（一）机组概况

该机组是由电动机、泵组成，如图 4-12 所示。

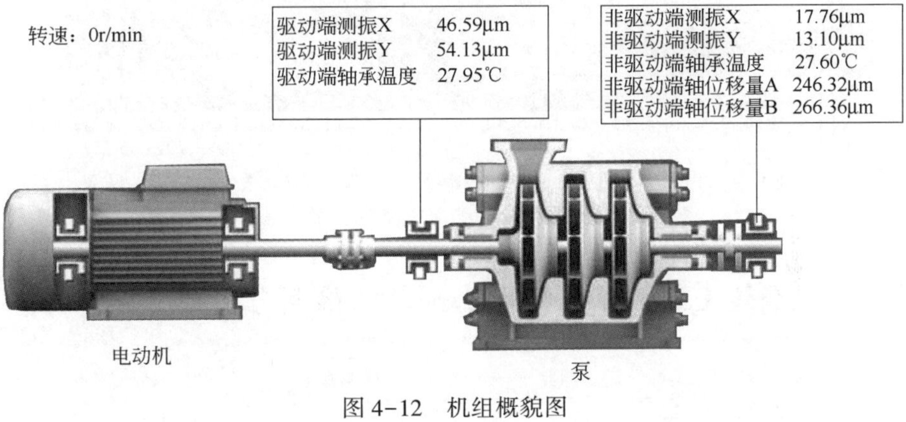

图 4-12　机组概貌图

（二）故障现象及原因分析

通过远程实时在线监测系统对该机组的振动趋势图（图 4-13）进行分析，得出判断：引起该机组运行异常的主要原因是机组发生碰摩故障，导致轴套磨损故障。

（三）诊断结论及现场反馈

诊断结论：机组发生碰摩故障，导致轴套磨损故障。

现场反馈：检修机组时，现场人员反馈与诊断结论一致。

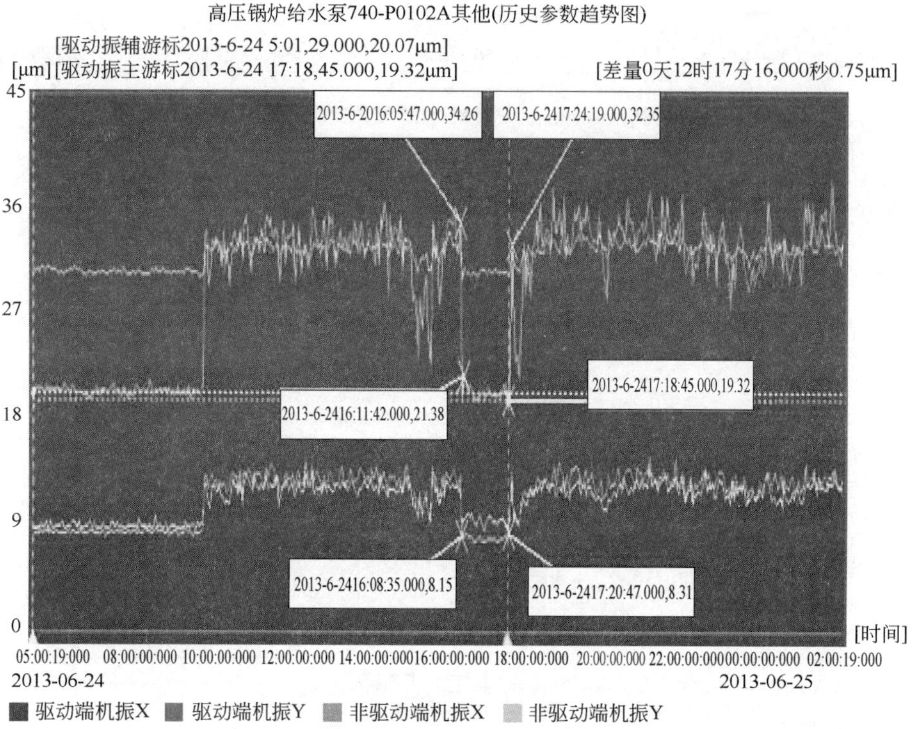

图 4-13　各测点振动趋势图

三、加氢裂化 P3409A 泵轴承磨损故障诊断分析

（一）机组概况

该机组是由电动机、泵组成，如图 4-14 所示。

（二）故障现象及原因分析

通过远程实时在线监测系统对该机组的振动趋势图谱（图 4-15、图 4-17）进行观测，该机组振动趋势一直比较平稳，泵驱动端加速度从 2013 年 12 月 28 日起持续上涨，2014 年 1 月 5 日至 11 日，振动波动异常，11 日至 12 日，振动明显上涨并触发报警和危险值。振动值增长主要是由于加速度高频上升导致，且在 2Ha 加速度幅值谱图（图 4-16）中有一段明显的高频带。根据以上振动特征得出判断：引起该机组运行异常的主要原因是机组发生碰摩故障，导致轴承磨损故障。

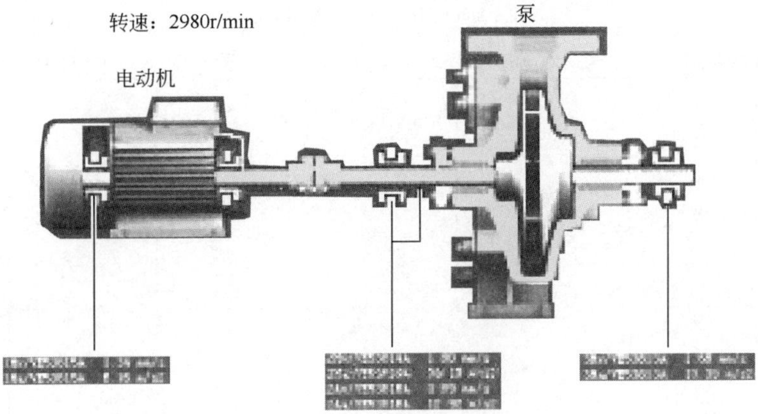

图 4-14　机组概貌图

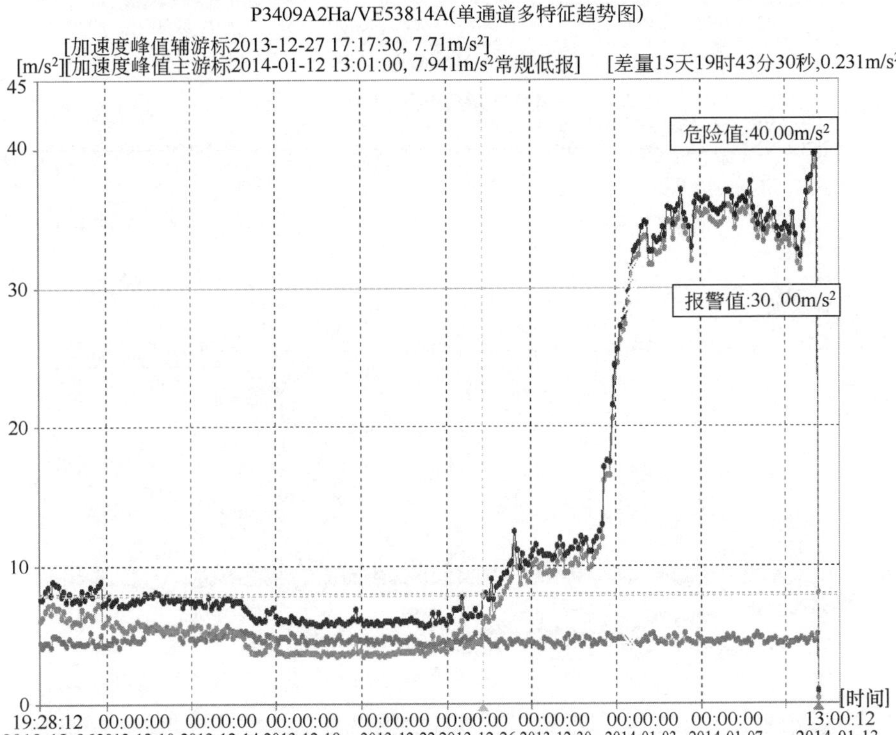

图 4-15　2Ha 振动趋势图

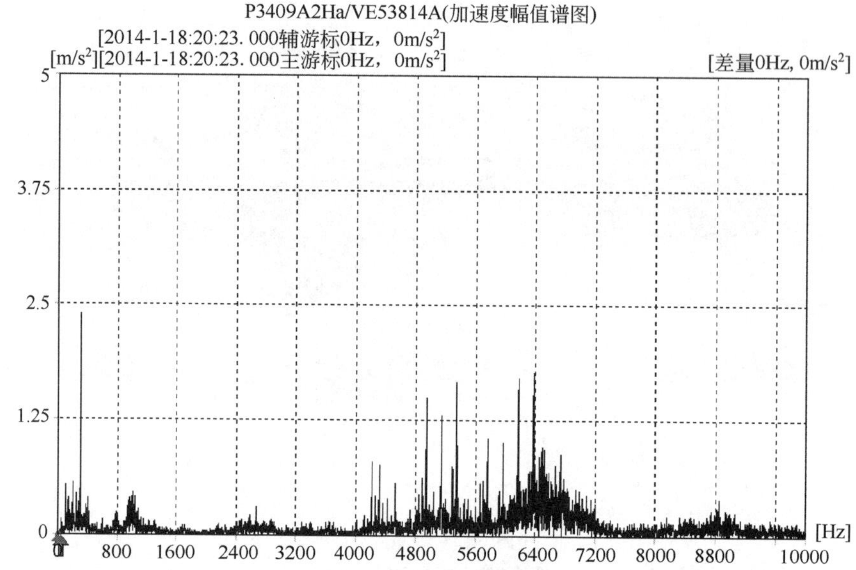

图 4-16　2Ha 幅值谱图

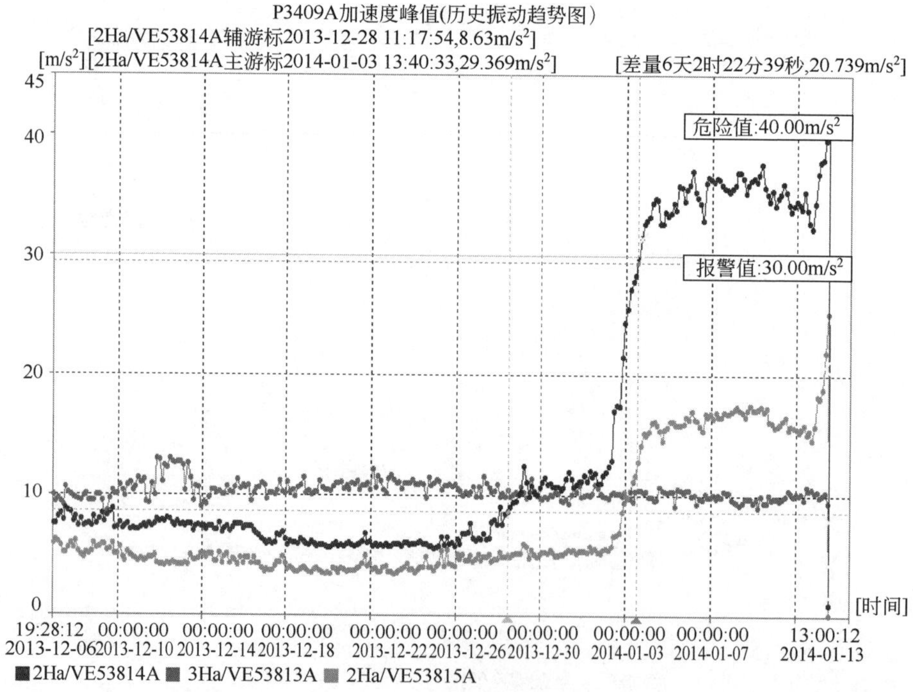

图 4-17　机组振动趋势图

（三）诊断结论及现场反馈

诊断结论：机组存在碰摩故障，导致轴承磨损故障。
现场反馈：检修机组时，现场人员反馈与诊断结论一致。

第三节　不对中故障案例分析

一、机组概况

该机组是由电动机、泵组成，如图 4-18 所示。

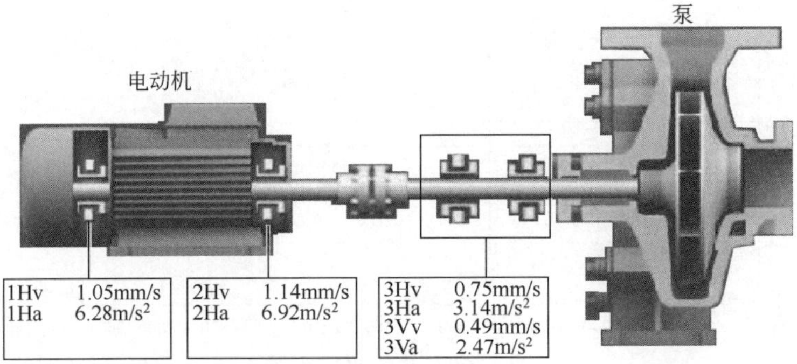

图 4-18　机组概貌图

二、故障现象及原因分析

通过远程实时在线监测系统对该机组的振动趋势图（图 4-19）及幅值谱图（图 4-20）进行分析，得出判断：引起该机组运行异常的主要原因是机组轴系对中不良故障。

三、诊断结论及现场反馈

诊断结论：机组轴系对中不良故障。
现场反馈：检修机组时，现场人员反馈与诊断结论一致。

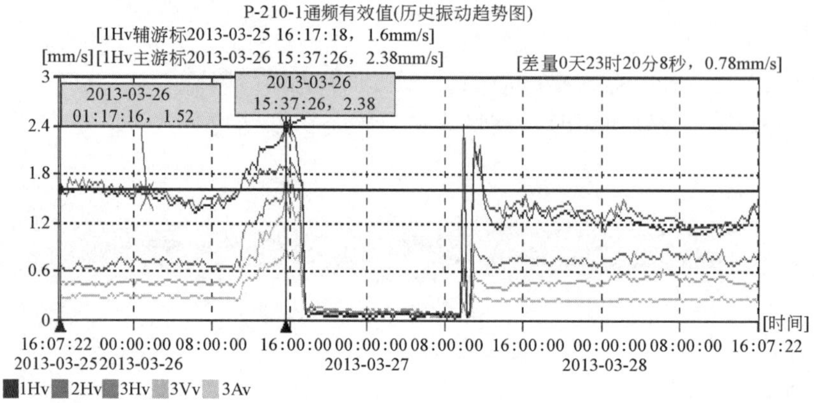

图 4-19　1Hv 振动趋势图

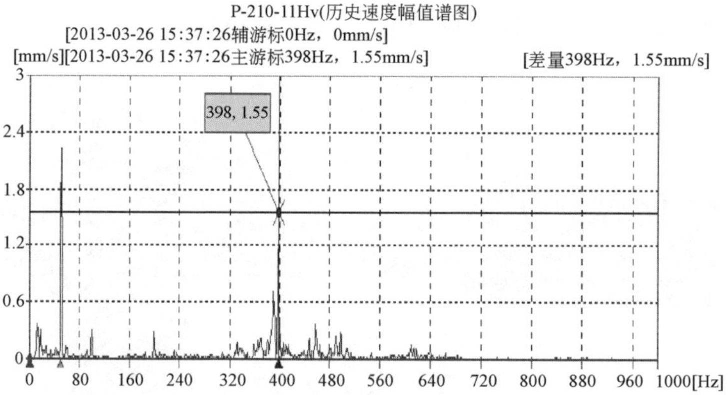

图 4-20　1Hv 幅值谱图

第四节　过滤网堵塞故障案例分析

一、减压渣油泵 110-P118A/P103A 过滤网堵塞故障诊断分析

（一）机组概况

该机组是由电动机、泵组成，如图 4-21 所示。

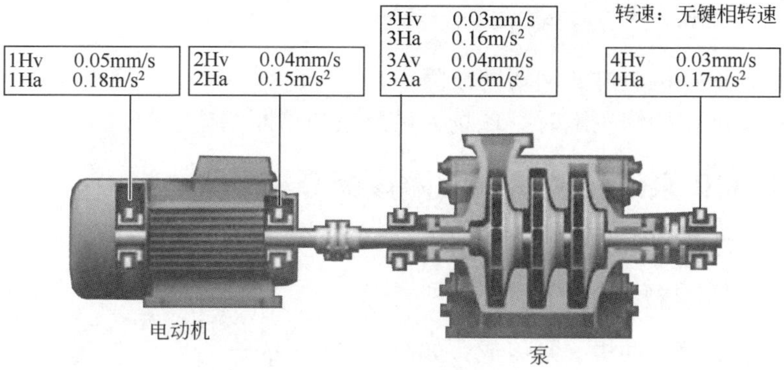

图 4-21　机组概貌图

（二）故障现象及原因分析

通过远程实时在线监测系统对该机组的振动趋势图（图 4-22）进行分析，机组壳体振动大，得出判断：引起该机组运行异常的主要原因是机组过滤网可能存在堵塞故障。

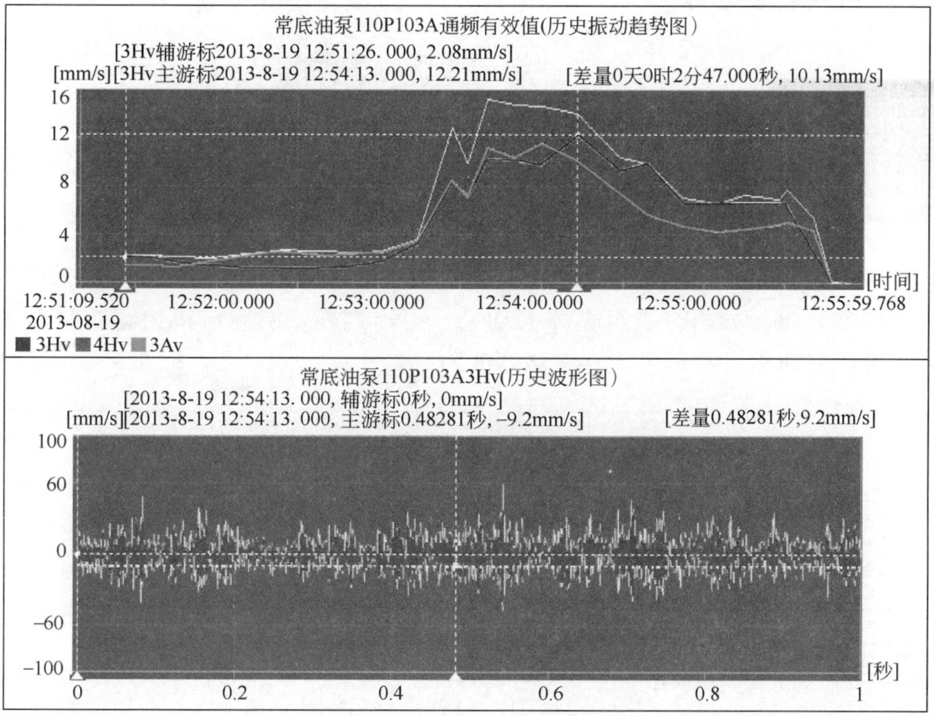

图 4-22　泵端振动趋势图

（三）诊断结论及现场反馈

诊断结论：机组过滤网堵塞故障。

现场反馈：检修机组时，现场人员反馈与诊断结论一致。

二、P1208B 泵过滤网堵塞故障诊断分析

（一）机组概况

该机组是由电动机、泵组成，如图 4-23 所示。

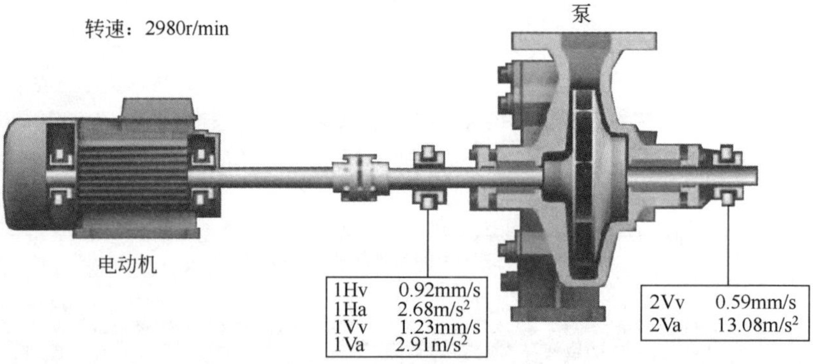

图 4-23　机组概貌图

（二）故障现象及原因分析

通过远程实时在线监测系统对该机组的振动趋势图（图 4-24）及幅值图（图 4-25）进行分析，机组壳体振动大，得出判断：引起该机组运行异常的主要原因是机组过滤网可能存在堵塞故障。

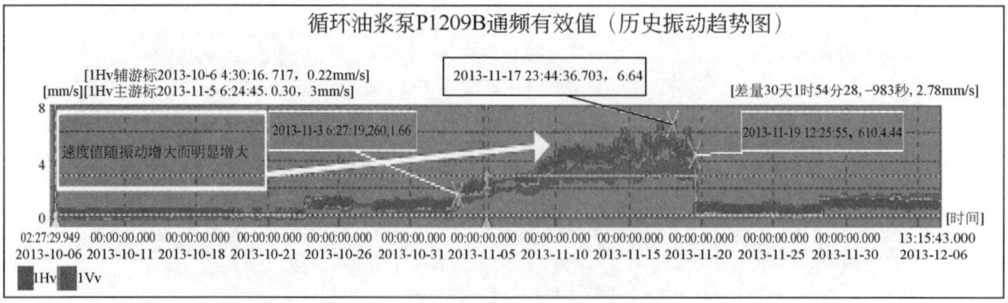

图 4-24　1Hv、1Vv 振动趋势图

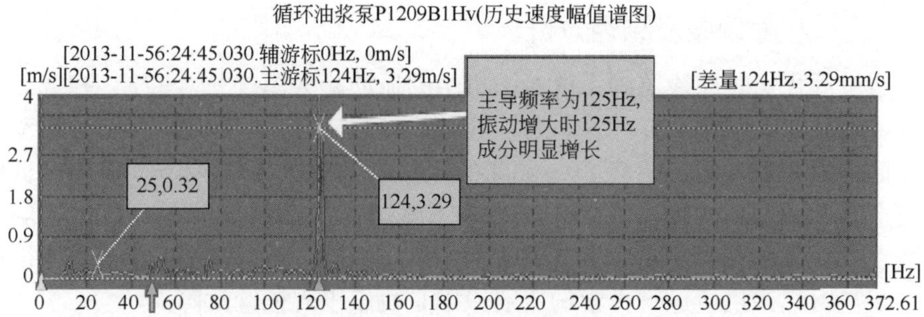

图 4-25　1Hv 幅值谱图

（三）诊断结论及现场反馈

诊断结论：机组过滤网堵塞故障。

现场反馈：检修机组时，现场人员反馈与诊断结论一致。

第五节　松动故障案例分析

一、常底泵 703A 松动故障诊断分析

（一）机组概况

该机组是由电动机、泵组成，如图 4-26 所示。

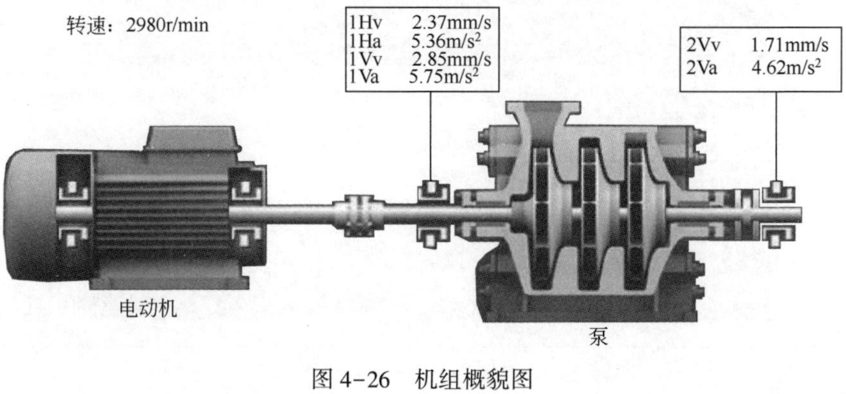

图 4-26　机组概貌图

（二）故障现象及原因分析

通过远程实时在线监测系统对该机组的振动趋势图（图 4-27）和波形频谱图（图 4-28、图 4-29、图 4-30）进行观测，看出该机组各测点的振动加速度值呈不断上升趋势，从 1Ha 早期的振动频谱图中可以看出，该测点低频谐波丰富，到后期的振动频谱中，出现丰富的高次谐波成分，且该机组驱动端测点 1Ha 振值持续上升，频谱中高次谐波成分丰富。根据以上振动特征得出判断：引起该机组运行异常的主要原因是机组出现松动故障。

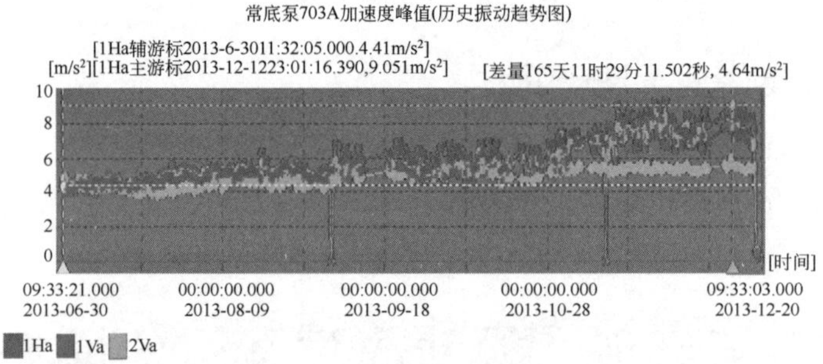

图 4-27　机组振动趋势图

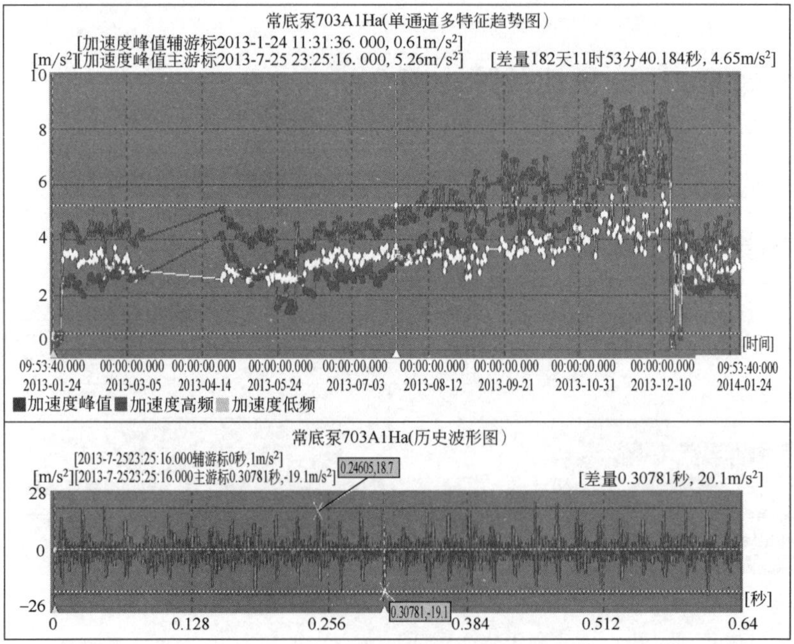

图 4-28

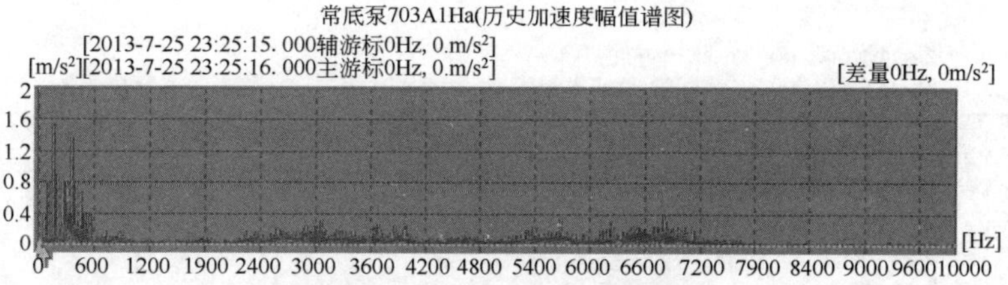

图 4-28 早期 1Ha 振动频谱图

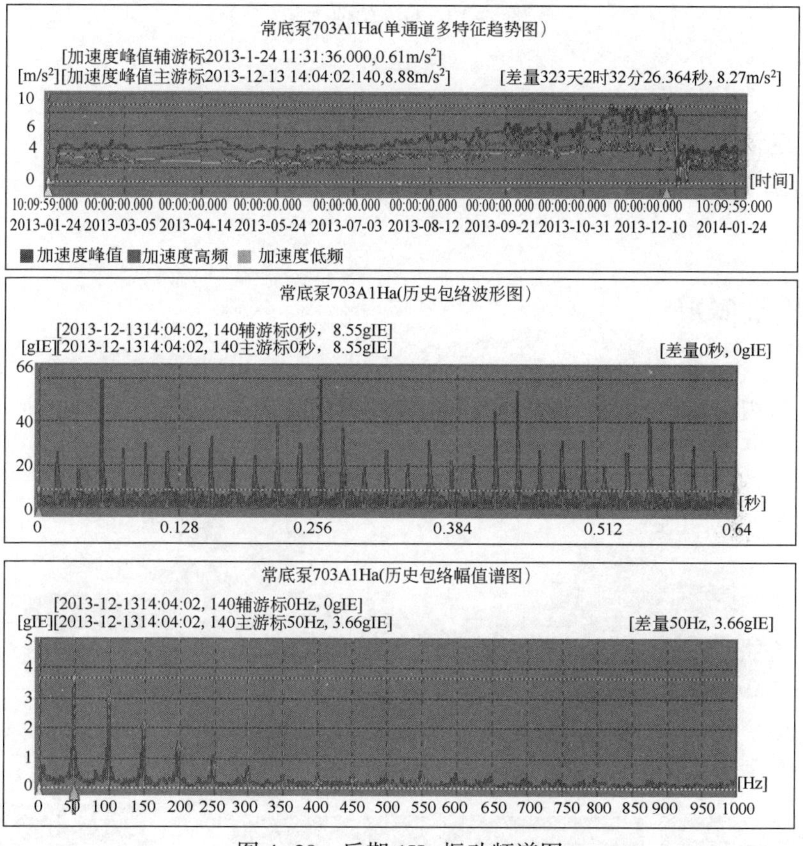

图 4-29 后期 1Ha 振动频谱图

（三）诊断结论及现场反馈

诊断结论：机组存在松动故障。

现场反馈：检修机组时，现场人员反馈与诊断结论一致。

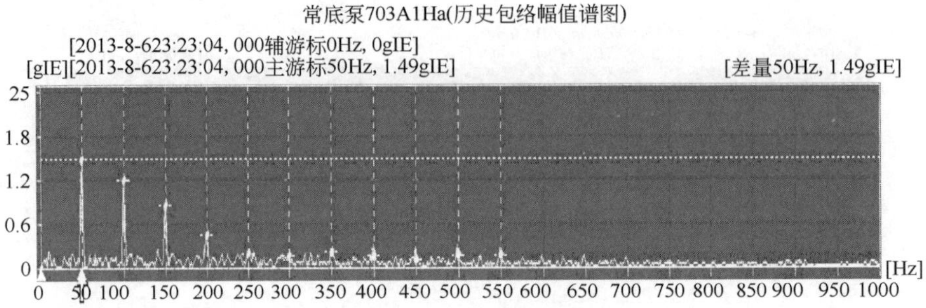

图 4-30 1Ha 幅值谱图

第六节 汽蚀故障案例分析

一、机组概况

该机组是由电动机、泵组成，如图 4-31 所示。

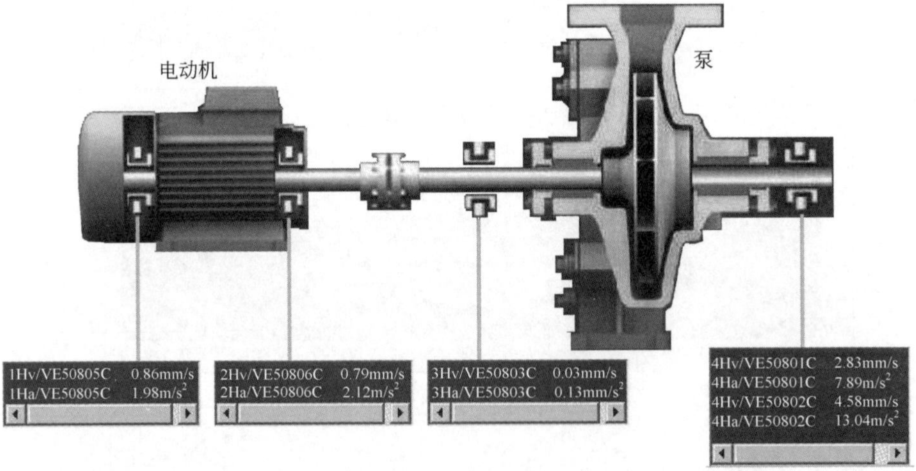

图 4-31 机组概貌图

二、故障现象及原因分析

通过远程实时在线监测系统对该机组的振动趋势图（图 4-32）和幅值谱图（图 4-33）进行分析，得出判断：引起该机组运行异常的主要原因是汽蚀故障。

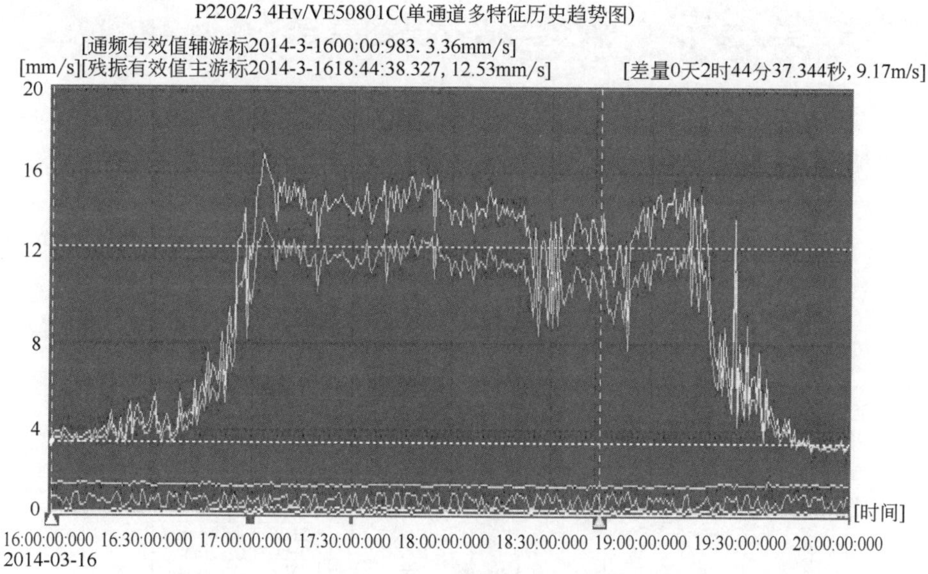

图 4-32 4Hv 振动趋势图

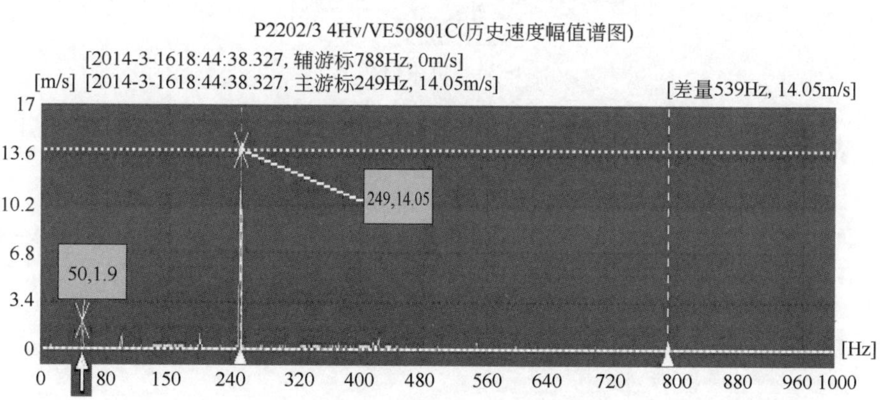

图 4-33 4Hv 幅值谱图

三、诊断结论及现场反馈

诊断结论：机组存在汽蚀故障。

现场反馈：检修机组时，现场人员反馈与诊断结论一致。

第七节　滚动轴承故障案例分析

一、机组概况

该机组是由电动机、泵组成，如图 4-34 所示。

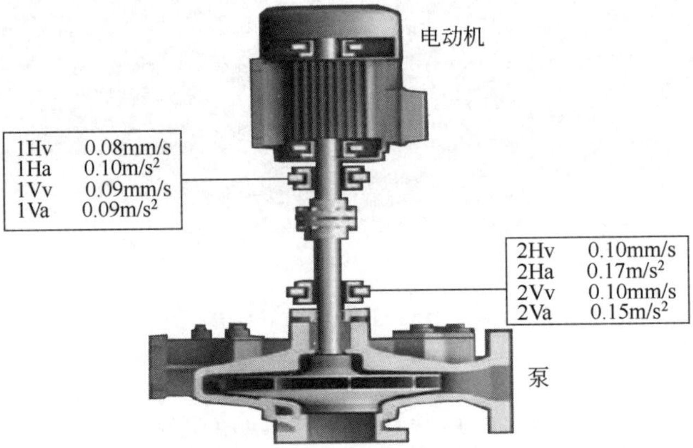

图 4-34　机组概貌图

二、故障现象及原因分析

通过远程实时在线监测系统对该机组的振动趋势图（图 4-35、图 4-36）进行分析，得出判断：引起该机组运行异常的主要原因是滚动轴承故障。

三、诊断结论及现场反馈

诊断结论：机组滚动轴承故障。

现场反馈：检修机组时，现场人员反馈与诊断结论一致。

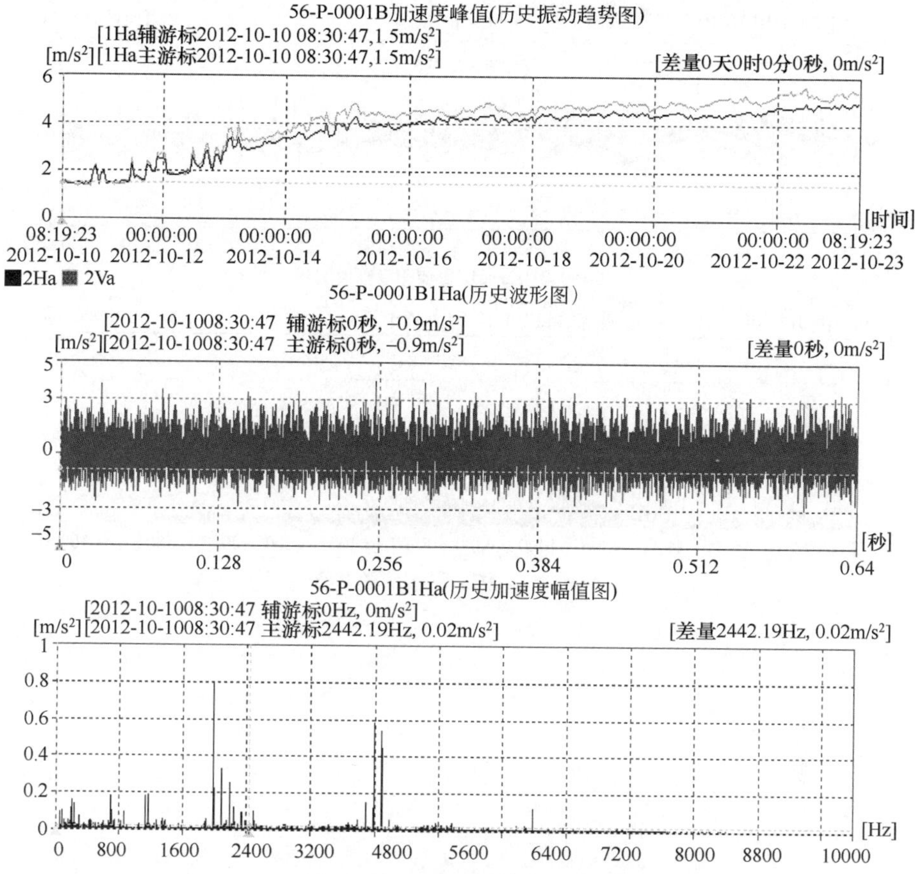

图 4-35　1Ha 和 1Va 趋势图

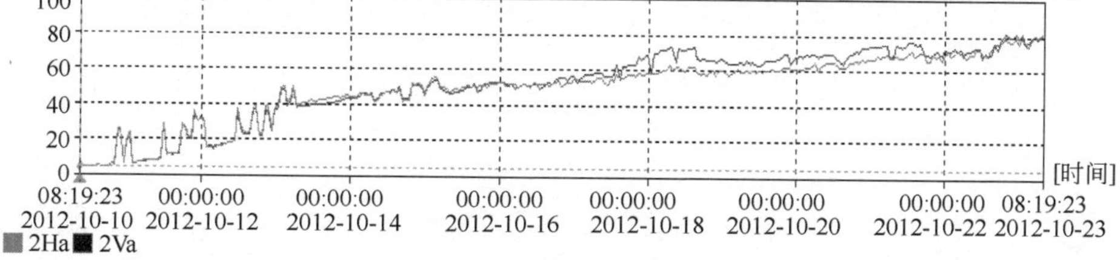

图 4-36

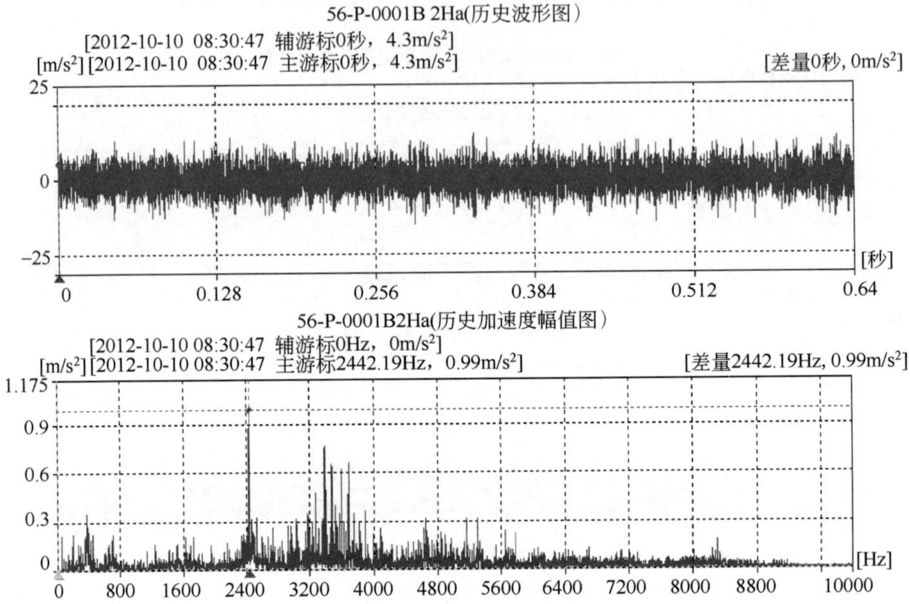

图 4-36 2Ha 和 2Va 趋势图

第二篇　往复机械故障诊断案例分析

第五章　往复机械常见故障类型及故障原因

往复式压缩机容易发生故障的部位：

（1）动力部分。曲轴、连杆、十字头、活塞销、活塞等零部件。

（2）液力部分。气缸、进气和排气阀门、弹簧、阀片、活塞环、填料函及排气量调节装置等部分。

（3）辅助部分。包括水、气、油三路的冷却器、缓冲器、分离器、油泵、安全阀及各种管路系统。

依据反应故障状态的监测参数可分为：

（1）故障征兆表现在机器的热力参数变化上。

（2）故障征兆表现在机器的动力参数变化上。

第一节　压缩机热力参数异常及故障原因

一、排气量降低

大部分属于气流通道受阻，内、外泄漏，余隙过大、转速降低等原因。

二、吸、排气压力异常

（1）吸气压力低：吸气管阻力大、进气滤清器堵塞、吸气阀片升程高度不够、供气量不足。

（2）吸气压力高：高压气体进入吸气管线、气阀关闭不严，有漏气、气缸与活塞环漏气、前级冷却器冷却效果不好、级后通本级的吸气管旁通阀泄漏。

（3）排气压力低：本级吸排气阀漏气或工作不正常、气缸与活塞环漏气或填料函漏气、本级吸气压力偏低、排气管或阀门漏气，旁通管泄放阀漏气、耗气量过大。

（4）排气压力高：本级用气量偏少、本级吸气压力偏高、后级吸气压力偏高、后级管路或气缸向本级漏气、本级冷却器工作不正常、本级排气管路不畅，阀门工作不正常、排气管路严重积碳。

三、温度异常

温度异常包括压缩机吸、排气温度过高，气缸、轴承、活塞杆、机体等各部件过热。前者属于介质在压缩过程中的状态不正常，产生气体温度过高，带来气缸、阀门积碳，磨损和零部件变形、损坏。后者发生过热的原因是摩擦过热，或者摩擦副润滑、冷却状态恶化。

四、工况改变对压缩机主要参数的影响

压缩机吸气压力变化、排气压力变化以及各级吸气温度变化，这些参数的变化直接影响到压缩机的各级压力、排气终了压力、排气温度、排气量和功率消耗。

五、油路故障

压缩机油路包括油泵、注油器及油路系统的过滤器、冷却器、管路压力表等部分。故障主要表现在油压偏低、偏高，油温过高，油量不足，局部润滑不良，注油不正常。油路系统的故障会引起机器摩擦、发热、烧损、咬死等问题。

第二节　压缩机零部件的机械故障及原因

一、气阀故障

主要是阀片、弹簧破损，气阀密封性差、阀片的开启时间和高度不对，

以及安装中产生的问题。

二、活塞环常见故障

活塞环断裂，活塞环涨死，失去弹性。活塞环不起密封作用主要表现形式：该级排气温度升高、该级排气压力降低、压缩机排气量下降。

三、活塞杆断裂

（1）活塞杆的螺纹由于螺纹牙型圆角半径小，应力集中严重，容易在循环载荷下产生裂纹和断裂。

（2）退刀槽、卸荷槽、螺纹表面的粗糙度达不到要求，容易产生表面裂纹。

（3）活塞杆的材质和热处理有问题。

（4）连接螺纹松动或连接螺纹的预紧力不足。

（5）某一级因其他故障原因而严重超载。

（6）活塞杆跳动量过大。

（7）工艺气体腐蚀。

四、连杆螺栓断裂

（1）连杆螺栓拧得太紧或太松。

（2）开口销折断引起连杆螺栓松动、断裂。

（3）连杆螺栓疲劳断裂。

（4）连杆螺栓的材质、锻压、热处理、加工、探伤和装配有问题。

（5）连杆大头瓦过热，活塞卡住或超负荷运转，连杆螺栓因承受过大应力而折断。

（6）运动部件出现故障，对连杆螺栓产生较大冲击载荷。

（7）长期使用 5000 ~ 8000h，未对连杆螺栓进行磁粉探伤和残余变形测量。

五、曲轴断裂

（1）压缩机地基与电动机基础发生不均匀沉降，使联轴器严重不对中，曲轴承受巨大的附加载荷。

（2）压缩机超载或在紧急停机时产生的剧烈冲击。

（3）安装不正确或在工作中气缸轴线发生变化，与曲轴轴线不垂直，使曲轴承受附加弯距。

（4）轴瓦在曲轴上装配不良，支撑面贴合不均，间隙过小，轴承发热、轴颈拉沟咬住或弯曲变形。

（5）轴颈与曲拐过渡圆角是最严重的应力集中点，该处最容易发生疲劳断裂。

（6）由于设计不合理，材质不良，热处理不合要求，探伤不及时等原因产生裂纹和断裂。

六、活塞卡塞或撞裂

（1）润滑油质量低劣，注油器供油中断，发生干摩擦，因摩擦发热，阻力增大被卡住、咬住。

（2）气缸冷却水供应不足或气缸在过热状态下突然通冷却水强烈冷却，使气缸急剧收缩，把活塞咬住。

（3）气缸带液，可撞裂活塞，甚至击破气缸。

（4）气缸与活塞间隙太小。

（5）气缸内掉入活塞螺母、气阀碎片等坚硬物，活塞撞击时碎裂。

（6）活塞材质不良，铸件质量低劣，强度达不到要求。

第六章　往复式压缩机组故障诊断案例分析

第一节　部件磨损故障案例分析

一、氢气往复压缩机活塞环、支承环磨损故障诊断分析

（一）故障诊断分析 I

1. 机组概况

该机组为电动机驱动，4 缸往复压缩机组，如图 6-1 所示。

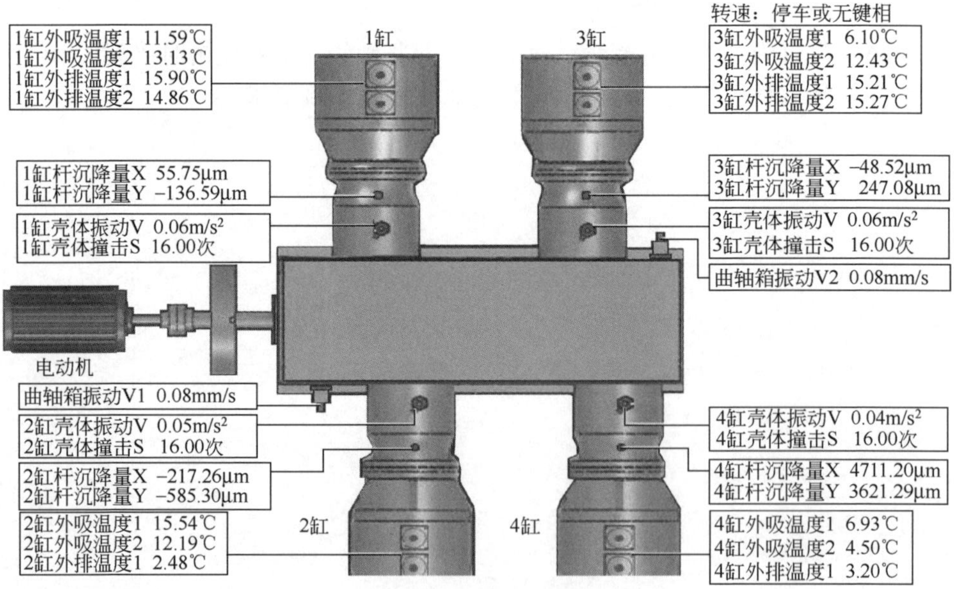

图 6-1　机组概貌图

2. 故障现象及原因分析

2012 年 2 月 14 日至 15 日机组开车期间，通过远程实时在线监测系统对该机组的历史趋势图及波形频谱图（图 6-2 至图 6-5）进行分析，发现 1 号缸活塞杆偏摆量变化较大；2 号缸和 3 号缸活塞杆沉降量和偏摆量均存在异常波动，相对变化量较大，超过系统报警值；4 号缸活塞杆沉降与偏摆量在开车期间均存在显著异常变化趋势，偏摆、沉降波形在直流和交流方向均有异常变化。因而得出判断：引起该机组运行异常的主要原因是 4 号缸的活塞环、支撑环、填料函与活塞杆表面磨损故障。

3. 诊断结论及现场反馈

诊断结论：机组 4 号缸的活塞环、支撑环、填料函与活塞杆表面磨损故障。

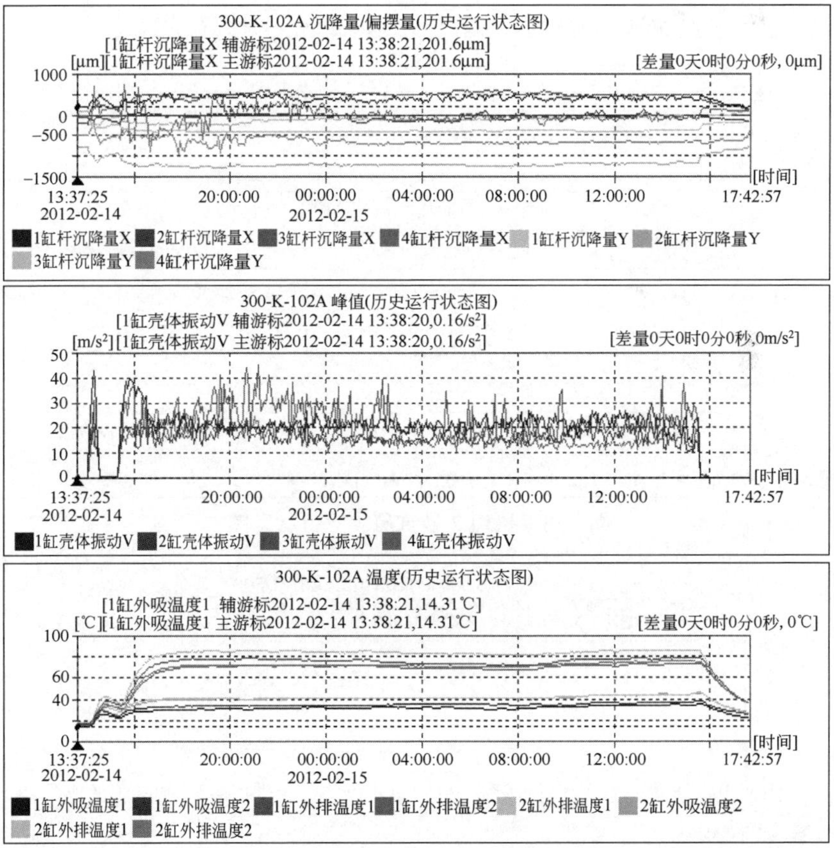

图 6-2 机组历史运行状态图

现场反馈：检修机组时，现场人员反馈与诊断结论一致。

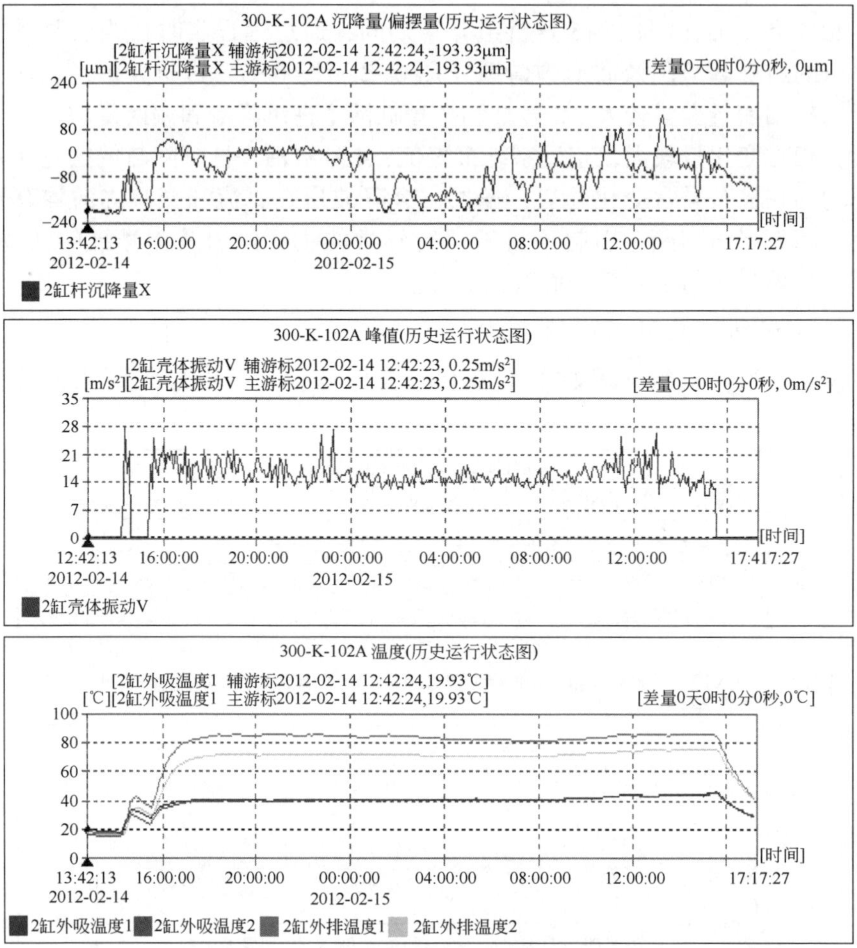

图 6-3　机组 2 号缸历史运行状态图

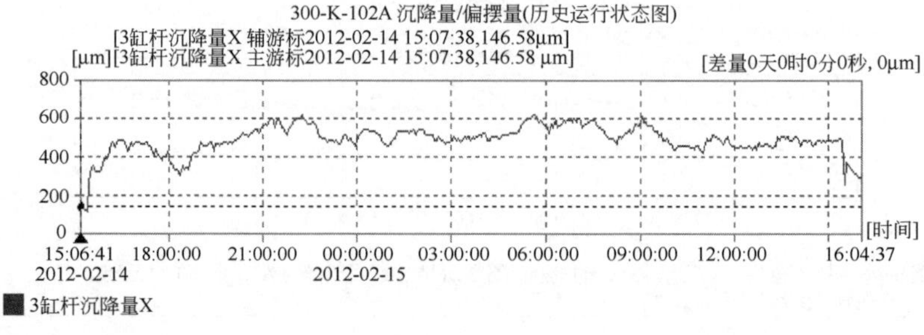

图 6-4

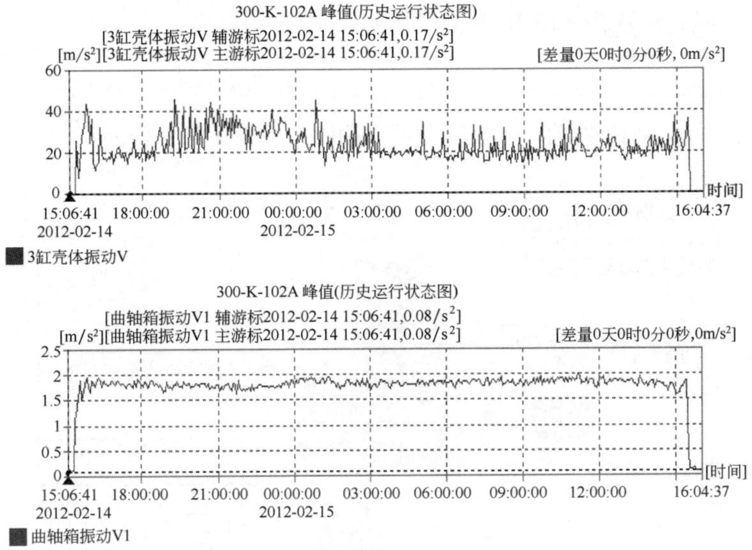

图 6-4　机组 3 号缸历史运行状态图

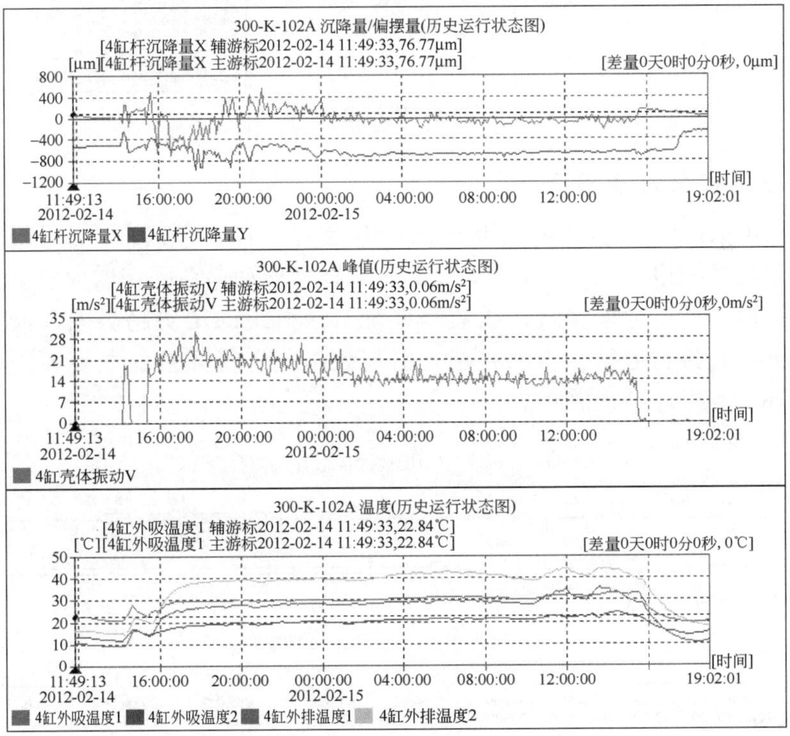

图 6-5　机组 4 号缸历史运行状态图

（二）故障诊断分析Ⅱ

1. 机组概况

该机组为电动机驱动，2 缸往复压缩机组，如图 6-6 所示。

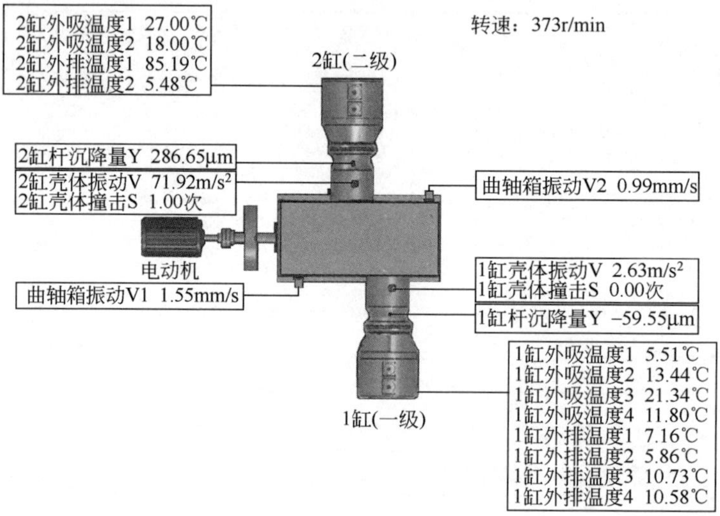

图 6-6　机组概貌图

2. 故障现象及原因分析

0113B-K101A 往复压缩机组自 2012 年 2 月 5 日开车以来，2 号缸活塞杆沉降量超过系统报警值。与此同时，2 号缸缸体振动存在同步增大趋势，超过系统报警值。通过远程实时在线监测系统对该机组的历史趋势图及波形频谱图（图 6-7）进行分析，得出判断：引起该机组运行异常的主要原因是 2 号缸活塞环、支撑环磨损故障。

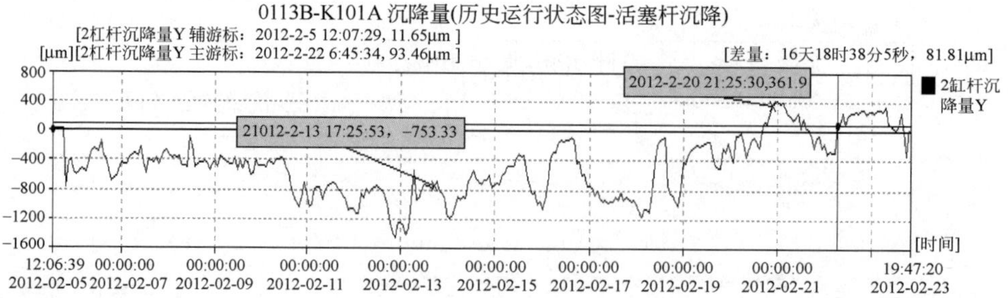

图 6-7

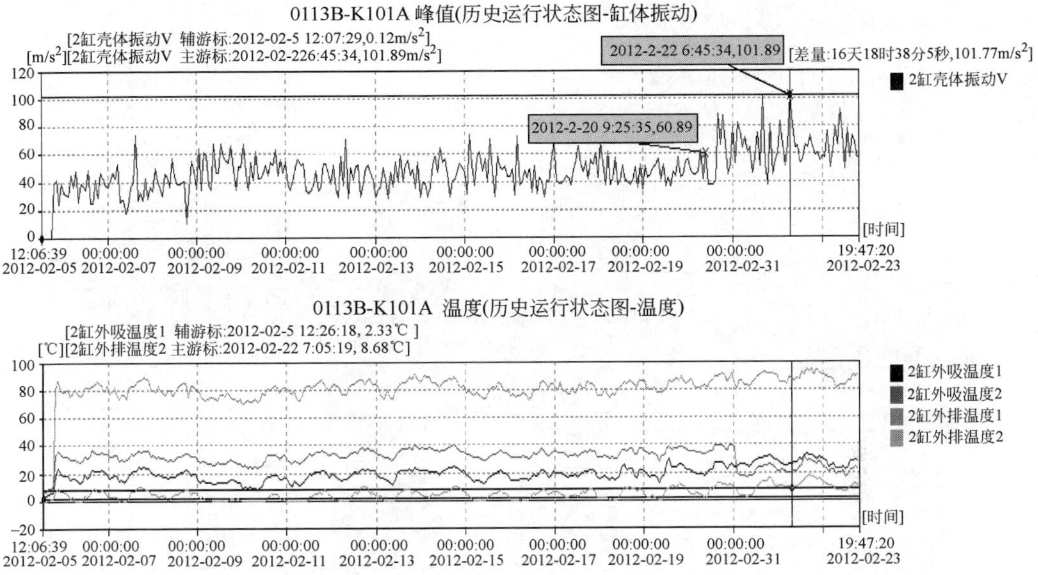

图 6-7　0113B-K101A 机组历史运行状态图

3. 诊断结论及现场反馈

诊断结论：机组 2 号缸活塞环、支撑环磨损故障，建议及时停车对机组进行检修。

现场反馈：检修机组时，现场人员反馈与诊断结论一致。

（三）故障诊断分析Ⅲ

1. 机组概况

该机组为电动机驱动，4 缸往复压缩机组，如图 6-8 所示。

2. 故障现象及原因分析

K202B 往复压缩机组 2011 年 12 月开车以来，1 号、4 号缸活塞杆沉降量均超过监测系统报警值，活塞杆沉降波形显示，两缸活塞杆沉降波形变化显著。通过远程实时在线监测系统对该机组的历史运行状态图（图 6-9 至图 6-11）进行分析，得出判断：引起该机组运行异常的主要原因是 1 号、4 号缸活塞环、支撑环磨损故障。

3. 诊断结论及现场反馈

诊断结论：机组 1 号、4 号缸活塞环、支撑环磨损故障。建议根据生产安排，及时停车对机组进行检修，避免拉缸、活塞杆断裂等严重故障的发生。

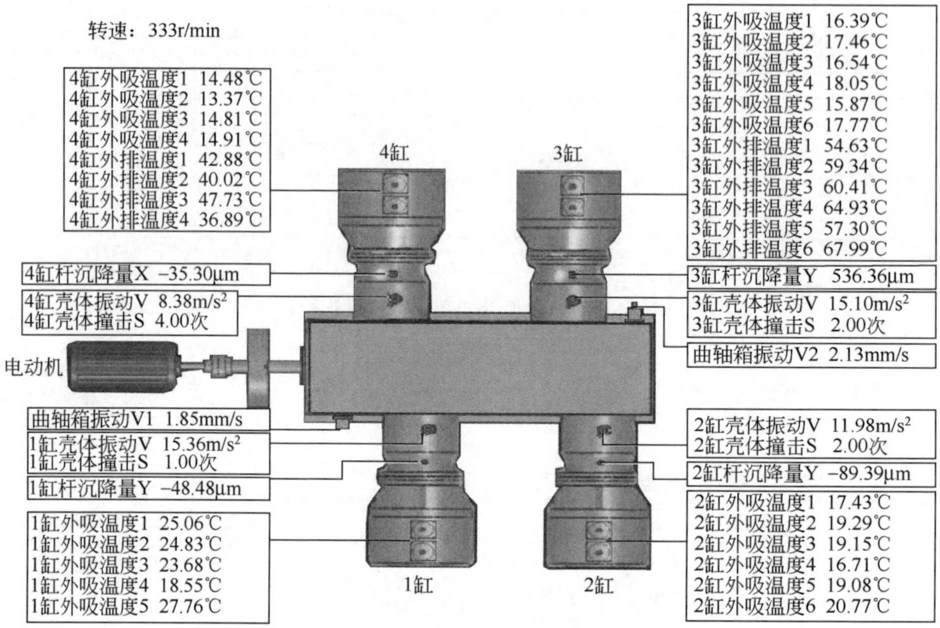

图 6-8 机组概貌图

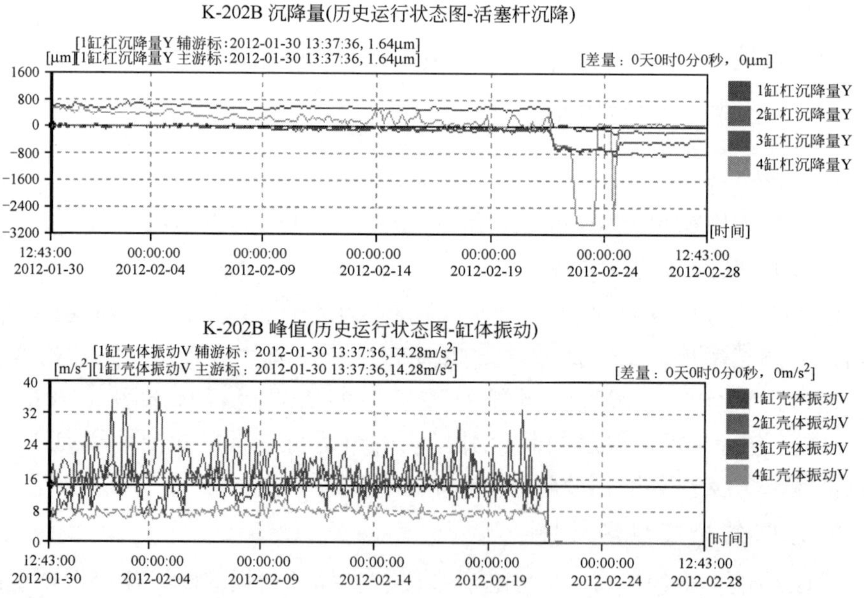

图 6-9

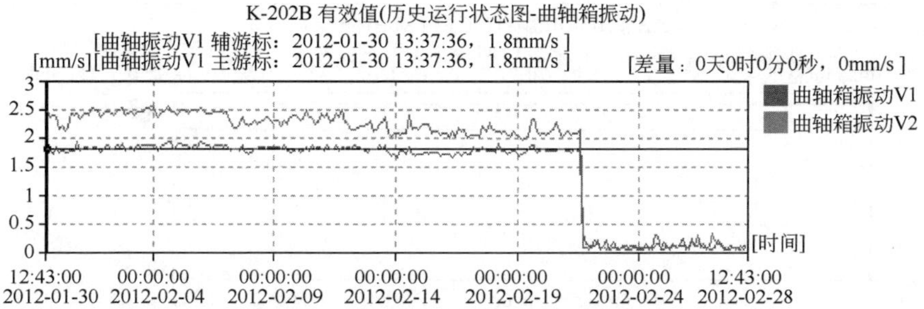

图 6-9　K202B 机组历史运行状态图

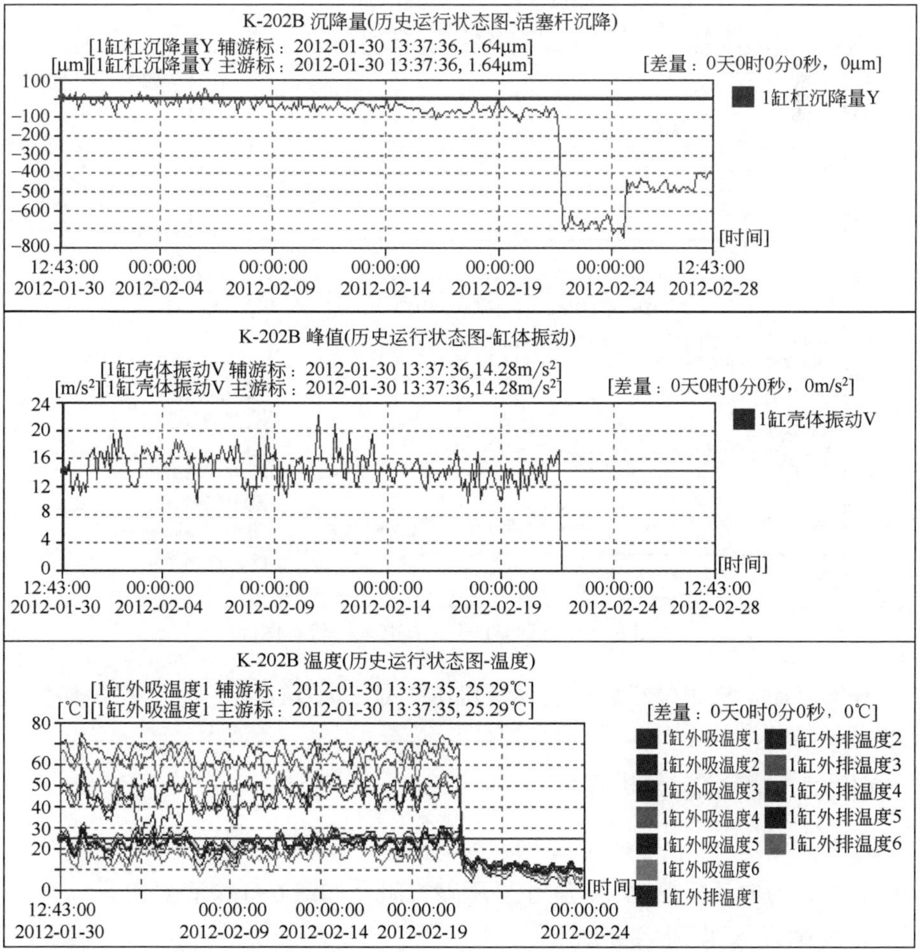

图 6-10　机组 1 号缸历史运行状态图

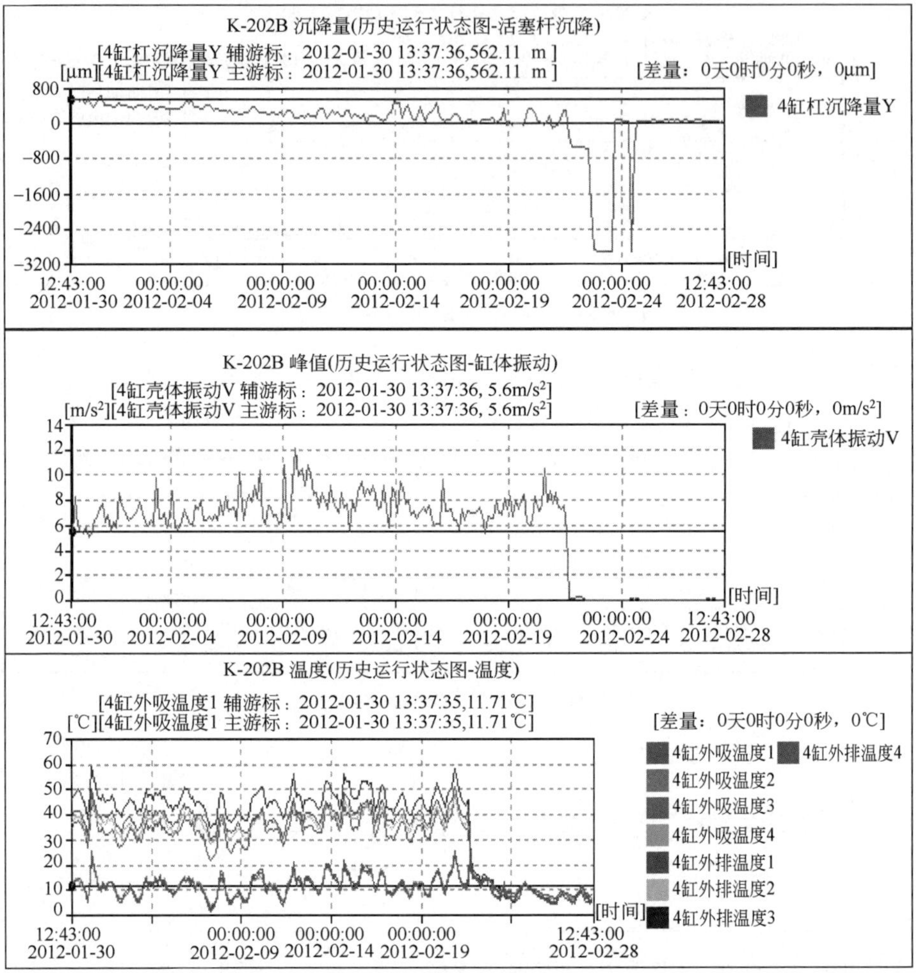

图 6-11　机组 4 号缸历史运行状态图

现场反馈：机组停车后，发现该机组 1 号、4 号缸活塞环、支撑环存在较大磨损。

（四）故障诊断分析Ⅳ

1. 机组概况

该机组为电动机驱动，2 缸往复压缩机组，如图 6-12 所示。

2. 故障现象及原因分析

2011 年 10 月开车以来，2 号缸活塞杆沉降量均存在一定的波动，且变化

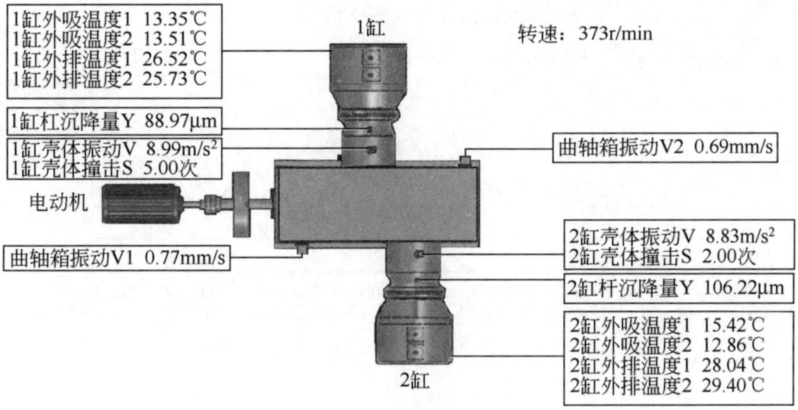

图 6-12　机组概貌图

量较大，超过监测系统报警值。通过远程实时在线监测系统对该机组的历史运行状态图（图 6-13）进行分析，得出判断：引起该机组运行异常的主要原因是 2 号缸活塞环、支撑环磨损故障。

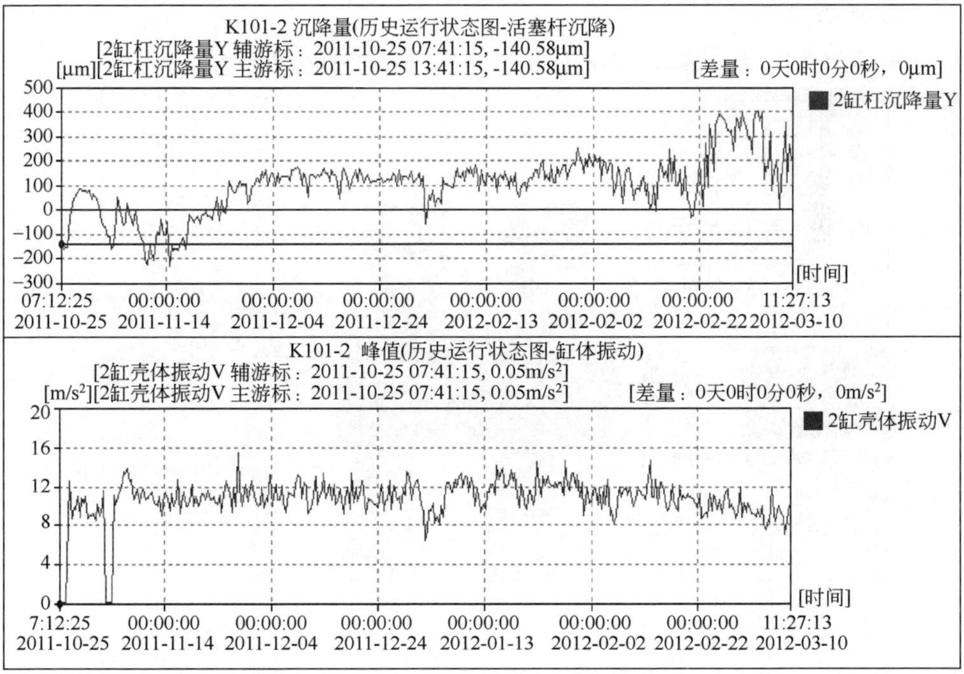

图 6-13

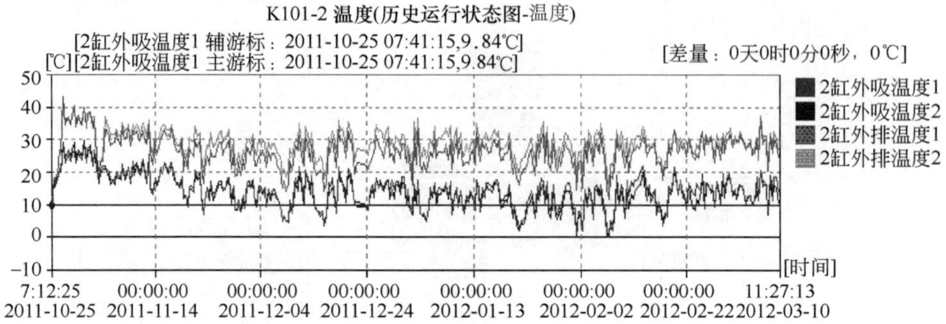

图 6-13　K101-2 机组 2 号缸历史运行状态图

3. 诊断结论及现场反馈

诊断结论：机组 2 号缸活塞环、支撑环磨损故障。

现场反馈：检修机组时，现场人员反馈与诊断结论一致。

（五）故障诊断分析 V

1. 机组概况

该机组为电动机驱动，4 缸往复压缩机组，如图 6-14 所示。

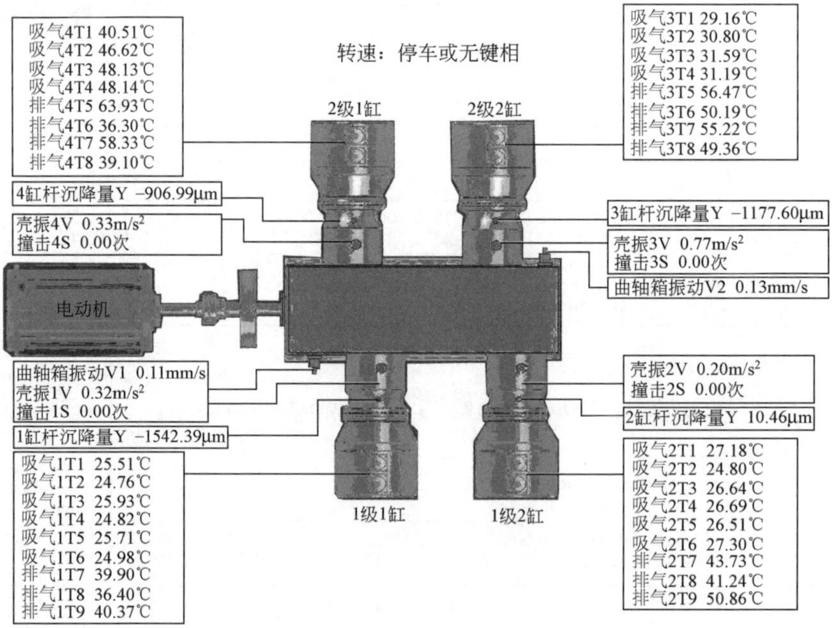

图 6-14　机组概貌图

2. 故障现象及原因分析

2012 年 3 月 31 日至 4 月 1 日机组运行期间，机组负载状态不变的情况下，4 号缸所有排气温度均出现上升趋势，增长量为 20℃左右，最高温度达到 115℃，超过监测系统报警值。通过远程实时在线监测系统对该机组的历史运行状态图（图 6-15 至图 6-17）进行分析，得出判断：引起该机组运行异常的主要原因可能是 4 号缸活塞环、支撑环磨损、排气阀泄漏故障。

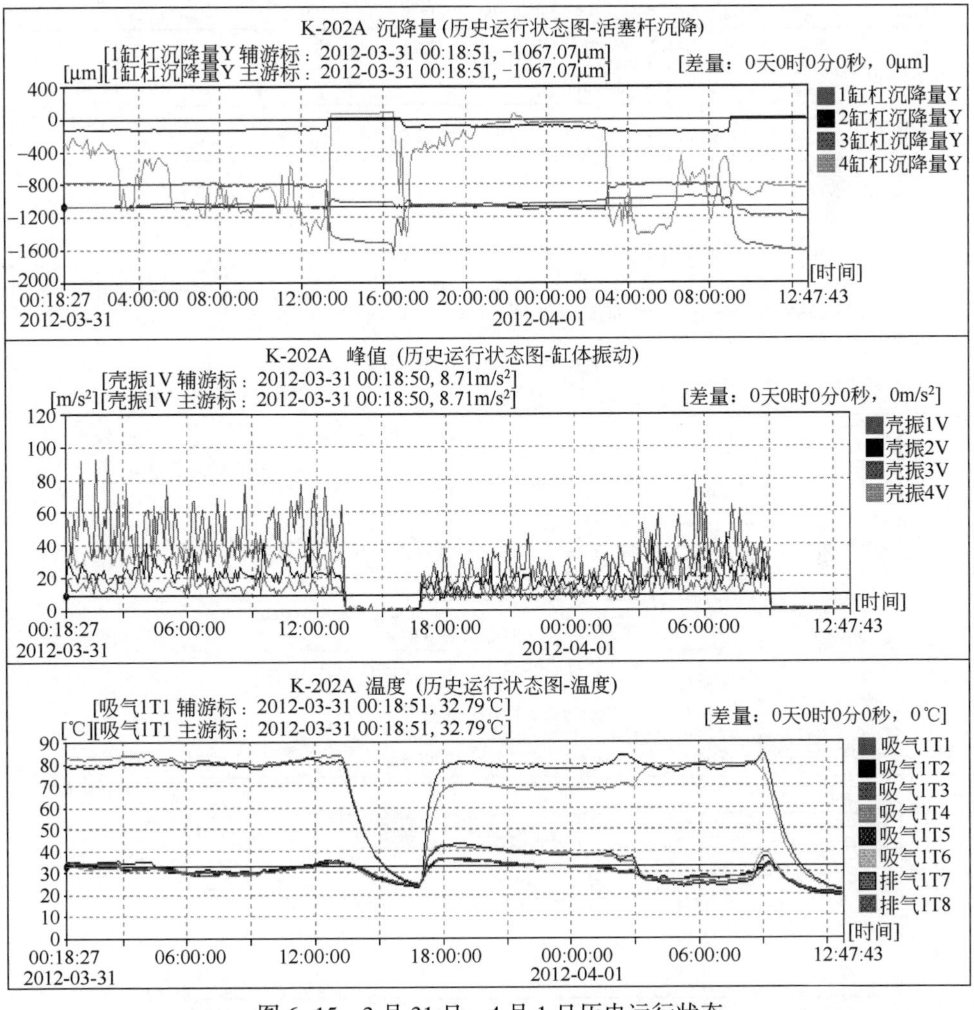

图 6-15　3 月 31 日—4 月 1 日历史运行状态

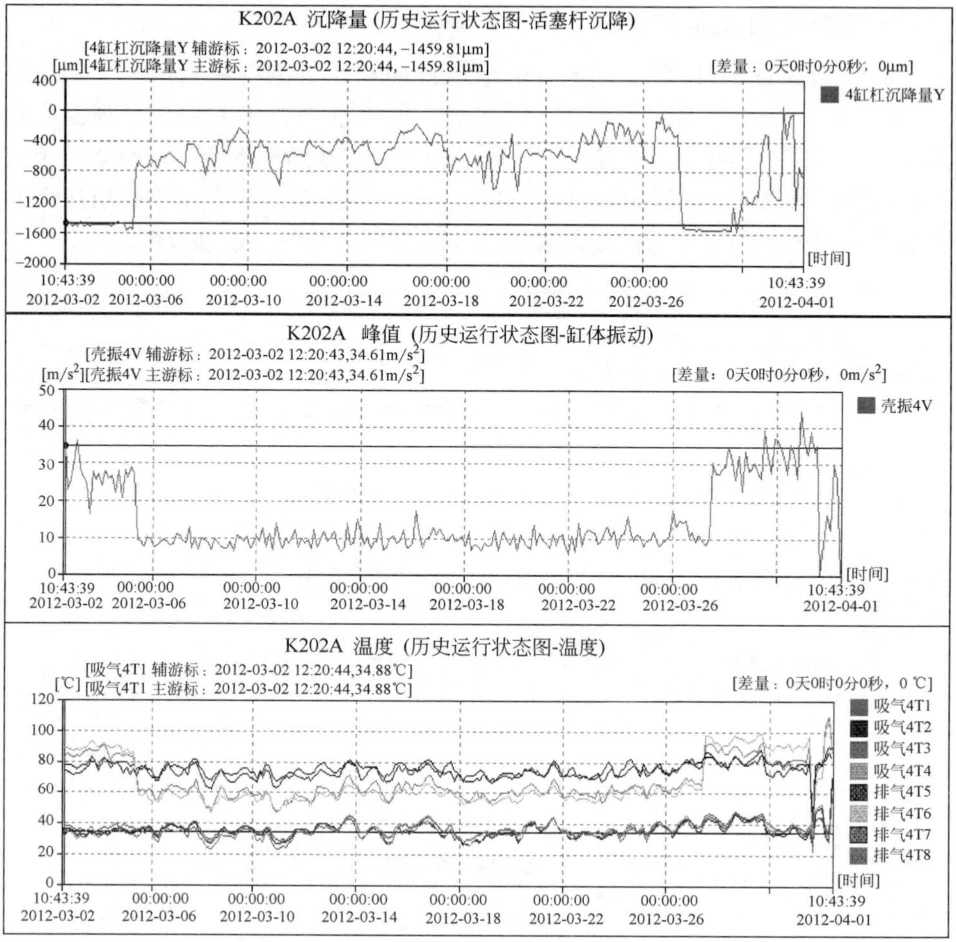

图 6-16　4 号缸 2012 年 3 月历史运行状态

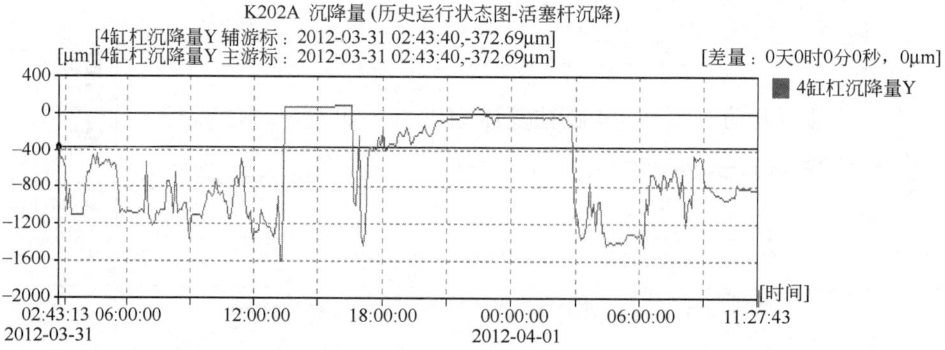

图 6-17

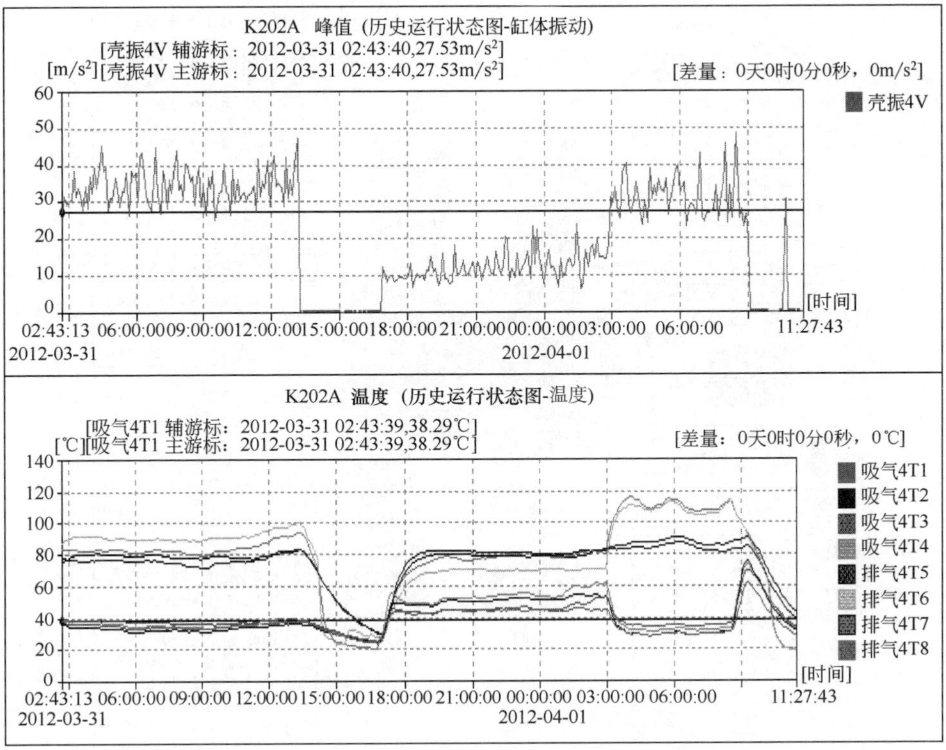

图 6-17 机组 4 号缸 3 月 31 日—4 月 1 日历史运行状态图

3. 诊断结论及现场反馈

诊断结论：机组 4 号缸活塞环、支撑环磨损、排气阀泄漏故障。

现场反馈：检修机组时，现场人员反馈与诊断结论一致。

（六）故障诊断分析Ⅵ

1. 机组概况

该机组为电动机驱动，4 缸往复压缩机组，如图 6-18 所示。

2. 故障原因分析

2012 年 4 月 21 日至 5 月 20 日运行期间，活塞杆沉降量出现较大波动，沉降量超过监测系统报警值。通过远程实时在线监测系统对该机组的历史运行状态图（图 6-19、图 6-20）进行分析，得出判断：引起该机组运行异常的主要原因是 2 号缸活塞组件磨损故障。

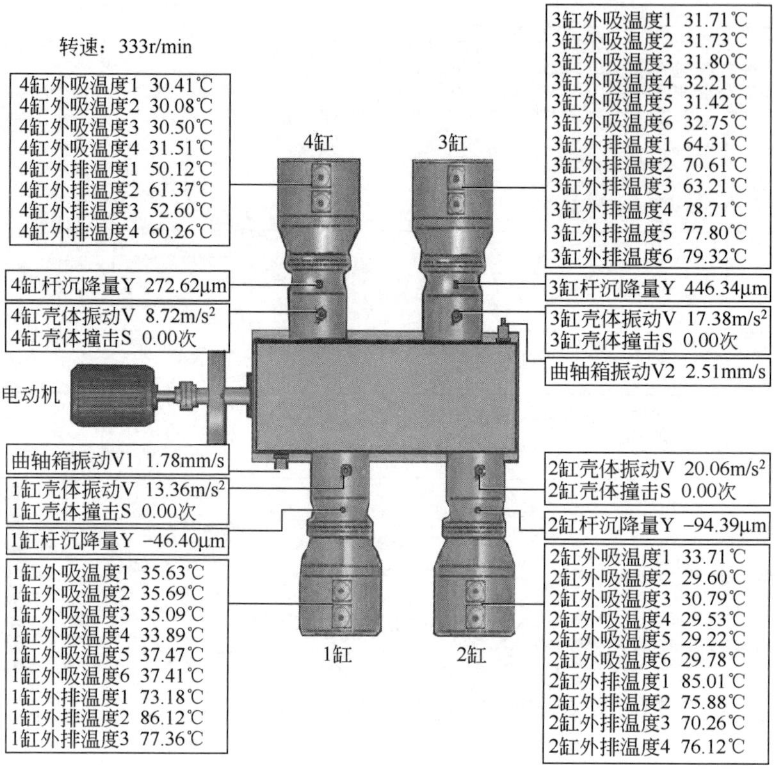

图 6-18 机组概貌图

3. 诊断结论及现场反馈

诊断结论：机组 2 号缸活塞组件磨损故障。

现场反馈：检修机组时，现场人员反馈与诊断结论一致。

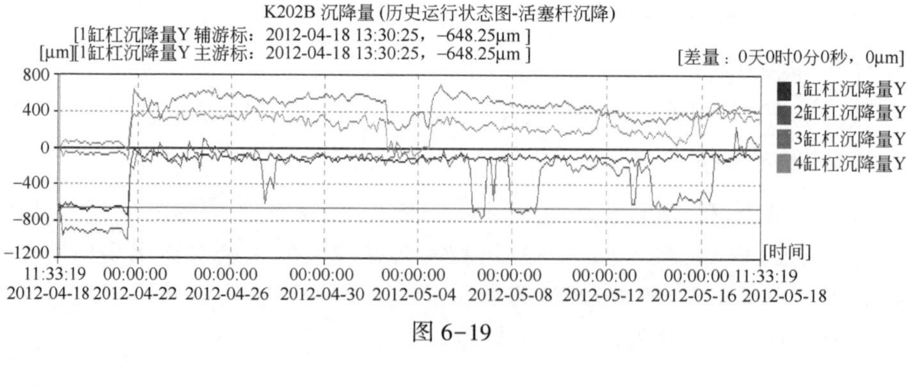

图 6-19

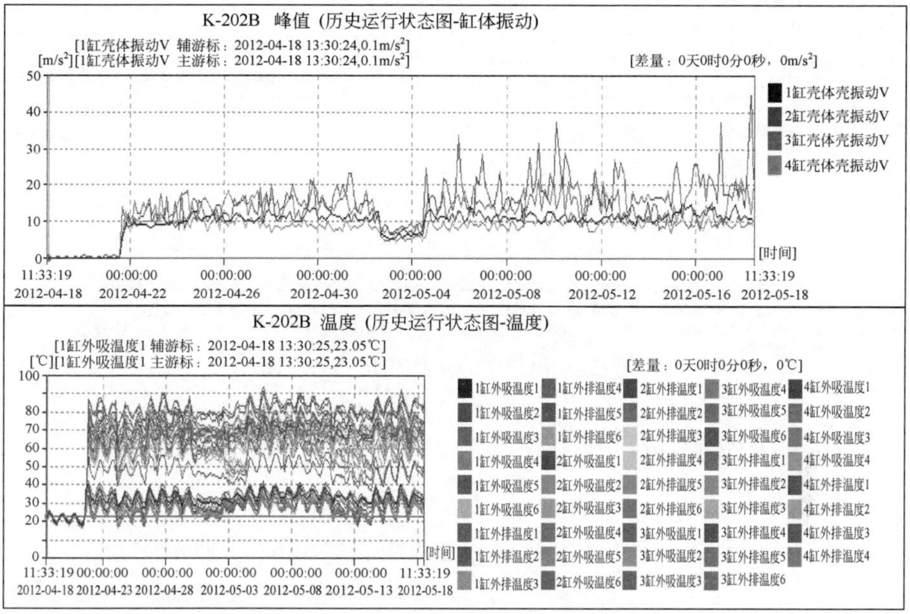

图 6-19　机组历史运行状态图

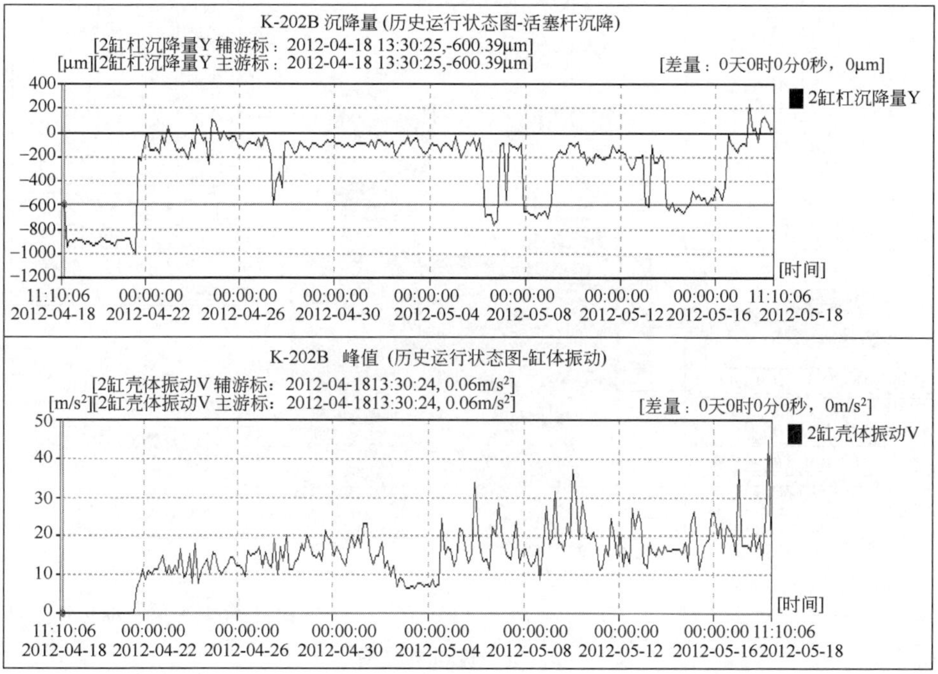

图 6-20

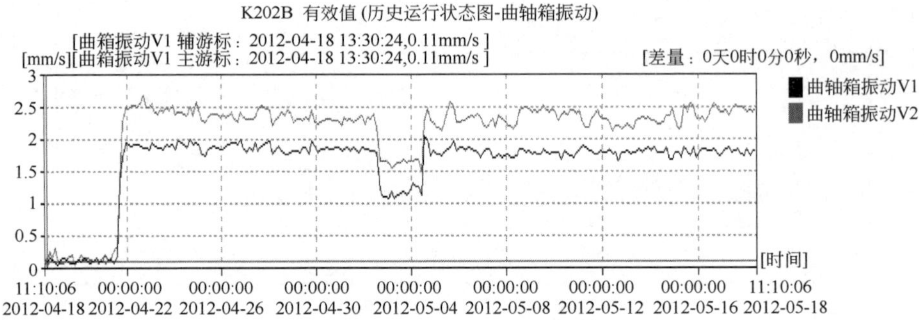

图 6-20　机组 2 号缸历史运行状态图

（七）故障诊断分析Ⅶ

1. 机组概况

该机组为电动机驱动，4 缸往复压缩机组，如图 6-21 所示。

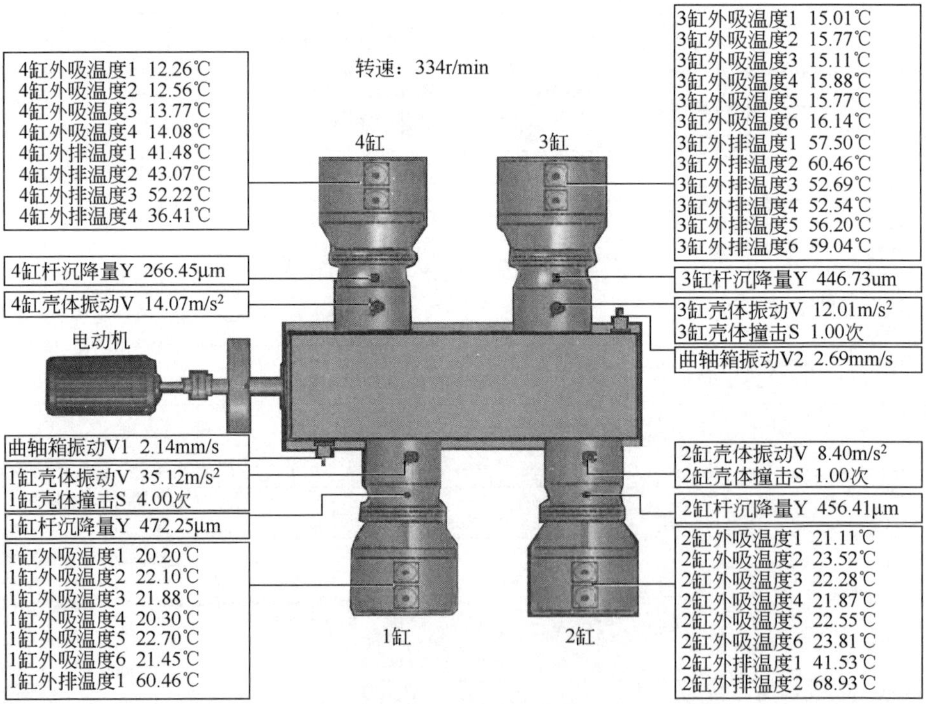

图 6-21　机组概貌图

2. 故障现象及原因分析

机组2012年9月至12月运行期间，3号、4号缸活塞杆沉降量逐渐变化，超过监测系统报警值。通过远程实时在线监测系统对该机组的历史运行状态图（图6-22至图6-24）进行分析，得出判断：引起该机组运行异常的主要原因是3号、4号缸活塞环、支撑环磨损故障。

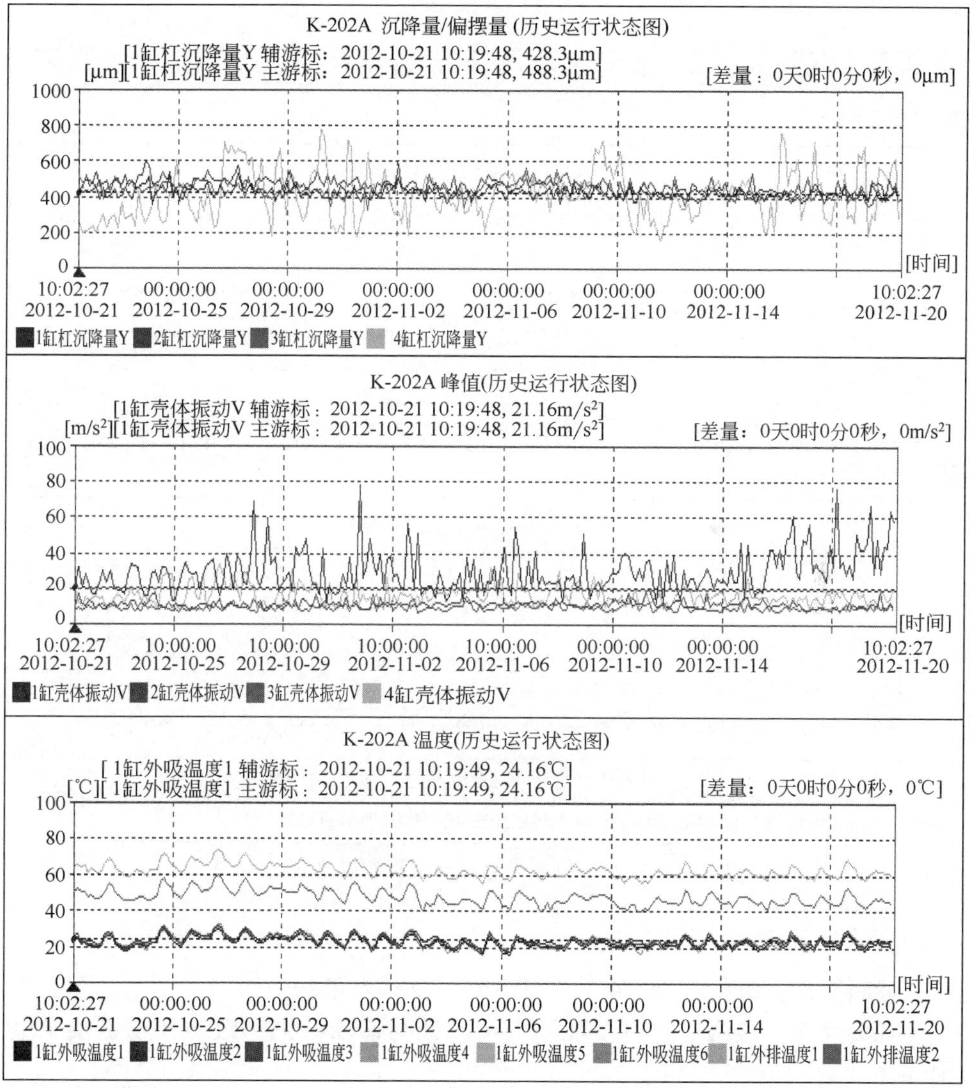

图6-22 C1102B机组历史运行状态图

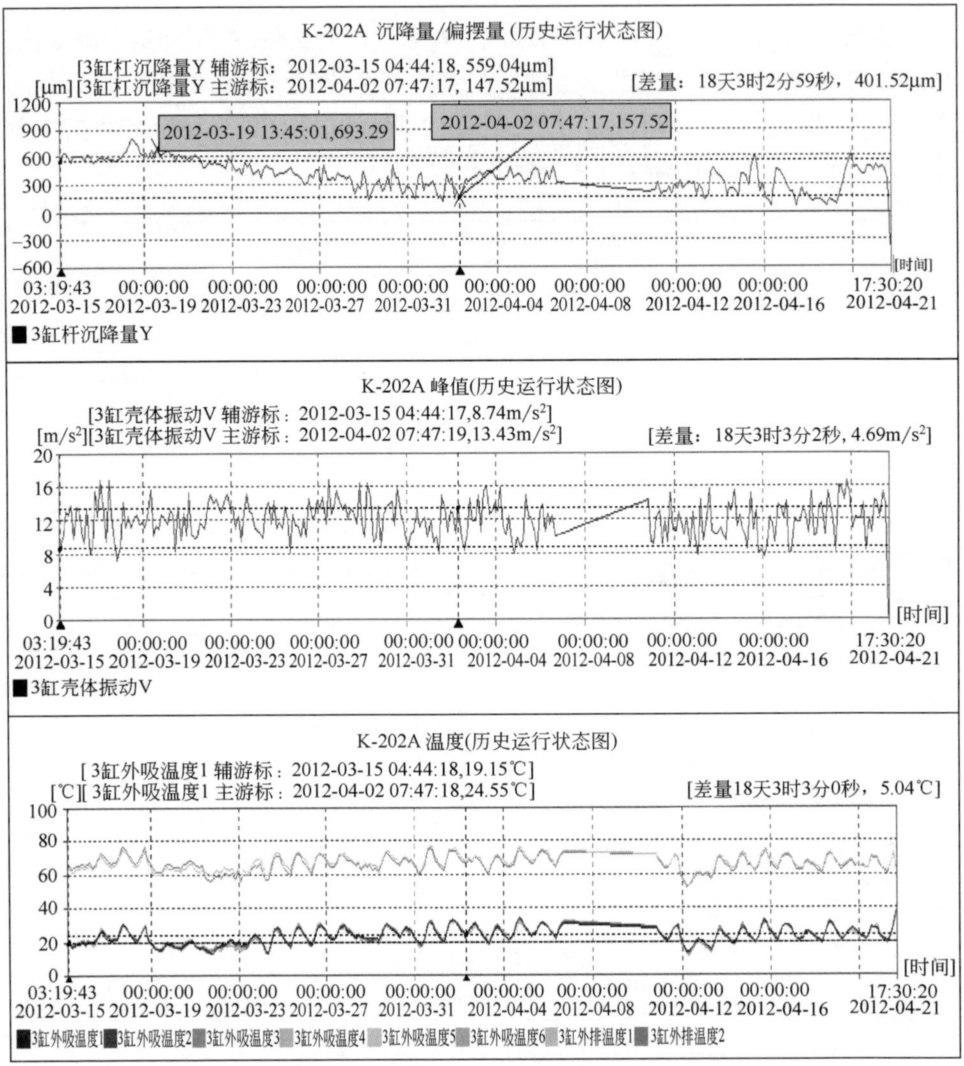

图 6-23 机组 3 号缸历史运行状态图

3. 诊断结论及现场反馈

诊断结论：机组 3 号、4 号缸活塞环、支撑环磨损故障。

现场反馈：检修机组时，现场人员反馈与诊断结论一致。现场更换了磨损部件。

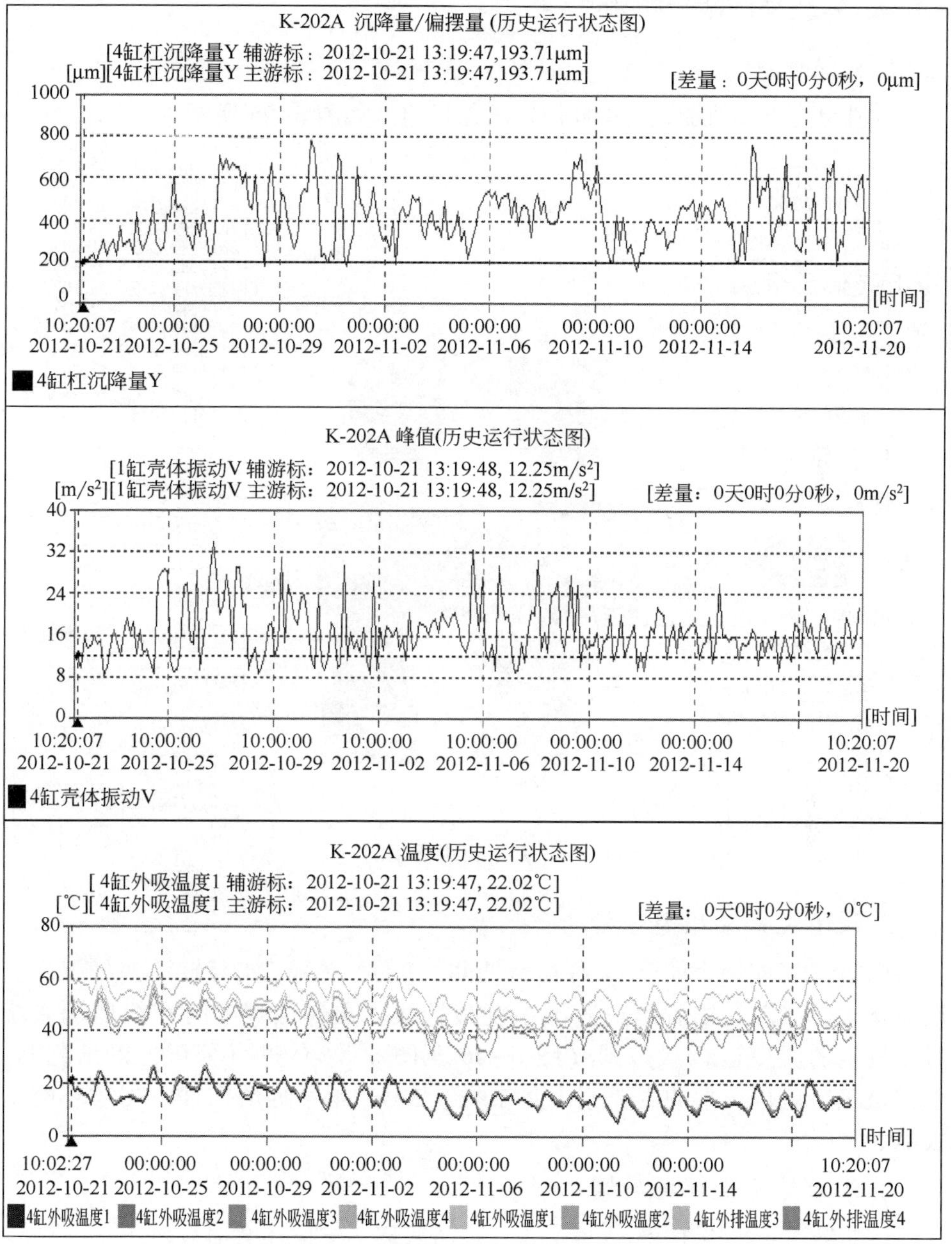

图 6-24　机组 4 号缸历史运行状态图

（八）故障诊断分析Ⅷ

1. 机组概况

该机组为电动机驱动，4 缸往复压缩机组，如图 6-25 所示。

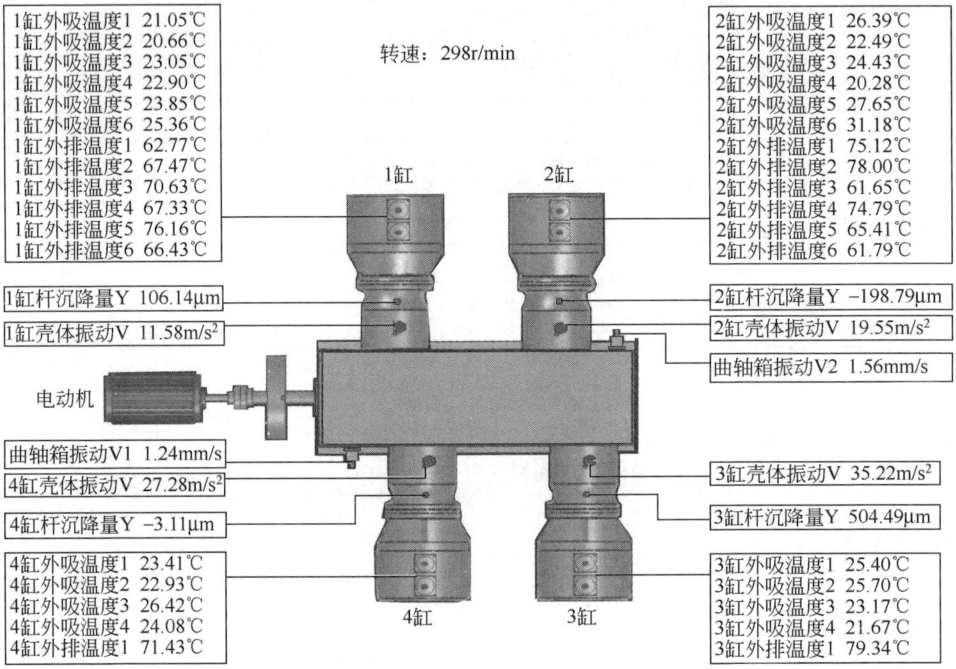

图 6-25　机组概貌图

2. 故障现象及原因分析

机组 2012 年 11 月至 12 月运行期间，1 号、2 号、4 号缸活塞杆沉降量逐渐增大，缓慢变化后超过监测系统报警线。通过远程实时在线监测系统对该机组的历史运行状态图（图 6-26 至图 6-28）进行分析，得出判断：引起该机组运行异常的主要原因是 1 号、2 号、4 号缸活塞环、支撑环磨损故障。

3. 诊断结论及现场反馈

诊断结论：机组 1 号、2 号、4 号缸活塞环、支撑环磨损故障。

现场反馈：检修机组时，现场人员反馈与诊断结论一致。

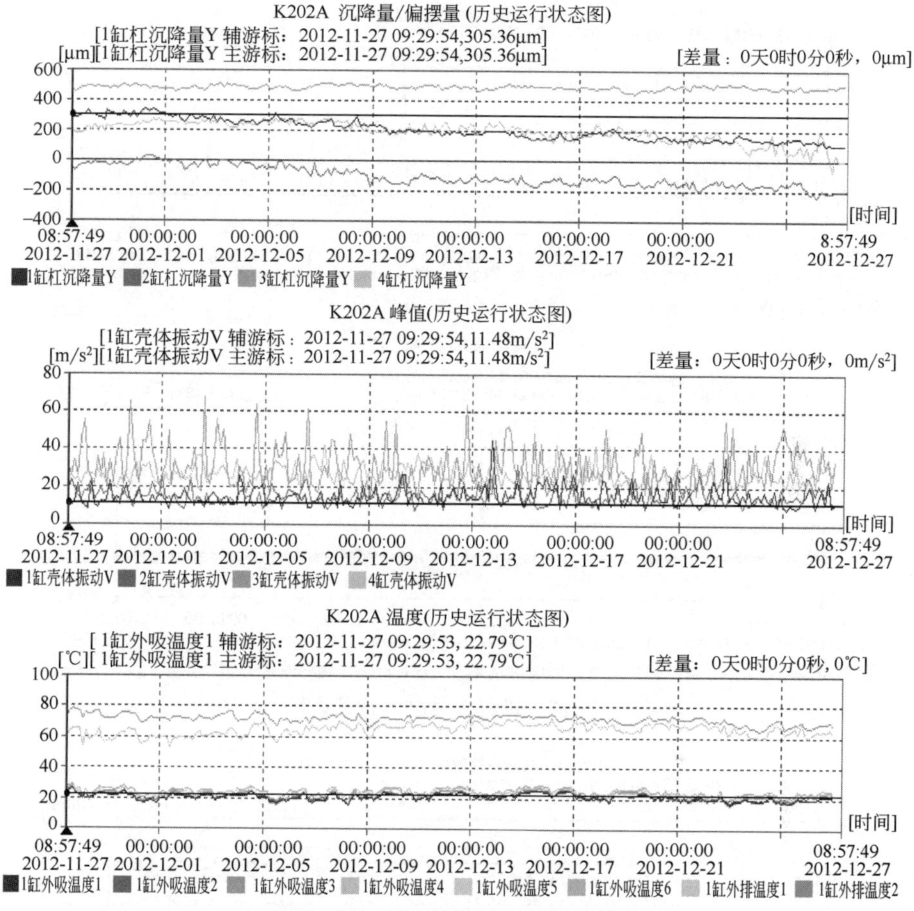

图 6-26 机组历史运行状态图

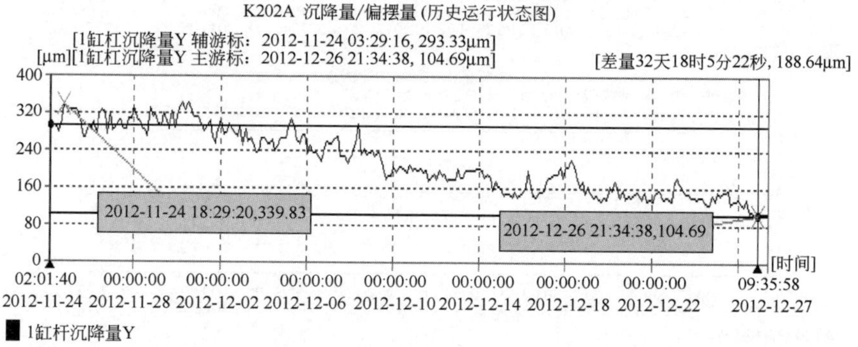

图 6-27

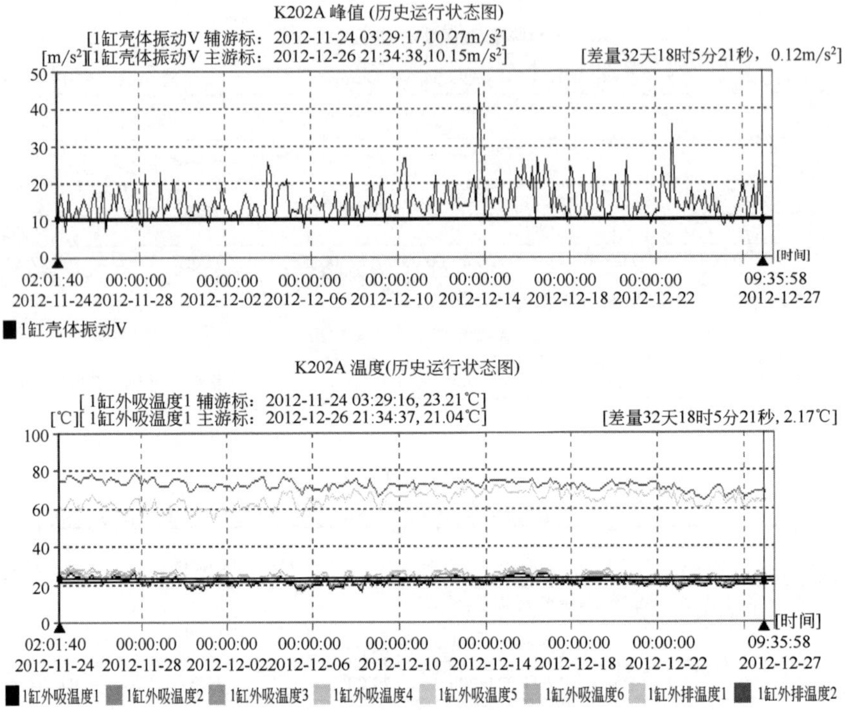

图 6-27　机组 1 号缸运行状态图

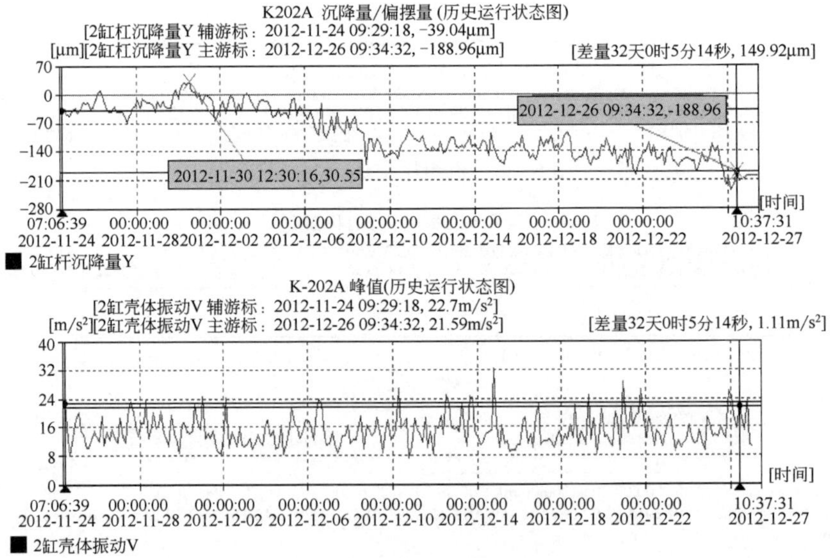

图 6-28

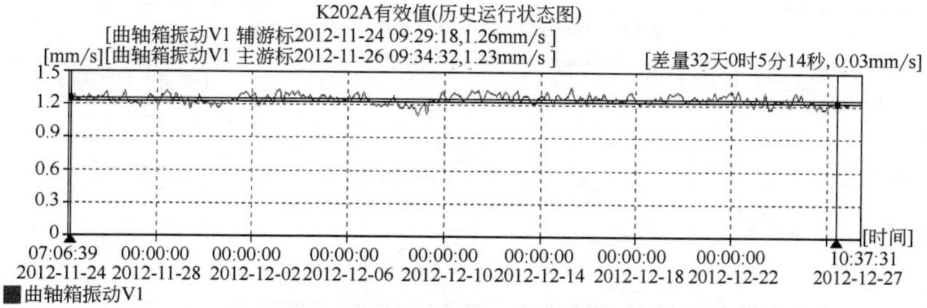

图 6-28　机组 2 号缸历史运行状态图

（九）故障诊断分析Ⅸ

1. 机组概况

该机组为电动机驱动，2 缸往复压缩机组，如图 6-29 所示。

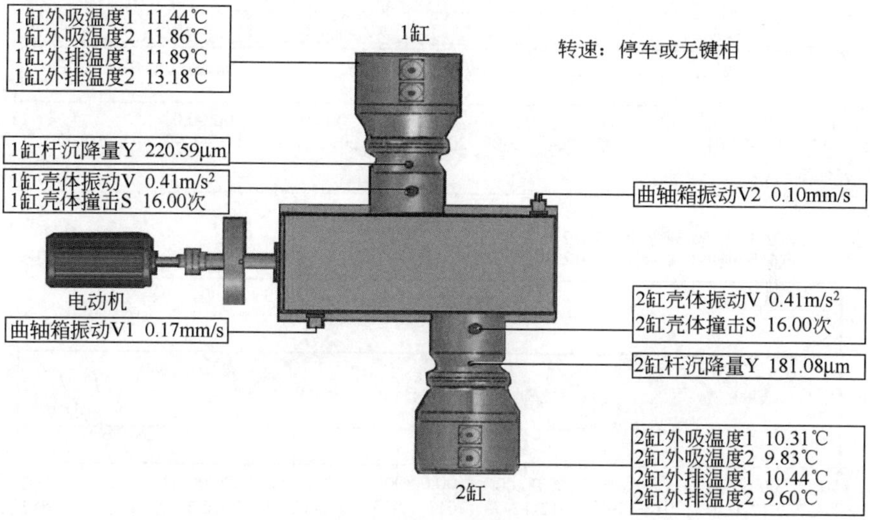

图 6-29　机组概貌图

2. 故障现象及原因分析

机组 2012 年 8 月至 12 月运行期间，2 号缸活塞杆沉降量逐渐增大，超过监测系统报警值；缸体振动与气阀温度相对平稳。通过远程实时在线监测系统对该机组的历史运行状态图（图 6-30、图 6-31）进行分析，得出判断：引起该机组运行异常的主要原因是 2 号缸部件磨损故障。

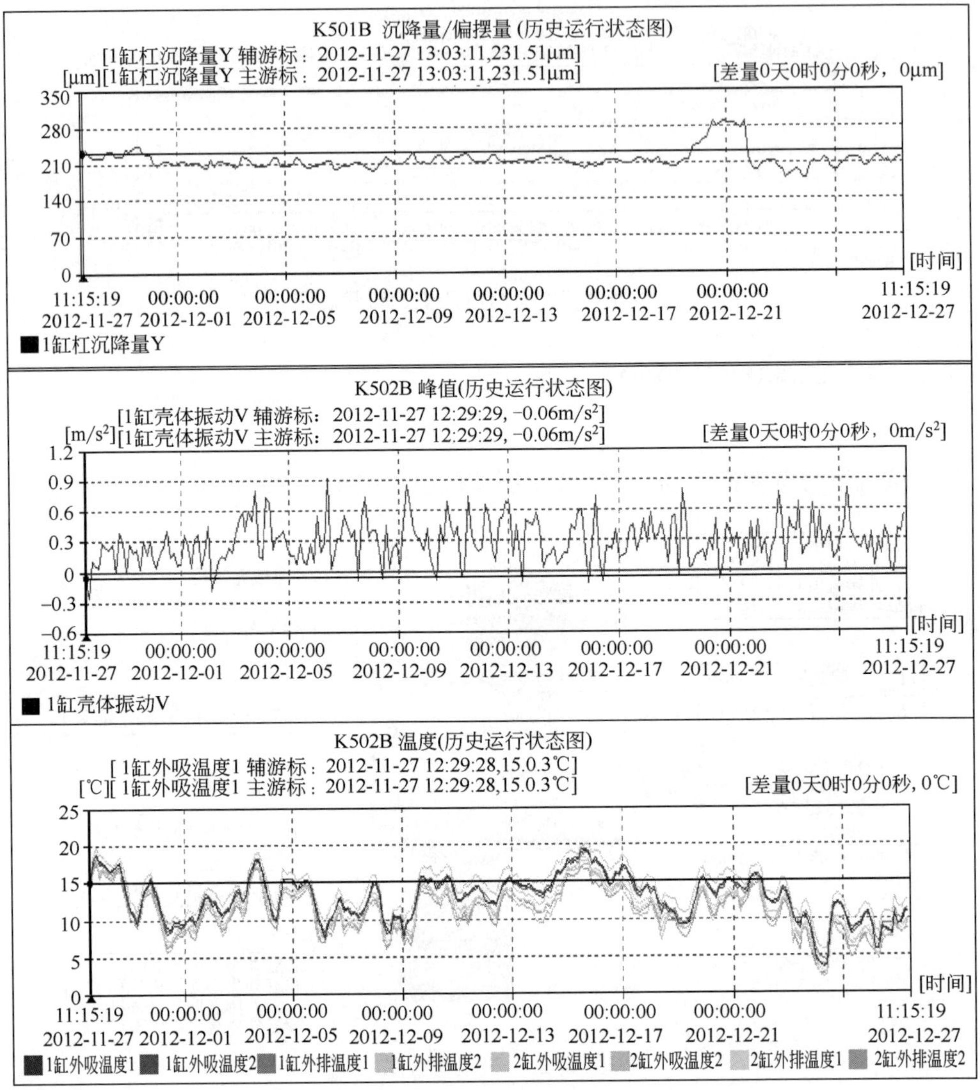

图 6-30　机组历史运行状态图

3. 诊断结论及现场反馈

诊断结论：机组 2 号缸部件磨损故障。

现场反馈：检修机组时，现场人员反馈与诊断结论一致。

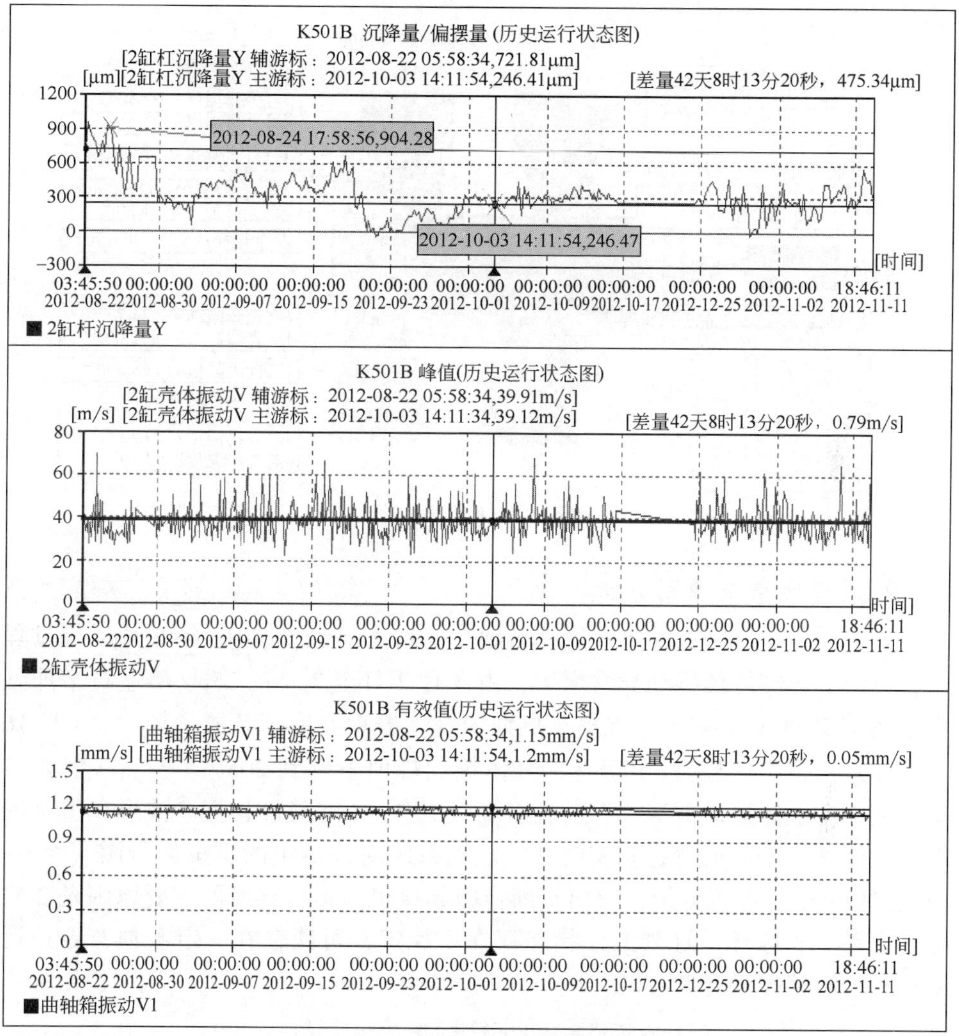

图 6-31 机组 2 号缸历史运行状态图

二、氢气往复压缩机活塞环磨损故障诊断分析

（一）故障诊断分析 I

1. 机组概况

该机组为电动机驱动，4 缸往复压缩机组，如图 6-32 所示。

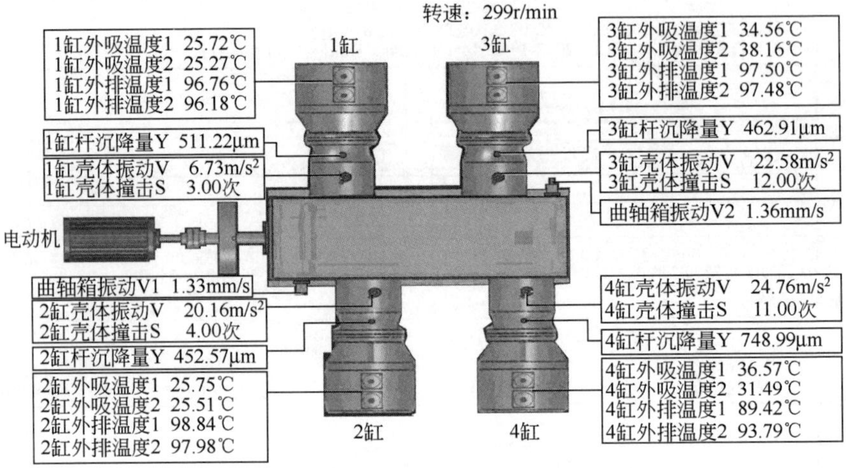

图 6-32　机组概貌图

2. 故障现象及原因分析

该机组为4缸卧式往复式压缩机组，2011年4月至2011年5月运行过程中，机组2号缸缸体振动异常增大，由4月2日至7日的25m/s² 左右增加到4月16日超过53m/s²，且在整个周期内缸体振动波形高频能量较大。4月16日至5月16日，随着机组运行，缸体振动峰值下降到20m/s² 左右，但在整个周期内，缸体振动波形仍存在较多高频成分。2号缸缸体振动波形在整个周期存在明显冲击。通过远程实时在线监测系统对该机组的历史运行图（图6-33至图6-35）进行分析，得出判断：引起该机组运行异常的主要原因是2号缸活塞环、支撑环、缸套工作状态存在不稳定，可能存在一定破损，导致运动过程中缸体振动异常。

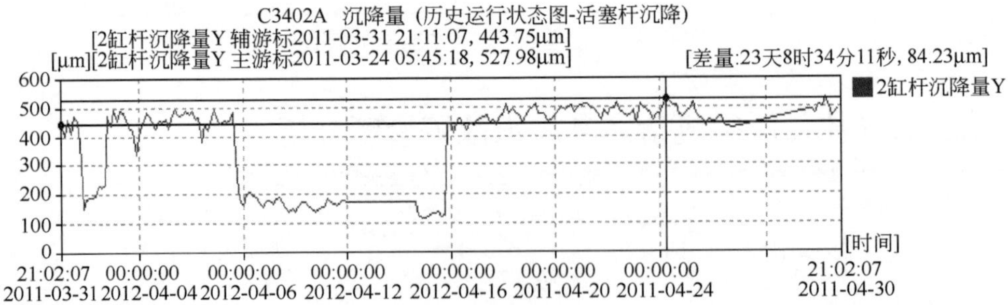

图 6-33

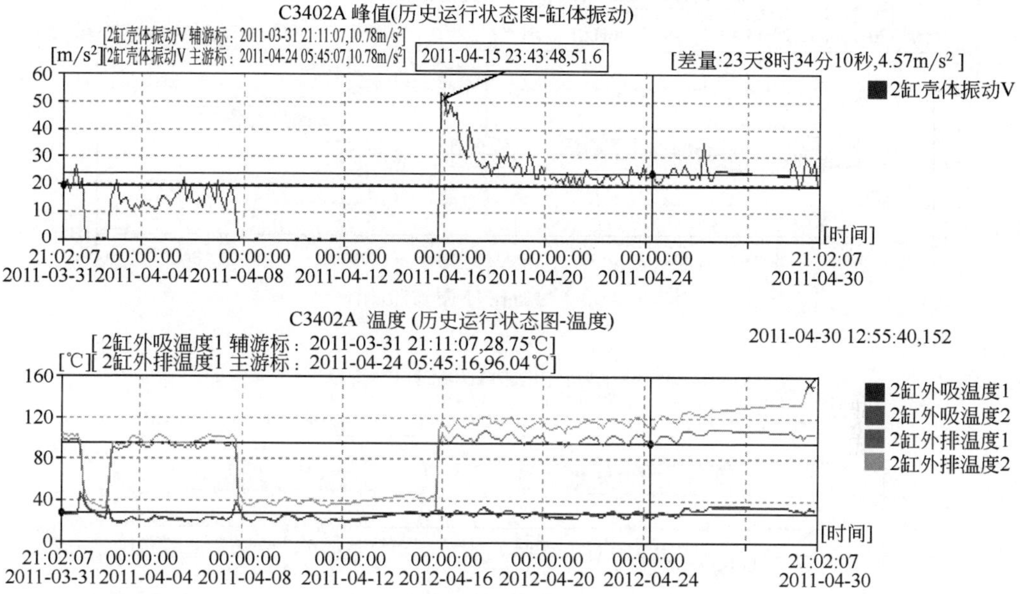

图 6-33　2 号缸运行状态图

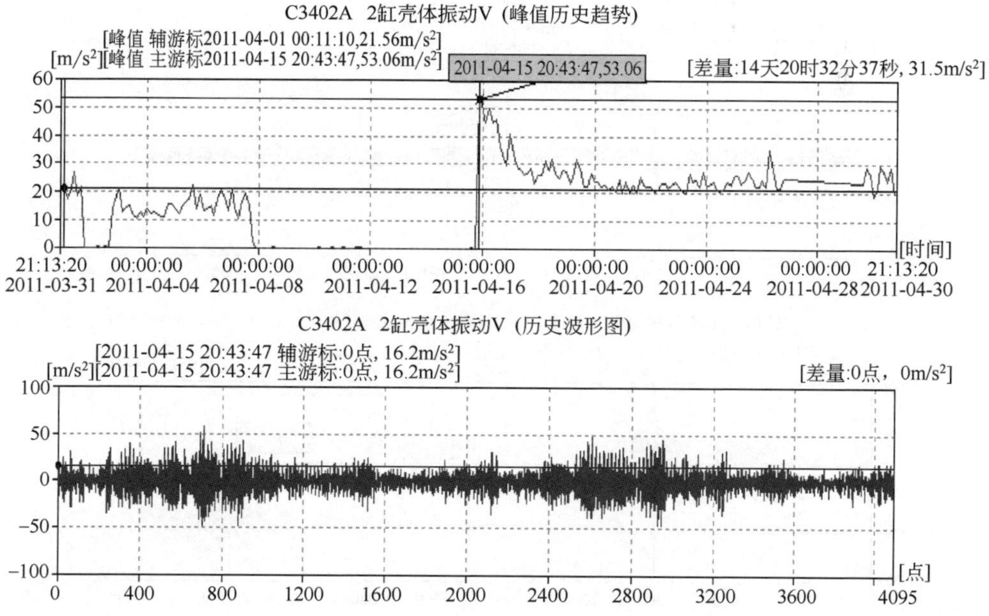

图 6-34

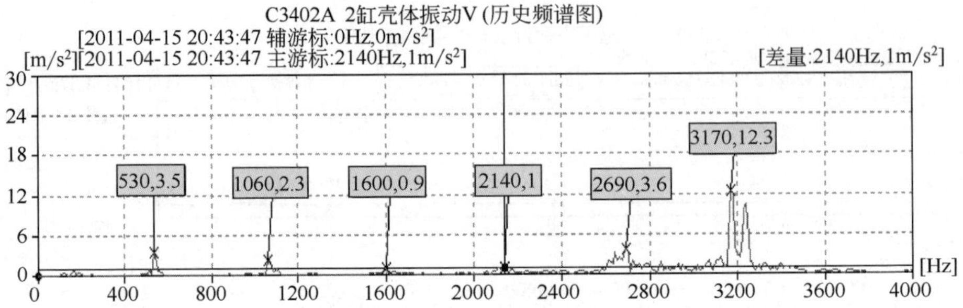

图 6-34　2 号缸缸体振动监测图

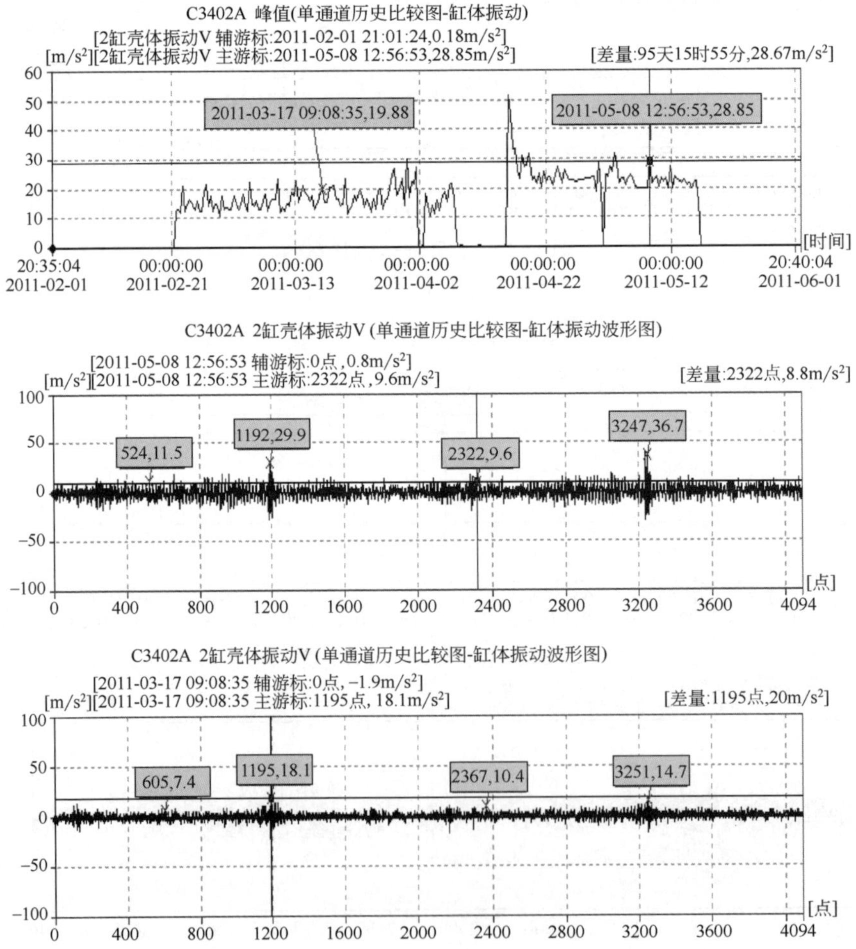

图 6-35　2 号缸缸体振动波形历史比较图

3. 诊断结论及现场反馈

诊断结论：机组2号缸活塞环、支撑环、缸套等部件磨损故障。

现场反馈：检修发现2号缸活塞环损坏（图6-36），破损的碎片在活塞与缸套间加速磨损，导致该缸振动异常。

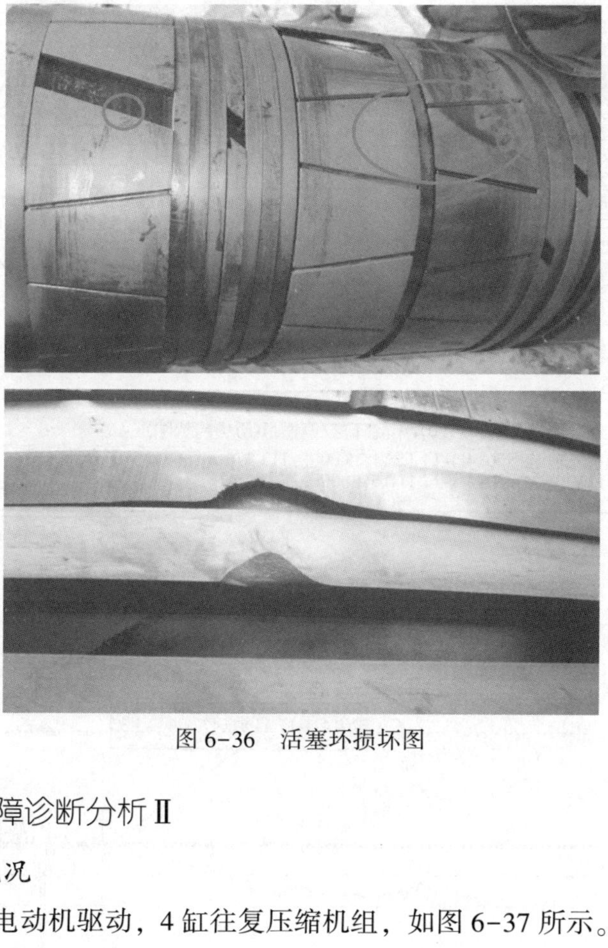

图6-36　活塞环损坏图

（二）故障诊断分析Ⅱ

1. 机组概况

该机组为电动机驱动，4缸往复压缩机组，如图6-37所示。

2. 故障现象及原因分析

通过远程实时在线监测系统对该机组早期及后期沉降量趋势图（图6-38、图6-39）进行分析，发现1号缸活塞杆沉降量早期比较平稳，后逐渐开始波动，到后期波动异常剧烈。由以上振动特征征兆得出判断：引起该机组运行异常的主要原因是机组活塞环磨损故障。

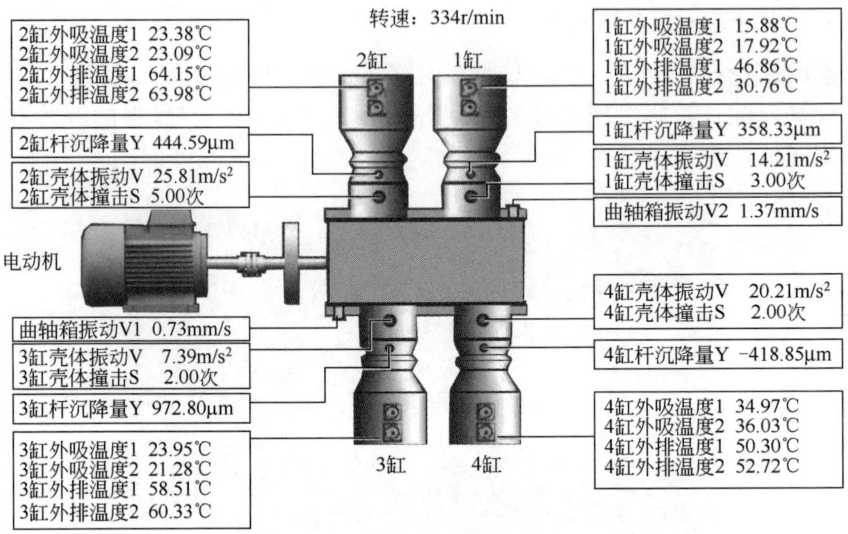

图 6-37　机组概貌图

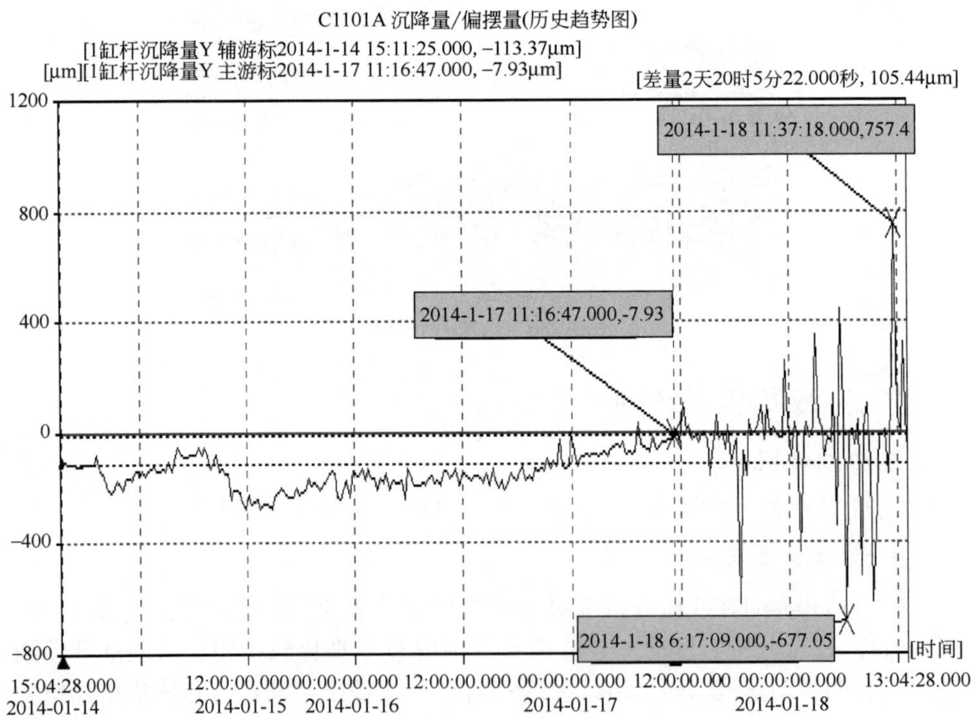

图 6-38　早期 1 号缸活塞杆沉降量 Y 趋势图

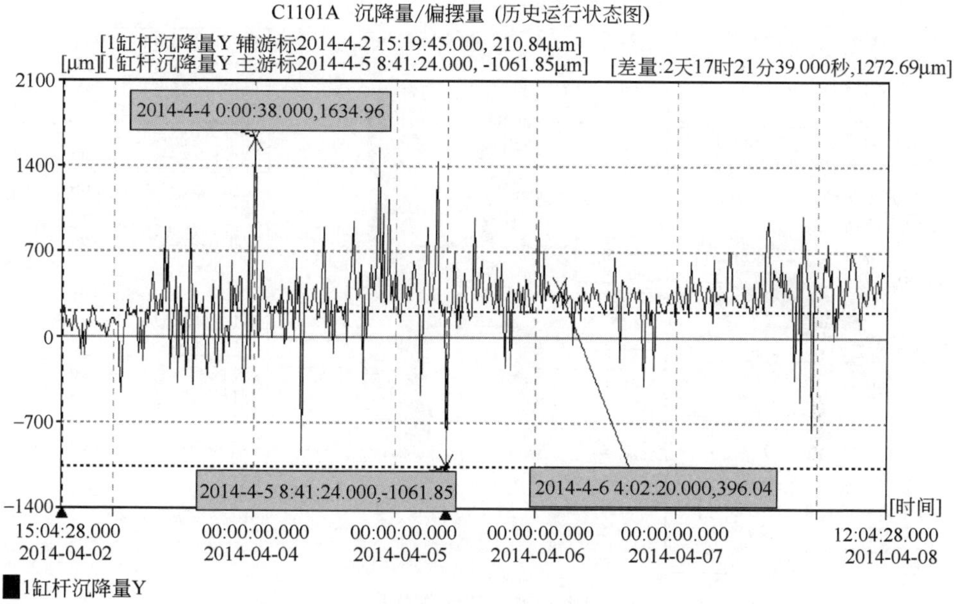

图 6-39　后期 1 号缸活塞杆沉降量 Y 趋势图

3. 诊断结论及现场反馈

诊断结论：机组活塞环磨损故障。

现场反馈：检修机组时，现场人员反馈与诊断结论一致。

（三）故障诊断分析Ⅲ

1. 机组概况

该机组为电动机驱动，4 缸往复压缩机组，如图 6-40 所示。

2. 故障现象及原因分析

通过远程实时在线监测系统对该机组的历史趋势图（图 6-41）及壳体振动趋势图（图 6-42）进行分析，发现 1 号缸活塞杆沉降量波动一直剧烈，到后期 1 号缸壳体振动不断增大，且异常波动。由以上振动特征征兆得出判断：引起该机组运行异常的主要原因是机组活塞环磨损故障。

3. 诊断结论及现场反馈

诊断结论：机组活塞环磨损故障。

现场反馈：检修机组时，现场人员反馈与诊断结论一致。

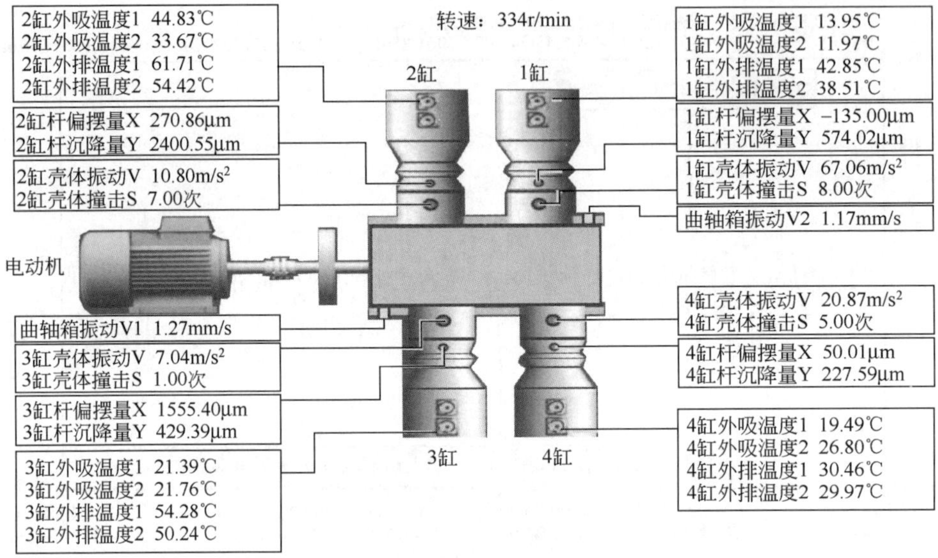

图 6-40 机组概貌图

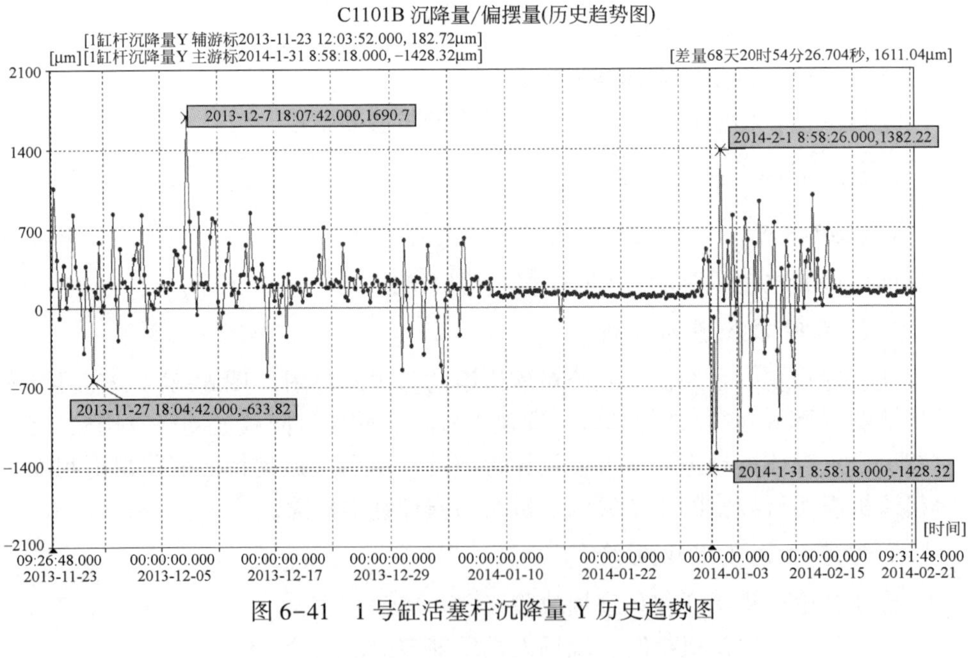

图 6-41 1 号缸活塞杆沉降量 Y 历史趋势图

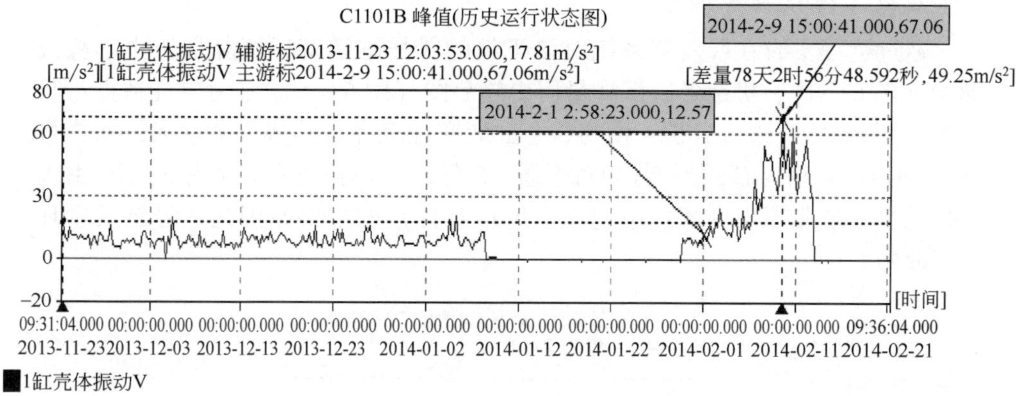

图 6-42　1 号缸壳体振动趋势图

（四）故障诊断分析Ⅳ

1. 机组概况

该机组为燃气发动机驱动，4 缸往复压缩机组，如图 6-43 所示。

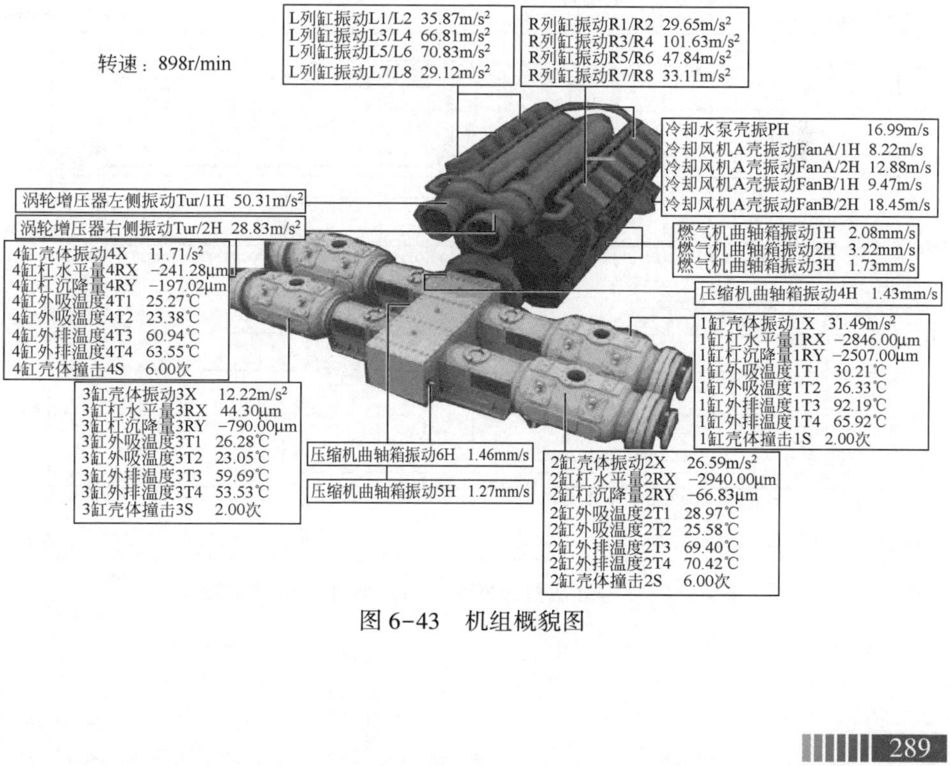

图 6-43　机组概貌图

2. 故障现象及原因分析

通过远程实时在线监测系统对该机组的3号缸活塞杆沉降量历史趋势波形图（图6-44）、机组各缸沉降量历史趋势图（图6-45）、3号缸壳体振动趋势图（图6-46）进行分析，发现3号缸活塞杆沉降量趋势逐渐增大，而2号缸、4号缸活塞杆沉降量趋势相对平缓，3号缸壳体振动存在明显波动。由以上振动特征征兆得出判断：引起该机组运行异常的主要原因是3号缸活塞塞环磨损故障。

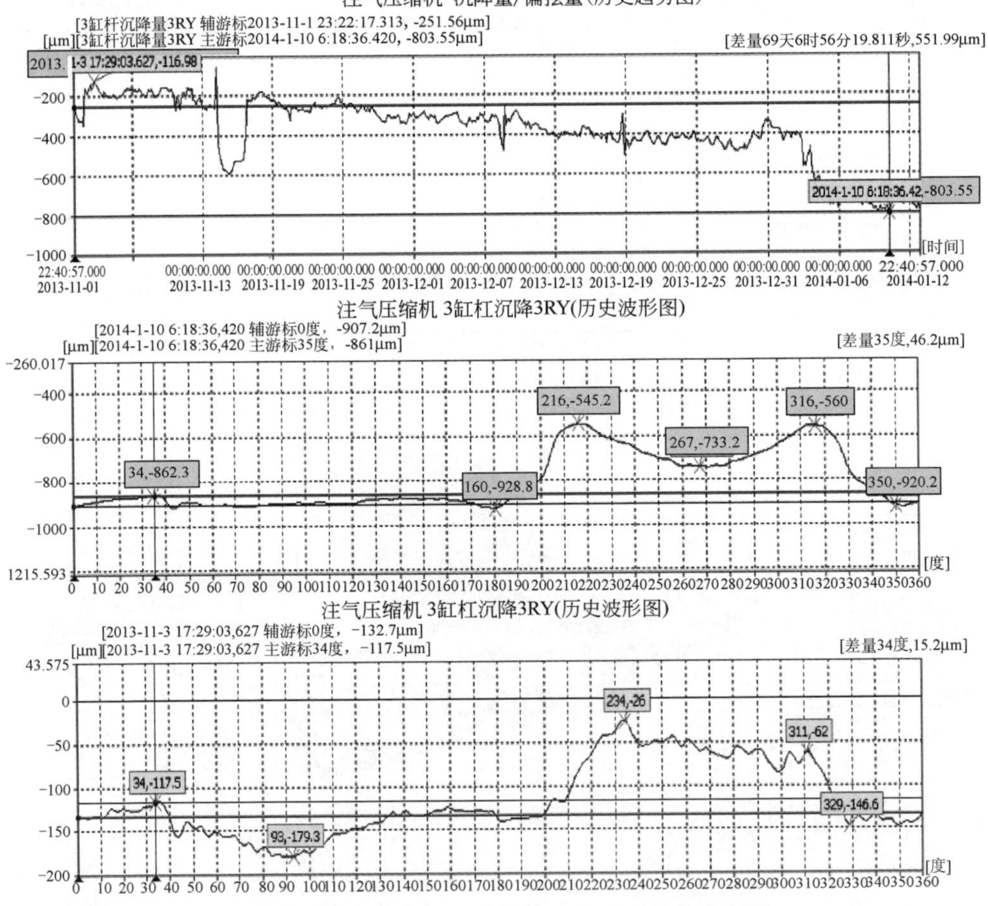

图6-44　3号缸活塞杆沉降量3RY历史趋势波形图

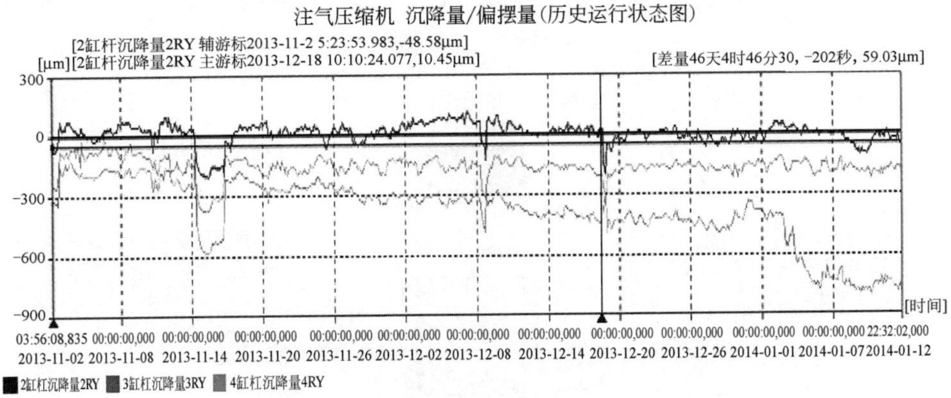

图 6-45　机组各缸沉降量历史趋势图

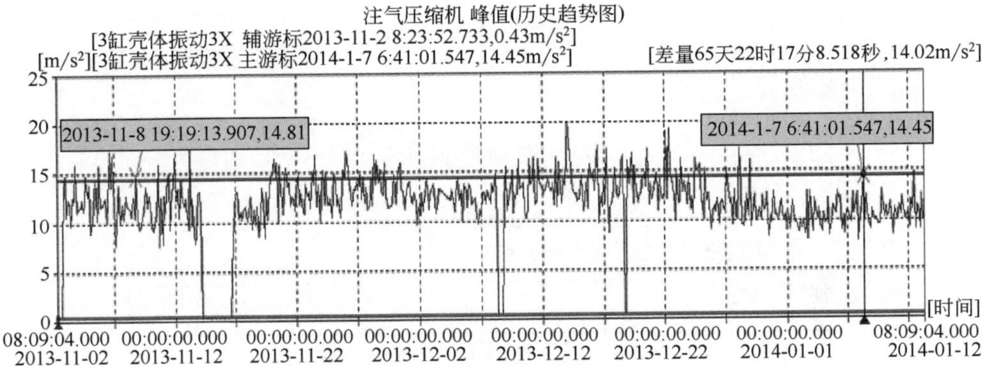

图 6-46　3 号缸壳体振动趋势图

3. 诊断结论及现场反馈

诊断结论：机组 3 号缸活塞环磨损故障。

现场反馈：检修机组时，现场人员反馈与诊断结论一致。

（五）故障诊断分析 V

1. 机组概况

该机组为电动机驱动，2 缸往复压缩机组，如图 6-47 所示。

2. 故障现象及原因分析

通过远程实时在线监测系统对该机组的历史趋势及波形图（图 6-48）和壳体振动趋势图（图 6-49）进行分析，发现机组 2 号缸活塞杆沉降量变化明显，2 号缸壳体振动剧烈。由以上振动特征征兆得出判断：机组 2 号缸活塞环磨损故障。

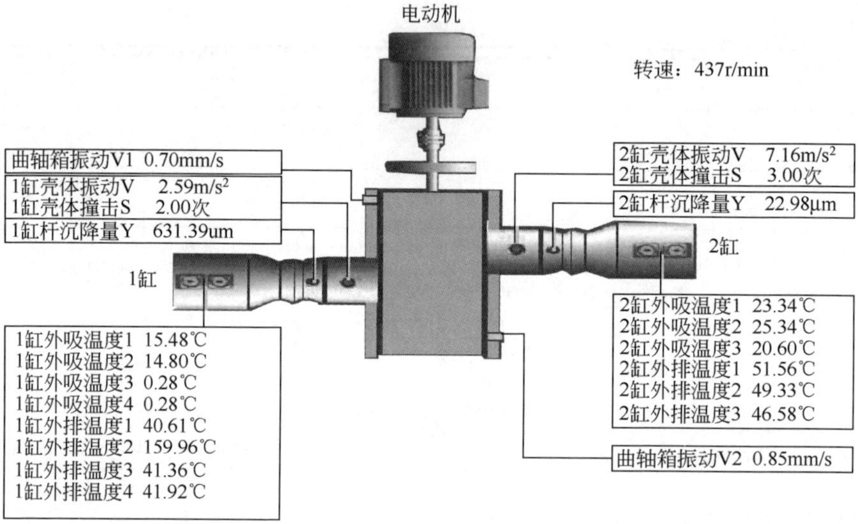

图 6-47　机组概貌图

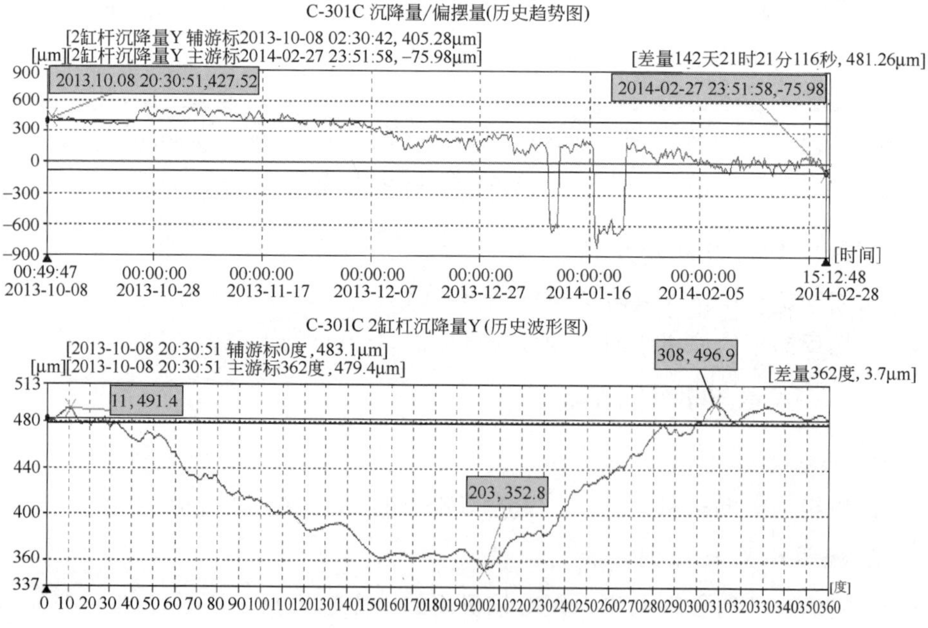

图 6-48

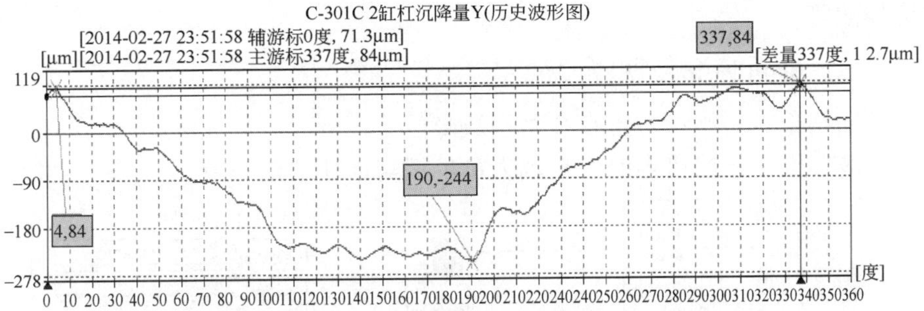

图 6-48　2 号缸活塞杆沉降量 Y 历史趋势及波形图

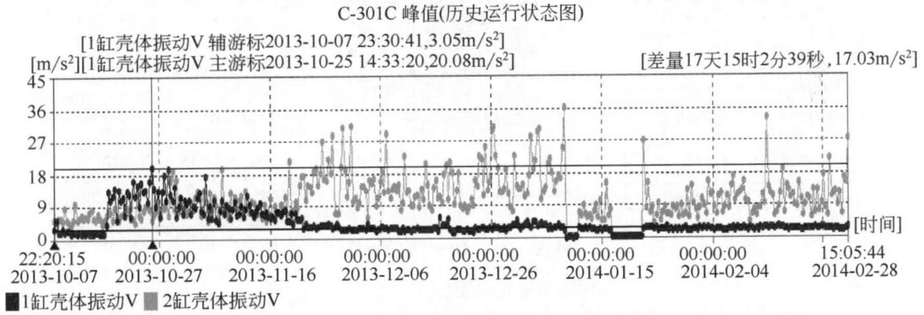

图 6-49　1 号缸、2 号缸壳体振动趋势图

3. 诊断结论及现场反馈

诊断结论：机组 2 号缸活塞环磨损故障。

现场反馈：检修机组时，现场人员反馈与诊断结论一致。

三、氢气往复压缩机 C1202 磨损故障诊断分析

（一）机组概况

该机组为电动机驱动，8 缸往复压缩机组，如图 6-50 所示。

（二）故障现象及原因分析

通过远程实时在线监测系统对该机组的历史趋势及波形图（图 6-51）和壳体振动历史波形图（图 6-52）进行分析，发现机组各缸壳体振动存在明显波动，其中，7 号缸壳体振动尤为剧烈，且 7 号缸振动趋势增大时，对应振动波形在某一相位出现异常，同时，两相邻工作周期的振动波形冲击相位一致。由以上振动特征征兆得出判断：引起该机组运行异常的主要原因是 7 号缸存

在磨损故障。

（三）诊断结论及现场反馈

诊断结论：机组 7 号缸存在磨损故障。

现场反馈：检修机组时，现场人员反馈与诊断结论一致。

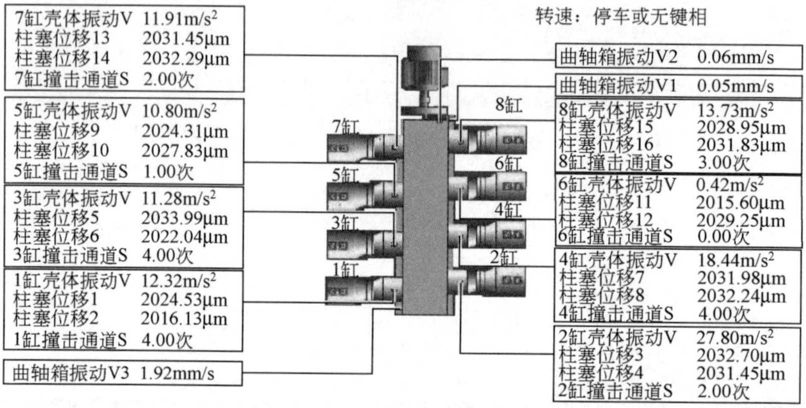

图 6-50　机组概貌图

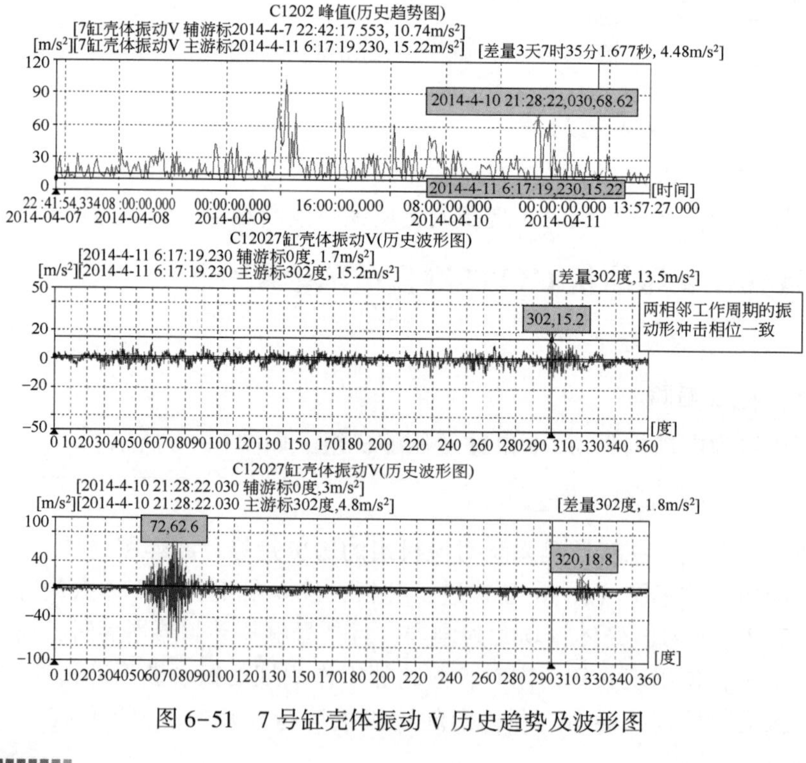

图 6-51　7 号缸壳体振动 V 历史趋势及波形图

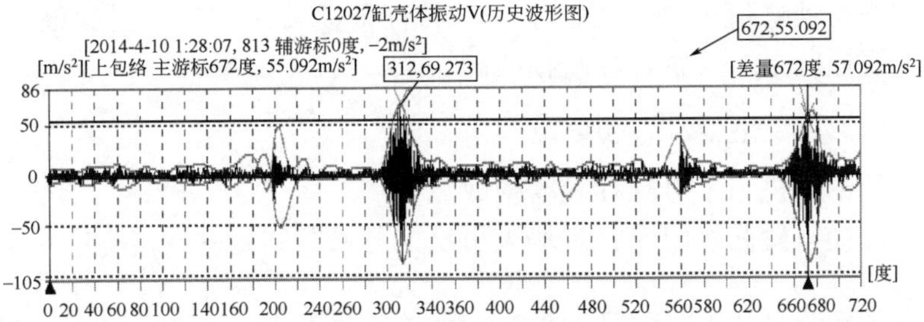

图 6-52　7 号缸壳体振动历史波形图

四、氢气往复压缩机 210-K-1830A 磨损故障诊断分析

（一）机组概况

该机组为电动机驱动，2 缸往复压缩机组，如图 6-53 所示。

（二）故障现象及原因分析

通过远程实时在线监测系统对该机组的壳体振动 V 历史趋势图和十字头波形频谱图（图 6-54、图 6-55）进行分析，发现 1 号缸壳体振动出现剧烈波

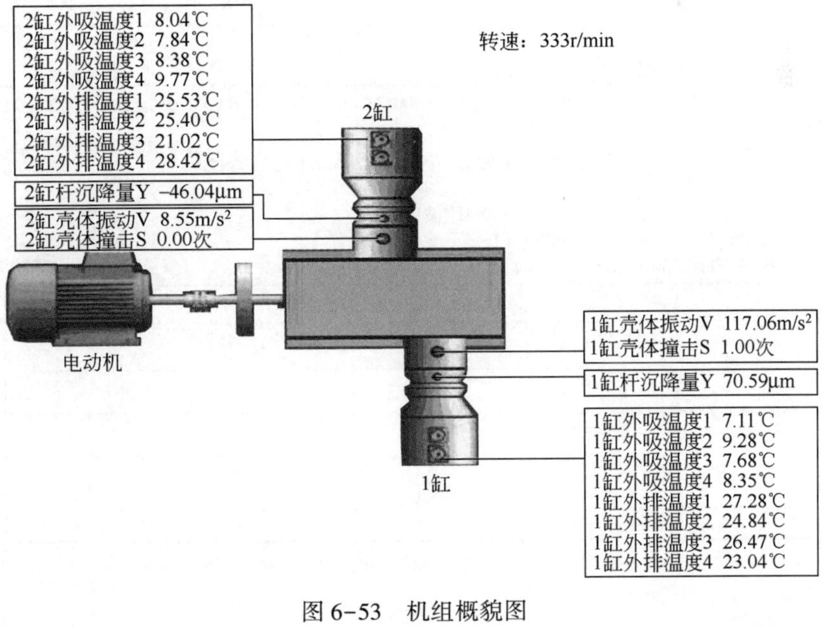

图 6-53　机组概貌图

动，十字头振动峰值很高。由以上振动特征征兆得出判断：引起该机组运行异常的主要原因是1号缸存在磨损故障。

（三）诊断结论及现场反馈

诊断结论：机组1号缸存在磨损故障。

现场反馈：检修机组时，现场人员反馈与诊断结论一致。

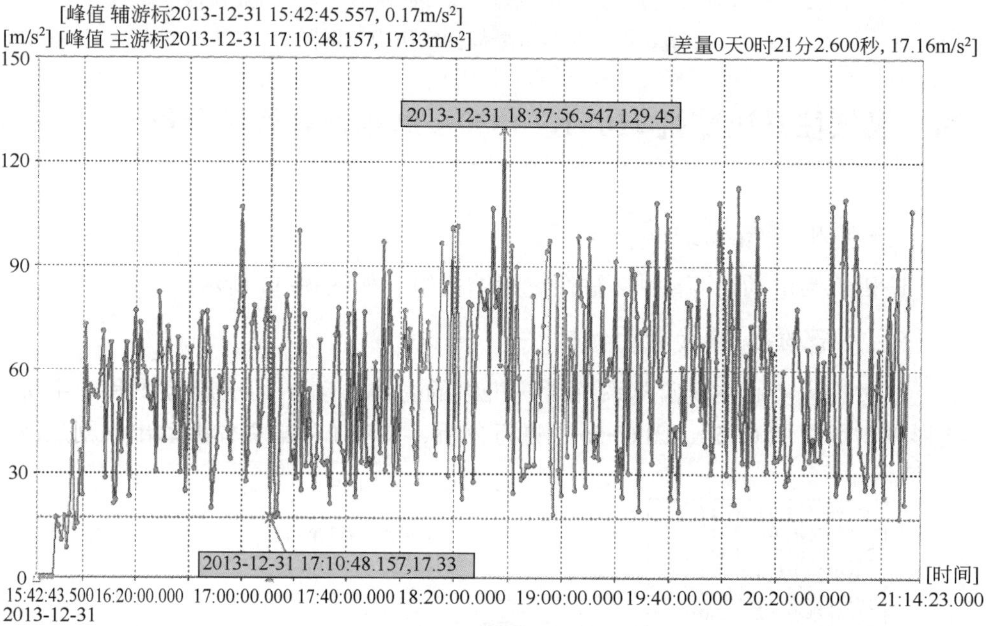

图6-54　1号缸壳体振动V历史趋势图

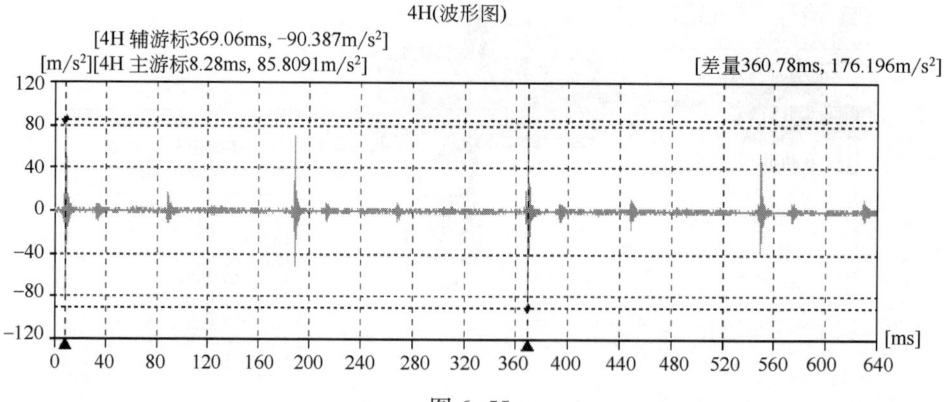

图6-55

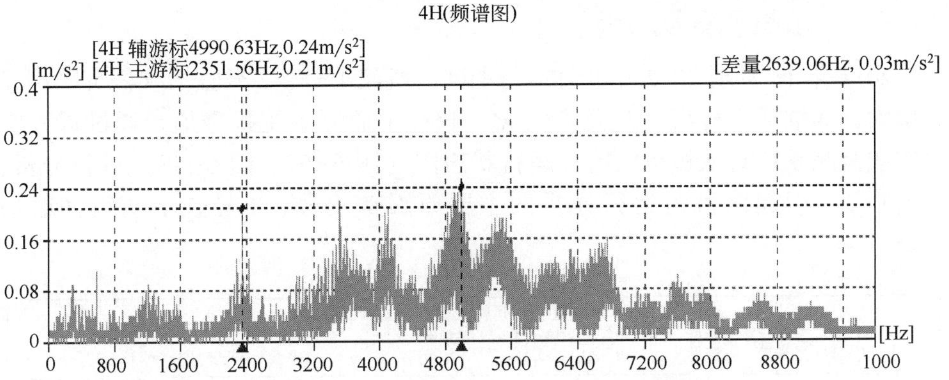

图 6-55　现场采集 1 号缸十字头波形频谱图

五、氢气往复压缩机支撑环磨损故障诊断分析

（一）机组概况

该机组为电动机驱动，4 缸往复压缩机组，如图 6-56 所示。

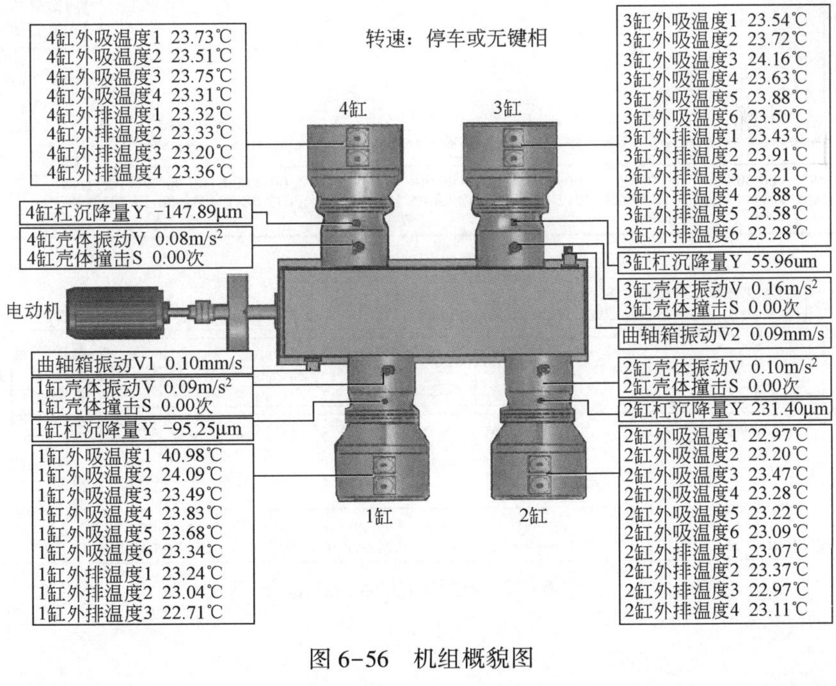

图 6-56　机组概貌图

（二）故障现象及原因分析

2011 年 11 月至 2012 年 8 月运行期间，机组 1 号、2 号缸活塞杆沉降均显著增大，两缸活塞杆沉降量逐渐变化，超过了监测系统报警值。通过远程实时在线监测系统对该机组的历史运行状态图（图 6-57、图 6-58）进行分析，得出判断：引起该机组运行异常的主要原因是 1 号、2 号缸活塞组件磨损故障。

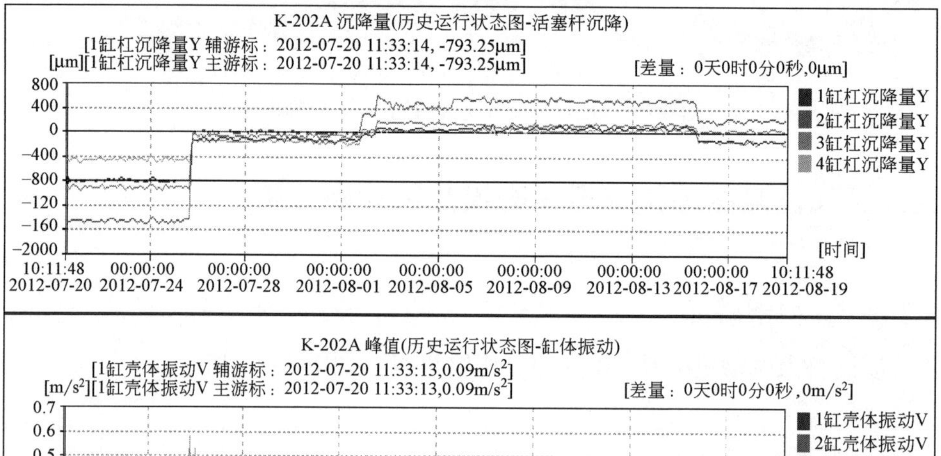

图 6-57　机组历史运行状态图

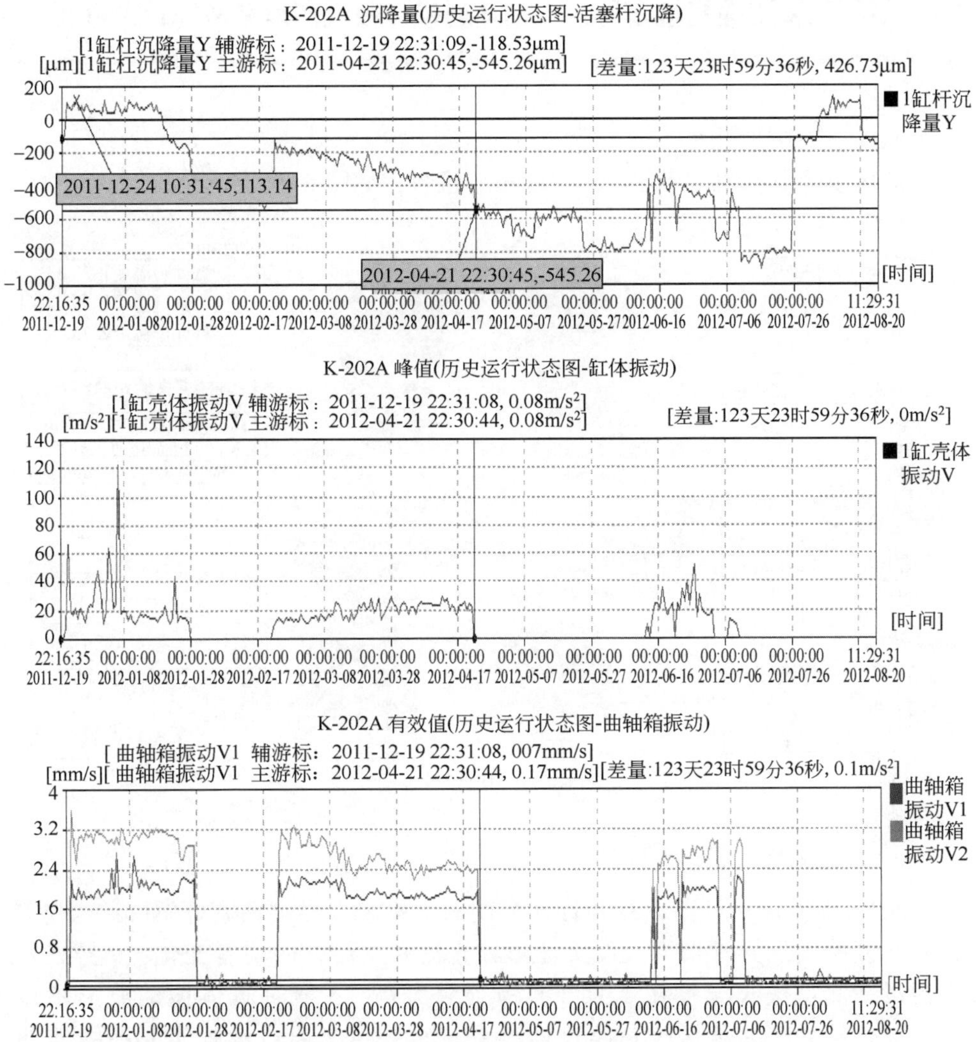

图 6-58　机组 1 号缸历史运行状态图

（三）诊断结论及现场反馈

诊断结论：机组 1 号、2 号缸活塞组件磨损故障。

现场反馈：检修机组时，现场人员反馈与诊断结论一致。现场及时进行了更换处理。

六、氢气往复压缩机活塞环、支撑环磨损、吸气阀泄漏故障诊断分析

（一）机组概况

该机组为电动机驱动，4 缸往复压缩机组，如图 6-59 所示。

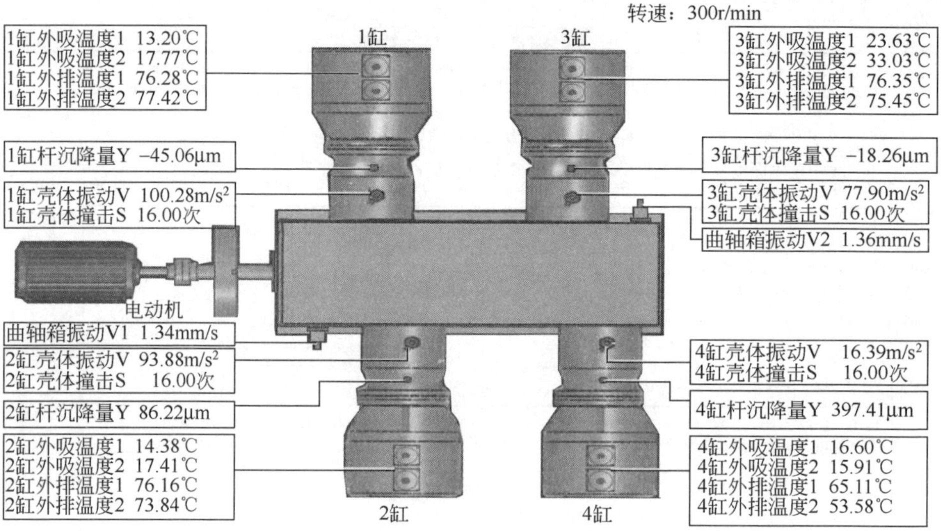

图 6-59　机组概貌图

（二）故障现象及原因分析

2012 年 1 月 9 日至 2 月 8 日开车期间，机组 3 号缸活塞杆沉降趋势从 2 月 6 日开始出现异常增大，沉降波形在直流和交流方向均有变化；3 号缸外吸温度 2 测点气阀温度在 2 月 8 日有显著升高，3 号缸缸体振动波形图显示，缸体振动有显著增长，超过监测系统报警值。通过远程实时在线监测系统对该机组的历史运行状态图（图 6-60、图 6-61）进行分析，得出判断：引起该机组运行异常的主要原因是 3 号缸活塞组件和填料组件磨损，气阀泄漏故障。

（三）诊断结论及现场反馈

诊断结论：机组 3 号缸活塞组件和填料组件磨损，气阀泄漏故障。

现场反馈：检修机组时，现场人员反馈与诊断结论一致。

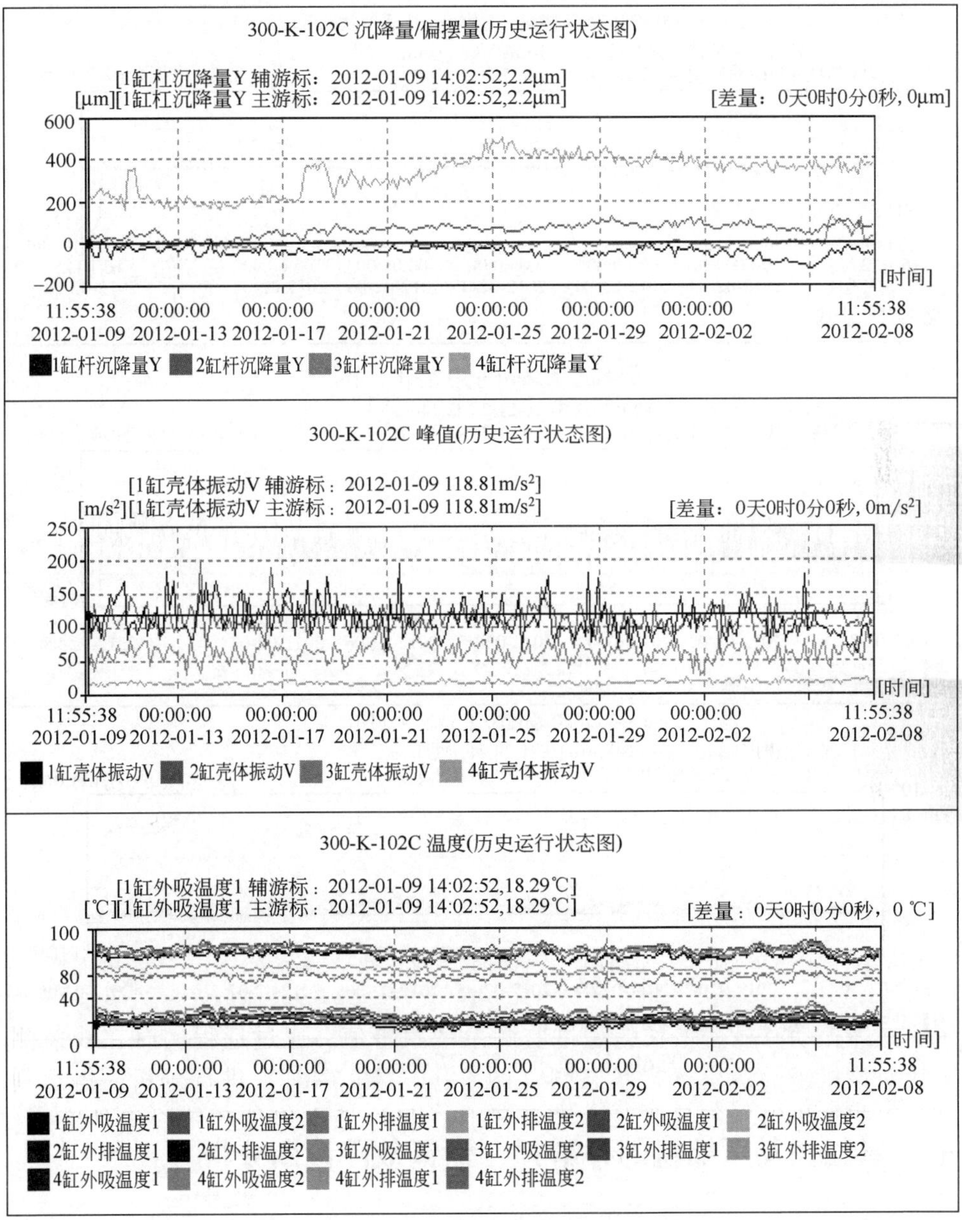

图 6-60 机组历史运行状态图

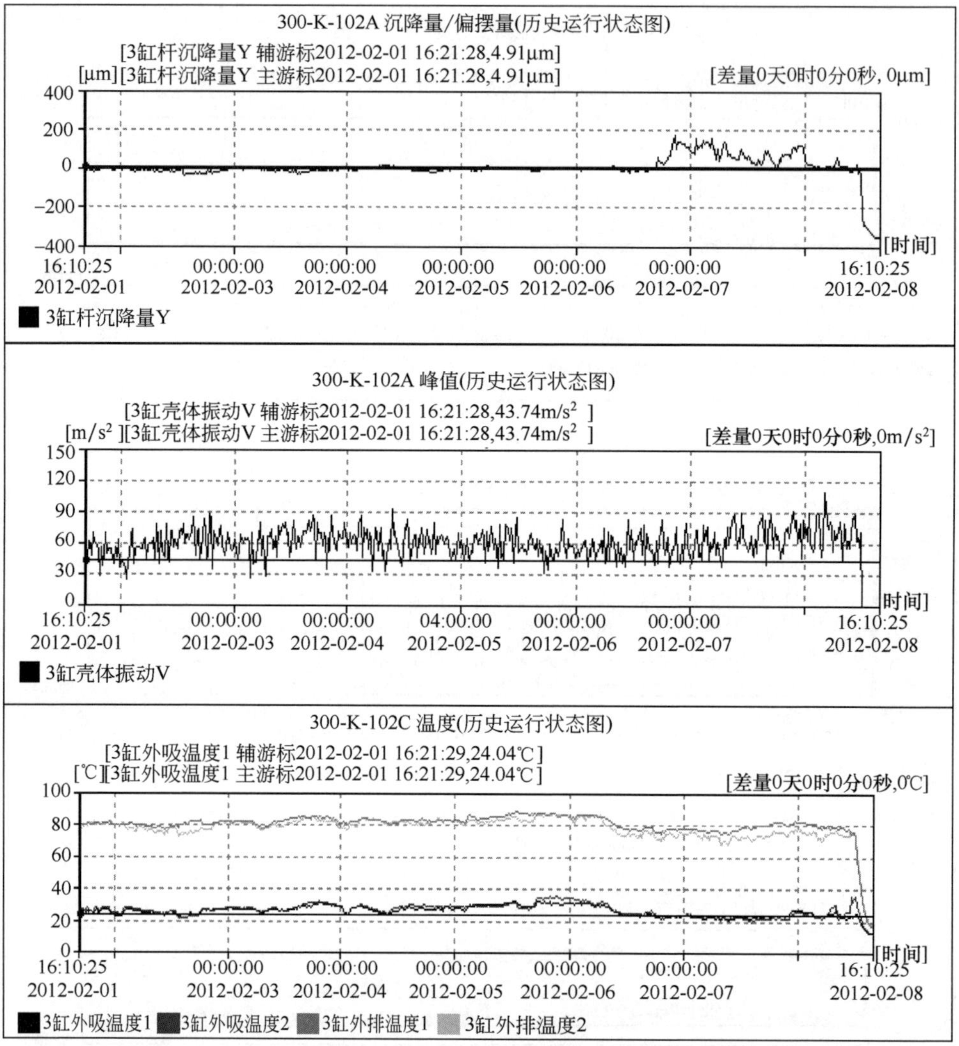

图 6-61 机组 3 号缸历史运行状态图

七、氢气往复压缩机部件磨损、泄漏故障诊断分析

（一）机组概况

该机组为电动机驱动，2 缸往复压缩机组，如图 6-62 所示。

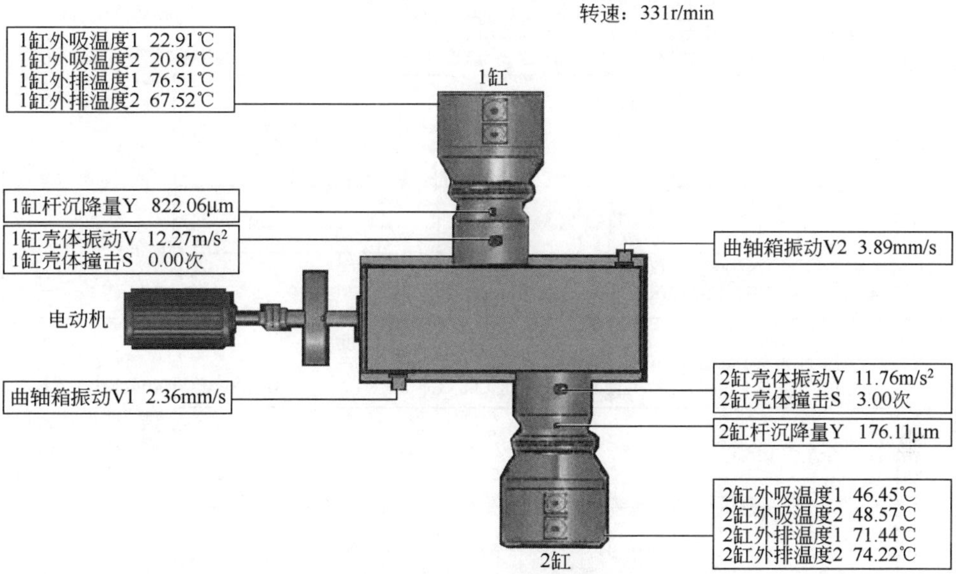

图 6-62 机组概貌图

（二）故障现象及原因分析

机组 2 号缸活塞杆沉降在开车后曾出现短时间内的剧烈波动，平稳运行一段时间后，从 2012 年 1 月 12 日开始，活塞杆沉降出现大幅度的上下波动趋势，超过系统报警值。通过远程实时在线监测系统对该机组的历史运行状态图（图 6-63）进行分析，得出判断：引起该机组运行异常的主要原因是 2 号缸活塞环、支撑环磨损故障。

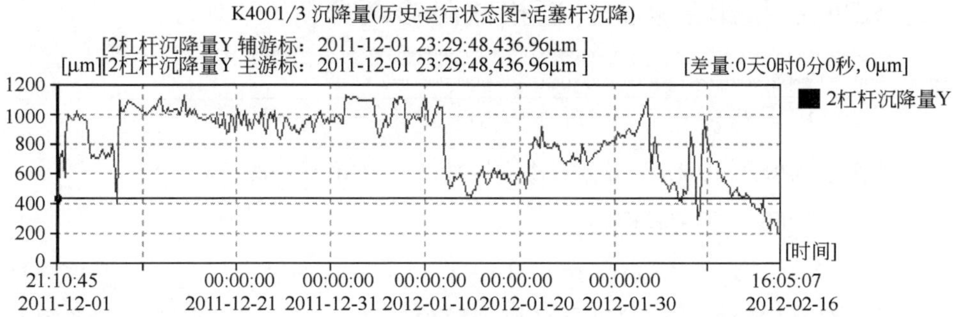

图 6-63

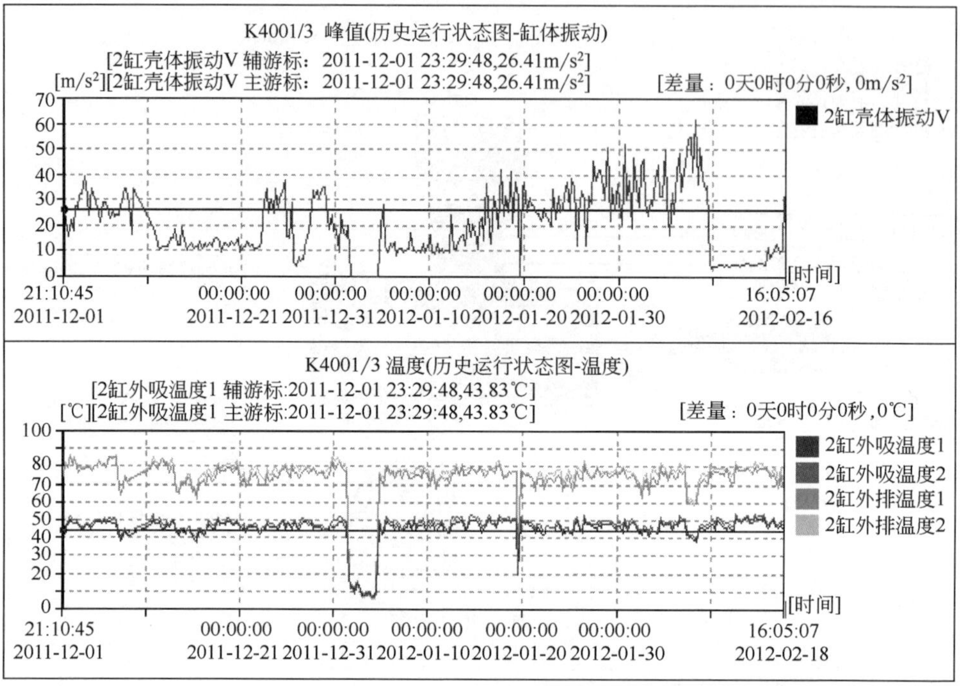

图 6-63　K4001/3 机组 2 号缸历史运行状态图

（三）诊断结论及现场反馈

诊断结论：机组 2 号缸活塞环、支撑环磨损故障，建议及时停车对机组进行检修。

现场反馈：检修机组时，现场人员反馈与诊断结论一致。

八、K202C 机组活塞组件磨损故障诊断分析

（一）机组概况

该机组为电动机驱动，4 缸往复压缩机组，如图 6-64 所示。

（二）故障现象及原因分析

2012 年 8 月 22 日至 2013 年 2 月 21 日机组运行期间，机组 4 号缸活塞杆沉降量相对变化较大，超过监测系统报警值。通过远程实时在线监测系统对该机组的历史运行状态图（图 6-65、图 6-66）进行分析，得出判断：引起该机组运行异常的主要原因是 4 号缸活塞支撑环、活塞环等组件磨损故障。

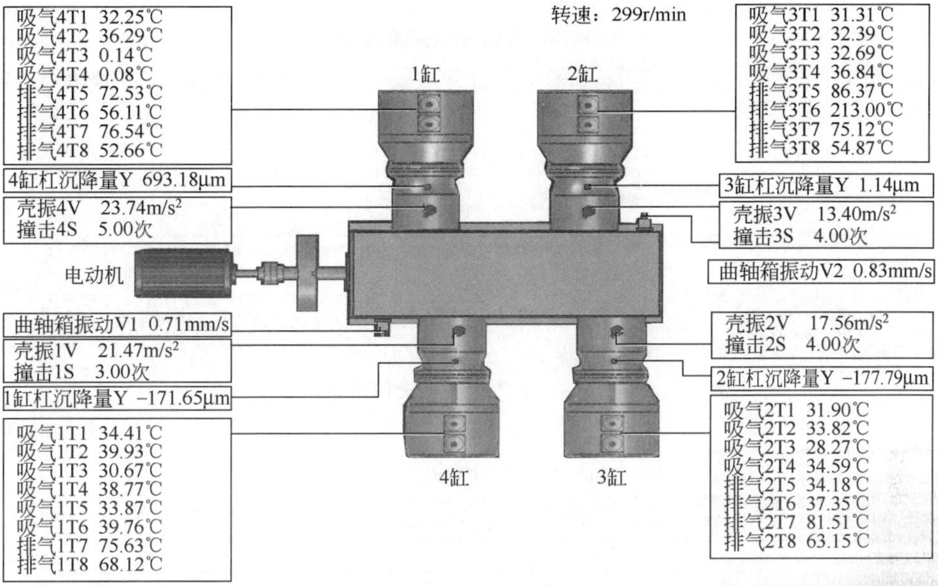

图 6-64　机组概貌图

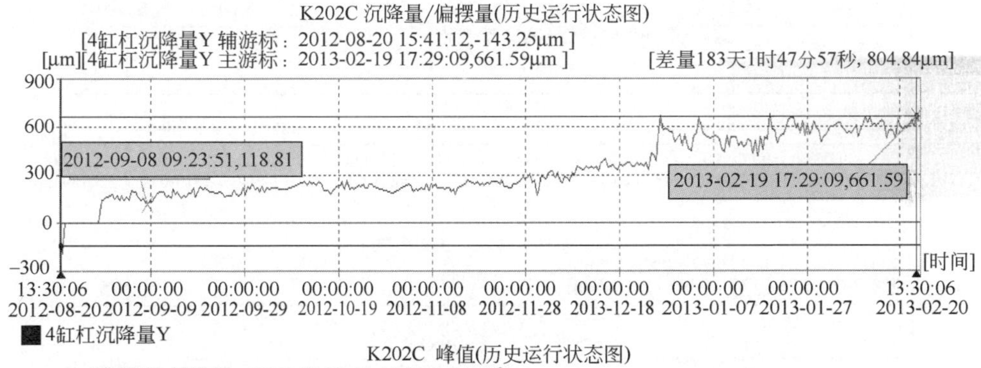

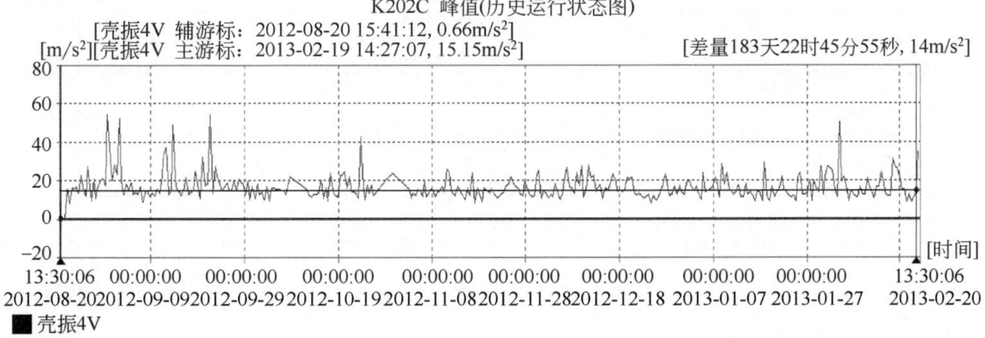

图 6-65

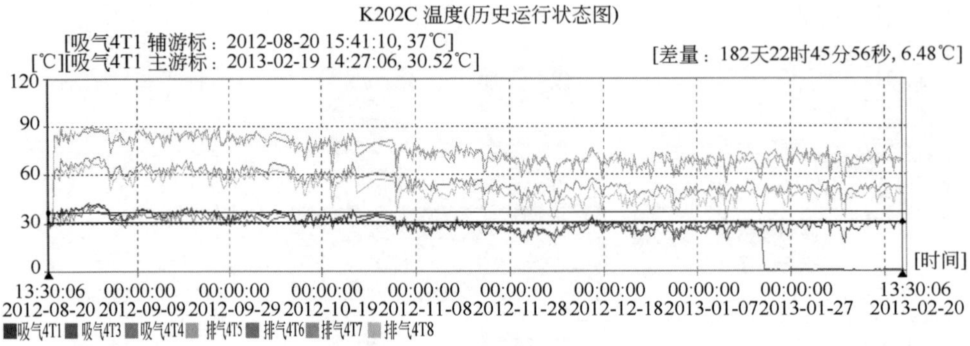

图 6-65　4 号缸历史运行状态图

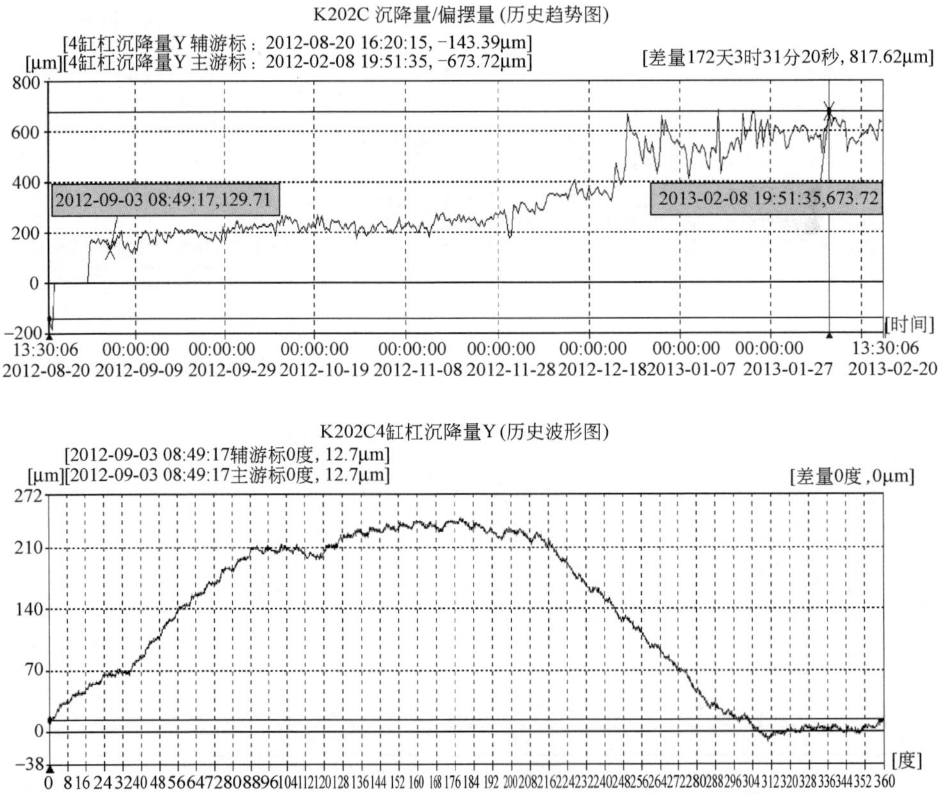

图 6-66

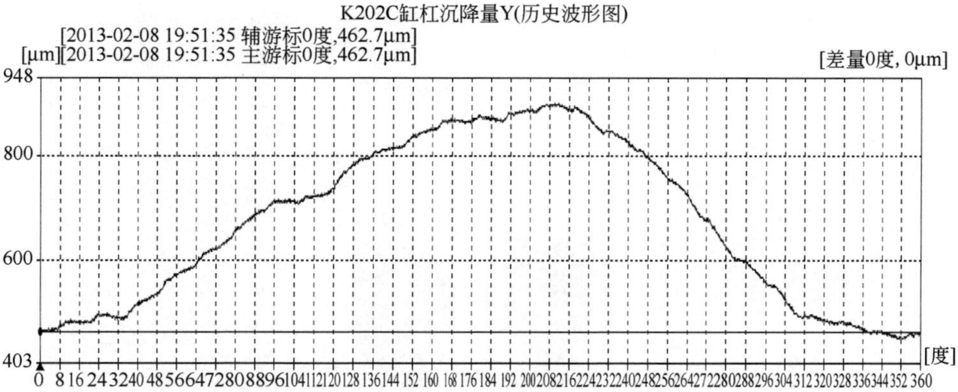

图 6-66　4 号缸活塞杆沉降量历史比较图

（三）诊断结论及现场反馈

诊断结论：机组 4 号缸活塞支撑环、活塞环等组件磨损故障。

现场反馈：检修机组时，现场人员反馈与诊断结论一致。

九、GB-701S 机组活塞组件磨损故障诊断分析

（一）机组概况

该机组为电动机驱动，4 缸往复压缩机组，如图 6-67 所示。

（二）故障现象及原因分析

在 2 月 16 日至 2 月 28 日机组运行期间，机组 3 号缸活塞沉降存在显著增加趋势并超过系统报警线。通过远程实时在线监测系统对该机组的历史运行状态图（图 6-68）进行分析，得出判断：引起该机组运行异常的主要原因是 3 号缸活塞支撑环、活塞环等元件磨损故障。

（三）诊断结论及现场反馈

诊断结论：机组 3 号缸活塞支撑环、活塞环等元件磨损故障。

现场反馈：检修机组时，现场人员反馈与诊断结论一致。

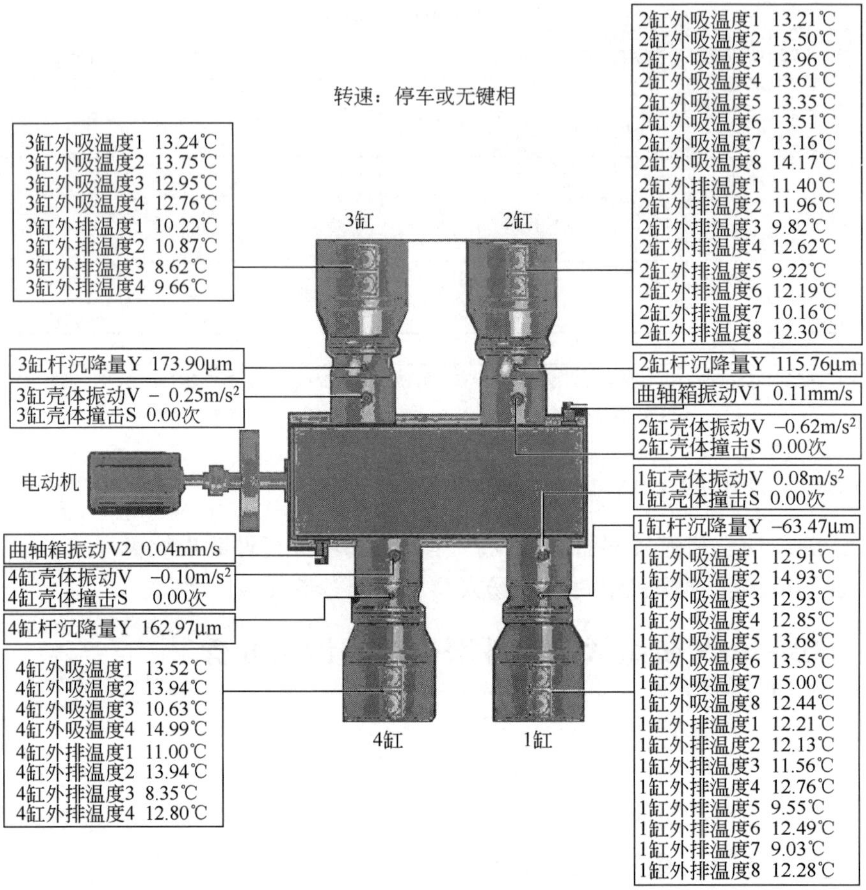

图 6-67　机组概貌图

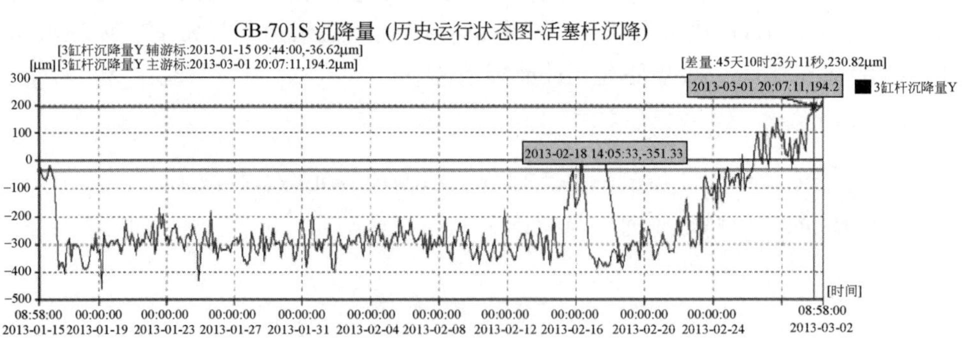

图 6-68

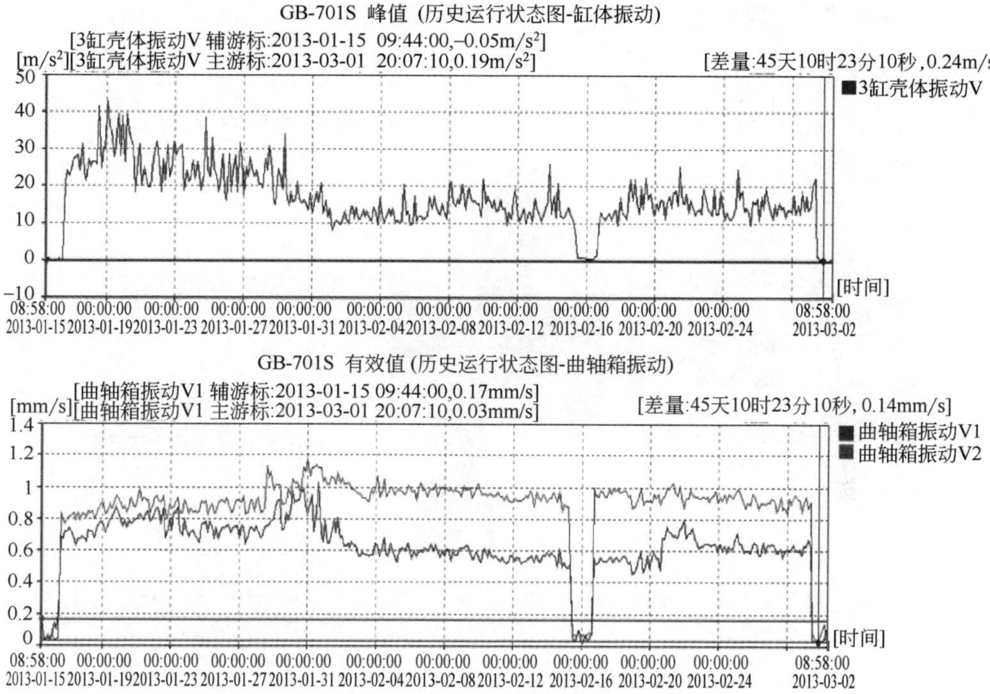

图 6-68　3 号缸历史运行状态图

十、K203 往复压缩机组活塞组件磨损故障诊断分析

（一）机组概况

该机组为电动机驱动，2 缸往复压缩机组，如图 6-69 所示。

（二）故障现象及原因分析

2013 年 1 月 30 日至 2 月 28 日机组运行期间，机组 2 号缸活塞沉降存在显著增加趋势并超过系统报警值。通过远程实时在线监测系统对该机组的历史运行状态图（图 6-70）和活塞杆沉降量历史比较图（图 6-71）进行分析，得出判断：引起该机组运行异常的主要原因是 2 号缸活塞支撑环、活塞环等组件磨损故障。

（三）诊断结论及现场反馈

诊断结论：机组 2 号缸活塞支撑环、活塞环等组件磨损故障。

现场反馈：检修机组时，现场人员反馈与诊断结论一致（图6-72、图6-73）。

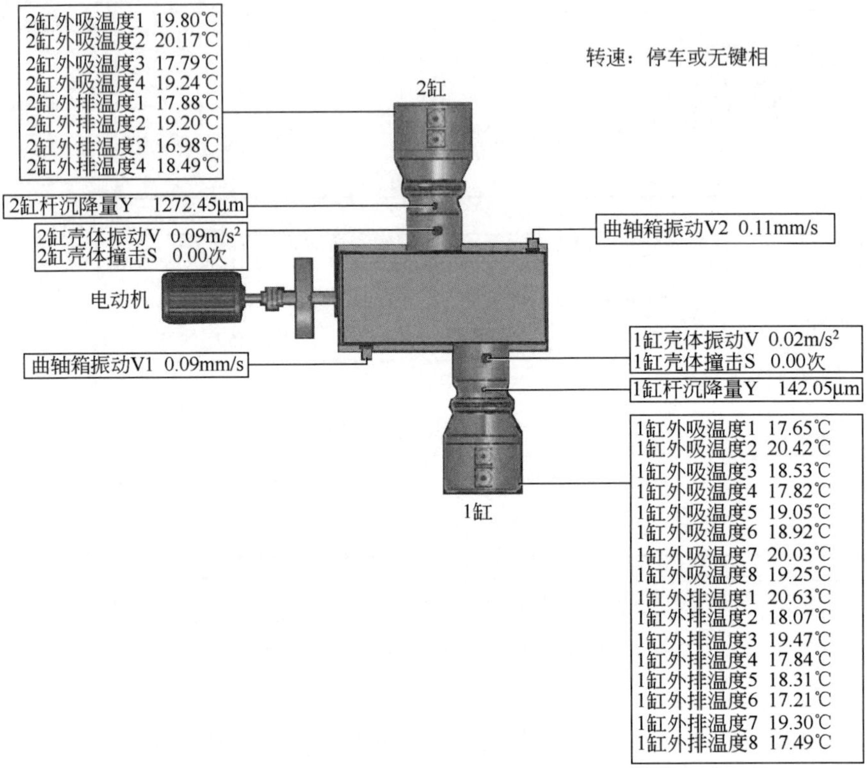

图6-69　机组概貌图

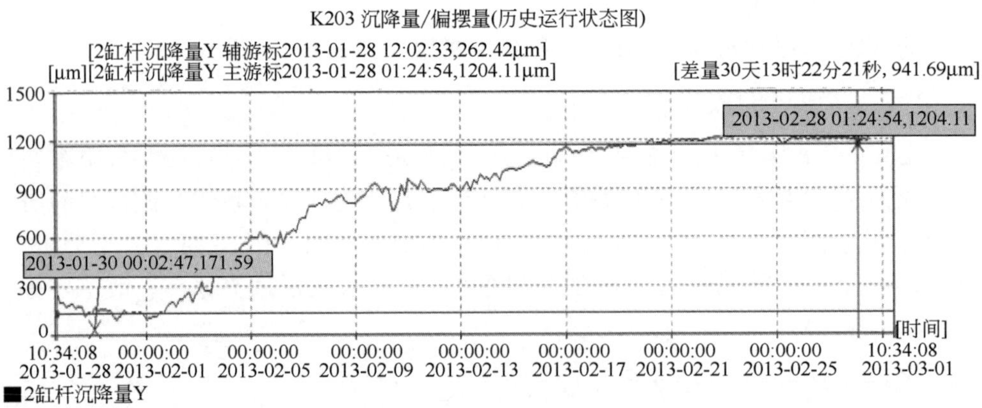

图6-70

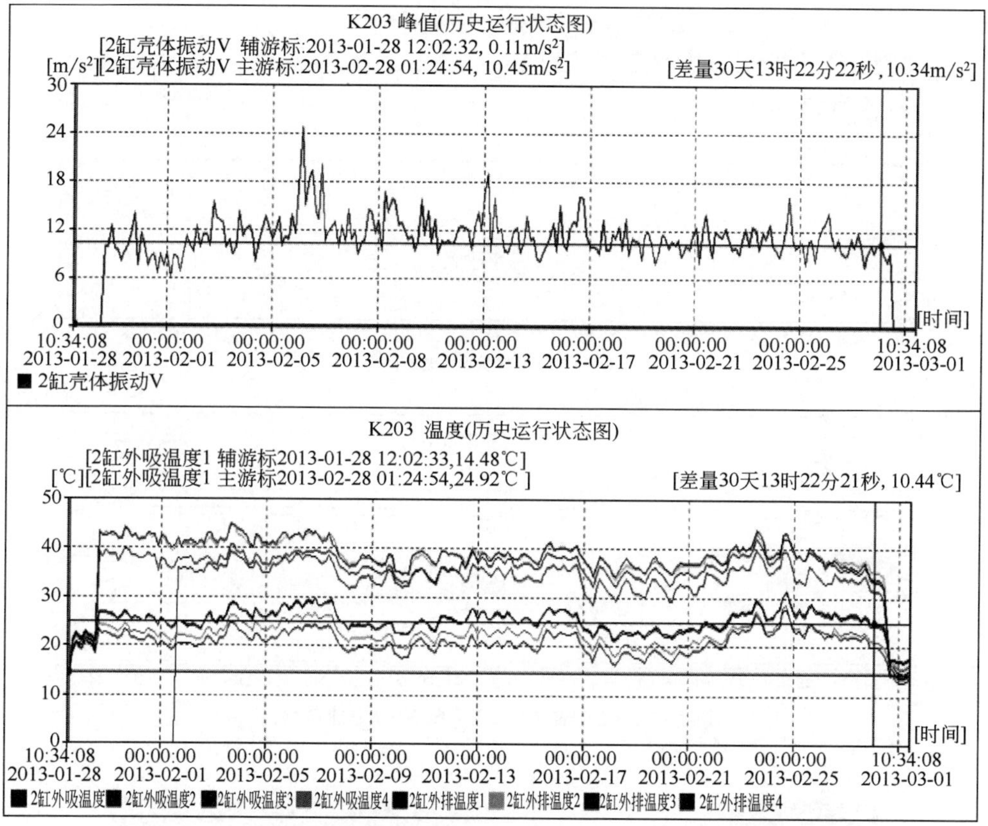

图 6-70　2 号缸历史运行状态图

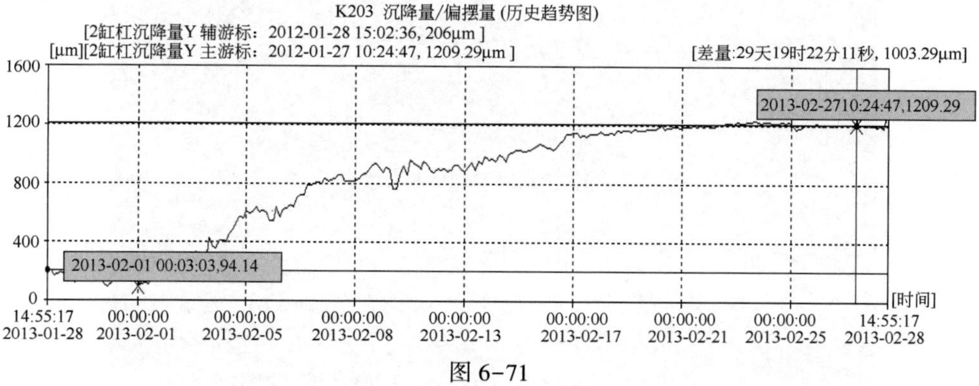

图 6-71

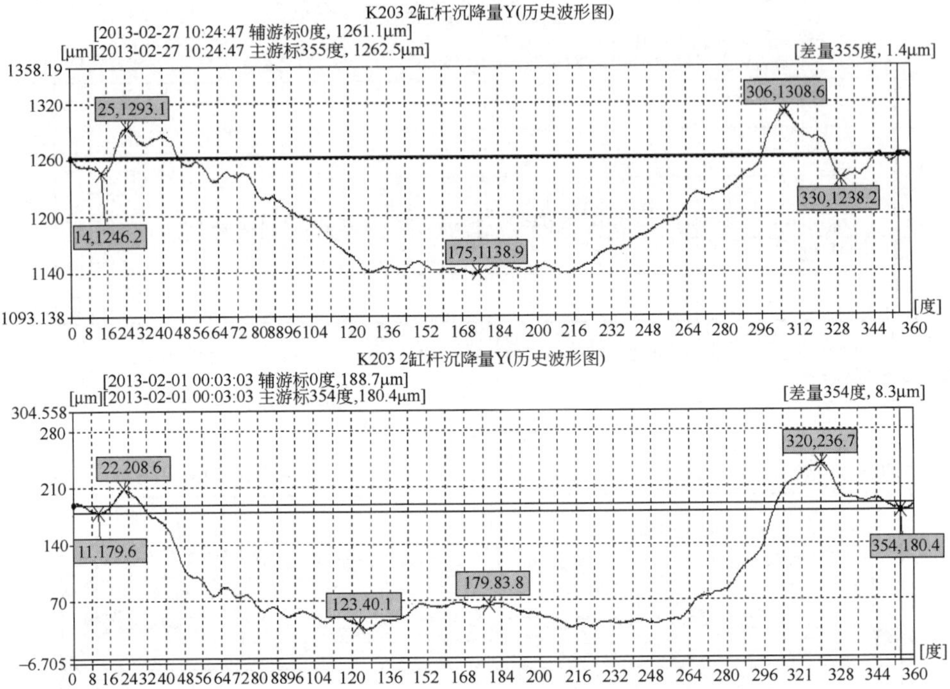

图 6-71　2 号缸活塞杆沉降量历史比较图

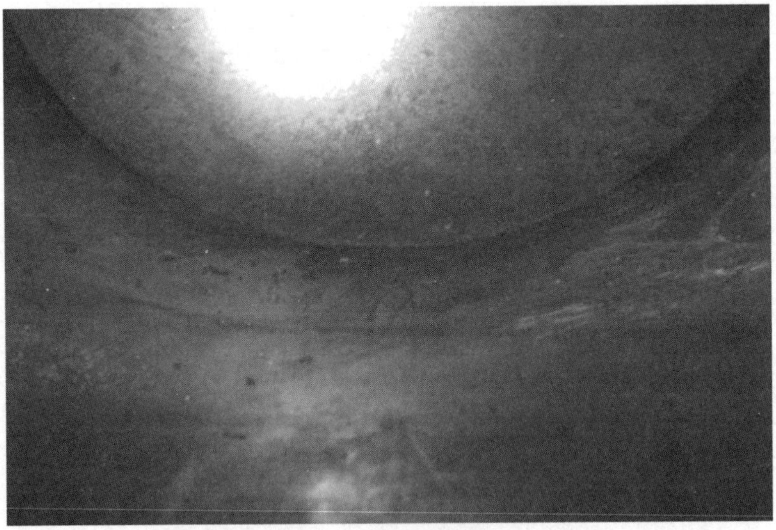

图 6-72　缸体内壁

图 6-73　活塞环细部照片

十一、K202A 往复压缩机组活塞组件磨损故障诊断分析

（一）机组概况

该机组为电动机驱动，4 缸往复压缩机组，如图 6-74 所示。

（二）故障现象及原因分析

2013 年 1 月 30 日至 2 月 28 日机组运行期间，机组 2 号缸活塞杆沉降趋势变化显著，累计变化量超过系统报警值。通过远程实时在线监测系统对该机组的历史运行状态图（图 6-75、图 6-76）和活塞杆沉降量历史比较图（图 6-77）进行分析，得出判断：引起该机组运行异常的主要原因是 2 号缸活塞支撑环、活塞环等组件磨损故障。

（三）诊断结论及现场反馈

诊断结论：机组 2 号缸活塞支撑环、活塞环等组件磨损故障。

现场反馈：停车检查发现，机组 2 号活塞部件存在严重磨损，特别是支撑环已磨损非常严重。

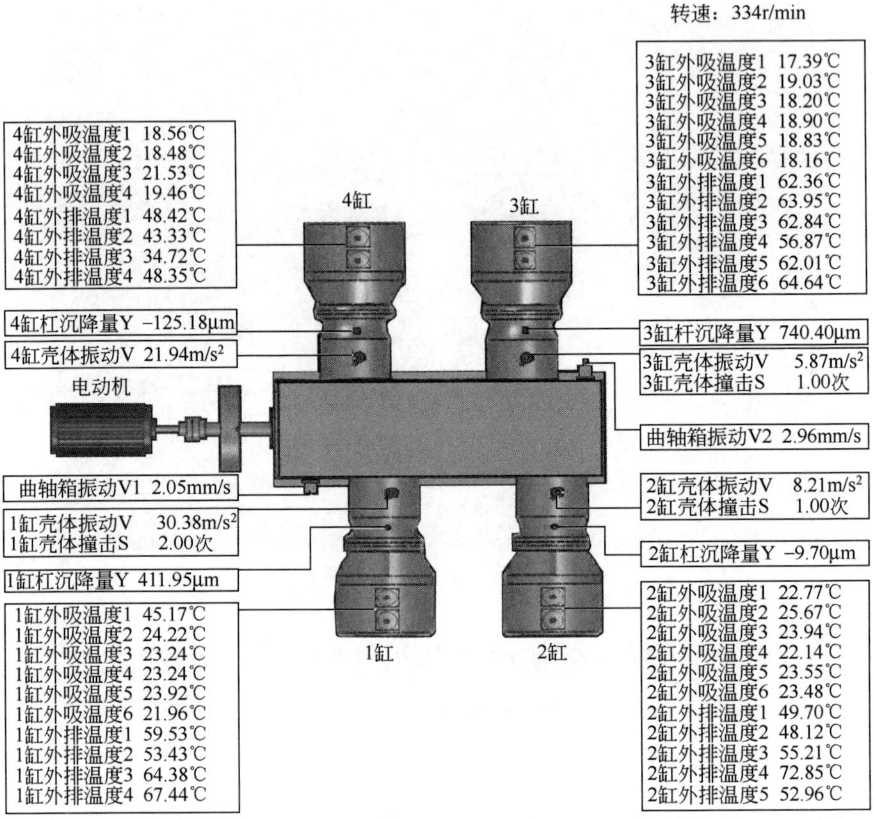

图 6-74　机组概貌图

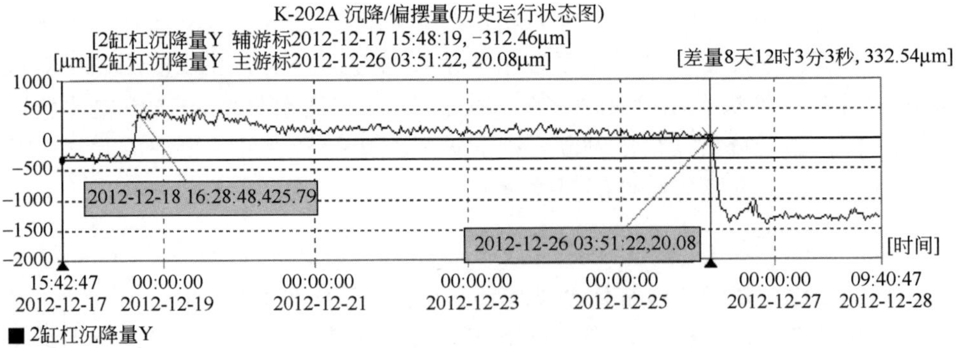

图 6-75

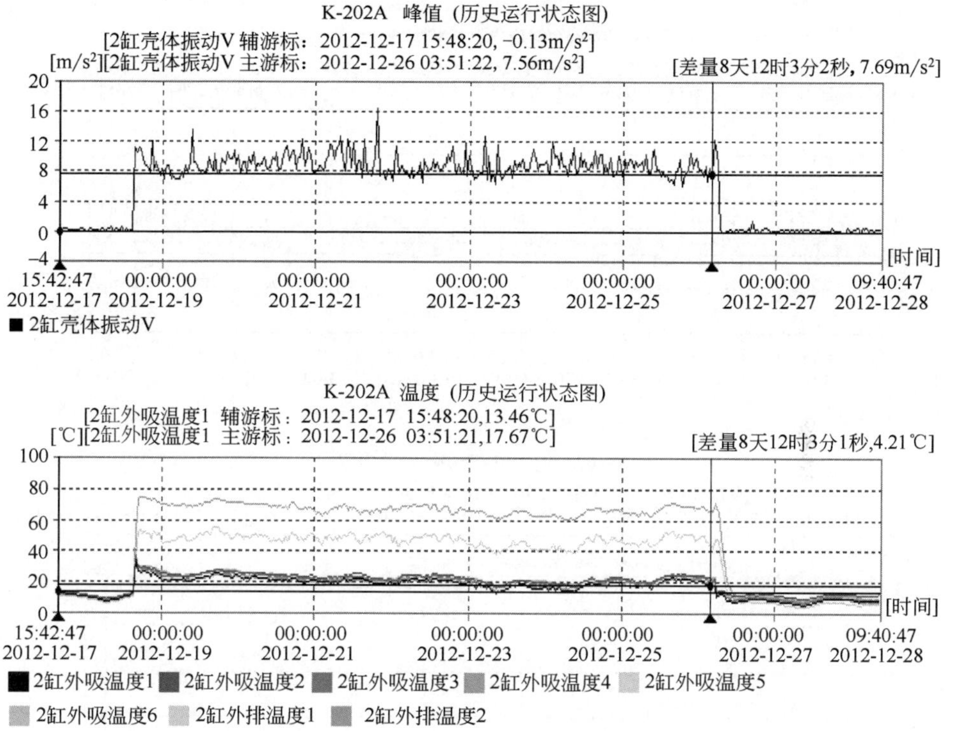

图 6-75　2 号缸历史运行状态图

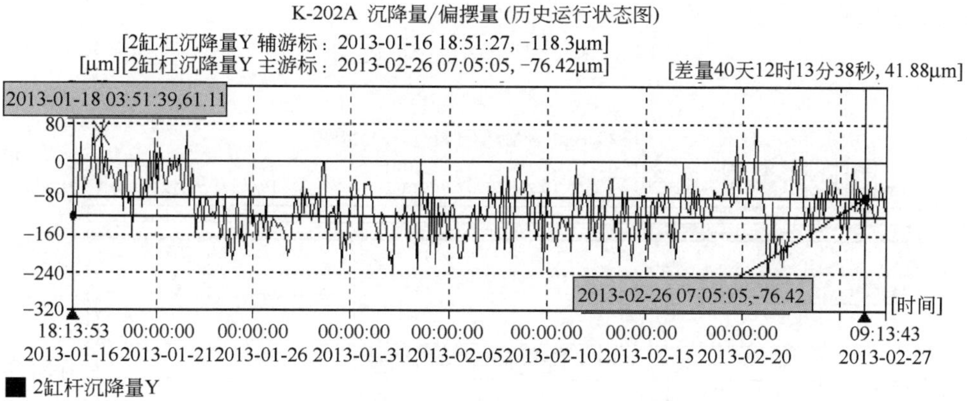

图 6-76

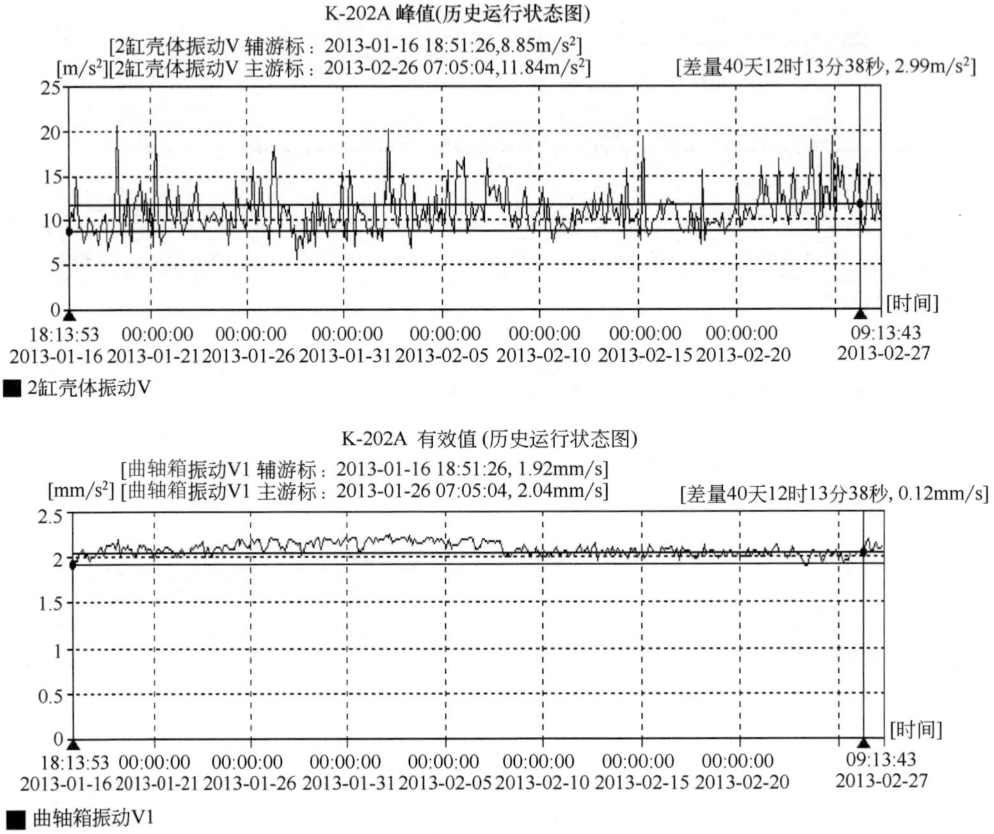

图 6-76　2 号缸历史运行状态图

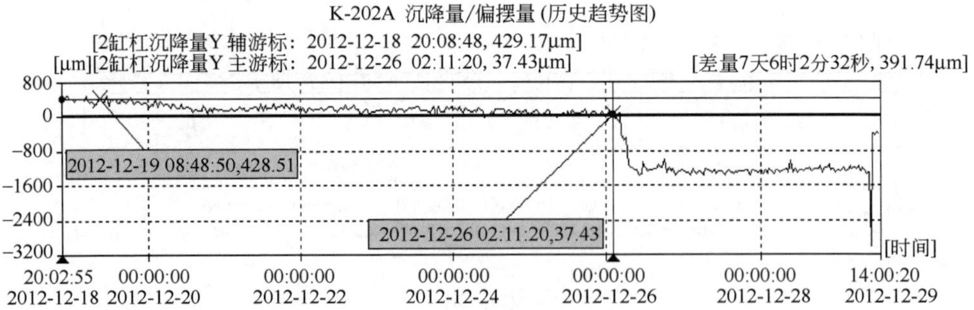

图 6-77

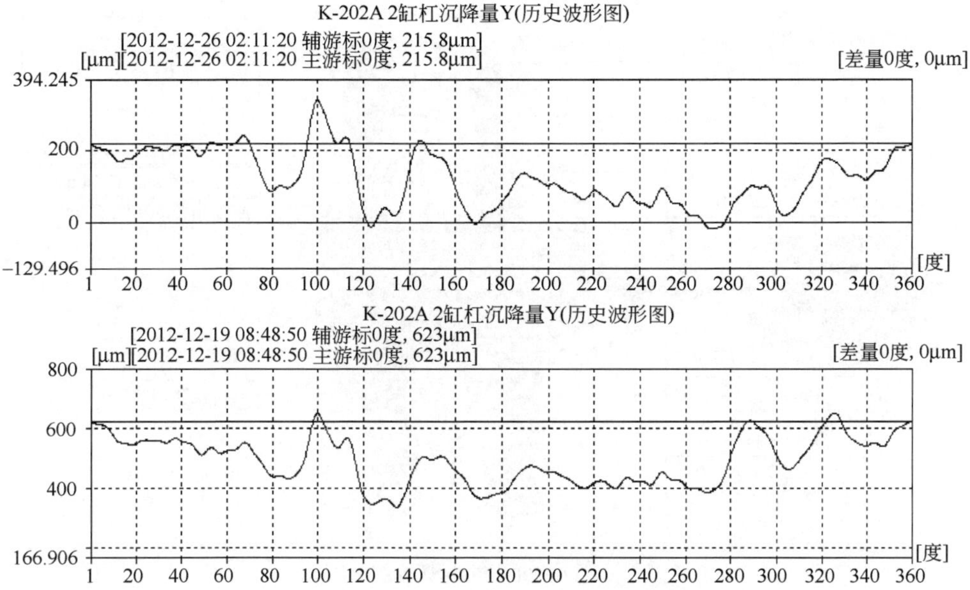

图 6-77　2 号缸活塞杆沉降量历史比较图

十二、K101102A 往复压缩机活塞组件磨损故障诊断分析

（一）机组概况

该机组为电动机驱动，4 缸往复压缩机组，如图 6-78 所示。

（二）故障现象及原因分析

2013 年 3 月 5 日至 2013 年 3 月 21 日机组运行期间，机组 2 号缸活塞杆沉降存在显著增加的趋势并超过系统报警值。通过远程实时在线监测系统对该机组的历史运行状态图（图 6-79）和活塞杆沉降量历史比较图（图 6-80）进行分析，得出判断：引起该机组运行异常的主要原因是 2 号缸活塞支撑环、活塞环等组件磨损故障。

（三）诊断结论及现场反馈

诊断结论：机组 2 号缸活塞支撑环、活塞环等组件磨损故障。

现场反馈：检修机组时，现场人员反馈与诊断结论一致。

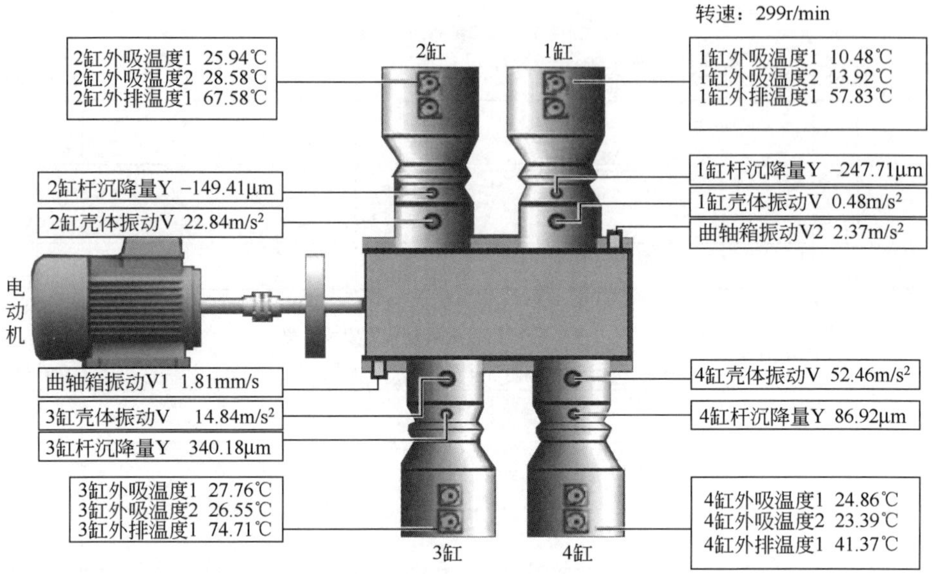

图 6-78 机组概貌图

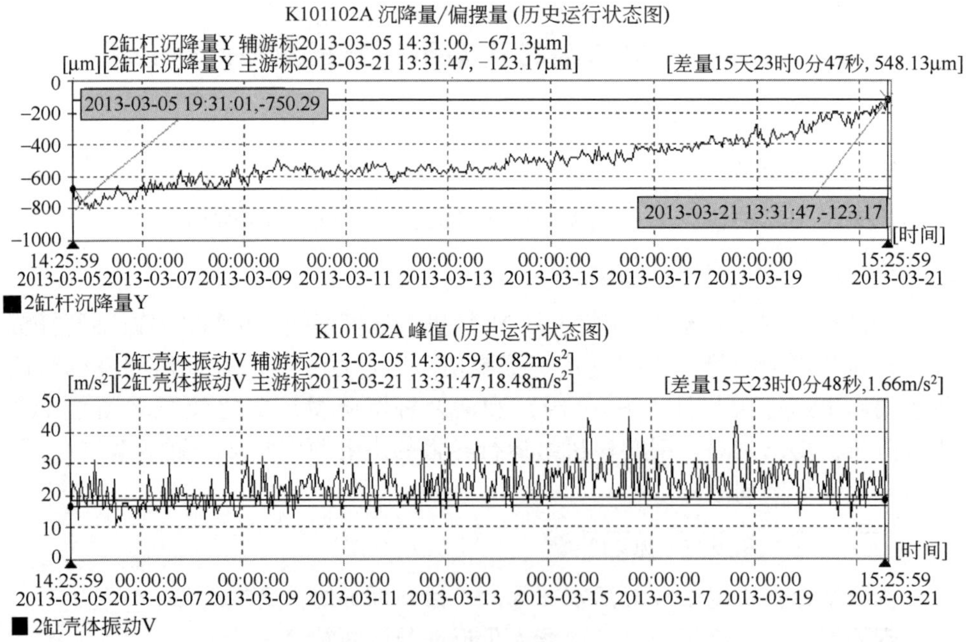

图 6-79

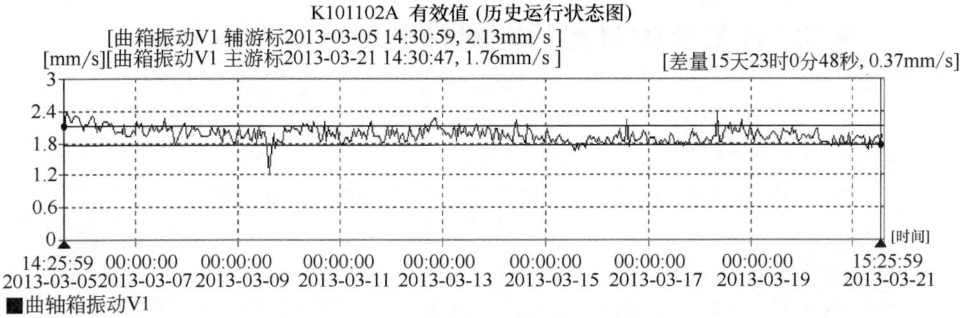

图 6-79　2 号缸历史运行状态图

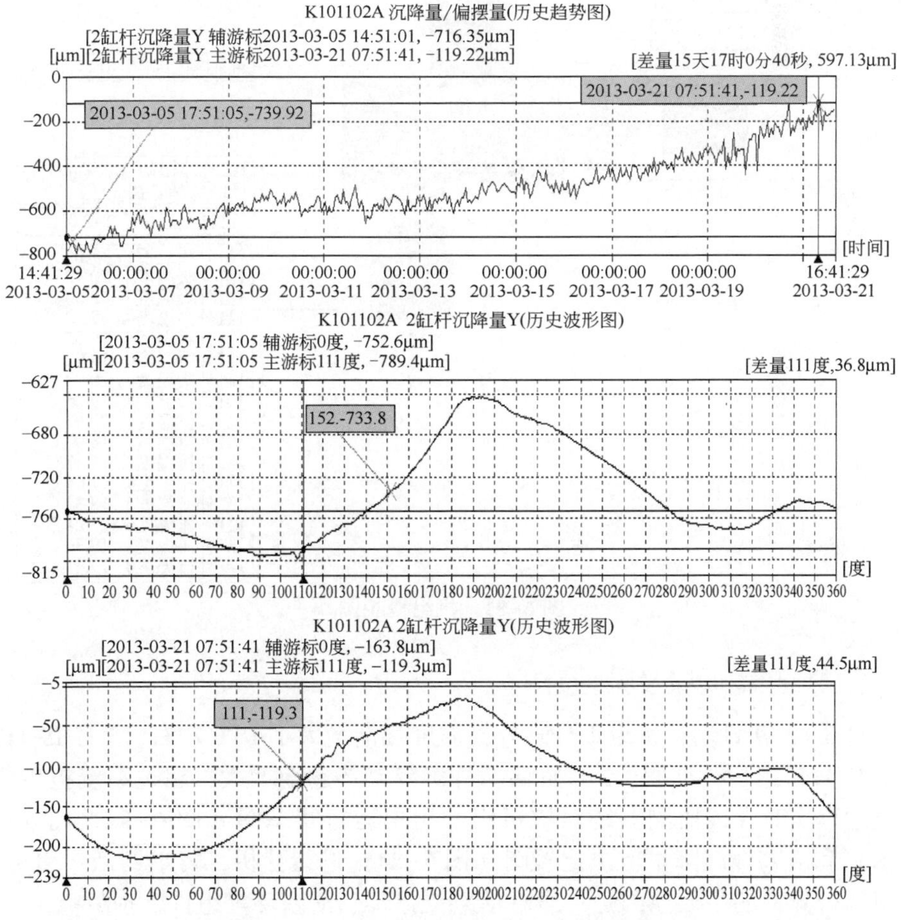

图 6-80　2 号缸活塞杆沉降量历史比较图

十三、K203 往复压缩机组活塞组件磨损故障诊断分析

（一）机组概况

该机组为电动机驱动，2 缸往复压缩机组，如图 6-81 所示。

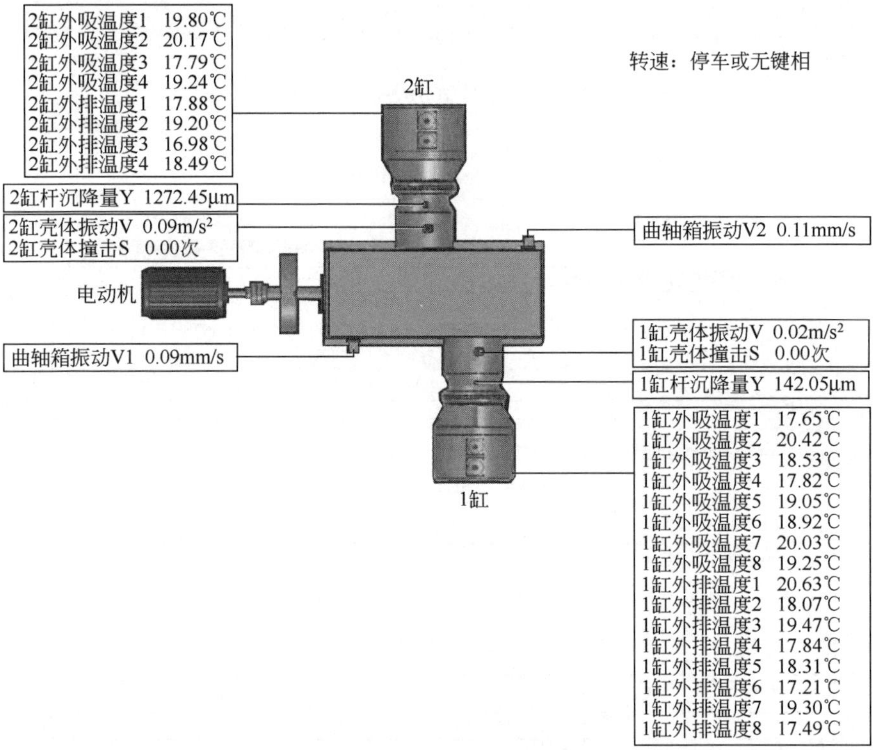

图 6-81　机组概貌图

（二）故障现象及原因分析

自 3 月 29 日起，机组 1 号缸外排温度逐渐增大了 10℃左右；3 月 19 日至 3 月 21 日机组运行期间，2 号缸活塞杆沉降趋势逐渐增大，超过系统报警值。通过远程实时在线监测系统对该机组的历史运行状态图（图 6-82、图 6-83 所示）和活塞杆沉降量历史比较图（图 6-84）进行分析，得出判断：引起该机组运行异常的主要原因是 2 号缸活塞支撑环、活塞环等组件磨损故障。

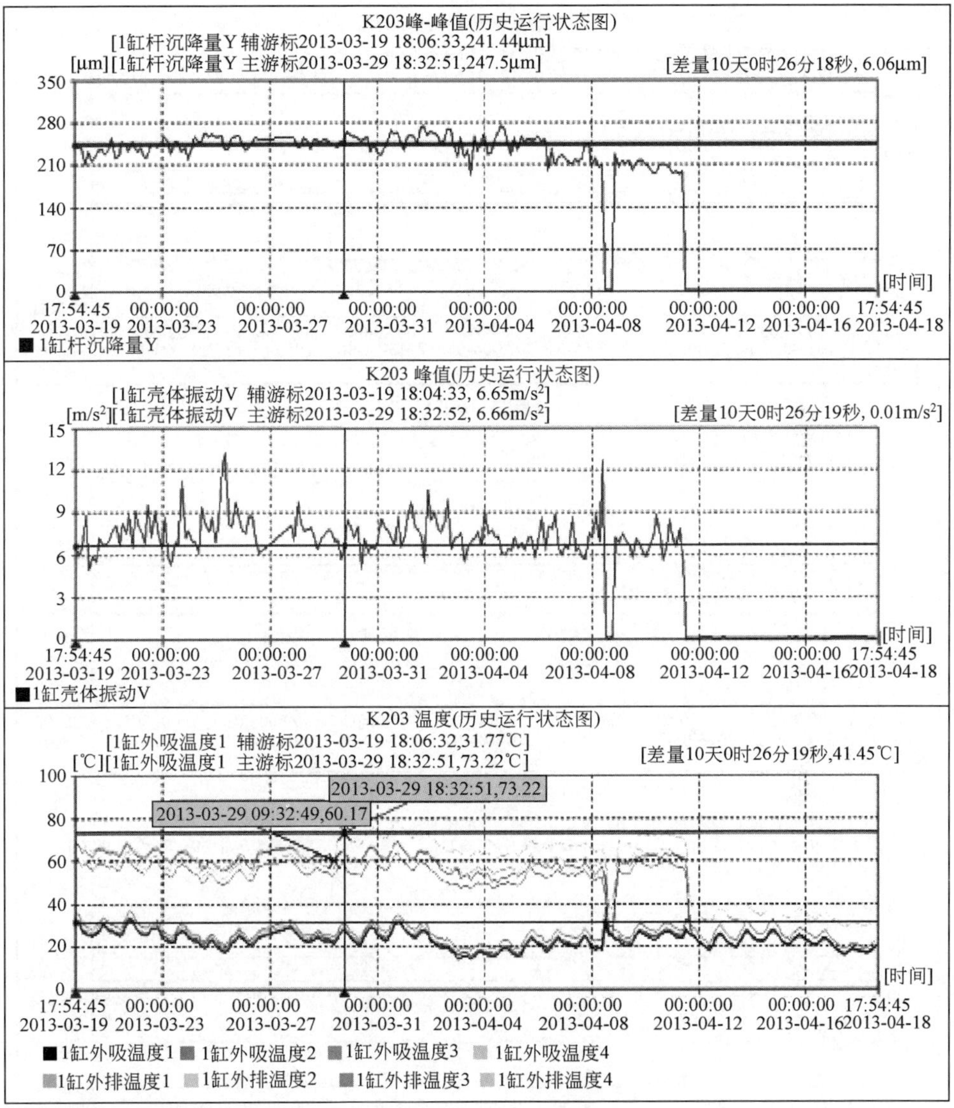

图 6-82　1 号缸历史运行状态图

（三）诊断结论及现场反馈

诊断结论：机组 2 号缸活塞支撑环、活塞环等组件磨损故障。

现场反馈：停车检查发现，机组 2 号活塞支撑环、活塞环等部件存在严重磨损；同时，机组 1 号排气阀存在泄漏。

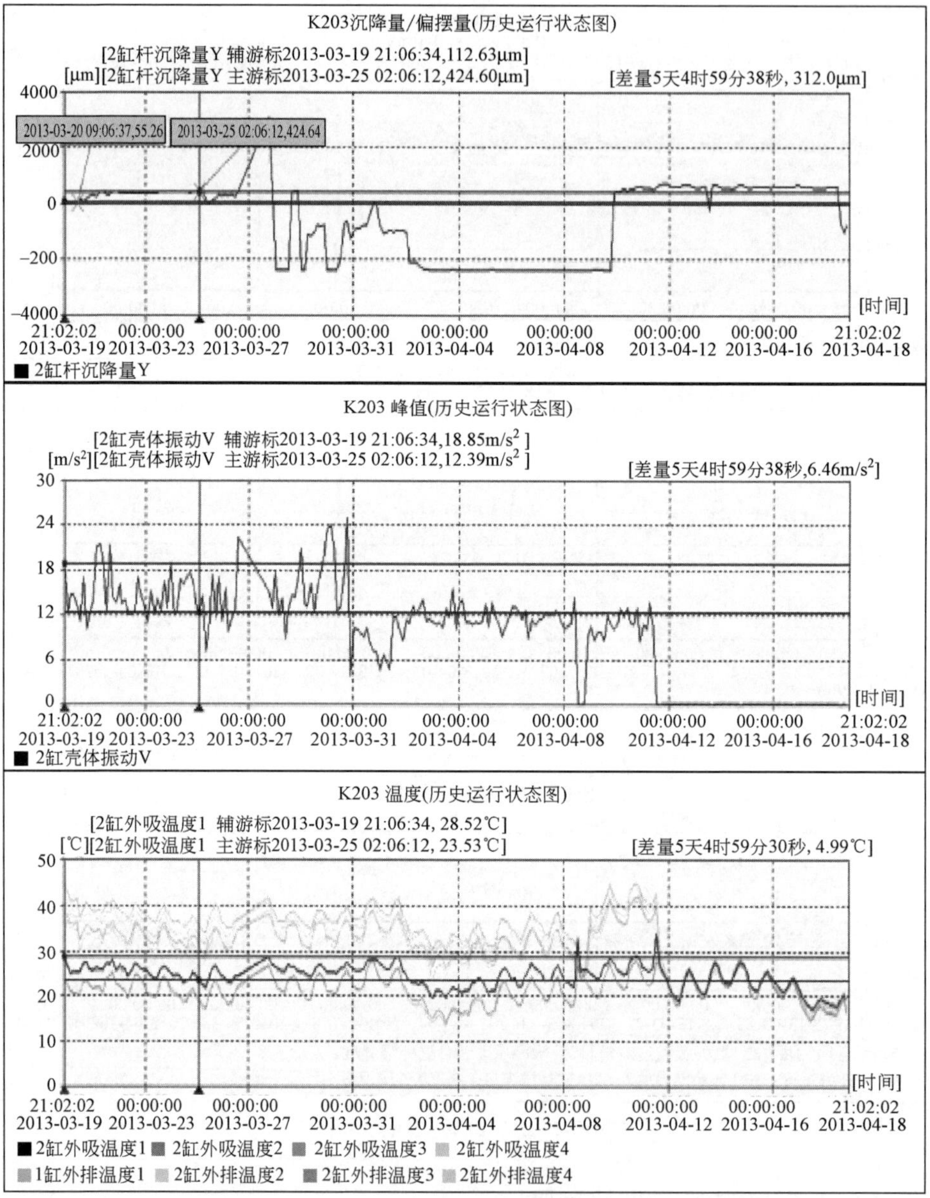

图 6-83　2 号缸历史运行状态图

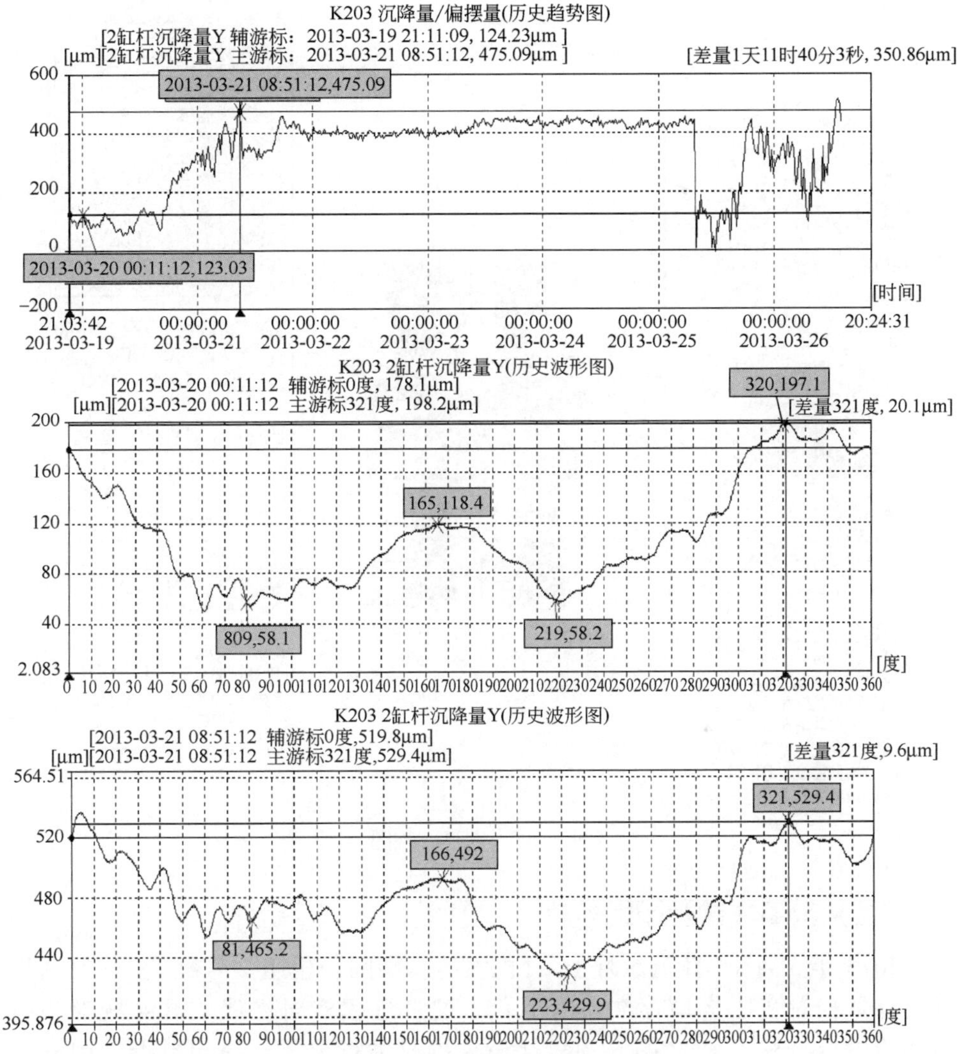

图 6-84　2 号缸活塞杆沉降量历史比较图

十四、K202A 往复压缩机组活塞组件磨损故障诊断分析

（一）机组概况

该机组为电动机驱动，4 缸往复压缩机组，如图 6-85 所示。

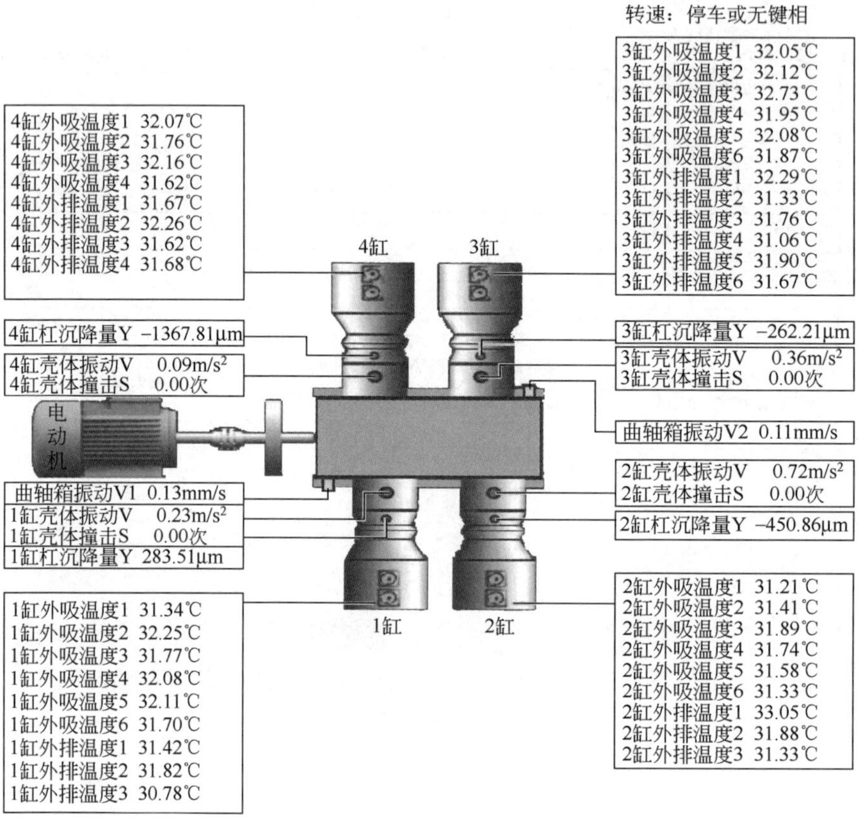

图 6-85　机组概貌图

（二）故障现象及原因分析

2013 年 3 月 15 日至 5 月 19 日机组运行期间，机组 2 号缸、3 号缸活塞杆沉降量相对变化量均存在显著变化。通过远程实时在线监测系统对该机组的历史运行状态图（图 6-86、图 6-87）进行分析，得出判断：引起该机组运行异常的主要原因是 2 号缸、3 号缸活塞支撑环、活塞环等组件磨损故障。

（三）诊断结论及现场反馈

诊断结论：机组 2 号缸、3 号缸活塞支撑环、活塞环等组件磨损故障。建议密切跟踪机组运行状态，合理安排检修，检查机组支撑环、活塞环、填料等元件的磨损情况。

现场反馈：检修机组时，现场人员反馈与诊断结论一致。

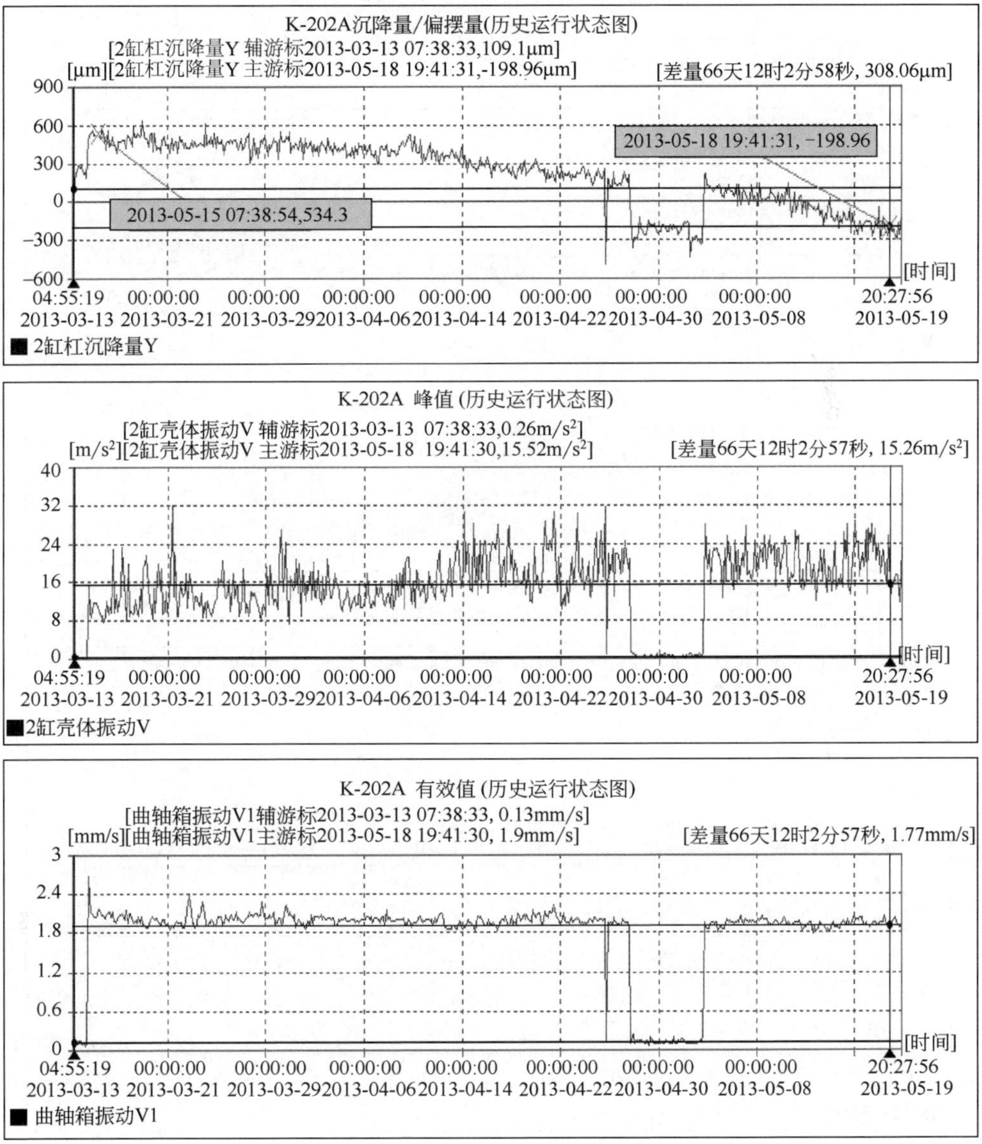

图 6-86　2 号缸历史运行状态图

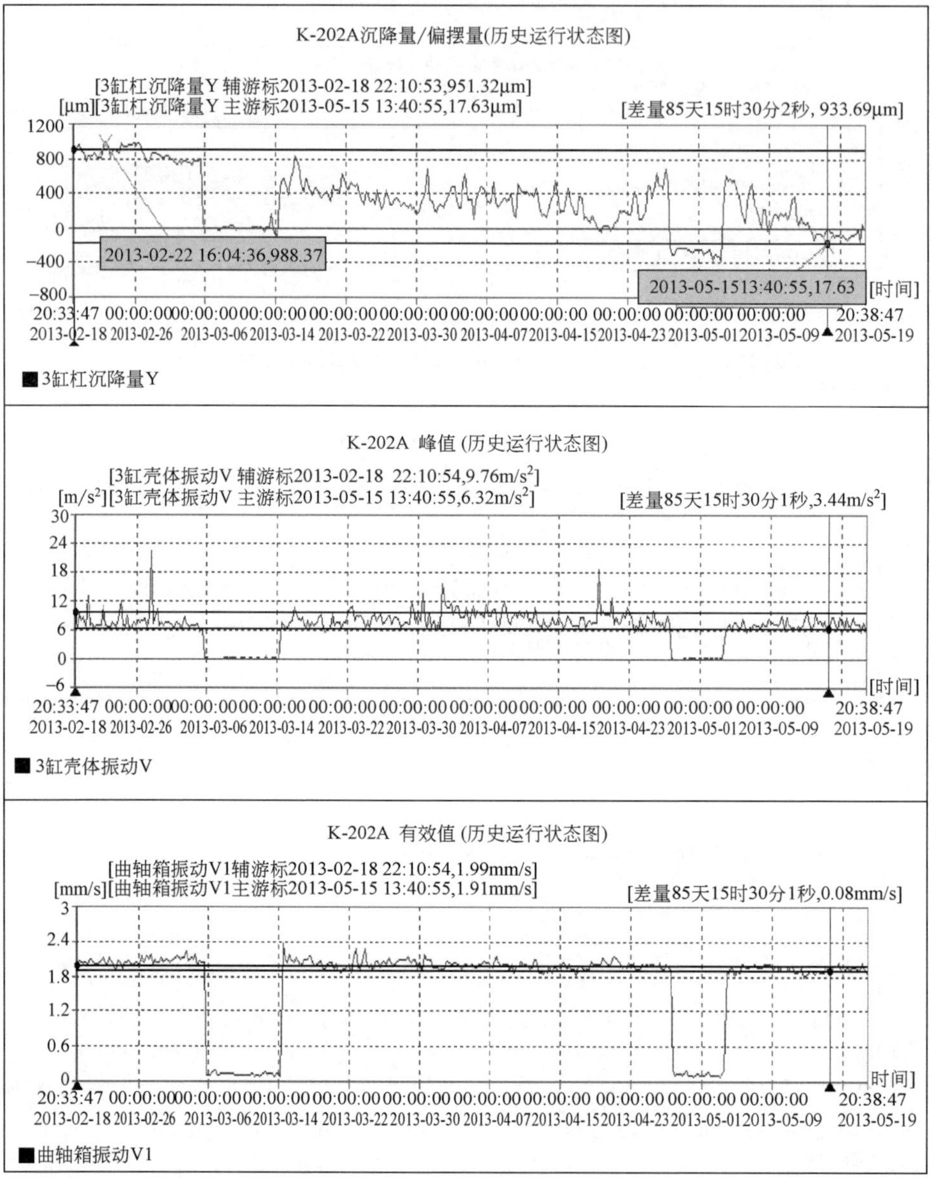

图 6-87　3 号缸历史运行状态图

十五、K202/2 往复压缩机组气阀泄漏及活塞组件磨损故障诊断分析

（一）机组概况

该机组为电动机驱动，2 缸往复压缩机组，如图 6-88 所示。

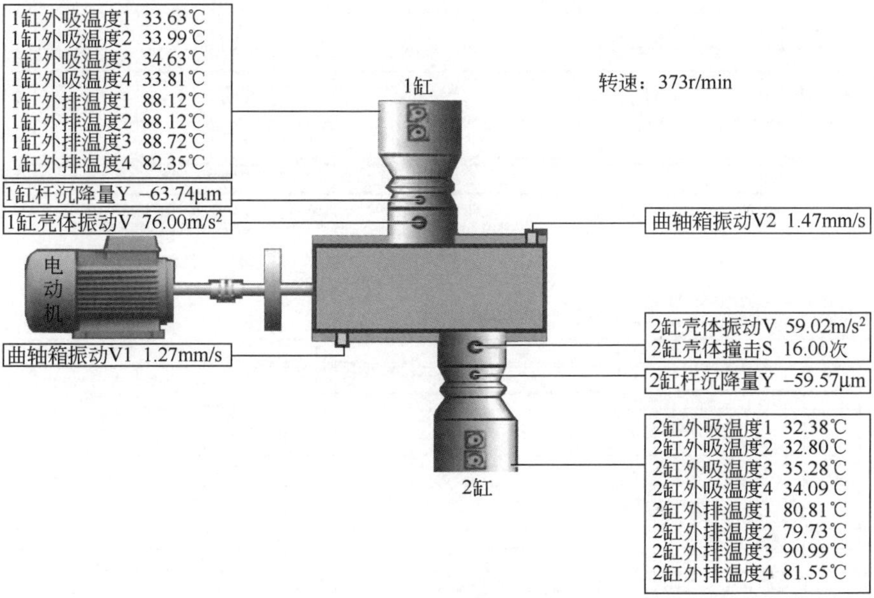

图 6-88　机组概貌图

（二）故障现象及原因分析

2013 年 7 月 30 日至 2013 年 8 月 27 日期间，机组 1 号缸活塞杆沉降量存在明显的降低趋势。机组 2 号缸缸体振动趋势异常增大；同时 2 缸外排温度突然上升，由 66℃升到 81℃。通过远程实时在线监测系统对该机组的活塞杆沉降历史比较图（图 6-89）和历史运行状态图（图 6-90）进行分析，得出判断：引起该机组运行异常的主要原因是 1 号缸活塞环与支撑环磨损；2 号缸内侧排气阀磨损故障。

（三）诊断结论及现场反馈

诊断结论：机组 1 号缸活塞环与支撑环磨损；2 号缸内侧排气阀初期严重磨损变形，导致排气阀开启存在异常冲击，并引发排气阀泄漏导致排气温度

上升。

现场反馈：停车检查发现，机组 2 号排气阀存在泄漏；同时 1 号活塞支撑环、活塞环等部件存在严重磨损。

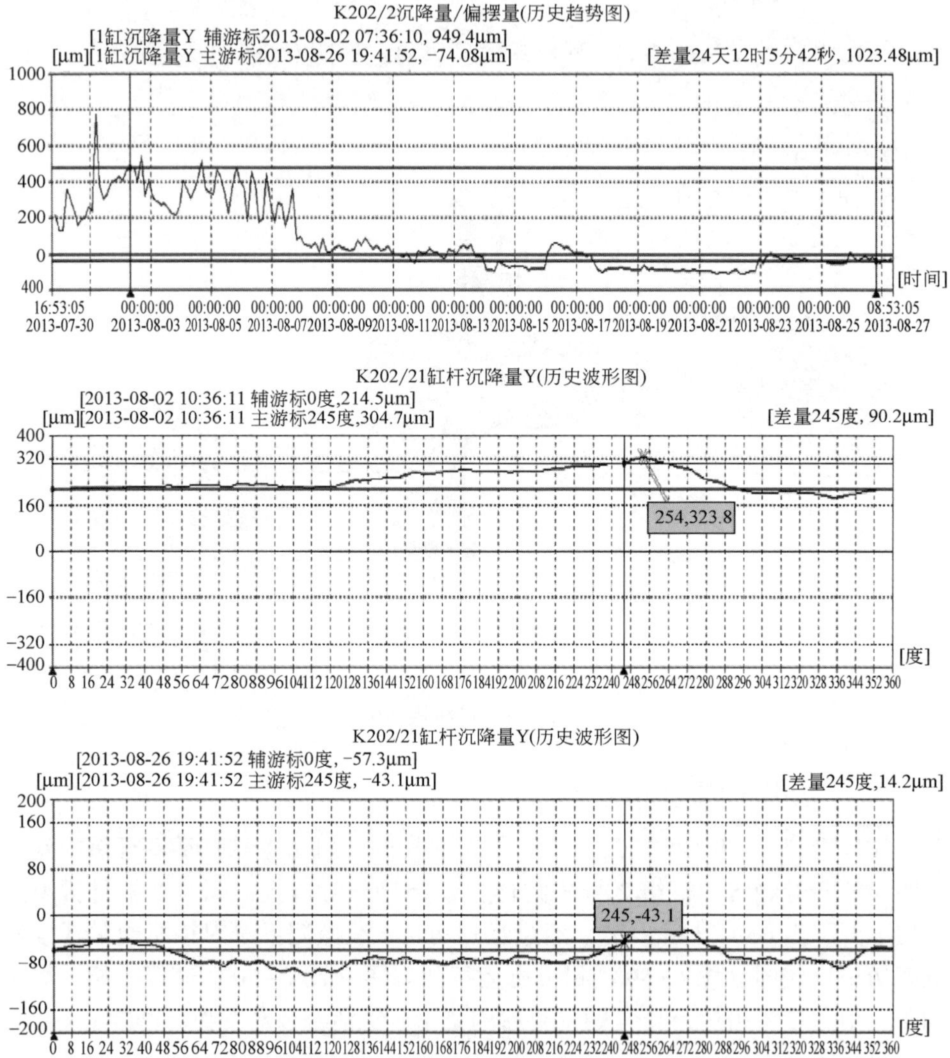

图 6-89　1 号缸活塞杆沉降历史比较图

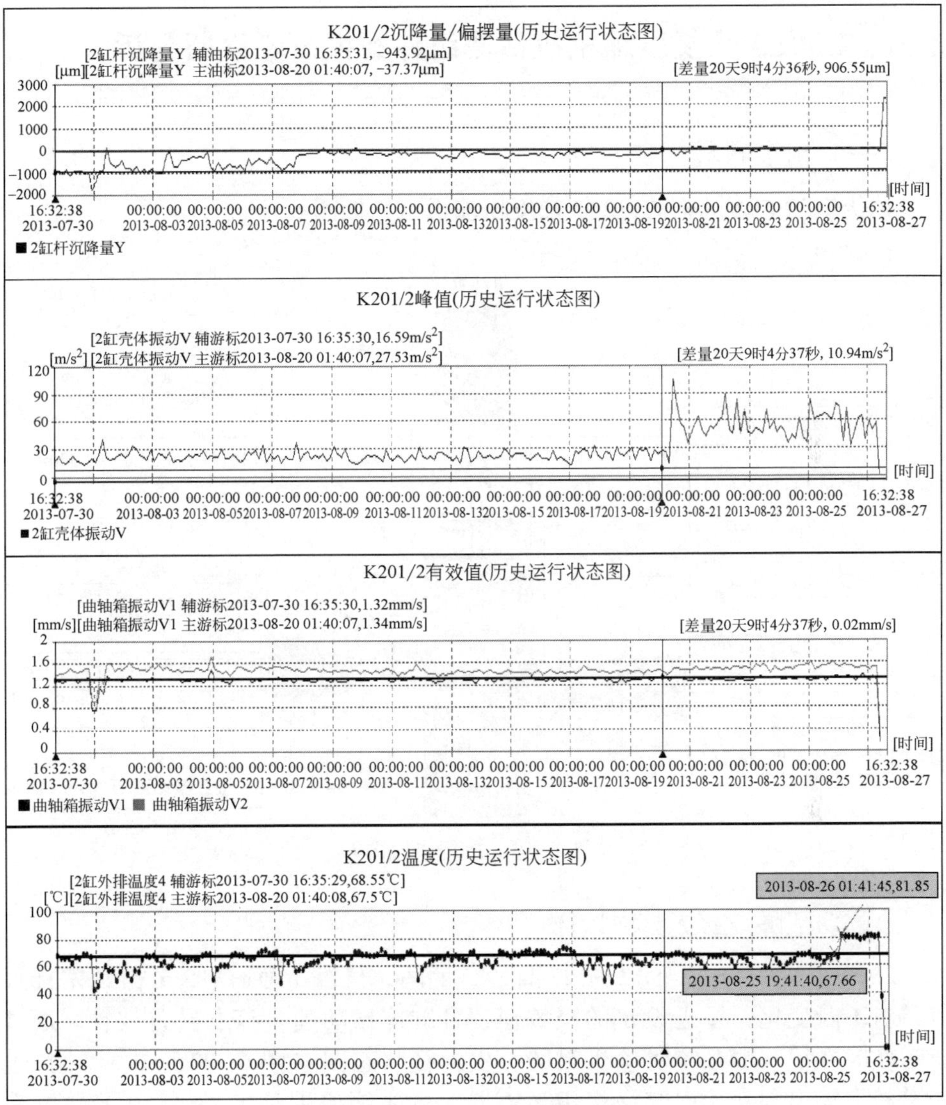

图 6-90　2 号缸历史运行状态图

十六、C501B 往复压缩机组活塞组件磨损故障诊断分析

（一）机组概况

该机组为电动机驱动，2 缸往复压缩机组，如图 6-91 所示。

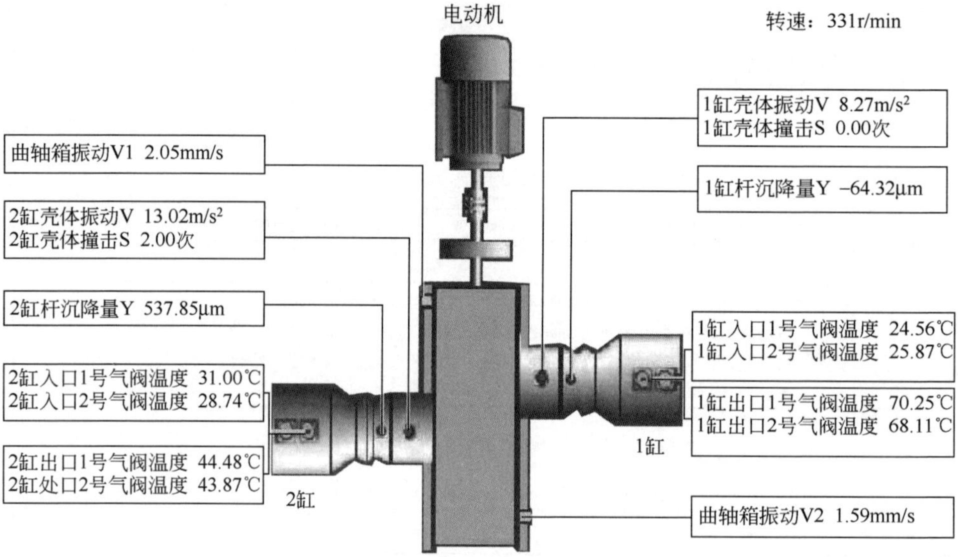

图 6-91　机组概貌图

（二）故障现象及原因分析

2013 年 9 月 11 日至 12 月 27 日运行期间，机组 1 号缸、2 号缸活塞杆沉降趋势不断变化，接近设定的报警值，且缸体振动趋势存在异常波动。通过远程实时在线监测系统对该机组的历史运行状态图（图 6-92、图 6-93）进行分析，得出判断：引起该机组运行异常的主要原因是 1 号缸、2 号缸支撑环、活塞环磨损故障。

（三）诊断结论及现场反馈

诊断结论：机组 1 号缸、2 号缸支撑环、活塞环磨损故障。

现场反馈：检修机组时，现场人员反馈与诊断结论一致。

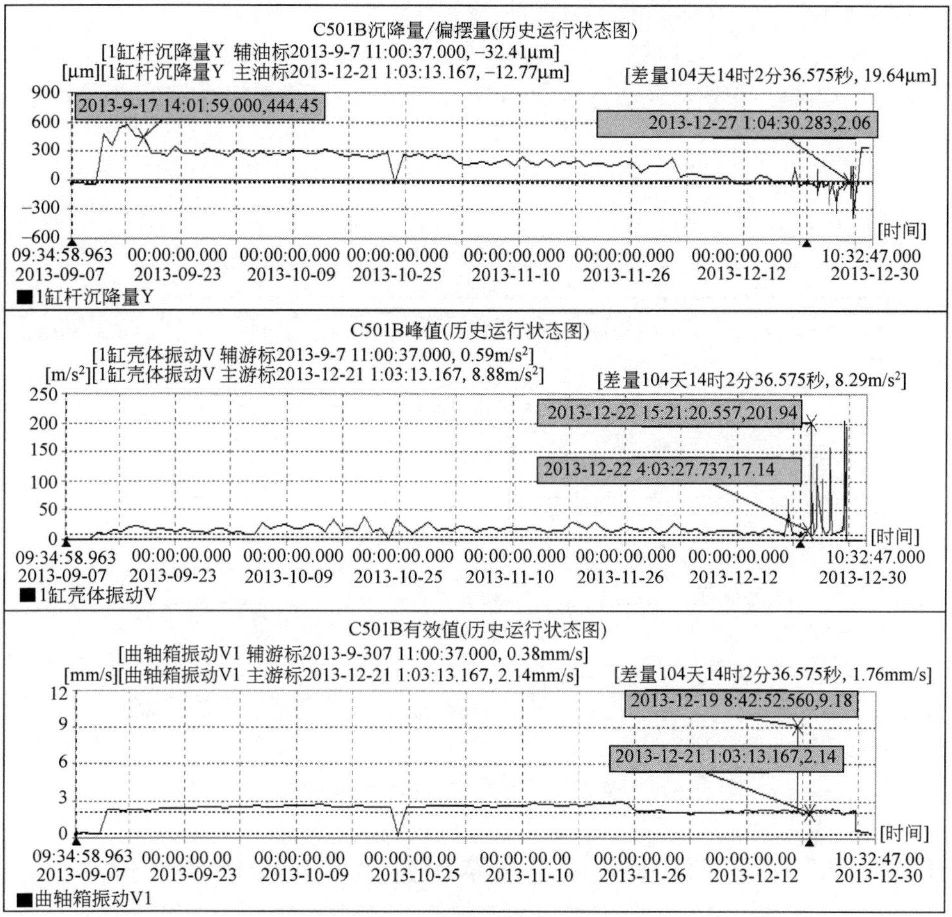

图 6-92　1 号缸历史运行状态图

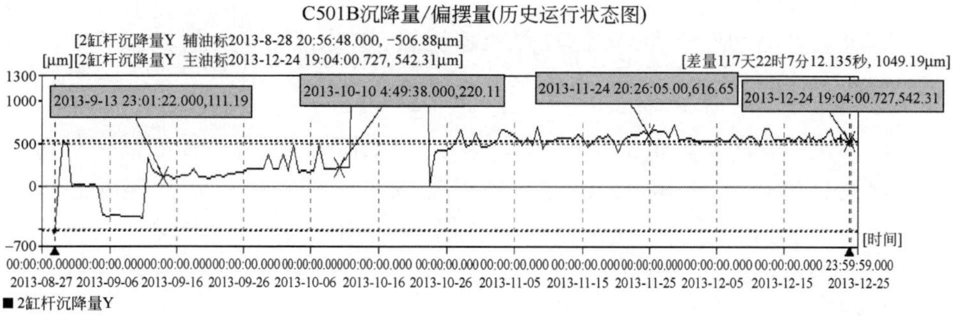

图 6-93

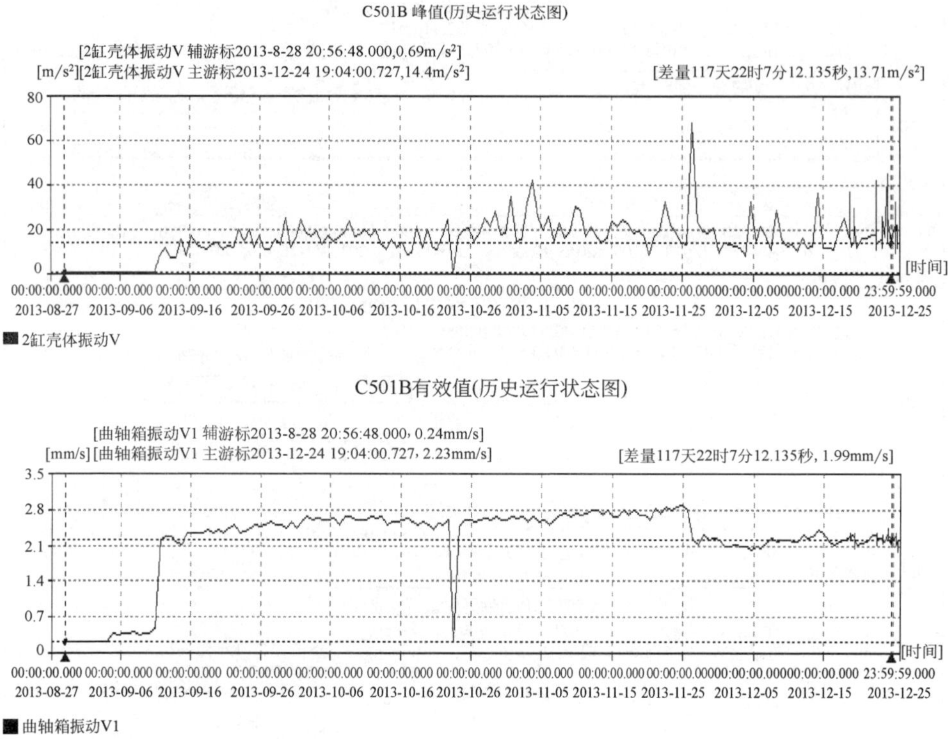

图 6-93　2 号缸历史运行状态图

十七、K202A 往复压缩机组活塞组件磨损故障诊断分析

（一）机组概况

该机组为电动机驱动，4 缸往复压缩机组，如图 6-94 所示。

（二）故障现象及原因分析

2013 年 11 月 6 日至 12 月 29 日机组运行期间，机组 2 号缸活塞杆沉降量相对变化量超过 700μm，超过系统设定的危险线。通过远程实时在线监测系统对该机组的活塞杆沉降量历史比较图（图 6-95）进行分析，得出判断：引起该机组运行异常的主要原因是 2 号缸活塞支撑环、活塞环等组件磨损故障。

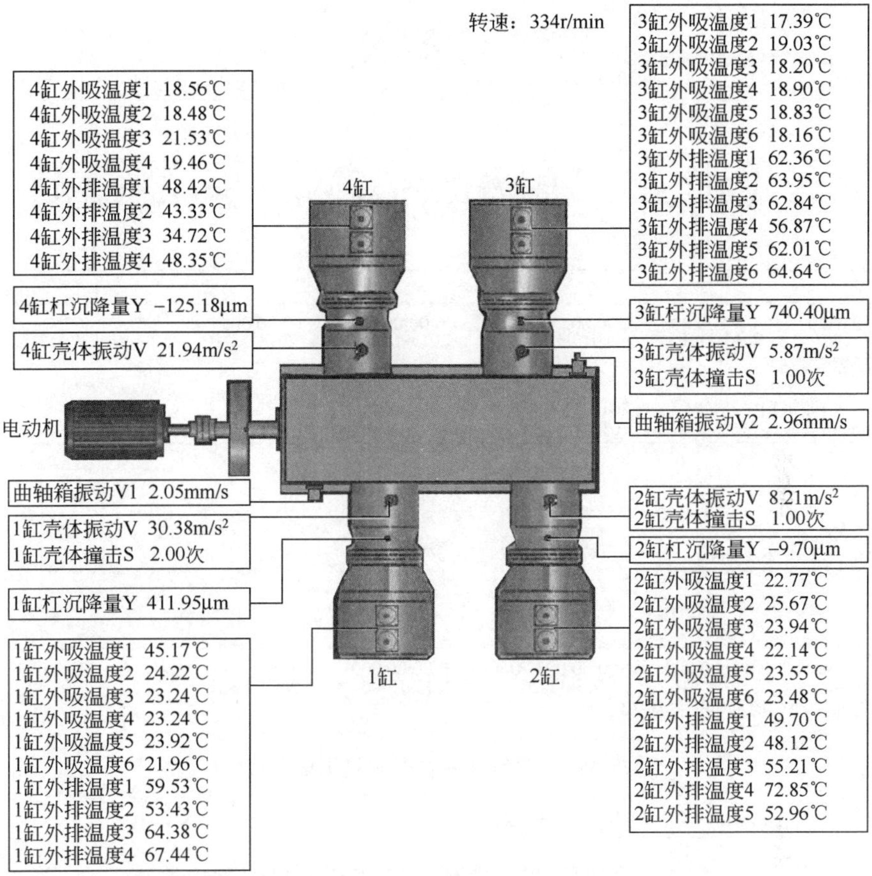

图 6-94　机组概貌图

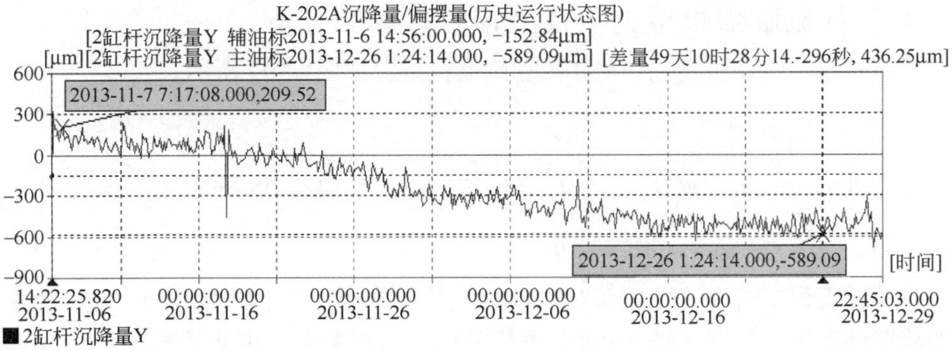

图 6-95

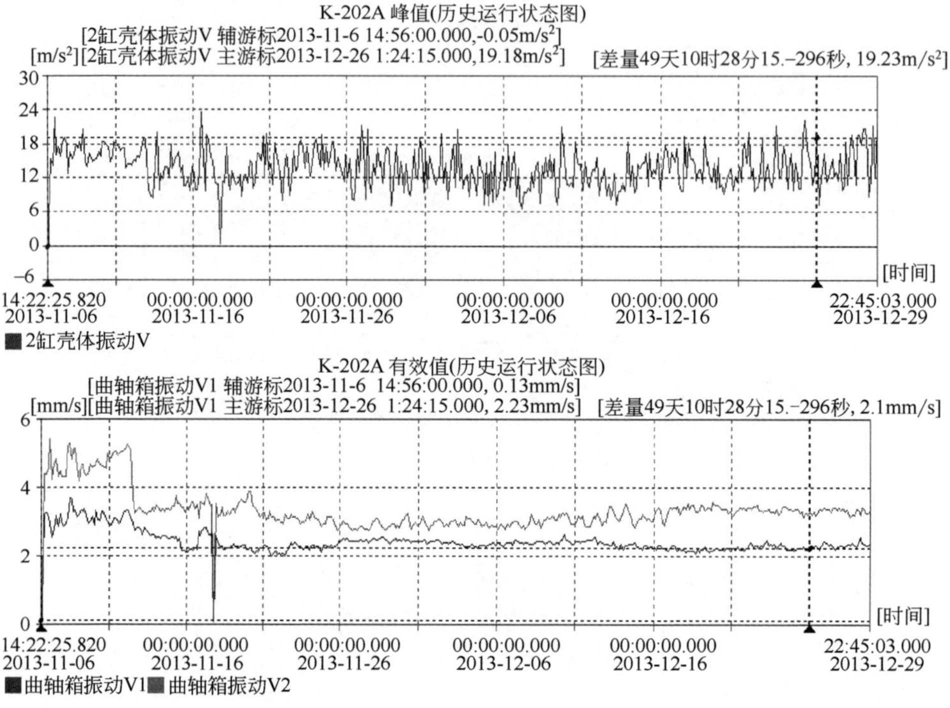

图 6–95　2 号缸活塞杆沉降量历史比较图

（三）诊断结论及现场反馈

诊断结论：机组 2 号缸活塞支撑环、活塞环等组件磨损故障。

现场反馈：检修机组时，现场人员反馈与诊断结论一致。

十八、往复压缩机组大头瓦磨损故障诊断分析

（一）机组概况

该机组为电动机驱动，2 缸往复压缩机组，如图 6–96 所示。

（二）故障现象及原因分析

通过远程实时在线监测系统对该机组的历史运行状态图（图 6–97）及曲轴箱振动历史比较图（图 6–98）进行分析，得出判断：引起该机组运行异常的主要原因是连杆大小头瓦或主轴瓦磨损故障。

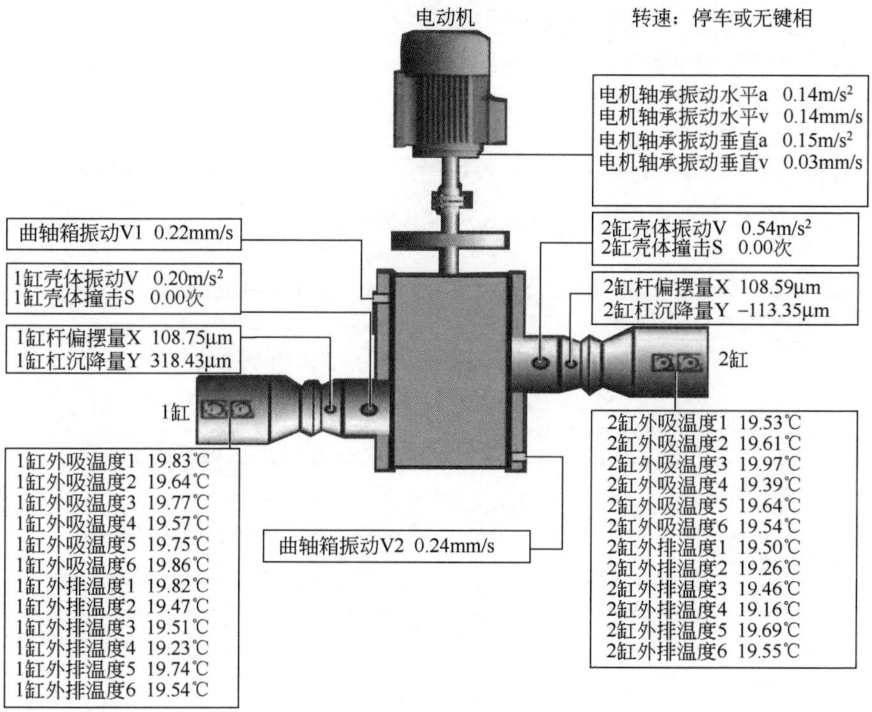

图 6-96 机组概貌图

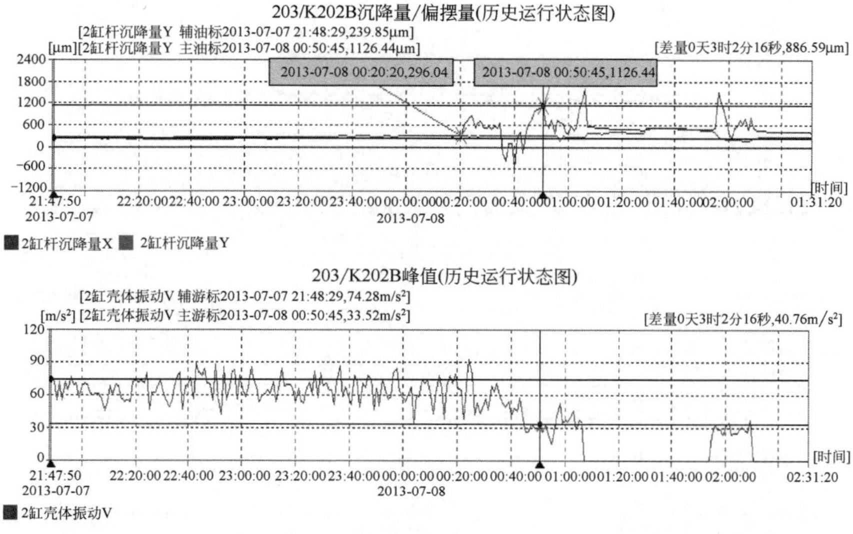

图 6-97

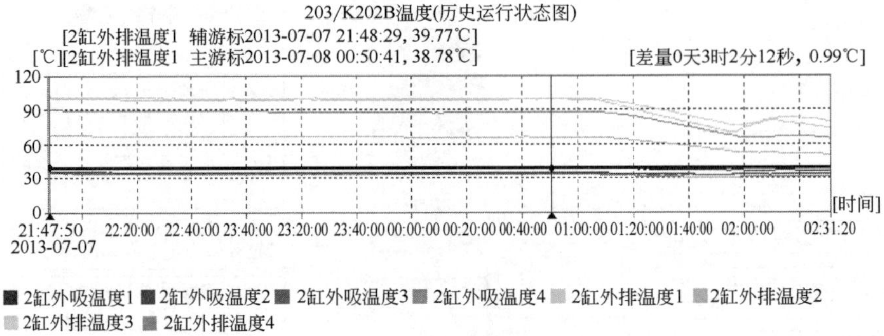

图 6-97　2 号缸历史运行状态图

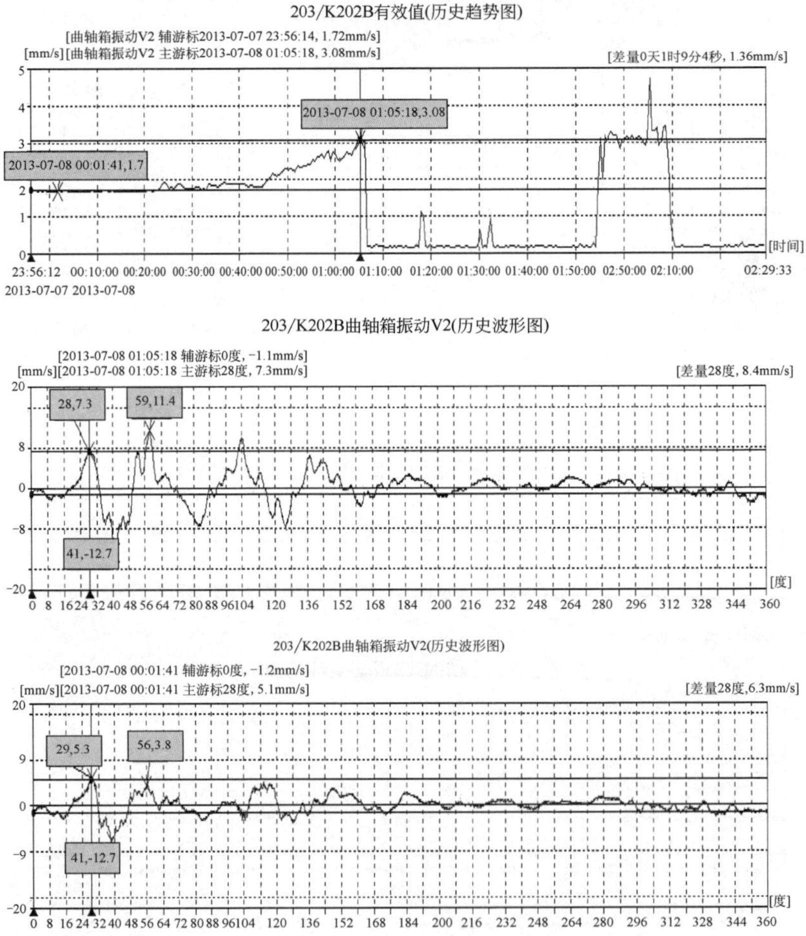

图 6-98　曲轴箱振动 V2 历史比较图

（三）诊断结论及现场反馈

诊断结论：机组连杆大小头瓦或主轴瓦磨损故障。

现场反馈：停车检查发现，机组 2 号缸大头瓦烧毁（图 6-99），现场对损坏的大头瓦进行了更换。

图 6-99 检修照片

十九、往复压缩机组活塞杆偏摆磨损故障诊断分析

（一）机组概况

该机组为燃气发动机驱动，6 缸往复压缩机组，如图 6-100 所示。

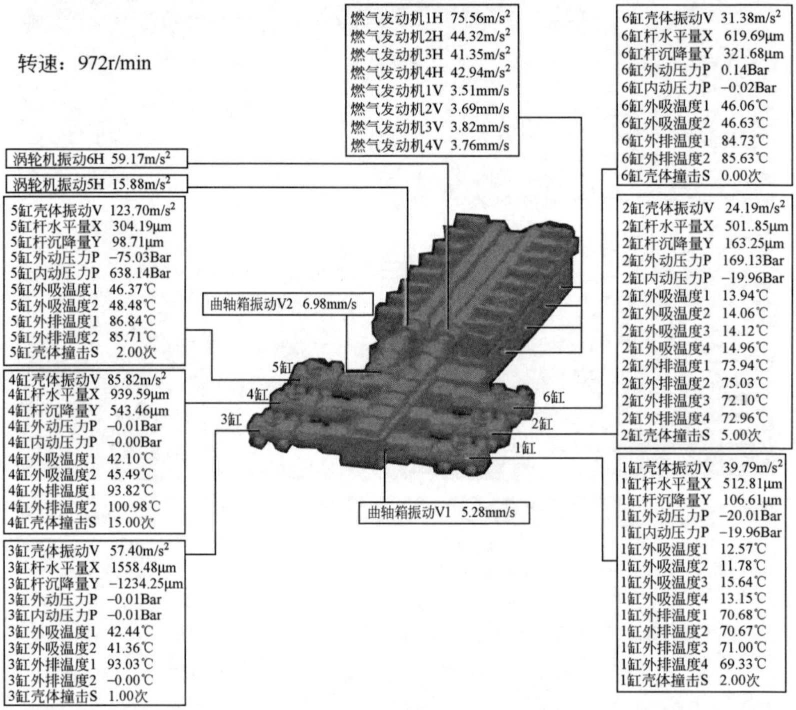

图 6-100 机组概貌图

（二）故障现象及原因分析

2010 年 6 月，六缸往复压缩机组 4 号气缸振动值异常增大。从活塞杆沉降偏摆历史趋势上看出：4 号缸活塞杆偏摆呈现出增大趋势。与此同时，4 号缸缸体振动加剧、撞击次数明显增加；冲击峰值从 $30m/s^2$ 增加到 $80m/s^2$。通过远程实时在线监测系统对该机组的历史运行状态图（图 6-101）、活塞杆偏摆量历史趋势图（图 6-102）及壳体振动历史波形比较图（图 6-103）进行分析，得出判断：引起该机组运行异常的主要原因是 4 号气缸的活塞支撑环组件磨损、填料密封组件泄漏故障。

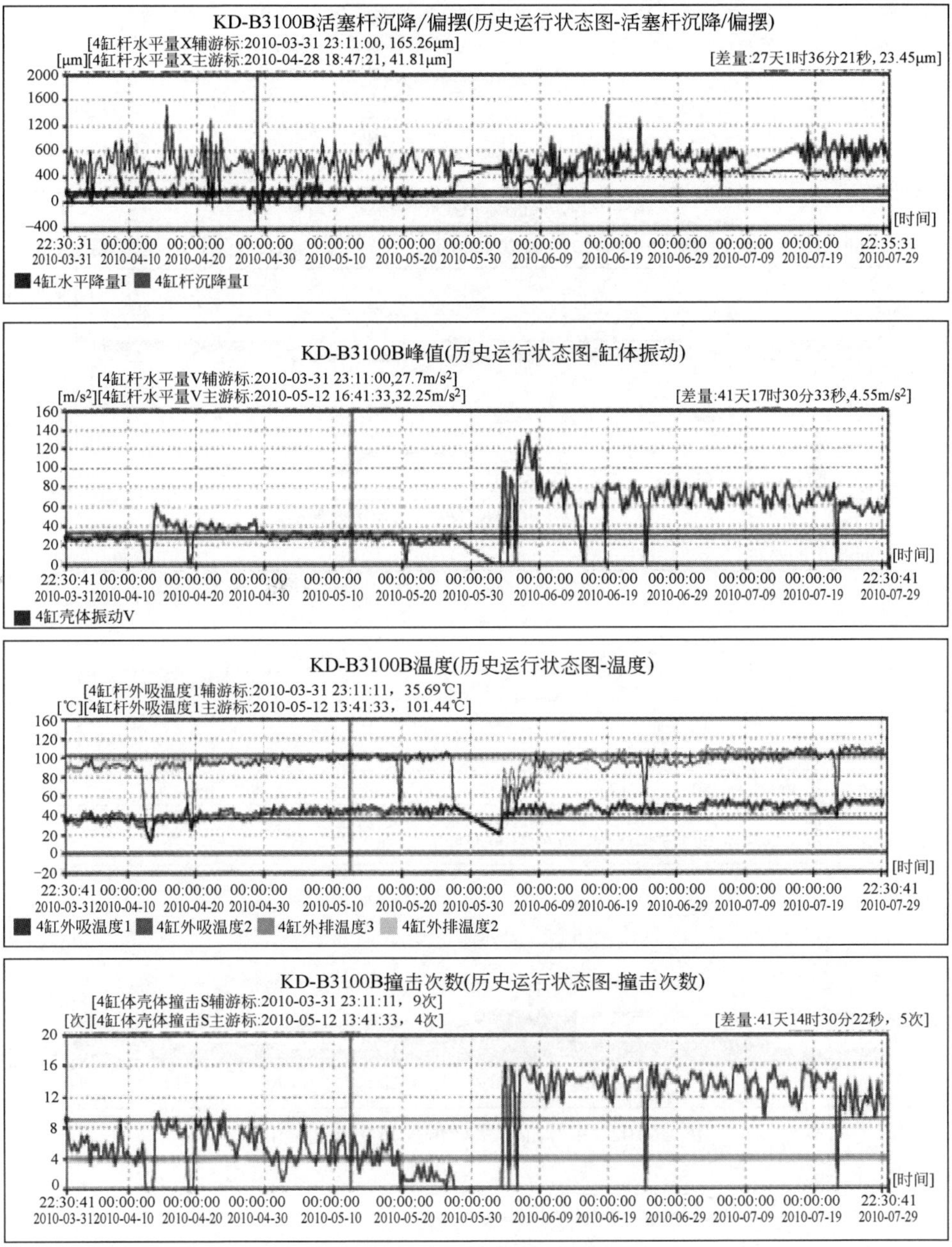

图 6-101　机组历史运行状态图

活塞杆沉降比列示意图

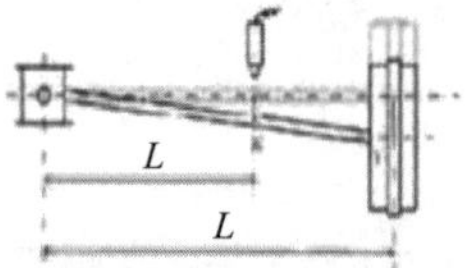

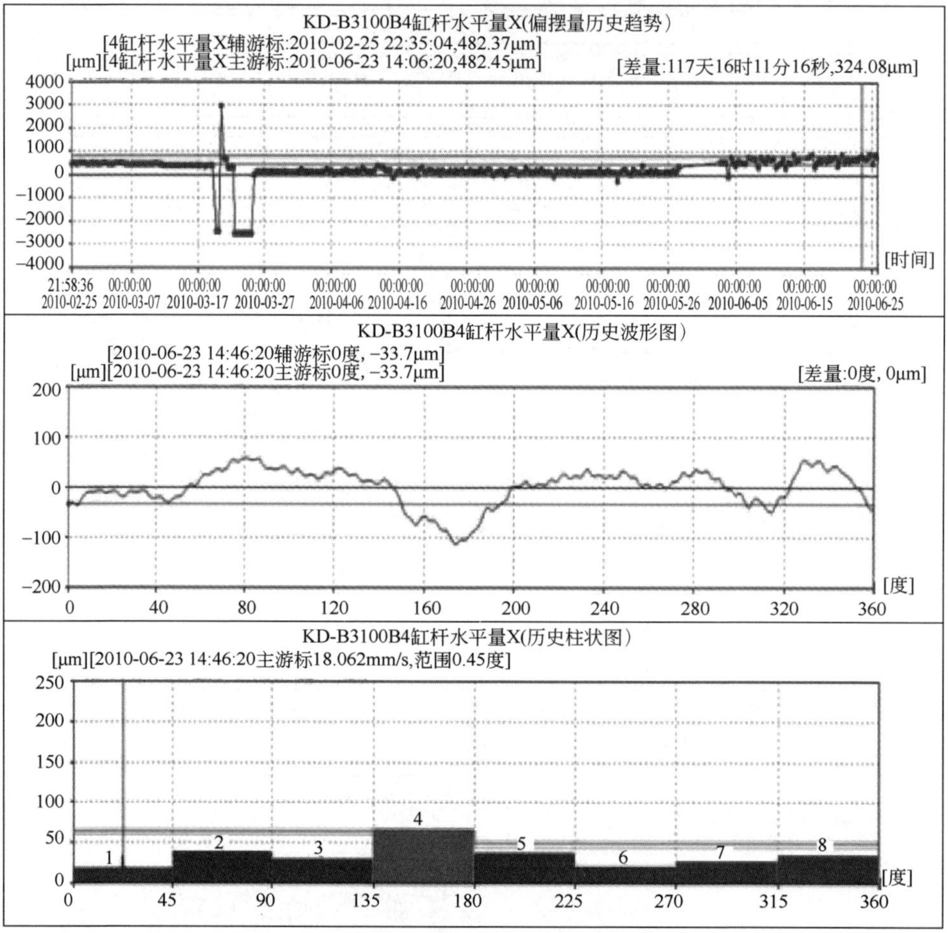

图 6-102　4 号缸活塞杆偏摆量历史趋势图

（三）诊断结论及现场反馈

诊断结论：机组 4 号气缸的活塞支撑环组件磨损、填料密封组件泄漏故障。现场反馈：机组 4 号气缸的活塞支撑环横向存在一定磨损，同时该缸填料也存在一定泄漏。现场对磨损支撑环与填料进行了更换处理。

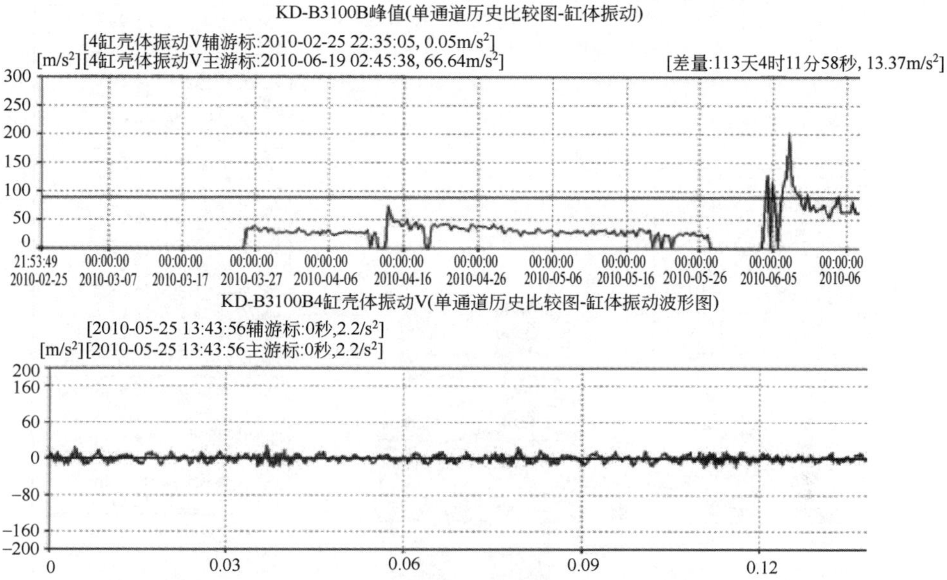

图 6-103　4 号缸壳体振动历史波形比较图

二十、氢气往复压缩机组大头瓦磨损故障诊断分析

（一）机组概况

该机组为电动机驱动，4 缸往复压缩机组，如图 6-104 所示。

（二）故障现象及原因分析

从 2013 年 11 月 7 日早 2：00 至 5：07，机组 2 号缸活塞杆沉降量有一定程度变化，2 号缸缸体振动快速增大，由 30m/s² 突然增大到 250m/s² 左右。通过远程实时在线监测系统对该机组的历史运行状态图（图 6-105、图 6-106）及曲轴箱振动历史比较图（图 6-107）进行分析，得出判断：引起该机组运行异常的主要原因是大头瓦磨损故障。

（三）诊断结论及现场反馈

诊断结论：机组大头瓦磨损故障。

现场反馈：12 月 13 日，联系现场人员确认故障，得知现场机组在停车前由于某些原因取消了油压联锁，机组油压降低后未能及时跳车导致大头瓦供油不足从而烧毁轴瓦。

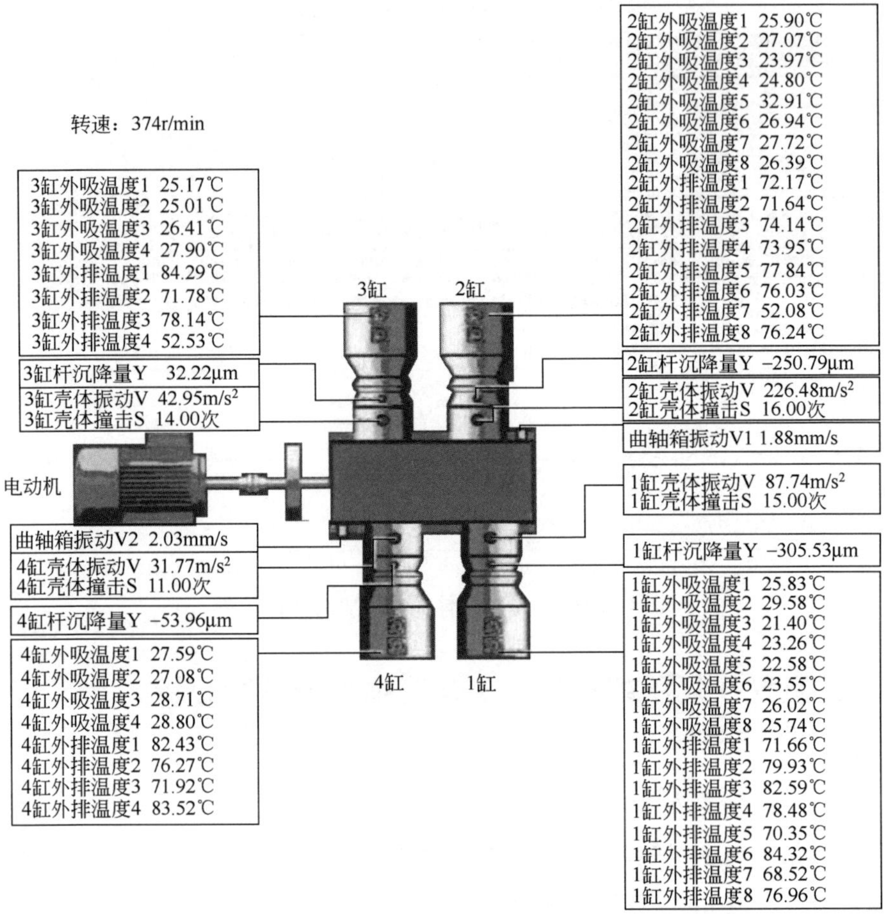

图 6-104 机组概貌图

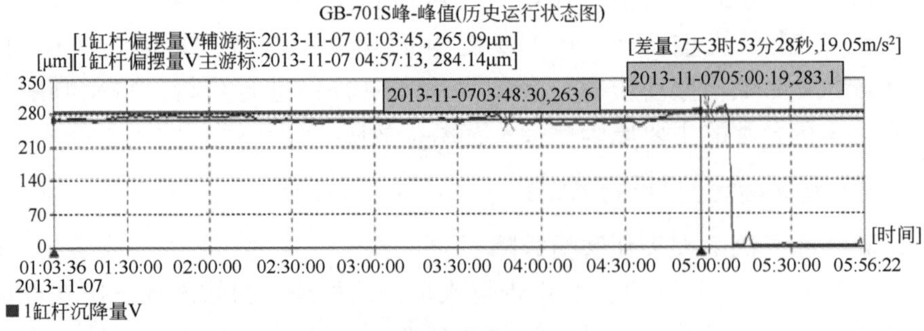

图 6-105

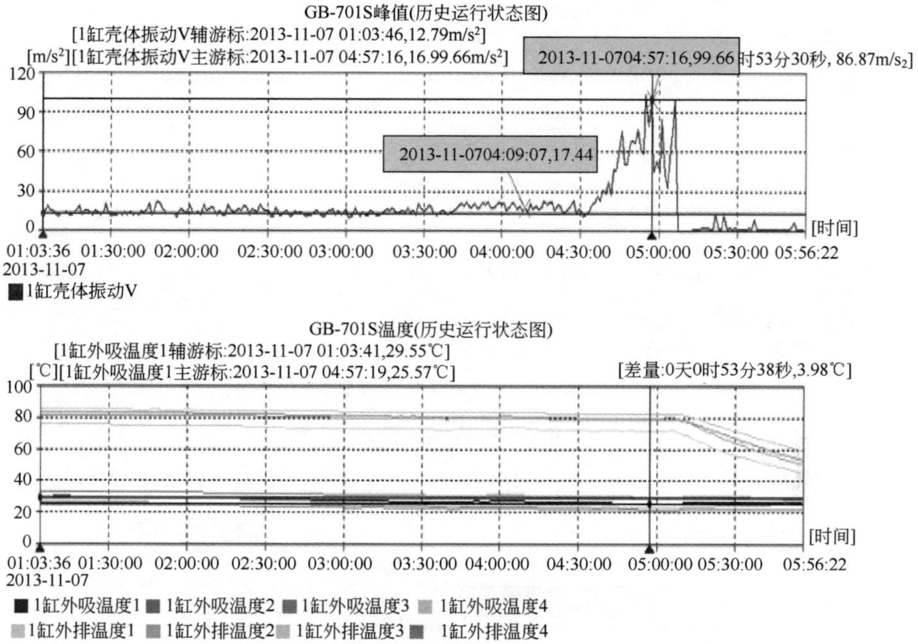

图 6-105 1 号缸历史运行状态图

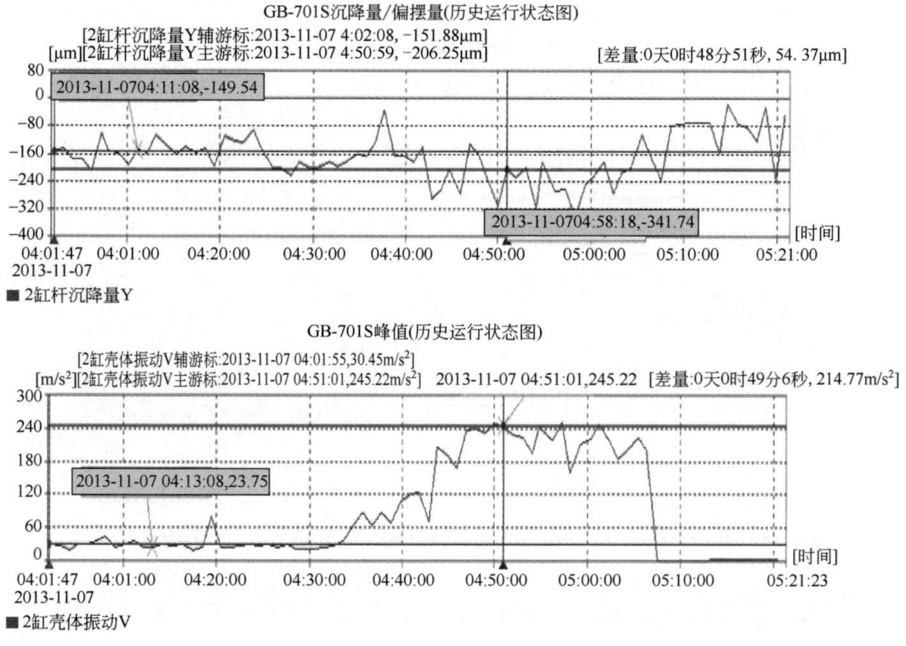

图 6-106

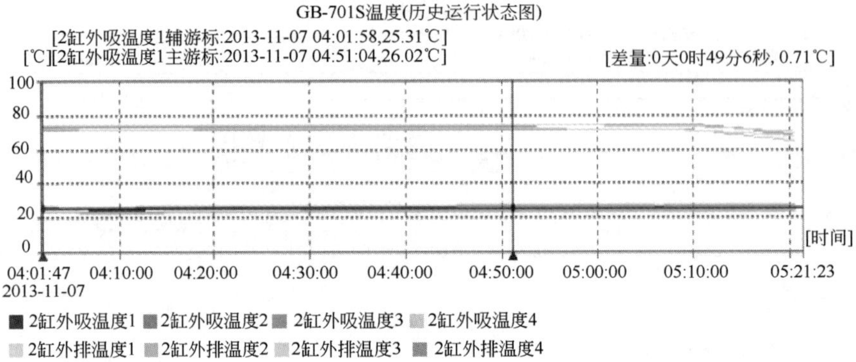

图 6-106　2 号缸历史运行状态图

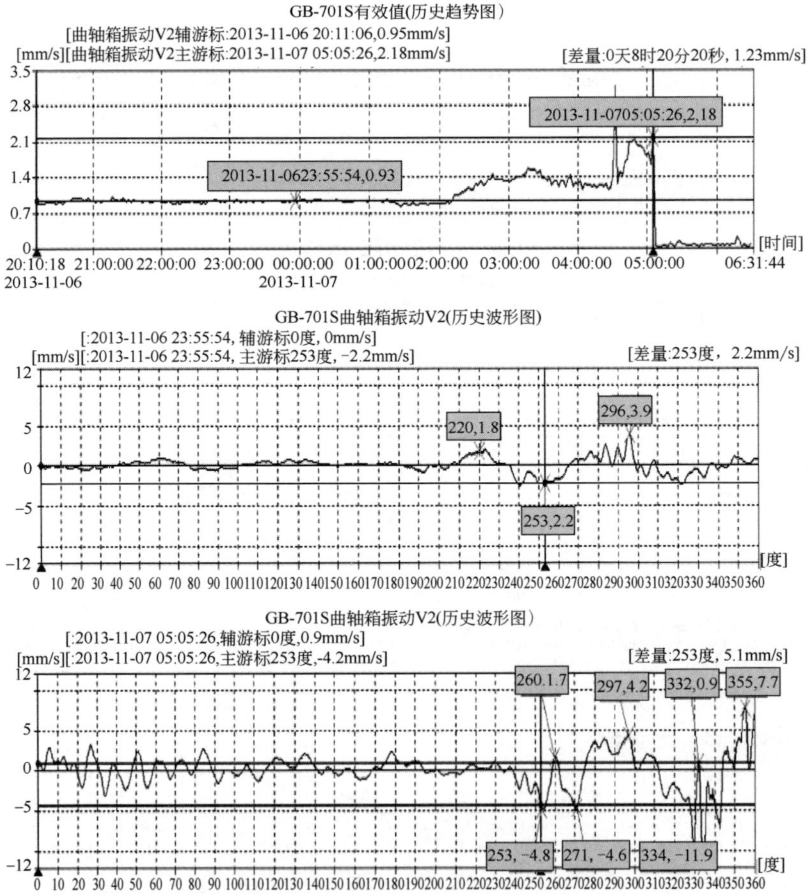

图 6-107　曲轴箱振动 V2 历史比较图

二十一、往复压缩机 C-301C 活塞环磨损故障诊断分析

（一）机组概况

该机组为电动机驱动，2 缸往复压缩机组，如图 6-108 所示。

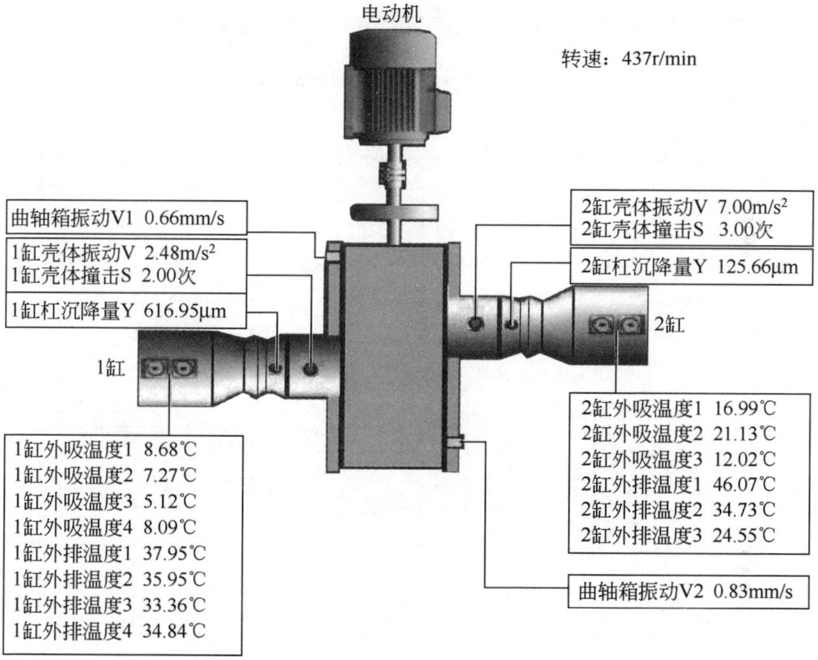

图 6-108　机组概貌图

（二）故障现象及原因分析

通过远程实时在线监测系统对该机组的活塞杆沉降量 V 历史趋势图（图 6-109）和壳体振动 V 历史趋势图（图 6-110）进行分析发现 2 号缸活塞杆沉降量波动异常剧烈，2 号缸壳体振动存在显著波动，且呈增大趋势。由以上振动特征征兆得出判断：引起该机组运行异常的主要原因是 2 号缸活塞环磨损故障。

（三）诊断结论及现场反馈

诊断结论：机组 2 号缸活塞环磨损故障。

现场反馈：检修机组时，现场人员反馈与诊断结论一致。

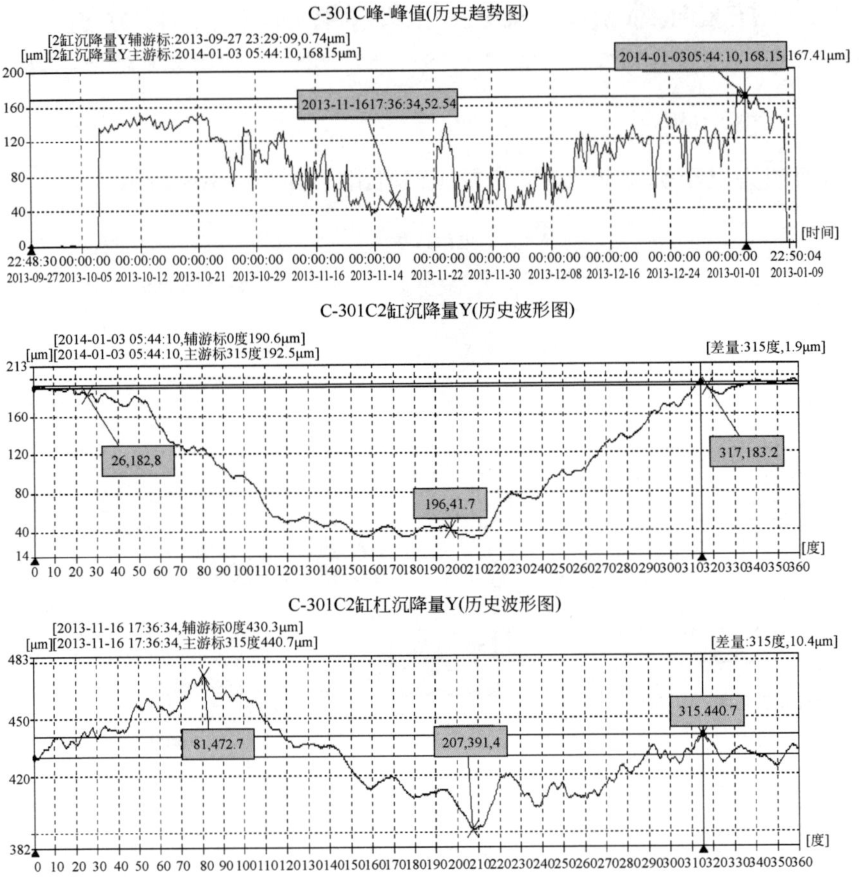

图 6-109　2 号缸活塞杆沉降量 V 历史趋势图

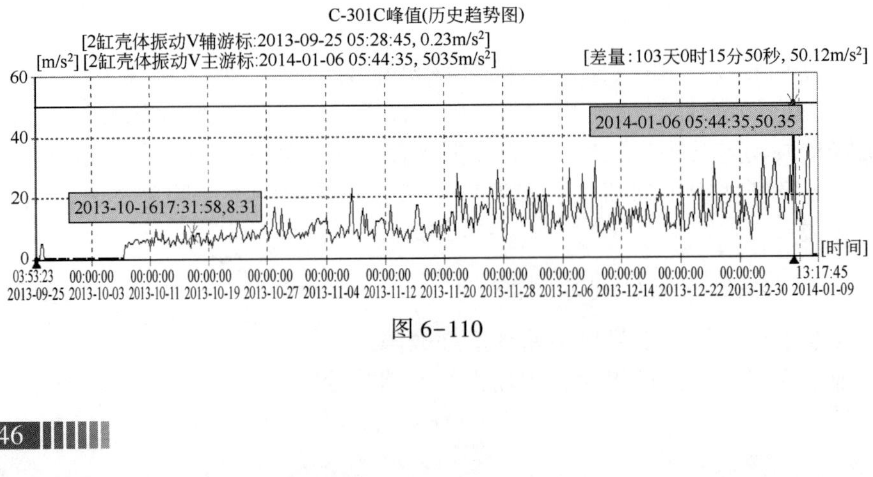

图 6-110

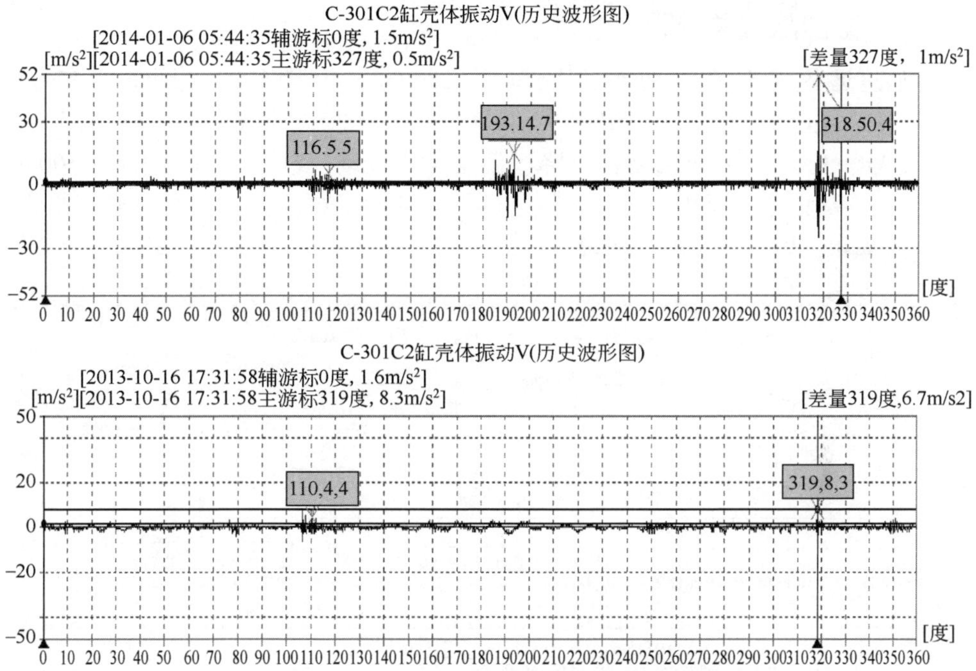

图 6-110　2 号缸壳体振动 V 历史趋势图

二十二、往复压缩机组缸套磨损故障诊断分析

（一）机组概况

该机组为电动机驱动，4 缸往复压缩机组，如图 6-111 所示。

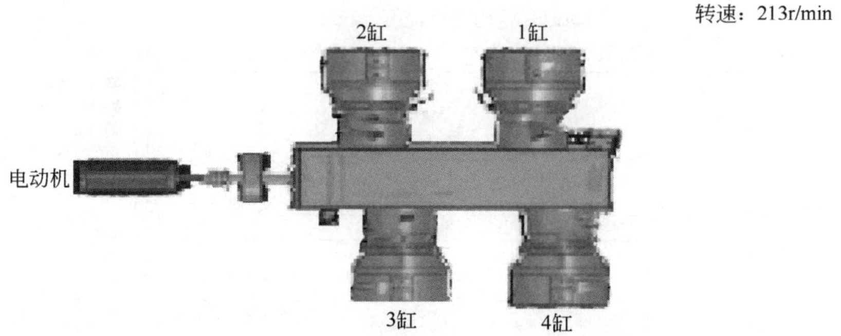

图 6-111　机组概貌图

（二）故障现象及原因分析

通过远程实时在线监测系统对该机组的运行状态图（图 6－112 至图 6－115）进行分析发现机组在 2010 年 11 月至 2011 年 03 月运行期间，1 号、2 号、3 号、4 号缸活塞杆沉降、偏摆异常波动，波动范围最大在－800～1600μm。因而得出判断：引起该机组运行异常的主要原因是各缸缸套、支撑环、活塞环、填料存在磨损故障。

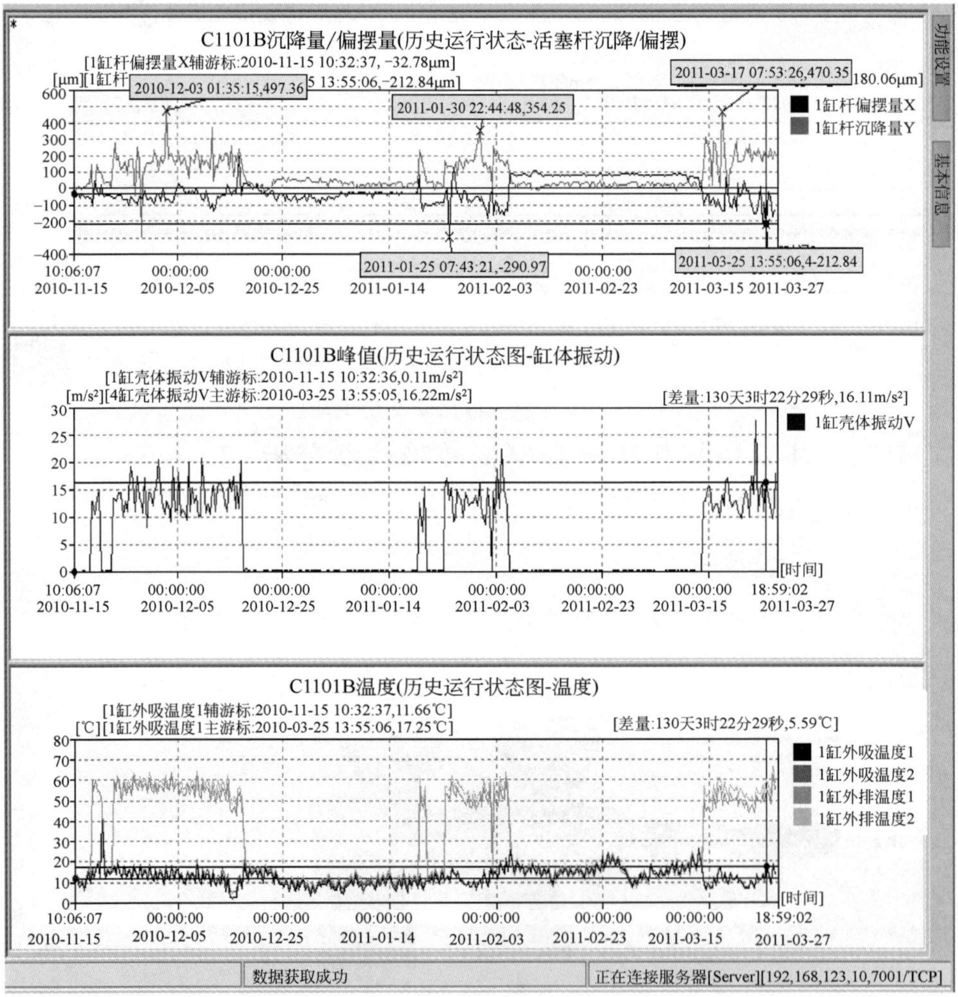

图 6－112　1 号缸运行状态图

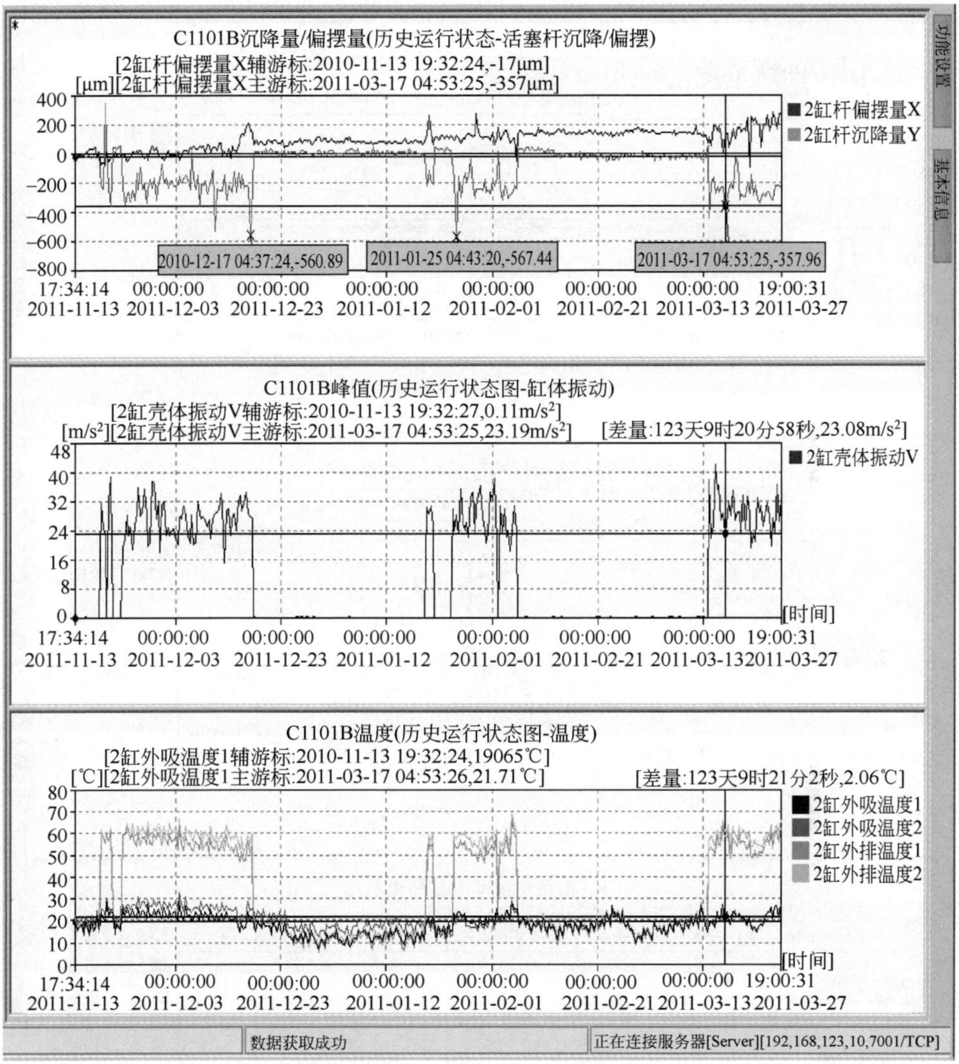

图 6-113　2 号缸运行状态图

（三）诊断结论及现场反馈

诊断结论：机组各缸缸套、支撑环、活塞环、填料存在磨损。

现场反馈：检修机组时发现，各缸缸套、支撑环均存在一定程度磨损。对缸套进行研磨后，目前该机组各缸活塞杆运行状态趋于稳定，波动显著减小。

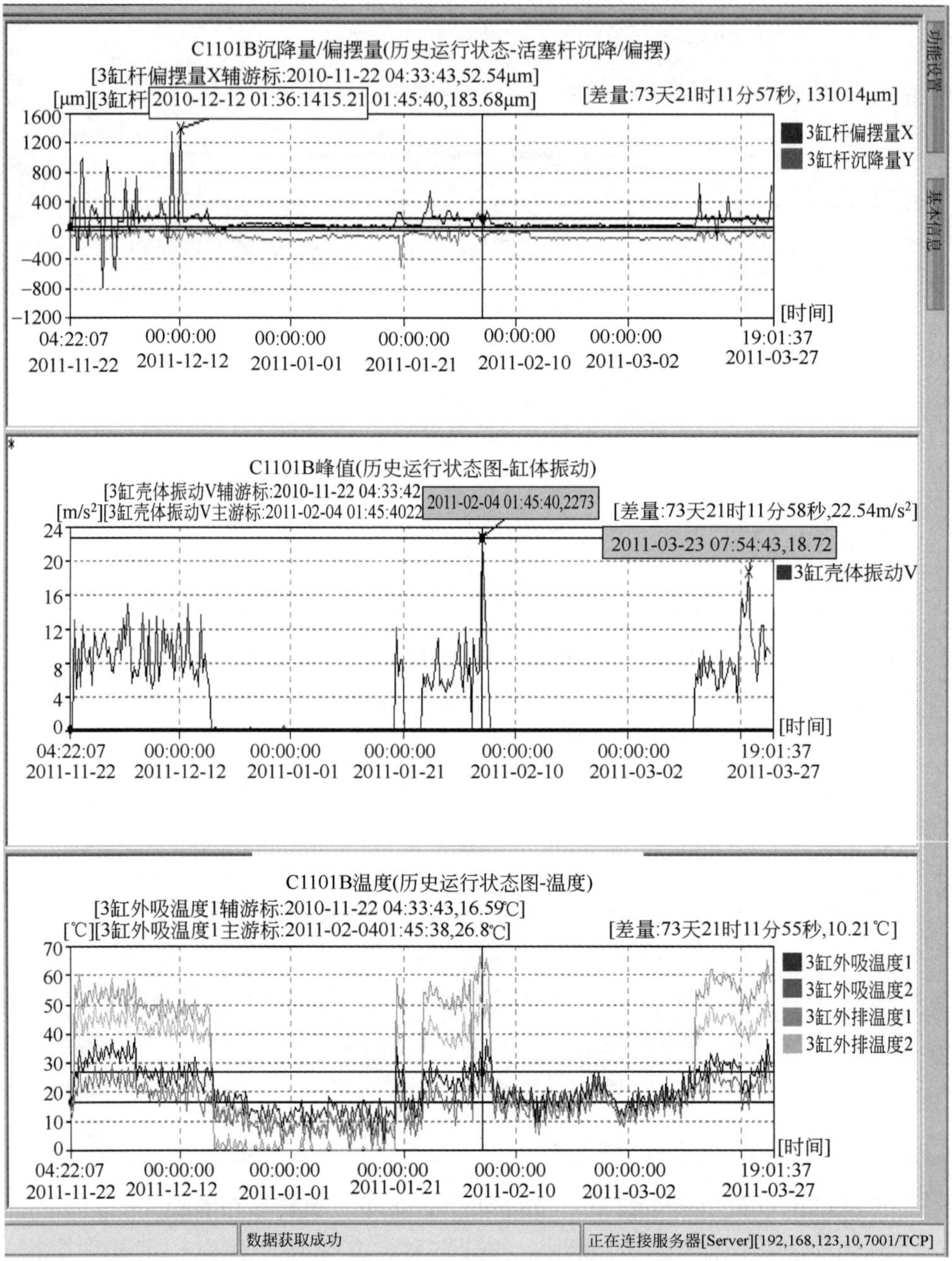

图 6-114　3 号缸运行状态图

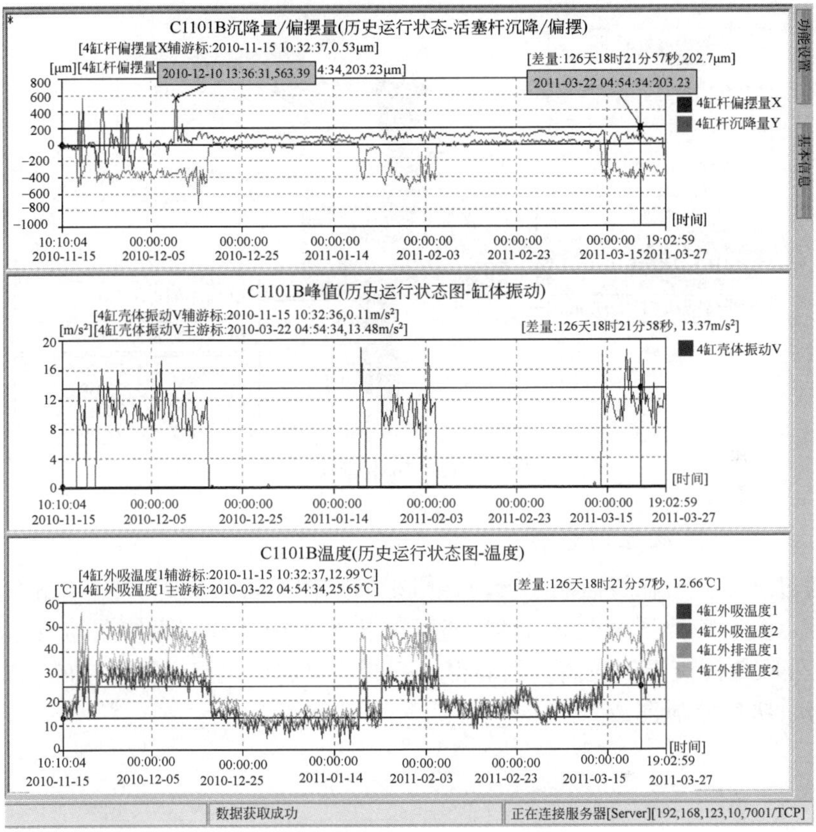

图 6-115　4 号缸运行状态图

第二节　气阀泄漏故障案例分析

一、氢气往复压缩机组吸气阀泄漏故障诊断分析

（一）故障诊断分析 I

1. 机组概况

该机组为电动机驱动，2 缸往复压缩机组，如图 6-116 所示。

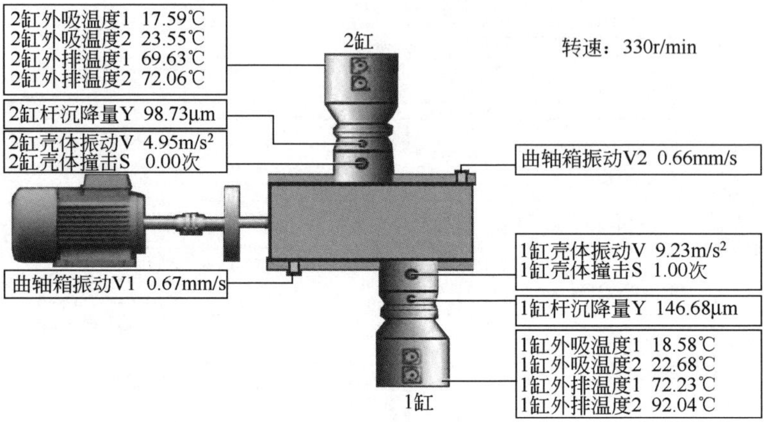

图 6-116　机组概貌图

2. 故障现象及原因分析

通过远程实时在线监测系统对该机组的壳体振动历史趋势图（图 6-117）和各测点温度趋势图（图 6-118）进行分析，发现 2 号缸壳体振动波动剧烈；2 号缸外吸 2 测点温度较高。因而得出判断：引起该机组运行异常的主要原因是 2 号缸吸气阀泄漏故障。

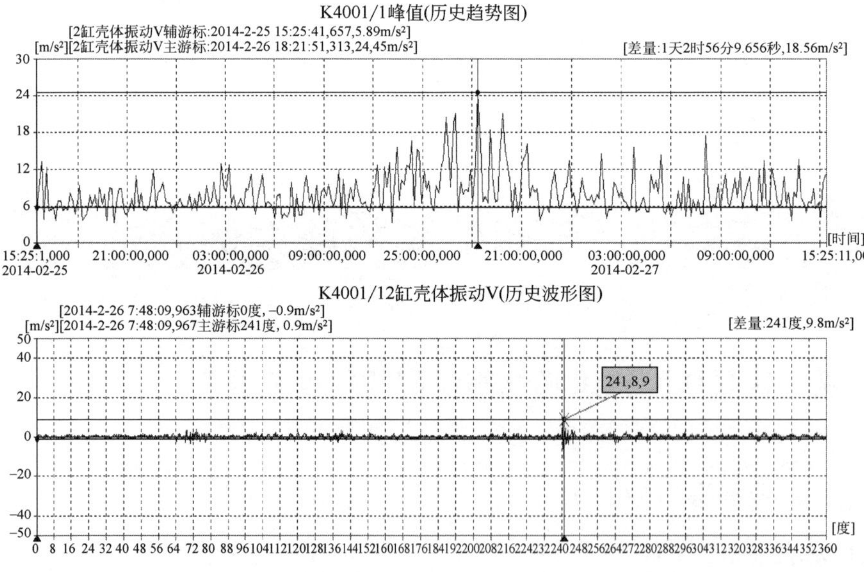

图 6-117

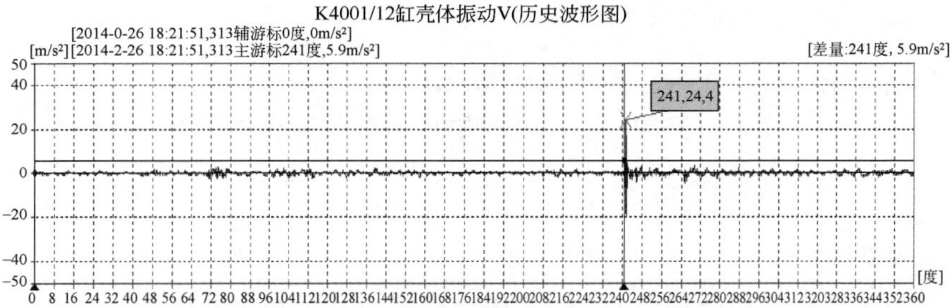

图 6-117　2 号缸壳体振动 V 历史趋势图

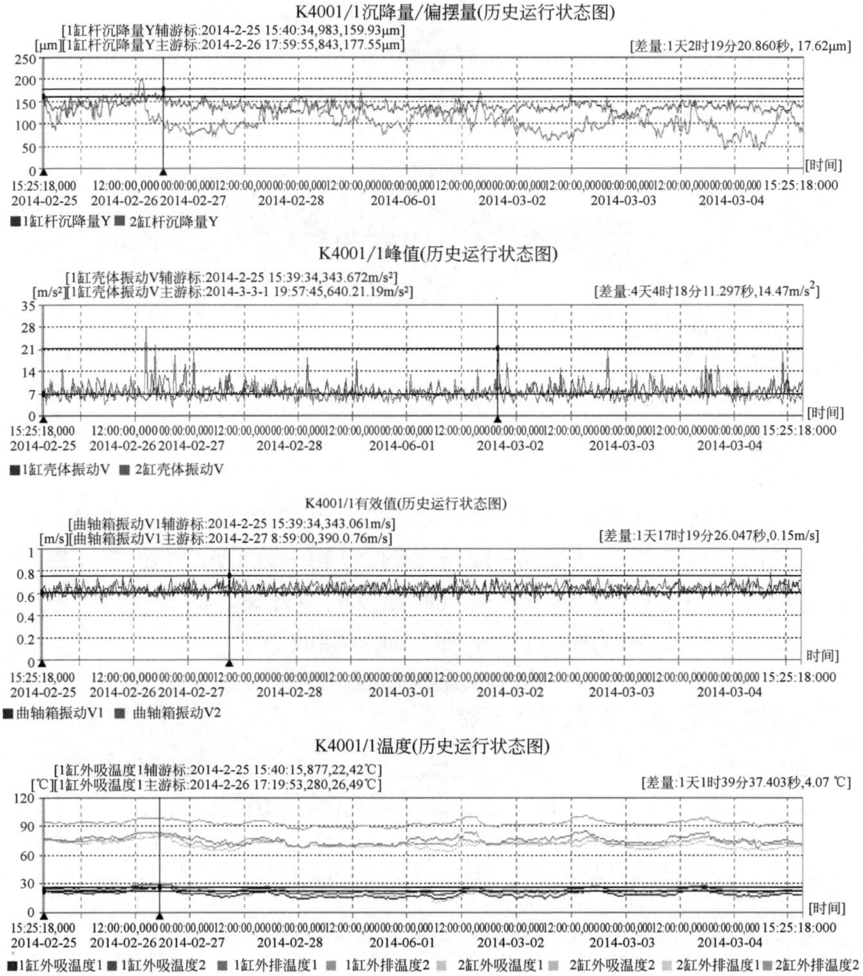

图 6-118　各测点温度趋势图

3. 诊断结论及现场反馈

诊断结论：机组 2 号缸吸气阀泄漏故障。

现场反馈：检修时发现，机组 2 号缸内侧吸气阀存在轻微泄漏。

（二）故障诊断分析 II

1. 机组概况

该机组为电动机驱动，2 缸往复压缩机组，如图 6-119 所示。

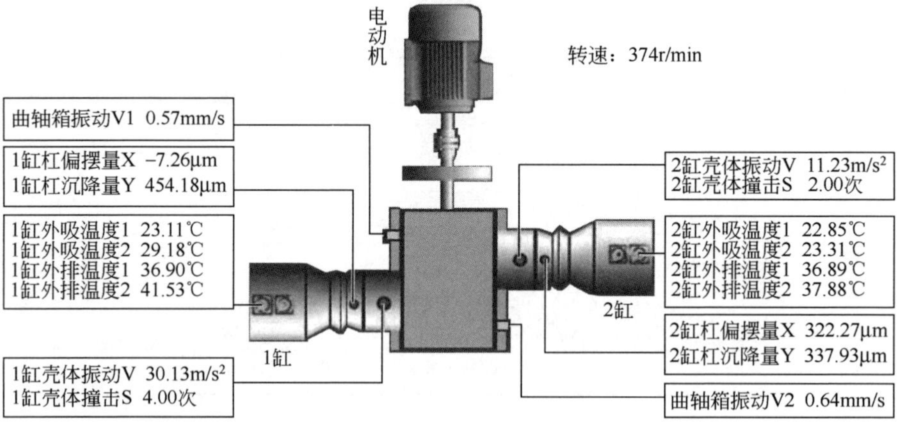

图 6-119 机组概貌图

2. 故障现象及原因分析

通过远程实时在线监测系统对该机组的历史趋势图（图 6-120）和 1 号缸吸、排气阀温度趋势图（图 6-121）进行分析，发现 1 号缸壳体振动波动剧烈，且呈增大趋势；1 号缸吸、排气阀温度同步升高。因而得出判断：引起该机组运行异常的主要原因是 1 号缸吸气阀泄漏故障。

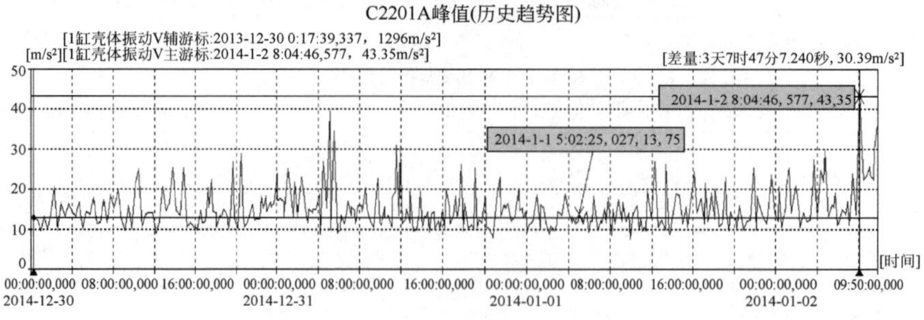

图 6-120

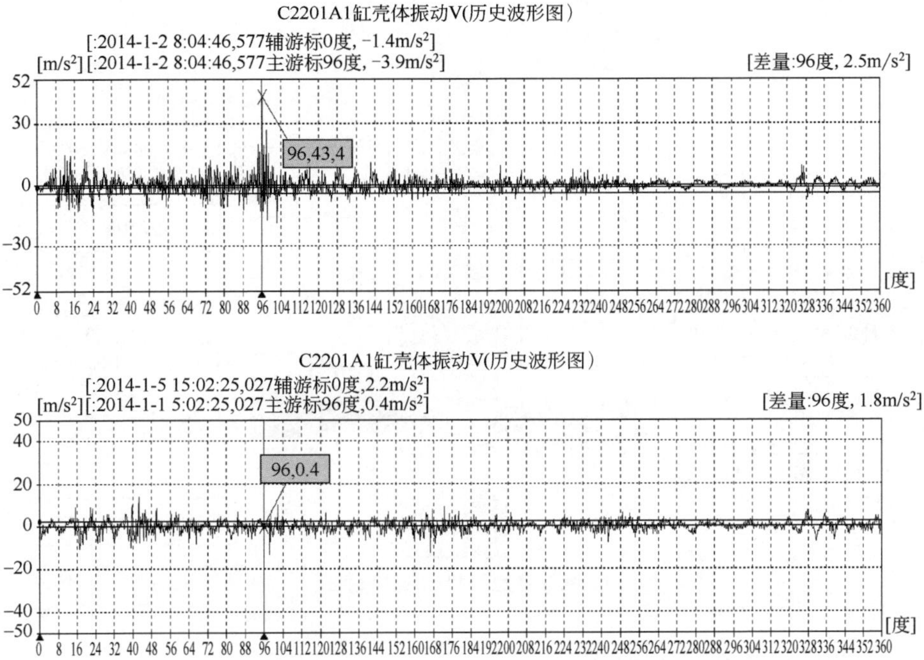

图 6-120　1 号缸壳体振动 V 历史趋势图

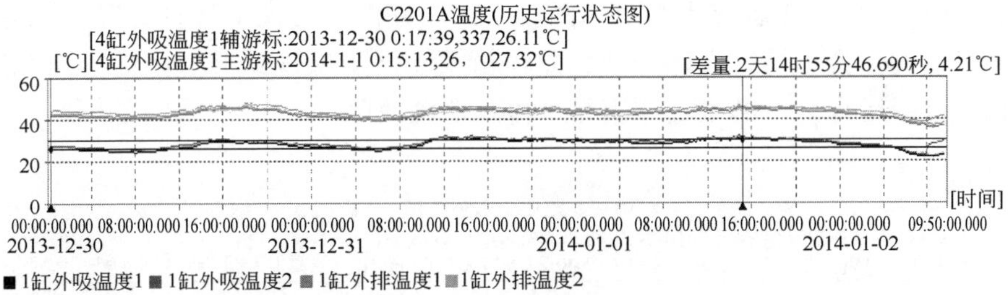

图 6-121　1 号缸吸、排气阀温度趋势图

3. 诊断结论及现场反馈

诊断结论：机组 1 号缸吸气阀泄漏故障。

现场反馈：检修机组时，现场人员反馈与诊断结论一致。

（三）故障诊断分析 Ⅲ

1. 机组概况

该机组为电动机驱动，2 缸往复压缩机组，如图 6-122 所示。

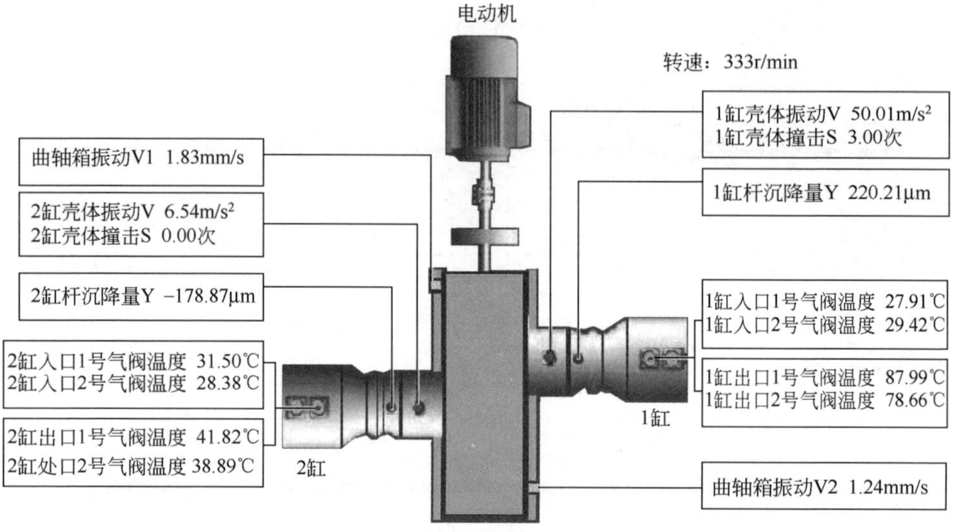

图 6-122　机组概貌图

2. 故障现象及原因分析

通过远程实时在线监测系统对该机组的壳体振动历史趋势及波形图（图 6-123）和异常运行状态图（图 6-124）分析，发现 1 号缸外吸 1 测点温度突然上升；且 1 号缸壳体振动和曲轴箱振动同步出现跃升。因而得出判断：引起该机组运行异常的主要原因是 1 号缸泄漏故障。

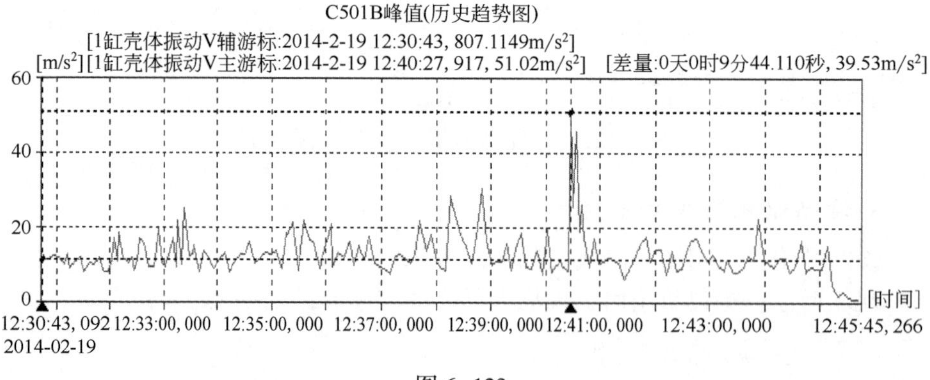

图 6-123

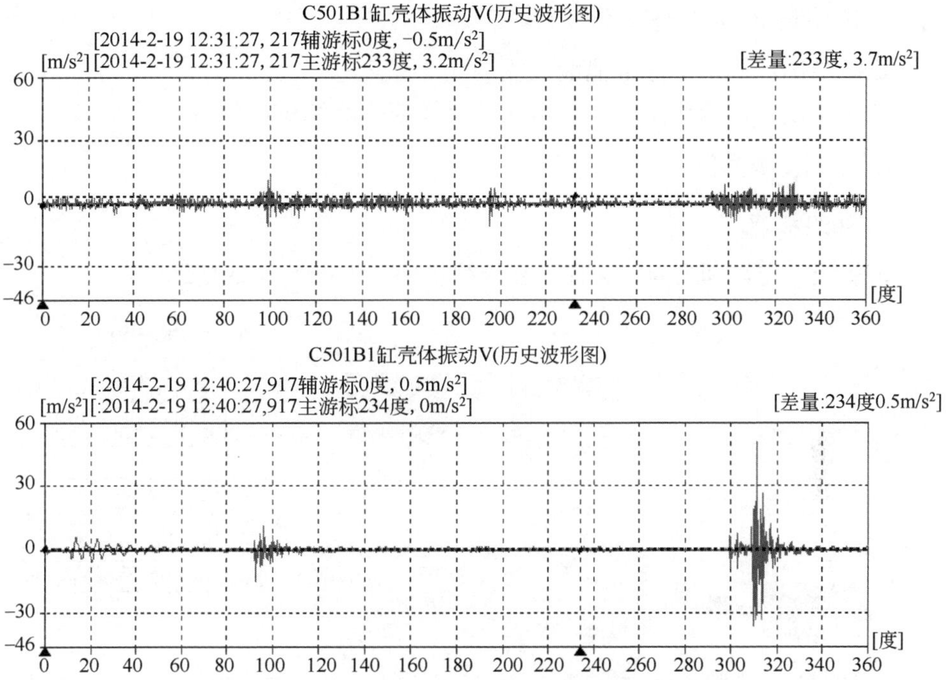

图 6-123　1 号缸壳体振动 V 历史趋势及波形图

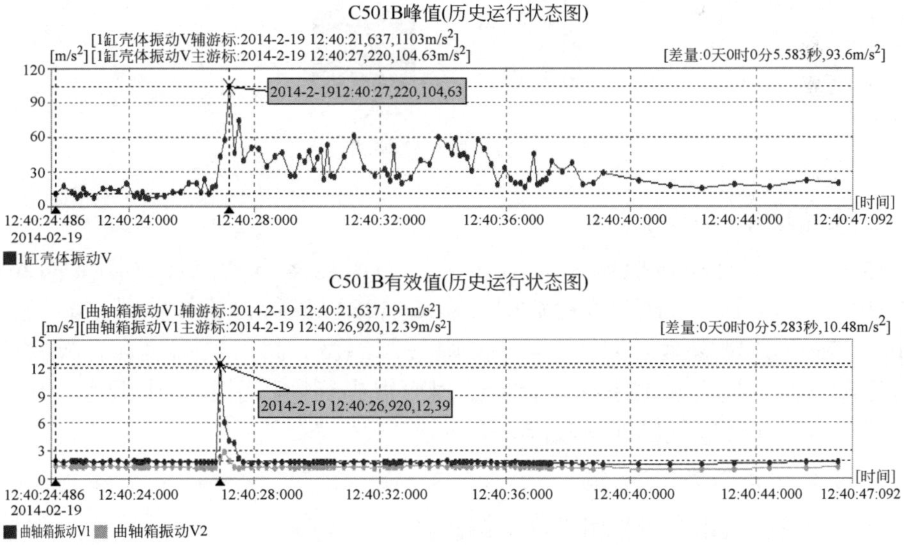

图 6-124　1 号缸异常运行状态图

3. 诊断结论及现场反馈

诊断结论：机组 1 号缸泄漏故障。

现场反馈：检修机组时，现场人员反馈与诊断结论一致。

（四）故障诊断分析Ⅳ

1. 机组概况

该机组为电动机驱动，4 缸往复压缩机组，如图 6-125 所示。

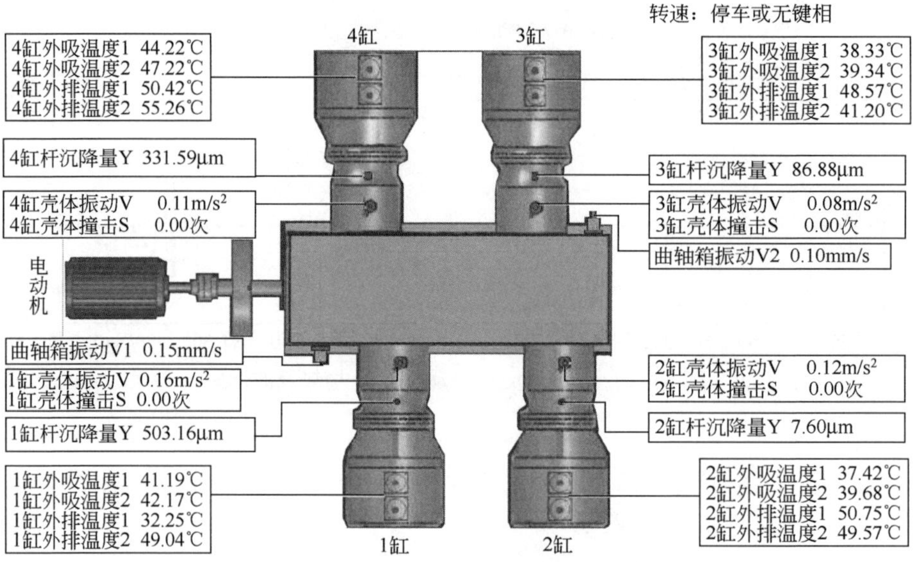

图 6-125 机组概貌图

2. 故障现象及原因分析

通过远程实时在线监测系统对该机组的历史运行状态图（图 6-126、图 6-127）和 4 号缸气阀温度趋势图（图 6-128）进行分析，发现 2012 年 4 月 26 日至 27 日机组运行期间，4 号缸吸气阀温度、排气阀温度存在异常变化，逐渐升高至超过监测系统报警值。因而得出判断：引起该机组运行异常的主要原因是 4 号吸气阀泄漏故障。

3. 诊断结论及现场反馈

诊断结论：机组 4 号缸吸气阀泄漏故障。

现场反馈：检修机组时发现，该机组 4 号缸外吸温度 2 测点对应的吸气阀阀片已断裂，存在严重泄漏。

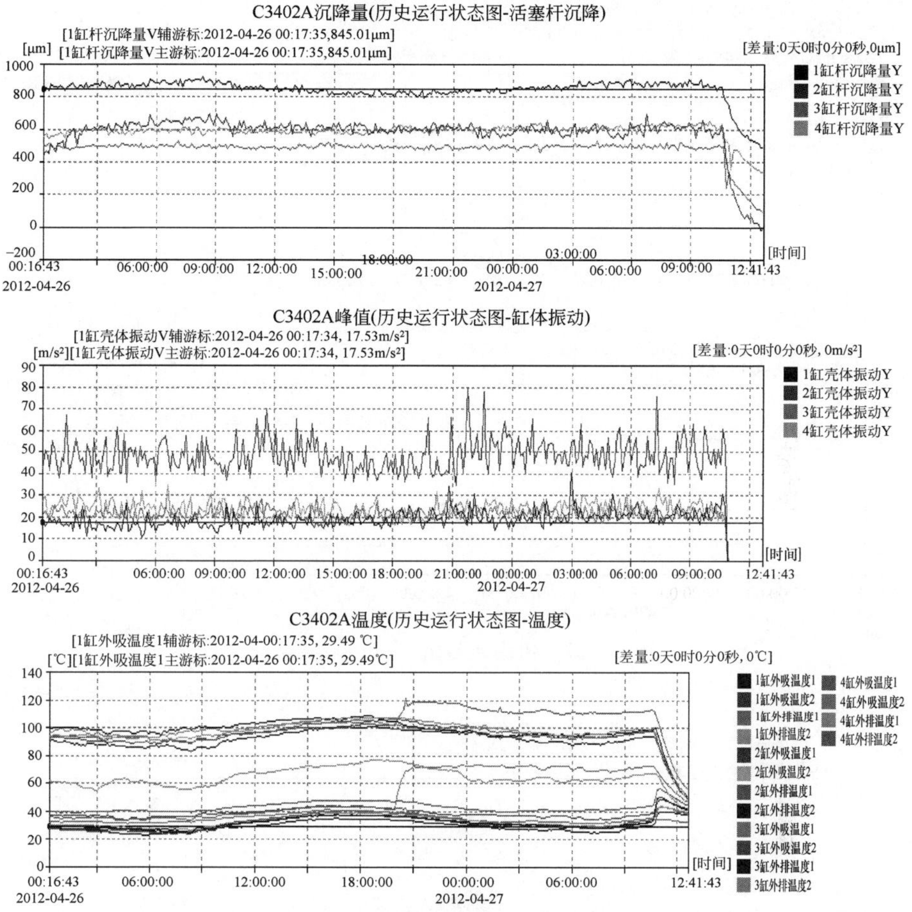

图 6-126　机组历史运行状态图

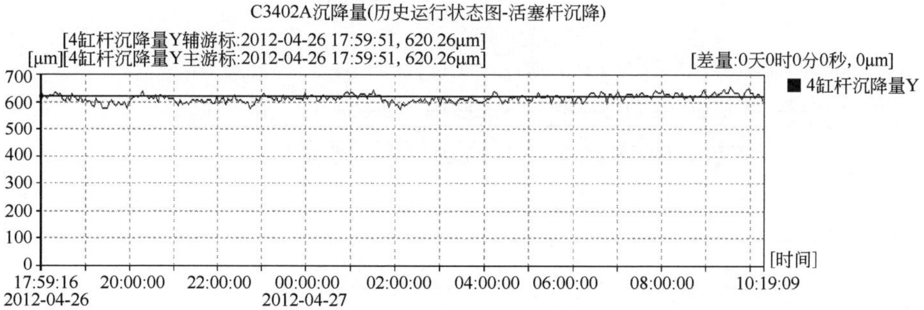

图 6-127

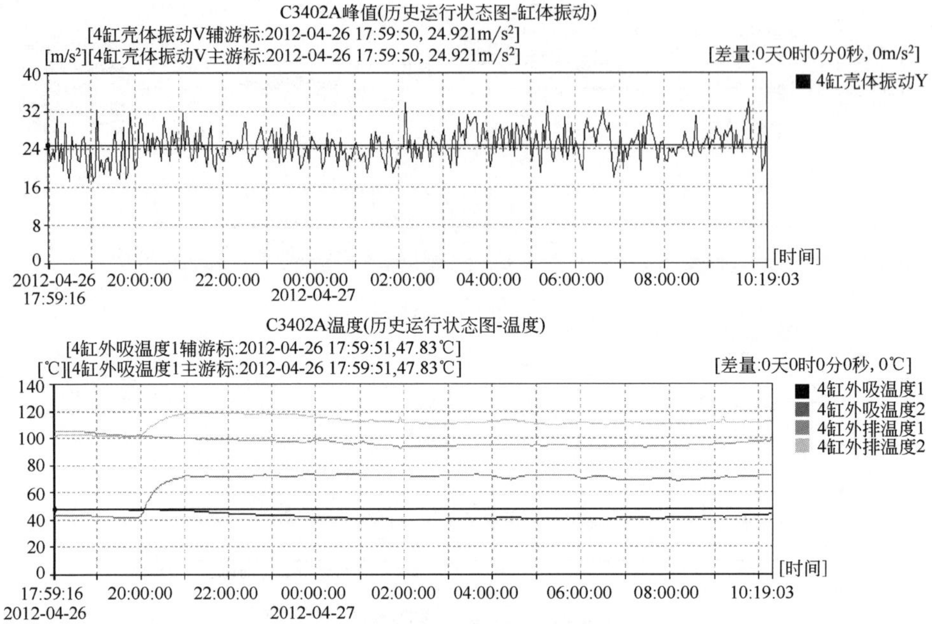

图 6-127　机组 4 号缸历史运行状态图

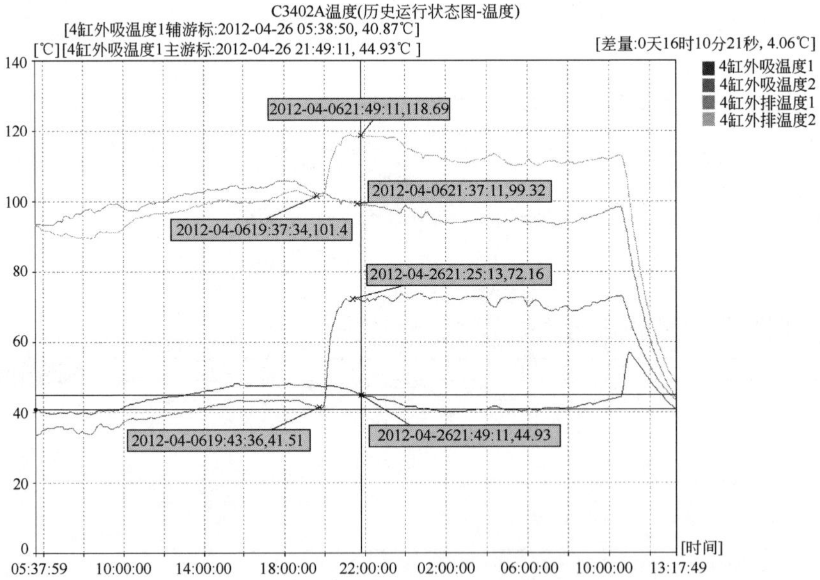

图 6-128　机组 4 号缸气阀温度趋势图

（五）故障诊断分析Ⅴ

1. 机组概况

该机组为电动机驱动，2 缸往复压缩机组，如图 6-129 所示。

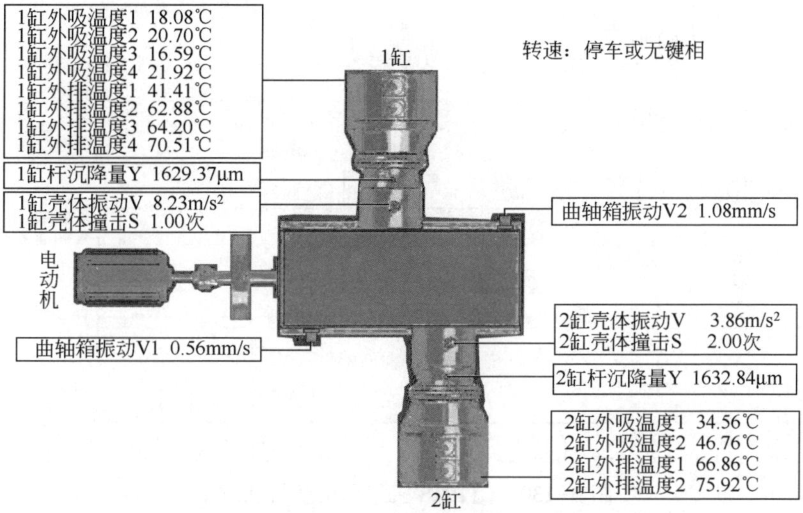

图 6-129　机组概貌图

2. 故障现象及原因分析

通过远程实时在线监测系统对该机组的历史运行状态图（图 6-130、图 6-131）进行分析，发现 2012 年 10 月机组运行期间，2 号缸外吸 2 测点温度从 10 月 27 日起逐渐升高了 14℃左右，超过监测系统报警值。因而得出判断：引起该机组运行异常的主要原因是 2 号缸吸气阀泄漏故障。

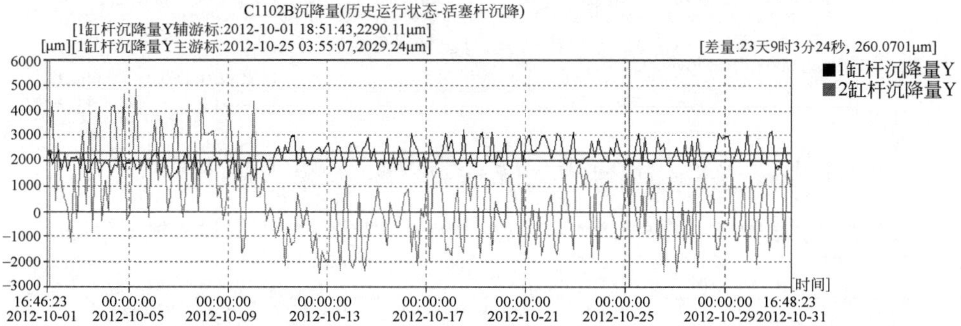

图 6-130

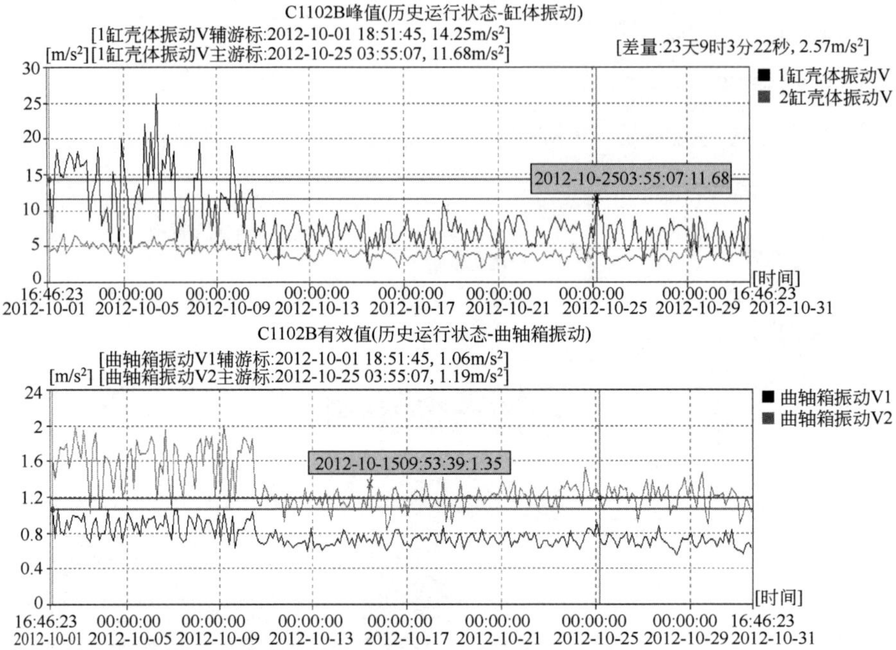

图 6-130　C1102B 机组历史运行状态图

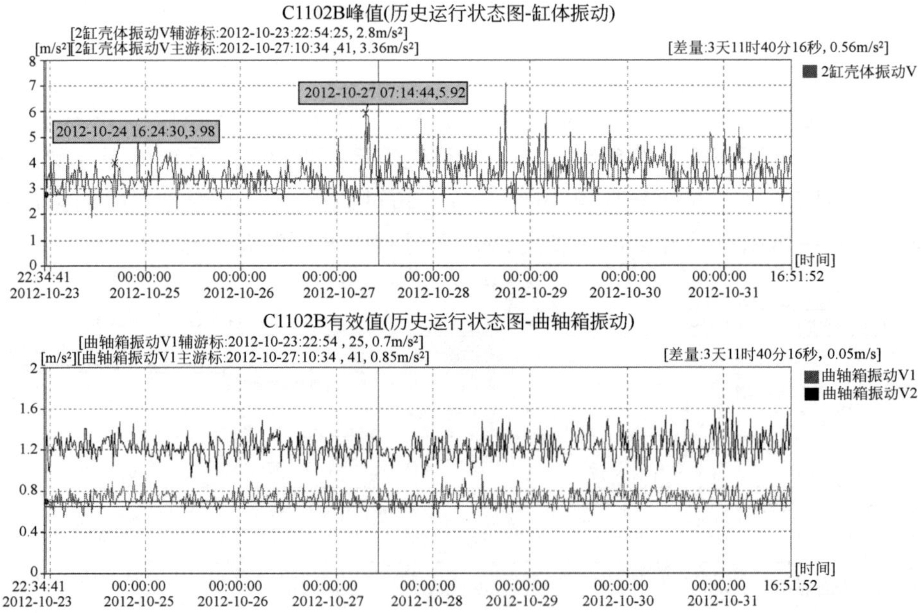

图 6-131

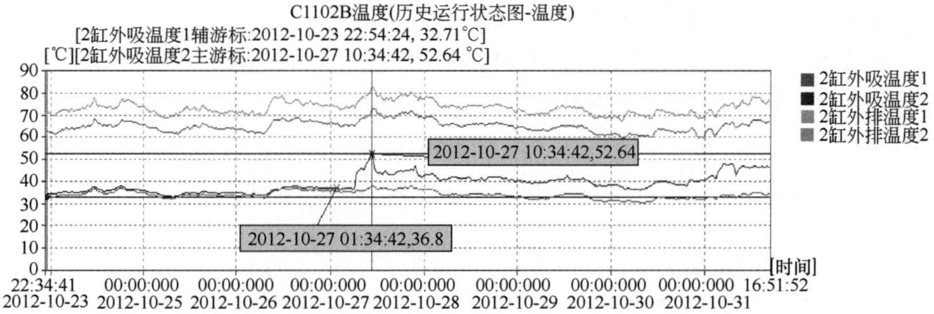

图 6-131　C1102B 机组 2 号缸历史运行状态图

3. 诊断结论及现场反馈

诊断结论：机组 2 号缸吸气阀泄漏故障。

现场反馈：检修机组时发现，阀片存在变形，2 号缸吸气阀泄漏。

二、氢气往复压缩机组排气阀泄漏故障诊断分析

（一）故障诊断分析 I

1. 机组概况

该机组为电动机驱动，2 缸往复压缩机组，如图 6-132 所示。

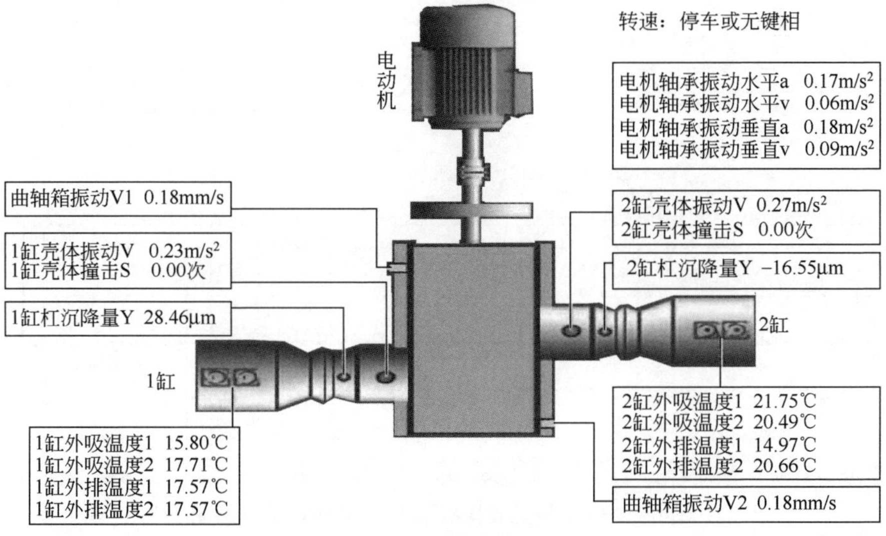

图 6-132　机组概貌图

2. 故障现象及原因分析

通过远程实时在线监测系统对该机组的壳体振动历史趋势及波形图（图 6-133）和外排温度 1 测点趋势图（图 6-134）进行分析，发现 1 号缸壳体振动波动剧烈，呈增大趋势；1 号缸外排 1 测点温度明显升高。因而得出判断：引起该机组运行异常的主要原因是 1 号缸排气阀泄漏故障。

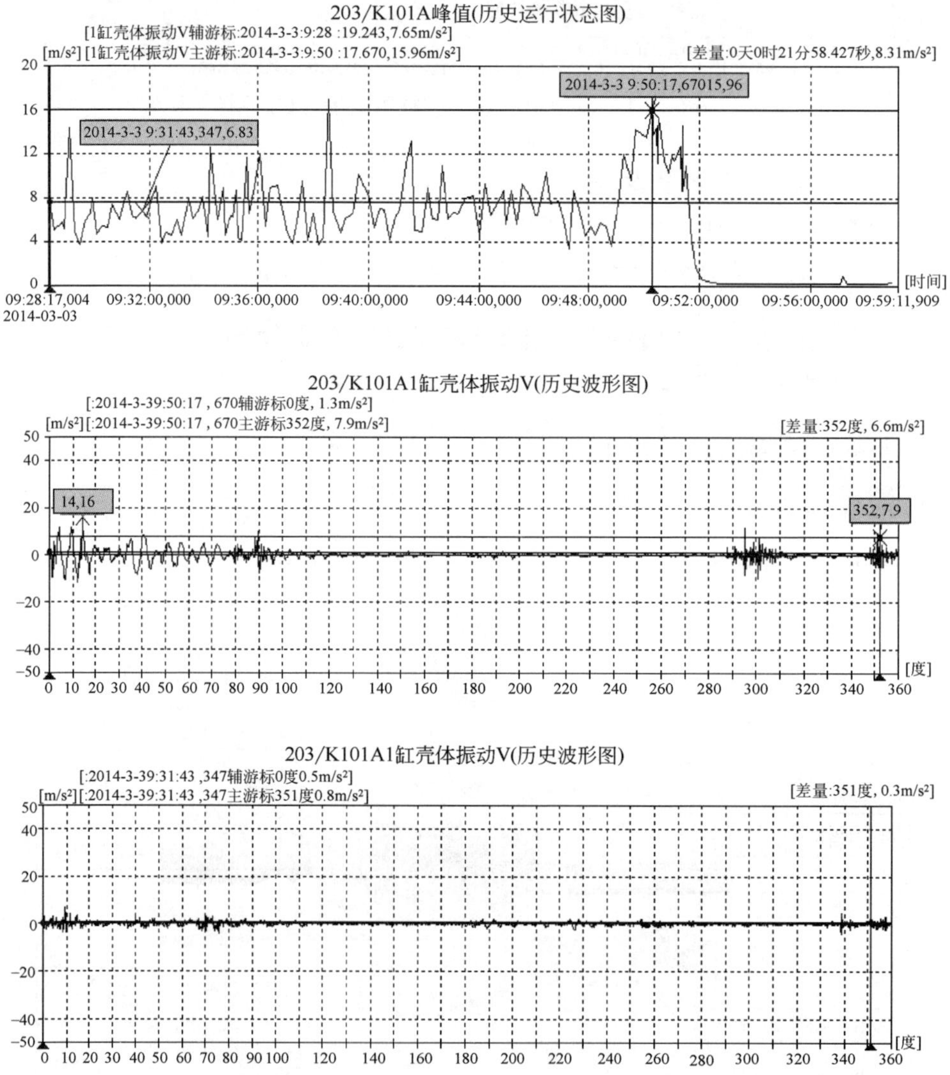

图 6-133　1 号缸壳体振动 V 历史趋势及波形图

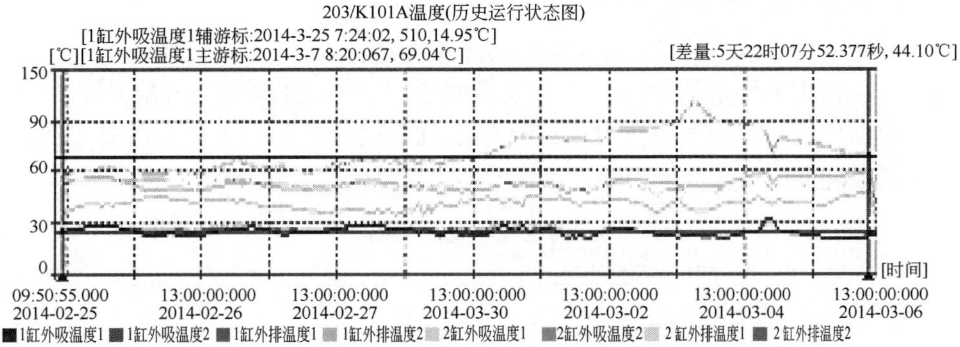

图 6-134　1 号缸外排温度 1 测点趋势图

3. 诊断结论及现场反馈

诊断结论：机组 1 号缸排气阀泄漏故障。

现场反馈：检修机组时，现场人员反馈与诊断结论一致。

（二）故障诊断分析 Ⅱ

1. 机组概况

该机组为电动机驱动，2 缸往复压缩机组，如图 6-135 所示。

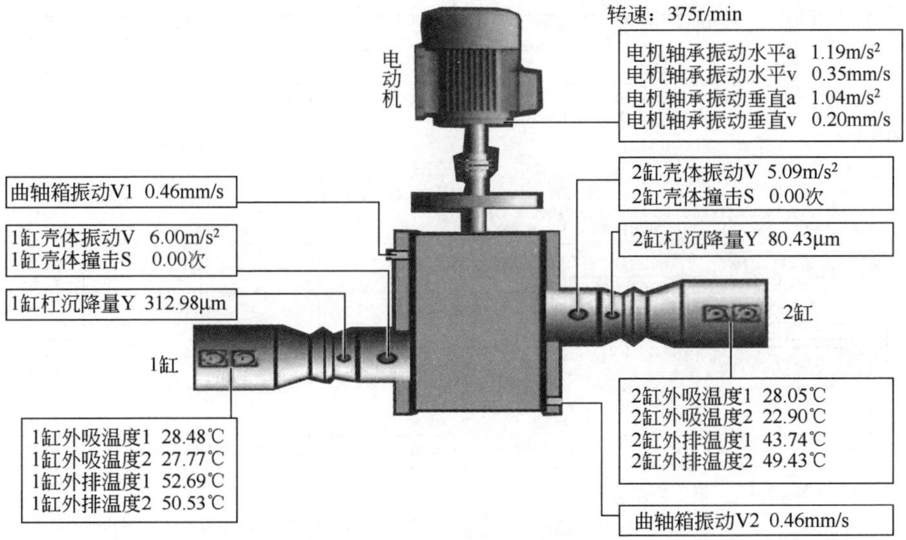

图 6-135　机组概貌图

2. 故障现象及原因分析

通过远程实时在线监测系统对该机组的历史运行状态图（图 6-136）进行分析，发现 1 号缸活塞杆沉降量波动剧烈，呈增大趋势；1 号缸外排 1、2 测点温度均较高。因而得出判断：引起该机组运行异常的主要原因是 1 号缸排气阀泄漏故障。

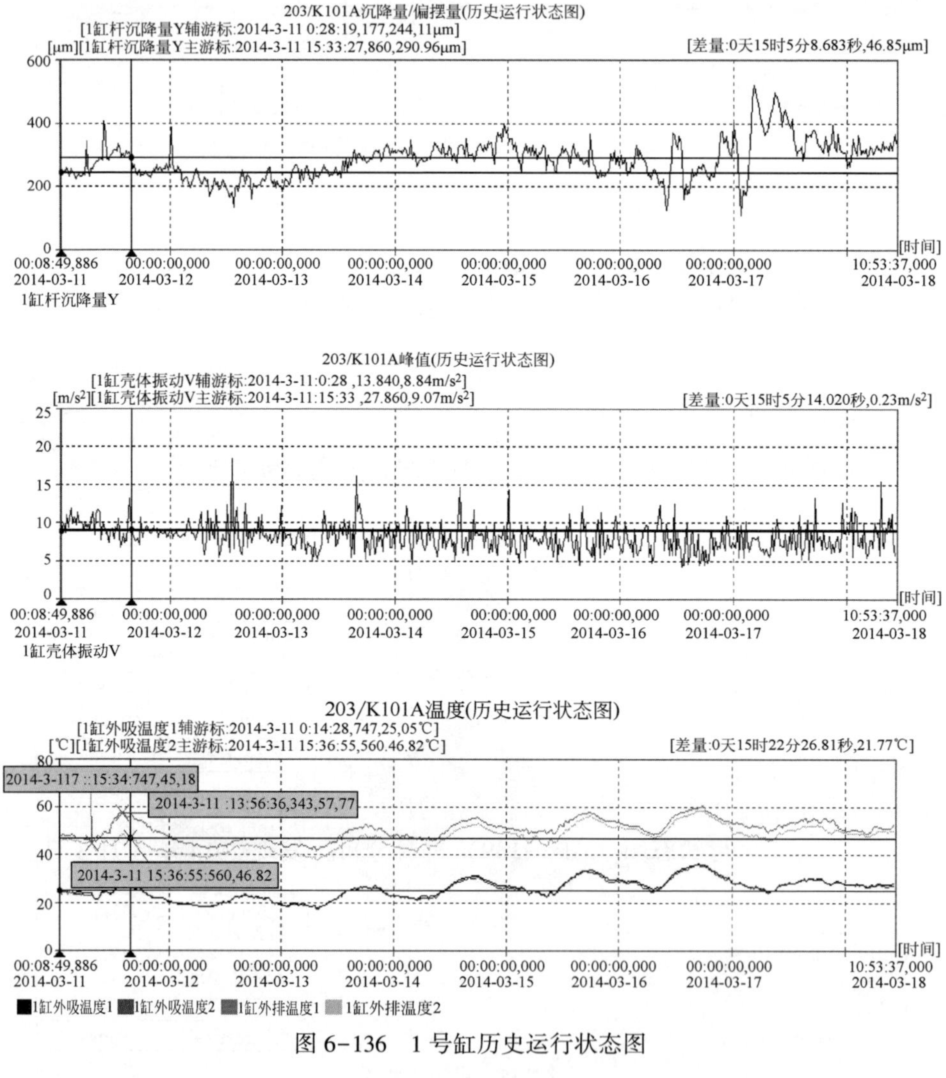

图 6-136　1 号缸历史运行状态图

3. 诊断结论及现场反馈

诊断结论：机组 1 号缸排气阀泄漏故障。

现场反馈：检修时发现，机组 1 号缸排气阀存在轻微泄漏。

三、氢气往复压缩机组泄漏故障诊断分析

（一）故障诊断分析 I

1. 机组概况

该机组为电动机驱动，2 缸往复压缩机组，如图 6-137 所示。

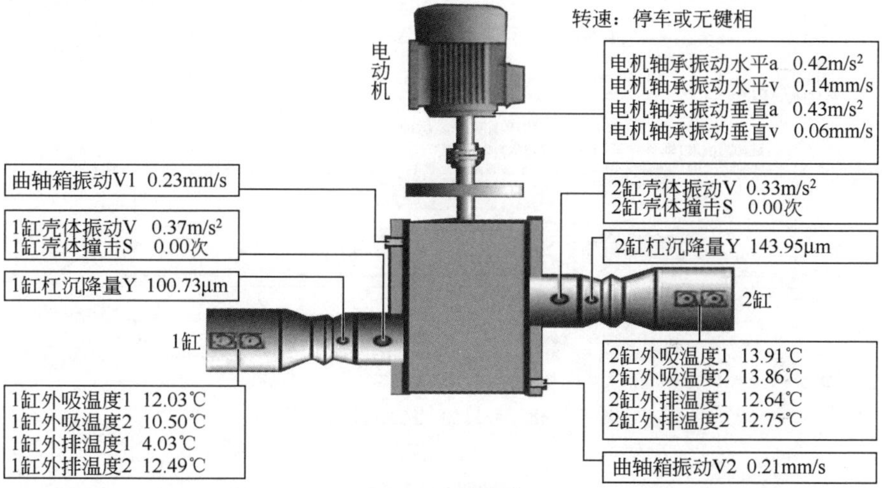

图 6-137　机组概貌图

2. 故障现象及原因分析

通过远程实时在线监测系统对该机组的历史运行状态图（图 6-138）及曲轴箱振动历史运行状态图（图 6-139）进行分析，发现 2014 年 3 月 3 日至 3 月 7 日运行期间，1 号缸出现异常运行状态，活塞杆沉降、壳体振动及曲轴箱振动均显著增大，超过监测系统报警线；且 1 号缸外排温度较高。因而得出判断：引起该机组运行异常的主要原因是 1 号缸排气阀泄漏。

3. 诊断结论及现场反馈

诊断结论：机组 1 号缸排气阀泄漏。

现场反馈：检修机组时，现场人员反馈与诊断结论一致。

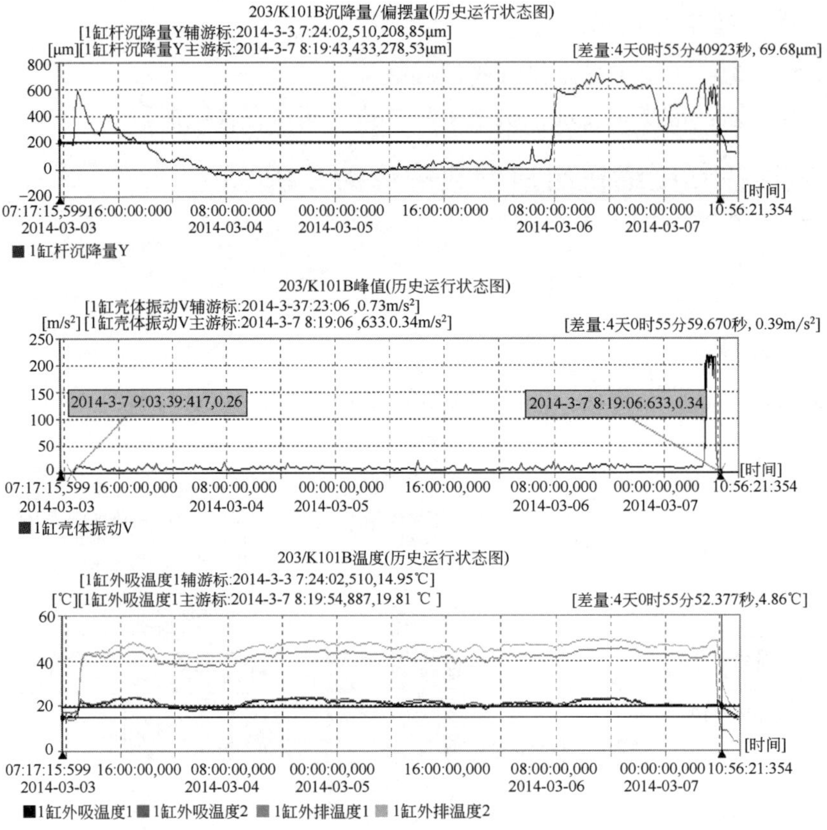

图 6-138　1 号缸历史运行状态图

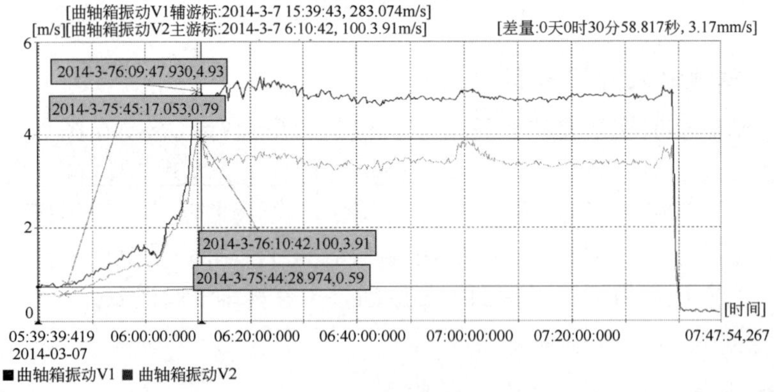

图 6-139　曲轴箱振动历史运行状态图

（二）故障诊断分析Ⅱ

1. 机组概况

该机组为电动机驱动，2 缸往复压缩机组，如图 6–140 所示。

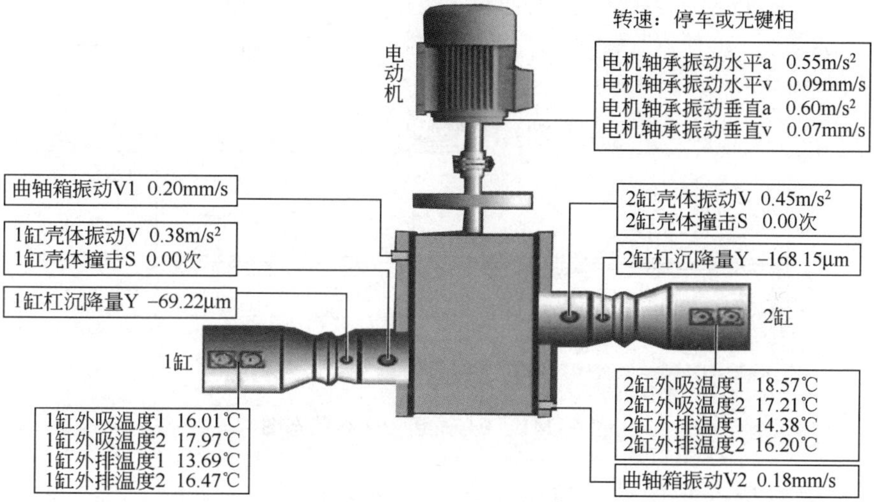

图 6–140　机组概貌图

2. 故障现象及原因分析

通过远程实时在线监测系统对该机组的历史运行状态图（图 6–141）进行分析，发现 2014 年 2 月 8 日至 2 月 11 日运行期间，1 号缸外排 1 测点温度一直较高，后期突然上升，超过监测系统报警值；与此同时，机组 1 号缸活塞杆沉降量和 1 号缸壳体振动发生突变。因而得出判断：引起该机组运行异常的主要原因是 1 号缸排气阀泄漏。

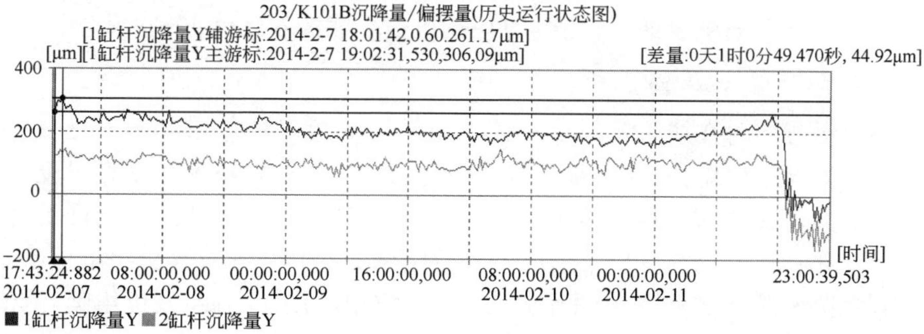

图 6–141

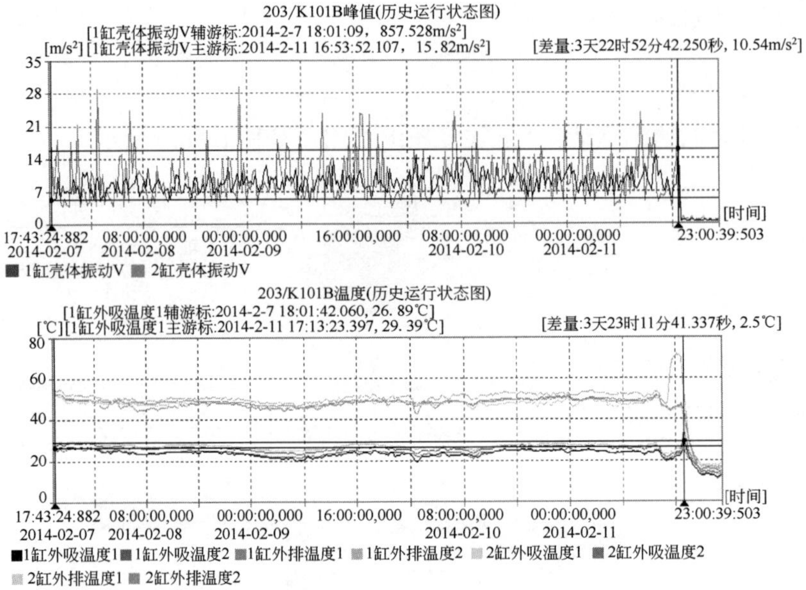

图 6-141　1 号缸历史运行状态图

3. 诊断结论及现场反馈

诊断结论：机组 1 号缸排气阀泄漏。

现场反馈：检修时发现，机组 1 号缸排气阀存在一定泄漏。

四、往复压缩机组吸气阀泄漏故障诊断分析

（一）故障诊断分析 I

1. 机组概况

该机组为电动机驱动，4 缸往复压缩机组，如图 6-142 所示。

2. 故障现象及原因分析

通过远程实时在线监测系统对该机组的历史运行状态图（图 6-143）进行分析，发现该机组在 2009 年 9 月运行过程中，1 号缸外吸 2 测点温度异常升高，而其他吸气阀温度无异常变化；与此同时，缸体振动，活塞杆沉降均无异常变化；该气阀温度异常情况一直持续到 2009 年 10 月，机组缸体振动，活塞杆沉降，撞击次数均无明显异常。因而得出判断：引起该机组运行异常的主要原因是 1 号缸外吸 2 测点吸气阀泄漏。

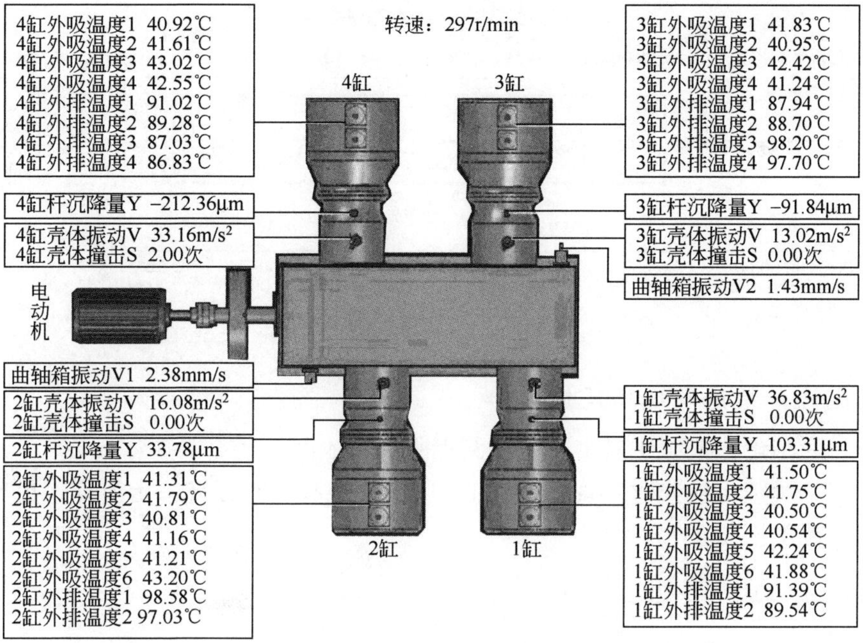

图 6-142 机组概貌图

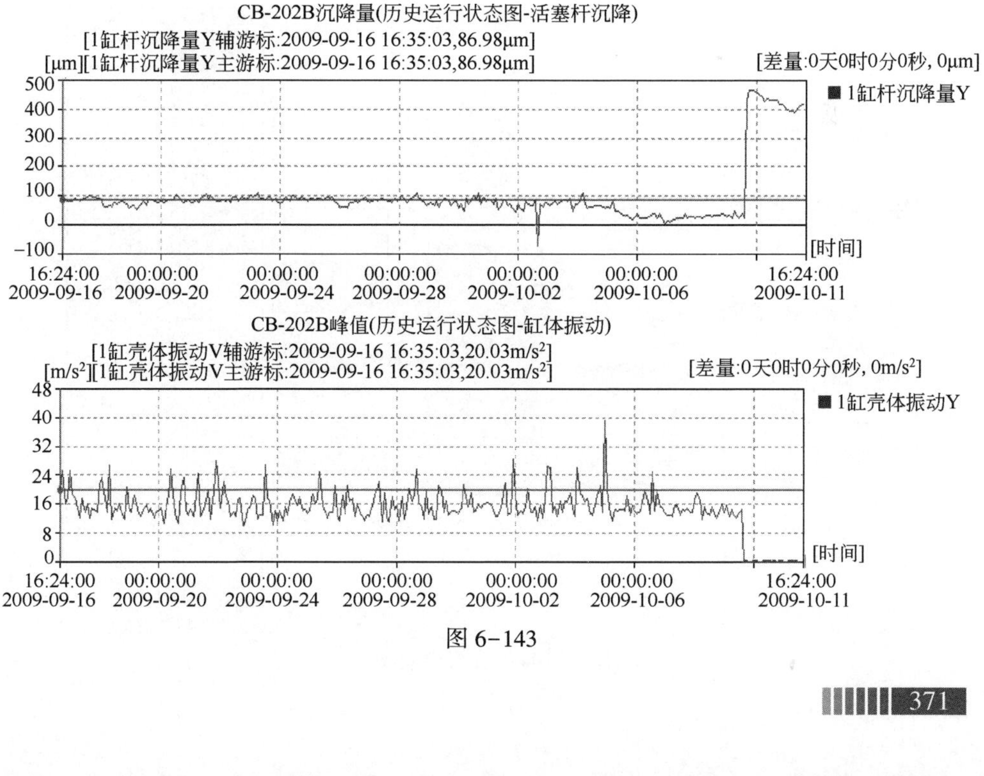

图 6-143

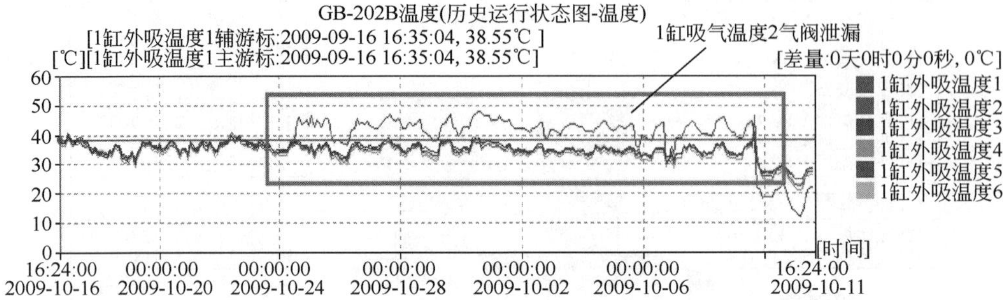

图 6-143　机组运行状态图

3. 诊断结论及现场反馈

诊断结论：机组 1 号缸外吸 2 测点吸气阀泄漏。

现场反馈：检修时发现，1 号缸外吸 2 测点吸气阀存在一定泄漏。更换气阀后，温度恢复正常。

（二）故障诊断分析Ⅱ

1. 机组概况

该机组为电动机驱动，6 缸往复压缩机组，如图 6-144 所示。

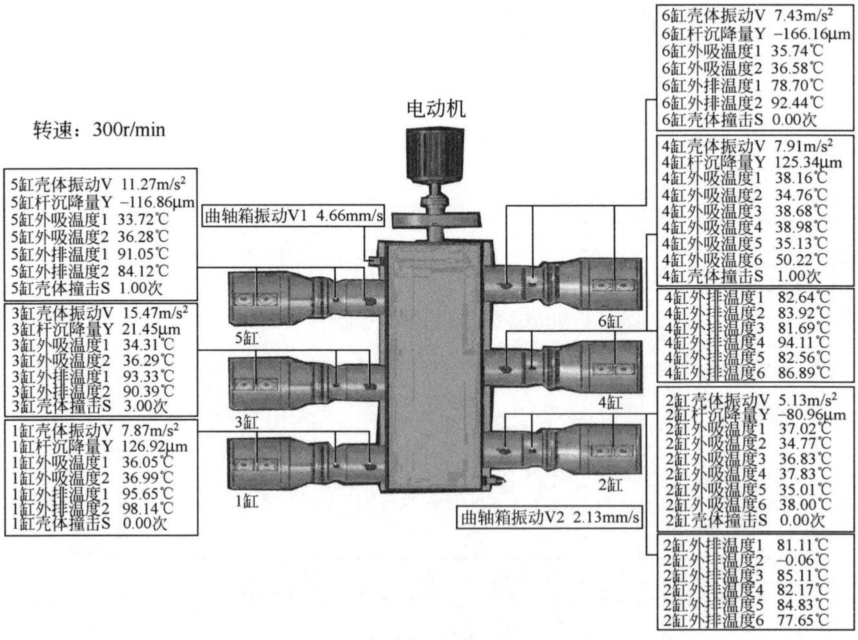

图 6-144　机组概貌图

2. 故障现象及原因分析

通过远程实时在线监测系统对该机组温度变化趋势图（图 6-145）进行分析，发现该机组 2010 年 6 月运行过程中，机组 4 号缸外吸 6 测点温度异常升高，而其他吸气阀温度无异常变化，该气阀温度异常情况一直持续到 8 月。因而得出判断：引起该机组运行异常的主要原因是 4 号缸外吸气阀泄漏。

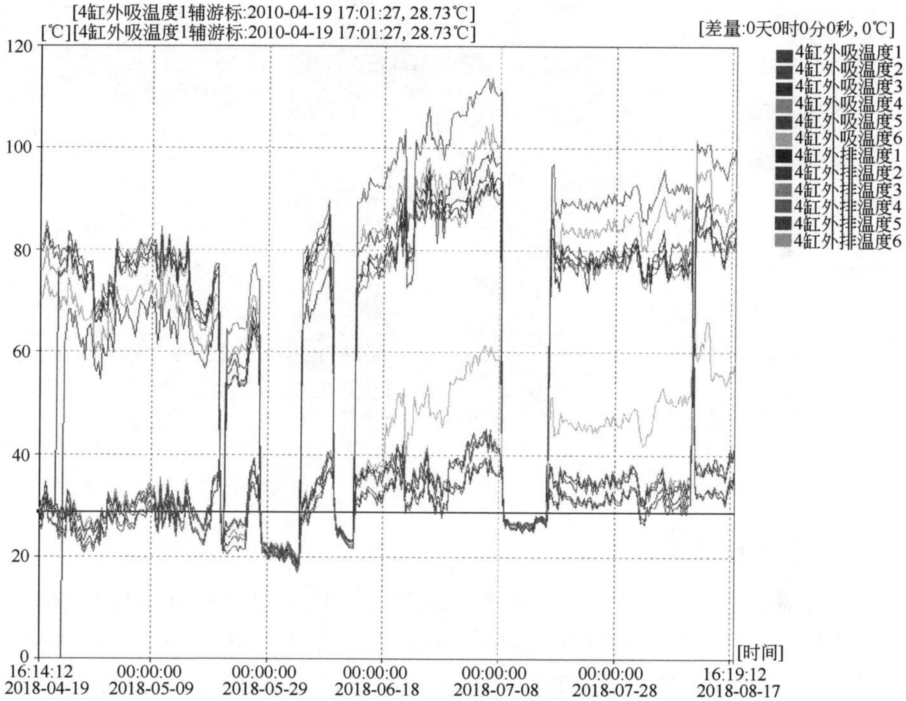

图 6-145 4 号缸温度变化趋势图

3. 诊断结论及现场反馈

诊断结论：机组 4 号缸外吸气阀泄漏。

现场反馈：检修机组时发现，4 号缸外吸气阀存在阀片变形，造成气阀泄漏。现场更换吸气阀后，开车气阀温度恢复正常。

（三）故障诊断分析Ⅲ

1. 机组概况

该机组为电动机驱动，4 缸往复压缩机组，如图 6-146 所示。

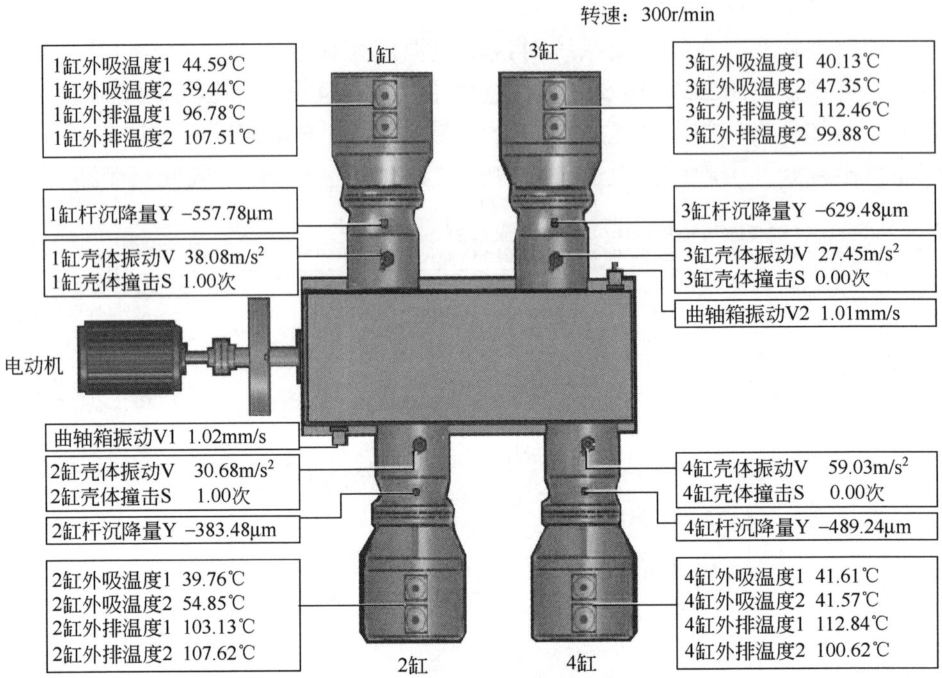

图 6-146　机组概貌图

2. 故障现象及原因分析

通过远程实时在线监测系统对该机组的运行状态图（图 6-147）、缸体振动监测图（图 6-148）和缸体振动波形历史比较图（图 6-149）进行分析，发现该机组 2011 年 06 月至 2011 年 07 月运行过程中，机组 2 号缸缸体振动异常增大，由 6 月 19 日的 $45m/s^2$ 左右增加到 6 月 28 日超过 $78m/s^2$；在外侧吸气阀开启时冲击明显；随着机组运行，2 号缸外吸 2 测点温度由 6 月 24 日的 30℃左右增大到 7 月 15 日的 56℃，相比同一时间的 1 测点温度高出 18℃左右。经过分析，2 号缸缸体振动波形在吸气阀开启时存在明显冲击；同时 2 号缸外吸 2 测点温度异常升高，目前已超过报警值。因而得出判断：引起该机组运行异常的主要原因是 2 号缸外侧吸气阀阀片变形，引发泄漏。

3. 诊断结论及现场反馈

诊断结论：机组 2 号缸外侧吸气阀故障。

现场反馈：检修机组时发现，2 号缸吸气阀阀片已严重变形，造成气阀泄漏。

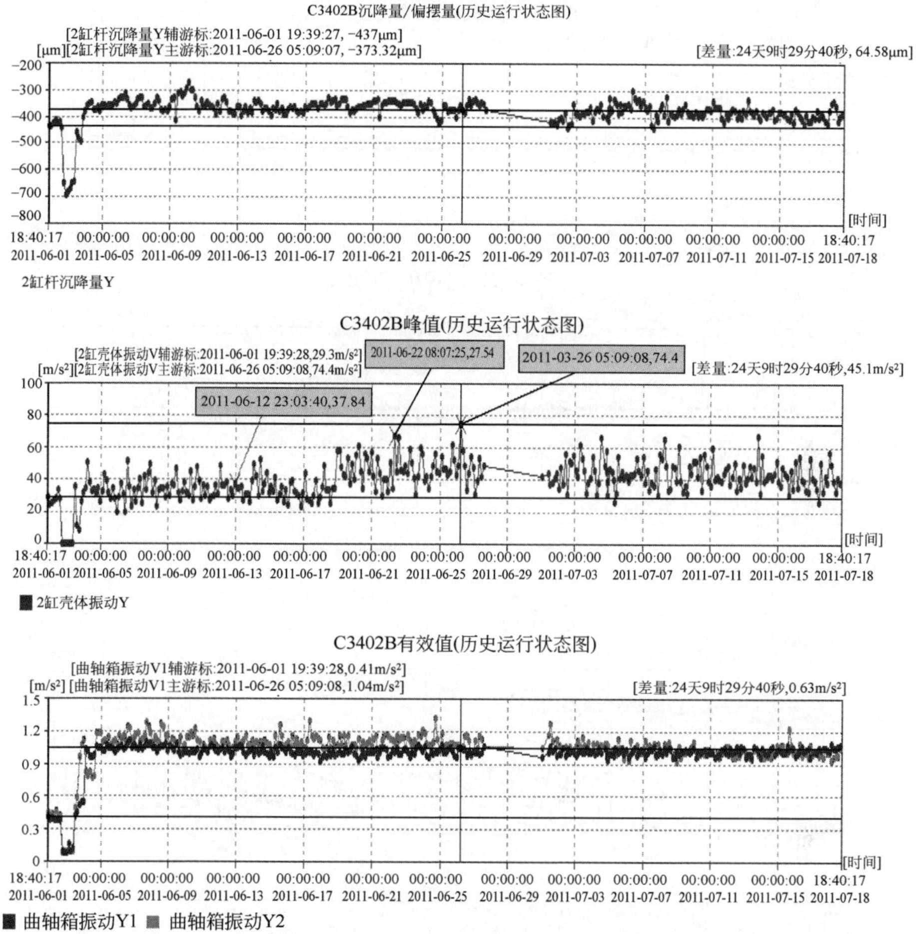

图 6-147　2 号缸运行状态图

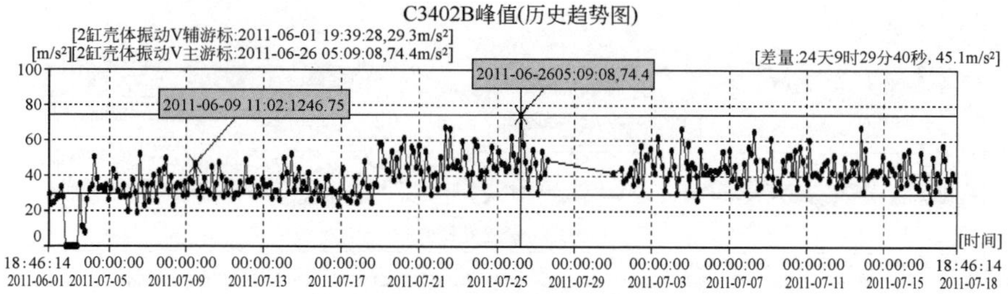

图 6-148

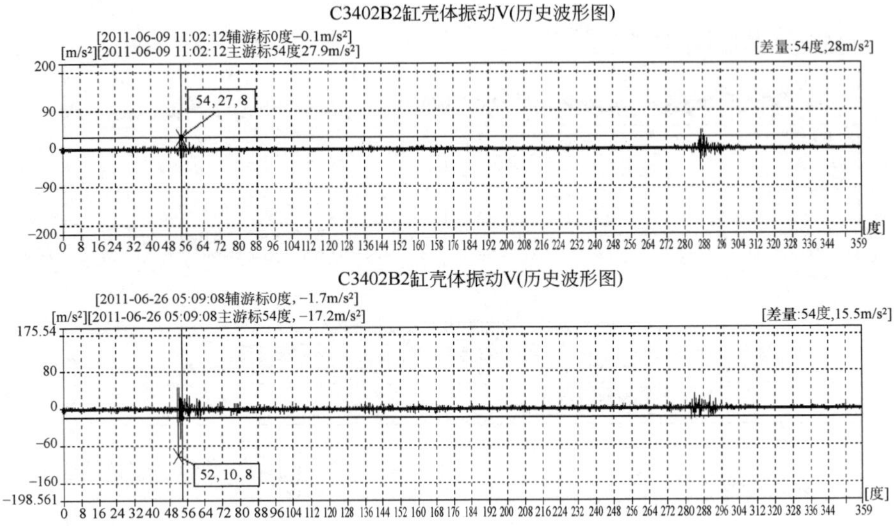

图 6-148　2 号缸缸体振动监测图

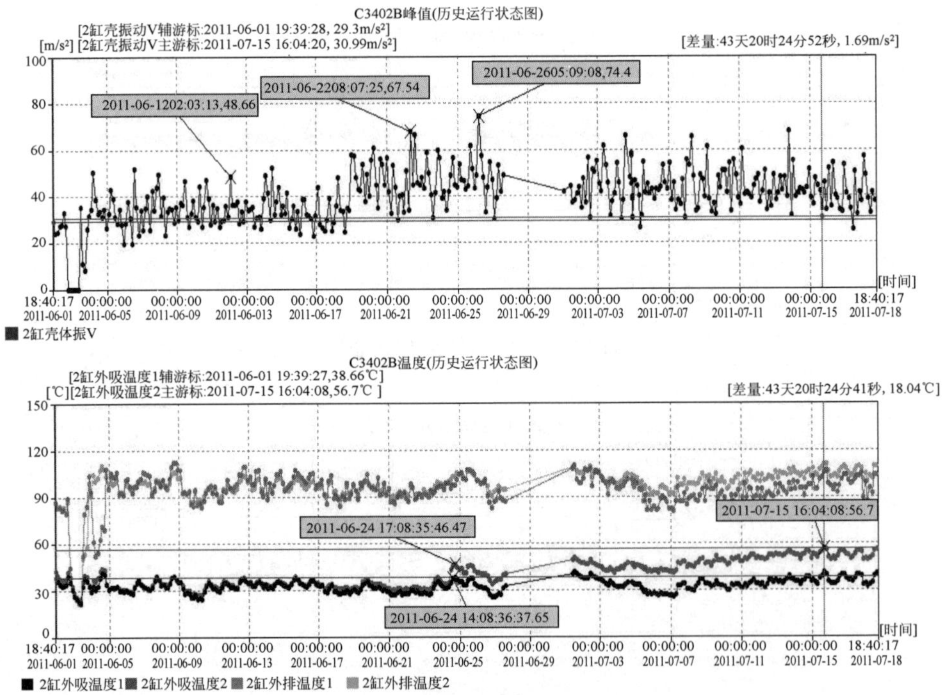

图 6-149　2 号缸缸体振动波形历史比较图

（四）故障诊断分析Ⅳ

1. 机组概况

该机组为电动机驱动，4 缸往复压缩机组，如图 6-150 所示。

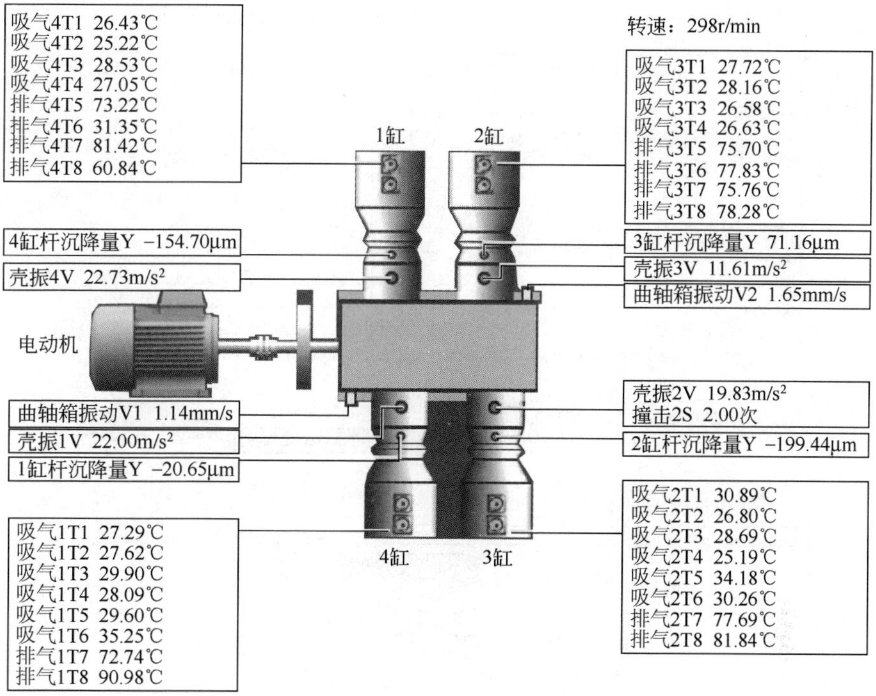

图 6-150　机组概貌图

2. 故障现象及原因分析

通过远程实时在线监测系统对该机组的历史运行状态图（图 6-151）进行分析，发现 3 号缸外吸 1 测点温度从 2013 年 12 月 23 日 9 时左右起温度逐渐升高，到 12 月 23 日，相对其他吸气阀温度高出 25℃左右，缸体振动趋势正常。因而得出判断：引起该机组运行异常的主要原因是 3 号缸吸气阀泄漏故障。

3. 诊断结论及现场反馈

诊断结论：机组 3 号缸吸气阀泄漏故障。

现场反馈：检修机组时，现场人员反馈与诊断结论一致。

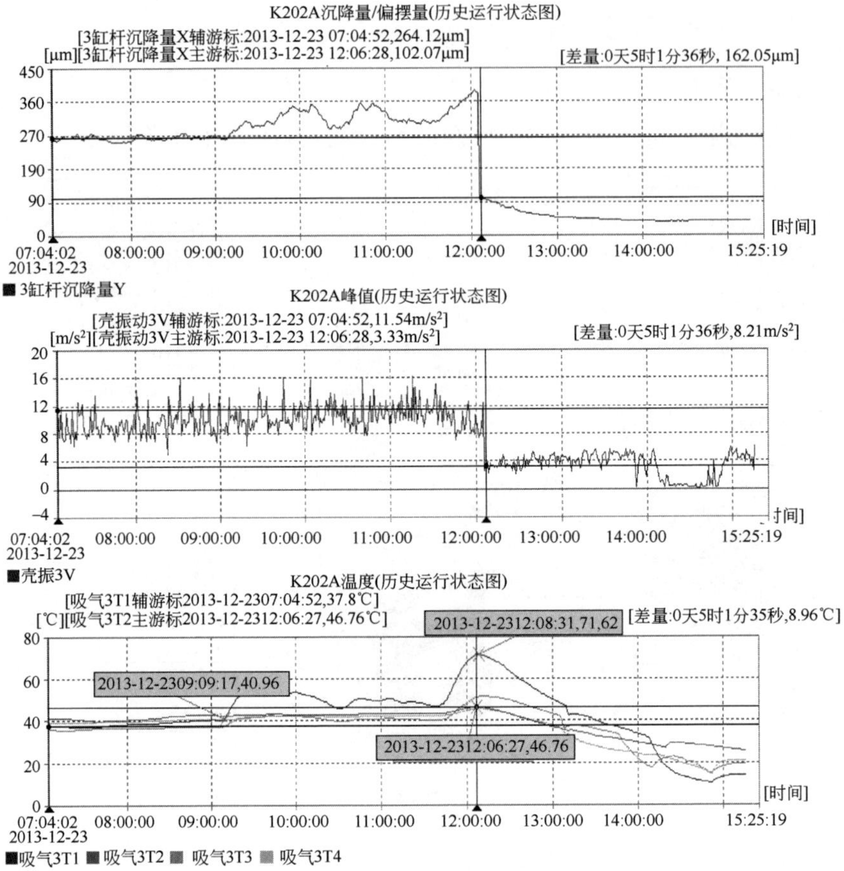

图 6-151　3 号缸历史运行状态图

（五）故障诊断分析 V

1. 机组概况

该机组为电动机驱动，4 号缸往复压缩机组，如图 6-152 所示。

2. 故障现象及原因分析

通过远程实时在线监测系统对该机组的历史运行状态图（图 6-153、图 6-154）、缸体振动波形历史比较图（图 6-155）和缸体振动监测图（图 6-156）进行分析，发现机组在 2010 年 10 月运行过程中，4 号缸缸体振动异常增大，10 月 11 日达到最大值 240.06m/s^2；同时，4 号缸外吸 2 测点温度异常升高，而其他吸气阀温度无异常变化；机组缸体异常增大，振动幅值

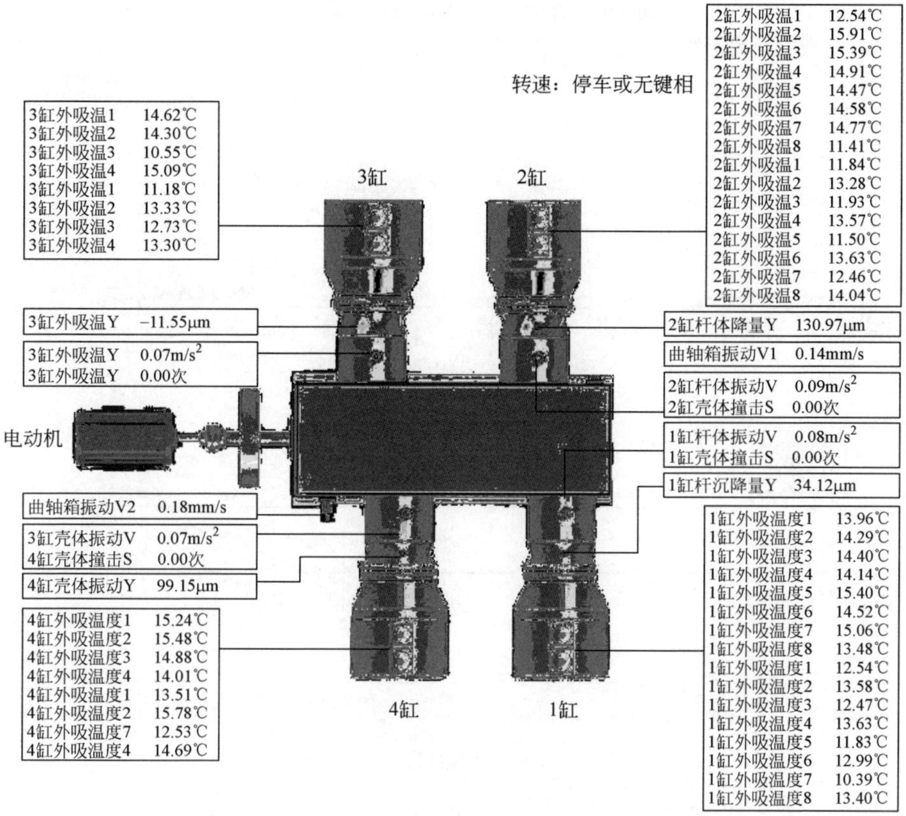

图 6-152　机组概貌图

严重偏高，在吸气阀开启位置存在严重冲击。因而得出判断：引起该机组运行异常的主要原因是 4 号缸吸气阀发生损坏，并存在泄漏故障。

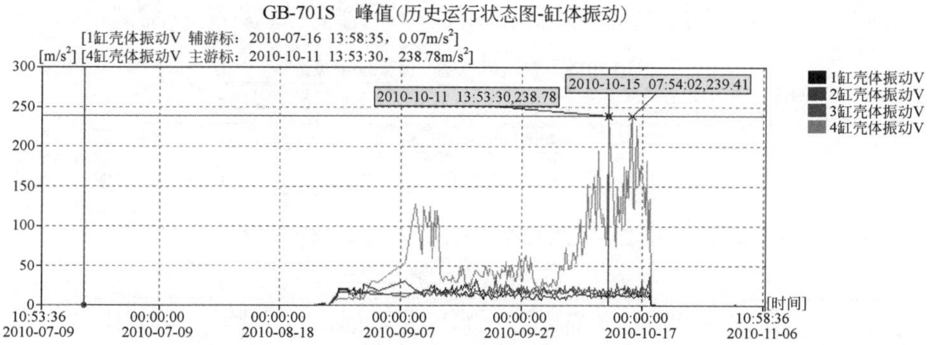

图 6-153

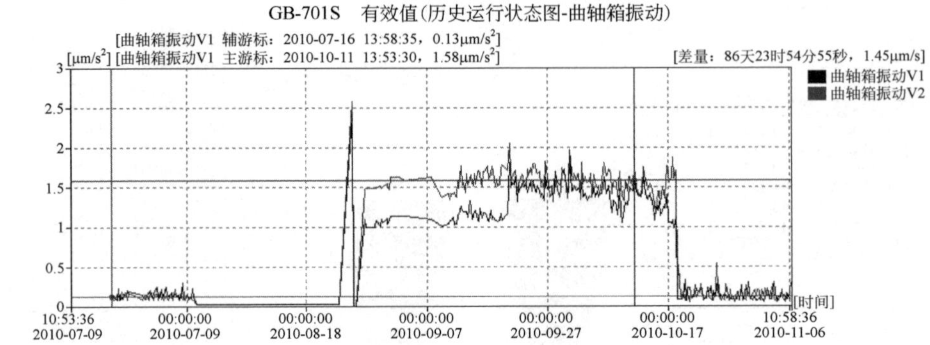

图 6-153 机组运行状态图

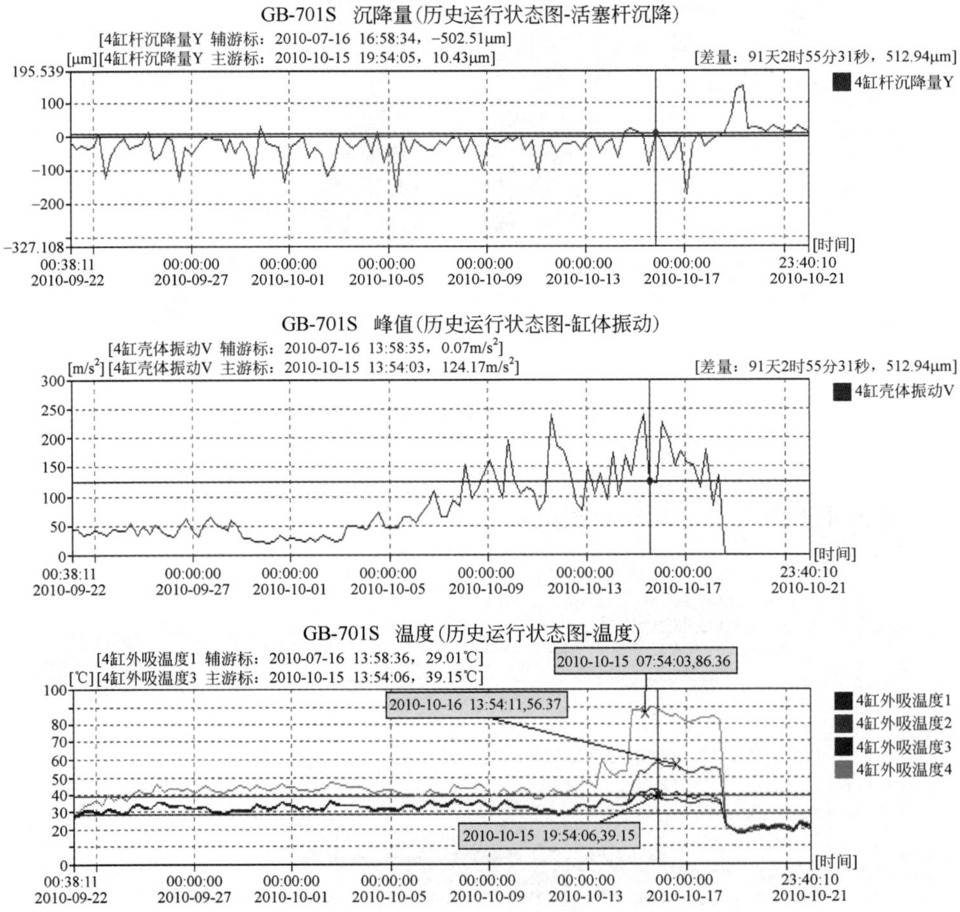

图 6-154 4 号缸历史运行状态图

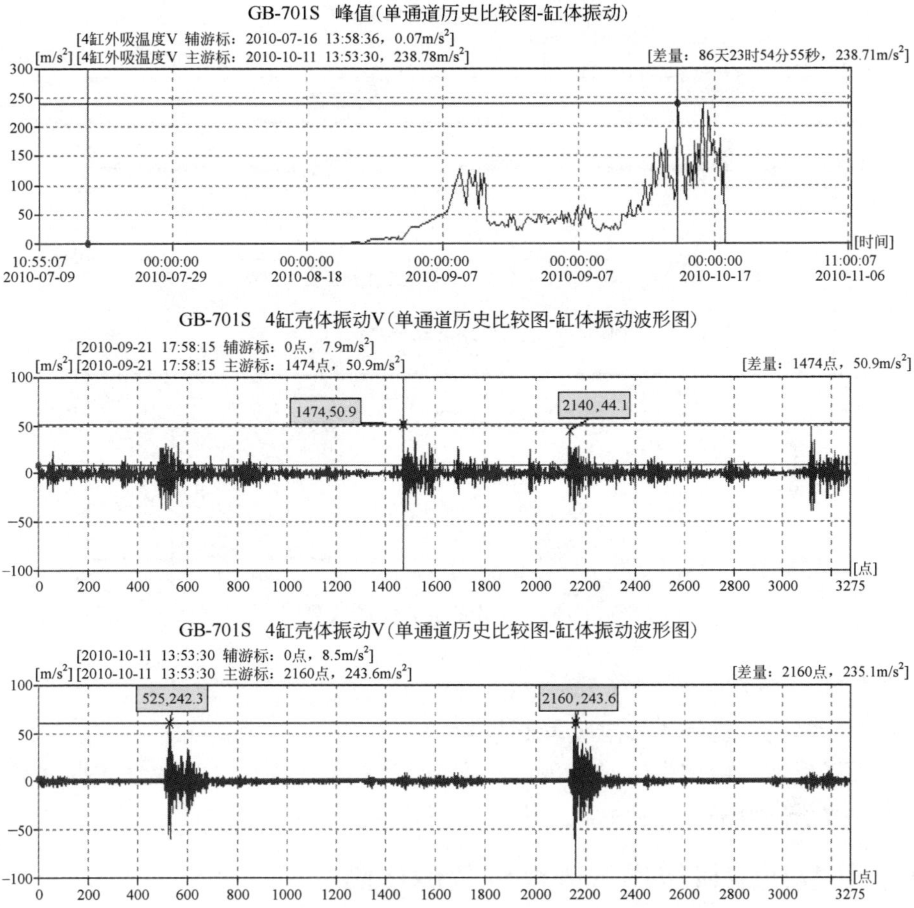

图 6-155　4 号缸缸体振动波形历史比较图

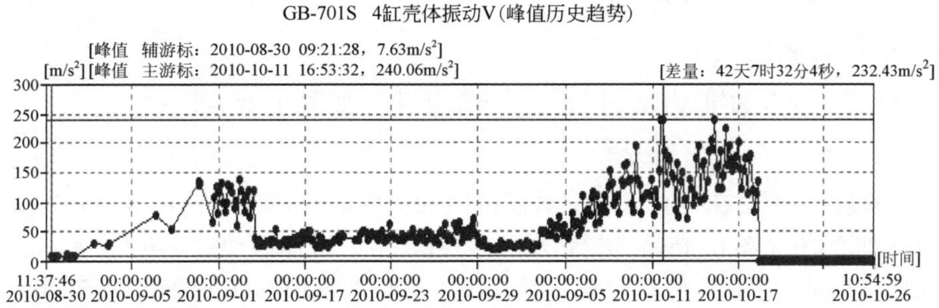

图 6-156

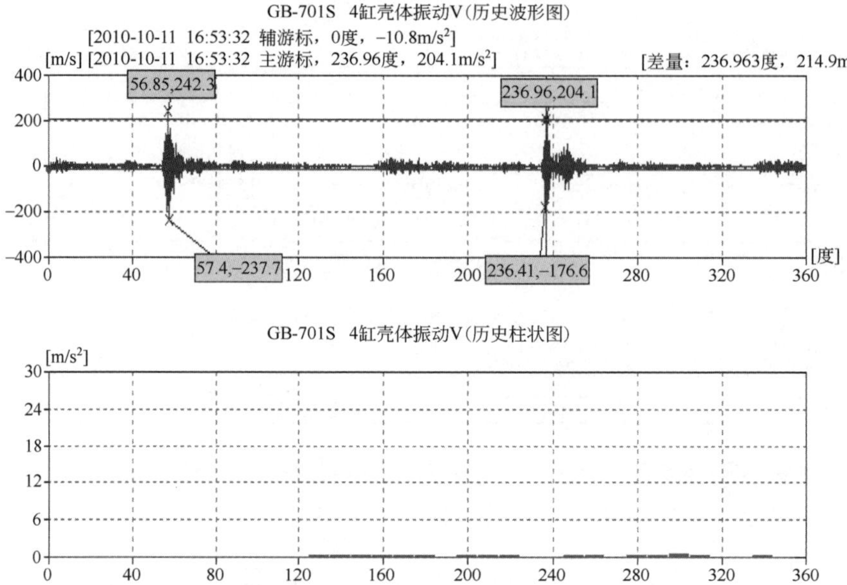

图 6-156　4 号缸缸体振动监测图

3. 诊断结论及现场反馈

诊断结论：机组 4 号缸吸气阀故障。

现场反馈：检修机组时发现，4 号缸吸气阀发生损坏，导致缸体振动异常增大，并引发泄漏，更换后机组开车运行正常。

五、往复压缩机组排气阀泄漏故障诊断分析

（一）故障诊断分析 I

1. 机组概况

该机组为电动机驱动，4 缸往复压缩机组，如图 6-157 所示。

2. 故障现象及原因分析

通过远程实时在线监测系统对该机组的历史运行状态图（图 6-158）和缸体振动监测图（图 6-159）进行分析，发现 3 号缸缸体振动由 44m/s^2 左右逐渐增加至 68m/s^2 左右，振动较大；且外排 1 测点温度由 50℃逐渐升高至 60℃左右；外排 2 测点温度由 60℃逐渐升高至 110℃左右，超过监测系统报警值。因而得出判断：引起该机组运行异常的主要原因是 3 号缸存在气阀泄漏故障。

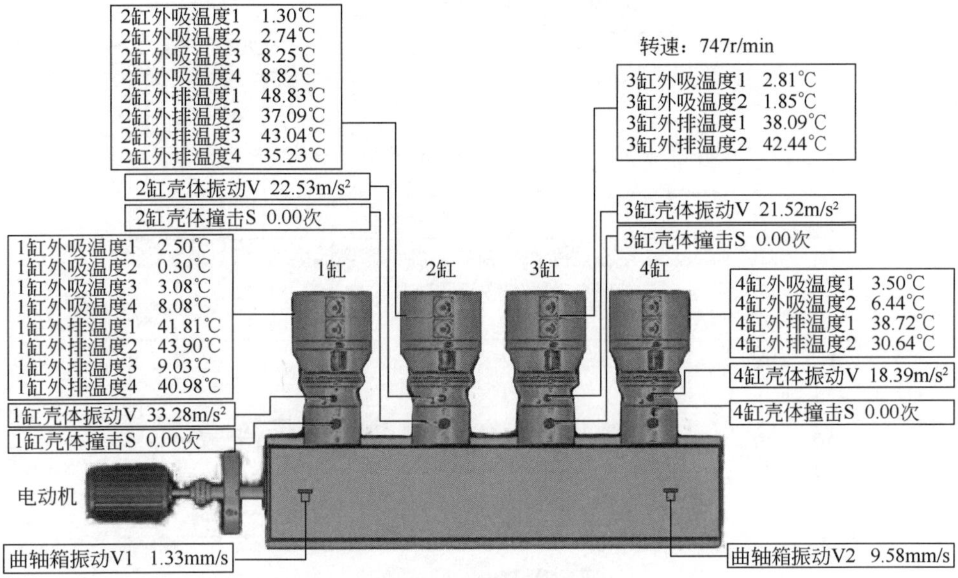

图 6-157 机组概貌图

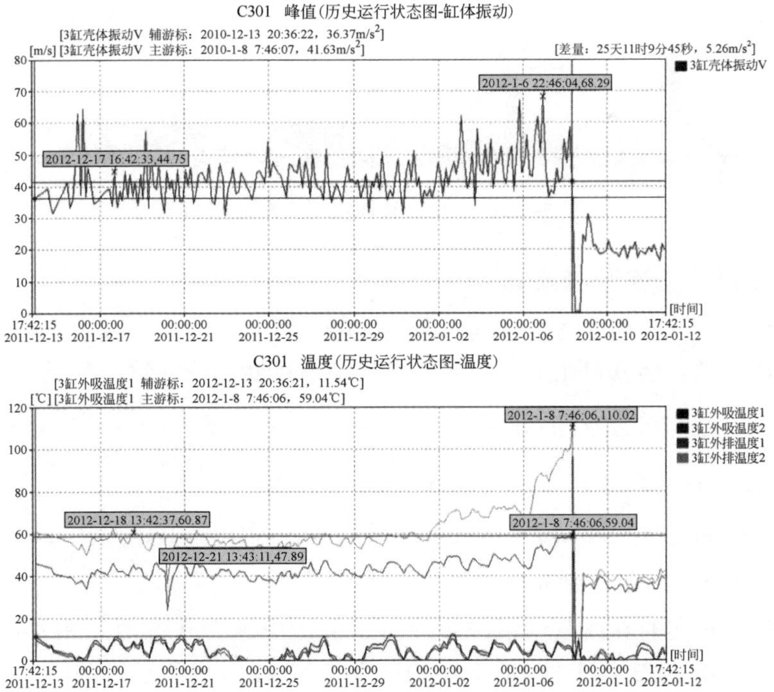

图 6-158 3 号缸历史运行状态图

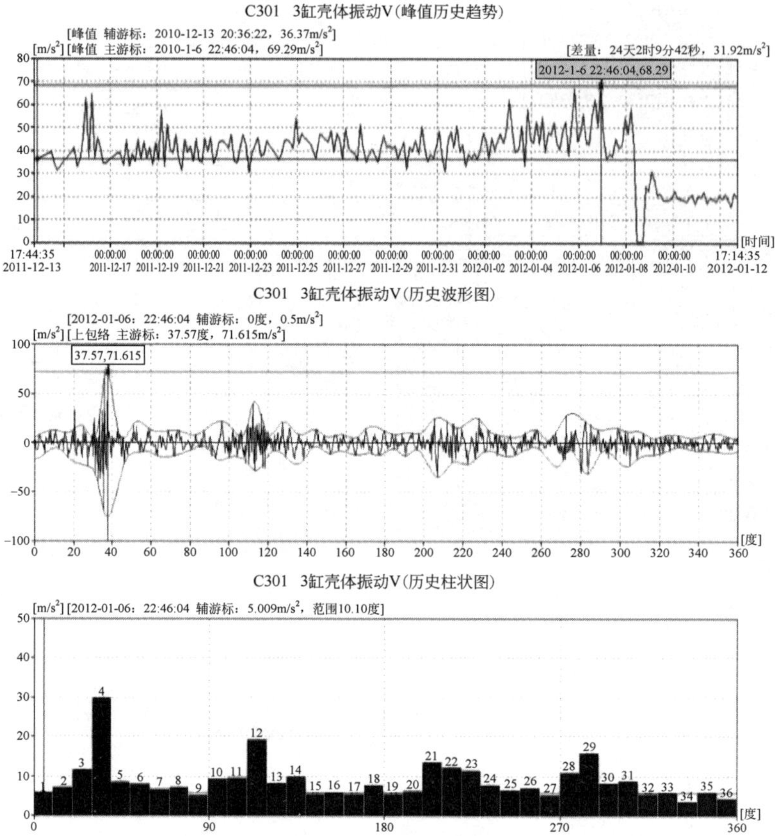

图 6-159 3 号缸缸体振动振动监测图

3. 诊断结论及现场反馈

诊断结论：机组 3 号缸排气阀泄漏故障。

现场反馈：检修机组时，现场人员反馈与诊断结论一致。

（二）故障诊断分析Ⅱ

1. 机组概况

该机组为电动机驱动，4 缸往复压缩机组，如图 6-160 所示。

2. 故障现象及原因分析

通过远程实时在线监测系统对该机组的历史运行状态图（图 6-161）进行分析，发现 2013 年 3 月 28 日至 2013 年 3 月 31 日机组运行期间，4 号缸外排 6 测点温度和 8 测点温度从 2013 年 3 月 28 日起逐渐升高，到 3 月 31 日，比其他排气阀测点温度高25℃左右，缸体振动趋势正常。因而得出判断：引起该机组运行异常的主要原因是4号排气阀泄漏故障。

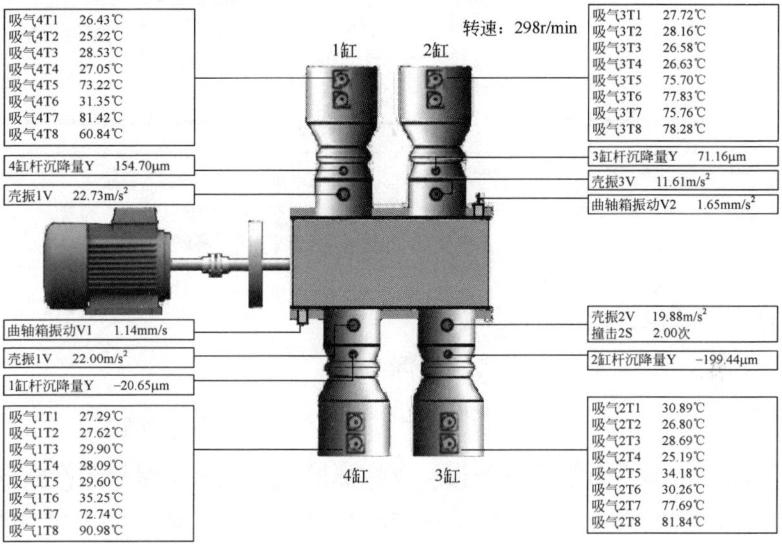

图 6-160 机组概貌图

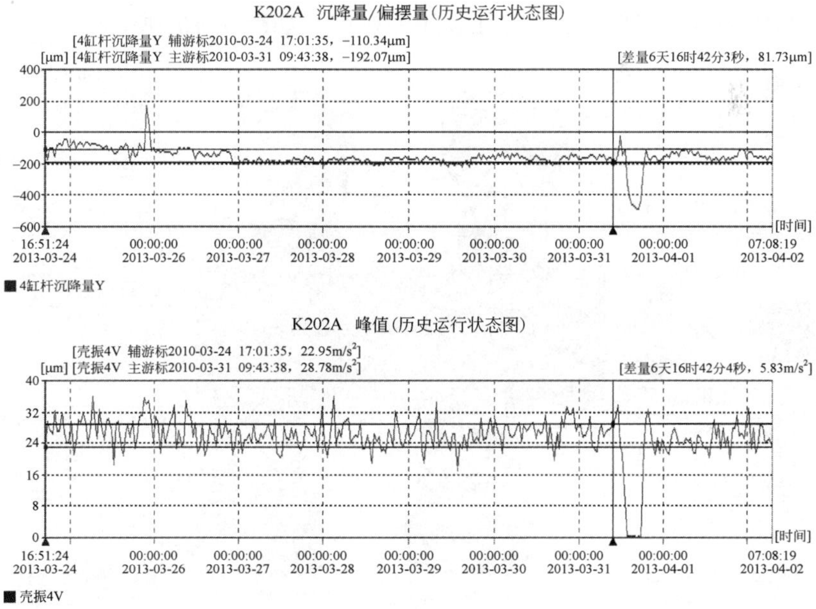

图 6-161

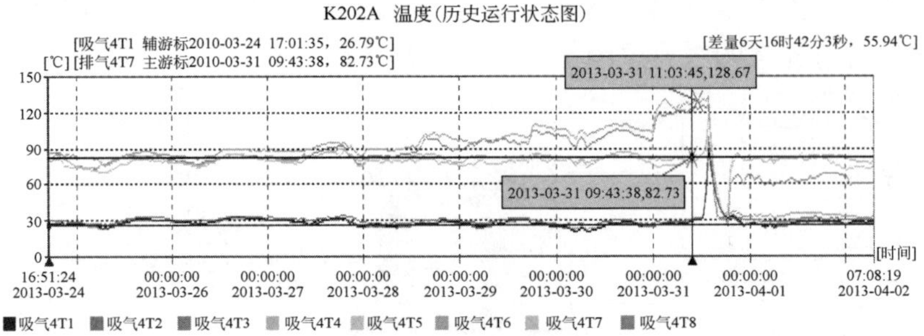

图 6-161 机组 4 号缸历史运行状态图

3. 诊断结论及现场反馈

诊断结论：机组 4 号缸排气阀泄漏故障。

现场反馈：检修机组时，现场人员反馈与诊断结论一致。

六、氢气往复压缩机组活塞环磨损、支撑环磨损、气阀泄漏故障诊断分析

（一）机组概况

该机组为电动机驱动，4 缸往复压缩机组，如图 6-162 所示。

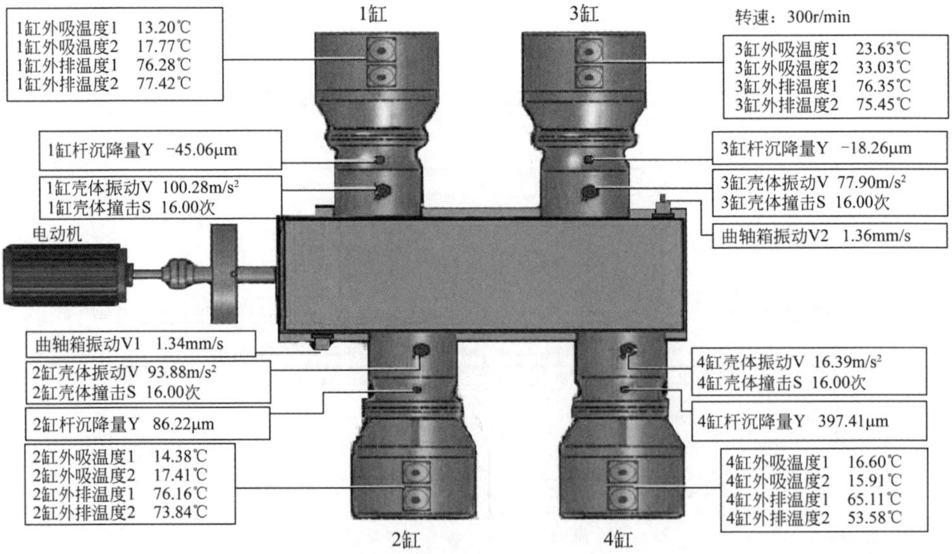

图 6-162 机组概貌图

（二）故障现象及原因分析

通过远程实时在线监测系统对该机组的历史运行状态图（图 6-163、图 6-164）进行分析，发现 2012 年 1 月 9 日至 2 月 8 日开车期间，机组 3 号缸活塞杆沉降趋势从 2 月 6 日开始出现异常增大，沉降波形在直流和交流方向均有变化；3 号缸外吸 2 测点温度在 2 月 8 日有显著升高；同时，机组 3 号缸缸体振动波形图显示，缸体振动有显著增长，超过监测系统报警值。因而得出判断：引起该机组运行异常的主要原因是机组 3 号缸活塞组件和填料组件磨损，气阀泄漏故障。

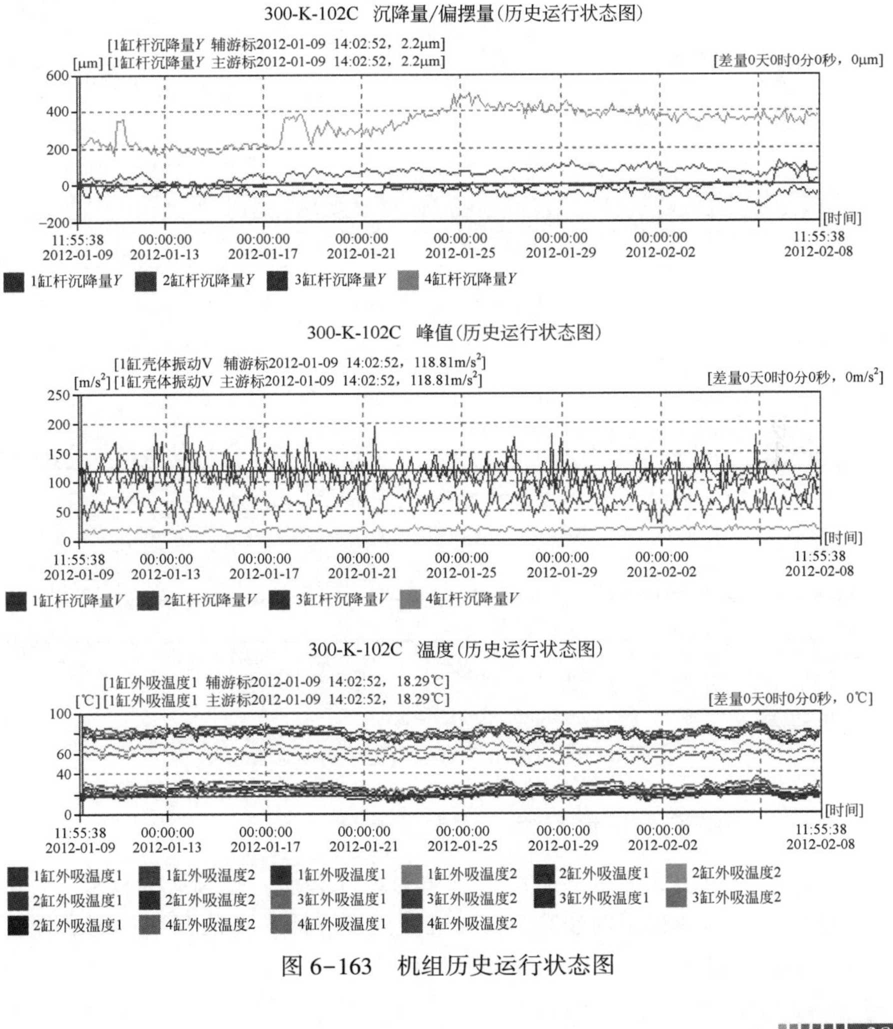

图 6-163 机组历史运行状态图

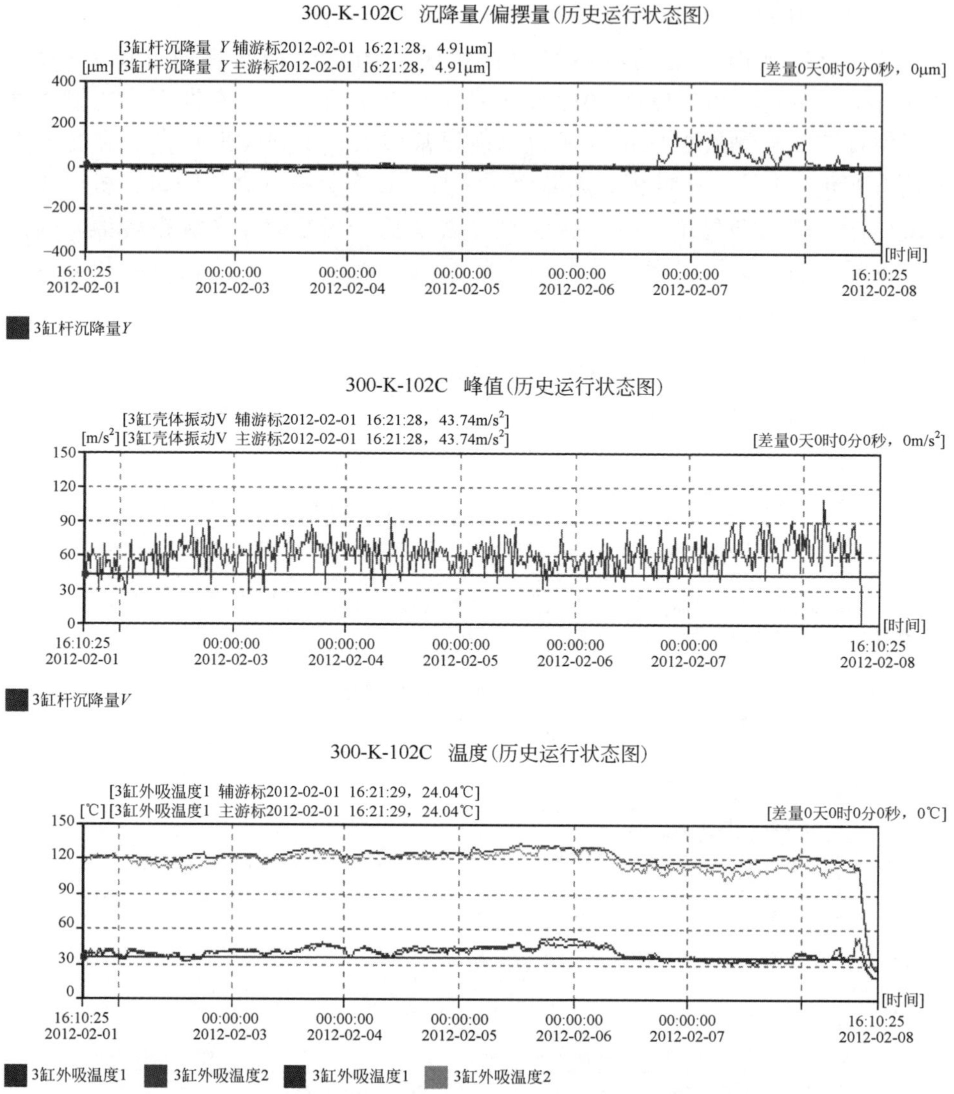

图 6-164　机组 3 号缸历史运行状态图

（三）诊断结论及现场反馈

诊断结论：机组 3 号缸活塞组件和填料组件磨损，气阀泄漏故障。

现场反馈：检修机组时发现，3 号缸支撑环、活塞环已存在一定磨损，吸气阀存在明显泄漏。

七、往复压缩机组吸气阀与排气阀泄漏故障诊断分析

（一）机组概况

该机组为电动机驱动，2 缸往复压缩机组，如图 6-165 所示。

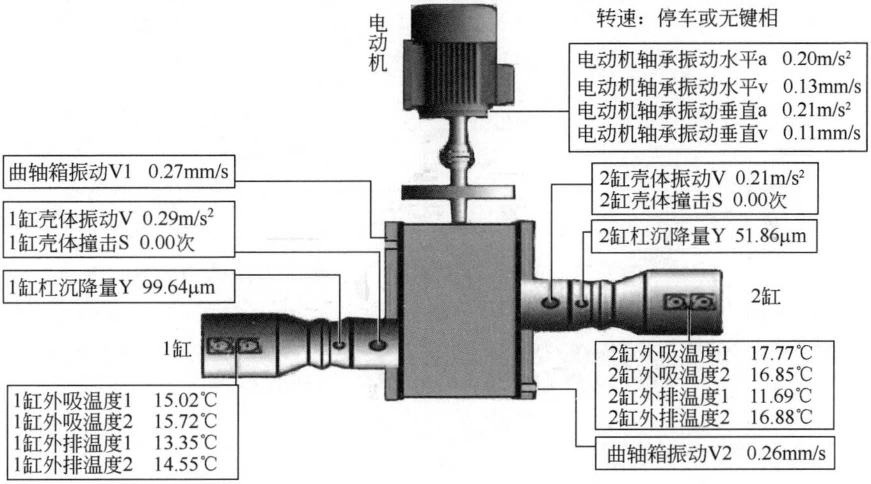

图 6-165 机组概貌图

（二）故障现象及原因分析

通过远程实时在线监测系统对该机组的历史运行状态图（图 6-166）进行分析，发现 1 号缸活塞杆沉降量 *Y* 及壳体振动波动明显；1 号缸外吸 1 测点及外排 1 测点温度均出现上升趋势。因而得出判断：引起该机组运行异常的主要原因是 1 号缸吸气阀与排气阀存在泄漏故障。

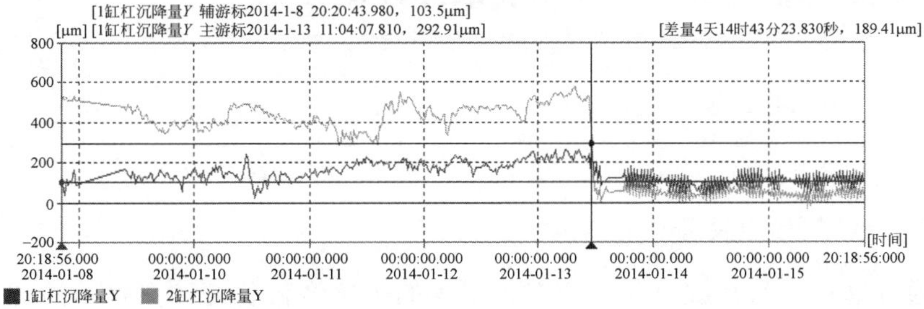

图 6-166

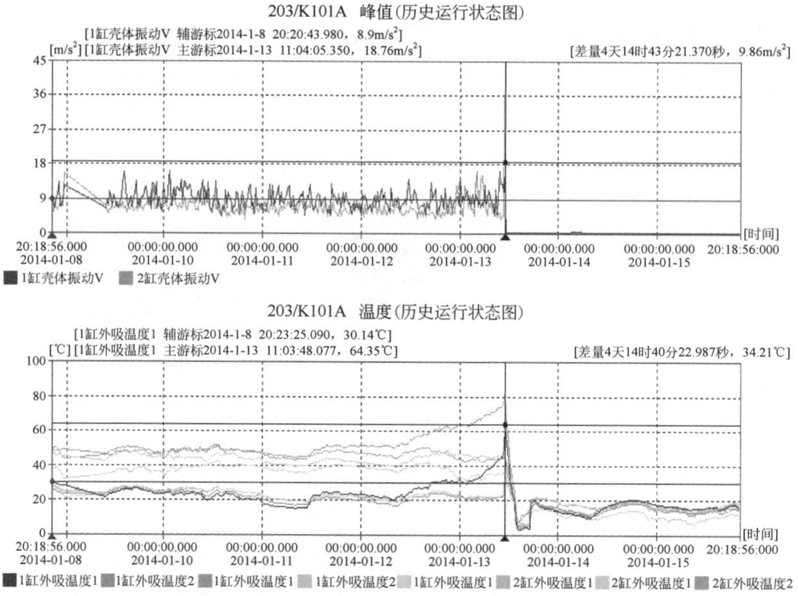

图 6-166　机组历史运行状态图

（三）诊断结论及现场反馈

诊断结论：机组 1 号缸吸气阀与排气阀存在泄漏故障。

现场反馈：检修机组时，现场人员反馈与诊断结论一致。

第三节　部件断裂故障案例分析

一、往复压缩机组活塞杆断裂故障诊断分析

（一）机组概况

该机组为电动机驱动，2 缸往复压缩机组，如图 6-167 所示。

（二）故障现象及原因分析

通过远程实时在线监测系统对该机组的历史运行状态图（图 6-168）、振动监测图（图 6-169、图 6-170）、曲轴箱振动监测图（图 6-171、图 6-172）

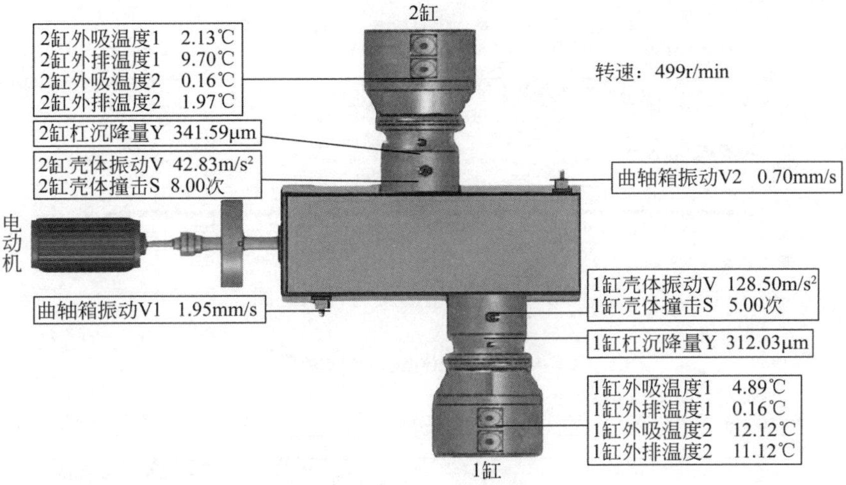

图 6-167　机组概貌图

和活塞杆沉降监测图（图 6-173）进行分析，发现 2013 年 12 月 27 日 5：40，机组振动值存在异常突变，气缸存在冲击类故障，机组随后跳车。停车前 13min，1 号缸缸体振动达到 220m/s^2，在外止点相位（360°）附近出现较大畸变；2 号缸缸体振动同步出现变化，其值达到 201m/s^2，略低于 1 号缸，同时在外止点相位附近出现较大冲击，均超过监测系统危险值。因而得出判断：引起该机组运行异常的主要原因是机组活塞杆断裂。

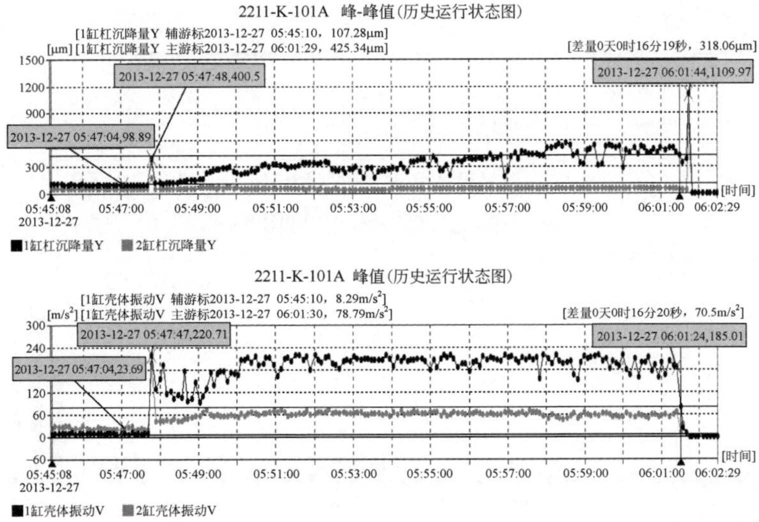

图 6-168

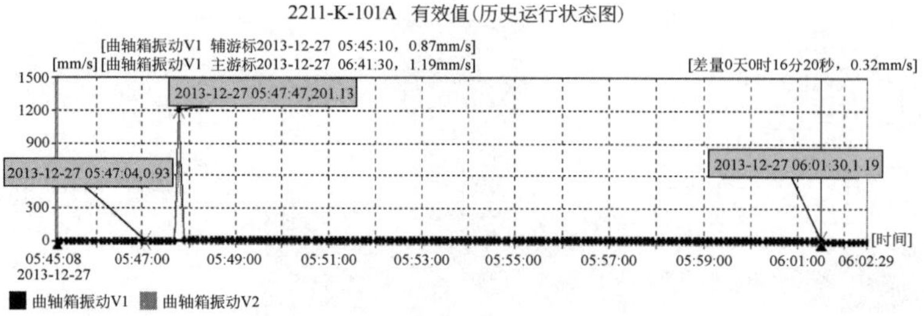

图 6-168 机组历史运行状态图

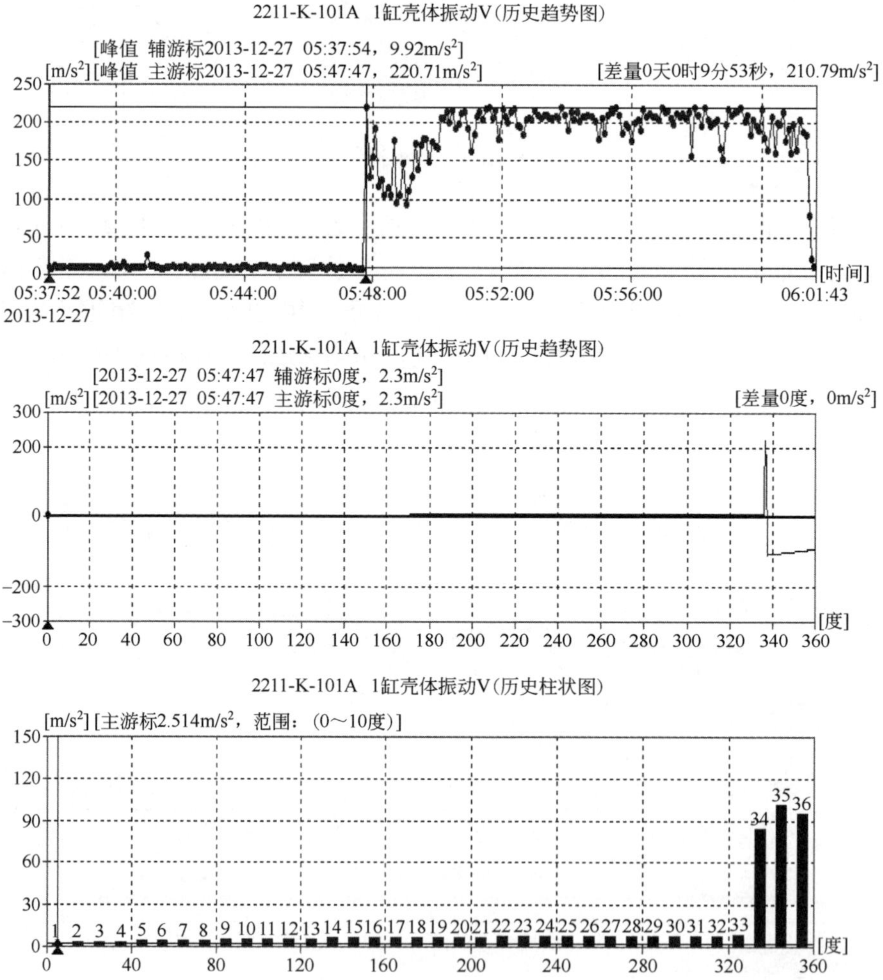

图 6-169 1 号缸振动监测图

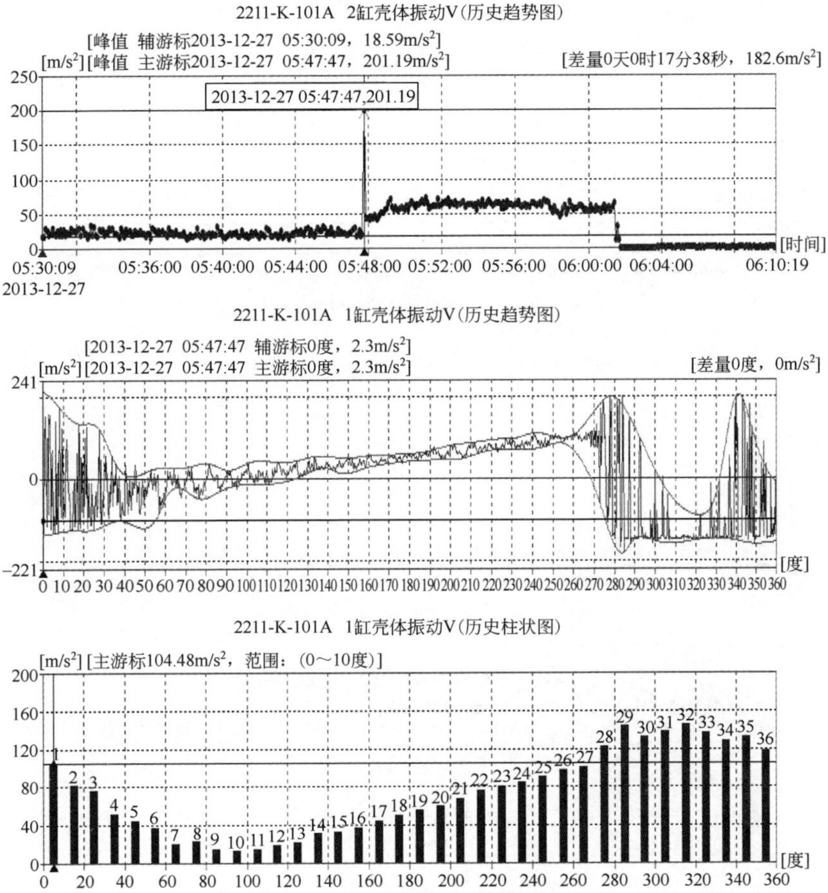

图 6-170　2 号缸振动监测图

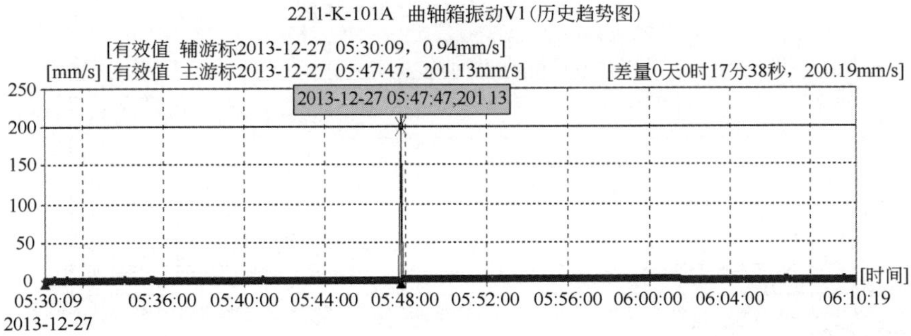

图 6-171

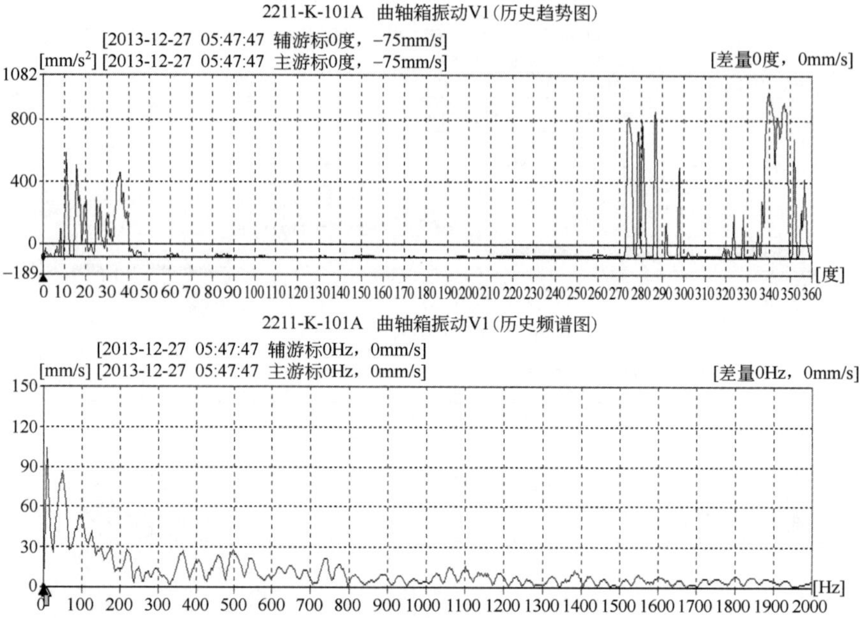

图 6-171 曲轴箱振动 V1 监测图

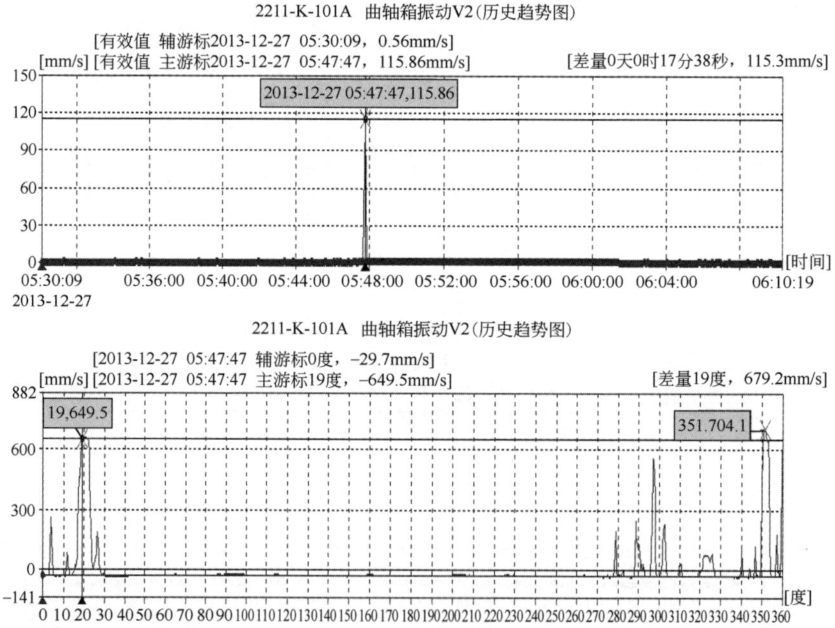

图 6-172

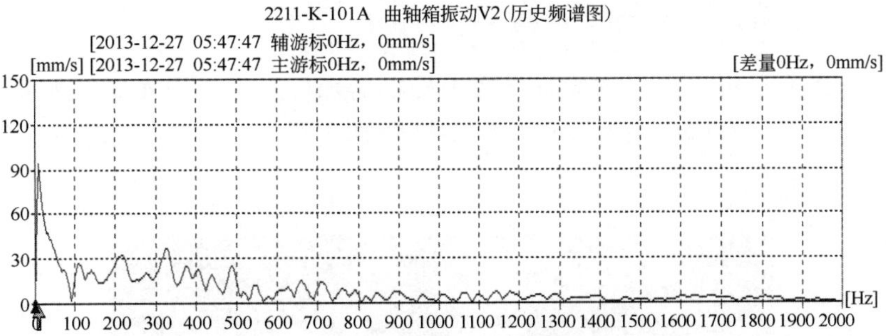

图 6-172 曲轴箱振动 V2 监测图

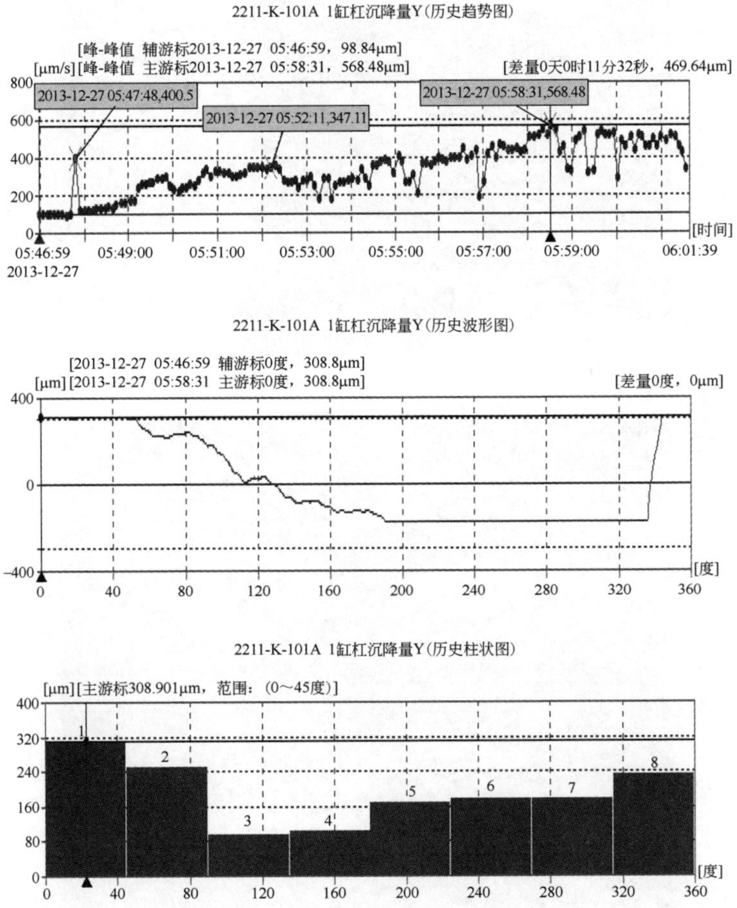

图 6-173 1 号缸活塞杆沉降监测图

（三）诊断结论及现场反馈

诊断结论：机组 1 号缸撞缸导致 1 号缸活塞杆断裂，引发氢气外泄。

现场反馈：检修机组时发现，活塞杆断裂（图 6-174），气缸缸头被撞坏（图 6-175）。

图 6-174　断裂的活塞杆

图 6-175　气缸照片

二、往复压缩机组支承环断裂故障诊断分析

（一）机组概况

该机组为电动机驱动，2缸往复压缩机组，如图6-176所示。

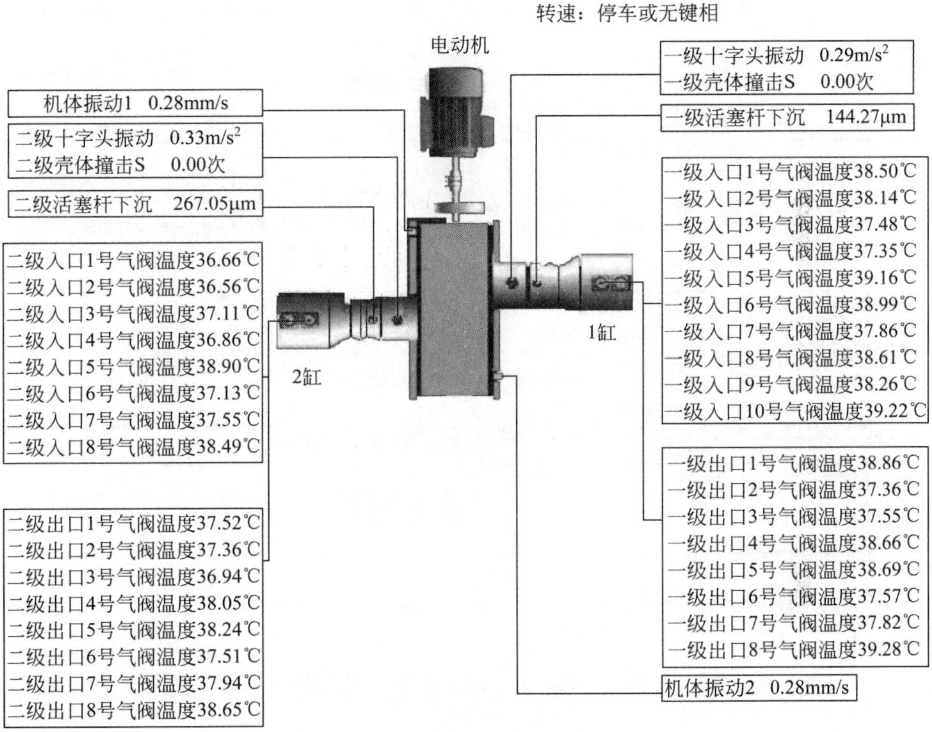

图6-176 机组概貌图

（二）故障现象及原因分析

通过远程实时在线监测系统对该机组的历史运行状态图（图6-177）、沉降量历史比较图（图6-178）及曲轴箱振动历史比较图（图6-179）进行分析，发现从2013年11月29日10：40至10：45，1号缸活塞杆沉降趋势快速增大了200μm左右；沉降波形趋势变化显著；同时，曲轴箱振动趋势也逐步增大。因而得出判断：引起该机组运行异常的主要原因是1号缸活塞支撑环断裂故障。

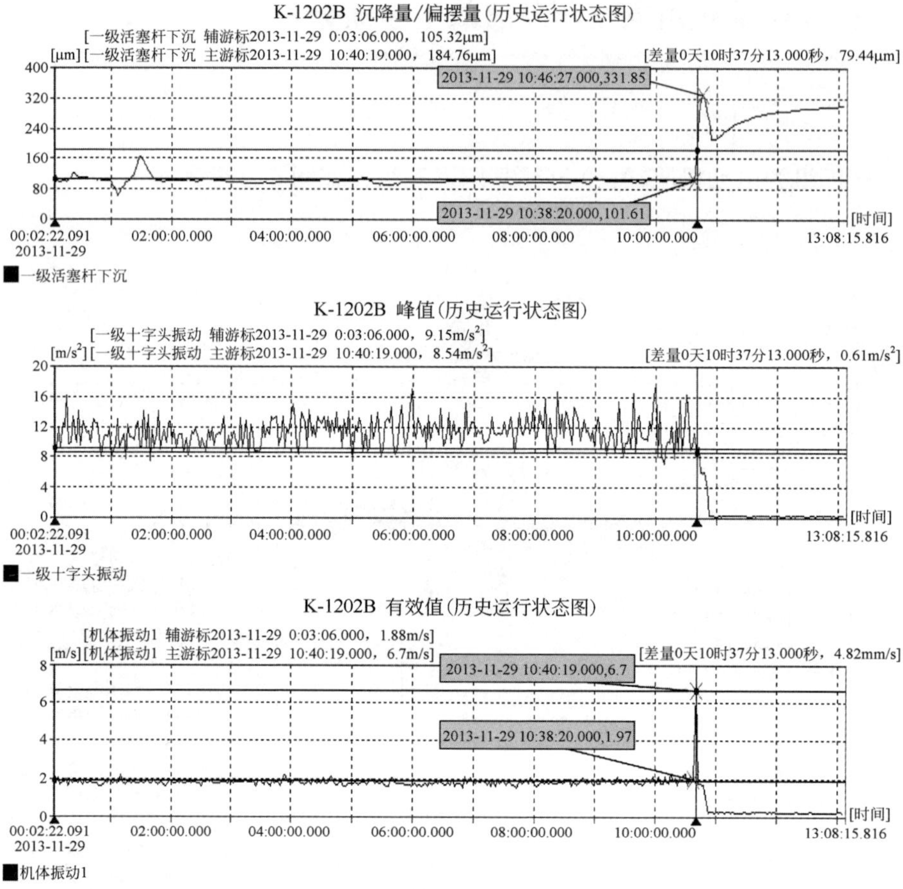

图 6-177 1号缸历史运行状态图

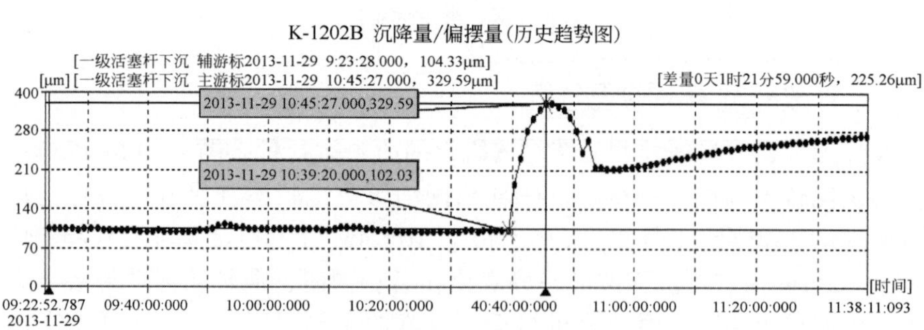

图 6-178

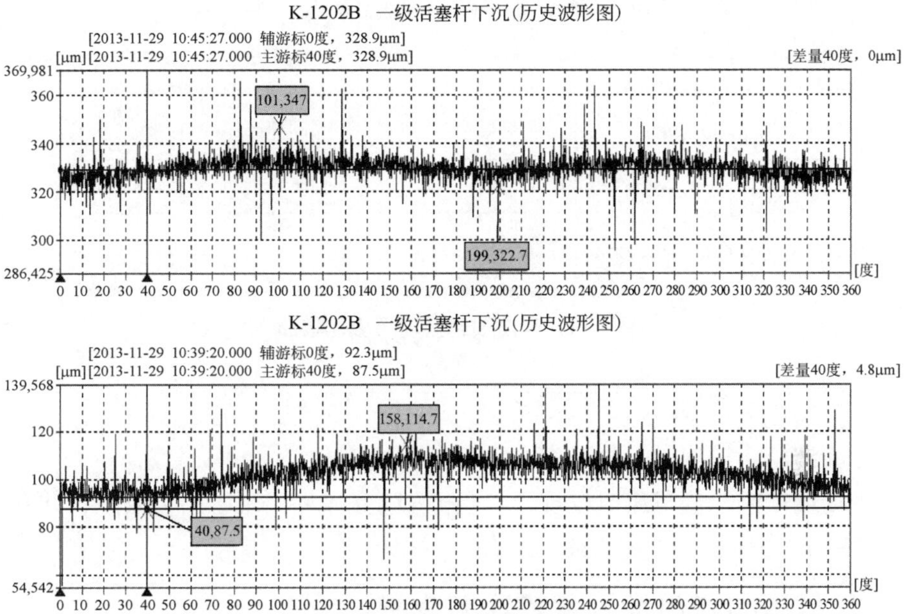

图 6-178 1 号缸沉降量历史比较图

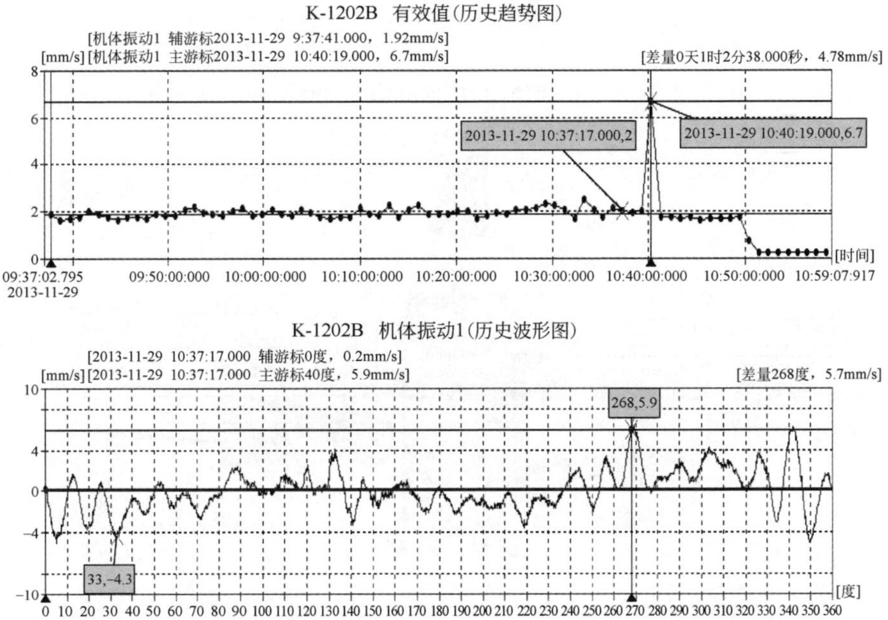

图 6-179

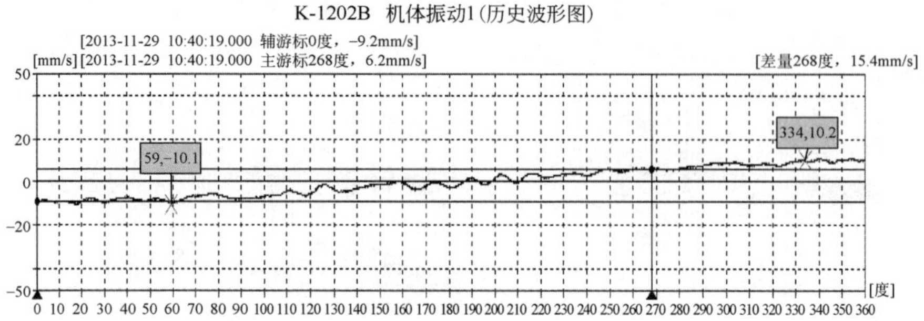

图 6-179 曲轴箱振动历史比较图

（三）诊断结论及现场反馈

诊断结论：机组 1 号缸活塞支撑环断裂故障。

现场反馈：检修机组时发现，1 号缸内侧支撑环出现了断裂故障，并存在 1mm 左右的磨损量，外侧支撑环不存在磨损情况。

三、往复压缩机组撞缸故障诊断分析

（一）机组概况

该机组为电动机驱动，2 缸往复压缩机组，如图 6-180 所示。

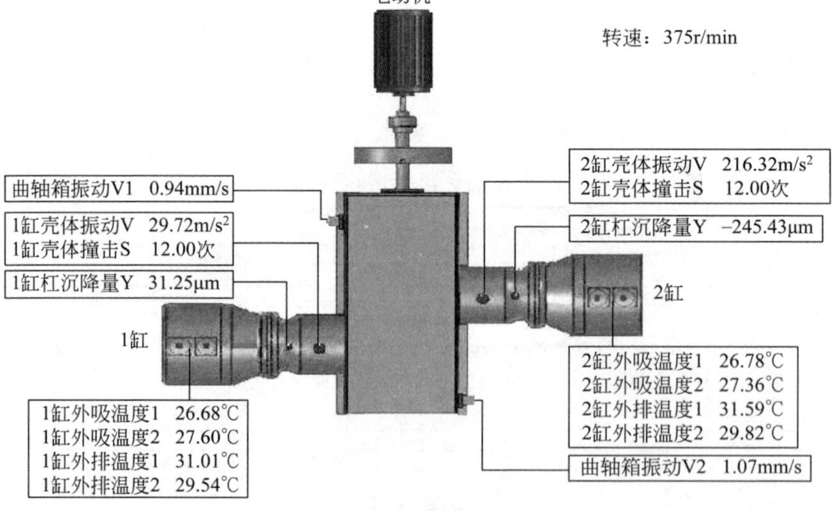

图 6-180 机组概貌图

（二）故障现象及原因分析

通过远程实时在线监测系统对该机组的历史运行状态图（图 6-181、图 6-182）、缸体振动历史比较图（图 6-183、图 6-184）及曲轴箱振动监测图（图 6-185）进行分析，发现 2013 年 8 月 10 日 12：23 起，该机组 2 号缸出现严重异常运行状态，缸体振动、活塞杆位移以及曲轴箱振动信号快速增大，机组随后跳车；2013 年 8 月 10 日 12：40，1 号缸活塞杆沉降波形存在异常变化；2013 年 8 月 10 日 12：44 起，1 号缸缸体振动加速度峰值显著增大。因而得出判断：引起该机组运行异常的主要原因是出现严重的撞缸故障。

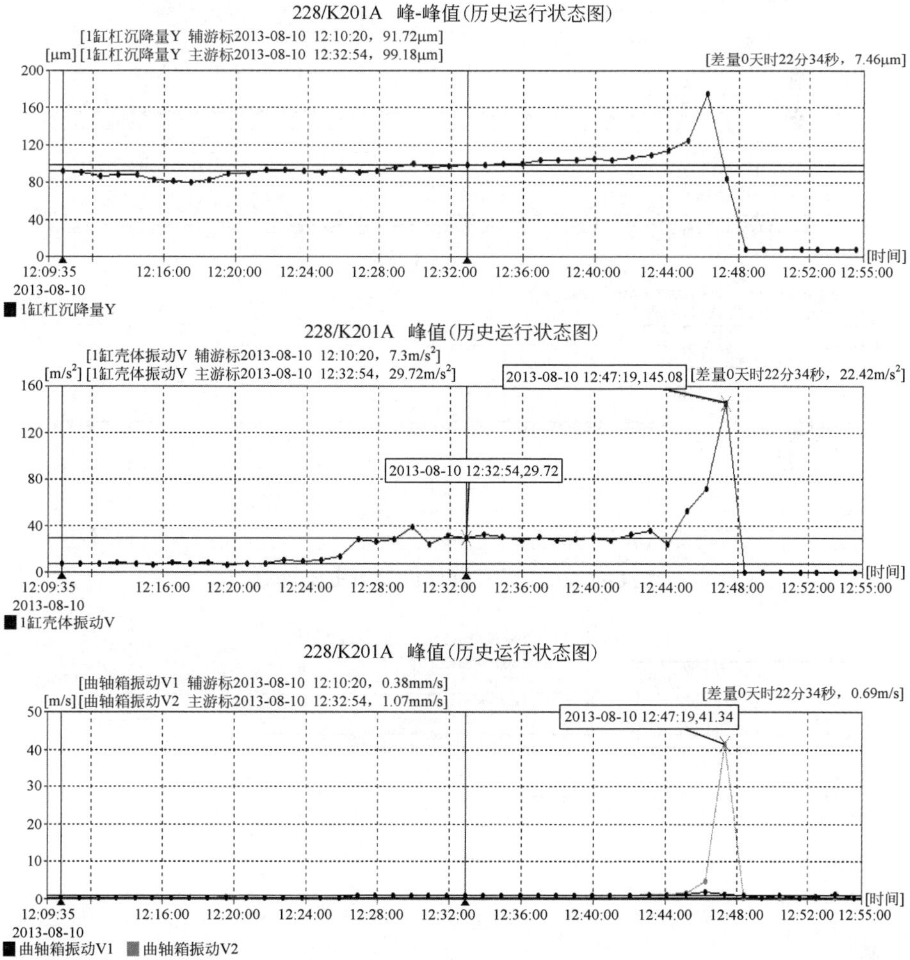

图 6-181　1 号缸历史运行状态图

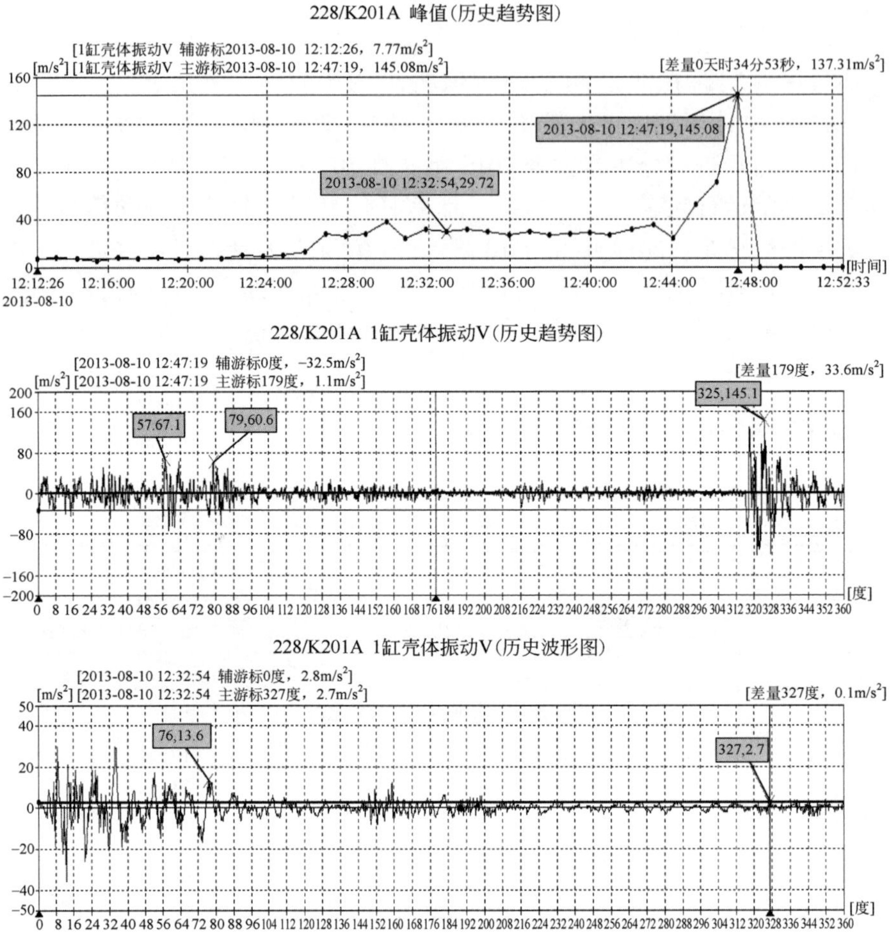

图 6-182 1号缸缸体振动历史比较图

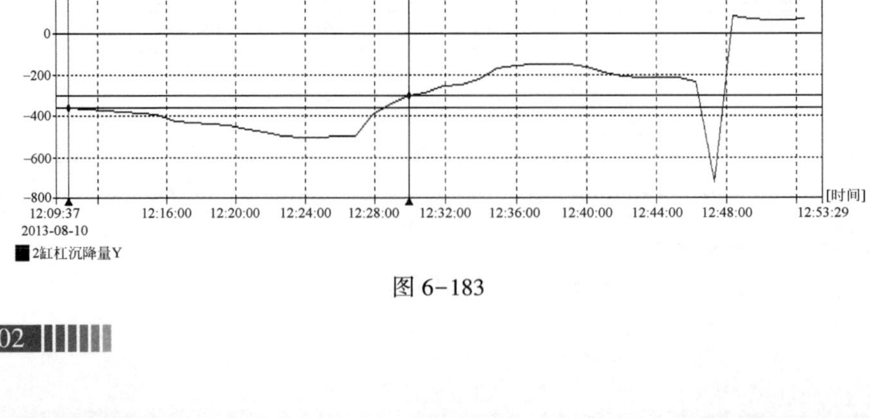

图 6-183

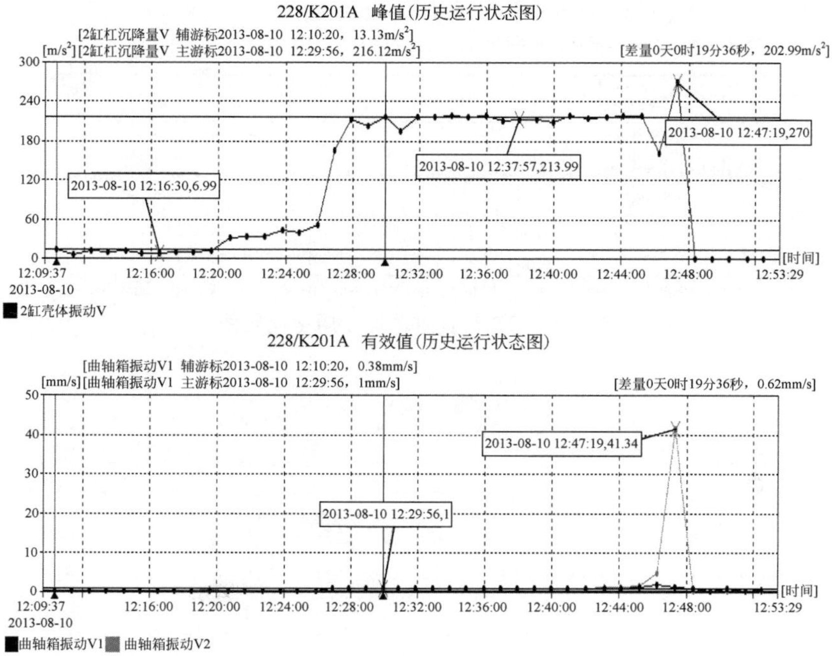

图 6-183　2 号缸历史运行状态图

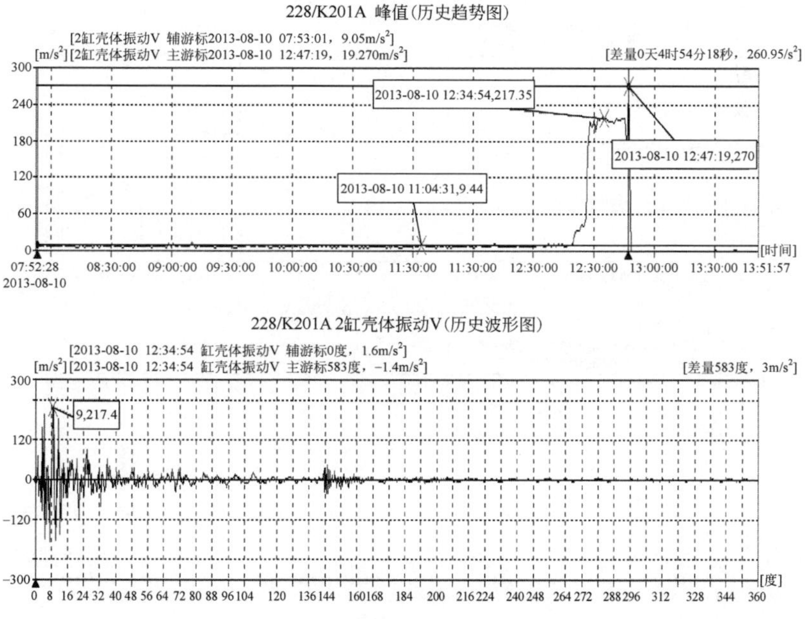

图 6-184

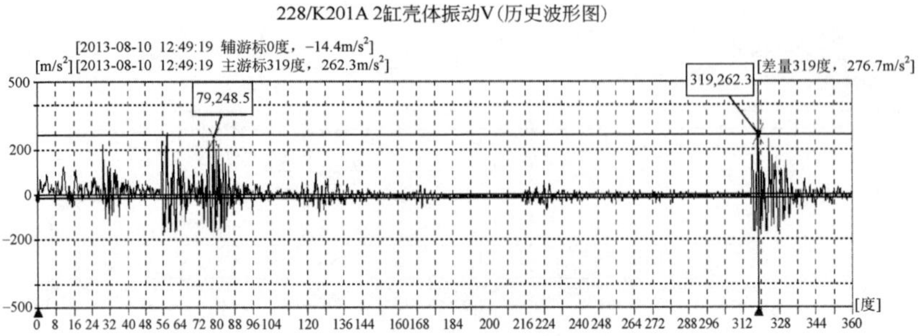

图 6-184　2 号缸缸体振动历史比较图

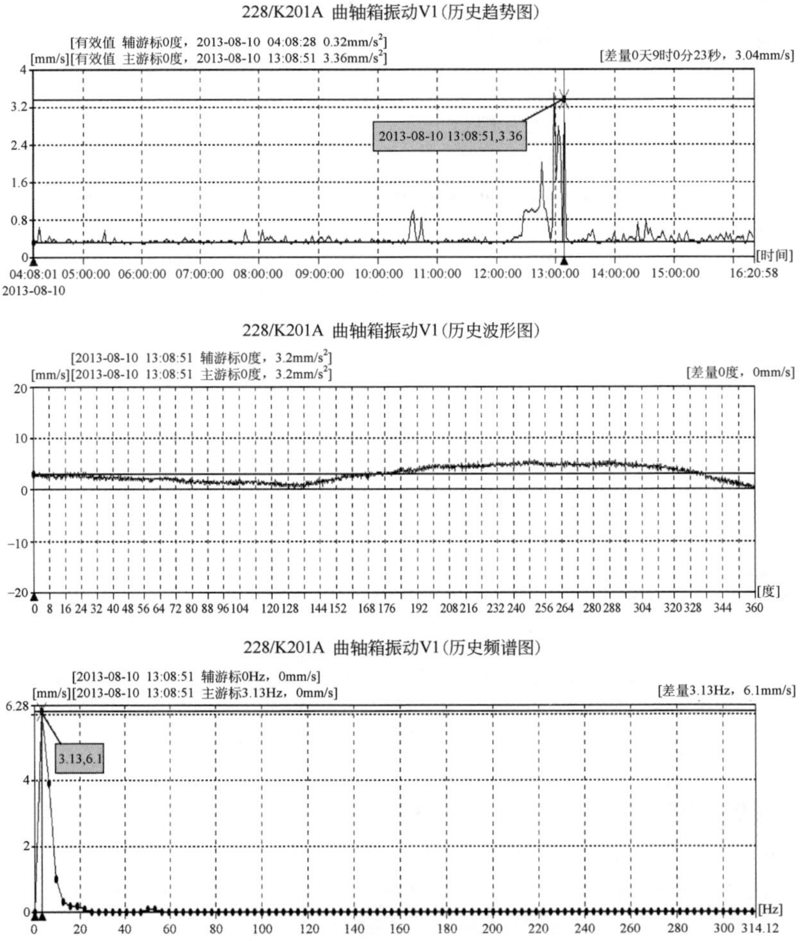

图 6-185　曲轴箱振动 V1 振动监测图

（三）诊断结论及现场反馈

诊断结论：机组出现严重的撞缸故障。

现场反馈：检修机组时发现，2 号缸连杆大头瓦紧固螺栓断裂；同时，2 号缸连杆由于撞击导致连杆严重变形（图 6–186）。

图 6–186　检修照片

四、往复压缩机组阀片断裂故障诊断分析

（一）机组概况

该机组为电动机驱动，2 缸往复压缩机组，如图 6–187 所示。

（二）故障现象及原因分析

通过远程实时在线监测系统对该机组的历史运行状态图（图 6–188）进行分析，发现机组在 2013 年 9 月 25 日至 2013 年 9 月 28 日运行期间，1 号缸缸体振动及曲轴箱振动趋势异常增大；随后 1 号缸外吸温度 2 测点温度及外排温度 2 测点温度趋势异常升高，超过系统报警值。因而得出判断：引起该机组运行异常的主要原因是 1 号缸吸气阀断裂故障。

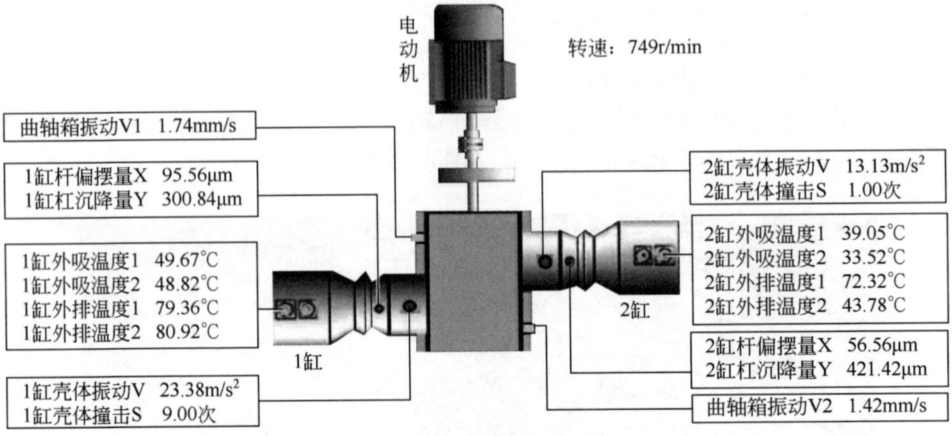

图 6-187　机组概貌图

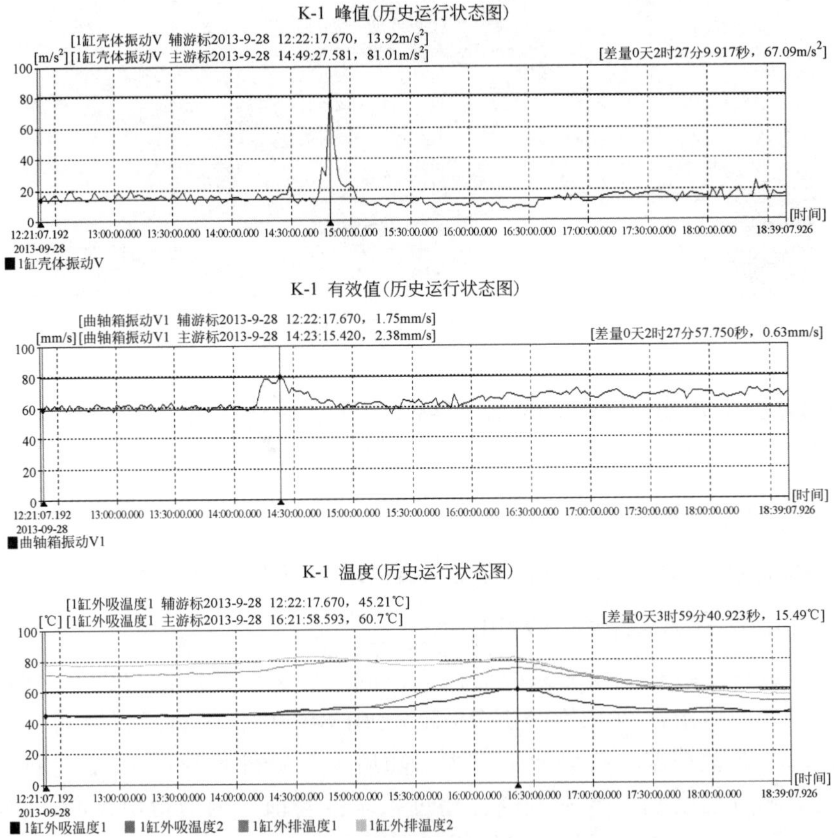

图 6-188　1 号缸历史运行状态图

（三）诊断结论及现场反馈

诊断结论：机组 1 号缸吸气阀断裂故障。

现场反馈：检修机组时发现，1 号缸吸气阀阀片断裂。

五、氢气往复压缩机组活塞存在裂纹故障诊断分析

（一）机组概况

该机组为电动机驱动，4 缸往复压缩机组，如图 6-189 所示。

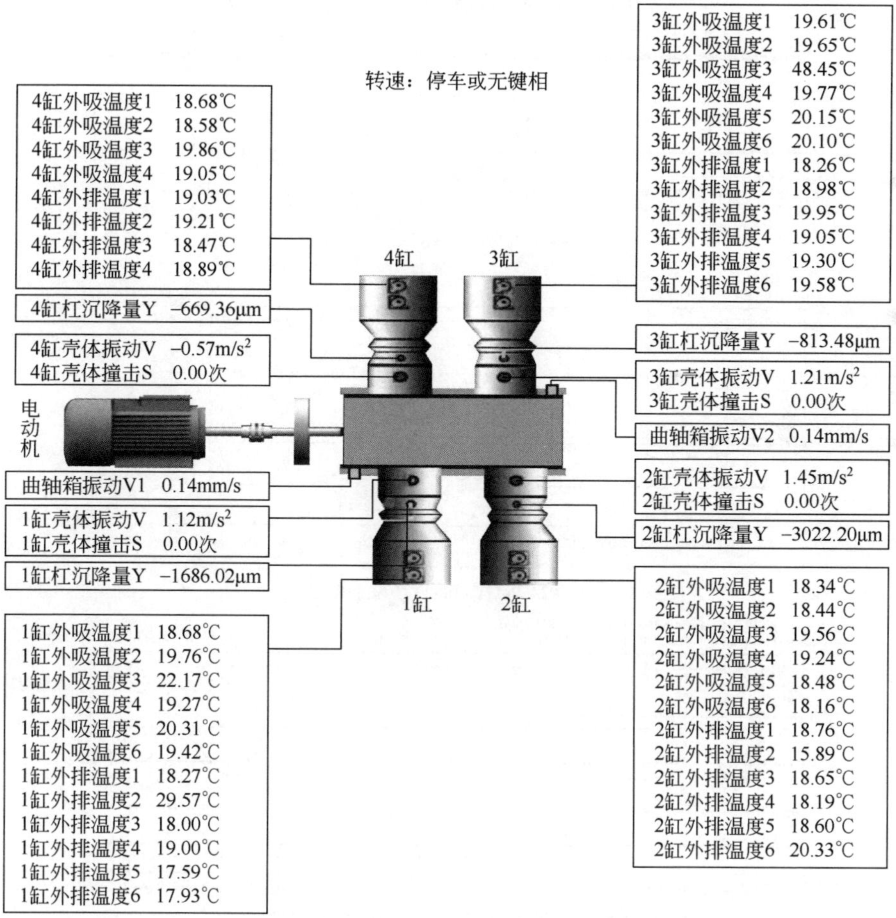

图 6-189　机组概貌图

（二）故障现象及原因分析

通过远程实时在线监测系统对该机组的活塞杆沉降量历史趋势图（图 6-190）及壳体振动历史趋势及波形图（图 6-191）进行分析，发现 2 号缸活塞杆沉降量、曲轴箱振动及壳体振动均出现显著跳变；振动波形存在明显冲击。因而得出判断：引起该机组运行异常的主要原因是 2 号缸活塞存在裂纹故障。

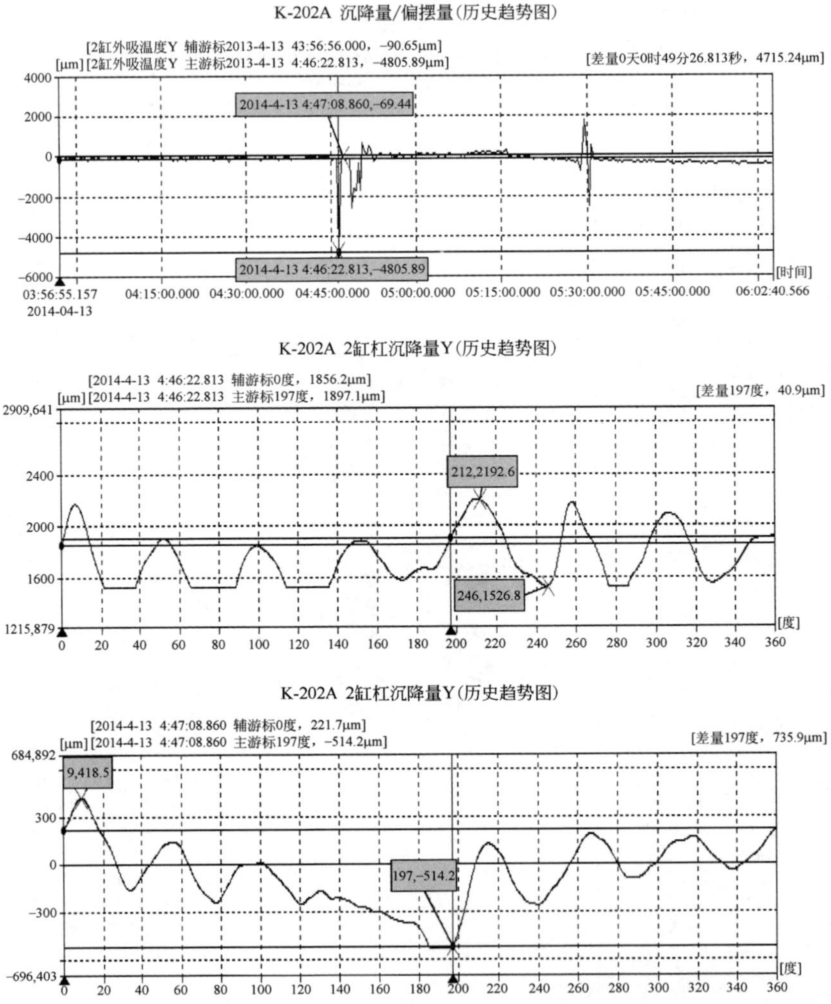

图 6-190　2 号缸活塞杆沉降量 Y 历史趋势图

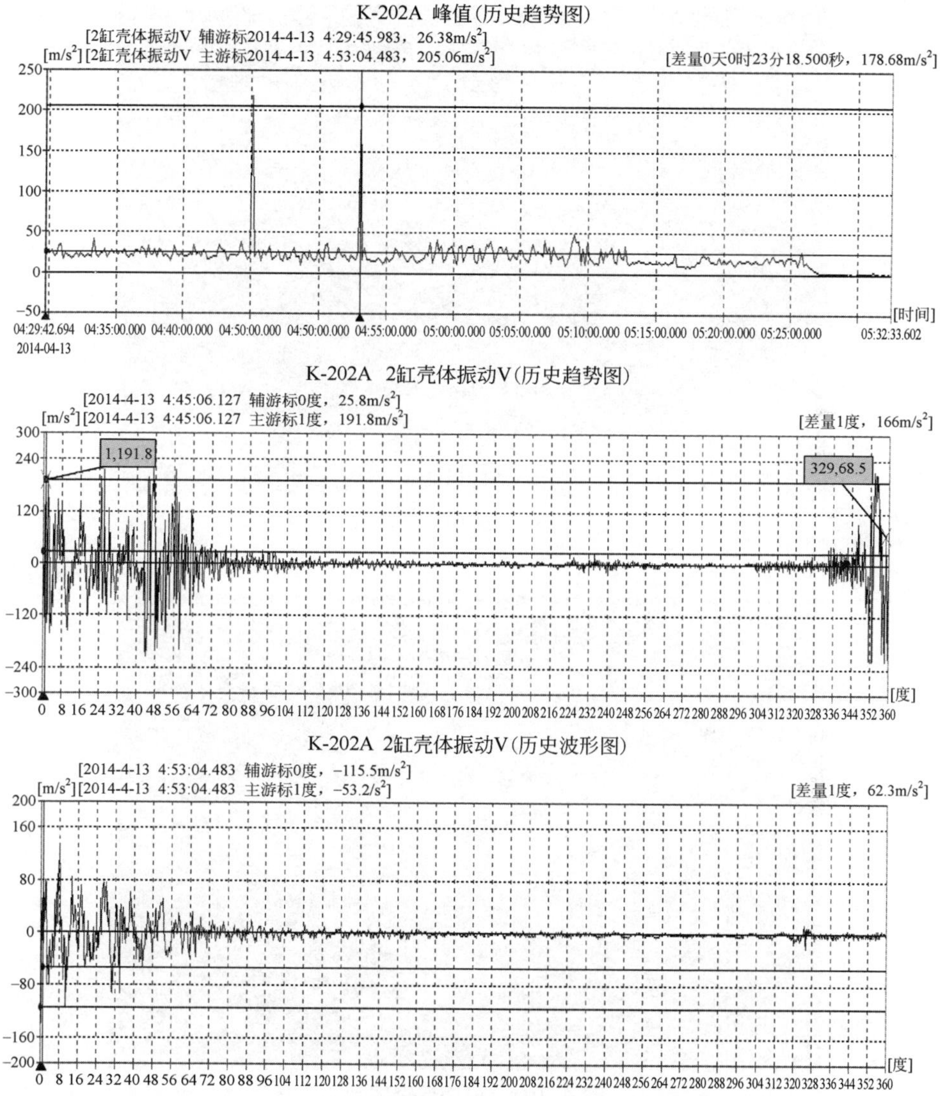

图 6-191 2 号缸壳体振动 V 历史趋势及波形图

（三）诊断结论及现场反馈

诊断结论：机组 2 号缸活塞存在裂纹故障。

现场反馈：检修机组时，现场人员反馈与诊断结论一致（图 6-192、图 6-193）。

图 6-192　现场反馈图片 1

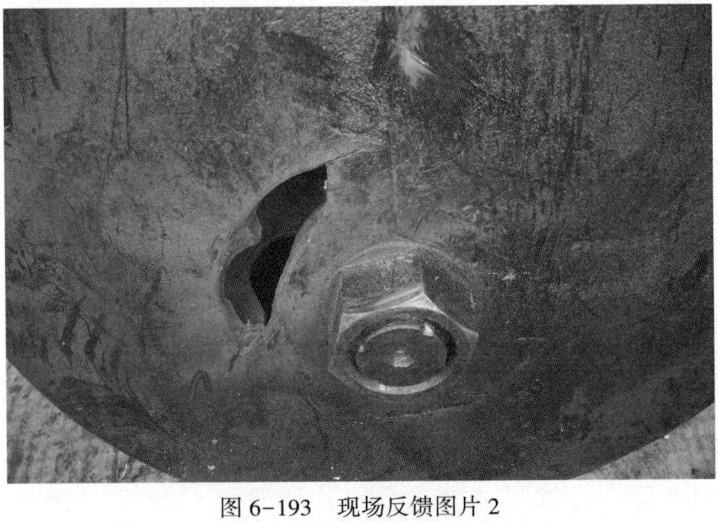

图 6-193　现场反馈图片 2

六、氢气往复压缩机组支承环断裂故障诊断分析

（一）机组概况

该机组为电动机驱动，4 缸往复压缩机组，如图 6-194 所示。

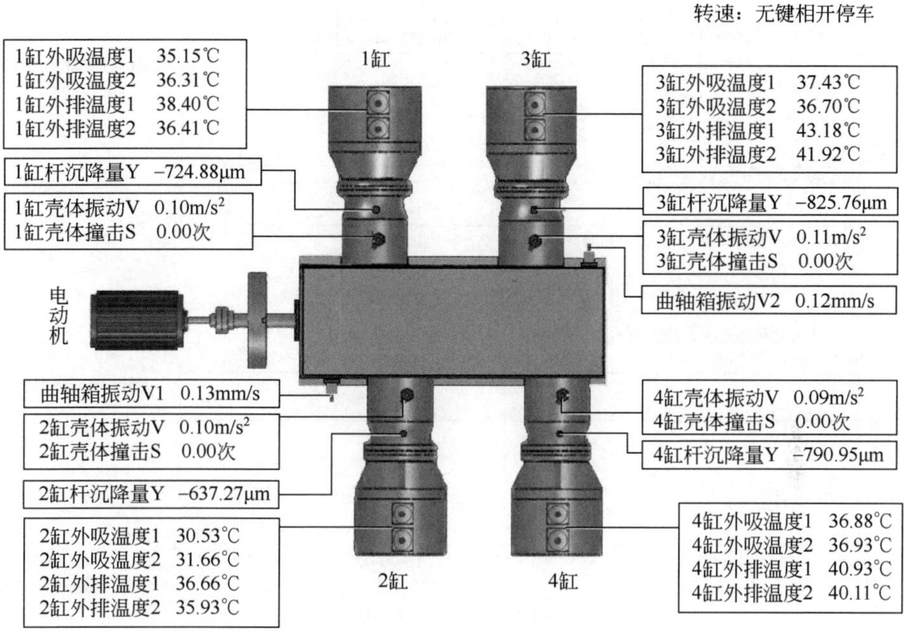

图 6-194　机组概貌图

（二）故障现象及原因分析

通过远程实时在线监测系统对该机组的历史运行状态图（图 6-195）及历史比较图（图 6-196）进行分析，发现 10 月 30 日 15：08，沉降量突变；振动峰值明显突然增加，从 60m/s^2 增长到 120m/s^2；冲击峰值从 48. 6m/s^2 增加到 134. 9m/s^2。因而得出判断：引起该机组运行异常的主要原因是机组 4 号气缸支撑环断裂故障。

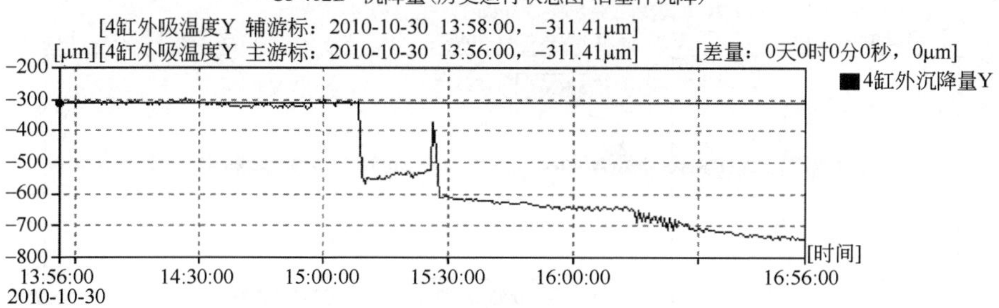

图 6-195

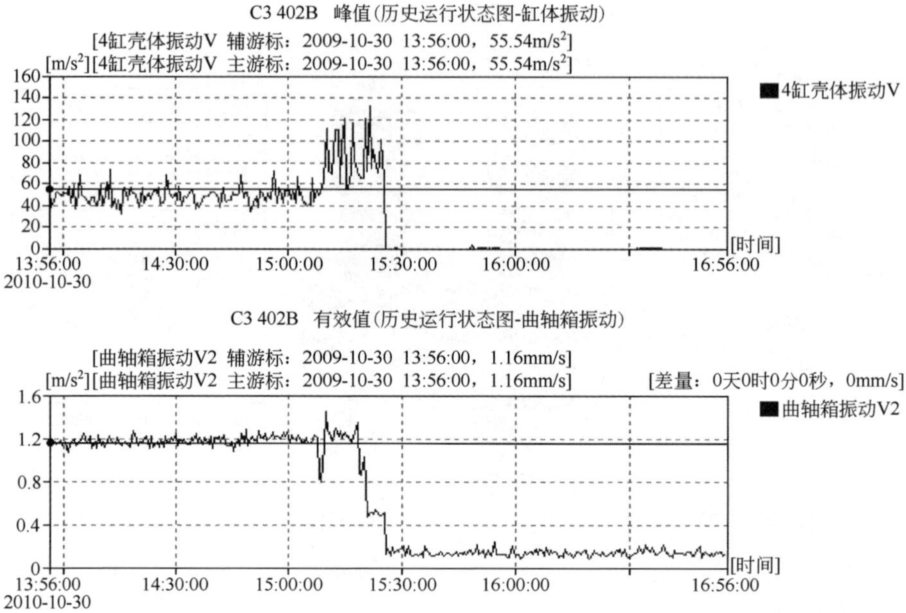

图 6-195 历史运行状态图

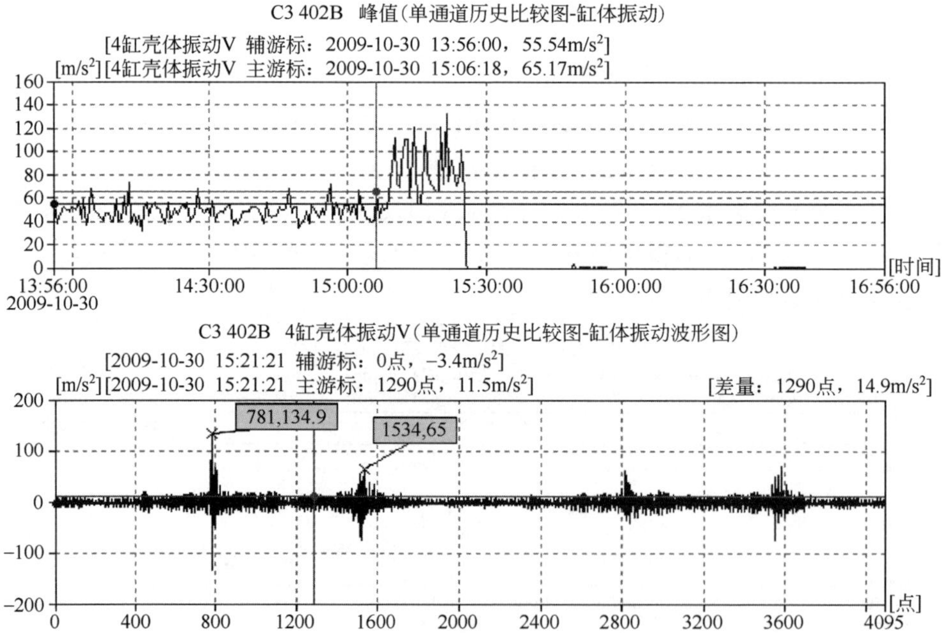

图 6-196

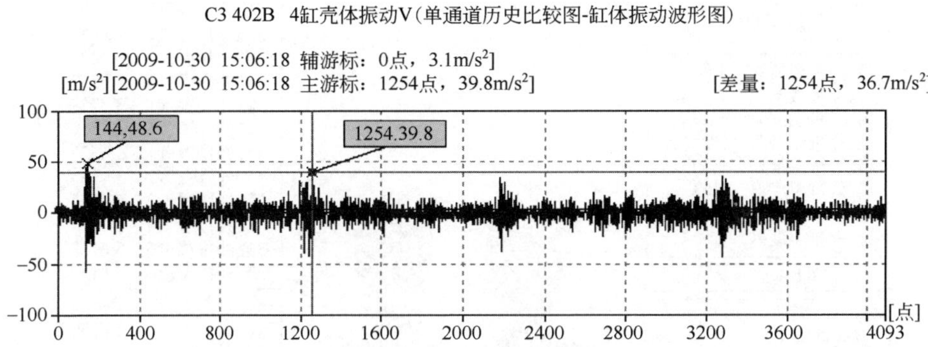

图 6-196　历史比较图

（三）诊断结论及现场反馈

诊断结论：机组 4 号气缸支撑环断裂故障。

现场反馈：检修机组时发现，4 号气缸支撑环断裂。更换支撑环后问题解决。

七、氢气往复压缩机组活塞杆断裂故障诊断分析

（一）故障诊断分析 Ⅰ

1. 机组概况

该机组为电动机驱动，4 缸往复压缩机组，如图 6-197 所示。

2. 故障现象及原因分析

通过远程实时在线监测系统对该机组的历史运行状态图（图 6-198、图 6-199）进行分析，发现机组 2012 年 11 月运行期间，2 号缸活塞杆沉降、缸体振动以及曲轴箱振动测点均出现严重异常变化，监测系统报警。因而得出判断：引起该机组运行异常的主要原因是 2 号缸活塞杆断裂故障。

3. 诊断结论及现场反馈

诊断结论：机组 2 号缸活塞杆断裂故障。

现场反馈：检修机组时发现，2 号缸活塞杆已经断裂，活塞与内侧缸体存在严重撞击。

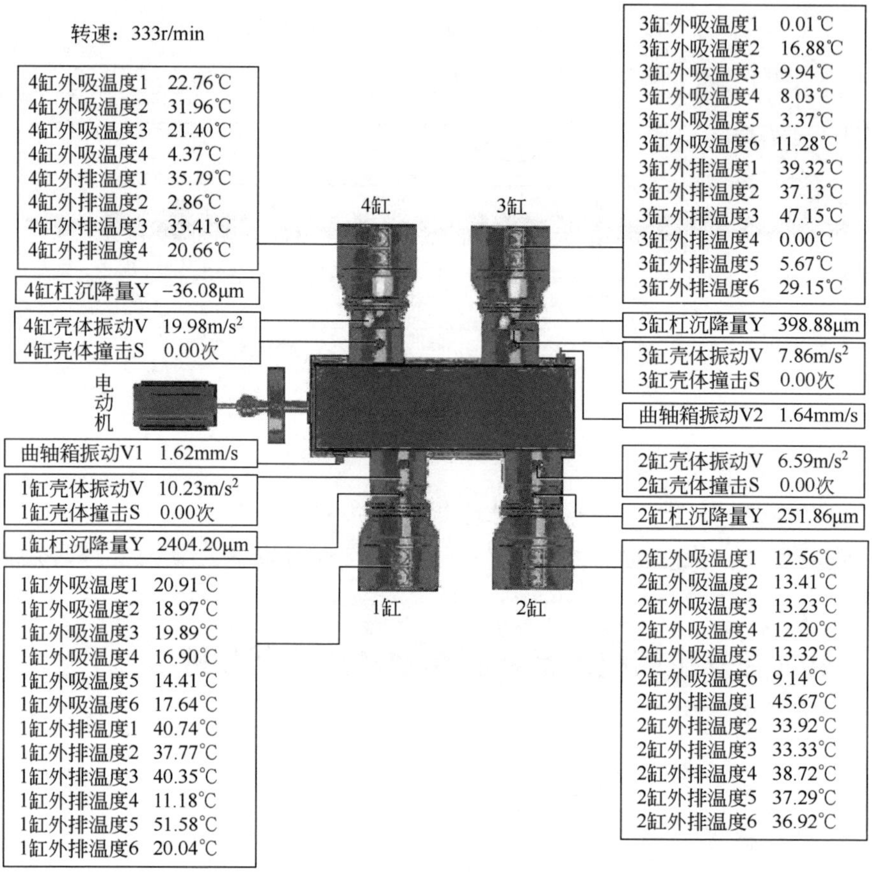

图 6-197 机组概貌图

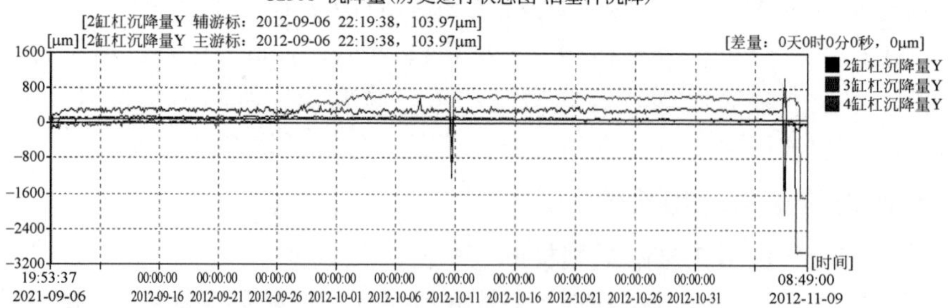

图 6-198

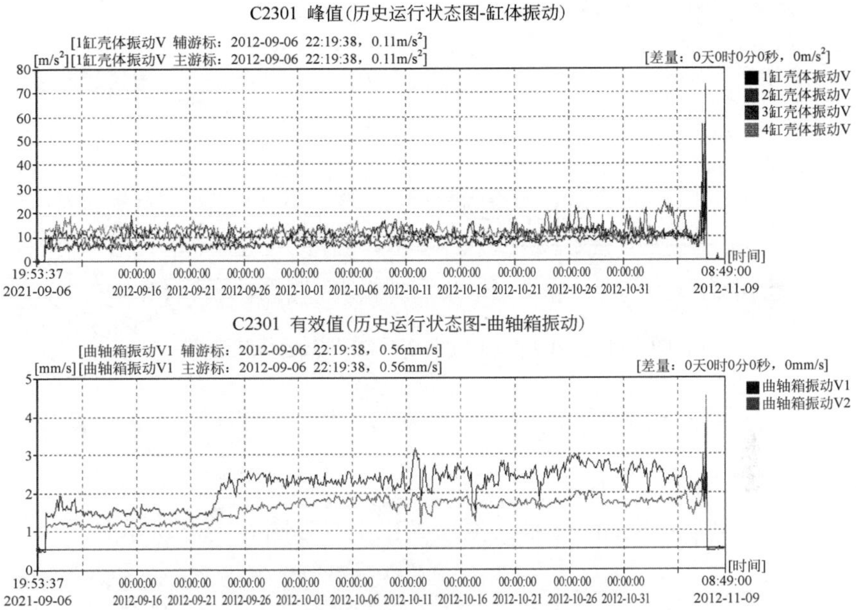

图 6-198 C1102B 机组历史运行状态图

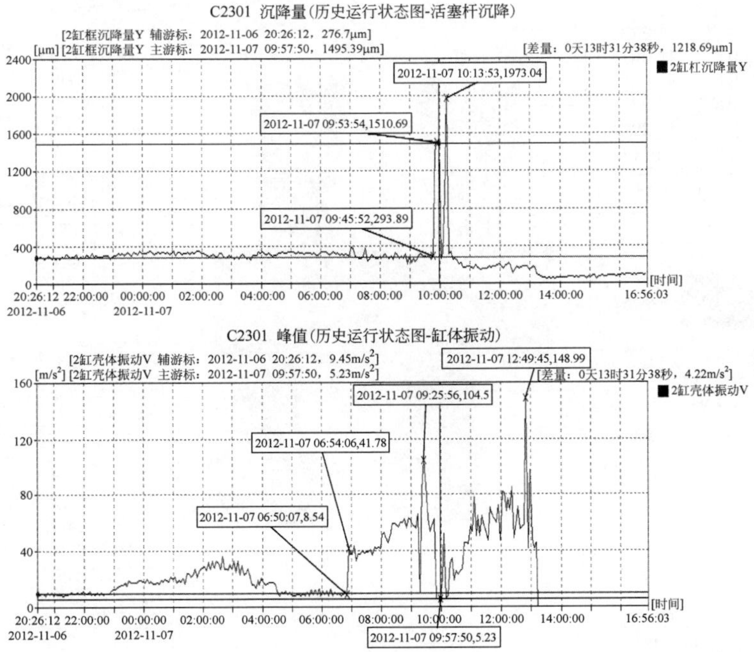

图 6-199

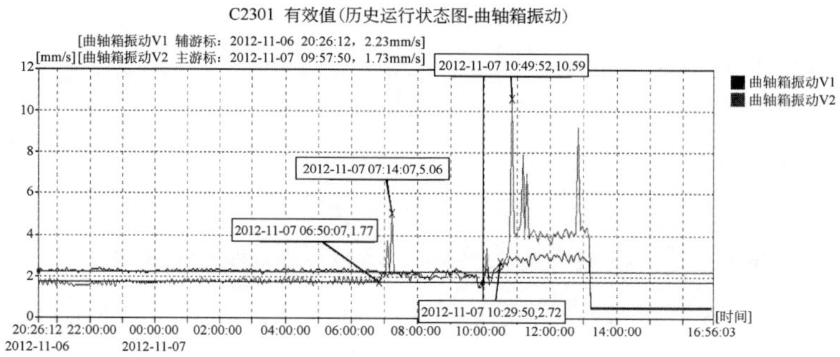

图 6-199　C1102B 机组 2 号缸历史运行状态图

（二）故障诊断分析 II

1. 机组概况

该机组为电动机驱动，4 缸往复压缩机组，如图 6-200 所示。

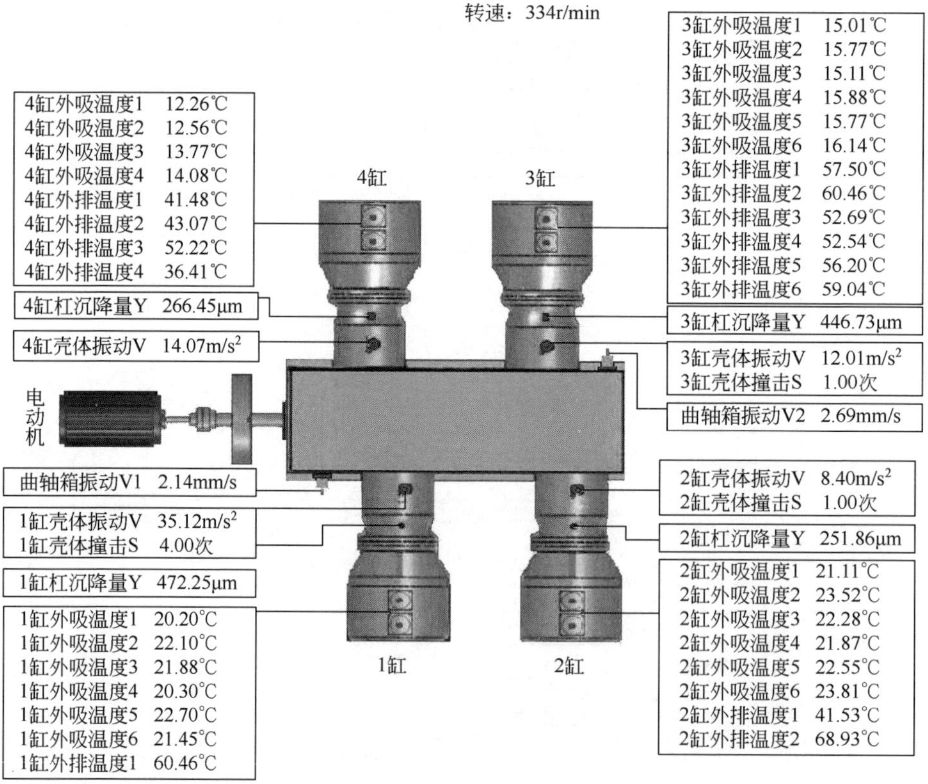

图 6-200　机组概貌图

2. 故障现象及原因分析

通过远程实时在线监测系统对该机组的历史运行状态图（图 6-201）进行分析，发现机组 2012 年 9 月至 12 月运行期间，3 号缸活塞杆沉降逐渐变化，超过监测系统报警值。12 月 26 日凌晨，机组缸体振动、活塞杆沉降、曲轴箱振动同时严重异常，监测系统达到停车值，现场及时停车。得出判断：引起该机组运行异常的主要原因是 3 号缸活塞杆断裂故障。

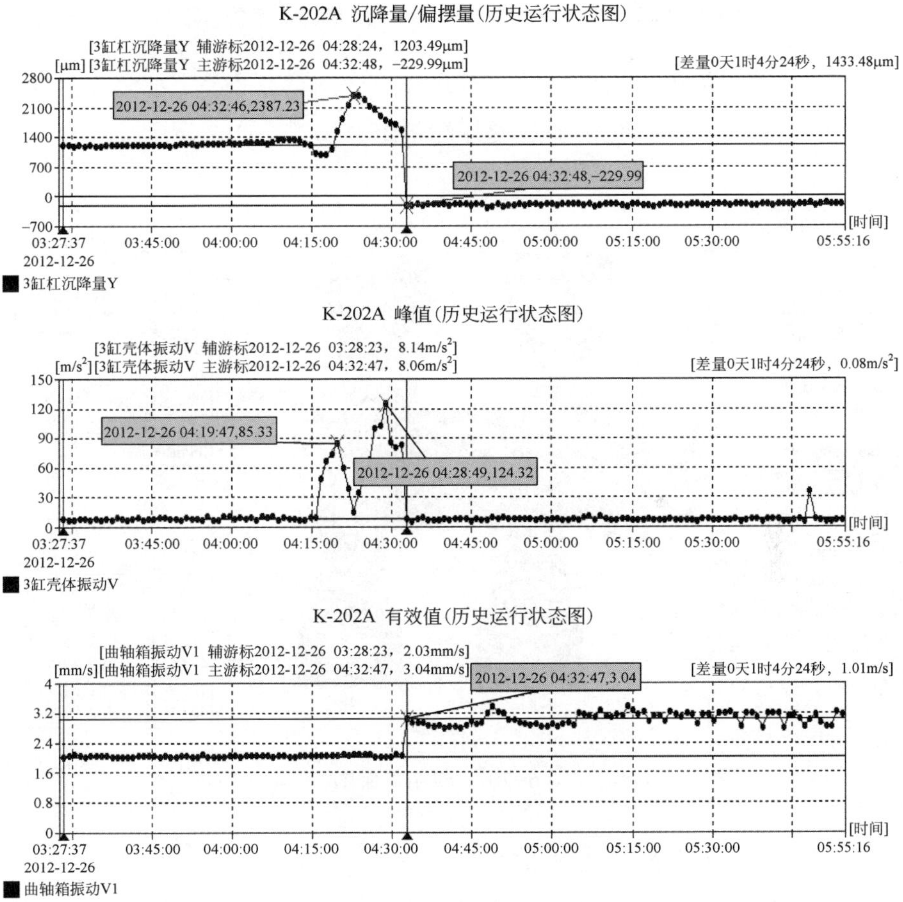

图 6-201 机组历史运行状态图

3. 诊断结论及现场反馈

诊断结论：机组 3 号缸活塞杆断裂故障。

现场反馈：检修机组时发现，3 号缸活塞杆已经断裂。

第四节　部件松动故障案例分析

一、氢气往复压缩机组活塞杆松动故障诊断分析

（一）机组概况

该机组为电动机驱动，4 缸往复压缩机组，如图 6-202 所示。

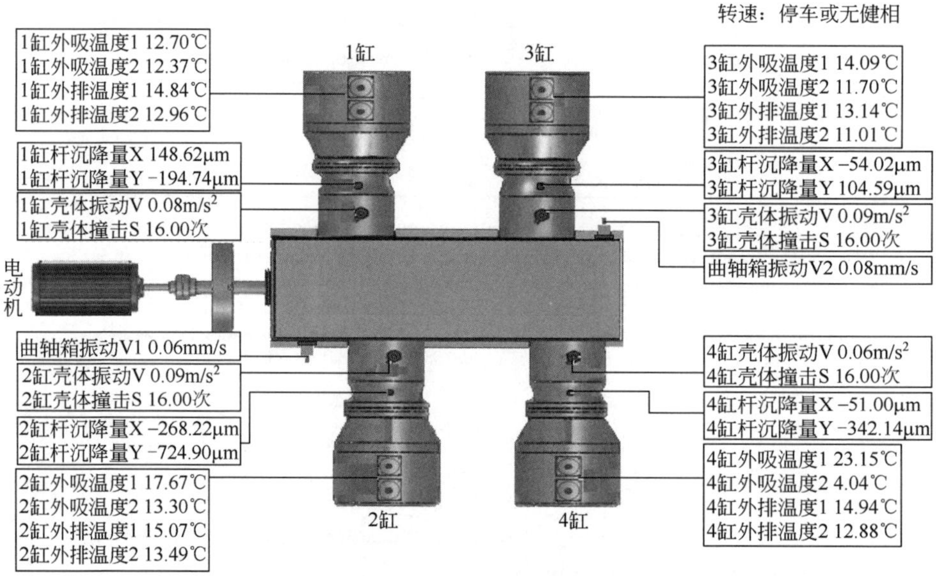

图 6-202　机组概貌图

（二）故障现象及原因分析

通过远程实时在线监测系统对该机组的历史运行状态图（图 6-203、图 6-204）进行分析，发现机组在 2012 年 1 月 2 日至 4 日运行期间，4 号缸缸体振动、活塞杆沉降均出现严重异常；振动波形出现新的强烈冲击；活塞杆沉降量趋势存在严重波动；曲轴箱振动有效值异常增大，超过监测系统报警值。因而得出判断：引起该机组运行异常的主要原因是机组 4 号缸活塞杆

松动故障。

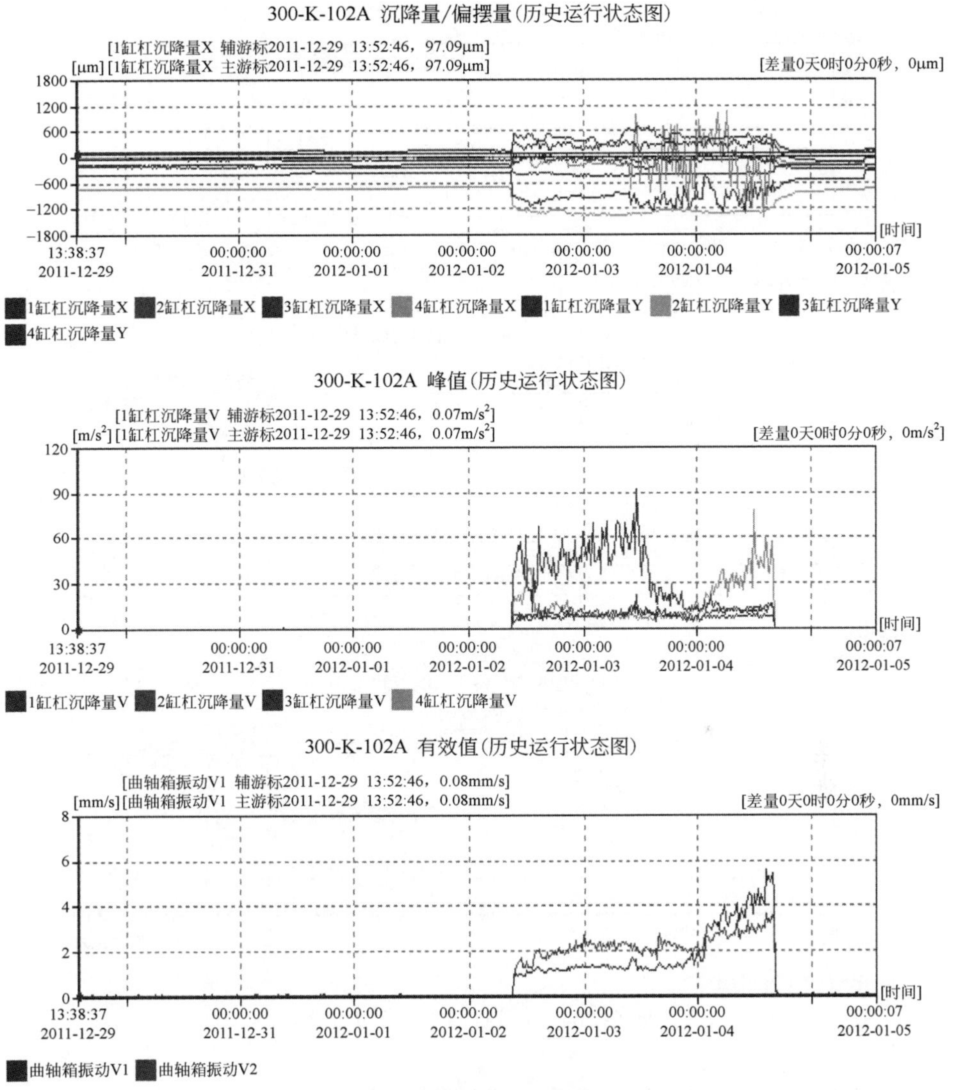

图 6-203　机组历史运行状态图

(三) 诊断结论及现场反馈

诊断结论：机组 4 号缸活塞杆松动故障。

现场反馈：检修机组时发现，机组 4 号缸活塞、活塞杆紧固螺母出现松动。

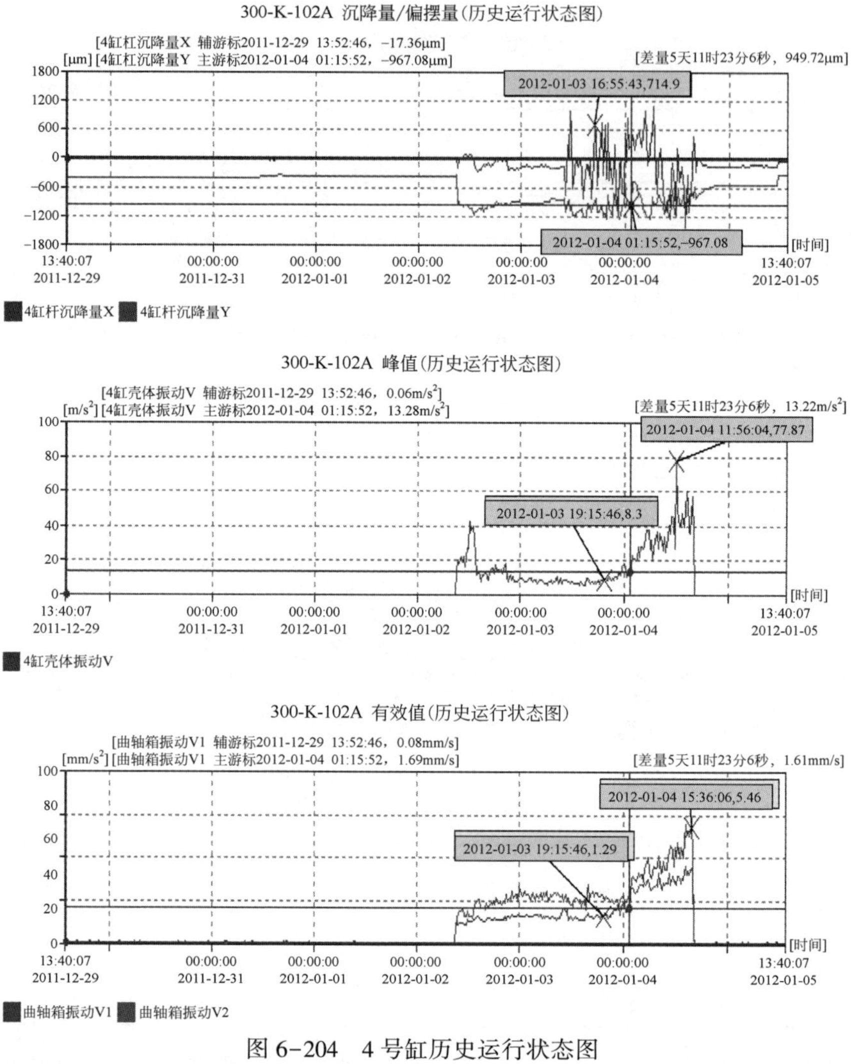

图 6-204　4 号缸历史运行状态图

二、氢气往复压缩机组活塞杆紧固螺母松动故障诊断分析

（一）故障诊断分析 Ⅰ

1. 机组概况

该机组为电动机驱动，4 缸往复压缩机组，如图 6-205 所示。

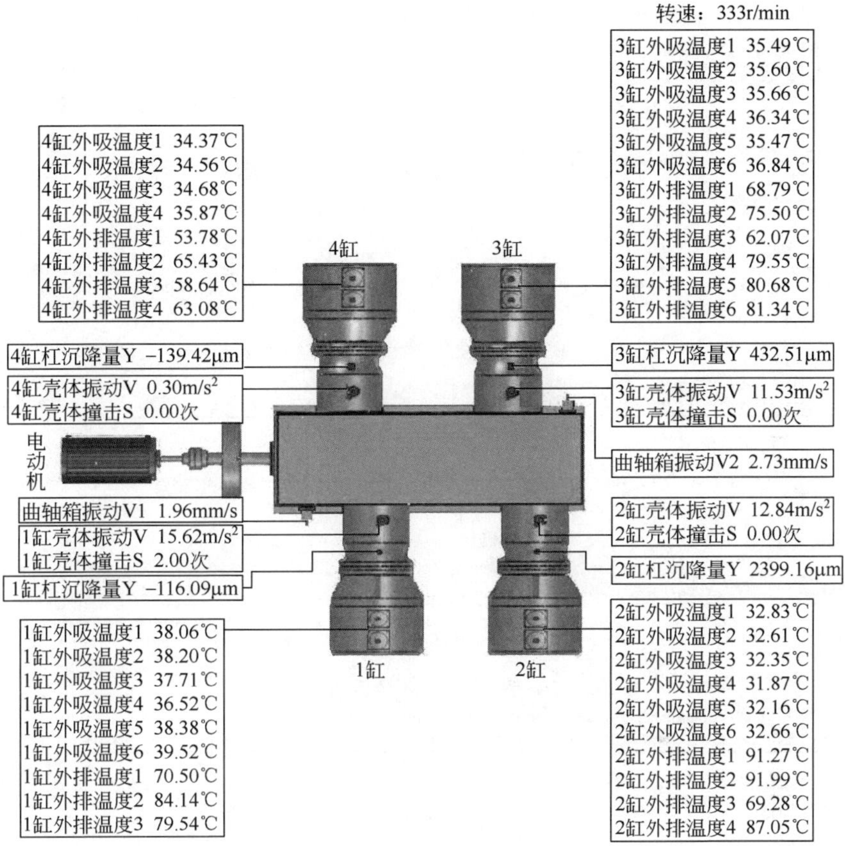

图 6-205　机组概貌图

2. 故障原因分析

通过远程实时在线监测系统对该机组的历史运行状态图（图 6-206）进行分析，发现机组在 2012 年 5 月至 7 月运行期间，2 号缸出现异常运行状态，缸体振动与活塞杆沉降均显著增大；活塞杆沉降量逐渐变化，超过监测系统报警值；缸体振动自 5 月 31 日后异常增大，最大峰值超过 $120m/s^2$，同时超过监测系统报警值。因而得出判断：引起该机组运行异常的主要原因是机组 2 号缸活塞紧固螺母松动故障。

3. 诊断结论及现场反馈

诊断结论：机组 2 号缸活塞紧固元件松动故障。

现场反馈：检修机组时发现，活塞与活塞杆之间的紧固元件出现松动。

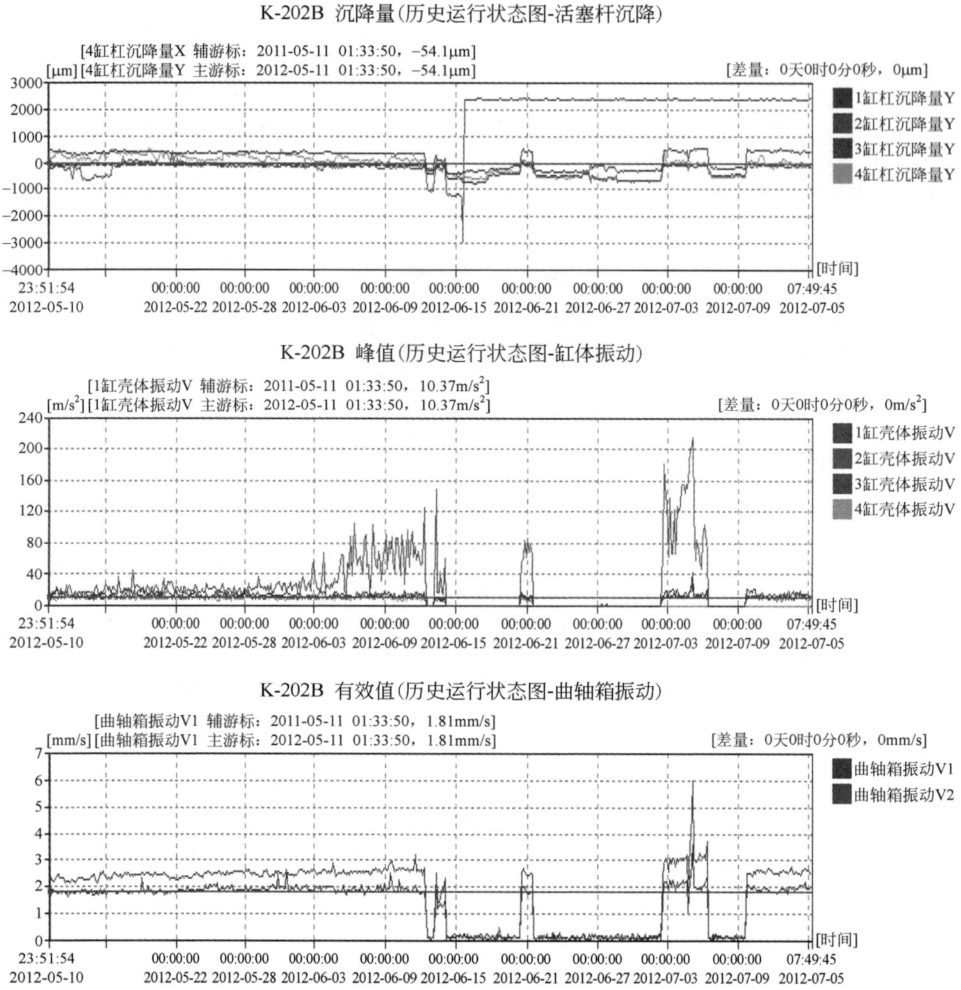

图 6-206　机组历史运行状态图

（二）故障诊断分析 II

1. 机组概况

该机组为电机驱动，4 缸往复压缩机组，如图 6-207 所示。

2. 故障现象及原因分析

通过远程实时在线监测系统对该机组的历史运行状态图（图 6-208、图 6-209）进行分析，发现机组在 2012 年 11 月 30 日运行期间，1 号缸活塞

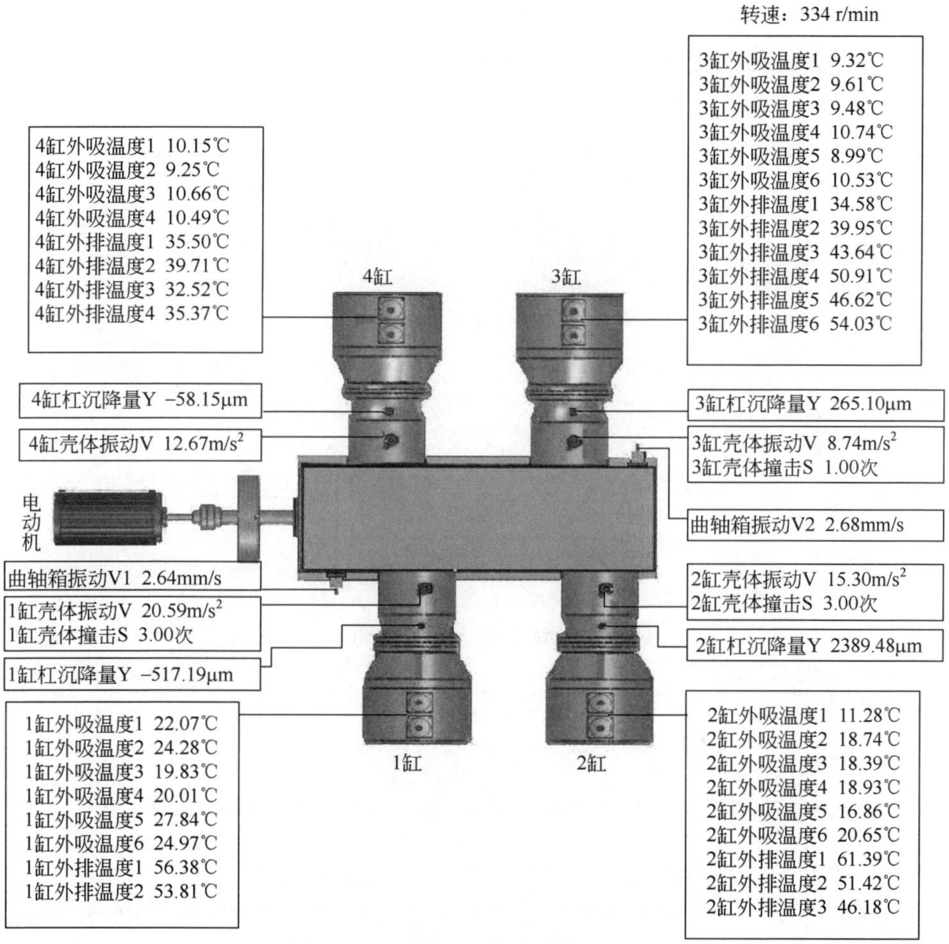

图 6-207　机组概貌图

杆沉降量突然下降，超过监测系统报警值；沉降波形既有直流量变化也有交流量变化；与此同时，缸体振动增大，由 $14m/s^2$ 增大到 $90m/s^2$ 左右，超过监测系统报警线。因而得出判断：引起该机组运行异常的主要原因是 1 号缸内存在部件松动故障。

3. 诊断结论及现场反馈

诊断结论：机组 1 号缸内存在部件松动故障。

现场反馈：检修机组时发现，1 号缸活塞与活塞杆紧固螺母松动，导致活塞发生一定的转动。

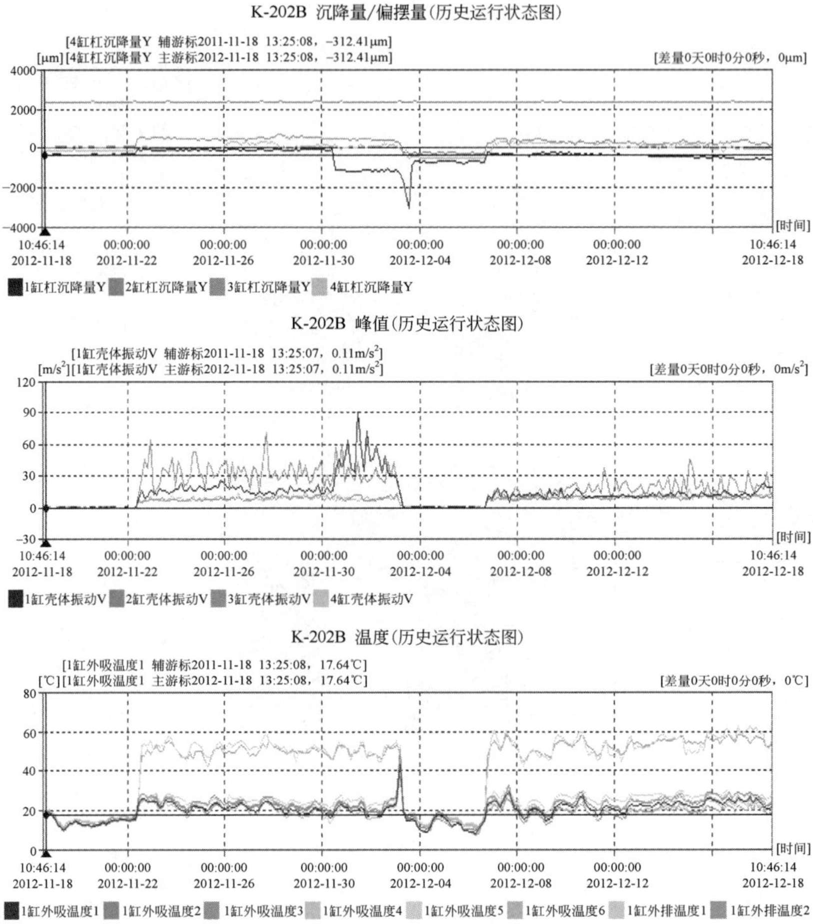

图 6-208 K202B 机组历史运行状态图

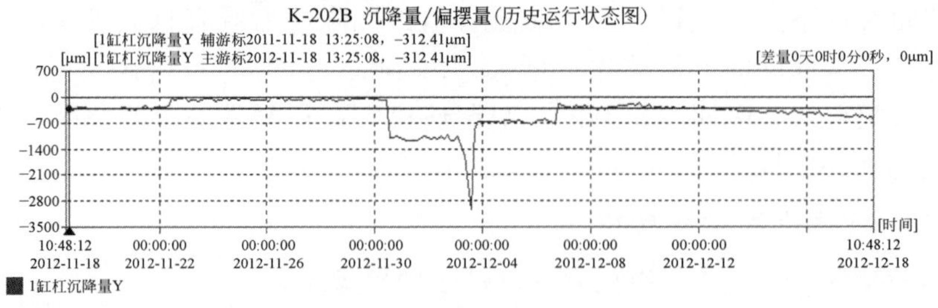

图 6-209

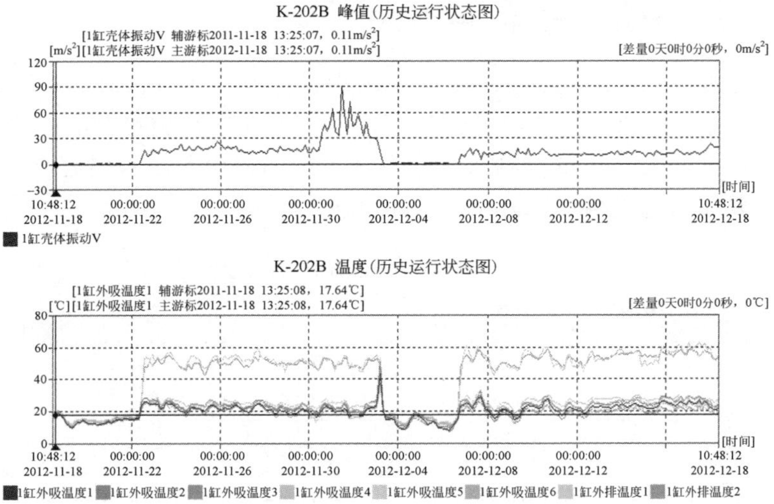

图 6-209　机组 1 号缸历史运行状态图

三、氢气往复压缩机组活塞与活塞杆紧固螺母松动故障诊断分析

（一）机组概况

该机组为电动机驱动，2 缸往复压缩机组，如图 6-210 所示。

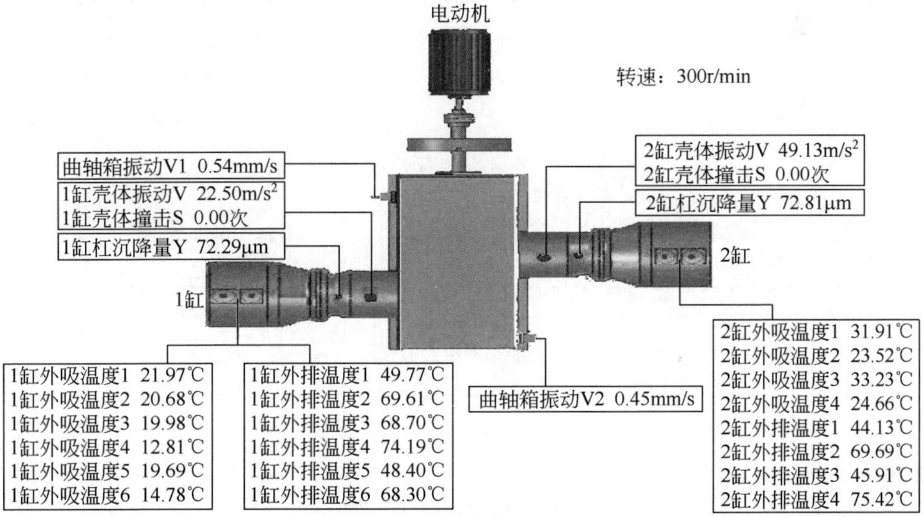

图 6-210　机组概貌图

（二）故障现象及原因分析

通过远程实时在线监测系统对该机组的历史运行状态图（图 6-211、图 6-212）进行分析，发现机组在 2012 年 8 月至 12 月运行期间，2 号缸活塞杆沉降量逐渐增大，超过监测系统报警线。因而得出判断：引起该机组运行异常的主要原因是机组 1 号缸存在部件松动故障。

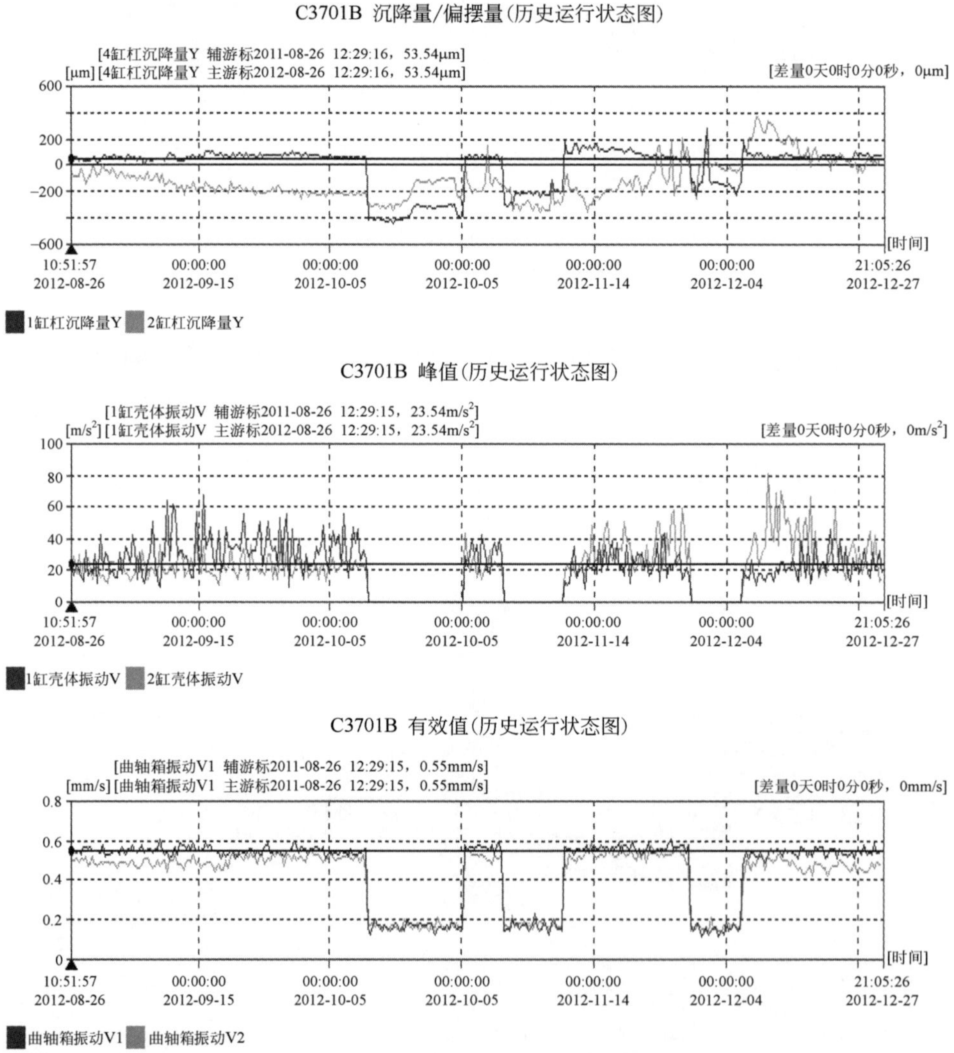

图 6-211 机组历史运行状态图

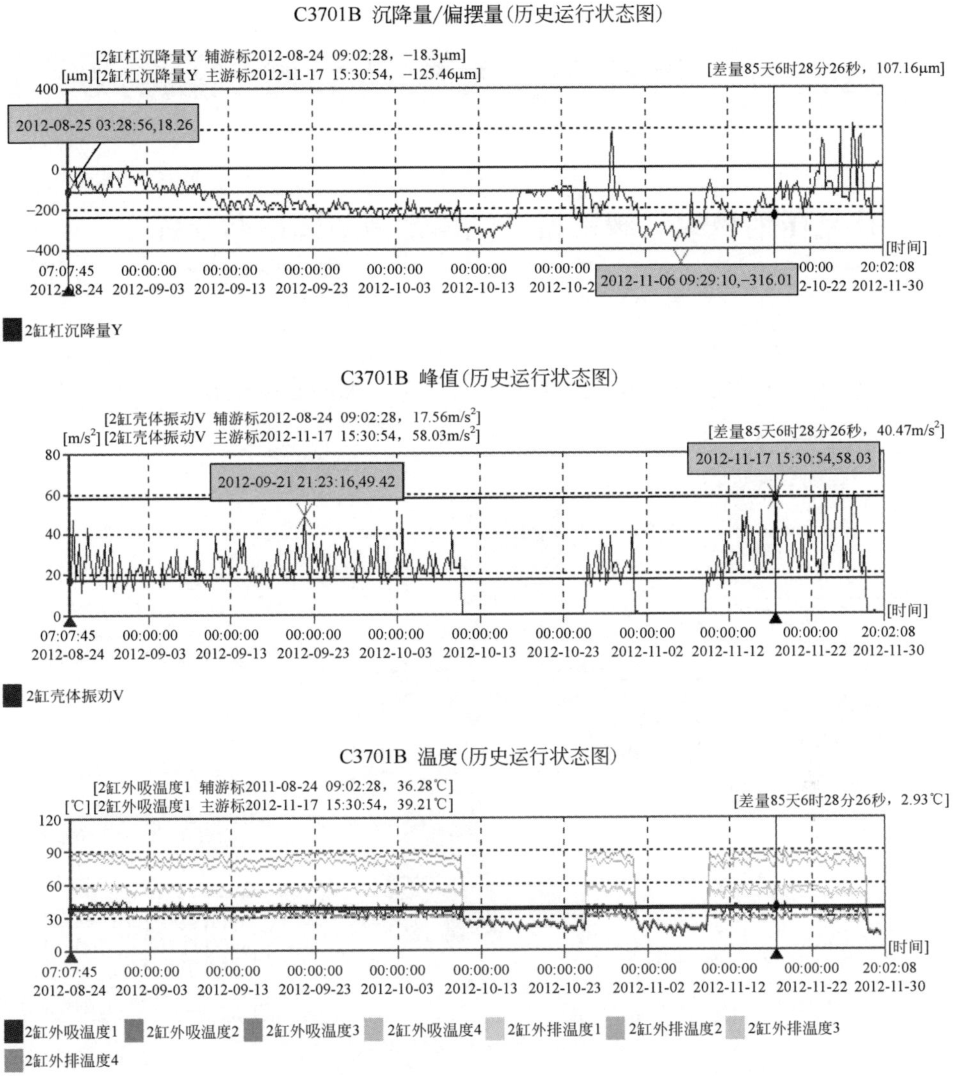

图 6-212 机组 2 号缸历史运行状态图

（三）诊断结论及现场反馈

诊断结论：机组 1 号缸存在部件松动故障。

现场反馈：检修机组时发现，1 号缸活塞与活塞杆紧固螺母松动，导致活塞发生一定的转动。

第五节　气阀积垢及带液故障案例分析

一、往复压缩机组气阀积垢及气体带液故障诊断分析

（一）机组概况

该机组为电动机驱动，2 缸往复压缩机组，如图 6-213 所示。

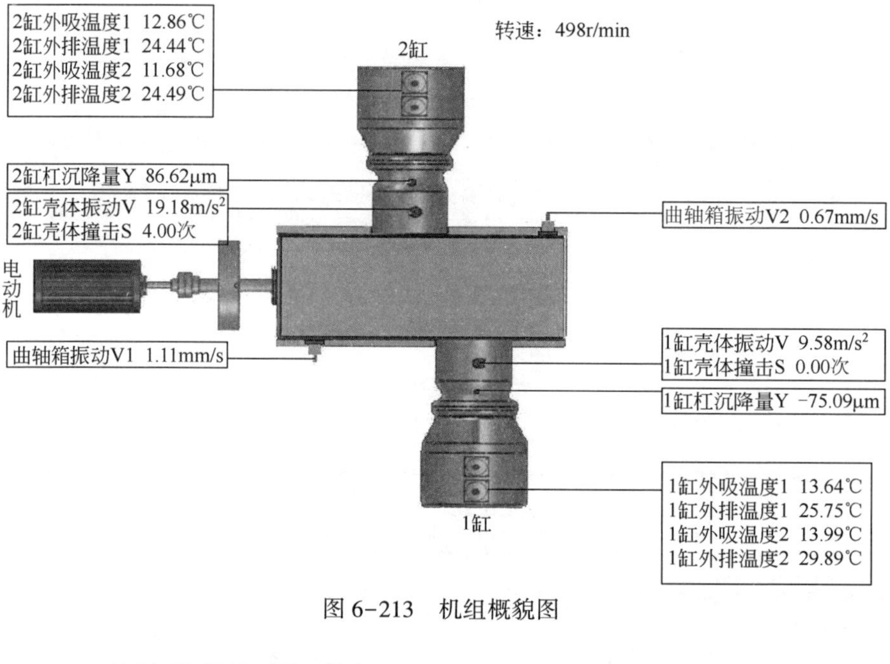

图 6-213　机组概貌图

（二）故障现象及原因分析

通过远程实时在线监测系统对该机组的历史运行状态图（图 6-214）及曲轴箱振动历史比较图（图 6-215）进行分析，2 号缸排气温度高，并出现明显异音，因此得出判断：引起该机组运行异常的主要原因是机组 2 号缸气阀泄漏故障。

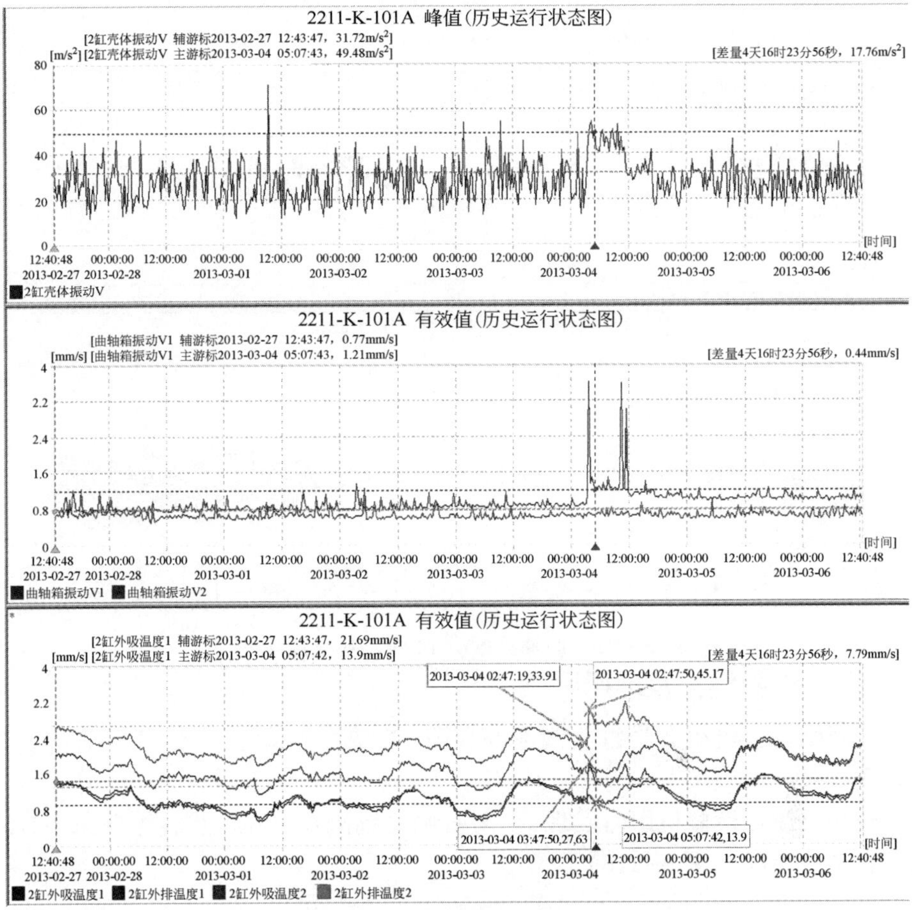

图 6-214　2 号缸历史运行状态图

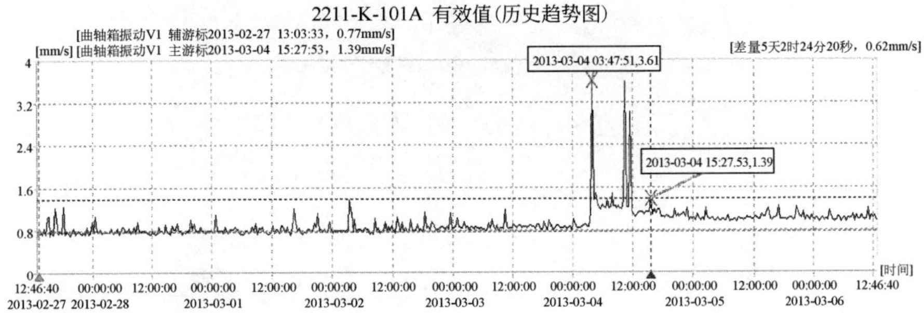

图 6-215

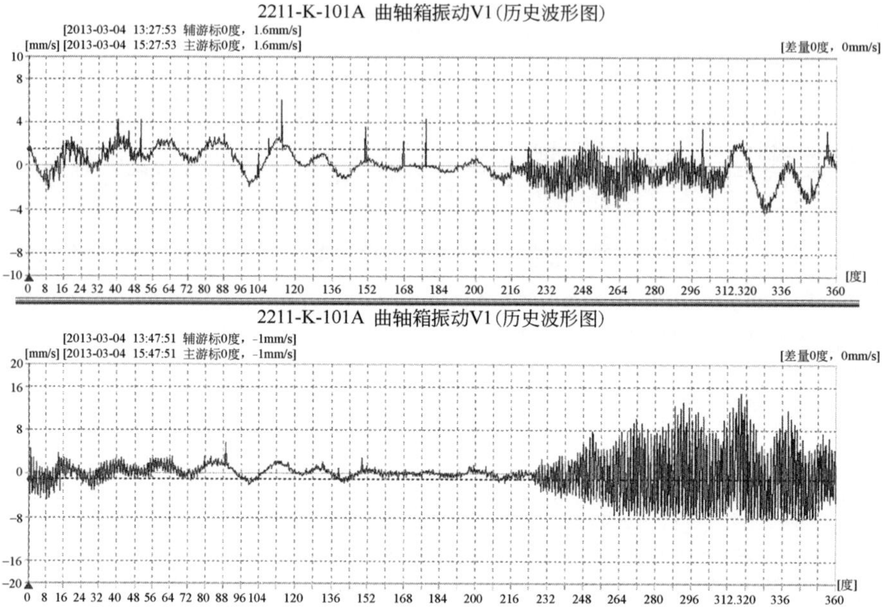

图 6-215 曲轴箱振动 V1 振动历史比较图

（三）诊断结论及现场反馈

诊断结论：机组 2 号缸气阀泄漏故障。另外，气缸内可能存在液体或其他杂质。

现场反馈：检修机组时发现，2 号缸吸气阀阀片存在严重积垢现象，缸道内存在带液情况（图 6-216）。

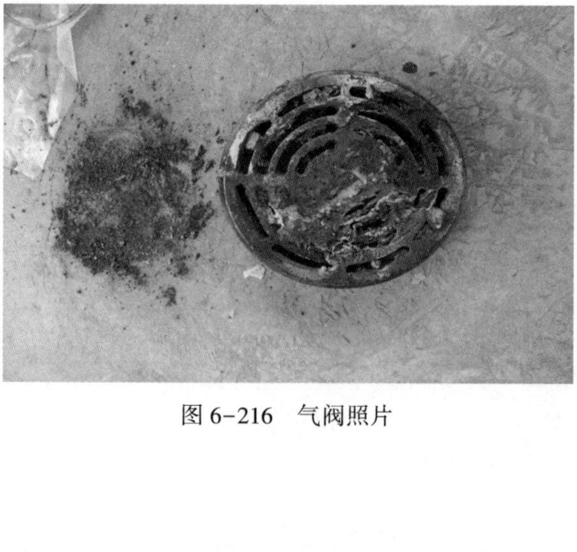

图 6-216 气阀照片

二、往复压缩机组气阀积垢故障诊断分析

（一）机组概况

该机组为电动机驱动，2 缸往复压缩机组，如图 6-217 所示。

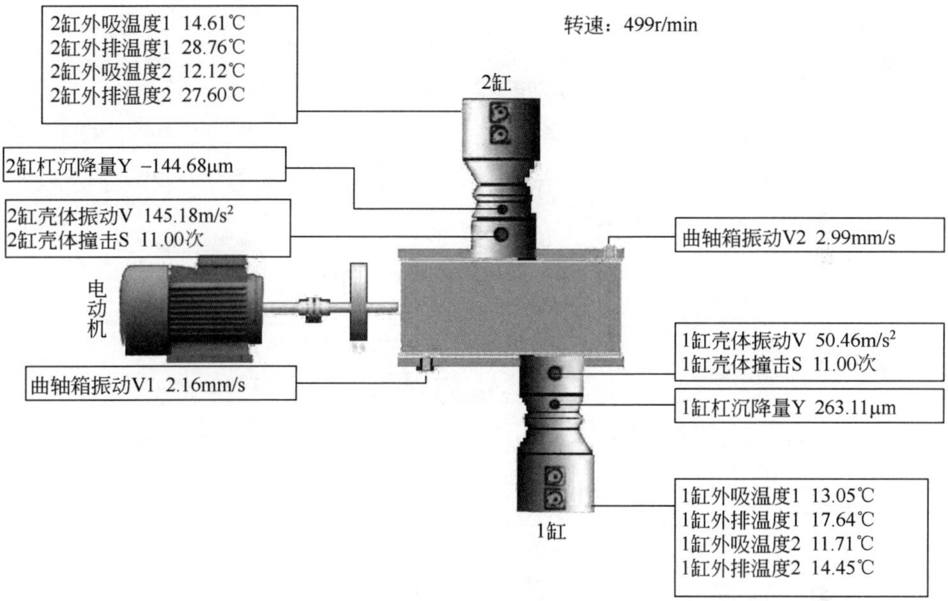

图 6-217　机组概貌图

（二）故障现象及原因分析

通过远程实时在线监测系统对该机组的历史运行状态图（图 6-218）及缸体振动历史比较图（图 6-219）进行分析，发现 4 月 9 日 10：40 起，机组 2 号缸缸体振动及曲轴箱 V1 振动加大；活塞杆沉降趋势也存在异常波动。因而得出判断：引起该机组运行异常的主要原因是 1 号、2 号缸气阀存在较为严重的积垢故障。

（三）诊断结论及现场反馈

诊断结论：机组 1 号、2 号缸气阀存在较为严重的积垢情况。

现场反馈：检修机组时，现场人员反馈与诊断结论一致。

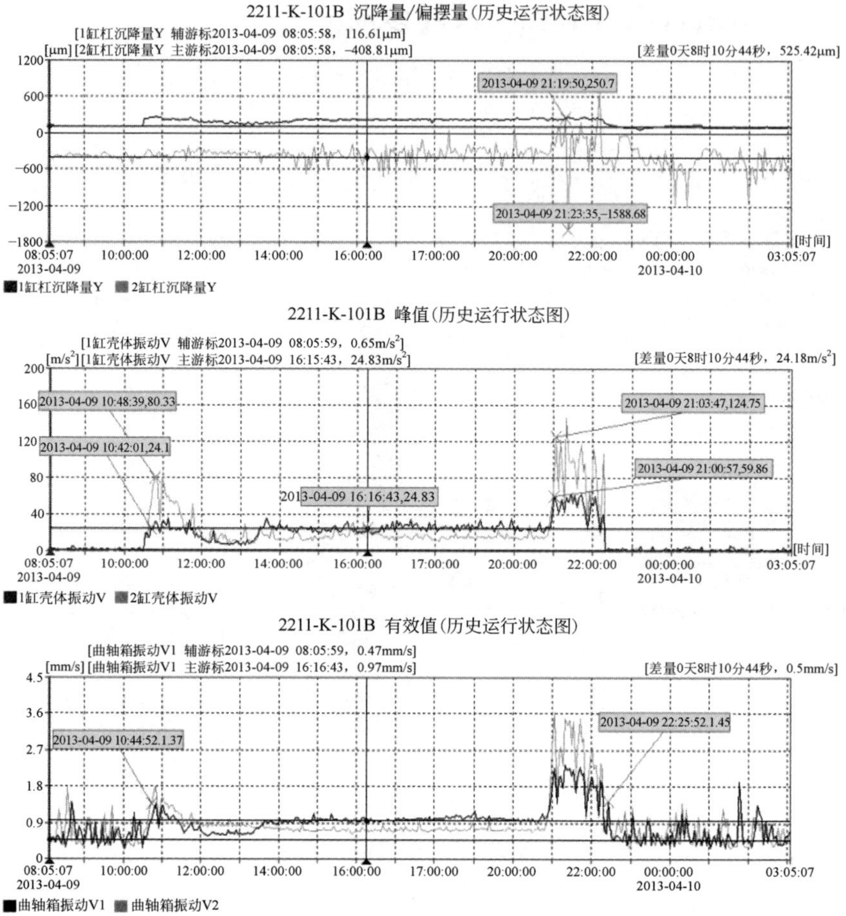

图 6-218　机组历史运行状态图

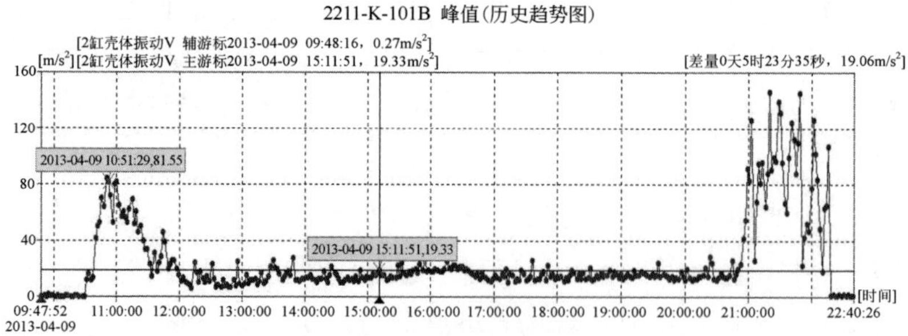

图 6-219

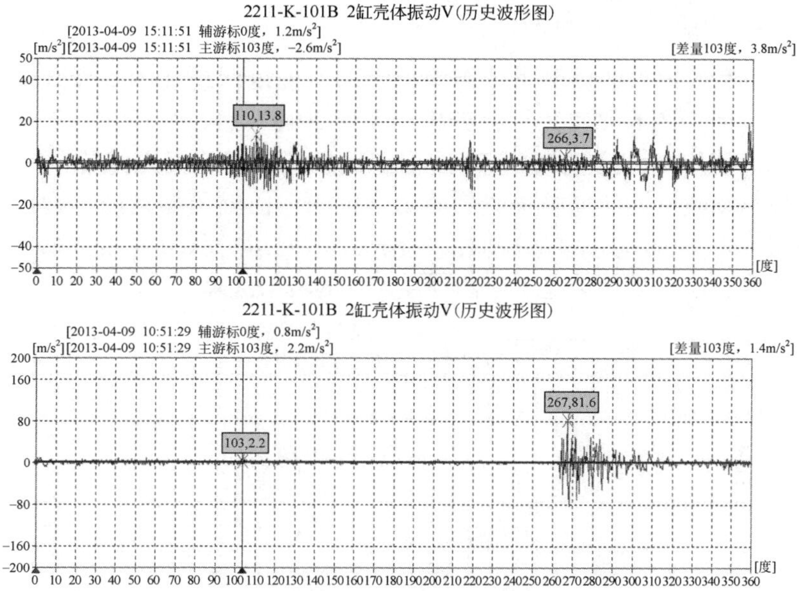

图 6-219　2 号缸缸体振动历史比较图

三、往复压缩机组液击故障诊断分析

（一）机组概况

该机组为电动机驱动，2 缸往复压缩机组，如图 6-220 所示。

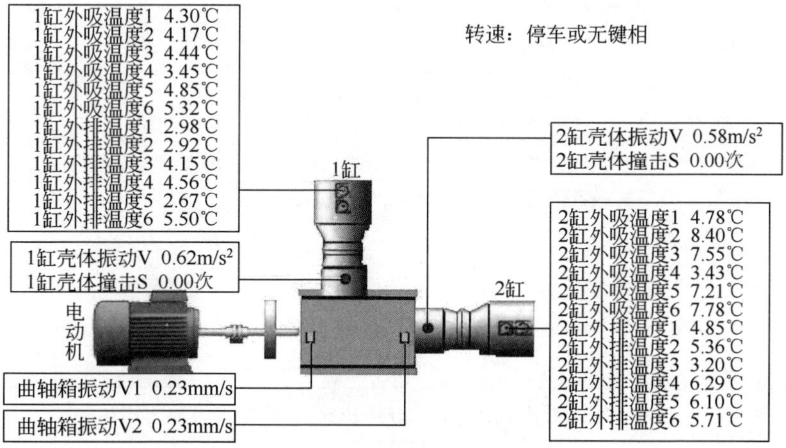

图 6-220　机组概貌图

（二）故障现象及原因分析

通过远程实时在线监测系统对该机组的历史运行图（图 6-221）及 1 号缸参数分析图（图 6-222）进行分析，发现 2013 年 12 月 19 日，1 号缸缸体振动加速度值始终保持在 200m/s^2 左右，曲轴箱振动速度值保持在 5mm/s 左右，缸体振动波形在活塞换向处存在显著冲击，曲轴箱振动波形冲击与缸体振动波形冲击相位一致。结合机组的生产工艺及运行状况得出判断：引起该机组运行异常的主要原因是 1 号缸存在严重的液击故障。

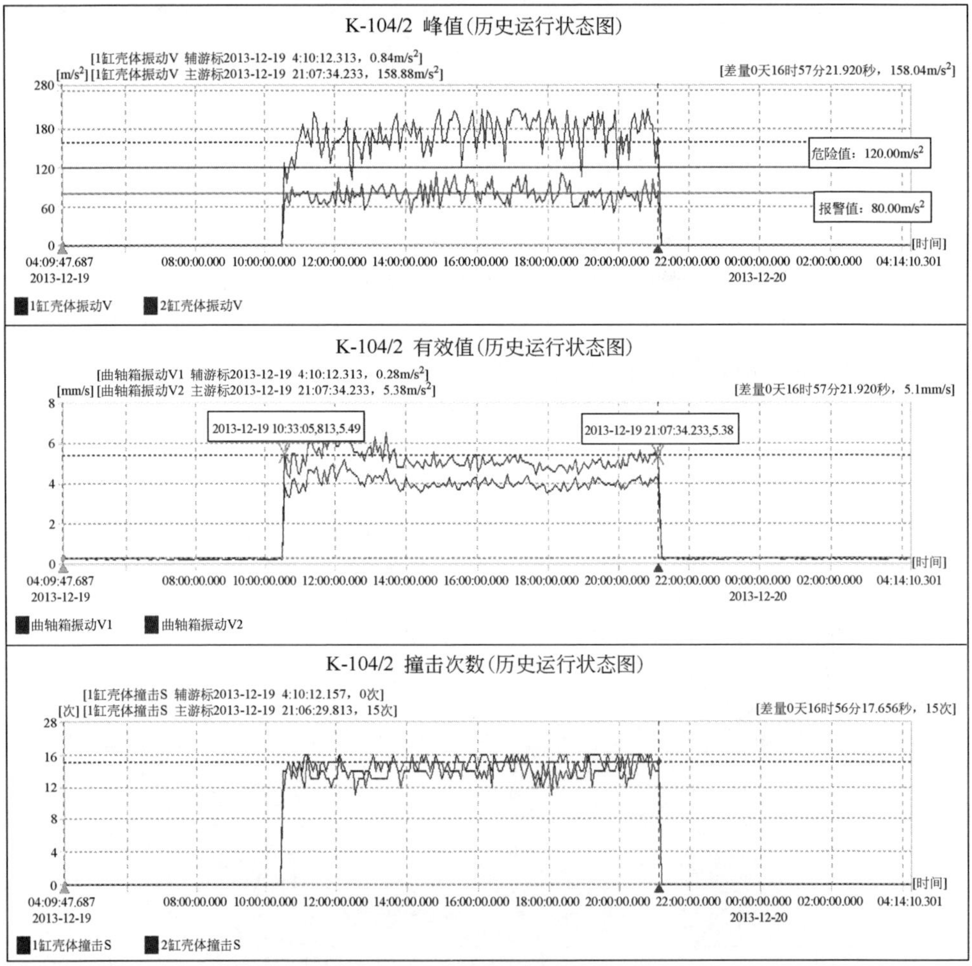

图 6-221　1 号缸历史运行状态图

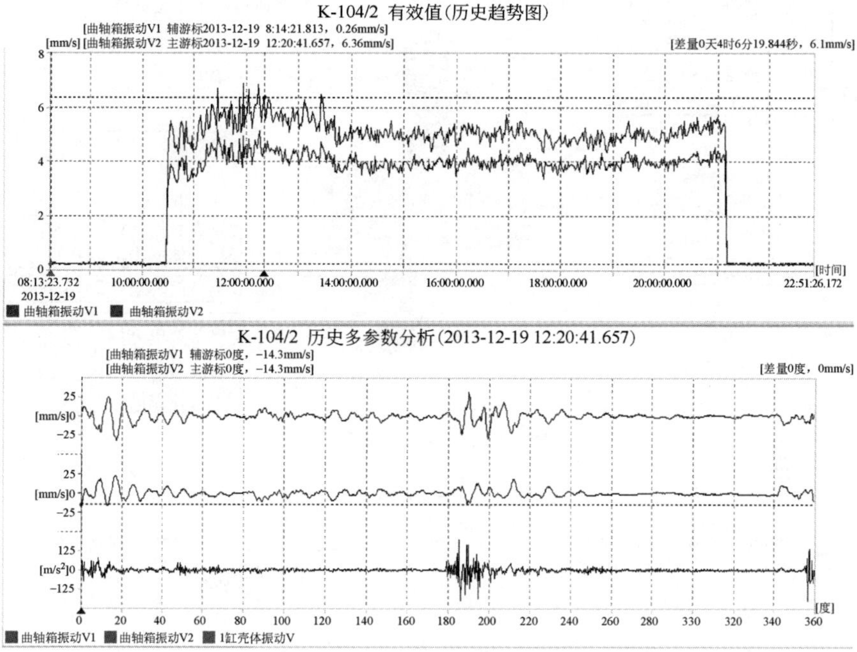

图 6-222　1 号缸参数分析图

（三）诊断结论及现场反馈

诊断结论：机组 1 号缸存在严重的液击故障。

现场反馈：检修机组时，现场人员反馈与诊断结论一致。

四、氢气往复压缩机组 K301A 气体带液故障诊断分析

（一）机组概况

该机组为电动机驱动，2 缸往复压缩机组，如图 6-223 所示。

（二）故障现象及原因分析

通过远程实时在线监测系统对该机组的历史趋势图及波形图（图 6-224）、曲轴箱振动历史趋势图（图 6-225）和 2 号缸外吸及外排温度趋势图（图 6-226）进行分析，发现 2 号缸壳体振动值及曲轴箱振动剧烈波动；2 号缸壳体振动波形存在明显冲击。因而得出判断：引起该机组运行异常的主要原因是 2 号缸存在气体带液故障。

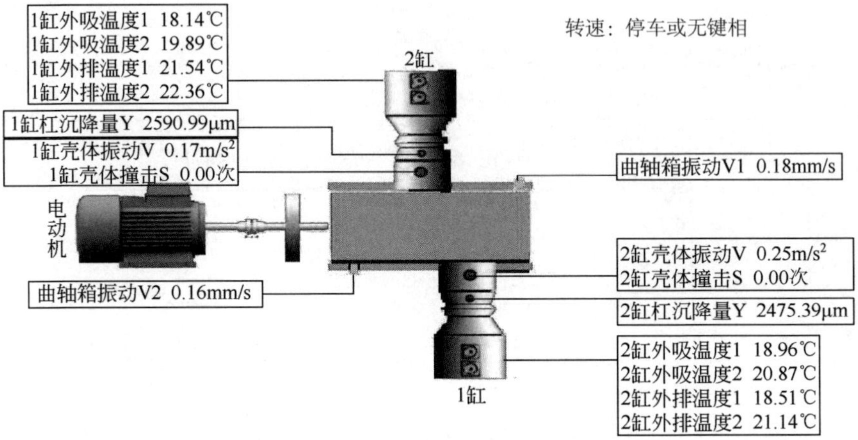

图 6-223　机组概貌图

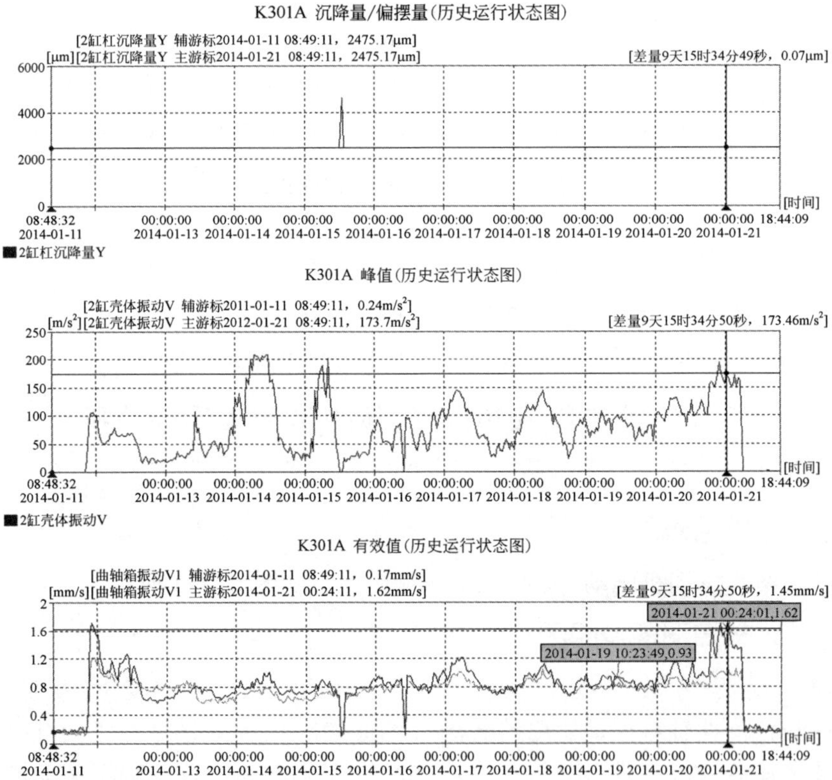

图 6-224　2 号缸壳体振动 V 历史趋势及波形图

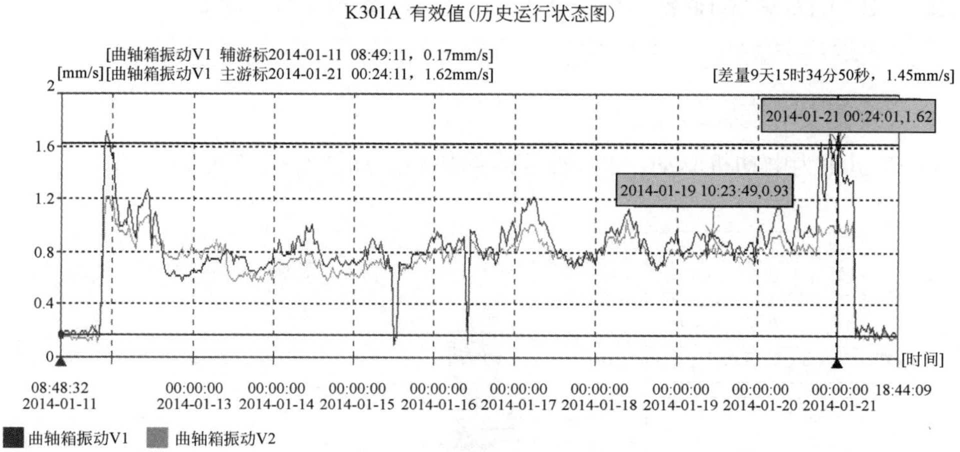

图 6-225　曲轴箱振动历史趋势图

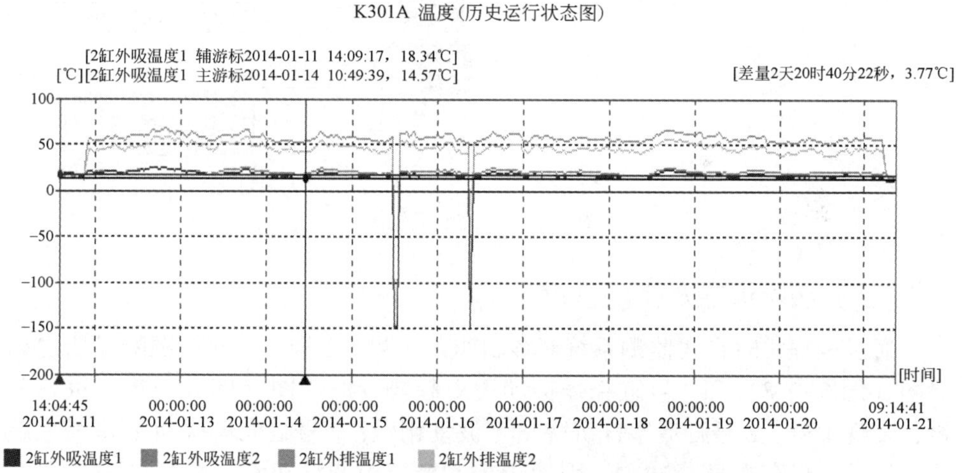

图 6-226　2 号缸外吸及外排温度趋势图

（三）诊断结论及现场反馈

诊断结论：机组 2 号缸存在气体带液故障。

现场反馈：检修机组时，现场人员反馈与诊断结论一致。

五、氢气往复压缩机 160K1001A 液击故障诊断分析

（一）机组概况

该机组为电动机驱动，2 缸往复压缩机组，如图 6-227 所示。

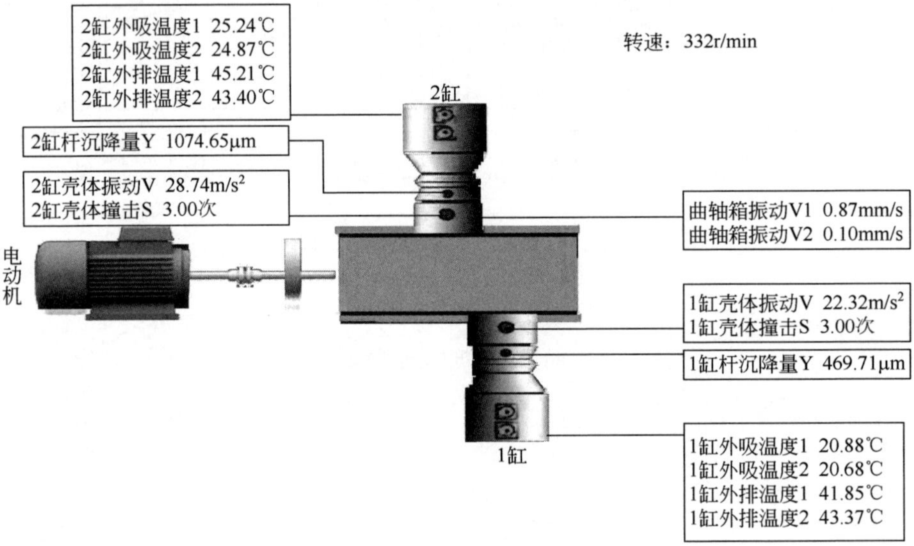

图 6-227　机组概貌图

（二）故障现象及原因分析

通过远程实时在线监测系统对该机组的 1 号、2 号缸活塞杆沉降量历史趋势图（图 6-228）和 2 号缸壳体振动历史趋势及波形图（图 6-229）进行分析，发现 1 号、2 号缸活塞杆沉降量 *Y* 波动剧烈；2 号缸壳体振动 V 呈增大趋势；振动波形存在显著冲击。因而得出判断：引起该机组运行异常的主要原因是存在液击故障。

（三）诊断结论及现场反馈

诊断结论：机组存在液击故障。

现场反馈：检修机组时，现场人员反馈与诊断结论一致。

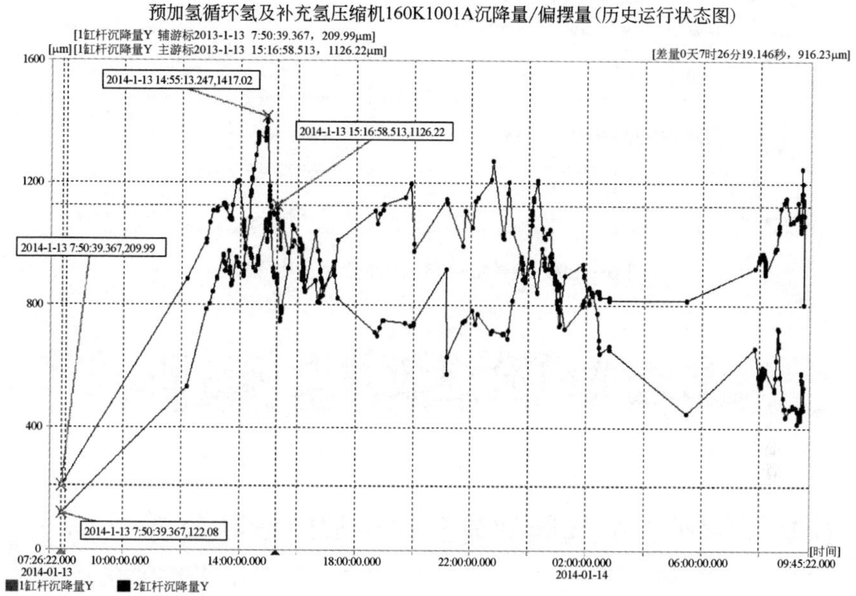

图 6-228　1 号、2 号缸活塞杆沉降量 Y 历史趋势图

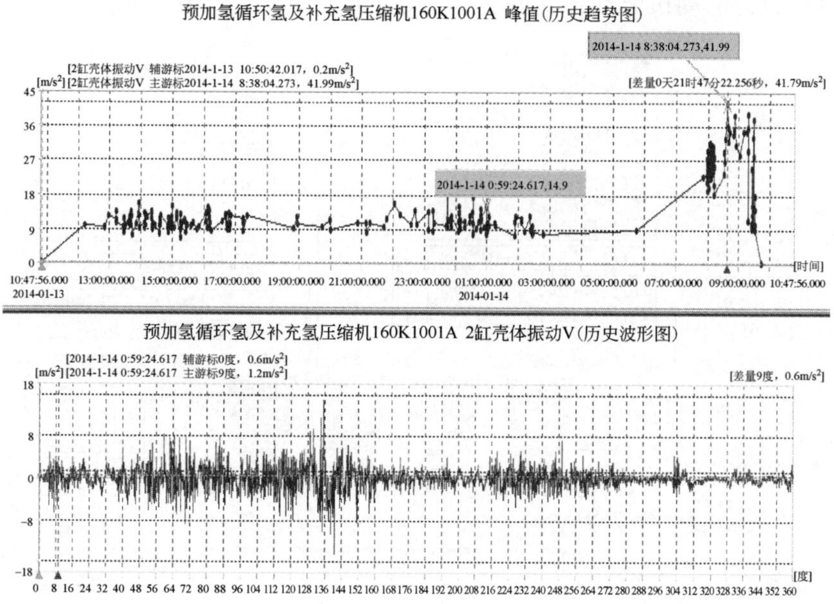

图 6-229

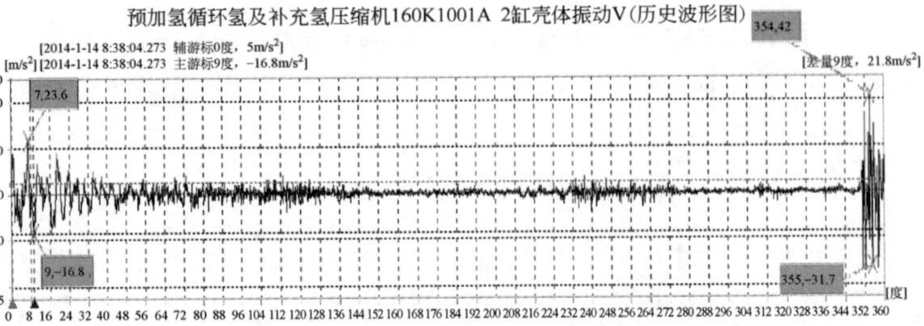

图 6-229 2 号缸壳体振动 V 历史趋势图

第六节 其他故障案例分析

一、往复压缩机组吸气阀卸荷器损坏故障诊断分析

（一）机组概况

该机组为电动机驱动，4 缸往复压缩机组，如图 6-230 所示。

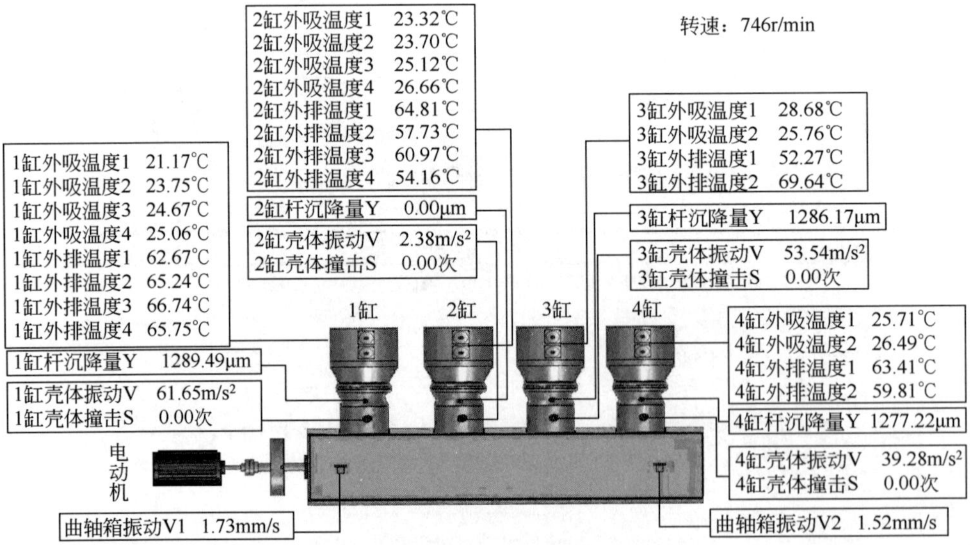

图 6-230 机组概貌图

（二）故障现象及原因分析

通过远程实时在线监测系统对该机组的运行状态图（图 6-231）及缸体振动波形历史比较图（图 6-232）进行分析，发现机组在 2011 年 04 月至 2011 年 05 月运行期间，4 号缸缸体振动异常增大，由 3 月 12 日的 $44m/s^2$ 增大到 5 月 10 日的 $94m/s^2$；与此同时，该缸外吸 1 测点温度值异常升高，由 4 月初的 20℃左右增大到 5 月 10 日的 55℃左右，升高趋势明显。因而得出判断：引起该机组运行异常的主要原因是 4 号缸外侧吸气阀故障。

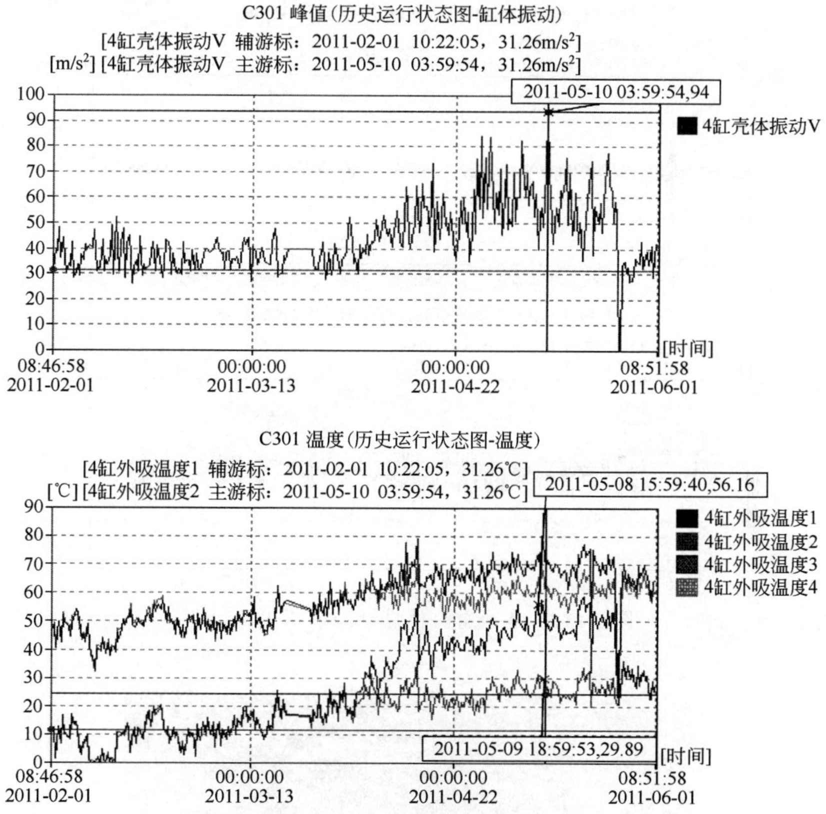

图 6-231　4 号缸运行状态图

（三）诊断结论及现场反馈

诊断结论：机组 4 号缸外侧吸气阀故障。

现场反馈：检修机组时发现，4 号缸外侧吸气阀卸荷装置损坏，气阀阀片严重变形（图 6-233）。

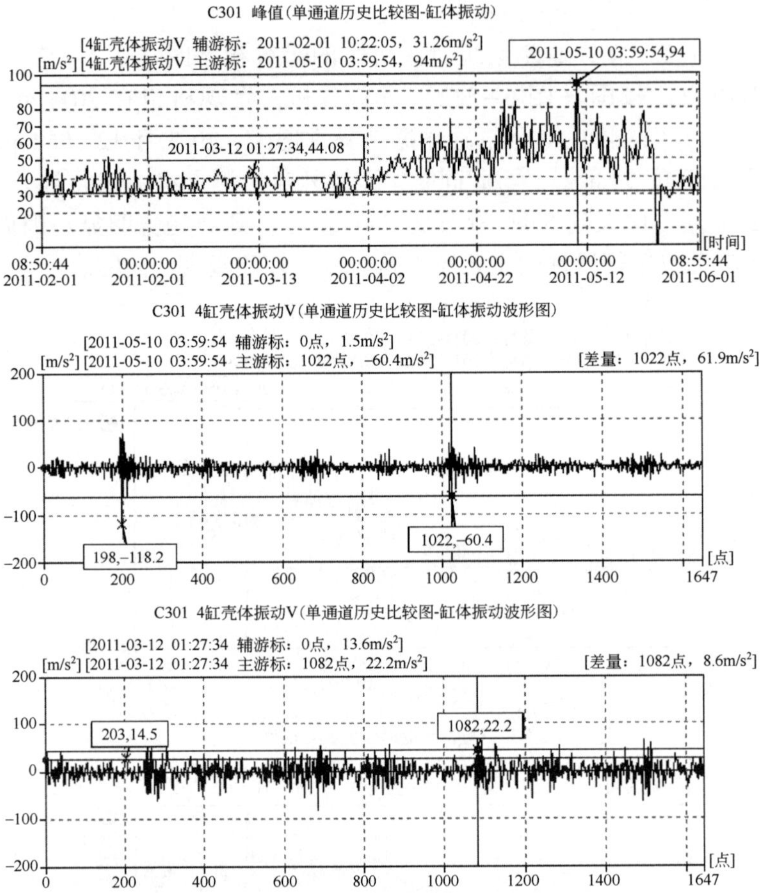

图 6-232 4 号缸缸体振动波形历史比较图

图 6-233 检修照片（阀片）

二、氢气往复压缩机组吸气阀损坏故障诊断分析

（一）机组概况

该机组为电动机驱动，4 缸往复压缩机组，如图 6-234 所示。

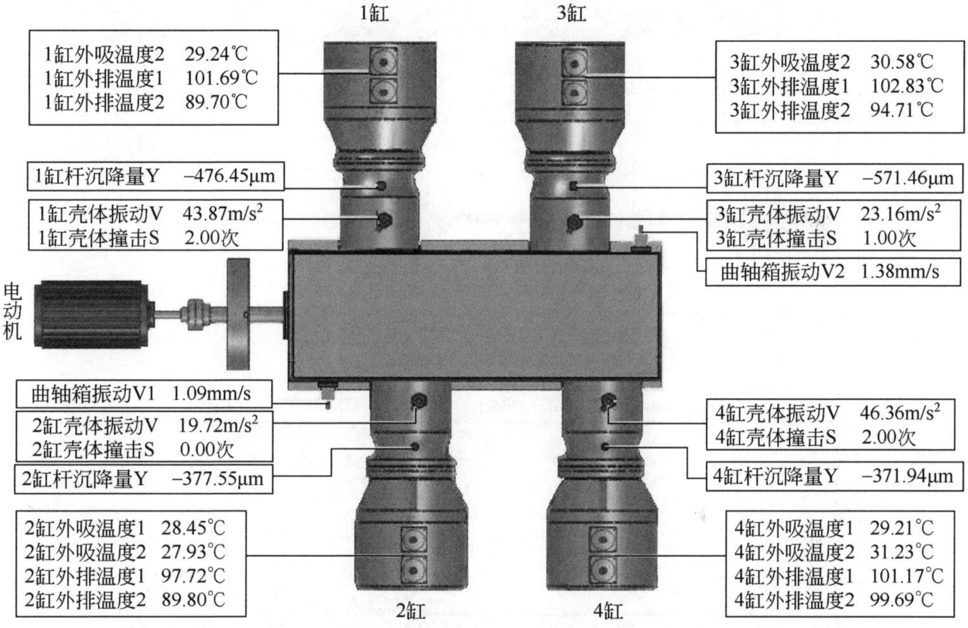

图 6-234 机组概貌图

（二）故障现象及原因分析

通过远程实时在线监测系统对该机组的振动趋势图（图 6-235）进行分析，发现气阀振动峰值明显增加，从 8 月 23 日的 $50m/s^2$ 增长到 9 月 15 日的 $109m/s^2$；振动冲击主要发生在吸气阀开启阶段。因而得出判断：引起该机组运行异常的主要原因是 2 号气缸的缸头侧吸气阀故障。

（三）诊断结论及现场反馈

诊断结论：机组 2 号气缸的缸头侧吸气阀故障。

现场反馈：检修机组时发现，2 号气缸气阀阀片断裂。更换气阀重新开车后，机组振动峰值显著减小。

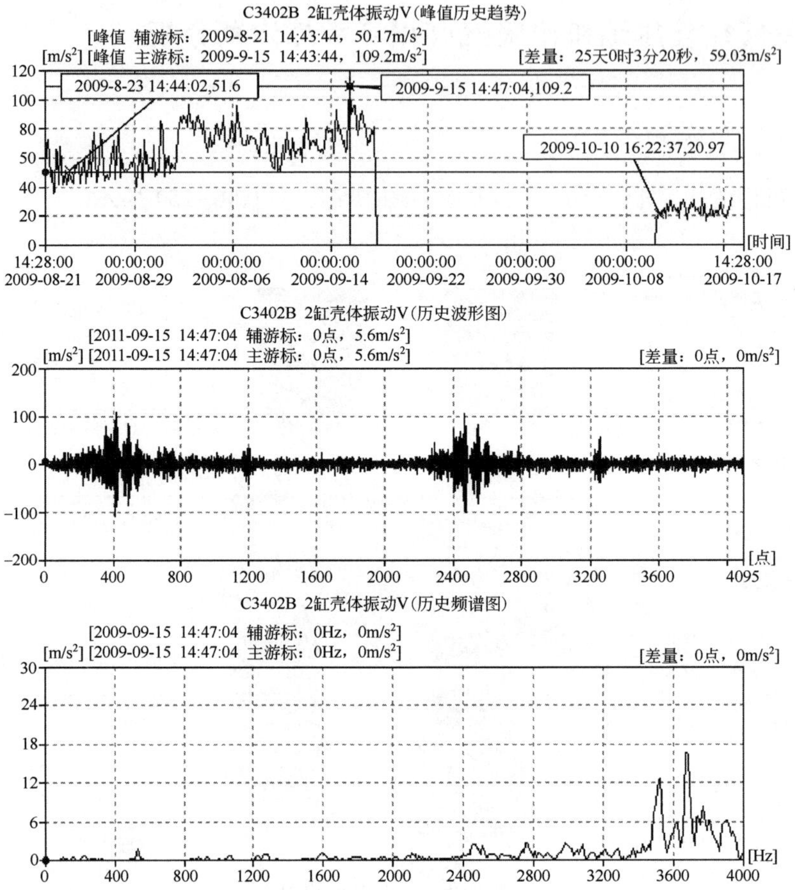

图 6-235 振动趋势图

三、氢气往复压缩机组排气阀损坏故障诊断分析

（一）机组概况

该机组为电动机驱动，2 缸往复压缩机组，如图 6-236 所示。

（二）故障现象及原因分析

通过远程实时在线监测系统对该机组的历史运行状态图（图 6-237）及曲轴箱运行趋势图（图 6-238）进行分析，发现机组在 2011 年 10 月至 2012 年 1 月运行期间，2 号缸缸体振动有一定增大趋势，振动波形出现新的冲击，

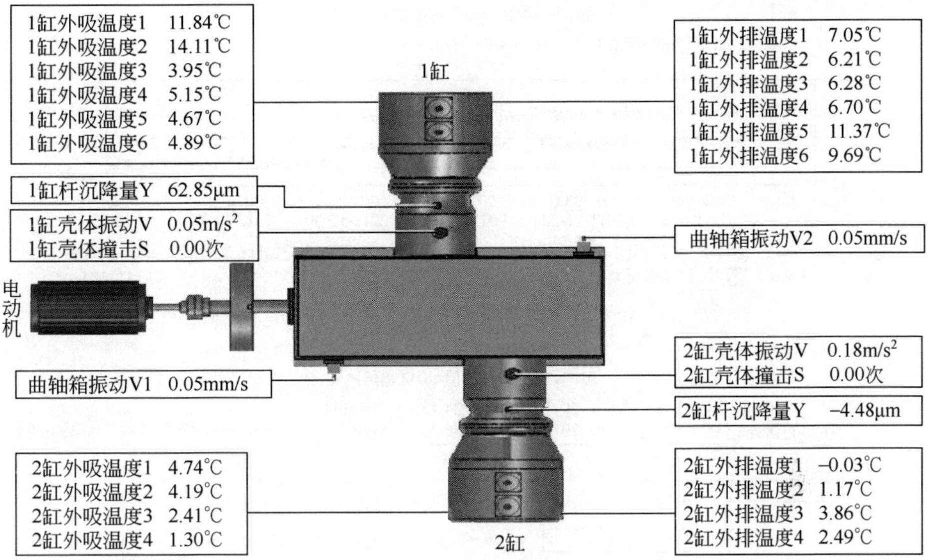

图 6-236　机组概貌图

超过监测系统报警值。因而得出判断：引起该机组运行异常的主要原因是 2 号缸排气阀故障。

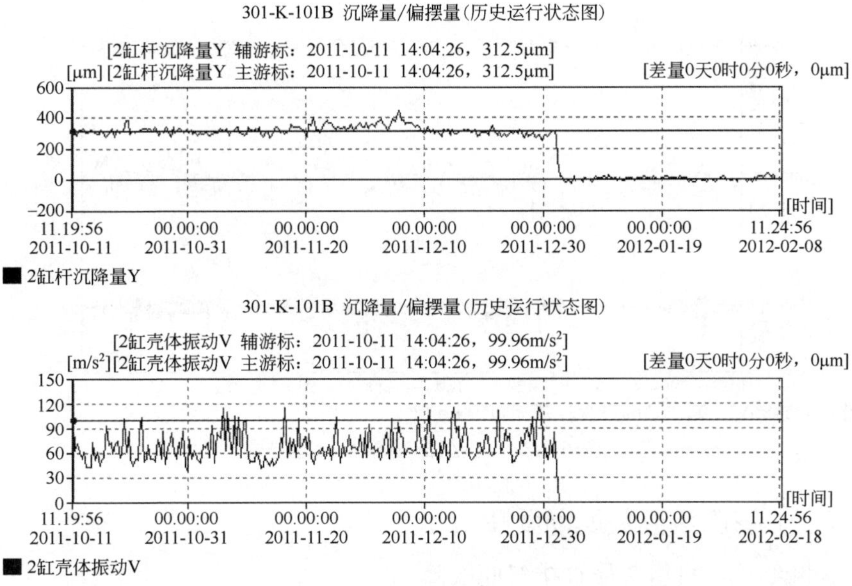

图 6-237

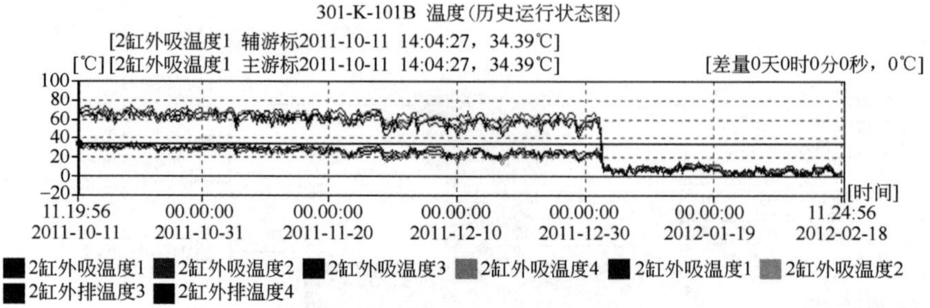

图 6-237 机组 2 号缸历史运行状态图

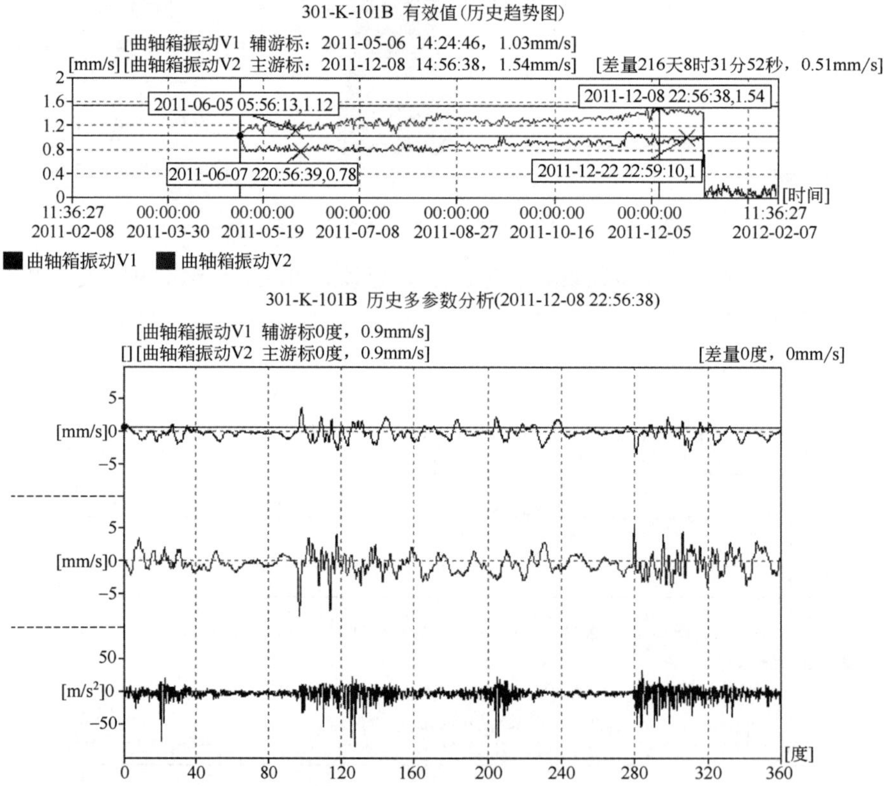

图 6-238 机组曲轴箱运行趋势图

（三）诊断结论及现场反馈

诊断结论：机组 2 号缸排气阀故障。

现场反馈：检修机组时发现，机组 2 号缸排气阀存在明显的积碳。

四、往复压缩机组活塞杆沉降传感器故障诊断分析

（一）故障诊断分析 I

1. 机组概况

该机组为电动机驱动，4 缸往复压缩机组，如图 6-239 所示。

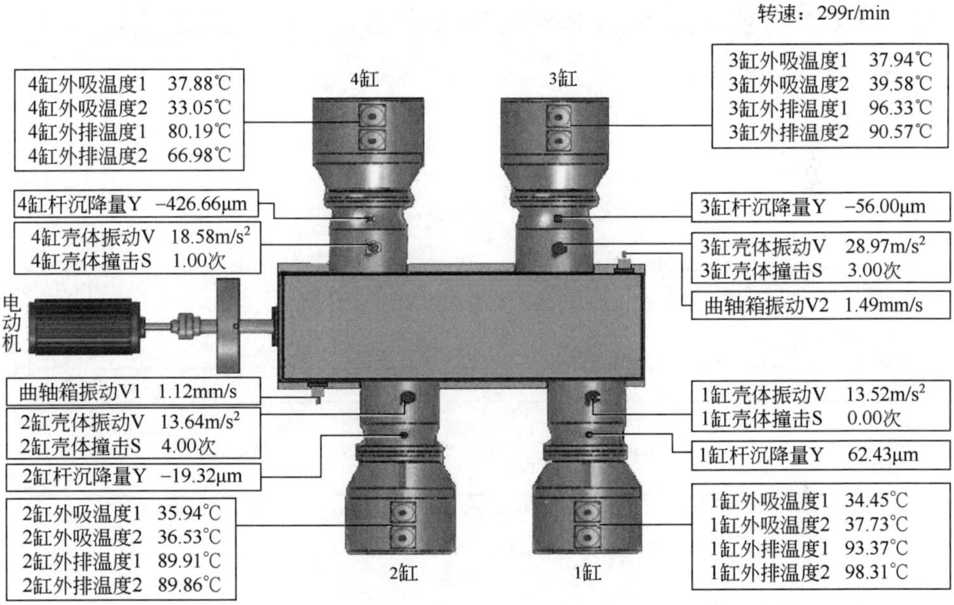

图 6-239　机组概况图

2. 故障现象及原因分析

通过远程实时在线监测系统对该机组的沉降量历史趋势图（图 6-240、图 6-241）进行分析，发现 2010 年 7 月 9 日，4 号缸沉降波形异常，沉降量值较大，最大超过 1000μm；但十字头冲击振动，曲轴箱振动信号均无明显异常。因而得出判断：引起该机组运行异常的主要原因是 4 号缸的沉降传感器故障。

3. 诊断结论及现场反馈

诊断结论：机组 4 号气缸的沉降传感器故障。

现场反馈：检修机组时发现，活塞杆沉降传感器间隙电压不合理。重新

安装活塞杆沉降传感器后故障消除。

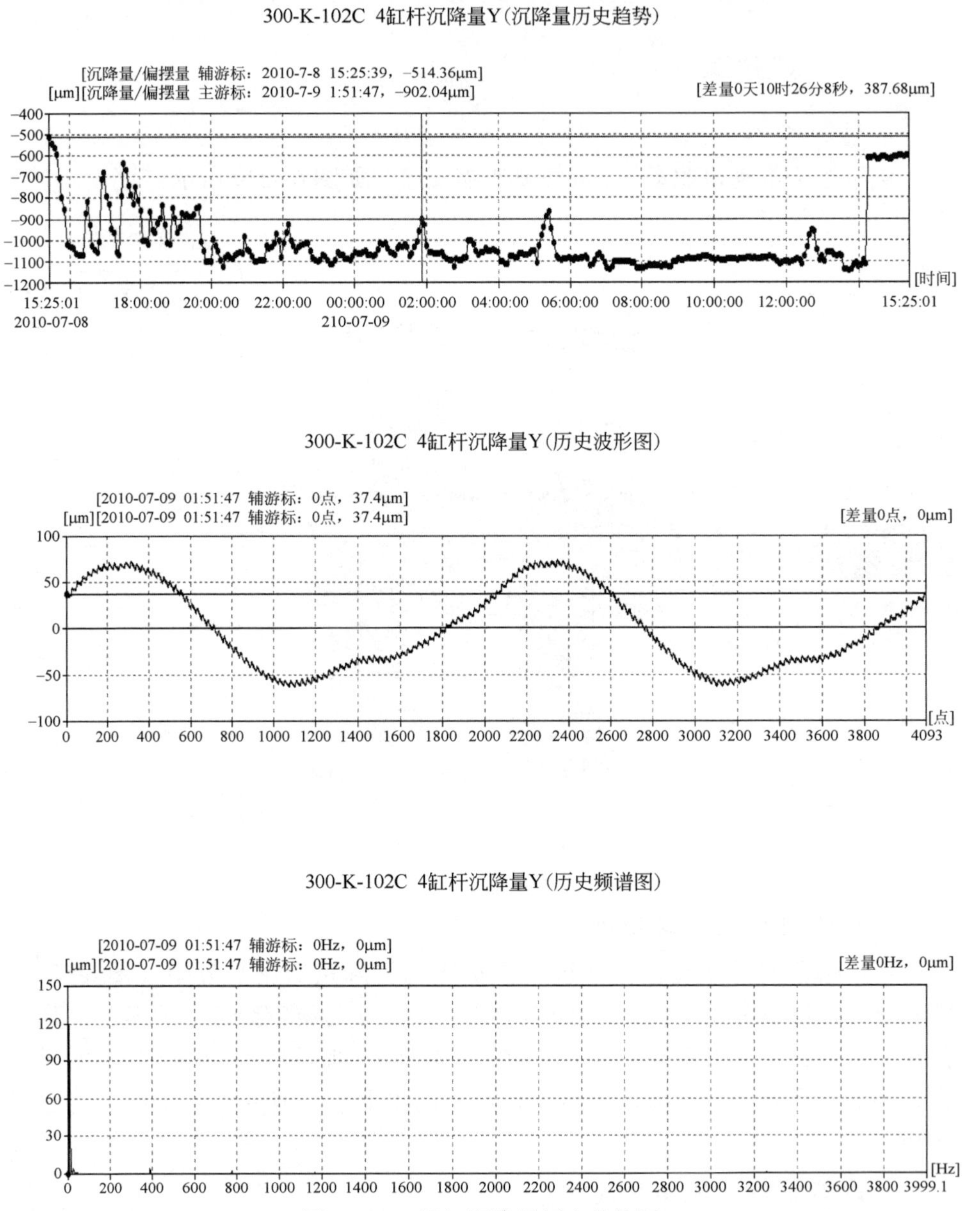

图 6-240 机组沉降量历史趋势图

300-K-102C 4缸杆沉降量Y(沉降量历史趋势)

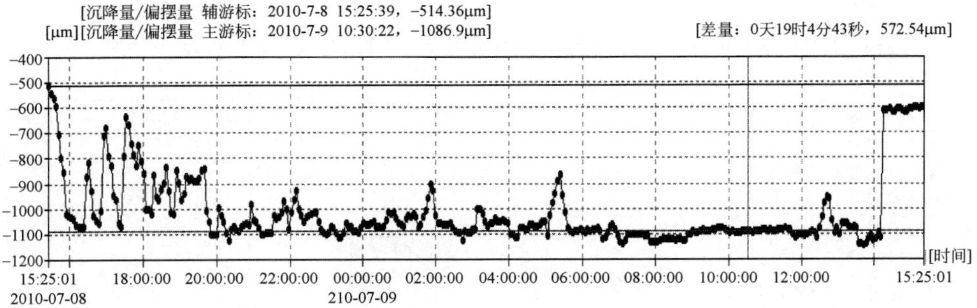

300-K-102C 4缸杆沉降量Y(历史波形图)

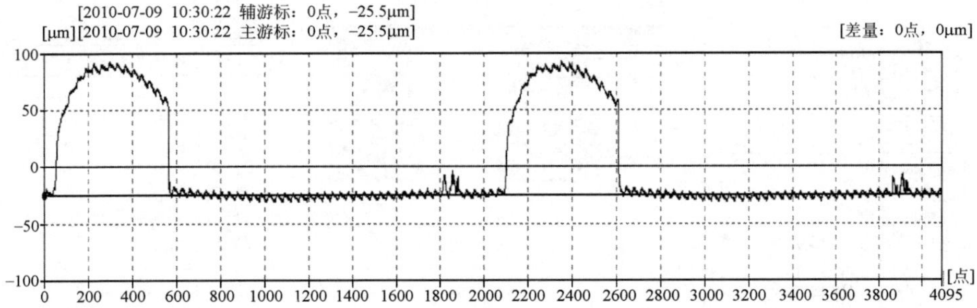

300-K-102C 4缸杆沉降量Y(历史频谱图)

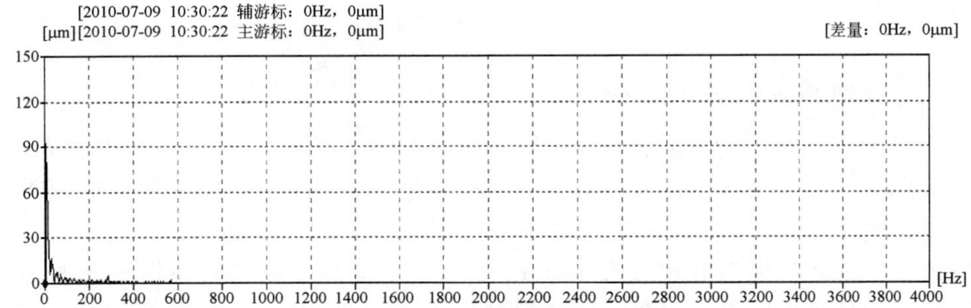

图 6-241　机组沉降量历史趋势图

（二）故障诊断分析 II

1. 机组概况

该机组为电动机驱动，4 缸往复压缩机组，如图 6-242 所示。

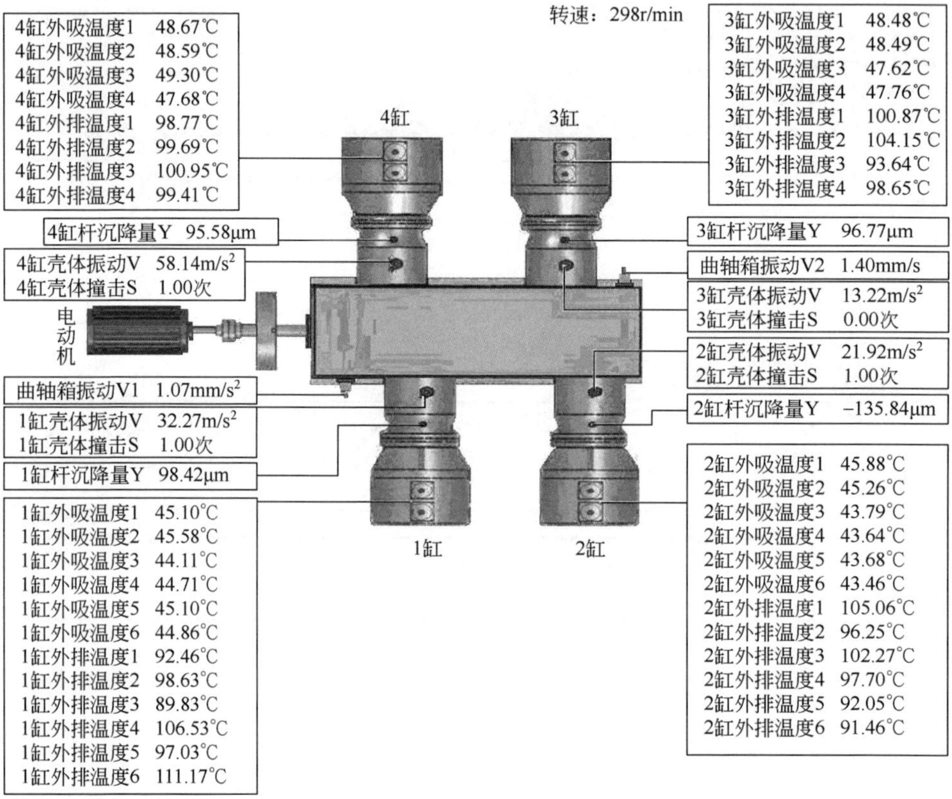

图 6-242 机组概况图

2. 故障现象及原因分析

2010 年 4 月中旬开始，4 缸往复式压缩机组 1 号、3 号、4 号缸活塞杆沉降量异常（图 6-244 至图 6-247），1 号、3 号、4 号缸活塞杆沉降量没有波形图，与此同时，2 号缸活塞杆沉降量波形正常；从系统数据采集软件上发现：机组 2 号缸活塞杆沉降电压正常，1 号、3 号、4 号缸活塞杆沉降电压异常、无波形；从机组运行状态图（图 6-243）上可以看出，该机组缸体振动、气阀温度、撞击次数均无明显异常。因而得出判断：引起该机组运行异常的主要原因是机组 1 号、3 号、4 号气缸的沉降传感器出现故障。

K202A 沉降量(历史运行状态图-活塞杆沉降)

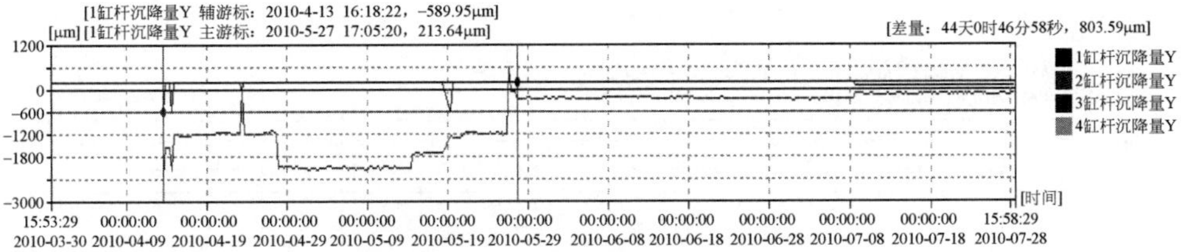

K202A 峰值(历史运行状态图-缸体振动)

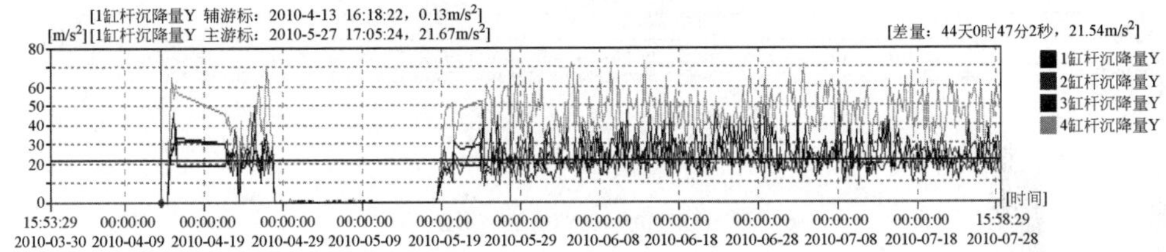

K202A 有效值(历史运行状态图-曲轴箱振动)

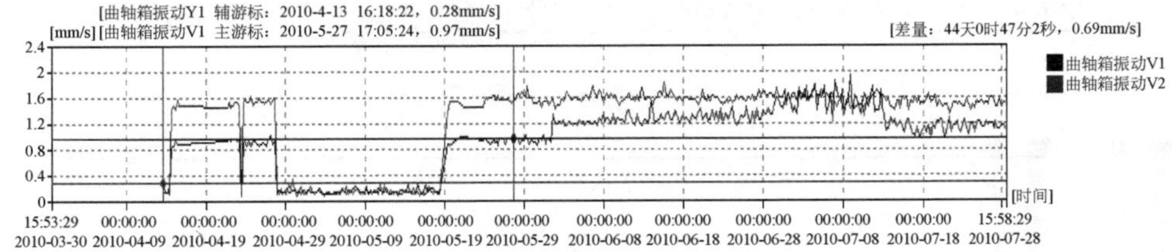

K202A 温度(历史运行状态图-温度)

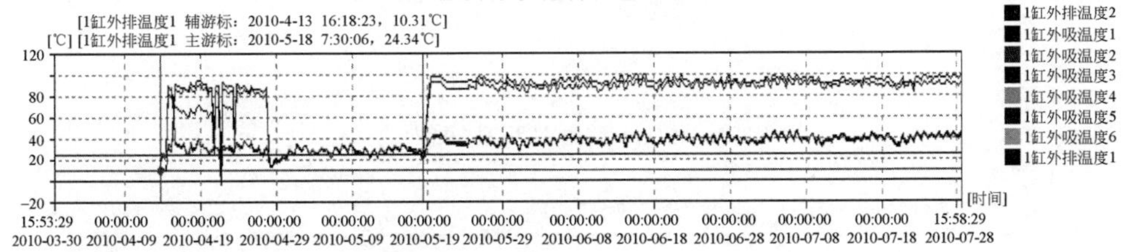

K202A 撞击次数(历史运行状态图-冲击次数)

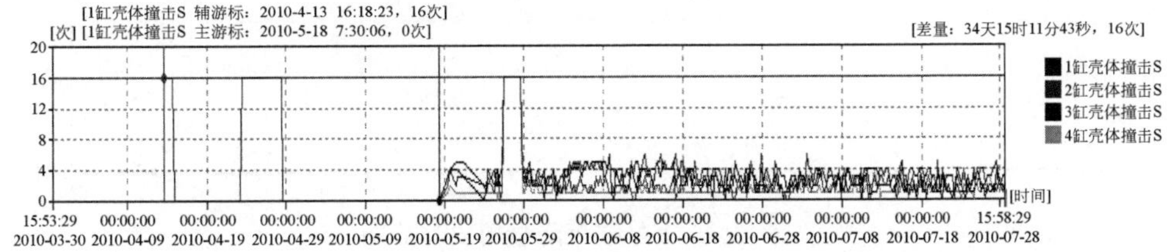

图 6-243　机组运行状态图

K202A 1缸杆沉降量Y(沉降量历史趋势)

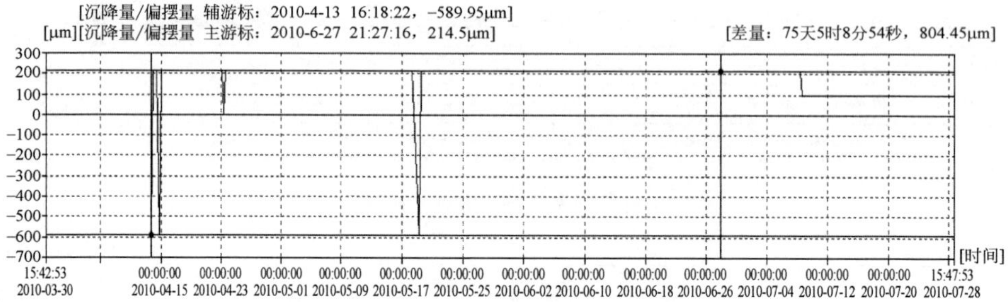

K202A 1缸杆沉降量Y(历史波形图)

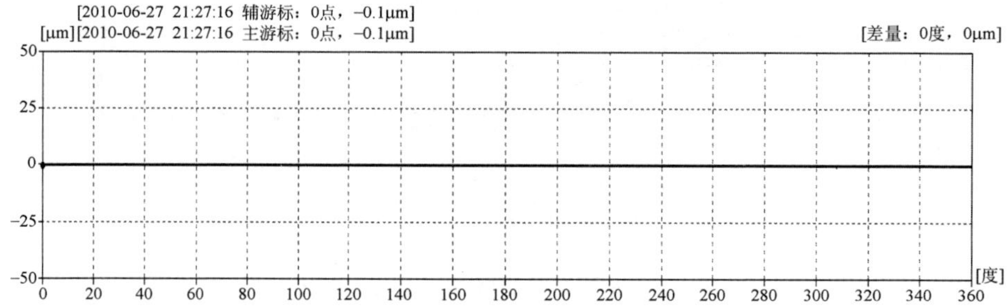

K202A 1缸杆沉降量Y(历史柱状图)

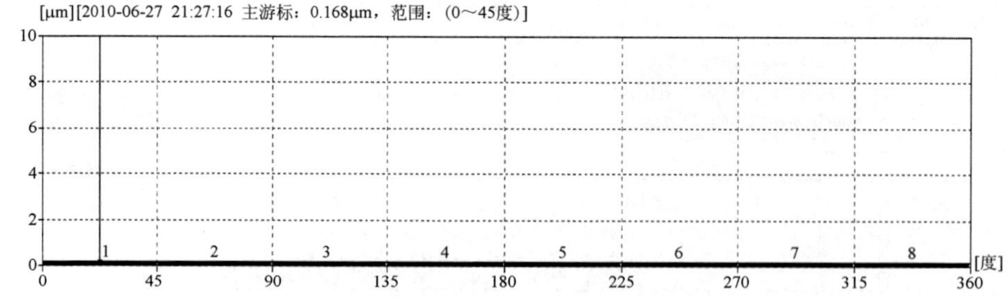

图 6-244 1号缸沉降量历史趋势图

K202A 2缸杆沉降量Y(沉降量历史趋势)

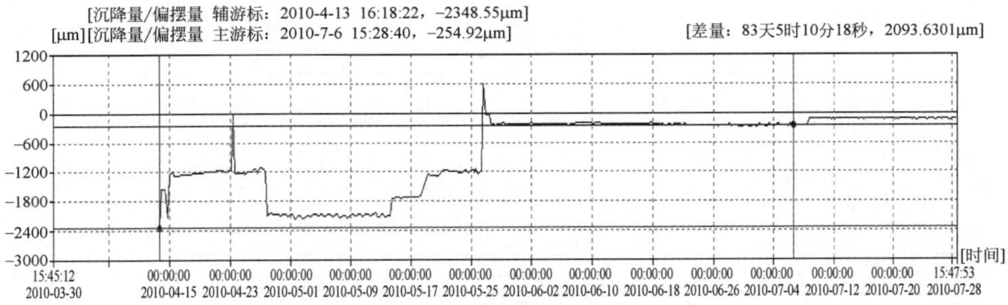

K202A 2缸杆沉降量Y(历史波形图)

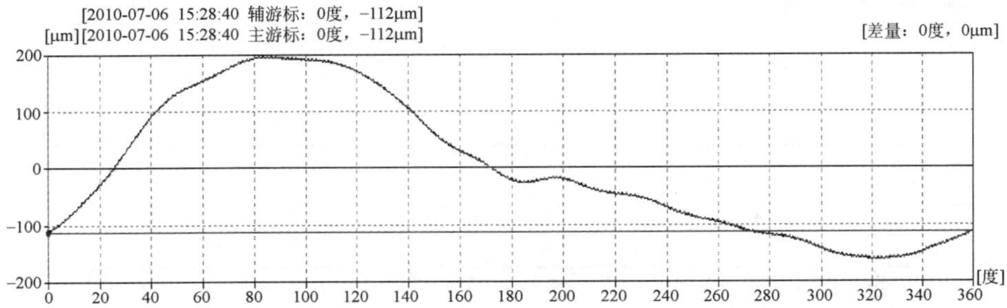

K202A 2缸杆沉降量Y(历史柱状图)

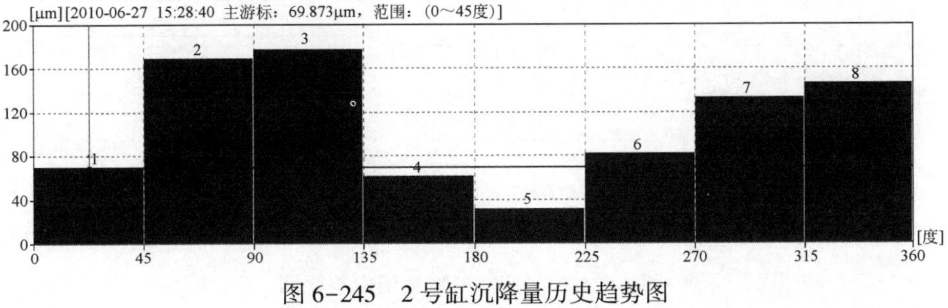

图6-245 2号缸沉降量历史趋势图

K202A 3缸杆沉降量Y(沉降量历史趋势)

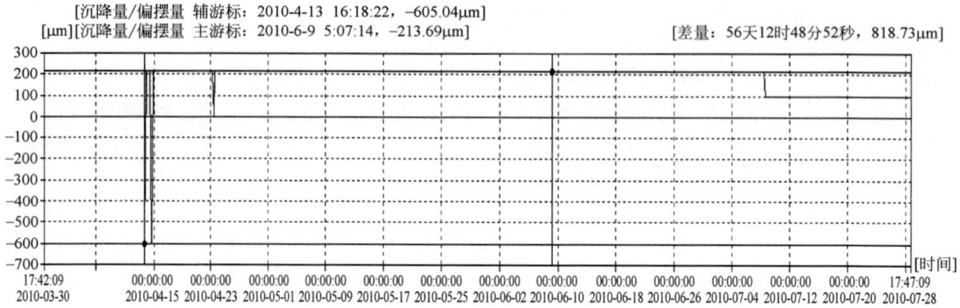

K202A 3缸杆沉降量Y(历史波形图)

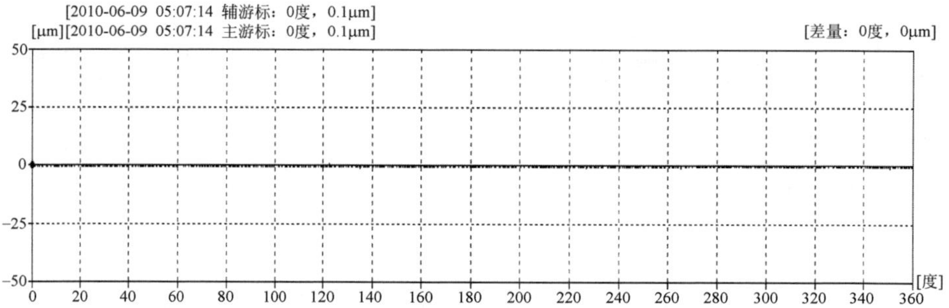

K202A 3缸杆沉降量Y(历史柱状图)

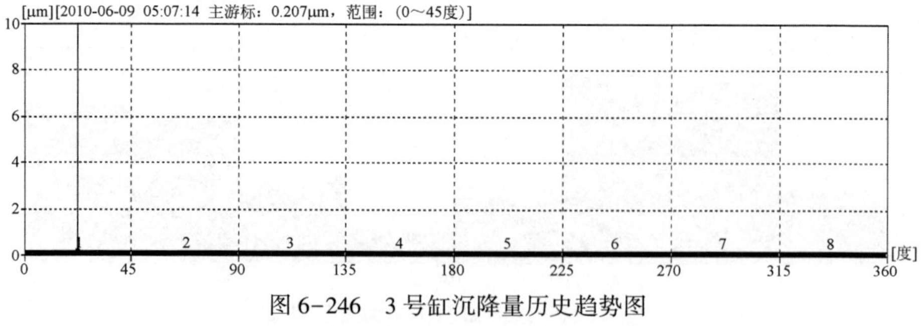

图 6-246 3 号缸沉降量历史趋势图

K202A 4缸杆沉降量Y(沉降量历史趋势)

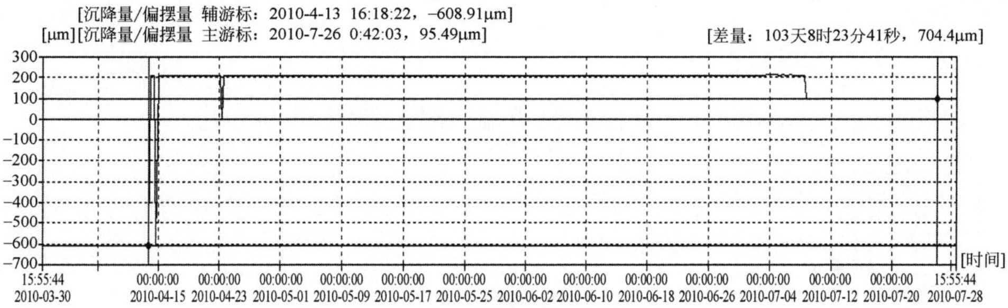

K202A 4缸杆沉降量Y(历史波形图)

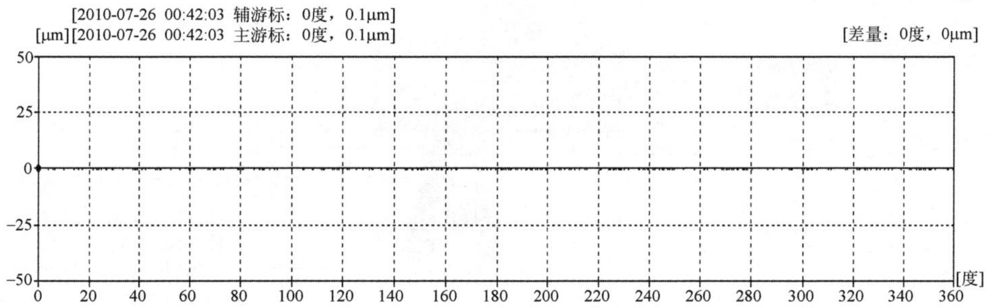

K202A 4缸杆沉降量Y(历史柱状图)

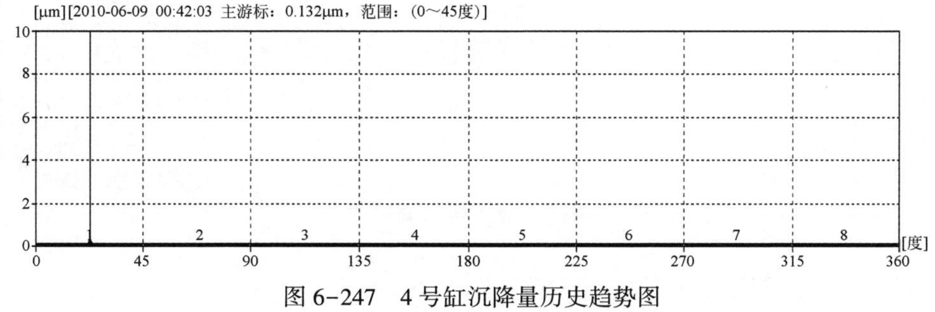

图 6-247　4 号缸沉降量历史趋势图

3. 诊断结论及现场反馈

诊断结论：机组 1 号、3 号、4 号气缸的沉降传感器出现故障。

现场反馈：检修机组时，现场人员反馈与诊断故障一致。

五、往复压缩机组拉缸故障诊断分析

（一）机组概况

该机组为电动机驱动，2 缸往复压缩机组，如图 6-248 所示。

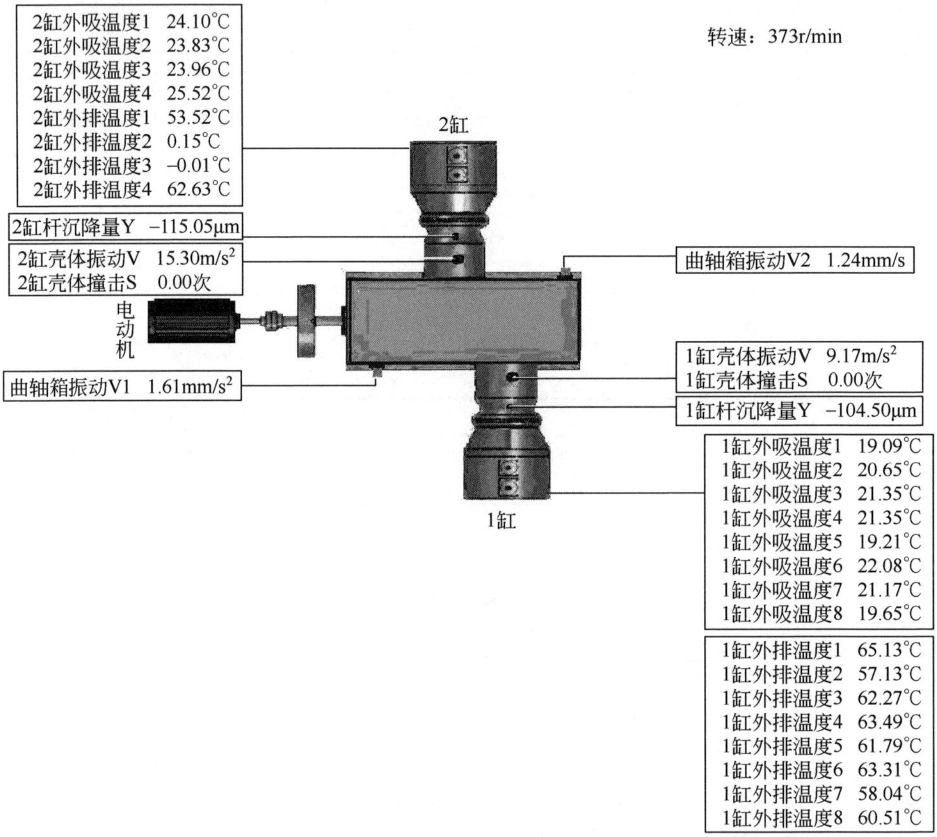

图 6-248　机组概貌图

（二）故障现象及原因分析

通过远程实时在线监测系统对该机组的历史运行状态图（图 6-249、图 6-250）及气阀温度历史趋势图（图 6-251）进行分析，发现 1 号缸活塞杆沉降量在 9 月 30 日达到 602. 53μm，沉降量较大；机组再次开车后，1 号活塞杆沉降量在 10 月至 12 月期间有逐渐增大的趋势，对应的活塞杆沉降波形跳动量显著增大，由 300μm 增大到 800μm 左右；2 号缸外吸温度 4 测点气阀温度相对其他吸气阀温度明显偏高。因而得出判断：引起该机组运行异常的主要原因是拉缸故障及气阀泄漏故障。

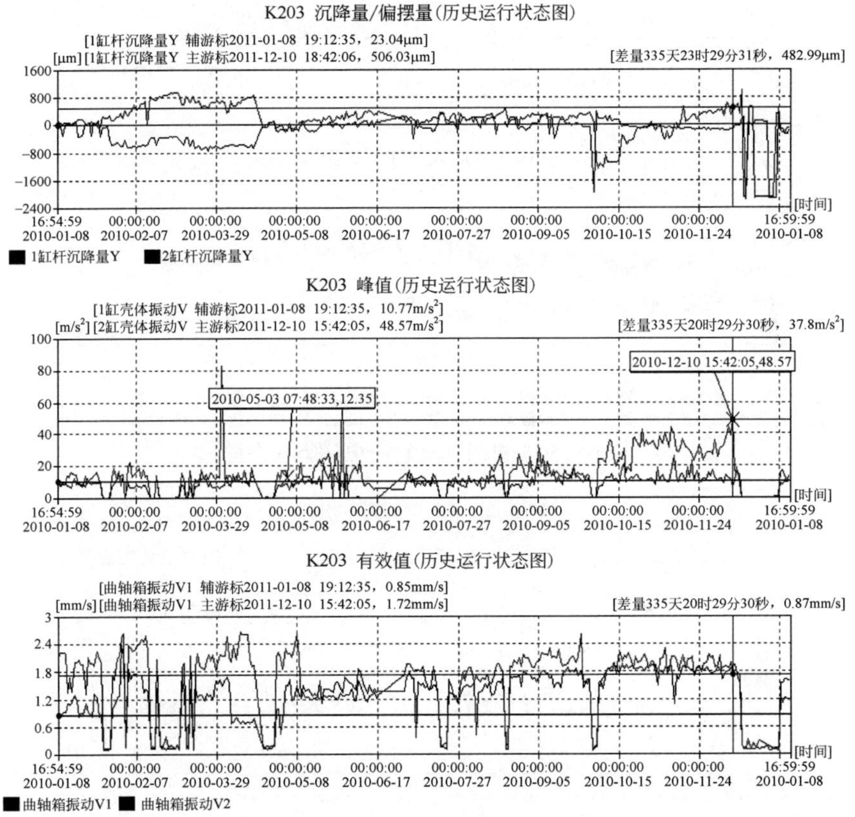

图 6-249　机组历史运行状态图

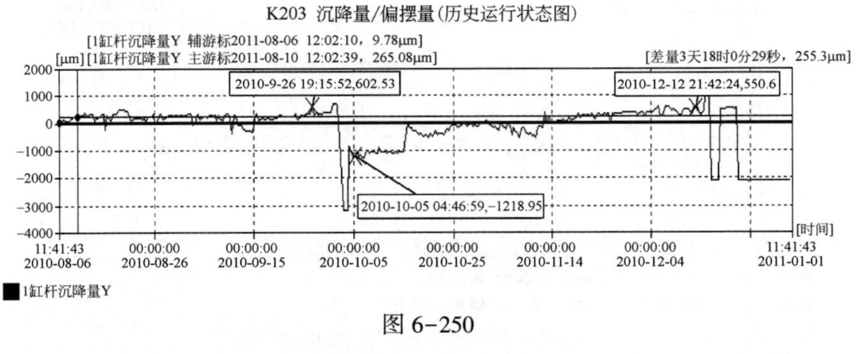

图 6-250

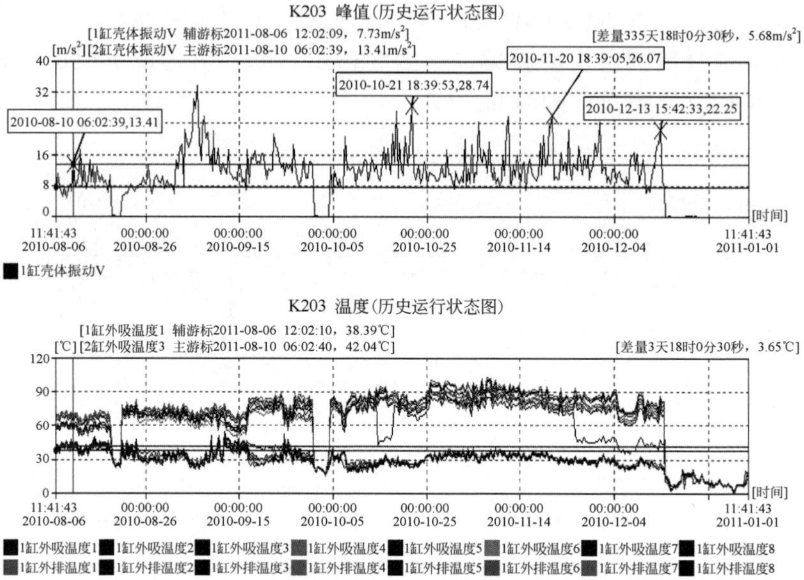

图 6-250　机组 1 号缸历史运行状态图

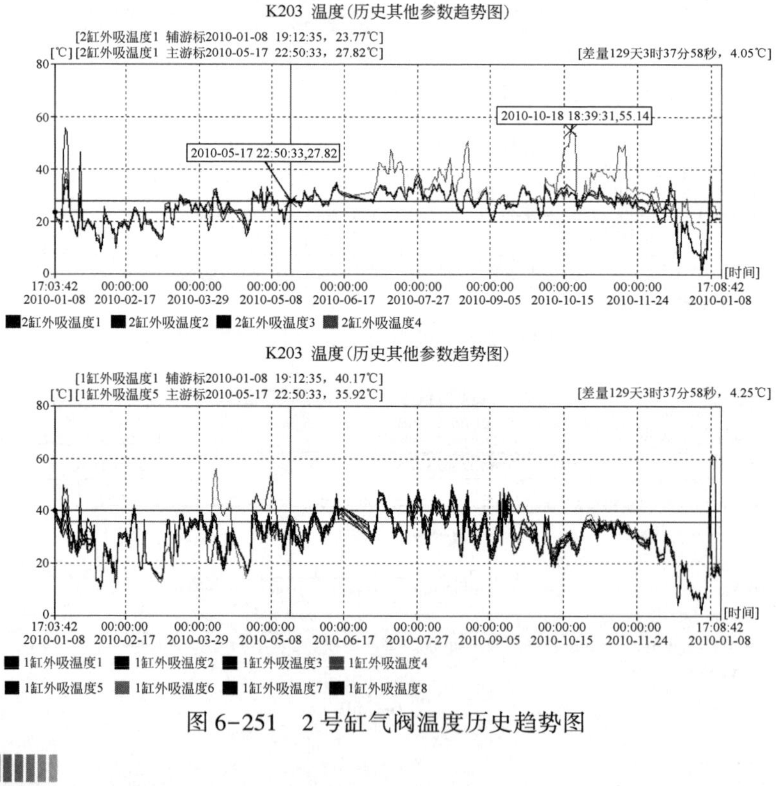

图 6-251　2 号缸气阀温度历史趋势图

（三）诊断结论及现场反馈

诊断结论：机组存在拉缸故障及气阀泄漏故障。

现场反馈：检修机组时发现，机组 1 号缸支撑环、活塞环、缸套均存在严重磨损；同时，机组 2 号缸吸气阀由于压缩介质杂质较多，已存在一定的堵塞。

六、往复压缩机组气阀卡塞故障诊断分析

（一）机组概况

该机组为电动机驱动，4 缸往复压缩机组，如图 6-252 所示。

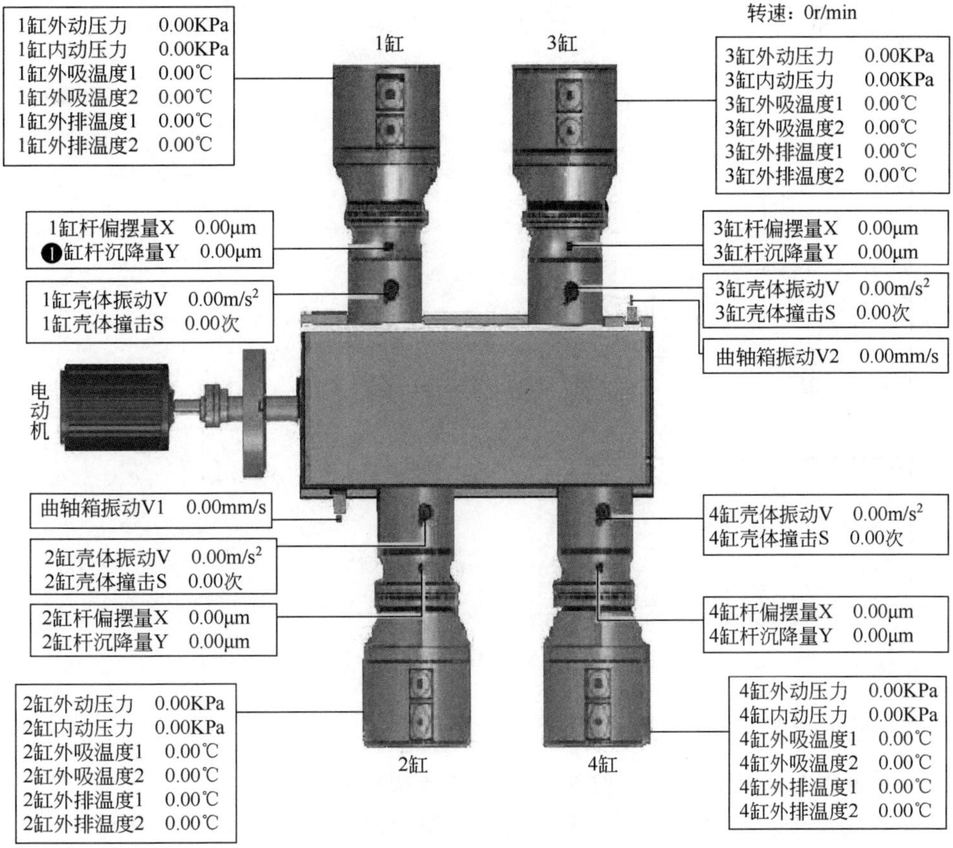

图 6-252　机组概况图

（二）故障现象及原因分析

通过远程实时在线监测系统对该机组的示功图（图 6-253）进行分析，发现排气阀开启延时，并存在憋压和压力突降现象。因而得出判断：引起该机组运行异常的主要原因是 2 号缸缸头侧排气阀卡塞故障。

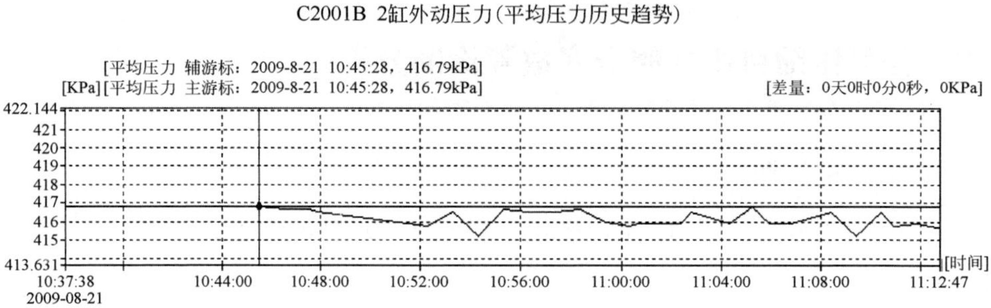

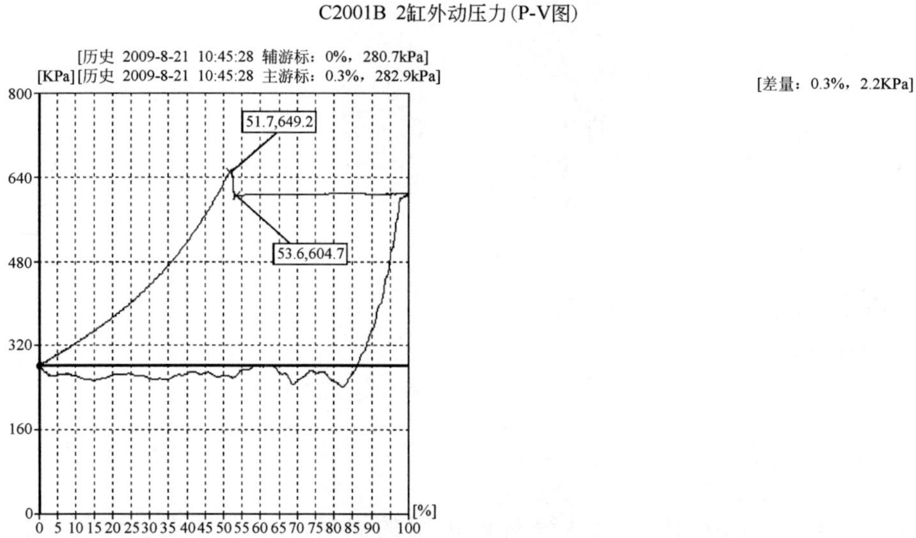

图 6-253 示功图

（三）诊断结论及现场反馈

诊断结论：机组 2 号缸缸头侧排气阀卡塞故障。

现场反馈：检修机组时，现场人员反馈与诊断结论一致。

七、往复压缩机组涡轮增压器叶轮结垢故障诊断分析

（一）机组概况

该机组为燃气发动机驱动，4 缸往复压缩机组，如图 6-254 所示。

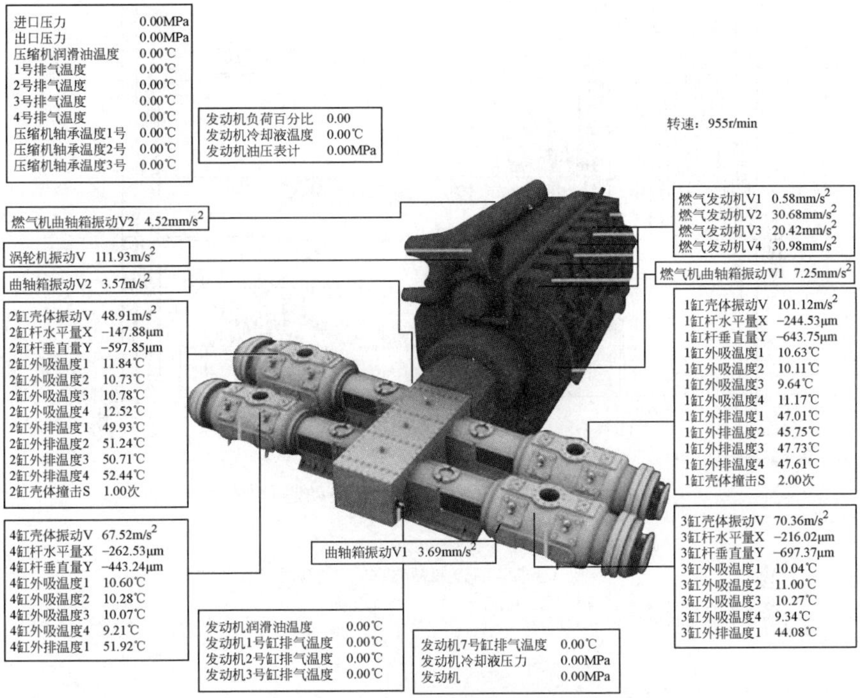

图 6-254 机组概貌图

（二）故障现象及原因分析

通过远程实时在线监测系统对该机组的涡轮增压器历史振动趋势图（图 6-255）及振动波形频谱图（图 6-256）进行分析，发现振动主导频率为 4200Hz 与 8500Hz 左右，主导频率存在一定的波动。通过计算涡轮增压器理论的气流通过频率为 8000Hz，因此实际监测的加速度冲击信号频谱范围接近理论的气流通过频率及其半频。因而得出判断：引起该机组运行异常的主要原因是气流激振故障。

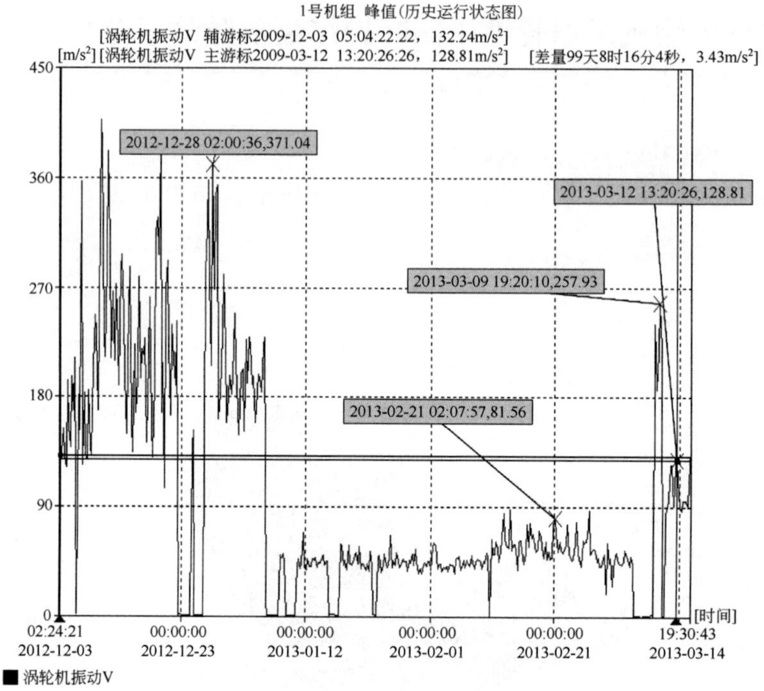

图 6-255 涡轮增压器历史振动趋势图

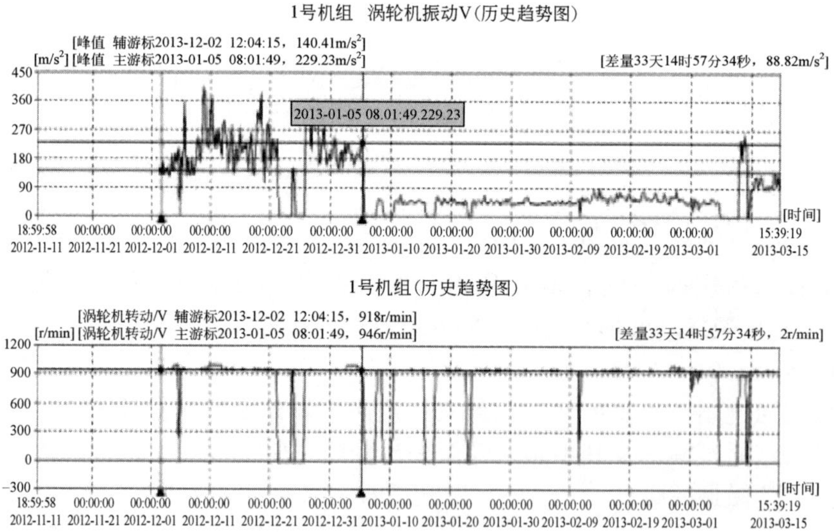

图 6-256

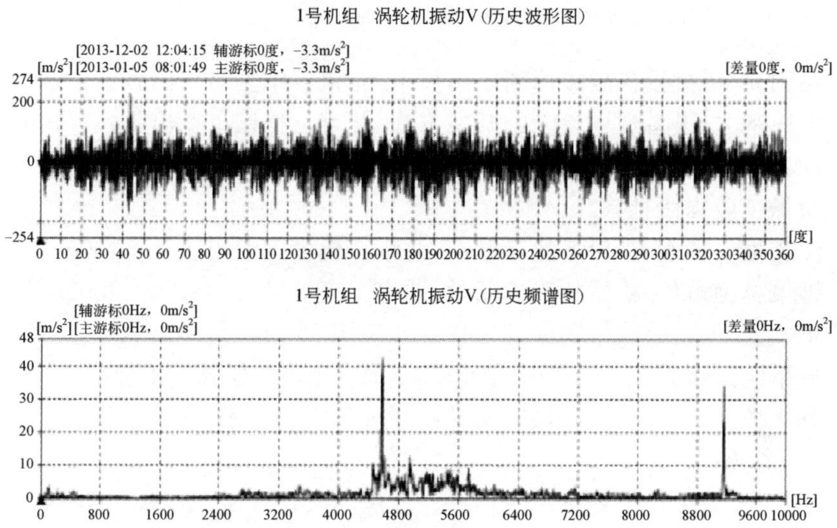

图 6-256　涡轮增压器振动监测图谱

（三）诊断结论及现场反馈

诊断结论：机组气流激振故障。

现场反馈：检修机组时发现，结垢导致气流不畅，引起气流激振。

参 考 文 献

[1] 杨国安. 机械设备故障诊断实用技术. 北京：中国石化出版社，2012.

[2] 丰田利夫. 设备现场诊断的开展方法. 北京：机械工业出版社，1997.

[3] Donald E. Bently，Charles T. Hatch. 旋转机械诊断技术. 姚红良译. 北京：机械工业出版社，2014.

[4] 沈庆根，郑水英. 设备故障诊断. 北京：化学工业出版社，2006.

[5] 钟秉林，黄仁. 机械故障诊断学. 北京：高等教育出版社，2002.

[6] 黄文虎. 设备故障诊断原理、技术及应用. 北京：科学出版社，1996.

[7] 屈梁生，何正嘉. 机械故障诊断学. 上海：上海科学技术出版社，1986.

[8] 陈大禧，朱铁光. 大型回转机械诊断现场实用技术. 北京：机械工业出版社，2003.

[9] 胡广书. 数字信号处理——理论、算法与实现. 2 版. 北京：清华大学出版社，2003.

[10] 崔继哲，陈留栓. 化工机械检修技术回答. 北京：化学工业出版社，2000.

[11] 李国华，张永忠. 机械故障诊断. 北京：化学工业出版社，1999.

[12] 张碧波. 设备状态监测与故障诊断. 北京：化学工业出版社，2005.

[13] 廖伯瑜. 机械故障诊断基础. 北京：冶金工业出版社，2005.

[14] 盛兆顺，尹琦岭. 设备状态监测与故障诊断技术发展及应用. 北京：化学工业出版社，2003.

[15] 易良榘. 简易振动诊断现场实用技术. 北京：机械工业出版社，2003.

[16] 何正嘉. 机械设备非平稳信号的故障诊断原理及应用. 北京：高等教育出版社，2001.

[17] 张优云. 现代机械测试技术. 北京：科学出版社，2005.

[18] 沈庆根. 化工机器故障诊断技术. 杭州：浙江大学出版社，1994.

[19] 沈水福，高大勇. 设备故障诊断技术. 北京：科学出版社，1990.

[20] 张正松，傅尚新. 旋转机械振动监测及故障诊断. 北京：机械工业出版社，1991.

[21] 王江萍，等. 机械设备故障诊断技术及应用. 西安：西北工业大学出版社，2001.

[22] 张来斌，王朝晖. 机械设备故障诊断技术及方法. 北京：石油工业出版社，2000.

[23] 梅宏斌. 滚动轴承振动监测与诊断理论. 北京：机械工业出版社，1997.

[24] 陈克兴，李川奇. 设备状态监测与故障诊断技术. 北京：科学技术文献出版社，1991.

[25] 张碧波. 设备状态监测与故障诊断. 2 版. 北京：化学工业出版社，2011.

[26] 丁加军. 设备故障诊断与维修. 北京：机械工业出版社，2006.

[27] 应怀樵. 波形和频谱分析与随机数据处理. 北京：中国铁道出版社，1985.

[28] 周生国. 机械工程测试技术. 北京：国防工业出版社，2005.